CÁLCULO EN UNA VARIABLE

CÁLCULO

EN UNA VARIABLE

Venancio Tomeo Perucha
Universidad Complutense de Madrid

Isaías Uña Juárez
Universidad Politécnica de Madrid

Jesús San Martín Moreno
Universidad Politécnica de Madrid

CÁLCULO EN UNA VARIABLE	
Venancio Tomeo Perucha **Isaías Uña Juárez** **Jesús San Martín Moreno**	
ISBN: 978-84-9281-236-3 **IBERGARCETA PUBLICACIONES, S.L., Madrid, 2011**	
Edición: 1ª **Impresión:** 4ª **Nº de páginas:** 416 **Formato:** 20×26 **Materia CDU:** 51 Matemáticas.	

CÁLCULO EN UNA VARIABLE
ISBN: **978-84-9281-236-3**

© Venancio Tomeo Perucha, Isaías Uña Juárez, Jesús San Martín Moreno

COPYRIGHT © 2011 IBERGARCETA PUBLICACIONES, S.L.
info@garceta.es

1ª Edición, 4ª Impresión
Depósito legal: M- 43373-2010

Impresión: Imprenta Valle del Tiétar, S.L.

OI: 0235/2025

IMPRESO EN ESPAÑA-PRINTED IN SPAIN

La abstracción matemática es el arte de dar el mismo nombre a cosas diferentes

H. Poincaré

Índice general

Prólogo

A finales del siglo XVII se descubre en forma independiente por Newton y Leibniz el Cálculo infinitesimal. El Cálculo diferencial no tiene antecedentes históricos y el Cálculo integral se conforma como cuerpo de doctrina matemática básicamente a partir de la idea incipiente diseñada por Arquímedes y las aportaciones de Cavalieri.

Con el descubrimiento del Cálculo las formas de actuación del pensamiento matemático experimentan un cambio sólo comparable al de la axiomatización de la Geometría en el mundo griego.

De forma esquemática el objetivo del Cálculo diferencial es medir tasas de variación sugeridas inicialmente de la cinemática para medir velocidades medias en variaciones de tiempo infinitesimales o velocidades instantáneas. Galileo y sus discípulos desde la física y la astronomía tenían el terreno preparado para que fructificase con éxito el descubrimiento inevitable.

El Cálculo integral por su parte tiene como objetivo sumar cantidades infinitesimales variables. Dicho de forma equivalente, conocida la tasa de variación de una función obtener la propia función. Estos conceptos están íntimamente relacionados y la alianza entre la derivada y la integral se establece con el llamado Teorema fundamental del Cálculo.

La aspiración del joven Leibniz a poseer el saber universal le llevó, tras el conocimiento personal de Huygens y el estudio de las obras de Pascal y Descartes, a desencadenar un impulso hacia el estudio de las matemáticas como nunca antes se había dado. La propia personalidad de Leibniz, su talla intelectual posiblemente sin par desde Platón y Aristóteles, el enfoque adecuado de los problemas e incluso el empleo de una excelente notación, propician en él aportaciones más relevantes que las del propio Newton aunque durante su vida siempre se le negase este reconocimiento.

En la Europa continental Cramer escucha el mensaje de Leibniz y difunde como imperativo del maestro la necesidad de hacer matemáticas desde el nuevo Cálculo y surgen los Bernoulli y L'Hôpital con su ingente aportación y tras ellos, como discípulo de Jean Bernoulli, emerge la figura estelar de Euler, el inspirador de todos los matemáticos y posiblemente el más fecundo en cuanto a obra escrita.

Así podemos continuar con nuestra extensa lista de colosos como D'Alembert, la figura egregia de Gauss, émulo de Arquímedes, Lagrange, Legendre, Riemann, Weierstrass, Jacobi y Cauchy como último baluarte de los matemáticos universalistas con aportaciones notables al Cálculo infinitesimal.

Al otro lado del canal el gran precursor es Gregory, quien utilizando métodos geométricos y con técnicas aprendidas en Italia se adelantó a Taylor y MacLaurin en el desarrollo en serie de ciertas funciones trigonométricas, el más interesante es el de la función $\text{arctg}\, x$. De haber empleado procesos analíticos, muy probablemente habría precedido a Newton en el establecimiento del Cálculo infinitesimal.

Las aportaciones más notables de esta matemática inglesa al desarrollo del Cálculo son las de Cotes, De Moivre, MacLaurin y Stirling, algunos de ellos amigos de Newton, siendo el más divulgado Brook Taylor. La fórmula y serie de su nombre aparecieron como fluentes, enlaces y herramientas de los campos e ideas matemáticas que configuran todo el espectacular avance del Análisis matemático. Su aparición representó una forma totalmente novedosa, y sobre todo más eficaz, que las técnicas al uso en la Europa continental para el estudio de las funciones de variable real.

Los conocimientos del análisis para funciones de una variable permiten el desarrollo del Cálculo en varias variables iniciado por casi todos los matemáticos mencionados y resulta imprescindible para cualquier desarrollo de la matemática posterior.

En el texto que presentamos se aporta una colección amplia de ejemplos aclaratorios a la breve, pero completa, introducción teórica donde se exponen los contenidos básicos del Cálculo en una variable.

En cada lección e imitando una clase presencial se desarrolla en forma concordante con la teoría una colección extensa de problemas secuenciados en orden de dificultad creciente y donde se resaltan los aspectos relevantes en cada caso.

A continuación se propone una lista de problemas totalmente paralela a la de resueltos que aparecen también desarrollados al final del libro con diversa intensidad.

Consideramos, en orden al proceso de asimilación, que el estudiante trate de resolver los problemas propuestos con la información obtenida del estudio de los resueltos apoyándose en los recursos teóricos precisos y siendo especialmente remiso en consultar los desarrollos que se incluyen en el libro hasta que no haya más remedio. De este modo podrá valorar mejor su aprendizaje.

Pretendemos que nuestros estudiantes asimilen con comodidad la amplia variedad de nuevos conceptos así como el manejo adecuado de ellos en cada situación. La relación entre los diferentes resultados y la forma en que interactúan en un proceso resolutivo es algo que el alumno debe tener asimilado para conocer con garantía suficiente el Cálculo de una variable.

Madrid, agosto 2010

1

Números reales

En este capítulo...

1.1. PROPIEDADES DE LOS NÚMEROS

Como herramienta básica para adentrarnos en el Cálculo de una variable utilizaremos los números reales. La forma más breve de introducirlos es enumerar las propiedades que los caracterizan, tomadas como axiomas, que expondremos dispuestos en tres grupos.

Axiomas de estructura

Para todos $a, b, c \in \mathbb{R}$ se verifican los axiomas:

A-1 Asociativas:
$$a + (b + c) = (a + b) + c, \qquad a \cdot (b \cdot c) = (a \cdot b) \cdot c.$$

A-2 Conmutativas:
$$a + b = b + a, \qquad a \cdot b = b \cdot a.$$

A-3 Neutros:
$$\exists 0 \in \mathbb{R}: \quad a + 0 = 0 + a = a,$$
$$\exists 1 \in \mathbb{R}: \quad a \cdot 1 = 1 \cdot a = a.$$

A-4 Opuesto:
$$\forall a \in \mathbb{R}, \exists (-a) \in \mathbb{R}: a + (-a) = (-a) + a = 0.$$

A-5 Recíproco:
$$\forall a \in \mathbb{R}, a \neq 0, \exists a^{-1} \in \mathbb{R}: a \cdot a^{-1} = a^{-1} \cdot a = 1.$$

A-6 Distributiva:
$$a \cdot (b + c) = a \cdot b + a \cdot c.$$

Axiomas de orden

Existe el conjunto $\mathbb{R}^+ = \{x \in \mathbb{R} : x \geq 0\}$, llamado conjunto de los números reales *no negativos*, tal que:

A-7 El cero es no negativo:
$$0 \in \mathbb{R}^+.$$

A-8 Suma y producto son operaciones cerradas:
$$\forall a, b \in \mathbb{R}^+: a + b \in \mathbb{R}^+ \quad y \quad a \cdot b \in \mathbb{R}^+.$$

A-9 Propiedad de dicotomía:
$$\forall a \in \mathbb{R}: a \in \mathbb{R}^+ \quad o \quad -a \in \mathbb{R}^+.$$

Estos axiomas de orden nos permiten definir la relación de orden total que utilizamos habitualmente en $\mathbb{R}$:

Orden en $\mathbb{R}$

Se define el orden en $\mathbb{R}$ mediante la relación:
$$a \leq b \quad \Leftrightarrow \quad b - a \in \mathbb{R}^+.$$

También podemos definir el orden estricto:
$$a < b \quad \Leftrightarrow \quad a \leq b \quad y \quad a \neq b,$$

si bien ésta no es una relación de orden.

Axioma de completitud

A-10 Axioma de completitud:

$$S \subset \mathbb{R}, S \neq \emptyset, \text{acotado superiormente, entonces existe supremo de } S.$$

Por verificar los axiomas del 1 al 6, se dice que $(\mathbb{R}, +, \cdot)$ es un *cuerpo conmutativo,* por verificar además los axiomas 7, 8 y 9, es un *cuerpo conmutativo ordenado,* y por verificar el axioma 10, se dice que el conjunto de los números reales tiene estructura de *cuerpo conmutativo, ordenado y completo.* Destaquemos que un cuerpo se dice conmutativo si cumple la propiedad conmutativa del producto, ya que la de la suma es imprescindible para que sea cuerpo.

Los otros conjuntos numéricos que conocemos, $\mathbb{N}$, $\mathbb{Z}$, $\mathbb{Q}$, $\mathbb{C}$, no cumplen la totalidad de los axiomas.

1.2. VALOR ABSOLUTO. PROPIEDADES

Valor absoluto

La función *valor absoluto* se define como

$$|x| = \left\{ \begin{array}{ll} x, & \text{si } x \in \mathbb{R}^+, \\ -x, & \text{si } x \notin \mathbb{R}^+, \end{array} \right.$$

o en forma equivalente $|x| = \max\{x, -x\}$.

■ **Ejemplo 1.1** Tenemos que

$$|7, 4| = 7, 4 \qquad \text{y que} \qquad |-3, 21| = -(-3, 21) = 3, 21.$$

Propiedades del valor absoluto

Para todos $x, y \in \mathbb{R}$ se verifican las siguientes propiedades:
1. $|x| \geq 0$
2. $|-x| = |x|$
3. $a \geq 0,$ *entonces* $\left[|x| \leq a \iff -a \leq x \leq a \right]$
4. $|x + y| \leq |x| + |y|$
5. $\left| |x| - |y| \right| \leq |x - y|$

1.3. INTERVALOS Y TOPOLOGÍA EN $\mathbb{R}$

Intervalos

Sean $a, b \in \mathbb{R} : a < b$. Definimos el *intervalo abierto* de extremos a y b como el conjunto

$$(a; b) = \{x \in \mathbb{R} : a < x < b\},$$

y el *intervalo cerrado* de extremos a y b se define como el conjunto

$$[a; b] = \{x \in \mathbb{R} : a \leq x \leq b\}.$$

Los *intervalos semiabiertos*, de extremos a y b, son los conjuntos

$$[a; b) = \{x \in \mathbb{R} : a \leq x < b\},$$
$$(a; b] = \{x \in \mathbb{R} : a < x \leq b\}.$$

Consideramos la *recta real ampliada,* $\overline{\mathbb{R}} = \mathbb{R} \cup \{-\infty, +\infty\}$, obtenida añadiendo a los números reales dos entes nuevos con las propiedades habituales, entre ellas la siguiente propiedad de orden:

$$\forall x \in \mathbb{R} : -\infty < x < \infty,$$

y podemos definir con facilidad los *intervalos infinitos:*

$$(a; +\infty) = \{x \in \mathbb{R} : a < x\}, \qquad (-\infty; a] = \{x \in \mathbb{R} : x \leq a\},$$

y de modo análogo:

$$[a; +\infty), \qquad (-\infty; a), \qquad (-\infty; \infty) = \mathbb{R}, \qquad (-\infty; 0) = \mathbb{R}^-, \qquad [0; +\infty) = \mathbb{R}^+.$$

Distancia en $\mathbb{R}$

Una *distancia,* o métrica, en $\mathbb{R}$ es una aplicación $d : \mathbb{R} \times \mathbb{R} \to \mathbb{R}^+$ tal que $\forall a, b, c \in \mathbb{R}$, verifica las condiciones:

1. $d(a, b) = 0 \iff a = b$
2. $d(a, b) = d(b, a)$ \qquad\qquad (Simetría)
3. $d(a, b) \leq d(a, c) + d(c, b)$ \quad (Propiedad triangular).

Se llama *distancia euclídea* o distancia usual de los números reales a la definida mediante el valor absoluto como

$$d(a, b) = |a - b|.$$

Entornos

Si a y δ son números reales con $\delta > 0$, llamamos *entorno abierto* de centro a y radio δ al siguiente conjunto de números reales

$$E_\delta(a) = \{x \in \mathbb{R} : d(x, a) < \delta\},$$

llamamos *entorno cerrado* de centro a y radio δ al conjunto

$$\overline{E}_\delta(a) = \{x \in \mathbb{R} : d(x, a) \leq \delta\},$$

y *entorno reducido* de centro a y radio δ a

$$E_\delta^*(a) = \{x \in \mathbb{R} : d(x, a) < \delta \quad y \quad x \neq a\}.$$

Puesto que nuestra distancia es la distancia euclídea en los números reales, el entorno abierto puede también escribirse de estas formas:

$$E_\delta(a) = \{x \in \mathbb{R} : |x - a| < \delta\} = \{x \in \mathbb{R} : -\delta < x - a < \delta\}$$
$$= \{x \in \mathbb{R} : a - \delta < x < a + \delta\} = (a - \delta; a + \delta),$$

es decir, como intervalo abierto centrado en a y amplitud 2δ. El entorno cerrado resultará, de igual modo,

$$\overline{E}_\delta(a) = \{x \in \mathbb{R} : -\delta \leq x - a \leq \delta\} = [a - \delta; a + \delta]$$

y el entorno reducido será un intervalo abierto sin el punto central:

$$E_\delta^*(a) = (a - \delta; a + \delta) - \{a\} = (a - \delta; a) \cup (a; a + \delta).$$

Puntos interiores, exteriores y frontera

Sean $M \subset \mathbb{R}$, $a \in \mathbb{R}$, se dice que el punto a es *interior* al conjunto M cuando existe un entorno de centro a contenido en M, por tanto $a \in M$. El conjunto de todos los puntos interiores a M se llama interior de M y se representa por $int(M)$ o por $\overset{\circ}{M}$.

El punto $a \in \mathbb{R}$ es *exterior* al conjunto M cuando existe un entorno de centro a contenido en el complementario de M. El conjunto de todos los puntos exteriores a M se llama exterior de M y se representa por $ext(M)$.

El punto $a \in \mathbb{R}$ es un *punto frontera* del conjunto M cuando todo entorno de centro a contiene puntos de M y puntos de su complementario. El conjunto de todos los puntos frontera de M se llama frontera de M y se representa por $fr(M)$.

Para cualquier conjunto M se tiene que $\mathbb{R} = int(M) \cup ext(M) \cup fr(M)$, siendo estos tres conjuntos disjuntos.

■ **Ejemplo 1.2**   En el conjunto $M = (2; 3) \cup \{4\}$, el punto $\frac{5}{2}$ es interior, el punto 0 es exterior y la frontera de M es el conjunto $\{2, 3, 4\}$.

Puntos adherentes y puntos de acumulación

Sean $M \subset \mathbb{R}$, $a \in \mathbb{R}$, se dice que el punto a es un *punto adherente,* o infinitamente próximo, al conjunto M cuando todo entorno de centro a contiene puntos de M. El conjunto de todos los puntos adherentes a M se llama adherencia, cierre o clausura de M y se representa por $adh(M)$ o por $\overline{M}$.

Se verifica que $adh(M) = int(M) \cup fr(M)$.

El punto a es *punto de acumulación* del conjunto M si todo entorno reducido de centro a contiene puntos de M. El conjunto de todos los puntos de acumulación de M recibe el nombre de conjunto derivado de M y se denota por $ac(M)$ o por M' y se verifica que $ac(M) \subset adh(M)$.

En el ejemplo anterior, 3 es un punto de acumulación de M, mientras que 4 no lo es.

Una sencilla reflexión sobre la definición de punto de acumulación nos lleva a asegurar que si el entorno reducido contiene un punto de M, contiene infinitos, sin más que elegir el radio del entorno cada vez más pequeño. En consecuencia, un conjunto finito, M, no puede tener puntos de acumulación, mientras que los conjuntos infinitos pueden tenerlos o no. Así, $\mathbb{N}$ no tiene, mientras que en $\mathbb{Q}$ todos sus puntos son de acumulación.

Un punto de acumulación puede pertenecer o no al conjunto M. Se dice que a es un *punto aislado* de M, si pertenece a M y no es de acumulación de M. Por ello, todos los conjuntos finitos están formados por puntos aislados.

Un importante teorema relativo a los números reales es el siguiente.

■ **Teorema (de Bolzano-Weierstrass)**   *Todo conjunto acotado con infinitos números reales posee al menos un punto de acumulación.*

Conjuntos abiertos y cerrados

Se dice que el conjunto $M \subset \mathbb{R}$ es *abierto* cuando todos sus puntos son interiores a M y diremos que el conjunto $M \subset \mathbb{R}$ es *cerrado* cuando contiene todos sus puntos de acumulación. En forma equivalente

$$M \text{ es abierto si } M = \overset{\circ}{M} \text{ y es cerrado si } M = \overline{M}.$$

■ **Ejemplo 1.3**   Los conjuntos $(0; 1)$, $\mathbb{R}$ y $(0; 1) \cup (1; 2)$ son abiertos, mientras que $[0; 1]$ es un conjunto cerrado. El conjunto $\mathbb{Q}$ no es cerrado, ya que $\sqrt{2}$ no está en $\mathbb{Q}$ a pesar de ser punto de acumulación de $\mathbb{Q}$.

1.4. INECUACIONES

Una *inecuación* real es una condición definida en el cuerpo de los números reales en la que interviene una o más variables ligadas por un signo de desigualdad, $\leq, <, \geq, <$. Nos limitaremos al estudio particular de las inecuaciones con una incógnita.

Resolver una inecuación consiste en hallar *todas* sus soluciones, es decir, determinar los valores que la verifican, para ello utilizaremos las propiedades de las desigualdades con números reales.

Consideremos algunos ejemplos.

■ **Ejemplo 1.4**   Resolvamos $5x - 3(x + 2) \geq 4$.

Operando tenemos que

$$5x - 3x - 6 \geq 4$$
$$2x \geq 10$$
$$x \geq 5,$$

es decir, son solución todos los números reales del intervalo $[5; +\infty)$.

■ **Ejemplo 1.5**   Resolvamos $2x^2 - 4x - 5 > 1$.

Operando y factorizando, resulta $2(x - 3)(x + 1) > 0$.

Como es $2 > 0$, los paréntesis deben ser ambos positivos o ambos negativos, por lo que tenemos que estudiar dos casos:

Caso 1:
$$\left.\begin{array}{c} x - 3 > 0 \\ x + 1 > 0 \end{array}\right\} \;\;\Rightarrow\;\; \left.\begin{array}{c} x > 3 \\ x > -1 \end{array}\right\} \;\;\Rightarrow\;\; x > 3 \;\;\Rightarrow\;\; x \in (3; +\infty).$$

Caso 2:
$$\left.\begin{array}{c} x - 3 < 0 \\ x + 1 < 0 \end{array}\right\} \;\;\Rightarrow\;\; \left.\begin{array}{c} x < 3 \\ x < -1 \end{array}\right\} \;\;\Rightarrow\;\; x < -1 \;\;\Rightarrow\;\; x \in (-\infty; -1).$$

Luego la solución es el conjunto $(-\infty; -1) \cup (3; +\infty)$.

Otra alternativa consiste en dibujar la parábola $y = 2x^2 - 4x - 6$ y observar para qué valores de x es $y > 0$, es decir, cuando los puntos de la parábola tienen valores $y > 0$. La solución se obtiene por observación de la Figura 1.1.

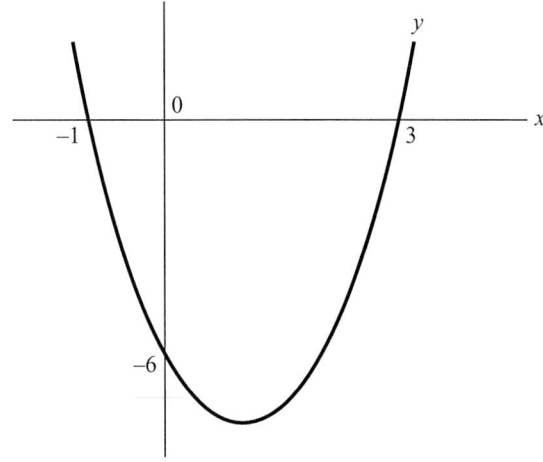

Figura 1.1 Representación de la parábola $y = 2x^2 - 4x - 6$.

Desigualdades con factores

El ejemplo anterior nos lleva, en el caso en que sea posible factorizar con factores de primer grado, al siguiente estudio de los signos de los factores:

El producto $(x - a_1)(x - a_2)(x - a_3)\ldots(x - a_n)$ es:

nulo en $a_1, a_2, \ldots, a_n$,

positivo en los intervalos en que haya un número par de factores negativos, y

negativo en donde haya un número impar de factores negativos.

■ **Ejemplo 1.6** Estudiemos el signo de la expresión $(x + 1)(x - 2)(x - 3)$.

Según lo anterior, esta expresión se anula en $-1, 2, 3$, y

en el intervalo $(-\infty; -1)$ es negativa,

en el intervalo $(-1; 2)$ es positiva,

en el intervalo $(2; 3)$ es negativa y

en el intervalo $(3; +\infty)$ es positiva.

Otra alternativa consiste en dibujar la función $y = (x + 1)(x - 2)(x - 3)$ y observar para qué valores de x es $y > 0$ y para qué valores es $y < 0$, como puede verse en la Figura 1.2.

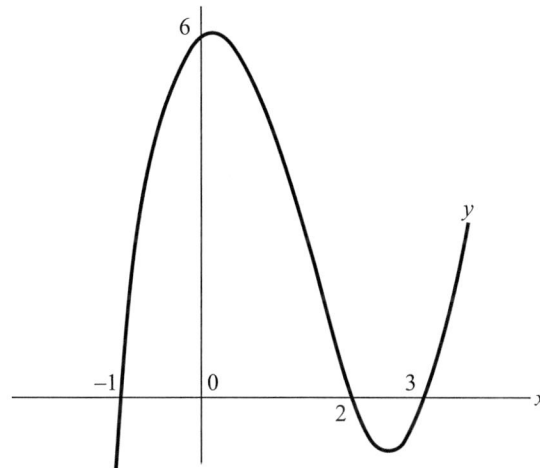

Figura 1.2 Representación de la función $y = (x + 1)(x - 2)(x - 3)$.

■ **Ejemplo 1.7** Resolvamos la inecuación $\dfrac{1 + x}{x - 2} \leq 2$.

La inecuación no es válida para $x = 2$, ya que carece de sentido porque se anula el denominador. No podemos pasar el denominador al lado derecho a no ser que sepamos su signo, por lo que es preciso estudiar dos casos:

Si es $x - 2 > 0$, entonces

$$\left.\begin{array}{l} x - 2 > 0 \\ 1 + x \leq 2(x - 2) \end{array}\right\} \Rightarrow \left.\begin{array}{l} x - 2 > 0 \\ 1 + x \leq 2x - 4 \end{array}\right\} \Rightarrow \left.\begin{array}{l} x > 2 \\ 5 \leq x \end{array}\right\} \Rightarrow x \geq 5.$$

Si es $x - 2 < 0$, la desigualdad cambia de sentido y resulta

$$\left.\begin{array}{l} x - 2 < 0 \\ 1 + x \geq 2(x - 2) \end{array}\right\} \Rightarrow \left.\begin{array}{l} x - 2 < 0 \\ 1 + x \geq 2x - 4 \end{array}\right\} \Rightarrow \left.\begin{array}{l} x < 2 \\ 5 \geq x \end{array}\right\} \Rightarrow x < 2.$$

Luego la solución es $(-\infty; 2) \cup [5; +\infty)$.

Desigualdades con valor absoluto

En los casos en que aparezca el valor absoluto basta recordar la siguiente fórmula, utilizada en la definición de entorno abierto,

$$|x - a| < \delta \quad \Leftrightarrow \quad a - \delta < x < a + \delta,$$

siendo $\delta > 0$, o su análoga con $\leq$. Un caso particular es

$$|x| < \delta \quad \Leftrightarrow \quad -\delta < x < \delta$$

y de aquí, por el contrario:

$$|x| > \delta \quad \Leftrightarrow \quad x > \delta \quad \vee \quad x < -\delta.$$

■ **Ejemplo 1.8**   Resolvamos $|x - 2| < \frac{1}{2}$.
  Esta desigualdad es equivalente a

$$2 - \frac{1}{2} < x < 2 + \frac{1}{2},$$

es decir, $\frac{3}{2} < x < \frac{5}{2}$, o bien $x \in \left(\frac{3}{2}; \frac{5}{2}\right)$.

■ **Ejemplo 1.9**   Resolvamos $\left|2 - x^2\right| < 1$.
  En este caso debe ser

$$-1 < 2 - x^2 < 1,$$

sumando -2 en los tres miembros de esta doble desigualdad se obtiene

$$-3 < -x^2 < -1,$$

y cambiando de signo, lo que obliga a cambiar el sentido de las desigualdades,

$$3 > x^2 > 1,$$

es decir, $1 < x^2 < 3$, o bien $1 < |x| < \sqrt{3}$. Luego

$$\text{si es } x \geq 0 \quad \Rightarrow \quad 1 < x < \sqrt{3} \quad \Rightarrow \quad x \in (1; \sqrt{3}),$$
$$\text{si es } x < 0 \quad \Rightarrow \quad 1 < -x < \sqrt{3} \quad \Rightarrow \quad -\sqrt{3} < x < -1 \quad \Rightarrow \quad x \in (-\sqrt{3}; -1),$$

por lo que la solución es el conjunto dado por $(-\sqrt{3}; -1) \cup (1; \sqrt{3})$.

■ **Ejemplo 1.10**   Resolvamos $|3x + 5| \geq 1$.
  Debe ser $3x + 5 \geq 1$ o bien $3x + 5 \leq -1$, luego

$$3x \geq -4, \qquad \text{o bien} \qquad 3x \leq -6,$$

es decir,

$$x \geq \frac{-4}{3}, \qquad \text{o bien} \qquad x \leq -2,$$

por lo que la solución de esta inecuación es $(-\infty; -2] \cup \left[\frac{-4}{3}; +\infty\right)$.

1.5.   DISTINTOS CONJUNTOS NUMÉRICOS

Los matemáticos han ampliado los conjuntos numéricos a lo largo de la historia. La necesidad de resolver ecuaciones ha propiciado la creación de nuevos conjuntos. Veremos brevemente estos conjuntos prestando especial atención a tres aspectos: las propiedades que cumplen las operaciones usuales de suma y producto, las ecuaciones que pueden resolverse en ellos y la forma en que progresivamente se va "llenando" la recta real.

Los números naturales

Su introducción axiomática se debe a G. Peano. No hay que olvidar que la axiomatización del Álgebra es dos mil años posterior a la de la Geometría. Los cinco axiomas que los definen son

1. El uno es un número natural, es decir, $1 \in \mathbb{N}$.
2. Todo número natural tiene un siguiente, es decir, $n \in \mathbb{N} \Rightarrow n + 1 \in \mathbb{N}$.
3. Todo número distinto del uno es siguiente de otro, es decir,

$$n \in \mathbb{N} \quad y \quad n \neq 1 \quad \Rightarrow \quad \exists m \in \mathbb{N} : m + 1 = n.$$

4. Números naturales distintos tienen siguientes distintos, es decir,

$$m \neq n \quad \Rightarrow \quad m + 1 \neq n + 1.$$

5. Si un subconjunto M de $\mathbb{N}$ es tal que contiene al 1 y siempre que contenga a un número también contiene al siguiente, entonces M coincide con $\mathbb{N}$, es decir,

$$[M \subset \mathbb{N} \quad y \quad 1 \in M \quad y \quad (m \in M \Rightarrow m + 1 \in M)] \Rightarrow M = \mathbb{N}.$$

El conjunto de los números naturales es el conjunto infinito $\mathbb{N} = \{1, 2, 3, \dots\}$. Operativamente verifica las propiedades:

a) Para la suma: asociativa y conmutativa.

b) Para el producto: asociativa, conmutativa y neutro.

c) Distributiva del producto respecto de la suma.

La relación $a < b \Leftrightarrow b - a \in \mathbb{N}$ origina un orden estricto y sus elementos forman una cadena.

Por verificar estas propiedades se dice que es un *semianillo* conmutativo con elemento unidad y estrictamente ordenado.

Una sencilla ecuación como $3 + x = 2$ no tiene solución en $\mathbb{N}$. Si colocamos en una recta los números naturales, fijando el origen y la unidad, la recta tiene "grandes huecos".

La principal aplicación de los números naturales, aparte de que sirven para contar, es la *inducción* que veremos posteriormente.

Los números enteros

El conjunto de los números enteros es $\mathbb{Z} = \{\dots, -3, -2, -1, 0, 1, 2, \dots\}$ que tiene para las operaciones usuales suma y producto las propiedades de $\mathbb{N}$ y además las propiedades de *neutro* y *opuesto* para la suma, teniendo la estructura de *anillo* unitario, conmutativo, sin divisores de cero y ordenado. Este conjunto contiene al de los naturales, es decir, $\mathbb{Z} \supset \mathbb{N}$. La inclusión amplía a $\mathbb{Z}$ las operaciones de $\mathbb{N}$ y el orden estricto.

Una ecuación tan sencilla como $2x = 5$ no tiene solución en los enteros y si colocamos estos números sobre una recta nos encontramos con una situación parecida a la de los naturales. Parece pues conveniente ampliar este conjunto a otro que tenga más propiedades y que permita resolver estas ecuaciones.

Los números racionales

Son el conjunto infinito $\mathbb{Q} = \left\{ \frac{p}{q} : q, p \in \mathbb{Z} \quad y \quad q \neq 0 \right\}$ donde es preciso tener en cuenta la relación de equivalencia entre fracciones. Con las operaciones que conocemos se cumplen las propiedades de los enteros y además la propiedad de elemento *inverso* para todos los números racionales salvo el cero. Estructuralmente $\mathbb{Q}$ es un *cuerpo* conmutativo y ordenado que contiene a los enteros, $\mathbb{Q} \supset \mathbb{Z}$, ampliando de forma natural sus operaciones.

Los números racionales tienen todas las propiedades que hemos estudiado, sin embargo existen ecuaciones que no tienen solución en $\mathbb{Q}$, como $x^2 = 2$, y la recta no está "llena" en el sentido de que hay más puntos que números racionales.

■ **Ejemplo 1.11** Veamos que $\sqrt{2}$ no es un número racional. Si fuese $x = \sqrt{2} \in \mathbb{Q}$, podría escribirse $x = \frac{p}{q}$ fracción irreducible, es decir, sin factores comunes. En estas condiciones

$$\frac{p^2}{q^2} = 2 \;\Rightarrow\; p^2 = 2q^2 \;\Rightarrow\; p^2 \text{ es par} \;\Rightarrow\; p \text{ es par,}$$

por lo que, si es $p = 2k$, resultaría

$$(2k)^2 = 2q^2 \;\Rightarrow\; 2k^2 = q^2 \;\Rightarrow\; q^2 \text{ es par} \;\Rightarrow\; q \text{ es par,}$$

contradicción, pues no tenían factores comunes. Por tanto la ecuación $x^2 = 2$ no tiene solución en los racionales. Por el mismo motivo existen puntos en la recta a los que no corresponde ningún número racional. Estos puntos de la recta se llaman *irracionales;* es sencillo ver que todas las raíces no exactas de números naturales: $\sqrt{2}$, $\sqrt{3}$, $\sqrt{5}$, $\sqrt{6}$, $\sqrt{7}$, $\sqrt{8}$, $\sqrt{10}, \dots$, son irracionales.

Los números reales

Un número real es aquél que se representa mediante una expresión decimal con infinitas cifras decimales; si empleamos la notación decimal, podemos escribir

$$\mathbb{R} = \{a, a_1 a_2 a_3 \dots \;:\; a \in \mathbb{Z} \quad y \quad a_i \in \{0, 1, 2, \dots, 9\}\} \,.$$

Si el número de decimales es finito, es decir, todas sus cifras decimales son cero a partir de una determinada, o su expresión decimal es periódica, se trata de un número racional, mientras que en caso contrario es un irracional, como son $2, 1121231234\dots$, $\sqrt{2}$, π, e. Estos irracionales pueden ser *algebraicos* o *trascendentes*, según que sean solución de alguna ecuación algebraica (con coeficientes enteros), o que no lo sea. La ecuación $x^5 + 7 = 0$ tiene por solución $x = \sqrt[5]{-7} = -\sqrt[5]{7}$, por lo que este número es algebraico, mientras que π y e son trascendentes.

Estructuralmente los números reales constituyen también un *cuerpo* conmutativo y ordenado, como los racionales y se tiene que $\mathbb{R} \supset \mathbb{Q}$, en el triple sentido de las otras ampliaciones. Además los números reales "llenan" la recta en el sentido de que existen tantos puntos en la recta como números reales. El cuerpo real es *completo* en el sentido de que toda sucesión convergente de números reales tiene límite también real; en cambio existen sucesiones de números racionales que convergen a π, que es irracional. Existe por tanto una biyección entre el conjunto de los números reales y los puntos de la recta, lo que hace que la recta se llame *recta real.*

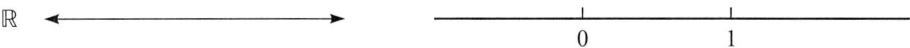

Figura 1.3 Identificación entre los números reales y la recta real.

Sin embargo existen ecuaciones sencillas con coeficientes reales, como $x^2 + 1 = 0$, que no tienen solución en $\mathbb{R}$ y nos llevan a una última ampliación del concepto de número. Esta ecuación retrasó prácticamente un siglo el proceso matemático de la resolución de ecuaciones. De forma inconsciente se esperaba la aparición de Gauss en la escena.

Los números complejos

Se define como el conjunto $\mathbb{C} = \{a + bi : a, b \in \mathbb{R}\}$, donde i es la unidad imaginaria, de valor $i = \sqrt{-1}$. Este conjunto numérico tiene estructua de *cuerpo* conmutativo, conteniendo al conjunto de los números reales, es decir $\mathbb{C} \supset \mathbb{R}$. Sin embargo, el orden usual de $\mathbb{R}$ no es ampliable a $\mathbb{C}$.

El *teorema fundamental del Álgebra* asegura que toda ecuación polinómica en $\mathbb{C}$, de grado n, tiene exactamente n raíces, contando la multiplicidad. Por ello se dice que $\mathbb{C}$ es un cuerpo *algebraicamente cerrado*, cosa que $\mathbb{R}$ no lo es. Esto garantiza que toda ecuación polinómica en $\mathbb{C}$ es resoluble. Los complejos llenan el plano, es decir, hay tantos números complejos como puntos en el plano.

Como resumen de los aspectos que nos interesaban para ampliar los conjuntos numéricos, podemos destacar que

- $\mathbb{Q}$, $\mathbb{R}$ y $\mathbb{C}$ son cuerpos,
- $\mathbb{R}$ llena la recta, y
- en $\mathbb{C}$ todas las ecuaciones polinómicas tienen solución.

1.6. CONJUNTOS ACOTADOS. PROPIEDAD DEL SUPREMO

Cotas

Sea S un subconjunto de los números reales y sean a, b números reales. Se dice que *a es una cota superior de* $S \subset \mathbb{R}$, $S \neq \emptyset$, *si* $\forall x \in S : x \leq a$. Diremos que *b es una cota inferior de* $S \subset \mathbb{R}$, $S \neq \emptyset$, *si* $\forall x \in S : b \leq x$.

Si un conjunto tiene una cota superior se dice que está *acotado superiormente;* si tiene una cota inferior se dice que está *acotado inferiormente* y si está acotado superior e inferiormente, se dice que es un conjunto *acotado.*

Si un conjunto tiene una cota superior, tiene infinitas, todos los números posteriores. Análogo por la otra parte.

■ **Ejemplo 1.12** El conjunto $[-2; 2]$ tiene, entre otras, a $3, 5, 800$ como cotas superiores.

Para el conjunto $(1; \sqrt{3}]$, $-1000, 0$ y 1 son cotas inferiores.

El conjunto $\left\{ \frac{1}{n}, n \in \mathbb{N} \right\} = \left\{ 1, \frac{1}{2}, \frac{1}{3}, \dots \right\}$ está acotado: 5 y -3 son dos de sus cotas.

$\mathbb{Z}, \mathbb{Q}, \mathbb{R}$ no están acotados inferior ni superiormente.

Supremo e ínfimo

Sea S un subconjunto de los números reales y sean α, β números reales. Se dice que α es el *supremo*, o extremo superior, de S si es la menor de las cotas superiores de S. Diremos que β es el *ínfimo*, o extremo inferior de S si es la mayor de las cotas inferiores de S. Escribiremos $\sup S$ e $\inf S$ para indicarlos. El supremo y el ínfimo son únicos, cuando existen.

Máximo y mínimo

Sea S un subconjunto de los números reales y sean α, β números reales. Se dice que α es el *máximo* de S si $\alpha = \sup S$ y $\alpha \in S$. Diremos que β es el *mínimo* de S si $\beta = \inf S$ y $\beta \in S$. Escribiremos $\max S$ y $\min S$ para indicarlos.

■ **Ejemplo 1.13** El supremo de $(-3; 4)$ es 4 y no pertenece al conjunto; el supremo de $(-3; 4]$ es 4 y pertenece al conjunto, por lo que es el máximo del conjunto.

El ínfimo de $\{-2\} \cup [2; 5)$ es -2, que es mínimo por pertenecer al conjunto.

El conjunto $(-2; -1] \cup \{0\} \cup (1; 2)$ no tiene máximo ni mínimo, el supremo es 2 y el ínfimo es -2, pero no pertenecen al conjunto.

Axioma 10

Estamos ahora en condiciones de entender el último axioma, llamado axioma del supremo, de completitud, o de continuidad, y ver que este axioma caracteriza a los números reales en el sentido de que éstos lo verifican pero los racionales no. Recordamos que el axioma dice:

Para cada conjunto $S \subset \mathbb{R}$, $S \neq \emptyset$, *acotado superiormente, existe* $\sup S$.

El conjunto $\left\{ x \in \mathbb{Q}^{+} : 0 < x^2 < 3 \right\} = \mathbb{Q} \cap (0; \sqrt{3})$ no tiene supremo en $\mathbb{Q}$ a pesar de estar acotado superiormente y ser no vacío, ya que hay números racionales tan próximos a $\sqrt{3}$ como queramos. Esto no ocurre en $\mathbb{R}$, donde este conjunto tiene supremo, siendo éste $\sqrt{3}$, verificando el axioma 10. Esto es consecuencia de que la recta no tiene "huecos". Como consecuencia del axioma tenemos la siguiente propiedad.

■ **Propiedad del ínfimo** *Para cada conjunto* $S \subset \mathbb{R}$, $S \neq \emptyset$, *acotado inferiormente, existe* $\inf S$.

1.7. INDUCCIÓN

Las fórmulas en las que intervenga un número natural genérico pueden comprobarse para muchos valores, pero nunca para todos los números de $\mathbb{N}$. El método de inducción permite la demostración de propiedades o fórmulas. Si $P(n)$ significa que la propiedad P es cierta para $n \in \mathbb{N}$, el método puede enunciarse así:

■ **Principio de inducción matemática**

$$\left. \begin{array}{l} \textit{Si } P(1) \textit{ y,} \\ P(k) \;\Rightarrow\; P(k+1) \end{array} \right\} \; \textit{entonces } \forall n \in \mathbb{N} \textit{ es } P(n).$$

En este método de demostración hemos de comprobar la propiedad para el valor 1, u otro valor donde la fórmula comienza a tener validez, y demostrar que cada vez que la propiedad se cumpla para un número, también se cumplirá para el siguiente, así este principio nos garantiza que la fórmula se cumple para todos los naturales. La demostración de este principio corresponde al Álgebra.

■ **Ejemplo 1.14**   Vamos a demostar por inducción la fórmula de la suma de los primeros $n+1$ términos de una progresión geométrica con razón $r \neq 1$. Esta fórmula es

$$1 + r + r^2 + \cdots + r^n = \frac{1 - r^{n+1}}{1 - r}.$$

Para $n = 1$ es $1 + r = \dfrac{1 - r^2}{1 - r}$, que es válida.

Supongamos que la fórmula fuese cierta para el número k, es decir, que se tiene

$$1 + r + r^2 + \cdots + r^k = \frac{1 - r^{k+1}}{1 - r};$$

veamos que, entonces, también es cierta para el número $k+1$, en efecto:

$$1 + r + r^2 + \cdots + r^k + r^{k+1} = \left(1 + r + r^2 + \cdots + r^k\right) + r^{k+1}$$
$$= \frac{1 - r^{k+1}}{1 - r} + r^{k+1} = \frac{1 - r^{k+1} + r^{k+1} - r^{k+2}}{1 - r} = \frac{1 - r^{k+2}}{1 - r},$$

lo que concluye la demostración.

PROBLEMAS RESUELTOS

► 1.1   Demuéstrese que si a y b son dos números rales positivos tales que $a^2 \leq b^2$, entonces es $a \leq b$.

RESOLUCIÓN. Por una parte se tiene que $a, b \in \mathbb{R}^+ \;\Rightarrow\; a + b \in \mathbb{R}^+$, y por otra se tiene que

$$a^2 \leq b^2 \;\Rightarrow\; b^2 - a^2 \in \mathbb{R}^+ \;\Rightarrow\; (b+a)(b-a) \in \mathbb{R}^+,$$

por lo que debe ser $b - a \in \mathbb{R}^+$, y por tanto $a \leq b$.

► 1.2   ¿Cuándo se cumple que la media geométrica de dos números positivos es menor o igual que su media aritmética?

RESOLUCIÓN. Siempre, ya que si $a, b \in \mathbb{R}^+$, se tiene que

$$(a - b)^2 \geq 0 \;\Rightarrow\; a^2 - 2ab + b^2 \geq 0 \;\Rightarrow\; a^2 + 2ab + b^2 \geq 4ab$$

$$\Rightarrow\; (a + b)^2 \geq 4ab \;\Rightarrow\; \frac{(a + b)^2}{4} \geq ab$$

y extrayendo la raíz cuadrada de estos números positivos, según el problema anterior, queda

$$\frac{a+b}{2} \geq \sqrt{ab}.$$

1.3 Dado el conjunto $A = (\frac{1}{4}; \frac{11}{4}] \cup \{0\}$, estúdiese si los puntos $0, \frac{1}{4}, \frac{7}{4}, \frac{11}{4}, 3$, son interiores, exteriores o frontera. ¿Es A un conjunto abierto? ¿Qué puntos son de acumulación del conjunto?

RESOLUCIÓN. $\frac{7}{4}$ es interior, 3 es exterior a A y $0, \frac{1}{4}$ y $\frac{11}{4}$ son puntos frontera.

El conjunto A no es un conjunto abierto, pues $0 \in A$ y sin embargo 0 no es interior.

De los puntos que nos piden su estudio $\frac{1}{4}, \frac{7}{4}$ y $\frac{11}{4}$ son de acumulación, mientras que 0 es un punto aislado. El conjunto derivado, que está formado por todos los puntos de acumulación del conjunto es el intervalo $[\frac{1}{4}; \frac{11}{4}]$.

1.4 Se consideran los conjuntos

$$B = \{x \in \mathbb{Q} : 2 \leq x \leq 4\} \quad \text{y} \quad C = \{x \in \mathbb{R} - \mathbb{Q} : 1 \leq x \leq 3\}.$$

Determínense los conjuntos $B \cap C$, $B \cup C$, $\text{int}(B \cap C)$ e $\text{int}(B \cup C)$.

RESOLUCIÓN. Como es $B = [2; 4] \cap \mathbb{Q}$ y $C = [1; 3] \cap (\mathbb{R} - \mathbb{Q})$, es decir, números racionales del intervalo $[2; 4]$ y números irracionales de $[1; 3]$ respectivamente, se tiene que $\overset{\circ}{B} = \emptyset$, $\overset{\circ}{C} = \emptyset$ y que

$$B \cap C = \emptyset, \quad B \cup C = [2; 3] \cup \big([3; 4] \cap \mathbb{Q}\big) \cup \big([1; 2] \cap (\mathbb{R} - \mathbb{Q})\big),$$

por tanto es

$$\text{int}(B \cap C) = \text{int}(\emptyset) = \emptyset,$$
$$\text{int}(B \cup C) = \text{int}([2; 3]) \cup \text{int}([3; 4] \cap \mathbb{Q}) \cup \text{int}([1; 2] \cap \mathbb{R} - \mathbb{Q}) = (2; 3) \cup \emptyset \cup \emptyset = (2; 3),$$

que no coincide con $(\text{int}(B)) \cup (\text{int}(C)) = \emptyset \cup \emptyset = \emptyset$.

1.5 Resuélvase la inecuación $x(3x - 1)(2x - 7) \geq 0$.

RESOLUCIÓN. El producto se anula para los valores $x = 0$, $x = \frac{1}{3}$ y $x = \frac{7}{2}$, que verifican la inecuación. Si consideramos los intervalos

$$(-\infty; 0), \quad \left(0; \frac{1}{3}\right), \quad \left(\frac{1}{3}; \frac{7}{2}\right), \quad \left(\frac{7}{2}; +\infty\right),$$

se tiene que en el primero los tres factores son negativos, luego el producto es negativo. En el segundo hay un factor positivo $(x \geq 0)$ y dos negativos, luego el producto es positivo. En el tercer intervalo hay dos factores positivos y uno negativo, luego el producto es negativo. En el último intervalo los tres factores son positivos y el producto también. Por tanto la inecuación se verifica para los números reales pertenecientes a

$$[0; \tfrac{1}{3}] \cup [\tfrac{7}{2}; +\infty).$$

El estudio del signo en los intervalos puede hacerse con un sencillo diagrama de siguiente modo

	$(-\infty; 0)$	0	$(0; \frac{1}{3})$	$\frac{1}{3}$	$(\frac{1}{3}; \frac{7}{2})$	$\frac{7}{2}$	$(\frac{7}{2}; +\infty)$
x	$-$	0	$+$	$+$	$+$	$+$	$+$
$3x - 1$	$-$	$-$	$-$	0	$+$	$+$	$+$
$2x - 7$	$-$	$-$	$-$	$-$	$-$	0	$+$

▶ 1.6 Hállense los valores reales que verifican que $x + \frac{1}{x} < 1$.

RESOLUCIÓN. Tenemos que

$$x + \frac{1}{x} < 1 \iff x + \frac{1}{x} - 1 < 0 \iff \frac{x^2 - x + 1}{x} < 0$$

y como el numerador no tiene raíces reales y es siempre positivo, deber ser negativo el denominador, es decir, $x < 0$. Por tanto las soluciones de la inecuación dada son los valores del intervalo $(-\infty; 0)$.

▶ 1.7 Demuéstrese que $\forall x, y \in \mathbb{R}$ se verifica que

$$|x + y| \leq |x| + |y|.$$

RESOLUCIÓN. Por la definición de valor absoluto se tiene que $\forall x \in \mathbb{R}$ es $-|x| \leq x \leq |x|$, siendo una de las dos desigualdades una igualdad. Escribiendo estas desigualdades para x e y y sumando resulta

$$
\begin{array}{ccccc}
-|x| & \leq & x & \leq & |x| \\
-|y| & \leq & y & \leq & |y| \\
\hline
-(|x| + |y|) & \leq & x + y & \leq & |x| + |y|
\end{array}
$$

por lo que se tiene $|x + y| \leq |x| + |y|$.

▶ 1.8 Resuélvanse las inecuaciones

$$\text{a)} \quad |1 - 3x| > \tfrac{1}{5}, \qquad \text{b)} \quad |x^2 - 3| \leq 4.$$

RESOLUCIÓN. a) Debe ser $1 - 3x > \frac{1}{5}$ o $1 - 3x < \frac{-1}{5}$. En el primer caso tenemos que

$$1 - 3x > \frac{1}{5} \Rightarrow -3x > \frac{1}{5} - 1 \Rightarrow -3x > \frac{-4}{5} \Rightarrow 3x < \frac{4}{5} \Rightarrow x < \frac{4}{15},$$

y en el segundo

$$1 - 3x < \frac{-1}{5} \Rightarrow -3x < \frac{-1}{5} - 1 \Rightarrow -3x < \frac{-6}{5} \Rightarrow 3x > \frac{6}{5} \Rightarrow x > \frac{6}{15}.$$

Por tanto la solución es $(-\infty; \frac{4}{15}) \cup (\frac{6}{15}; +\infty)$.

b) Se tiene que

$$|x^2 - 3| \leq 4 \Rightarrow -4 \leq x^2 - 3 \leq 4 \Rightarrow -4 + 3 \leq x^2 \leq 4 + 3$$
$$\Rightarrow -1 \leq x^2 \leq 7 \Rightarrow 0 \leq x^2 \leq 7 \Rightarrow x \in \left[-\sqrt{7}; +\sqrt{7}\right].$$

▶ 1.9 Hállense supremo y máximo, si exiten, de los siguientes conjuntos

$$\text{a)} [0; 1), \quad \text{b)} (0; 1], \quad \text{c)} \{x \in \mathbb{R} : x^2 < 1\}, \quad \text{d)} \{x \in \mathbb{R} : x^2 \geq 1\}, \quad \text{e)} \{0,9,\, 0,99,\, 0,999, \dots\}.$$

RESOLUCIÓN. a) El supremo es 1, pero no es máximo pues no pertenece al conjunto.

b) 1 es supremo y máximo.

c) Como es $\{x \in \mathbb{R} : x^2 < 1\} = (-1;1)$, el supremo es 1 pero no es máximo.

d) Se tiene que $\{x \in \mathbb{R} : x^2 \geq 1\} = (-\infty; -1] \cup [1; +\infty)$, por lo que no posee supremo, ni máximo, al no ser un conjunto acotado superiormente.

e) El supremo es $1 = 0,\widehat{9}$, pero no es máximo porque 1 no pertenece al conjunto.

1.10 Determínense, si existen, supremo, ínfimo, máximo y mínimo de los conjuntos

$$A = \{x \in \mathbb{R} : x^2 + 2x + 3 \geq 0\}, \quad B = \{\tfrac{1}{m} : m \in \mathbb{Z} \ \text{ y } \ m \neq 0\}, \quad C = \left\{1 + \frac{(-1)^n}{n}, \quad n \in \mathbb{N}\right\}$$

RESOLUCIÓN. Como $x^2 + 2x + 3 = 0$ no tiene raíces reales y siempre toma valores positivos, resulta que es $A = \mathbb{R}$ y este conjunto no tiene supremo ni ínfimo y, por ello, tampoco máximo ni mínimo.

El conjunto B puede escribirse en la forma

$$B = \left\{1, -1, \frac{1}{2}, \frac{-1}{2}, \frac{1}{3}, \frac{-1}{3}, \ldots, \frac{1}{m}, \frac{-1}{m}, \ldots\right\}$$

cuyos valores extremos son 1 y -1, que son supremo e ínfimo. Al pertenecer éstos al conjunto B, son respectivamente máximo y mínimo de B.

Los elementos del conjunto

$$C = \left\{1 - 1, \ 1 + \tfrac{1}{2}, \ 1 - \tfrac{1}{3}, \ 1 + \tfrac{1}{4}, \ 1 - \tfrac{1}{5}, \ \ldots\right\}$$

son todos positivos, siendo $1 - 1 = 0$ el ínfimo y mínimo. Los elementos mayores que 1 van decreciendo, por lo que $1 + \tfrac{1}{2}$ es el supremo y máximo de C.

1.11 Demuéstrese por inducción que

$$\text{a)} \quad 1 + 2 + 3 + \cdots + n = \frac{n(n+1)}{2}, \qquad \text{b)} \quad 1 + 3 + 5 + \cdots + (2n-1) = n^2.$$

RESOLUCIÓN. a) Para $n = 1$ es $1 = \frac{1(1+1)}{2} = 1$, y en este caso la propiedad es válida.

Supuesta cierta para $n = k$, veamos que también lo es para $n = k+1$. En efecto,

$$1 + 2 + 3 + \cdots + k + (k+1) = \frac{k(k+1)}{2} + (k+1) = (k+1)\left[\frac{k}{2} + 1\right] = \frac{(k+1)(k+2)}{2}.$$

b) Utilizando el apartado anterior, tenemos que

$$\begin{aligned}
1 + 3 + 5 + \cdots + (2n-1) &= 1 + 2 + 3 + \cdots + 2n - (2 + 4 + \cdots + 2n) \\
&= (1 + 2 + 3 + \cdots + 2n) - 2(1 + 2 + \cdots + n) \\
&= \frac{2n(2n+1)}{2} - 2\,\frac{n(n+1)}{2} \\
&= n(2n+1) - n(n+1) = n(2n+1-n-1) = n^2.
\end{aligned}$$

Puede hacese también directamente por inducción.

1.12 Demuéstrese que

$$\binom{n}{0} + \binom{n}{1} + \binom{n}{2} + \cdots + \binom{n}{n} = 2^n.$$

RESOLUCIÓN. Para $n = 1$ es

$$\binom{1}{0} + \binom{1}{1} = 1 + 1 = 2 = 2^1.$$

Si suponemos la fórmula es cierta para $n = k$, veamos que también lo es para $k + 1$.
Si tenemos en cuenta que

$$\binom{k+1}{m+1} = \binom{k}{m} + \binom{k}{m+1} \qquad \text{y que} \qquad \binom{k+1}{0} = \binom{k}{0} = 1, \qquad \binom{k+1}{k+1} = \binom{k}{k} = 1.$$

Se tiene

$$\binom{k+1}{0} + \binom{k+1}{1} + \binom{k+1}{2} + \binom{k+1}{3} + \cdots + \binom{k+1}{k+1} =$$

$$= \binom{k+1}{0} + \left[\binom{k+1}{1} + \binom{k+1}{2} + \binom{k+1}{3} + \cdots + \binom{k+1}{k} \right] + \binom{k+1}{k+1}$$

$$= \binom{k}{0} + \left[\binom{k}{0} + \binom{k}{1} + \binom{k}{1} + \binom{k}{2} + \binom{k}{2} + \binom{k}{3} + \cdots + \binom{k}{k-1} + \binom{k}{k} \right] + \binom{k}{k}$$

$$= 2 \left[\binom{k}{0} + \binom{k}{1} + \binom{k}{2} + \cdots + \binom{k}{k} \right] = 2 \cdot 2^k = 2^{k+1}.$$

▶ **1.13** En el conjunto de polinomios en las indeterminadas x e y con coeficientes reales, demuéstrese que $x - y$ es divisor de $x^n - y^n$ siendo $n \in \mathbb{N}$.

RESOLUCIÓN. Si $n = 1$ es $x^1 - y^1 = x - y = 1(x - y)$, siendo 1 uno de estos polinomios, por lo que $x - y$ es divisor de $x - y$.
Supuesto que existe un polinomio p tal que $x^k - y^k = p(x - y)$, se tiene que

$$x^{k+1} - y^{k+1} = x^{k+1} - xy^k + xy^k - y^{k+1} = x(x^k - y^k) + y^k(x - y)$$

$$= xp(x - y) + y^k(x - y) = (xp + y^k)(x - y) = q(x - y)$$

siendo q otro polinomio en esas mismas indeterminadas, por lo que $x^{k+1} - y^{k+1}$ es múltiplo de $x - y$.

PROBLEMAS PROPUESTOS

1.1 Demuéstrese que entre dos números racionales distintos hay otro racional.

1.2 Encuéntrese el fallo de la siguiente "demostración". Sea $x = 1$. Entonces

$$x^2 = x \implies x^2 - 1 = x - 1 \implies (x + 1)(x - 1) = x - 1 \implies x + 1 = 1,$$

y como es $x = 1$, se sigue que $2 = 1$.

1.3 ¿Qué clase de punto es π respecto del conjunto $B = \{x \in \mathbb{Q} : 2 \leq x \leq 4\}$? Hállense $\text{int}(B), \text{ext}(B)$ y $\text{fr}(B)$. El conjunto B, ¿es un conjunto abierto?

1.4 Estúdiese si el conjunto $A = \{\frac{1}{n}, n \in \mathbb{N}\}$ es un conjunto cerrado.

1.5 Resuélvase la inecuación $x^2 - 6x + 9 \leq 0$.

1.6 Resuélvase la inecuación $\dfrac{2x^2 + 1}{4 - x^2} \leq 0$.

1.7 Demuéstrese que

$$||x| - |y|| \leq |x - y| \qquad \text{y que} \qquad ||x| - |y|| \leq |x + y|.$$

1.8 Resuélvanse las inecuaciones

$$\text{a)} \quad \left| \frac{1}{4} - x \right| \leq \frac{1}{4}, \qquad \text{b)} \quad \left| x^2 + x + \frac{1}{4} \right| < 0.$$

1.9 Hállese ínfimo y mínimo, si existen, de los conjuntos

a) $[0; 1)$, b) $(0; 1]$, c) $\{x \in \mathbb{R} : x^2 < 1\}$, d) $\{x \in \mathbb{R} : x^2 \geq 1\}$, e) $\{0,9, \, 0,99, \, 0,999, \ldots\}$.

1.10 Determínense, si existen, supremo, ínfimo, máximo y mínimo de los conjuntos

$$A = \{x \in \mathbb{R} : x^2 + 2x + 3 \leq 0\}, \quad B = \{\tfrac{1}{n} : n \in \mathbb{N}\}, \quad C = \{n + (-1)^n, \quad n \in \mathbb{N}\}.$$

1.11 Demuéstrese que

$$1^2 + 2^2 + 3^2 + \cdots + n^2 = \frac{n(n+1)(2n+1)}{6}.$$

1.12 Demuéstrese que

$$1^3 + 2^3 + 3^3 + \cdots + n^3 = (1 + 2 + 3 + \cdots + n)^2$$

y como consecuencia que

$$1^3 + 2^3 + 3^3 + \cdots + n^3 = \left[\tfrac{n(n+1)}{2} \right]^2.$$

1.13 Pruébese que es $n! > 2^n$ si n es un número natural y $n > 3$.

Funciones reales

En este capítulo...

2.1. FUNCIONES REALES

Definición de función

Una *función* sobre D, siendo $D \subset \mathbb{R}$, es una regla que a cada número x de D le asocia un sólo número y de $\mathbb{R}$. Se representa en la forma $f : D \to \mathbb{R}$. A y se le llama imagen de x y se escribe $y = f(x)$.

Se entiende por *dominio* de la función f, o *campo de definición*, al conjunto

$$\text{Dom } f = \{x \in \mathbb{R} : \exists y \in \mathbb{R} \text{ con } y = f(x)\},$$

mientras que la *imagen* de la función, o *recorrido*, es el conjunto

$$\text{Im } f = \{y \in \mathbb{R} : \exists x \in \mathbb{R} \text{ con } y = f(x)\}.$$

Se llama *gráfica* de la función f al subconjunto de $\mathbb{R}^2$

$$G(f) = \{(x,y) \in \mathbb{R}^2 : y = f(x)\},$$

es decir, el subconjunto de los puntos del plano real que verifican que su ordenada es la imagen de su abscisa.

■ **Ejemplo 2.1** La función $f : \mathbb{R} \to \mathbb{R}$, dada por $f(x) = x^2$, tiene por dominio todos los números reales, ya que cualquier número real podemos elevarlo al cuadrado, dándonos un número real positivo, por lo que la imagen será el conjunto de los reales positivos, es decir, $\text{Dom } f = \mathbb{R}$ e $\text{Im } f = \mathbb{R}^+$. La gráfica de esta función es el conjunto de puntos del plano que están situados sobre la parábola $y = x^2$, que vemos en la Figura 2.1.

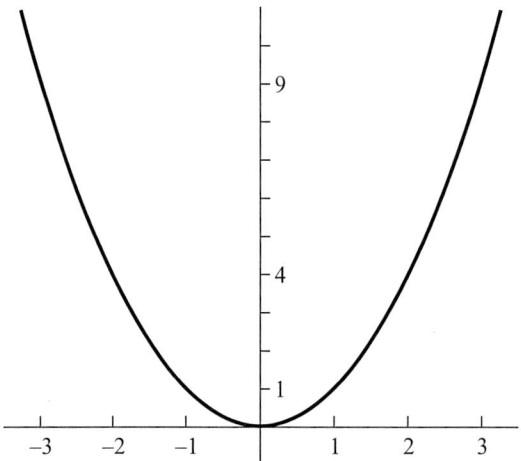

Figura 2.1 Gráfica de la función $f(x) = x^2$.

Si proyectamos la gráfica sobre el eje horizontal o eje de abscisas, vemos que el dominio es $\mathbb{R}$, mientras que si proyectamos la gráfica sobre el eje de ordenadas observamos que la imagen es $\mathbb{R}^+$.

Para que una función quede determinada debemos conocer el dominio, el recorrido y la regla que asocia a cada número del dominio el correspondiente en la imagen, sin embargo con frecuencia tendremos solamente la ley o fórmula de transformación, en estos casos debemos suponer siempre que el dominio de la función es el más amplio posible.

■ **Ejemplo 2.2**   La función $f_1(x) = 4x^3 - 2x + 6$ tiene por dominio Dom $f_1 = \mathbb{R}$, ya que las operaciones indicadas pueden hacerse. Esto ocurre con todas las funciones polinómicas.

La función $f_2(x) = \dfrac{x+3}{x-1}$ tiene por dominio todos los números reales excepto el 1, ya que la suma y la resta son siempre posibles, pero la división sólo es posible cuando se hace con divisor distinto de cero, luego Dom $f_2 = \mathbb{R} - \{1\}$. Esto mismo ocurrirá con todas las funciones racionales, es decir, cociente de polinomios, donde pueden hacerse la suma, resta, multiplicación y potencia entera, pero la división sólo cuando se cumple la condición anterior, por lo que estas funciones tendrán como dominio todos los números reales excepto los que anulen el denominador, si los hubiera.

La función $f_3(x) = \sqrt{3x-2}$ tendrá por dominio todos aquellos números reales tales que sea $3x - 2 \geq 0$, para que pueda efectuarse la operación de la raíz cuadrada, ya que no existen raíces cuadradas de números negativos en el conjunto de los números reales, es decir,

$$\text{Dom } f_3 = \{x \in \mathbb{R} : 3x - 2 \geq 0\} = [\tfrac{2}{3}; +\infty).$$

Funciones definidas por tabla

En ocasiones una función está definida mediante una tabla de valores. Si la tabla no contiene todos los valores del dominio, se da por supuesto que entre cada dos valores consecutivos de la tabla la función otorga los valores proporcionales, es decir, se aplica interpolación lineal.

La función gamma está tabulada en la página 399, para valores entre 1 y 2, mediante una tabla de centésima en centésima. Así por ejemplo $\Gamma(1,27) = 0,90250$. Para los valores que no figuran en la tabla se procede como se indica en los ejemplos.

■ **Ejemplo 2.3**   Calculemos el valor de la función gamma para $\frac{5}{3} = 1,666...$

Como es $\Gamma(1,66) = 0,90167$ y $\Gamma(1,67) = 0,90330$, el valor pedido estará entre estos dos valores y la función es creciente, luego bastará añadir al valor de $\Gamma(1,66)$ la parte proporcional. Al pasar la variable de $1,66$ a $1,67$ aumenta en $0,01$ y entonces la función pasa de $0,90167$ a $0,90330$, es decir, aumenta en 163 cienmilésimas; con una regla de tres tenemos:

$$\left.\begin{array}{ccc} 0,01 & \longrightarrow & 163 \\ 0,00666... & \longrightarrow & x \end{array}\right\} \qquad x = 108,66... \simeq 109.$$

Por tanto

$$\Gamma\left(\tfrac{5}{3}\right) = \Gamma(1,666...) = 0,90167 + 0,00109 = 0,90276.$$

■ **Ejemplo 2.4**   Calculemos el valor de $\Gamma(1,0485)$.

Como es $\Gamma(1,04) = 0,97844$ y $\Gamma(1,05) = 0,97350$, el valor pedido estará comprendido entre ellos y, al ser la función decreciente, bastará restar al valor de $\Gamma(1,04)$ la parte proporcional. La regla de tres es

$$\left.\begin{array}{ccc} 0,01 & \longrightarrow & 494 \\ 0,0085 & \longrightarrow & x \end{array}\right\} \qquad x = 420.$$

Luego

$$\Gamma(1,0485) = 0,97844 - 0,00420 = 0,97424.$$

2.2.   OPERACIONES CON FUNCIONES

Dadas las funciones $f, g : \mathbb{R} \to \mathbb{R}$, definimos la *suma de funciones* mediante

$$(f + g)(x) = f(x) + g(x).$$

Esta función $f + g$ tiene por dominio la intersección de los dominios, Dom $f \cap$ Dom g, ya que deben existir los números $f(x)$ y $g(x)$ para poder sumarlos. Esta operación verifica las propiedades conmutativa, asociativa y la existencia de neutro y opuesto para cada elemento, por lo que el conjunto de las funciones reales de variable real es un grupo conmutativo para la operación suma.

El *producto de dos funciones* $f, g : \mathbb{R} \to \mathbb{R}$ se define por

$$(f \cdot g)(x) = f(x) \cdot g(x)$$

y también tiene por dominio la intersección de los dominios de las funciones que intervienen. Se verifican las propiedades conmutativa, asociativa y neutro, juntamente con la existencia de simétrico, llamada función recíproca, si permitimos que el dominio pueda ser más reducido, ya que dada la función f, su función recíproca, $\frac{1}{f}$, tendrá por dominio

$$\text{Dom} \left(\frac{1}{f} \right) = \text{Dom}\, f - \{x \in \mathbb{R} : f(x) = 0\}.$$

Se tiene entonces un grupo conmutativo para el producto de funciones. Como además se verifica la propiedad distributiva del producto respecto de la suma,

$$f \cdot (g + h) = f \cdot g + f \cdot h,$$

resulta que el conjunto de funciones reales de variable real con las operaciones definidas tiene estructura de cuerpo conmutativo. Esta estructura pierde interés ya que el dominio puede ir reduciéndose hasta ser el conjunto vacío, y podemos estar operando con funciones que no existen para ningún valor.

Podemos condiderar también la operación producto de un número por una función del siguiente modo: si $c \in \mathbb{R}$ y $f : \mathbb{R} \to \mathbb{R}$, definimos

$$(c \cdot f)(x) = c \cdot (f(x))$$

verificando que $\text{Dom}\,(c \cdot f) = \text{Dom}\, f$. En realidad es una caso particular del producto anterior cuando una de las funciones es constante. Esta ley externa así definida verifica las cuatro propiedades necesarias para que juntamente con la suma y sus propiedades, el conjunto $\mathcal{F} = \{f/f : \mathbb{R} \to \mathbb{R}\}$ sea un espacio vectorial real.

■ **Ejemplo 2.5**   Dadas las funciones $f(x) = 3x^3 + x - 1$ y $g(x) = x^2 - x + 1$, se tiene que

$$
\begin{aligned}
(f + g)(x) &= f(x) + g(x) = 3x^3 + x - 1 + x^2 - x + 1 = 3x^3 + x^2, \\
(f - g)(x) &= f(x) - g(x) = 3x^3 + x - 1 - x^2 + x - 1 = 3x^3 - x^2 + 2x - 2, \\
\left(\frac{f}{g} \right)(x) &= \frac{f(x)}{g(x)} = \frac{3x^3 + x - 1}{x^2 - x + 1}.
\end{aligned}
$$

■ **Ejemplo 2.6**   Dadas las funciones

$$
f(x) = \begin{cases} 1 + x, & \text{si } x \leq 0, \\ x^3, & \text{si } x > 0, \end{cases} \qquad \text{y} \qquad g(x) = \begin{cases} 2(x - 1), & \text{si } x < 1, \\ 5 + x, & \text{si } x \geq 1, \end{cases}
$$

si queremos hallar su producto hemos de acoplar los intervalos de definición de ambas, es decir, considerar los intervalos $(-\infty; 0], (0; 1)$ y $[1; +\infty)$, y escribirlas del modo

$$
f(x) = \begin{cases} 1 + x, & \text{si } x \leq 0, \\ x^3, & \text{si } 0 < x < 1, \\ x^3, & \text{si } x \geq 1, \end{cases} \qquad \text{y} \qquad g(x) = \begin{cases} 2(x - 1), & \text{si } x \leq 0, \\ 2(x - 1), & \text{si } 0 < x < 1, \\ 5 + x, & \text{si } x \geq 1, \end{cases}
$$

así el producto estará dado por

$$
(f \cdot g)(x) = f(x) \cdot g(x) = \begin{cases} 2(1 + x)(x - 1), & \text{si } x \leq 0, \\ 2x^3(x - 1), & \text{si } 0 < x < 1, \\ x^3(5 + x), & \text{si } x \geq 1. \end{cases}
$$

2.3. COMPOSICIÓN DE FUNCIONES

Dadas las funciones $f : \mathbb{R} \to \mathbb{R}$ y $g : \mathbb{R} \to \mathbb{R}$, definimos la *composición* de estas funciones, y lo indicaremos como $g \circ f$ con un pequeño círculo, del modo

$$(g \circ f)(x) = g\big(f(x)\big).$$

Esta nueva función existe para los $x \in \mathbb{R}$ tales que $f(x) \in \text{Dom } g$, es decir, para todos los $x \in \mathbb{R}$ tales que Im $f \subset \text{Dom } g$. Por tanto, el dominio de la composición $g \circ f$ es

$$\text{Dom } (g \circ f) = \text{Dom } f - \{x : f(x) \notin \text{Dom } g\}.$$

En la Figura 2.2 puede observarse el funcionamiento de la composición.

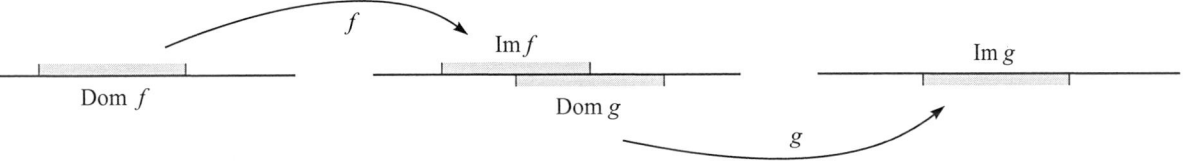

Figura 2.2 Composición de las funciones f y g.

La composición de funciones no verifica la propiedad conmutativa, pues en general es $g \circ f \neq f \circ g$, como veremos en el siguiente ejemplo. Cumple la propiedad asociativa y posee elemento neutro, que es la función identidad. En general no existe función inversa de una dada, como estudiaremos en la siguiente Sección.

■ **Ejemplo 2.7**   Dadas las funciones $f(x) = x + 1$ y $g(x) = x^2$, se tiene que

$$\begin{aligned}
(g \circ f)(x) &= g\big(f(x)\big) = g(x+1) = (x+1)^2, \\
(f \circ g)(x) &= f\big(g(x)\big) = f(x^2) = x^2 + 1, \\
(f \circ f)(x) &= f\big(f(x)\big) = f(x+1) = (x+1) + 1 = x + 2, \\
(g \circ g)(x) &= g\big(g(x)\big) = g(x^2) = (x^2)^2 = x^4.
\end{aligned}$$

■ **Ejemplo 2.8**   Si queremos hallar la composición $g \circ f$, siendo

$$f(x) = \begin{cases} 3x + 2, & \text{si } x \leq 0, \\ 2 - x, & \text{si } x > 0, \end{cases} \qquad \text{y} \qquad g(x) = \begin{cases} 1 + x, & \text{si } x < 1, \\ x^2, & \text{si } x \geq 1, \end{cases}$$

debemos comenzar por redefinir los intervalos de definición de la primera función que se aplica, es decir f, en función de los intervalos de definición de g. Como

$$\begin{aligned}
3x + 2 < 1 &\ \Rightarrow\ 3x < -1 \ \Rightarrow\ x < \frac{-1}{3}, \\
3x + 2 \geq 1 &\ \Rightarrow\ 3x \geq -1 \ \Rightarrow\ x \geq \frac{-1}{3},
\end{aligned}$$

y como

$$\begin{aligned}
2 - x < 1 &\ \Rightarrow\ -x < -1 \ \Rightarrow\ x > 1, \\
2 - x \geq 1 &\ \Rightarrow\ -x \geq -1 \ \Rightarrow\ x \leq 1,
\end{aligned}$$

tenemos ahora, juntando las condiciones de la definición de f con éstas que nos indican cuando f es menor que 1 o mayor o igual que 1, que

$$f(x) = \begin{cases} 3x + 2, & \text{si } x \le 0 \text{ y } x < \frac{-1}{3}, & (\text{siendo entonces } 3x + 2 < 1), \\ 3x + 2, & \text{si } x \le 0 \text{ y } x \ge \frac{-1}{3}, & (\text{siendo entonces } 3x + 2 \ge 1), \\ 2 - x, & \text{si } x > 0 \text{ y } x \le 1, & (\text{siendo entonces } 2 - x \ge 1), \\ 2 - x, & \text{si } x > 0 \text{ y } x > 1 & (\text{siendo entonces } 2 - x < 1), \end{cases}$$

es decir,

$$f(x) = \begin{cases} 3x + 2, & \text{si } x < \frac{-1}{3}, & (\text{ siendo } 3x + 2 < 1), \\ 3x + 2, & \text{si } \frac{-1}{3} \le x \le 0, & (\text{ siendo } 3x + 2 \ge 1), \\ 2 - x, & \text{si } 0 < x \le 1, & (\text{ siendo } 2 - x \ge 1), \\ 2 - x, & \text{si } x > 1, & (\text{ siendo } 2 - x < 1). \end{cases}$$

Por tanto es

$$(g \circ f)(x) = g(f(x)) = \begin{cases} g(3x + 2) = 1 + (3x + 2), & \text{si } x < \frac{-1}{3}, \\ g(3x + 2) = (3x + 2)^2, & \text{si } \frac{-1}{3} \le x \le 0, \\ g(2 - x) = (2 - x)^2, & \text{si } 0 < x \le 1, \\ g(2 - x) = 1 + (2 - x), & \text{si } x > 1, \end{cases}$$

por lo que finalmente se tiene

$$(g \circ f)(x) = \begin{cases} 3x + 3, & \text{si } x < \frac{-1}{3}, \\ (3x + 2)^2, & \text{si } \frac{-1}{3} \le x \le 0, \\ (2 - x)^2, & \text{si } 0 < x \le 1, \\ 3 - x, & \text{si } x > 1. \end{cases}$$

El motivo por el que se descomponen los intervalos de definición de la función f para hallar la composición $g \circ f$ se comprende mejor observando el diagrama de la Figura 2.3.

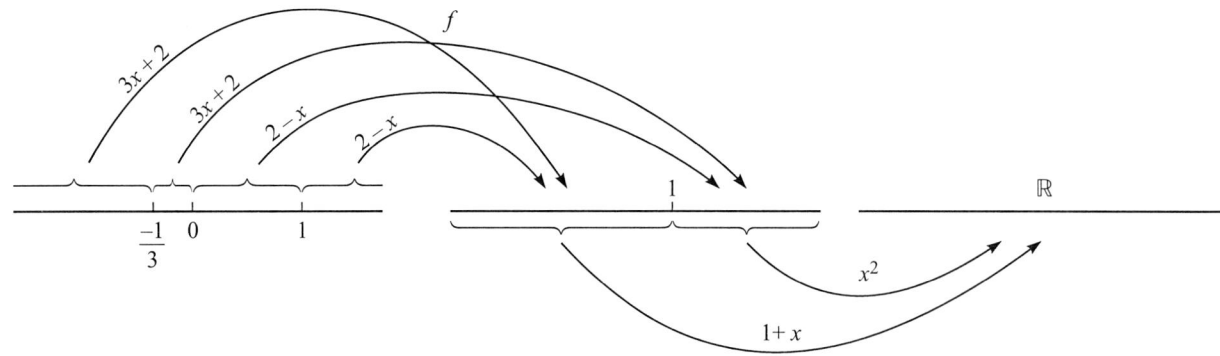

Figura 2.3 Forma en que actúa la composición de funciones a trozos.

2.4. TIPOS DE FUNCIONES

Dada una función $f : \mathbb{R} \to \mathbb{R}$, se dice que es una *función par* cuando verifica que

$$f(-x) = f(x), \forall x \in \text{ Dom } f,$$

y se dice que es *impar* cuando

$$f(-x) = -f(x), \forall x \in \text{ Dom } f.$$

Una función par tendrá una gráfica simétrica respecto del eje OY, ya que toma los mismos valores para x que para $-x$, por el contrario una función impar presentará una simetría respecto del origen ya que para valores opuestos x y $-x$ toma valores opuestos $f(x)$ y $-f(x)$.

■ **Ejemplo 2.9**   Las funciones $f(x) = x^4 + 3x^2$ y $f(x) = \cos x$ son funciones pares, por el contrario las funciones $f(x) = x^3 + 4x$ y $f(x) = \operatorname{sen} x$ son funciones impares.

■ **Ejemplo 2.10**   La función $f(x) = \dfrac{1}{1 + x^2}$ es par y la función $g(x) = \dfrac{x}{1 + x^2}$ es impar. Sus gráficas pueden verse en la Figura 2.4.

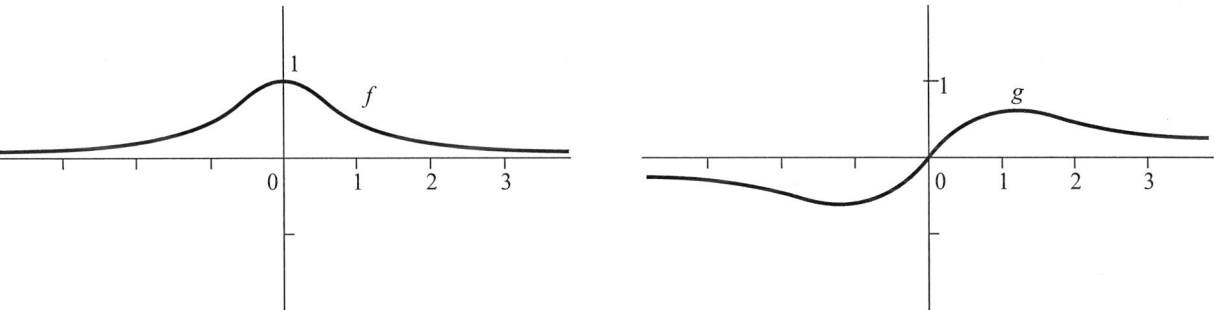

Figura 2.4 Gráficas de las funciones del Ejemplo 2.10.

Una función $f : \mathbb{R} \to \mathbb{R}$ se dice que es *periódica* si verifica que existe un número real T tal que

$$f(x + T) = f(x), \qquad \forall x \in \operatorname{Dom} f.$$

Se llama *periodo* de la función al valor T, mínimo que verifica la condición anterior.

■ **Ejemplo 2.11**   La función $f(x) = \operatorname{sen} x$ es una función periódica de periodo 2π.

Se dice que una función $f : \mathbb{R} \to \mathbb{R}$ está *acotada superiormente* en el intervalo $[a; b]$ cuando existe un número $M \in \mathbb{R}$ tal que es $f(x) \leq M, \forall x \in [a; b]$. En este caso la gráfica de la función en el intervalo $[a; b]$ no puede superar los valores de la recta horizontal $y = M$.

Se dice que una función $f : \mathbb{R} \to \mathbb{R}$ está *acotada inferiormente* en el intervalo $[a; b]$ cuando existe un número $m \in \mathbb{R}$ tal que es $f(x) \geq m, \forall x \in [a; b]$. En este caso la gráfica de la función en el intervalo $[a; b]$ está por encima de la recta horizontal $y = m$.

Cuando una función está acotada superior e inferiormente en el intervalo $[a; b]$ diremos que está *acotada* en ese intervalo. En este caso la gráfica de la función está comprendida entre dos rectas horizontales para los valores $x \in [a; b]$.

■ **Ejemplo 2.12**   La función $f(x) = \operatorname{sen} x$ está acotada por 1 y -1 cuando se considera cualquier intervalo real.

Se dice que una función $f : \mathbb{R} \to \mathbb{R}$ es *estrictamente creciente* en el intervalo $[a; b]$ cuando verifica que $\forall x_1, x_2 \in [a; b]$ tales que $x_1 < x_2$, se tiene que $f(x_1) < f(x_2)$ y se dice es *estrictamente decreciente* en el intervalo $[a; b]$ cuando verifica que $\forall x_1, x_2 \in [a; b]$ tales que si $x_1 < x_2$, se tiene que $f(x_1) > f(x_2)$.

Si cambiamos las condiciones sobre las funciones por $f(x_1) \leq f(x_2)$ y $f(x_1) \geq f(x_2)$, respectivamente, tenemos el crecimiento y el decrecimiento en sentido amplio, se dice entonces que la función es *monótona creciente* o *monótona decreciente*. Una función constante es monótona creciente y monótona decreciente, pero no es estrictamente creciente ni estrictamente decreciente.

Una función $f : \mathbb{R} \to \mathbb{R}$ se dice que es *inyectiva* si no toma nunca valores repetidos, es decir, si verifica que

$$\forall x_1, x_2 \in \ \text{Dom} \ f : x_1 \neq x_2 \ \Rightarrow \ f(x_1) \neq f(x_2).$$

Como resulta incómodo trabajar con desigualdades, es mejor utilizar la condición equivalente

$$f(x_1) = f(x_2) \ \Rightarrow \ x_1 = x_2.$$

Si $f(x)$ es una función inyectiva, cada recta horizontal cortará a su gráfica en un único punto como mucho.

■ **Ejemplo 2.13** Las funciones $f(x) = x^3$ y $f(x) = \sqrt{x}$ son inyectivas en sus dominios. La función $f(x) = x^2$ es inyectiva si nos restringimos al intervalo $[0; +\infty)$, pero no es inyectiva en todo $\mathbb{R}$.

En el caso en que $f(x)$ sea una función inyectiva existe su función inversa, que se representa por $f^{-1}(x)$ y es la única función que transforma los elementos del recorrido de f en los del dominio, verificando que tanto $f \circ f^{-1}$ como $f^{-1} \circ f$ son la función identidad, respectivamente en Im f y en Dom f. La gráfica de la función inversa de una dada es simétrica con ésta respecto de la bisectriz del primer y tercer cuadrante.

Para el cálculo de la función inversa de una dada mediante una ecuación en x e y, es necesario despejar x en función de y e intercambiar las variables; este intercambio se hace con el fin de que las dos funciones lo sean de x, y de este modo pueden representarse a la vez.

■ **Ejemplo 2.14** Para hallar la inversa de la función $f(x) = 2x + 7$, la escribimos primero como $y = 2x + 7$, a continución despejamos x, resultando $x = \frac{1}{2}(y - 7)$. Ahora intercambiamos los nombres de las variables escribiendo $y = \frac{1}{2}(x - 7)$. Ya tenemos la función inversa de la dada, que es $f^{-1}(x) = \frac{1}{2}(x - 7)$. Cada una de estas funciones puede representarse en el plano $\mathbb{R}^2$, así obtenemos las rectas $2x + 7$ y $\frac{1}{2}(x - 7)$ que serán simétricas respecto de la recta de ecuación $y = x$, que es la gráfica de la función identidad, como puede verse en la Figura 2.5.

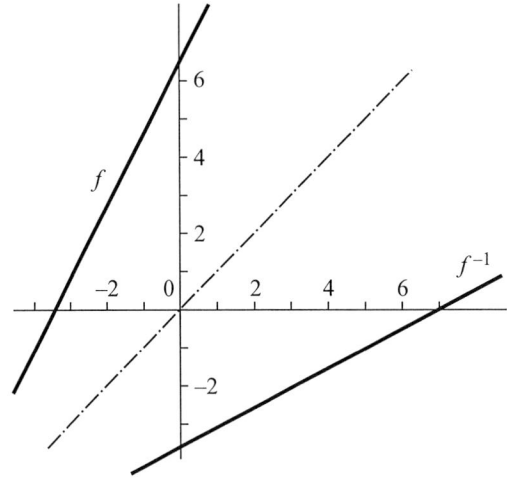

Figura 2.5 Representación de las funciones f y f^{-1} del Ejemplo 2.14.

2.5. FUNCIONES ELEMENTALES Y SUS GRÁFICAS

Funciones constantes

Una función constante es de la forma $f(x) = c$, siendo c cualquier número real prefijado. Esta función transforma todos los números reales en el número c, por lo que su dominio es $\mathbb{R}$ y su recorrido es $\{c\}$.

La gráfica de estas funciones es siempre una recta horizontal, de ecuación $y = c$, como puede verse en la Figura 2.6. Casos especiales son aquellos en que es $c = 0$ y $c = 1$, que nos dan funciones que son el elemento neutro de la suma y el neutro del producto de funciones.

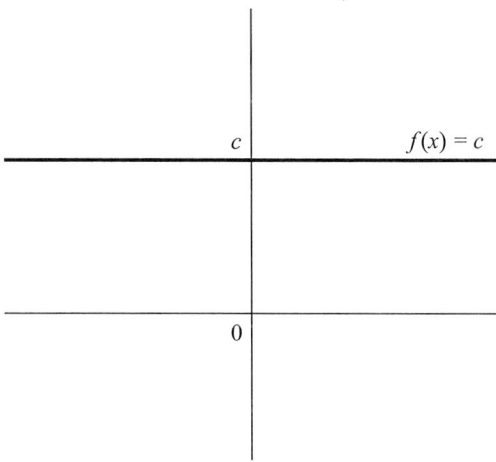

Figura 2.6 Gráfica de la función constante $f(x) = c$, con $c > 0$.

Funciones lineales

Son las funciones de la forma $f(x) = mx$, siendo m una constante real no nula, y verifican que $f(\alpha x_1 + \beta x_2) = \alpha f(x_1) + \beta f(x_2)$. Esta función tiene por dominio y por recorrido todos los números reales y su gráfica es una recta que pasa por el origen de coordenadas y tiene pendiente igual a m. Si es $m > 0$ se trata de una función estrictamente creciente que aumenta m unidades por cada unidad que crece x, mientras que si c es menor que 0, entonces la función es estrictamente decreciente. En la Figura 2.7 puede obsevarse una de estas gráficas en el caso $m > 0$. El caso particular $m = 1$ corresponde a la bisectriz de los cuadrantes primero y tercero, siendo la gráfica de la función identidad en $\mathbb{R}$, $f(x) = x$.

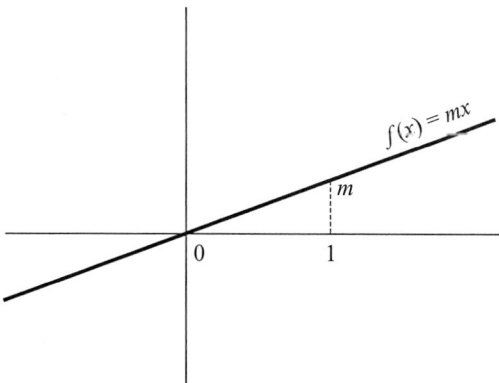

Figura 2.7 Gráfica de la función lineal $f(x) = mx$ con $m > 0$.

Funciones afines

Son funciones de la forma $f(x) = mx + n$ donde $m, n \in \mathbb{R}$ y $m \neq 0$. Estas funciones tienen como dominio y recorrido todos los números reales y su gráfica es una recta, de ecuación $y = mx + n$, que pasa por el punto $(0, n)$ y tiene por pendiente m. Esta gráfica se puede obtener trasladando la de la función lineal asociada $f(x) = mx$, mediante el vector $(0, n)$. El valor n se llama "ordenada en el origen". En la Figura 2.8 puede observarse una de estas rectas. Cualquier ecuación de primer grado en x e y puede ponerse en la forma $Ax + By + C = 0$, llamada ecuación general de la recta, y proporciona una función cuya gráfica es una recta; los casos $A = 0$ y $B = 0$ corresponden a rectas horizontales o verticales, respectivamente.

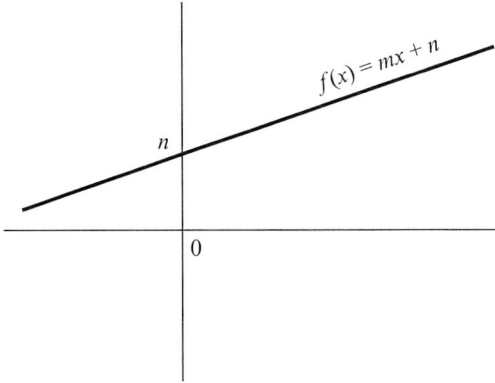

Figura 2.8 Gráfica de la función afín $f(x) = mx + n$.

Funciones potenciales

Son las funciones de la forma $f(x) = x^n$ siendo n un número natural. En el caso $n = 1$ se tiene una ecuación de primer grado, cuya gráfica es una recta, y en los casos restantes tenemos curvas cuyo dominio es $\mathbb{R}$ y cuyo recorrido depende de que n sea par o impar; en el primer caso se obtienen sólo valores positivos y el recorrido es $[0; +\infty)$ mientras que en el caso impar obtenemos como recorrido también $\mathbb{R}$. En la Figura 2.9 están representadas las funciones potenciales correspondientes a los cinco primeros valores de n.

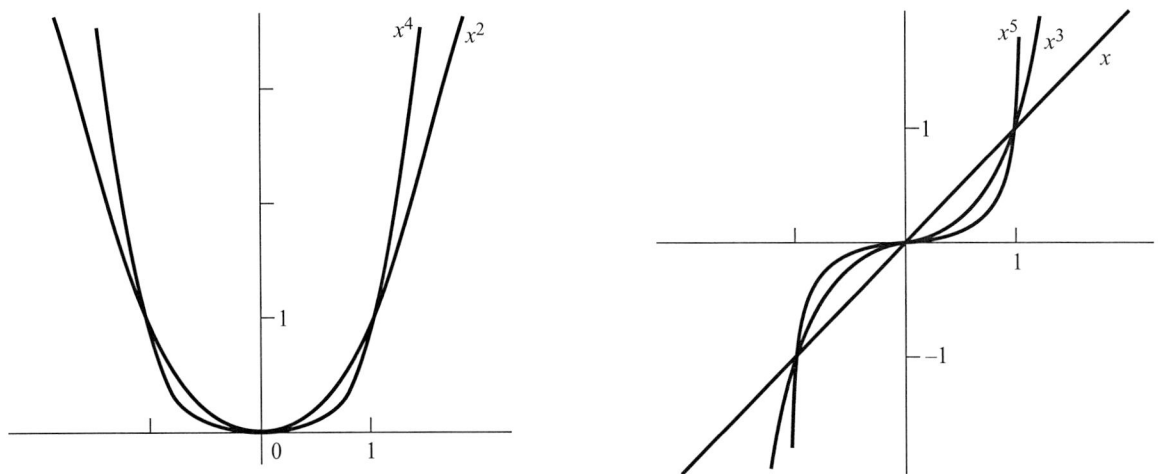

Figura 2.9 Las funciones potenciales.

La función de Dirichlet

Esta función está definida por

$$f(x) = \begin{cases} 0, & \text{si } x \in \mathbb{Q}, \\ 1, & \text{si } x \notin \mathbb{Q}. \end{cases}$$

Su dominio son todos los números reales, racionales e irracionales, pero su recorrido está formado por dos números $\{0, 1\}$. Todos los racionales se transforman por la función en 0, mientras que los irracionales se transforman en 1. Su gráfica puede verse en la Figura 2.10.

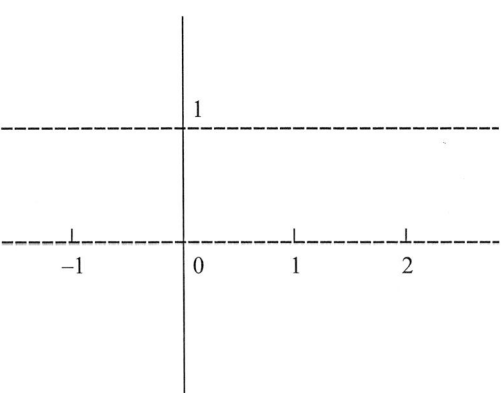

Figura 2.10 La función de Dirichlet.

La función signo

La función signo está dada por

$$\operatorname{sig} x = \left\{ \begin{array}{ll} 1, & \text{si } x > 0, \\ 0, & \text{si } x = 0, \\ -1, & \text{si } x < 0, \end{array} \right.$$

que existe para todos los números reales, siendo su recorrido el conjunto $\{0, 1, -1\}$. La gráfica de esta función está en la Figura 2.11.

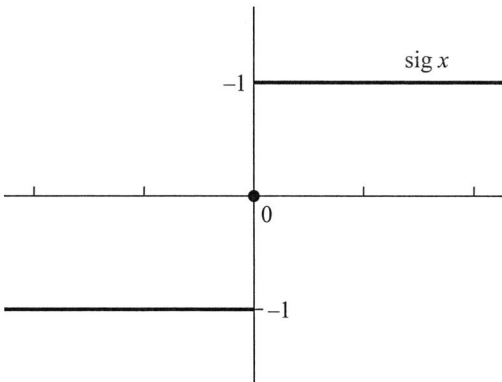

Figura 2.11 Gráfica de la función signo.

La función valor absoluto

Esta función se define del modo

$$|x| = \left\{ \begin{array}{ll} x, & \text{si } x \geq 0, \\ -x, & \text{si } x < 0. \end{array} \right.$$

Su dominio son todos los números reales y su recorrido son sólo los números reales no negativos. La gráfica de esta función puede verse en la Figura 2.12.

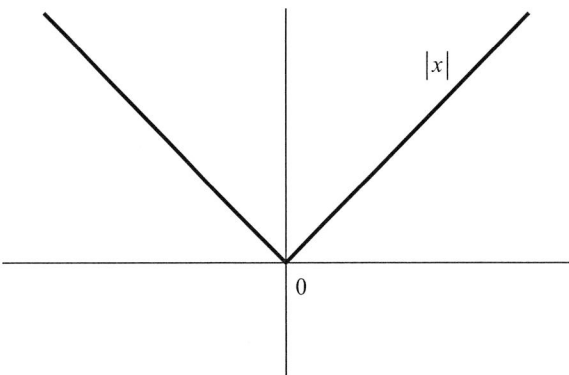

Figura 2.12 La función valor absoluto.

La función parte entera

Esta función transforma cada número real en el número entero que resulta al eliminar sus decimales con la condición de que éstos deben ser positivos. Su dominio son todos los números reales y su recorrido son los enteros. Esta función se representa por $E[x]$ o por $[x]$. Para calcular su gráfica recordamos que todo número real tiene una parte entera y una parte decimal; si el número es negativo podemos sumar 1 a su parte decimal para hacerla positiva y restar 1 a su parte entera. Por ejemplo el número $-1,522$ puede escribirse como $\overline{2},478$, donde el signo menos colocado encima del 2 indica que le afecta sólo a él y que los decimales son positivos; la parte decimal de los números escritos de este modo se llama *mantisa*, y eliminando la mantisa queda la parte entera o *característica*. De este modo tenemos que $E[0,111] = 0$, $E[1,302] = 1$, $E[2,999] = 2$, mientras que $E[-0,111] = E[\overline{1},889] = -1$, $E[-1,545] = E[\overline{2},455] = -2$. La gráfica, con forma de escalera, puede verse en la Figura 2.13.

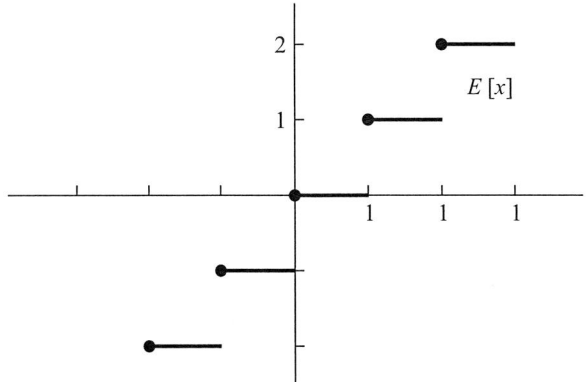

Figura 2.13 Gráfica de la función parte entera.

Las cónicas

Es conocido que las cónicas son curvas del plano de una de estas cuatro clases: circunferencia, elipse, hipérbola y parábola, que se pueden obtener al cortar una superficie cónica mediante un plano. Estas curvas no representan en general funciones reales pero pueden descomponerse para obtener dos funciones. Nos limitaremos a las más sencillas: las tres primeras centradas en el origen y la parábola de ejes paralelos a los ejes de coordenadas.

La ecuación de la circunferencia con centro en $(0, 0)$ y radio r es $x^2 + y^2 = r^2$. Si despejamos y, con el fin de conseguir una función explícita de x, resulta $y = \pm\sqrt{r^2 - x^2}$, que no es una función porque a un valor de x le corresponderán uno positivo y otro negativo. Pero podemos considerar dos funciones

$$f_1(x) = +\sqrt{r^2 - x^2} \qquad \text{y} \qquad f_2(x) = -\sqrt{r^2 - x^2},$$

ambas con dominio en $[-r; r]$, siendo sus recorridos respectivamente $[0; r]$ y $[-r; 0]$. La gráfica de estas dos funciones está en la Figura 2.14.

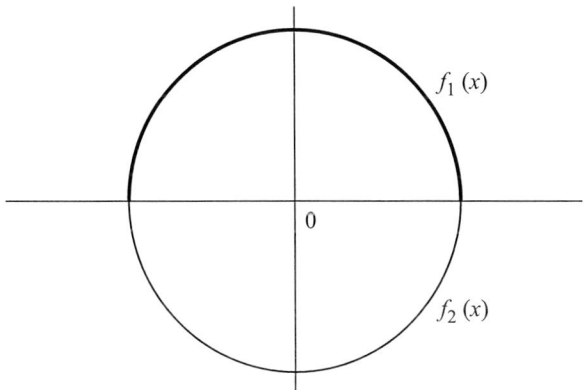

Figura 2.14 Una circunferencia proporciona dos funciones.

Una elipse centrada en el origen con semiejes a y b, siendo $a, b > 0$, tiene por ecuación canónica o reducida

$$\frac{x^2}{a^2} + \frac{y^2}{b^2} = 1.$$

Si despejamos y obtenemos $y = \frac{b}{a} \left(\pm \sqrt{a^2 - x^2} \right)$, que nos proporciona dos funciones, una es la que tiene por gráfica la parte superior de la elipse, y la otra la correspondiente a la parte inferior. El dominio de ambas funciones es $[-a; a]$ mientras que los recorridos son respectivamente $[0; b]$ y $[-b; 0]$. La gráfica de estas funciones está en la Figura 2.15.

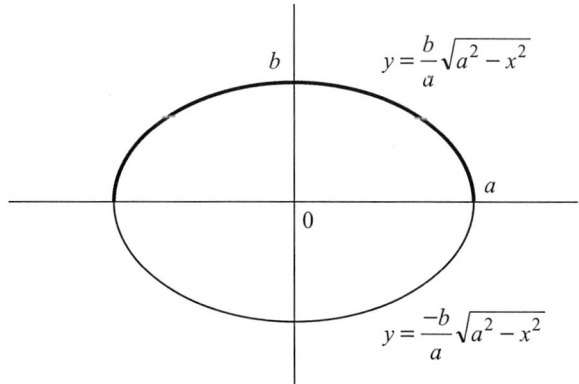

Figura 2.15 La elipse y las funciones que proporciona.

La ecuación de la hipérbola centrada en el origen con semiejes a y b, siendo $a, b > 0$, es en forma canónica

$$\frac{x^2}{a^2} - \frac{y^2}{b^2} = 1.$$

Si despejamos y obtenemos $y = \frac{b}{a} \left(\pm \sqrt{x^2 - a^2} \right)$, que nos proporciona dos funciones, una es la que tiene por gráfica los dos trozos de la parte superior de la hipérbola, y la otra la correspondiente a la parte inferior.

El dominio de ambas funciones es $(-\infty; -a] \cup [a; +\infty)$ mientras que los recorridos son respectivamente $[0; +\infty)$ y $(-\infty; 0]$. La gráfica de estas funciones está en la Figura 2.16.

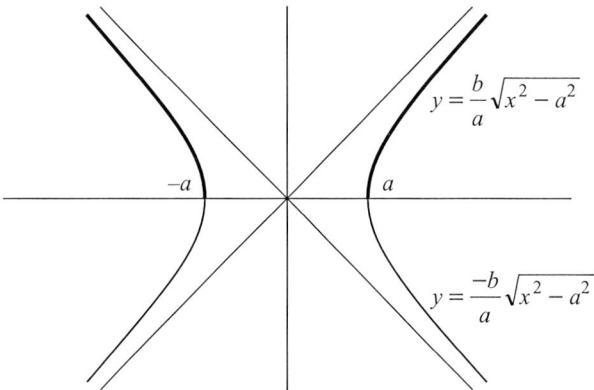

Figura 2.16 La hipérbola y las funciones que proporciona.

Las parábolas más utilizadas son las que tienen por ecuación $y = ax^2 + bx + c$, con a, b, c números reales cualesquiera, que son parábolas con eje de simetría vertical que para cada valor de x proporcionan un único valor de y, por lo que son funciones cuyo dominio es $\mathbb{R}$, y las parábolas de ecuación $y^2 = px$, que tienen en vértice en el origen y su eje de simetría es el eje de abscisas. Despejando en esta última ecuación obtenemos dos funciones $y = +\sqrt{px}$ e $y = -\sqrt{px}$, siendo el dominio para ambas funciones el intervalo $[0; +\infty)$ si es $p > 0$ y el intervalo $(-\infty; 0]$ si es $p < 0$. Las gráficas de estas funciones pueden verse en la Figura 2.17.

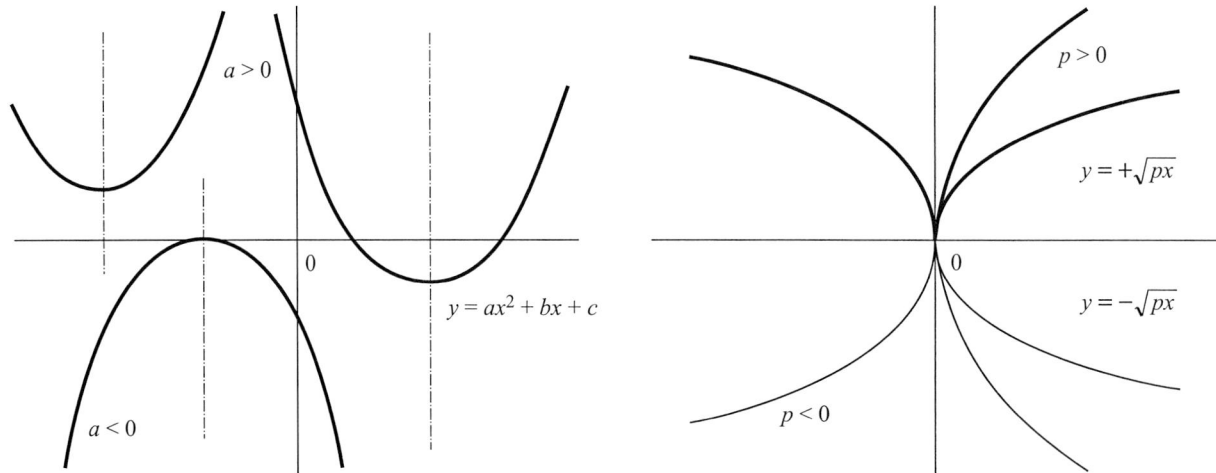

Figura 2.17 Gráficas de parábolas.

Las funciones circulares o trigonométricas

Las conocidas funciones *seno*, *coseno* y *tangente* surgen de las relaciones métricas en un triángulo rectángulo y son las llamadas funciones trigonométricas directas. Las dos primeras están definidas para todo valor x real mientras que la tangente, que es el cociente entre el seno y el coseno, no está definida en los valores de x en que el coseno se anula. La razón por la cual la variable x se toma en radianes, y no en grados como se enseña a quienes se inician en la trigonometría, es porque de este modo los valores angulares son acordes con el sistema de numeración empleado en los números reales. Obsérvese que un grado no son diez minutos ni un minutos son diez segundos, sin embargo un radián si que tiene 10 décimas de radián.

Las gráficas de las funciones trigonométricas directas pueden recordarse en la Figura 2.18.

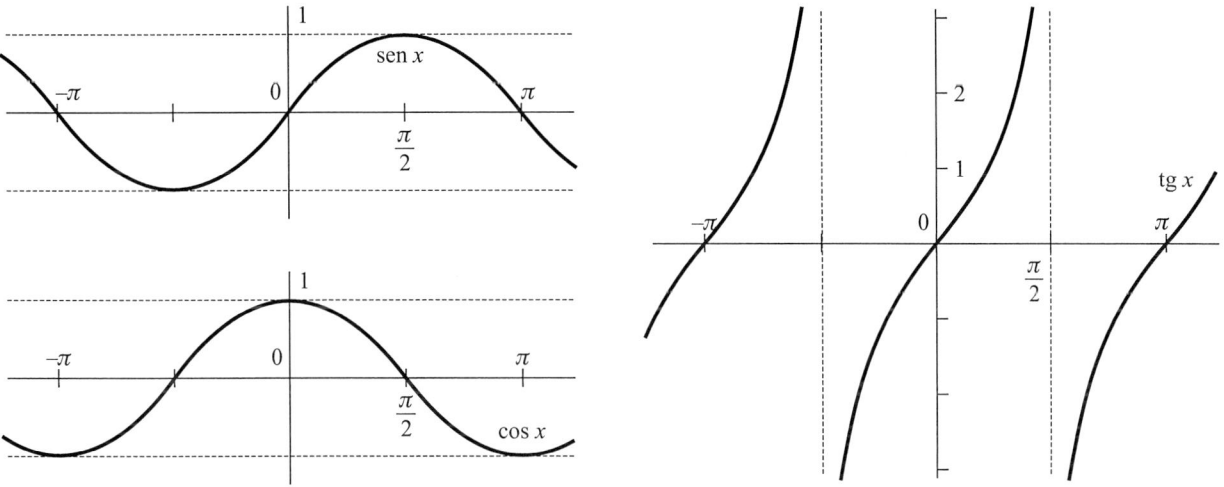

Figura 2.18 Gráficas de las funciones trigomométricas directas.

Las funciones trigonométricas verifican relaciones importantes entre ellas, he aquí las más importantes:

Fundamentales:

$$\cos^2 x + \mathrm{sen}^2 x = 1, \quad \mathrm{tg}\, x = \frac{\mathrm{sen}\, x}{\cos x}, \quad 1 + \mathrm{tg}^2 x = \frac{1}{\cos^2 x}.$$

De adición:

$$\mathrm{sen}(x \pm y) = \mathrm{sen}\, x \cos y \pm \cos x \, \mathrm{sen}\, y,$$
$$\cos(x \pm y) = \cos x \cos y \mp \mathrm{sen}\, x \, \mathrm{sen}\, y,$$
$$\mathrm{tg}(x \pm y) = \frac{\mathrm{tg}\, x \pm \mathrm{tg}\, y}{1 \mp \mathrm{tg}\, x \, \mathrm{tg}\, y}.$$

De arco doble:

$$\mathrm{sen}\, 2x = 2 \, \mathrm{sen}\, x \cos x, \qquad \cos 2x = \cos^2 x - \mathrm{sen}^2 x.$$

De arco mitad:

$$\mathrm{sen}\, \frac{x}{2} = \pm\sqrt{\frac{1 - \cos x}{2}}, \qquad \cos \frac{x}{2} = \pm\sqrt{\frac{1 + \cos x}{2}}.$$

Las funciones trigonométricas recíprocas son menos utilizadas y se definen por

$$\sec x = \frac{1}{\cos x}, \qquad \mathrm{cosec}\, x = \frac{1}{\mathrm{sen}\, x}, \qquad \mathrm{cotg}\, x = \frac{1}{\mathrm{tg}\, x}.$$

Sus gráficas pueden hallarse sin más que considerar las de $\mathrm{sen}\, x$, $\cos x$ y $\mathrm{tg}\, x$ e "invertirlas" con la técnica del *punto a punto*, que consiste en considerar en cada punto x el valor inverso de la ordenada $f(x)$, es decir $\frac{1}{f(x)}$. Estas gráficas pueden verse en la Figura 2.19.

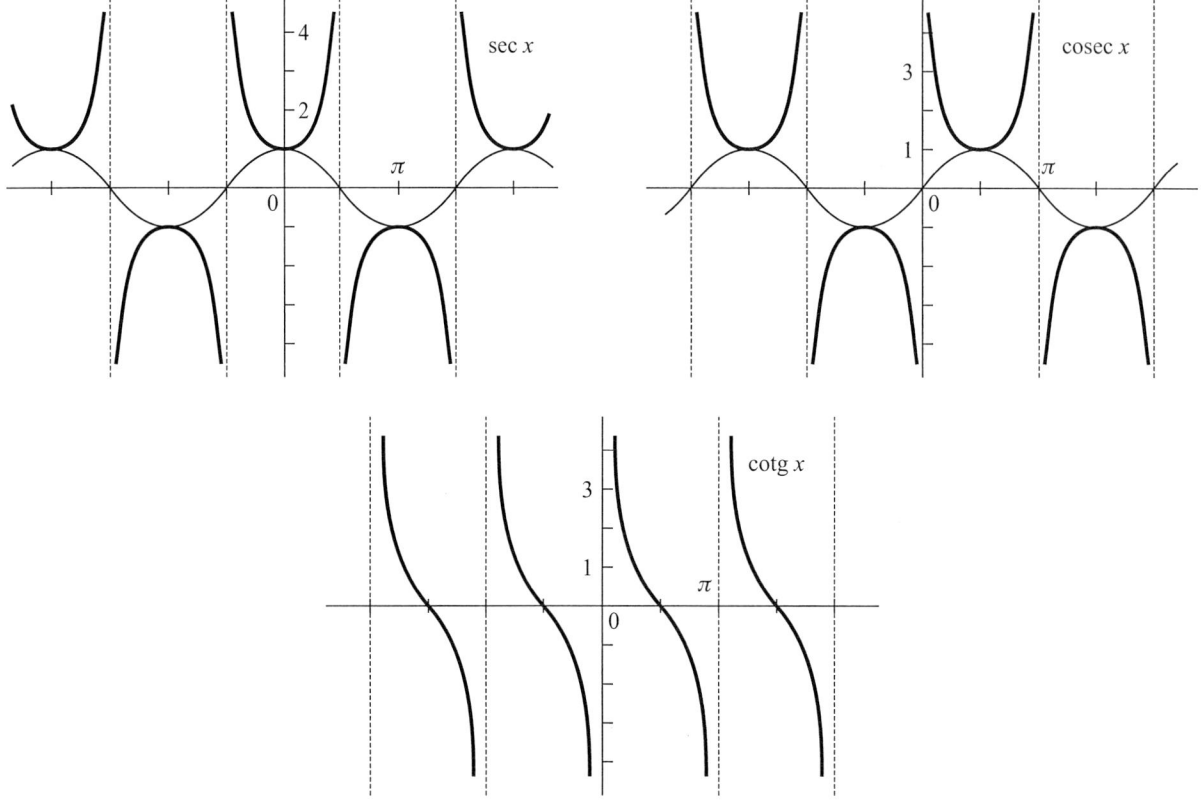

Figura 2.19 Gráficas de las funciones trigonométricas recíprocas.

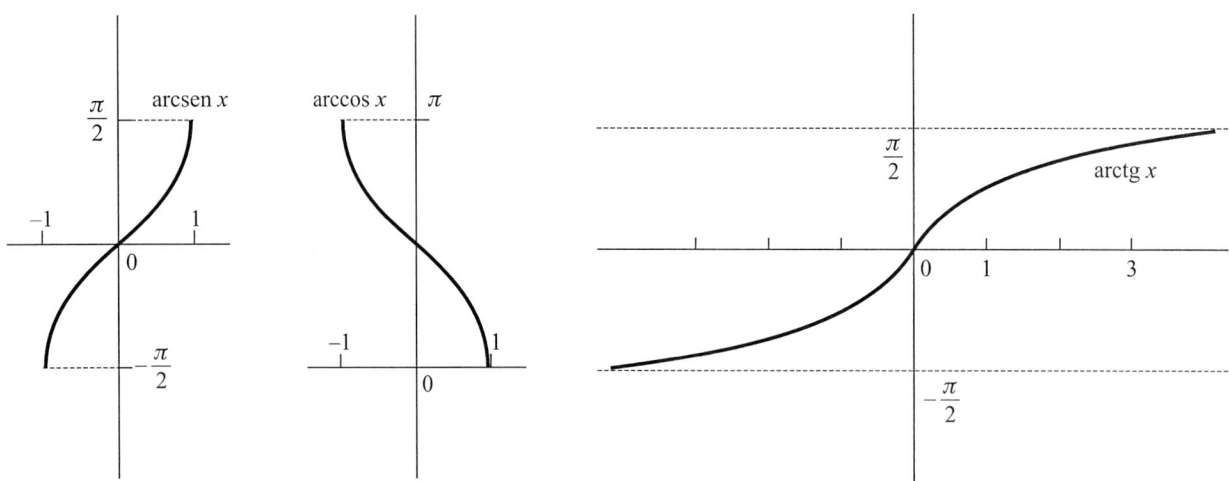

Figura 2.20 Gráficas de las funciones trigonométricas inversas.

Las funciones trigonométricas inversas son las funciones inversas de la función $\operatorname{sen} x, \cos x$ y $\operatorname{tg} x$. Dado que estas funciones no son inyectivas en su dominio de definición, hemos de restringir el dominio a un intervalo en que sean inyectivas. Para la función $y = \operatorname{sen} x$ se considera el intervalo $\left[-\frac{\pi}{2}; \frac{\pi}{2}\right]$, donde es inyectiva y contiene el cero; su función inversa es el *arco seno de x*, que representamos por $\operatorname{arcsen} x$, su dominio es el intervalo $[-1; 1]$ y su recorrido, el dominio considerado de la función seno, es $\left[-\frac{\pi}{2}; \frac{\pi}{2}\right]$. Para la función $y = \cos x$ no podemos elegir un intervalo que contenga al cero en su interior, por lo que se elige

$[0; \pi]$, donde es inyectiva y estrictamente decreciente; su función inversa es el *arco coseno de x*, definido de $[-1; 1]$ en $[0; \pi]$ y también estrictamente decreciente. Para la función $y = \operatorname{tg} x$ se considera, igual que para la función seno, el intervalo $[-\frac{\pi}{2}; \frac{\pi}{2}]$ donde es inyectiva y creciente; su función inversa $\operatorname{arctg} x$ transforma $\mathbb{R}$ en ese intervalo. Las gráficas de estas tres funciones están representadas en la Figura 2.20.

Funciones exponenciales

La función exponencial de base a se define como $f(x) = a^x$, con la condición de que sea $a > 0$. En el caso en que sea $a = 1$ se tratará de la función constante $f(x) = 1$, y en otro caso su gráfica dependerá de que sea $0 < a < 1$ o $a > 1$. La gráfica de esta función puede verse en la Figura 2.21 para distintos valores de a, donde se observa la simetría de las funciones $y = a^x$ e $y = \left(\frac{1}{a}\right)^x = a^{-x}$, ya que cada una de ellas toma para x el valor que la otra toma para $-x$.

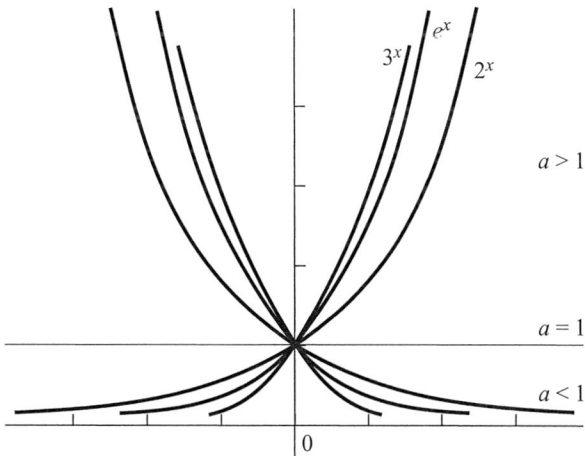

Figura 2.21 Gráfica de la función exponencial

Se supone que el lector conoce que el número e está definido como el límite de la sucesión $\{(1 + \frac{1}{n})^n\}$, es decir

$$e = \lim_n \left(1 + \frac{1}{n}\right)^n,$$

véase la Sección 9.1.

Funciones logarítmicas

La función logarítmica de base a, siendo $a > 0$ y $a \neq 1$, dada por $f(x) = \log_a x$, es aquella función que a cada número real positivo x le hace corresponder su logaritmo en base a. El logaritmo de un número positivo x es el exponente necesario, z, para que a^z sea igual al número x; es decir, logaritmo y exponente son términos equivalentes. Es necesario que la base de los logaritmos sea un número positivo, $a > 0$, para que exista la función exponencial, y así las funciones exponencial y logarítmica son funciones inversas una de la otra y presentan gráficas simétricas respecto de la bisectriz del primero y tercer cuadrantes. Las gráficas de funciones logarítmicas de diferentes bases pueden verse en la Figura 2.22.

Las propiedades más importantes de la función logarítmica, en cualquier base, son

$$\log_a xy = \log_a x + \log_a y, \qquad \log_a \frac{x}{y} = \log_a x - \log_a y, \qquad \log_a x^n = n \log_a x.$$

Cuando no se escribe la base se entiende que son logaritmos en base 10 y cuando la base sea el número e, llamados logaritmos neperianos, escribiremos ln. En realidad no es necesario disponer de tablas o calculadoras que nos den los logaritmos en todas las bases, basta con tener los logaritmos de los números en una

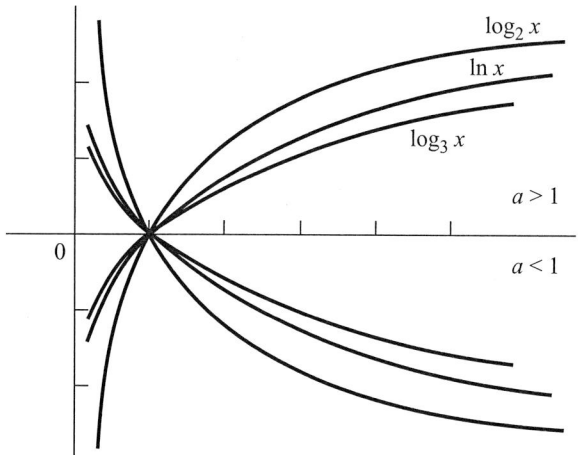

Figura 2.22 Gráficas de funciones logarítmicas

base para poder tenerlos fácilmente en cualquier otra. Veamos cómo cambiar las bases a y b. Si tenemos un número x y queremos conocer la relación entre sus logaritmos en dos bases distintas a y b, sean

$$\log_a x = p, \qquad \log_b x = q,$$

se tiene entonces que

$$x = a^p = b^q. \tag{2.1}$$

Tomando logaritmos en base a en la segunda igualdad de (2.1) tenemos

$$p = \log_a b^q = q \log_a b = \log_b x \cdot \log_a b,$$

de donde,

$$\log_b x = \frac{p}{\log_a b} = \frac{\log_a x}{\log_a b}, \tag{2.2}$$

es decir, "para calcular el logaritmo en base b de un número basta dividir su logaritmo en base a entre el logaritmo en base a de b", por lo que podemos calcular logaritmos en base b con una tabla de logaritmos en base a.

También al contrario, tomando logaritmos en base b en la segunda igualdad de (2.1) se tiene

$$q = \log_b a^p = p \log_b a = \log_a x \cdot \log_b a,$$

de donde

$$\log_a x = \frac{q}{\log_b a} = \frac{\log_b x}{\log_b a}, \tag{2.3}$$

es decir, podemos calcular logaritmos en base a con una tabla de logaritmos en base b. Además, multiplicando (2.2) y (2.3) y simplificando resulta, como era de esperar, que

$$\log_a b \cdot \log_b a = 1.$$

Caso particular notable es que

$$\ln x = \frac{\log_{10} x}{\log_{10} e}.$$

Funciones hiperbólicas

La funciones hiperbólicas se definen basándose en la función exponencial, por

$$\operatorname{sh} x = \frac{e^x - e^{-x}}{2}, \qquad \operatorname{ch} x = \frac{e^x + e^{-x}}{2}, \qquad \operatorname{th} x = \frac{e^x - e^{-x}}{e^x + e^{-x}}.$$

Estas funciones verifican relaciones análogas a las funciones trigonométricas; entre estas relaciones las más sencillas son

$$\operatorname{ch}^2 x - \operatorname{sh}^2 x = 1, \qquad \operatorname{th} x = \frac{\operatorname{sh} x}{\operatorname{ch} x}, \qquad 1 - \operatorname{th}^2 x = \frac{1}{\operatorname{ch}^2 x}.$$

Las gráficas de las funciones hiperbólicas pueden verse en la Figura 2.23.

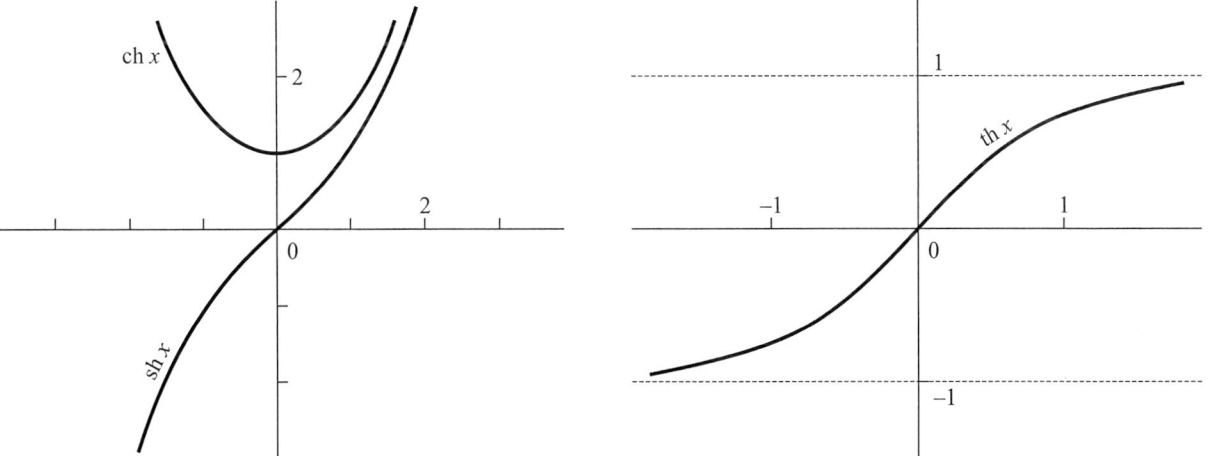

Figura 2.23 Gráficas de las funciones hiperbólicas.

También son interesantes las funciones inversas de éstas, que se denominan *argumento seno hiperbólico, argumento coseno hiperbólico* y *argumento tangente hiperbólica* y se representan por arg sh x, arg ch x y arg th x. Sus gráficas serán simétricas a las de las funciones hiperbólicas; no hay problema con la primera y la última ya que son inyectivas, pero para el coseno hiperbólico hemos de elegir la parte correspondiente a $[0; +\infty)$. Estas gráficas están en la Figura 2.24.

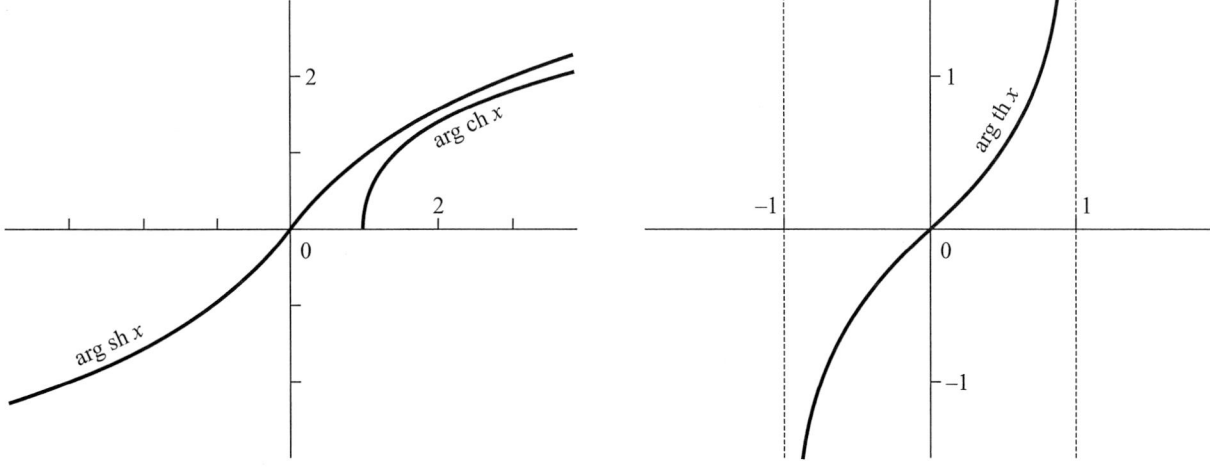

Figura 2.24 Gráficas de las funciones hiperbólicas inversas.

PROBLEMAS RESUELTOS

▶ **2.1**   Hállese el dominio y el recorrido de las funciones

$$f(x) = 1 - \sqrt{x}, \qquad g(x) = \frac{2}{\sqrt{x^2 - 1}}.$$

RESOLUCIÓN. Para que exista la función f debe ser $x \geq 0$, por lo que $\mathrm{Dom}\, f = [0; +\infty)$.

Para hallar el recorrido tenemos en cuenta que $\sqrt{x}$ tomará todos los valores del intervalo $[0; +\infty)$, luego los valores de $-\sqrt{x}$ serán los del intervalo $(-\infty; 0]$ y por tanto los de la función f estarán en $(-\infty; 1]$, es decir,

$$\mathrm{Rec}\, f = (-\infty; 1].$$

Para que la función g esté definida es necesario que exista la raíz cuadrada y la no anulación del denominador, por lo que deberá ser $x^2 - 1 \geq 0$ y $x^2 - 1 \neq 0$, es decir, $x^2 - 1 > 0$, por lo tanto $x^2 > 1$, lo que ocurre si es $x \in (-\infty; -1) \cup (1; +\infty)$.

Para determinar el recorrido observamos que numerador y denominador son ambos positivos, por lo que la función tomará valores positivos. Para valores de x muy próximos a 1 o a -1, el denominador será muy grande y el cociente por tanto muy próximo a cero; por el contrario valores de x con $|x|$ muy grande harán el cociente muy próximo a cero, por lo que se tiene que

$$\mathrm{Rec}\, g = (0; +\infty).$$

▶ **2.2**   Determínese el dominio y el recorrido de la función $f(x) = \dfrac{1 - |x|}{1 + |x|}$.

RESOLUCIÓN. Puesto que es $|x| \geq 0$ y $1 + |x| > 0$, el denominador no se anula para ningún valor de x, y como $|x|$ existe para todo valor real, se tiene que

$$\mathrm{Dom}\, f = \mathbb{R}.$$

Para hallar el recorrido tenemos en cuenta que si es $x \geq 0$, es

$$f(x) = \frac{1 - |x|}{1 + |x|} = \frac{1 - x}{1 + x} = \frac{-x - 1 + 1 + 1}{x + 1} = -1 + \frac{2}{x + 1},$$

con lo que la función vale 1 en $x = 0$ y disminuye al crecer x, aproximándose tanto como queramos a -1, por lo que el recorrido para $x \geq 0$ es $(-1; 1]$. Puesto que es $|-x| = |x|$, se tiene que $f(-x) = f(x)$, es decir es una función par. Y para $x < 0$ tomará valores en el mismo intervalo $(-1; 1]$, por lo que

$$\mathrm{Rec}\, f = (-1; 1].$$

▶ **2.3**   Dadas las funciones

$$f(x) = 2x^3 - \frac{3}{x^2}, \qquad g(x) = \frac{2 + x^2}{x^3 - 3}.$$

calcúlese $f + g$ y $\dfrac{f}{g}$.

RESOLUCIÓN. Tenemos que

$$
\begin{aligned}
(f + g)(x) &= f(x) + g(x) = 2x^3 - \frac{3}{x^2} + \frac{2 + x^2}{x^3 - 3} \\
&= \frac{2x^5(x^3 - 3) - 3(x^3 - 3) + (2 + x^2)x^2}{x^2(x^3 - 3)} = \frac{(2x^5 - 3)(x^3 - 3) + x^2(2 + x^2)}{x^2(x^3 - 3)},
\end{aligned}
$$

$$\left(\frac{f}{g}\right)(x) = \frac{f(x)}{g(x)} = \frac{2x^3 - \frac{3}{x^2}}{\frac{2 + x^2}{x^3 - 3}} = \frac{(x^3 - 3)(2x^5 - 3)}{x^2(2 + x^2)}.$$

2.4 Se consideran las funciones

$$f(x) = \begin{cases} 2 - x, & \text{si } x \leq 2, \\ 5x - 9, & \text{si } x > 2, \end{cases} \qquad g(x) = \begin{cases} 5x + 9, & \text{si } x < 3, \\ -2, & \text{si } x \geq 3, \end{cases}$$

hállense $f + g$ y $f.g$.

RESOLUCIÓN. Puesto que los cambios de fórmula ocurren en los puntos $x = 2$ y $x = 3$, consideramos las funciones en los intervalos $(-\infty; 2]$, $(2; 3)$ y $[3; +\infty)$, y tenemos

$$f(x) = \begin{cases} 2 - x, & \text{si } x \in (-\infty; 2], \\ 5x - 9, & \text{si } x \in (2; 3), \\ 5x - 9, & \text{si } x \in [3; +\infty), \end{cases} \qquad g(x) = \begin{cases} 5x + 9, & \text{si } x \in (-\infty; 2], \\ 5x + 9, & \text{si } x \in (2; 3), \\ -2, & \text{si } x \in [3; +\infty), \end{cases}$$

y entonces se tiene que

$$(f + g)(x) = f(x) + g(x) = \begin{cases} 4x + 11, & \text{si } x \in (-\infty; 2], \\ 10x, & \text{si } x \in (2; 3), \\ 5x - 11, & \text{si } x \in [3; +\infty). \end{cases}$$

Por otra parte también

$$(f \cdot g)(x) = f(x)g(x) = \begin{cases} (2 - x)(5x + 9), & \text{si } x \in (-\infty; 2], \\ 25x^2 - 81, & \text{si } x \in (2; 3), \\ -2(5x - 9), & \text{si } x \in [3; +\infty). \end{cases}$$

2.5 Dadas las funciones

$$f(x) = \frac{1}{1 + x}, \qquad g(x) = \frac{1}{x} - 1,$$

obténganse las siguientes funciones compuestas $f \circ g$, $g \circ f$ y $g \circ g$, y determínense sus dominios.

RESOLUCIÓN. Por definición de función compuesta se tiene que

$$(f \circ g)(x) = f(g(x)) = f\left(\frac{1}{x} \quad 1\right) = \frac{1}{1 + \frac{1}{x} - 1} = \frac{1}{\frac{1}{x}} = x.$$

Por tanto $f \circ g$ es una función identidad, pero hemos de determinar su domino. Puesto que g no está definida en $x = 0$, este punto no pertenecerá al dominio de la composición. Tampoco pertenecerán los valores de x que se transformen por g en -1, que no pertenece al dominio de f, estos posibles valores saldrán de hacer $g(x) = -1$, es decir $\frac{1}{x} - 1 = -1$, de donde se tiene que debería ser $\frac{1}{x} = 0$, lo que no es posible. Por tanto

$$\text{Dom}(f \circ g) = \mathbb{R} - \{0\} \qquad \text{y} \qquad f \circ g = \text{id}_{\mathbb{R} - \{0\}},$$

es decir, salvo en el punto $x = 0$, la función $f \circ g$ es la identidad.

La composición $g \circ f$ resulta ser también

$$(g \circ f)(x) = g(f(x)) = g\left(\frac{1}{1 + x}\right) = \frac{1}{\frac{1}{1+x}} - 1 = 1 + x - 1 = x,$$

es decir, también es la función identidad salvo en los puntos que no pertenezcan al dominio de $g \circ f$. Éstos serán por una parte el punto $x = -1$, al que no puede aplicarse la función f, y los puntos x que se transformen por f en 0, ya que no están en el dominio de g. Como $\frac{1}{1+x} = 0$ no tiene solución, será

$$\text{Dom}(g \circ f) = \mathbb{R} - \{1\} \qquad \text{y} \qquad g \circ f = \text{id}_{\mathbb{R} - \{1\}}.$$

La función $g \circ g$ es

$$(g \circ g)(x) = g(g(x)) = g\left(\frac{1}{x} - 1\right) = \frac{1}{\frac{1}{x} - 1} - 1 = \frac{x}{1-x} - 1 = \frac{x - 1 + x}{1-x} = \frac{2x-1}{1-x}.$$

Esta función no está definida en $x = 0$, en donde no está definida g, ni en los puntos que se transformen por g en 0, es decir, los que verifican $\frac{1}{x} - 1 = 0$, lo que ocurre para $x = 1$, por tanto

$$\text{Dom}\,(g \circ g) = \mathbb{R} - \{0, 1\}.$$

▶ **2.6**   Se consideran las funciones

$$f(x) = \begin{cases} x^2, & \text{si } x < 0, \\ 1 - x, & \text{si } x \geq 0, \end{cases} \qquad g(x) = \begin{cases} 1 - 2x, & \text{si } x < 1, \\ 1 + x, & \text{si } x \geq 1. \end{cases}$$

Determínese la función $f \circ g$.

RESOLUCIÓN. Redefinimos los intervalos de definición de g que es la primera función que se aplica, según que $g(x)$ sea $g(x) < 0$ o $g(x) \geq 0$.

Como

$$1 - 2x < 0 \ \Rightarrow \ -2x < -1 \ \Rightarrow \ x > \frac{1}{2},$$

$$1 - 2x \geq 0 \ \Rightarrow \ -2x \geq -1 \ \Rightarrow \ x \leq \frac{1}{2},$$

y como

$$1 + x < 0 \ \Rightarrow \ x < -1,$$

$$1 + x \geq 0 \ \Rightarrow \ x \geq -1,$$

tenemos que la función g puede escribirse como

$$g(x) = \begin{cases} 1 - 2x, & \text{si } x < 1 \text{ y } x > \frac{1}{2}, \quad (\text{siendo } 1 - 2x < 0), \\ 1 - 2x, & \text{si } x < 1 \text{ y } x \leq \frac{1}{2}, \quad (\text{siendo } 1 - 2x \geq 0), \\ 1 + x, & \text{si } x \geq 1 \text{ y } x < -1, \quad (\text{siendo } 1 + x < 0), \\ 1 + x, & \text{si } x \geq 1 \text{ y } x \geq -1, \quad (\text{siendo } 1 + x \geq 0), \end{cases}$$

dado que la tercera posibilidad es imposible, reordenando queda

$$g(x) = \begin{cases} 1 - 2x, & \text{si } x \leq \frac{1}{2}, \quad (\text{siendo } 1 - 2x \geq 0), \\ 1 - 2x, & \text{si } \frac{1}{2} < x < 1, \quad (\text{siendo } 1 - 2x < 0), \\ 1 + x, & \text{si } x \geq 1, \quad (\text{siendo } 1 + x \geq 0), \end{cases}$$

por tanto la composición es

$$(f \circ g)(x) = f(g(x)) = \begin{cases} f(1 - 2x) = 1 - (1 - 2x) = 2x, & \text{si } x \leq \frac{1}{2}, \\ f(1 - 2x) = (1 - 2x)^2, & \text{si } \frac{1}{2} < x < 1, \\ f(1 + x) = 1 - (1 + x) = -x, & \text{si } x \geq 1. \end{cases}$$

2.7 Analícese la paridad de las funciones siguientes

$$f(x) = \operatorname{sen} x^2, \qquad g(x) = |x|(x+1)^2.$$

RESOLUCIÓN. Para ver si f es par o impar, hallamos $f(-x)$ y resulta

$$f(-x) = \operatorname{sen}(-x)^2 = \operatorname{sen} x^2 = f(x),$$

por lo que f es una función par.

Veamos ahora la función g :

$$g(-x) = |-x|(-x+1)^2 = |x|(-x+1)^2 = |x|(x^2 - 2x + 1).$$

El resultado obtenido no coincide con $g(x)$, por lo que no es una función par. Pero tampoco coincide con

$$-g(x) = -|x|(x+1)^2 = |x|\big(-(x^2+2x+1)\big) = |x|(-x^2 - 2x - 1),$$

por lo que la función g no es par ni impar.

2.8 Pruébese que toda función se puede escribir como suma de una función par y una impar.

RESOLUCIÓN. Basta descomponer la función como suma de las funciones

$$f(x) = \frac{1}{2}\big[f(x) + f(-x)\big] + \frac{1}{2}\big[f(x) - f(-x)\big].$$

La primera de las cuales es par pues, cambiando x por $-x$, queda

$$\frac{1}{2}\big[f(-x) + f\big(-(-x)\big)\big] = \frac{1}{2}\big[f(-x) + f(x)\big] = \frac{1}{2}\big[f(x) + f(-x)\big]$$

y la segunda es impar, ya que

$$\frac{1}{2}\big[f(-x) - f\big(-(-x)\big)\big] = \frac{1}{2}\big[f(-x) - f(x)\big] = -\frac{1}{2}\big[f(x) - f(-x)\big].$$

2.9 Determínese una función que sea simultáneamente par e impar.

RESOLUCIÓN. Deberá ser simultáneamente $f(-x) = f(x)$ y $f(-x) = -f(x)$, $\forall x \in \operatorname{Dom} f$, por lo que tendrá que verificar $f(x) = -f(x)$, es decir, $2f(x) = 0$, de donde $f(x) = 0$, $\forall x \in \operatorname{Dom} f$. Por tanto la función nula es la única función que es a la vez par e impar, y que por ello su gráfica tiene simetría respecto del eje de ordenadas y simetría respecto del origen.

2.10 Determínese si las siguientes funciones son inyectivas. En caso afirmativo, hállese su inversa.

$$\text{a)} \quad f(x) = \big(5 + 2x^4\big)^7, \quad \text{b)} \quad g(x) = \begin{cases} -2x^2, & \text{si } x \geq 0, \\ 3 - x^3, & \text{si } x < 0. \end{cases}$$

RESOLUCIÓN. a) De la observación de la fórmula que define la función se deduce que la función es par, por lo que tomará el mismo valor para $x = 2$, por ejemplo, que para $x = -2$, es decir $f(2) = f(-2)$, por lo que no es inyectiva si se considera definida en toda la recta real.

b) Para valores $x \geq 0$ la función $g(x) = -2x^2$ es inyectiva tomando valores en $(-\infty; 0]$. Para valores $x < 0$ la función vale $g(x) = 3 - x^3$, que también es inyectiva y los valores que toma cuando es $x < 0$ están en el intervalo $(3; +\infty)$. Al estar la función definida en dos trozos y ser inyectiva en cada uno de ellos, no conteniendo ningún valor que esté en ambos recorridos, como puede verse en la Figura 2.25, podemos asegurar que la función g es inyectiva, siendo

$$\operatorname{Rec} g = (-\infty; 0] \cup (3; +\infty).$$

Despejando en ambos trozos, se tiene

$$y = -2x^2 \quad \Rightarrow \quad \frac{-y}{2} = x^2 \quad \Rightarrow \quad x = \sqrt{\frac{-y}{2}},$$

$$y = 3 - x^3 \quad \Rightarrow \quad y - 3 = -x^3 \quad \Rightarrow \quad x = \sqrt[3]{3 - y},$$

luego es

$$g^{-1}(x) = \begin{cases} \sqrt{\dfrac{-x}{2}}, & \text{si } x \leq 0, \\ \sqrt[3]{3 - x}, & \text{si } x > 3. \end{cases}$$

Esta función no está definida en $(0; 3]$ ya que estos puntos no pertenecen a $\operatorname{Rec} g$.

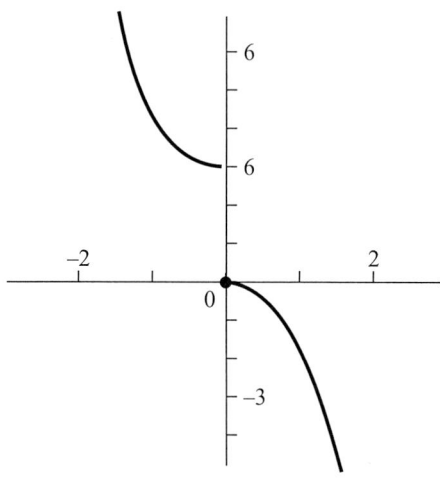

Figura 2.25 Gráfica de la función del Problema 2.10.b.

▶ **2.11** Dibújese la gráfica de la función $f(x) = \operatorname{sen} x + |\operatorname{sen} x|$.

RESOLUCIÓN. A partir de la conocida gráfica de la *sinusoide*, construimos la gráfica de la función $|\operatorname{sen} x|$ sin más que cambiar los valores negativos de la función a positivos, como vemos en la Figura 2.26

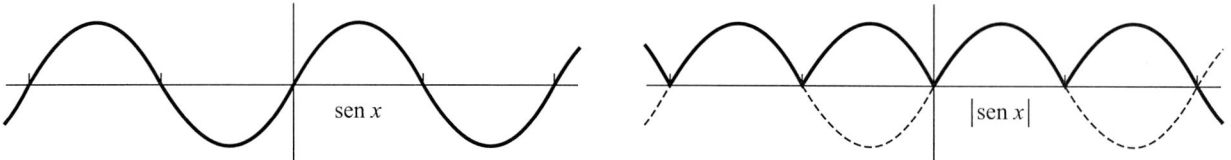

Figura 2.26

ahora basta sumar ambas gráficas con la técnica del *punto a punto* sin más que dibujarlas juntas, véase la Figura 2.27,

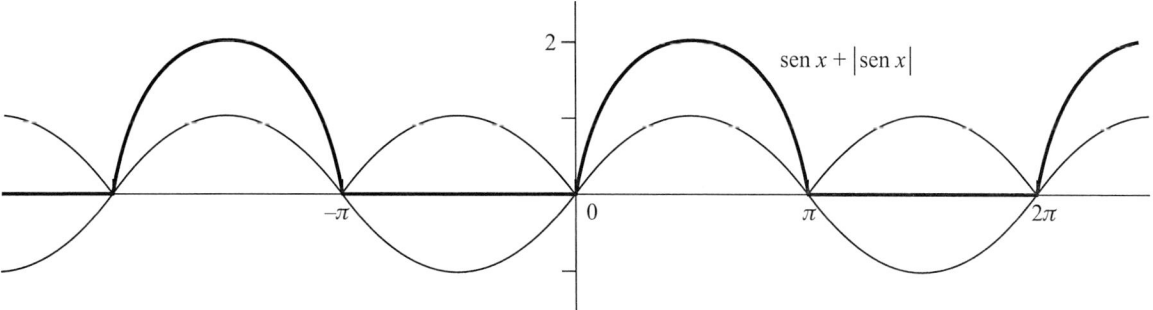

Figura 2.27

resultando que es

$$f(x) = \begin{cases} 2\,\mathrm{sen}\,x, & \text{si } x \in \big[2k\pi; (2k+1)\pi\big], \quad k \in \mathbb{Z}, \\ 0, & \text{si } x \in \big[(2k-1)\pi; 2k\pi\big], \quad k \in \mathbb{Z}. \end{cases}$$

Otro método: Como es

$$|\mathrm{sen}\,x| = \mathrm{sen}\,x, \qquad \text{si } \quad x \in \big[2k\pi; (2k+1)\pi\big], \quad k \in \mathbb{Z}, \quad y$$

$$|\mathrm{sen}\,x| = -\,\mathrm{sen}\,x, \quad \text{si } \quad x \in \big[(2k-1)\pi; 2k\pi\big], \quad k \in \mathbb{Z},$$

se obtiene para $f(x) = \mathrm{sen}\,x + |\,\mathrm{sen}\,x|$ la expresión dada anteriormente.

2.12 Dibújese la gráfica de la función $f(x) = \mathrm{sig}(2x^3 - 18x)$.

RESOLUCIÓN. Como la función $y = 2x^3 - 18x = 2x(x+3)(x-3)$ se anula en -3, 0 y 3, y es
- positiva en $(-3; 0) \cup (3; +\infty)$ y
- negativa en $(-\infty; -3) \cup (0; 3)$,

resulta que la gráfica de la función signo de y es la de la Figura 2.28.

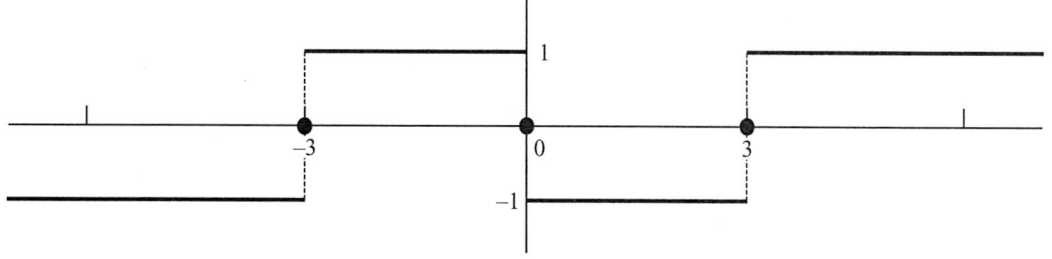

Figura 2.28 Gráfica de la función $f(x) = \mathrm{sig}(2x^3 - 18x)$.

PROBLEMAS PROPUESTOS

2.1 Hállese el dominio de las funciones

$$f(x) = \frac{2x}{4(x-1) - x^2}, \qquad g(x) = \frac{\sqrt{9 - x^2}}{x}.$$

2.2 Determínese el dominio de la función $f(x) = \text{arcsen}\left(\ln \frac{x+3}{7}\right)$.

2.3 Dadas las funciones

$$f(x) = 2x^3 - \frac{3}{x^2}, \qquad g(x) = \frac{2+x^2}{x^3-3},$$

calcúlese $g - f$ y $g \cdot f$.

2.4 Se consideran las funciones

$$g(x) = \begin{cases} x - 1, & \text{si } x < 0, \\ 1 - x^2, & \text{si } x \geq 0, \end{cases} \qquad h(x) = \begin{cases} \frac{1}{2}, & \text{si } x < 2, \\ 2x, & \text{si } x \geq 2. \end{cases}$$

Hállense $h - g$ y g/h.

2.5 Dadas las funciones

$$g(x) = \frac{2-x}{2x}, \qquad h(x) = \frac{x}{2} - \frac{2}{x},$$

hállense las composiciones $h \circ g$, $g \circ h$ y $g \circ g$ y sus dominios.

2.6 Se consideran las funciones

$$f(x) = \begin{cases} x^2, & \text{si } x < 0, \\ 1 - x, & \text{si } x \geq 0, \end{cases} \qquad g(x) = \begin{cases} 1 - 2x, & \text{si } x < 1, \\ 1 + x, & \text{si } x \geq 1. \end{cases}$$

Determínese la función $g \circ f$.

2.7 Determínese si las funciones siguientes son pares o impares

$$f(x) = \cos(-3x), \qquad g(x) = \frac{x|x|}{1+|x|}.$$

2.8 Pruébese que el producto de dos funciones impares es una función par.

2.9 Demuéstrese que el producto de una función par por una impar es una función impar.

2.10 Determínese si las siguientes funciones son inyectivas. En caso afirmativo, hállese su inversa.

$$\text{a) } f(x) = \cos 3x, \qquad \text{b) } g(x) = 3x + 2.$$

2.11 Dibújese la gráfica de la función $\quad f(x) = |x^2 - 5x + 6|$.

2.12 Dibújese la gráfica de la función $\quad f(x) = \max\{x^2 + x - 2, -x^2 - 3x\}$.

Límites y continuidad

3.1. LÍMITES DE FUNCIONES

Definición de límite

Vamos a comenzar estudiando la función

$$f(x) = \frac{x^2 - 1}{4x - 4},$$

que no está definida en el punto $x = 1$ ya que se anula el denominador.

Calculemos valores de la función en puntos próximos a $x = 1$ y para ello construimos la siguiente tabla:

x	$f(x)$
0,9	0,475
1,1	0,525
0,99	0,4975
1,01	0,5025
0,999	0,49975
1,001	0,50075

A vista de la tabla pueden hacerse tres importantes observaciones:

1. Cuando x toma valores próximos 1, la función $f(x)$ toma valores próximos a $\frac{1}{2}$.
2. Cuanto más próximo es x a 1, más lo es $f(x)$ a $\frac{1}{2}$.
3. Podemos acercarnos con $f(x)$ tanto como queramos a $\frac{1}{2}$, eligiendo x convenientemente próximo a 1.

Con estas tres consideraciones se nos muestra el acercamiento de la función a su límite cuando la variable tiende al punto 1. Por verificarse la tercera, diremos que $\frac{1}{2}$ es el límite de la función cuando x tiende a 1. Es decir, $\frac{1}{2}$ es el límite de $f(x)$, cuando x se acerca a 1, si para cualquier valor ε, positivo y pequeño que se considere, por ejemplo $\varepsilon = 0,0000001$, siempre podemos encontrar valores x, suficientemente próximos a 1 pero distintos de 1, de modo que sea

$$\left| f(x) - \frac{1}{2} \right| < \varepsilon.$$

Con este análisis se propicia la definición formal de límite:

Se dice que la función f tiene límite L cuando x tiende al valor a, si para cada $\varepsilon > 0$, existe un $\delta > 0$ tal que para los x que verifican $0 < |x - a| < \delta$ se tiene que $|f(x) - L| < \varepsilon$.

Abreviadamente podemos escribir

$$\lim_{x \to a} f(x) = L \quad \text{cuando} \quad \forall \varepsilon > 0, \exists \delta > 0 \quad \text{tal que si es} \quad 0 < |x - a| < \delta \quad \text{se tiene} \quad |f(x) - L| < \varepsilon.$$

La definición dada se escribe en forma equivalente empleando intervalos en la forma:

$$\lim_{x \to a} f(x) = L \quad \text{cuando} \quad \forall \varepsilon > 0, \exists \delta > 0 : x \in (a - \delta; a + \delta) \text{ y } x \neq a \text{ entonces } f(x) \in (L - \varepsilon; L + \varepsilon),$$

como puede verse en la Figura 3.1.

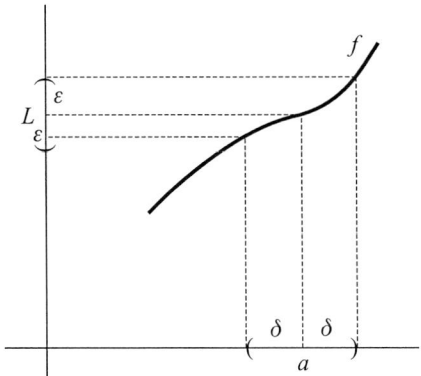

Figura 3.1 El concepto de límite.

Observemos que el valor del límite es independiente del valor de la función en el punto, y que en general el valor de δ depende del ε elegido y del punto a considerado.

Propiedades de los límites

Las principales propiedades del límite de una función son las siguientes:

1. El límite de una función en un punto, si existe, es único, es decir,

$$\lim_{x \to a} f(x) = L_1 \quad \text{y} \quad \lim_{x \to a} f(x) = L_2 \quad \text{entonces se verifica que} \quad L_1 = L_2.$$

2. Si $\lim_{x \to a} f(x) = L_1$ y $\lim_{x \to a} g(x) = L_2$, entonces se verifica que

   a) $\lim_{x \to a}[f(x) + g(x)] = L_1 + L_2$

   b) $\lim_{x \to a}[\alpha f(x)] = \alpha L_1, \qquad \alpha \in \mathbb{R}$

   c) $\lim_{x \to a}[f(x)g(x)] = L_1 L_2$

   d) $\lim_{x \to a} \dfrac{1}{g(x)} = \dfrac{1}{L_2}, \qquad \text{si } L_2 \neq 0$

   e) $\lim_{x \to u} \dfrac{f(x)}{g(x)} = \dfrac{L_1}{L_2}, \qquad \text{si } L_2 \neq 0.$

3. Principio de intercalación (o del sandwich): Si $\forall x \in (a; b)$ es $f_1(x) \leq f(x) \leq f_2(x)$ y

$$\lim_{x \to c} f_1(x) = \lim_{x \to c} f_2(x) = L \qquad \text{y} \qquad c \in (a; b),$$

   entonces $\lim_{x \to c} f(x) = L$.

4. Si f y g son funciones tales que en un entorno del punto a verifican $f(x) = g(x)$, salvo en el punto a, de forma que existe $\lim_{x \to a} f(x) = L$, en estas condiciones también existe $\lim_{x \to a} g(x)$ y se verifica que $\lim_{x \to a} g(x) = \lim_{x \to a} f(x) = L$.

■ **Ejemplo 3.1** Las funciones $f(x) = x + 1$ y $g(x) = \dfrac{x^2 - 1}{x - 1}$ toman los mismos valores en un entorno reducido del punto $x = 1$ y como es $\lim_{x \to 1} f(x) = 2$, también es $\lim_{x \to 1} g(x) = 2$.

Ésto es lo que ocurre cuando se efectúa en forma directa el cálculo del límite

$$\lim_{x \to 1} \frac{x^2 - 1}{x - 1} = \lim_{x \to 1} \frac{(x + 1)(x - 1)}{x - 1} = \lim_{x \to 1}(x + 1) = 2.$$

Lo que no es seguro es si, en estos cálculos, todos los usuarios perciben la propiedad aplicada.

3.2. Límites laterales

Límites laterales

En la definición de límite tomamos valores de x próximos al valor a en ambos lados de a. Puede ocurrir que el límite exista a condición de que tomemos valores de x próximos pero sólo a un lado del punto a, esta idea nos lleva a los límites laterales.

Diremos que el límite de la función $f(x)$ cuando x tiende al punto a por la izquierda es L, y escribimos $\lim_{x\to a^-} f(x) = L$, cuando

$$\forall \varepsilon > 0, \exists \delta > 0 : 0 < |x - a| < \delta \quad \text{y} \quad x < a \quad \text{entonces} \quad |f(x) - L| < \varepsilon,$$

y diremos que el límite de la función $f(x)$ cuando x tiende al punto a por la derecha es L, y escribimos $\lim_{x\to a^+} f(x) = L$, cuando

$$\forall \varepsilon > 0, \exists \delta > 0 : 0 < |x - a| < \delta \quad \text{y} \quad x > a \quad \text{entonces} \quad |f(x) - L| < \varepsilon.$$

Se verifica trivialmente que para la existencia de límite de una función en un punto han de existir los límites laterales y coincidir, es decir,

$$\exists \lim_{x\to a} f(x) \quad \Leftrightarrow \quad \begin{cases} \exists \lim_{x\to a^-} f(x) = L_1, \\ \exists \lim_{x\to a^+} f(x) = L_2, \\ L_1 = L_2. \end{cases}$$

■ **Ejemplo 3.2**   La función

$$f(x) = \begin{cases} 2, & \text{si } x < 1, \\ 3, & \text{si } x \geq 1, \end{cases}$$

posee en el punto $x = 1$ límite por la izquierda, que vale 2, límite por la derecha, que vale 3, pero al no coincidir estos valores la función no tiene límite en ese punto.

Límites infinitos y límites en el infinito

Sea la recta real ampliada, $\mathbb{R} \cup \{-\infty, +\infty\}$, por definición el límite de una función en un punto es $+\infty$, cuando

$$\forall M > 0, \exists \delta > 0 : 0 < |x - a| < \delta \quad \text{tal que} \quad f(x) > M,$$

y se escribe

$$\lim_{x\to a} f(x) = +\infty,$$

es decir, para cada valor de M, que podamos elegir, los valores de $f(x)$ lo superarán si elegimos x convenientemente cerca de a. Por definición el límite, cuando x tiende a a, es $-\infty$ cuando

$$\forall m < 0, \exists \delta > 0 : 0 < |x - a| < \delta \quad \text{tal que} \quad f(x) < m,$$

siendo la función menor que cualquier valor m, negativo, elegido.

Estos dos valores pueden ser también límites laterales, del modo

$$\lim_{x\to a^-} f(x) = +\infty \quad \text{si} \quad \forall M > 0, \exists \delta > 0 : 0 < |x - a| < \delta \text{ y } x < a \quad \Rightarrow \quad f(x) > M,$$

$$\lim_{x\to a^+} f(x) = +\infty \quad \text{si} \quad \forall M > 0, \exists \delta > 0 : 0 < |x - a| < \delta \text{ y } x > a \quad \Rightarrow \quad f(x) > M,$$

$$\lim_{x\to a^-} f(x) = -\infty \quad \text{si} \quad \forall m < 0, \exists \delta > 0 : 0 < |x - a| < \delta \text{ y } x < a \quad \Rightarrow \quad f(x) < m,$$

$$\lim_{x\to a^+} f(x) = +\infty \quad \text{si} \quad \forall m < 0, \exists \delta > 0 : 0 < |x - a| < \delta \text{ y } x > a \quad \Rightarrow \quad f(x) < m.$$

También podemos acercarnos a los puntos $+\infty$ y $-\infty$ con valores de x, aunque podemos hacerlo por un lado, y el resultado podría ser finito o infinito; tenemos los siguientes límites

$$\lim_{x \to +\infty} f(x) = L \quad \text{cuando} \quad \forall \varepsilon > 0, \exists K > 0 : x > K \qquad \Rightarrow |f(x) - L| < \varepsilon,$$

$$\lim_{x \to -\infty} f(x) = L \quad \text{cuando} \quad \forall \varepsilon > 0, \exists k < 0 : x < k \qquad \Rightarrow |f(x) - L| < \varepsilon,$$

$$\lim_{x \to +\infty} f(x) = +\infty \quad \text{cuando} \quad \forall M > 0, \exists K > 0 : x > K \qquad \Rightarrow f(x) > M,$$

$$\lim_{x \to -\infty} f(x) = +\infty \quad \text{cuando} \quad \forall M > 0, \exists k < 0 : x < k \qquad \Rightarrow f(x) > M,$$

$$\lim_{x \to +\infty} f(x) = -\infty \quad \text{cuando} \quad \forall m < 0, \exists K > 0 : x > K \qquad \Rightarrow f(x) < m,$$

$$\lim_{x \to -\infty} f(x) = -\infty \quad \text{cuando} \quad \forall m < 0, \exists k < 0 : x < k \qquad \Rightarrow f(x) < m.$$

Indeterminaciones. Cálculo de límites

En el cálculo de límites pueden presentarse indeterminaciones, es decir, situaciones en las cuales el límite no se obtiene mediante las operaciones elementales necesitando un proceso específico que nos calcule el límite o nos muestre su inexistencia.

Aparte de la indeterminación de la forma $\left[\frac{k}{0}\right]$, con $k \neq 0$, que obliga a hallar los límites laterales para decidir la existencia o no del límite, existen siete indeterminaciones más, que se representan simbólicamente como

$$\left[\frac{0}{0}\right], \qquad \left[\frac{\infty}{\infty}\right], \qquad [\infty - \infty], \qquad [0 \cdot \infty], \qquad [0^0], \qquad [\infty^0], \qquad [1^\infty].$$

Se supone al lector familiarizado con el cálculo de límites pero veremos algunos ejemplos. El tipo de indeterminación se indicará con un corchete. Debe entenderse que éste no es el resultado del cálculo sino una forma de indicar la indeterminación de que se trata, lo que nos sirve para ver el camino a seguir.

■ **Ejemplo 3.3** El límite

$$\lim_{x \to 5} \frac{x - 5}{2x^2 - 5} = \frac{0}{45} = 0$$

no presenta indeterminación.

■ **Ejemplo 3.4** El límite siguiente es indeterminado de la forma $\left[\frac{0}{0}\right]$ y lo calculamos así:

$$\lim_{x \to 2} \frac{2x - 4}{x^2 + x - 6} = \left[\frac{0}{0}\right] = \lim_{x \to 2} \frac{2(x - 2)}{(x - 2)(x + 3)} = \lim_{x \to 2} \frac{2}{x + 3} = \frac{2}{5}.$$

Donde se ha procedido a simplificar la expresión entre $x - 2$, ya que numerador y denominador son polinomios múltiplos de $x - 2$, al tener ambos el valor $x = 2$ como raíz.

■ **Ejemplo 3.5** El límite $\lim_{x \to 0} \dfrac{x^2}{x^3}$ presenta una indeterminación del tipo $\left[\frac{0}{0}\right]$ y si simplificamos numerador y denominador como en el ejemplo anterior, resulta

$$\lim_{x \to 0} \frac{x^2}{x^3} = \left[\frac{0}{0}\right] = \lim_{x \to 0} \frac{1}{x} = \left[\frac{1}{0}\right],$$

es decir, tenemos otra indeterminación. Ésta se resuelve hallando los límites laterales, que son

$$\lim_{x \to 0^+} \frac{1}{x} = \frac{1}{0^+} = +\infty \qquad \text{y} \qquad \lim_{x \to 0^-} \frac{1}{x} = \frac{1}{0^-} = -\infty,$$

por lo que el límite pedido no existe.

■ **Ejemplo 3.6**   El límite $\lim\limits_{x\to+\infty} \dfrac{2x^2+3x}{x^3-x^2+4}$ presenta una indeterminación $\left[\frac{\infty}{\infty}\right]$ que se resuelve dividiendo numerador y denominador entre la potencia mayor del denominador, es decir por x^3,

$$\lim_{x\to+\infty} \frac{2x^2+3x}{x^3-x^2+4} = \left[\frac{\infty}{\infty}\right] = \lim_{x\to+\infty} \frac{\frac{2}{x}+\frac{3}{x^2}}{1-\frac{1}{x}+\frac{4}{x^3}} = \frac{0+0}{1-0+0} = \frac{0}{1} = 0.$$

Si hubiésemos dividido entre la potencia mayor del numerador, que es x^2, nos habría quedado una indeterminación del tipo $\left[\frac{k}{0}\right]$, lo que nos habría obligado a calcular los límites laterales.

■ **Ejemplo 3.7**   Para hallar el límite

$$\lim_{x\to+\infty} \frac{2}{\sqrt{x+1}-\sqrt{x}} = \left[\frac{2}{\infty-\infty}\right],$$

multiplicamos numerador y denominador de la fracción por la expresión conjugada del denominador, que es la que origina la indeterminación, obteniendo

$$\lim_{x\to+\infty} \frac{2}{\sqrt{x+1}-\sqrt{x}} = \left[\frac{2}{\infty-\infty}\right] = \lim_{x\to+\infty} \frac{2\left(\sqrt{x+1}+\sqrt{x}\right)}{\left(\sqrt{x+1}-\sqrt{x}\right)\left(\sqrt{x+1}+\sqrt{x}\right)}$$

$$= \lim_{x\to+\infty} \frac{2\left(\sqrt{x+1}+\sqrt{x}\right)}{(x+1)-x} = \lim_{x\to+\infty} \frac{2\left(\sqrt{x+1}+\sqrt{x}\right)}{1} = 2(+\infty+\infty) = +\infty.$$

3.3. CONTINUIDAD EN UN PUNTO

Se dice que una función es continua en un punto cuando la función está definida en el punto, existe el límite de la función en ese punto y ambos valores coinciden, es decir,

$$f \text{ es continua en } a \text{ cuando } \begin{cases} 1)\ \exists f(a) \\ 2)\ \exists \lim_{x\to a} f(x) \\ 3)\ \lim_{x\to a} f(x) = f(a). \end{cases}$$

Esta definición puede escribirse de forma similar a la definición $\varepsilon - \delta$ de límite del modo:

f es continua en a cuando $\forall \varepsilon > 0, \exists \delta > 0$ tal que si $|x-a| < \delta$ entonces $|f(x)-f(a)| < \varepsilon$.

Una función es continua por la izquierda en el punto a si existe el valor $f(a)$ y coincide con el límite por la izquierda. Del mismo modo una función es continua por la derecha en a si el valor $f(a)$ coincide con el límite por la derecha. Es claro que

f es continua en a cuando f es continua por la izquierda y por la derecha en a.

La funciones continuas tienen unas propiedades análogas a las de los límites, que enunciamos a continuación:

Si f y g son continuas en a, entonces se tiene que

1. $f+g$ es continua en a,
2. $f \cdot g$ es continua en a,
3. αf es continua en a, siendo $\alpha \in \mathbb{R}$,
4. $\frac{1}{g}$ es continua en a, si es $g(a) \neq 0$,
5. $\frac{f}{g}$ es continua en a, si es $g(a) \neq 0$.

Se verifica además una propiedad para la composición de funciones continuas: Si f es continua en a y g es continua en $b = f(a)$, entonces la función $g \circ f$ es continua en a.

Discontinuidades

Cuando una función no cumple alguna de las tres condiciones de la definición en un punto a, se dice que la función es discontinua en ese punto.

Diremos que la discontinuidad en el punto es *evitable* si el límite y el valor de la función no coinciden o bien la función no está definida existiendo el límite. En este caso la función puede redefinirse en el punto de modo que coincidan y se dice que la discontinuidad en el punto se ha evitado. Es evidente que la nueva función sólo difiere de la función dada en un punto.

La discontinuidad se dice *de salto* cuando no existe límite, existiendo los límites laterales. El salto puede ser finito, cuando ambos límites laterales son finitos, o infinito, en cuanto uno de ellos lo sea.

La discontinuidad en el punto se dice que es *esencial* cuando uno o ambos límites laterales no exista.

3.4. TEOREMAS SOBRE FUNCIONES CONTINUAS

Tiene especial interés por sus numerosas aplicaciones el estudio de la continuidad de una función en un conjunto y, sobre todo, cuando el conjunto es un intervalo. Si se trata de un intervalo abierto la definición es

$$f \text{ es continua en } (a;b) \quad \text{cuando} \quad \forall x \in (a;b) : f \text{ es continua en } x.$$

Pero si se trata de un intervalo cerrado se dice que

$$f \text{ es continua en } [a;b] \quad \text{cuando} \quad \begin{cases} f \text{ es continua en } (a;b), \\ f \text{ es continua por la derecha en } a, \\ f \text{ es continua por la izquierda en } b. \end{cases}$$

Las razones de esta definición son, por una parte, la intuición de que al dibujar su gráfica desde el punto $\left(a, f(a)\right)$ hasta $\left(b, f(b)\right)$ no tendremos que levantar el lápiz del papel, es decir, que la podremos hacer de un trazo simple, y por otro lado, los importantes teoremas que de ella se derivarán.

■ **Ejemplo 3.8** La función $f(x) = \sqrt{4 - x^2}$ es continua en $[-2;2]$, es decir, en todo su dominio de definición.

En el caso en que tengamos funciones definidas en intervalos semiabiertos o funciones que están definidas en uniones de intervalos, se atenderá al mismo criterio, es decir, en los puntos frontera que pertenezcan al conjunto se exigirá continuidad lateral. En el caso de que la función esté definida en algún punto aislado, no hay forma de acercarse a él tomando valores del dominio, se conviene que la función será continua en él.

■ **Ejemplo 3.9** Toda función definida en $[2;3) \cup \{4\}$ es continua en 4, será continua en 2 cuando tenga continuidad por la derecha y en los puntos del intervalo $(2;3)$ si se verifican las condiciones de continuidad.

Propiedades locales de funciones continuas

■ **Propiedad de conservación del signo** *Si f es continua en a y además*

1. es $f(a) > 0$, entonces $\exists \delta > 0$ tal que es $f(x) > 0, \forall x \in (a - \delta; a + \delta)$,

2. es $f(a) < 0$, entonces $\exists \delta > 0$ tal que es $f(x) < 0, \forall x \in (a - \delta; a + \delta)$.

Esta propiedad afirma que si una función es continua y positiva en un punto, es también positiva en un intervalo que contiene a ese punto, y análogamente si la función es negativa en el punto.

■ **Propiedad de acotación local** *Si f es continua en el punto a entonces existe un número $\delta > 0$ tal que f es acotada en el intervalo $(a - \delta; a + \delta)$.*

Esta propiedad afirma que toda función que es continua en un punto está acotada en un entorno del mismo.

Los teoremas fundamentales de las funciones continuas

■ **Teorema (de la acotación de Weierstrass)** *Si f es continua en $[a; b]$, entonces f está acotada superior e inferiormente en $[a; b]$.*

Por tanto, por el hecho de ser continua en un intervalo cerrado la función está acotada.

■ **Teorema (del máximo y el mínimo de Weierstrass)** *Si f es continua en $[a; b]$, entonces existe un valor $x_0 \in [a; b]$ tal que $f(x_0) \geq f(x), \forall x \in [a; b]$ y también existe otro valor $x_1 \in [a; b]$ tal que $f(x_1) \leq f(x), \forall x \in [a; b]$.*

Es decir, existen puntos en el intervalo en los que la función toma su valor máximo y su valor mínimo; el máximo se alcanza al menos para un valor x_0 y el mínimo al menos para un valor x_1.

■ **Teorema (de Bolzano)** *Si f es continua en $[a; b]$ y $f(a) \cdot f(b) < 0$, entonces existe al menos un $\alpha \in (a; b)$ tal que $f(\alpha) = 0$.*

Este teorema afirma que si una función continua en el intervalo $[a; b]$ toma valores de signo contrario en los extremos del mismo, entonces necesariamente corta al eje de abscisas en algún punto α del intervalo, como puede observarse en la Figura 3.2.

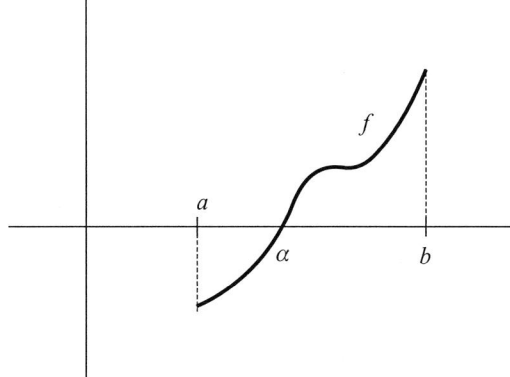

Figura 3.2 Interpretación del teorema de Bolzano

Este teorema presenta la utilidad de separar ceros de una función continua, ya que si ésta cambia de signo en dos puntos, tiene un cero situado entre esos puntos.

■ **Teorema (de los valores intermedios de Darboux)** *Si f es continua en $[a; b]$ y $f(x_0) < h < f(x_1)$, $x_0, x_1 \in [a; b]$, entonces existe al menos un $\alpha \in (x_0; x_1)$ tal que $f(\alpha) = h$.*

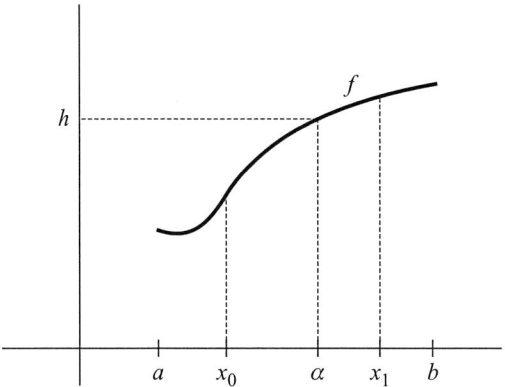

Figura 3.3 Interpretación del teorema de los valores intermedios

Es decir, por el hecho de ser continua, la función toma todos los valores intermedios entre dos valores dados $f(x_0)$ y $f(x_1)$. Como consecuencia de este teorema, la función recorre todos los valores entre el mínimo y el máximo de la función en el intervalo, es decir, para cualquier valor c que elijamos entre m y M, siendo éstos el mínimo y el máximo de la función f continua, existe un punto x que se transforma en c, es decir, la función recorre todos los valores intermedios entre m y M.

■ Propiedades que se conservan por inversión

1. Si f es continua e inyectiva en $[a; b]$ entonces f es estrictamente creciente o decreciente en $[a; b]$.

2. Si f es continua y estrictamente creciente o decreciente en $[a; b]$ entonces es inyectiva.

3. Si f es continua en $[a; b]$ entonces

es inyectiva ⇔ es estrictamente creciente o decreciente.

4. Si f es continua e inyectiva en $[a; b]$, su función inversa f^{-1} es también continua e inyectiva. Además, si f es estrictamente creciente, f^{-1} también es estrictamente creciente y si f es estrictamente decreciente, f^{-1} también es estrictamente decreciente.

3.5. CONTINUIDAD UNIFORME

Se dice que una función f es uniformemente continua en un conjunto $D \subset \mathbb{R}$ si para todo $\varepsilon > 0$ existe $\delta > 0$ tal que si $x, x' \in D$ y $|x - x'| < \delta$, entonces $|f(x) - f(x')| < \varepsilon$.

Esta definición casi análoga a la definición de continuidad en un punto se diferencia de aquella en que ahora δ depende de ε, pero no depende del punto x o x' del intervalo.

■ Ejemplo 3.10   La función $f(x) = x$ es uniformemente continua en cualquier intervalo $[a; b]$, pues basta elegir $\delta = \varepsilon$, independientemente del punto $x \in [a; b]$ considerado.

■ Ejemplo 3.11   La función $f(x) = \frac{1}{x^2}$ no es uniformemente continua en $(-2; 0)$, ya que no podemos encontrar δ independiente del punto, porque la pendiente crece indefinidamente a medida que nos acercamos al punto 0.

Se verifica trivialmente que

$$f \text{ uniformemente continua en } D \Rightarrow f \text{ continua en } D.$$

Sin embargo, el recíproco no es cierto en general, como se deduce del Ejemplo 3.11 en que la función f es continua en el intervalo abierto considerado. Mientras en el caso de intervalos cerrado sí es válido el recíproco, como nos dice el siguiente teorema.

■ Teorema (de continuidad uniforme)   *Si f es continua en $[a; b]$, entonces es uniformemente continua en $[a; b]$.*

PROBLEMAS RESUELTOS

3.1   Determínense

$$\text{a)} \quad \lim_{x \to 1} \frac{x^3 + 1}{(x-1)^2}, \qquad \text{b)} \quad \lim_{x \to 0} \frac{x(x+1)}{3x^2}.$$

RESOLUCIÓN. a) Tenemos que

$$\lim_{x \to 1} \frac{x^3 + 1}{(x-1)^2} = \left[\frac{2}{0} \right],$$

por lo que debemos calcular los límites laterales:

$$\lim_{x \to 1^+} \frac{x^3 + 1}{(x-1)^2} = \frac{2}{(0^+)^2} = \frac{2}{0^+} = +\infty,$$

$$\lim_{x \to 1^-} \frac{x^3 + 1}{(x-1)^2} = \frac{2}{(0^-)^2} = \frac{2}{0^+} = +\infty,$$

al ser ambos iguales, el límite pedido existe y vale $+\infty$.

b) Este límite presenta una indeterminación de la forma $\left[\frac{0}{0}\right]$ y simplificando tenemos

$$\lim_{x \to 0} \frac{x(x+1)}{3x^2} = \left[\frac{0}{0}\right] = \lim_{x \to 0} \frac{x+1}{3x} = \left[\frac{1}{0}\right],$$

hallando los límites laterales resulta que el límite pedido no existe, pues

$$\lim_{x \to 0^+} \frac{x+1}{3x} = \frac{1}{0^+} = +\infty \quad \text{y} \quad \lim_{x \to 0^-} \frac{x+1}{3x} = \frac{1}{0^-} = -\infty.$$

▶ **3.2** Determínense los límites

$$\text{a)} \quad \lim_{x \to +\infty} \frac{4 - x^3}{x^2 - 1}, \qquad \text{b)} \quad \lim_{x \to -\infty} \frac{x^2}{1 - x^2}.$$

RESOLUCIÓN. a) Dividiendo numerador y denominador por x^2, potencia mayor del denominador,

$$\lim_{x \to +\infty} \frac{4 - x^3}{x^2 - 1} = \left[\frac{\infty}{\infty}\right] = \lim_{x \to +\infty} \frac{\frac{4}{x^2} - \frac{x^3}{x^2}}{\frac{x^2}{x^2} - \frac{1}{x^2}} = \lim_{x \to +\infty} \frac{\frac{4}{x^2} - x}{1 - \frac{1}{x^2}} = \frac{-\infty}{1} = -\infty.$$

b)

$$\lim_{x \to -\infty} \frac{x^2}{1 - x^2} = \left[\frac{\infty}{\infty}\right] = \lim_{x \to -\infty} \frac{\frac{x^2}{x^2}}{\frac{1}{x^2} - \frac{x^2}{x^2}} = \lim_{x \to -\infty} \frac{1}{\frac{1}{x^2} - 1} = \frac{1}{-1} = -1.$$

▶ **3.3** Calcúlense los límites

$$\text{a)} \quad \lim_{x \to +\infty} \left(x - \sqrt{x^2 + 2x}\right), \qquad \text{b)} \quad \lim_{x \to -\infty} \frac{2x}{\sqrt{1 + x^2}}.$$

RESOLUCIÓN. a)

$$\lim_{x \to +\infty} \left(x - \sqrt{x^2 + 2x}\right) = [\infty - \infty] = \lim_{x \to +\infty} \frac{\left(x - \sqrt{x^2 + 2x}\right)\left(x + \sqrt{x^2 + 2x}\right)}{x + \sqrt{x^2 + 2x}}$$

$$= \lim_{x \to +\infty} \frac{x^2 - \left(\sqrt{x^2 + 2x}\right)^2}{x + \sqrt{x^2 + 2x}} = \lim_{x \to +\infty} \frac{x^2 - (x^2 + 2x)}{x + \sqrt{x^2 + 2x}}$$

$$= \lim_{x \to +\infty} \frac{-2x}{x + \sqrt{x^2 + 2x}} = \left[\frac{\infty}{\infty}\right] = \lim_{x \to +\infty} \frac{\frac{-2x}{x}}{\frac{x}{x} + \sqrt{\frac{x^2}{x^2} + \frac{2x}{x^2}}}$$

$$= \lim_{x \to +\infty} \frac{-2}{1 + \sqrt{1 + \frac{2}{x}}} = \frac{-2}{1 + \sqrt{1 + 0}} = \frac{-2}{2} = -1.$$

b) *Primer método:*

$$\lim_{x \to -\infty} \frac{2x}{\sqrt{1 + x^2}} = \left[\frac{\infty}{\infty} \right] = \lim_{x \to -\infty} \left(-\sqrt{\frac{4x^2}{1 + x^2}} \right)$$

$$= -\lim_{x \to -\infty} \sqrt{\frac{4x^2}{1 + x^2}} = -\lim_{x \to -\infty} \sqrt{\frac{4}{\frac{1}{x^2} + 1}} = -\sqrt{\frac{4}{1}} = -2,$$

donde en la primera igualdad, al introducir el término $2x$ dentro de la raíz, hemos colocado un signo menos delante, ya que los valores de la función dada son negativos, por lo que hemos de elegir esta opción en la raíz.

Segundo método:

$$\lim_{x \to -\infty} \frac{2x}{\sqrt{1 + x^2}} = \left[\frac{\infty}{\infty} \right] = \lim_{x \to +\infty} \left(\frac{-2}{\sqrt{\frac{1}{x^2} + 1}} \right) = -2.$$

3.4 Hállense los límites

a) $\displaystyle \lim_{x \to 1} \frac{x - 1}{|x - 1|},$ b) $\displaystyle \lim_{x \to 3^-} \left(\frac{1}{|x - 3|} - \frac{1}{x - 3} \right).$

RESOLUCIÓN. a) Como

$$\lim_{x \to 1} \frac{x - 1}{|x - 1|} = \left[\frac{0}{0} \right],$$

salvaremos la indeterminación quitando el valor absoluto. Si $x \geq 1$, es $|x - 1| = x - 1$, mientras que si $x < 1$, es $|x - 1| = -(x - 1)$, por tanto los límites laterales son

$$\lim_{x \to 1^+} \frac{x - 1}{|x - 1|} = \lim_{x \to 1^+} \frac{x - 1}{x - 1} = 1 \quad y \quad \lim_{x \to 1^-} \frac{x - 1}{|x - 1|} = \lim_{x \to 1^-} \frac{x - 1}{-(x - 1)} = -1,$$

por lo que el límite no existe.

b) Para hallar este límite lateral tenemos en cuenta que si $x < 3$, es $|x - 3| = -(x - 3)$, por tanto

$$\lim_{x \to 3^-} \left(\frac{1}{|x - 3|} - \frac{1}{x - 3} \right) = [\infty - \infty] = \lim_{x \to 3^-} \left(\frac{1}{-(x - 3)} - \frac{1}{x - 3} \right) = \lim_{x \to 3^-} \frac{-2}{x - 3} = \frac{-2}{0^-} = +\infty.$$

3.5 Calcúlese

$$\lim_{x \to 0} \frac{\sqrt{x + 9} - 3}{\sqrt{x + 4} - 2}.$$

RESOLUCIÓN. Como

$$\lim_{x \to 0} \frac{\sqrt{x + 9} - 3}{\sqrt{x + 4} - 2} = \left[\frac{0}{0} \right],$$

multiplicamos numerador y denominador por la expresión conjugada del numerador y por la expresión conjugada del denominador:

$$\lim_{x \to 0} \frac{\sqrt{x + 9} - 3}{\sqrt{x + 4} - 2} = \left[\frac{0}{0} \right] = \lim_{x \to 0} \frac{\left(\sqrt{x + 9} - 3 \right) \left(\sqrt{x + 9} + 3 \right) \left(\sqrt{x + 4} + 2 \right)}{\left(\sqrt{x + 4} - 2 \right) \left(\sqrt{x + 9} + 3 \right) \left(\sqrt{x + 4} + 2 \right)}$$

$$= \lim_{x \to 0} \frac{(x + 9 - 9) \left(\sqrt{x + 4} + 2 \right)}{(x + 4 - 4) \left(\sqrt{x + 9} + 3 \right)} = \lim_{x \to 0} \frac{x \left(\sqrt{x + 4} + 2 \right)}{x \left(\sqrt{x + 9} + 3 \right)} = \left[\frac{0}{0} \right]$$

$$= \lim_{x \to 0} \frac{\sqrt{x + 4} + 2}{\sqrt{x + 9} + 3} = \frac{\sqrt{4} + 2}{\sqrt{9} + 3} = \frac{4}{6} = \frac{2}{3}.$$

▶ **3.6**   Demuéstrese que

$$\lim_{x \to 0} \frac{\operatorname{sen} x}{x} = 1.$$

RESOLUCIÓN. El límite presenta una indeterminación $\left[\frac{0}{0}\right]$ pero teniendo en cuenta que si $x \in \left(\frac{-\pi}{2}; \frac{\pi}{2}\right)$ es

$$|\operatorname{sen} x| \le |x| \le |\operatorname{tg} x|,$$

se tiene que

$$|\operatorname{sen} x| \le |x| \le \left|\frac{\operatorname{sen} x}{\cos x}\right| \;\Rightarrow\; \left|\frac{\cos x}{\operatorname{sen} x}\right| \le \frac{1}{|x|} \le \frac{1}{|\operatorname{sen} x|} \;\Rightarrow\; |\cos x| \le \frac{|\operatorname{sen} x|}{|x|} \le 1$$

y como $|\cos x| \to 1$, cuando $x \to 0$, por el principio de intercalación es

$$\lim_{x \to 0} \left|\frac{\operatorname{sen} x}{x}\right| = 1 \qquad \text{y como} \qquad \frac{\operatorname{sen}(-x)}{-x} = \frac{-\operatorname{sen} x}{-x} = \frac{\operatorname{sen} x}{x},$$

resulta que

$$\lim_{x \to 0} \frac{\operatorname{sen} x}{x} = 1.$$

▶ **3.7**   Calcúlese el límite

$$\lim_{x \to +\infty} \frac{\sqrt{x^2 + 1}}{\sqrt{(x^2 + 1) + \sqrt{(x^2 + 1) + \sqrt{x^2 + 1}}}}.$$

RESOLUCIÓN. En este límite tenemos una indeterminación del tipo $\left[\frac{\infty}{\infty}\right]$ pero dividiendo en numerador y denominador entre $\sqrt{x^2 + 1}$ queda

$$\lim_{x \to +\infty} \frac{\sqrt{x^2 + 1}}{\sqrt{(x^2 + 1) + \sqrt{(x^2 + 1) + \sqrt{x^2 + 1}}}} = \left[\frac{\infty}{\infty}\right]$$

$$= \lim_{x \to +\infty} \frac{\frac{\sqrt{x^2+1}}{\sqrt{x^2+1}}}{\frac{\sqrt{(x^2+1)+\sqrt{(x^2+1)+\sqrt{x^2+1}}}}{\sqrt{x^2+1}}} = \lim_{x \to +\infty} \frac{1}{\sqrt{\frac{x^2+1}{x^2+1} + \frac{\sqrt{(x^2+1)+\sqrt{x^2+1}}}{x^2+1}}}$$

$$= \lim_{x \to +\infty} \frac{1}{\sqrt{1 + \sqrt{\frac{(x^2+1)+\sqrt{x^2+1}}{(x^2+1)^2}}}} = \lim_{x \to +\infty} \frac{1}{\sqrt{1 + \sqrt{\frac{x^2+1}{(x^2+1)^2} + \frac{\sqrt{x^2+1}}{(x^2+1)^2}}}}$$

$$= \lim_{x \to +\infty} \frac{1}{\sqrt{1 + \sqrt{\frac{1}{x^2+1} + \sqrt{\frac{x^2+1}{(x^2+1)^4}}}}} = \lim_{x \to +\infty} \frac{1}{\sqrt{1 + \sqrt{\frac{1}{x^2+1} + \sqrt{\frac{1}{(x^2+1)^3}}}}} = \frac{1}{\sqrt{1}} = 1.$$

▶ **3.8**   Estúdiese la continuidad de la función

$$f(x) = \begin{cases} x - 3, & \text{si } x \le -1, \\ 3x - 1, & \text{si } -1 < x \le 1, \\ \frac{-1}{2}(x + 3), & \text{si } 1 < x \le 7, \end{cases}$$

en los puntos $x = -1$ y $x = 1$.

RESOLUCIÓN. Estudiemos la continuidad en $x = -1$. Como la función está definida con varias fórmulas y el punto $x = -1$ corresponde a la primera, es

$$f(-1) = -1 - 3 = -4.$$

Para valores próximos a -1, pero menores que -1, por la primera fórmula es

$$\lim_{x \to -1^-} f(x) = \lim_{x \to -1} (x - 3) = -4$$

y para valores próximos a -1, pero mayores que -1, por la segunda es

$$\lim_{x \to -1^+} f(x) = \lim_{x \to -1} (3x - 1) = -4.$$

Como los límites laterales existen y son iguales, existe el límite de la función para x tendiendo a -1 y vale

$$\lim_{x \to -1} f(x) = -4$$

y como teníamos que $f(-1) = -4$, la función es continua en $x = -1$.

Estudiemos ahora la continuidad en $x = 1$. La función, para $x = 1$, está definida por la segunda fórmula, así

$$f(1) = 3 \cdot 1 - 1 = 2.$$

Para valores de x próximos a 1, pero menores que 1, por la segunda fórmula es

$$\lim_{x \to 1^-} f(x) = \lim_{x \to 1} (3x - 1) = 2$$

y para valores próximos a 1, pero mayores que 1, por la tercera fórmula

$$\lim_{x \to 1^+} f(x) = \lim_{x \to 1} \frac{-1}{2}(x + 3) = -2.$$

Al ser distintos los límites laterales, no existe el límite

$$\lim_{x \to 1} f(x)$$

y por tanto la función tiene en $x = 1$ una discontinuidad de salto, cuyo valor de salto es igual a

$$\lim_{x \to 1^+} f(x) - \lim_{x \to 1^-} f(x) = -2 - 2 = -4.$$

3.9 Calcúlese el valor de m para que la función

$$g(x) = \begin{cases} x^3, & \text{si } x \leq \frac{1}{2}, \\ mx, & \text{si } x > \frac{1}{2}, \end{cases}$$

sea continua en todos los puntos de su dominio.

RESOLUCIÓN. La función está definida en dos trozos y, en cada uno de ellos, mediante una función polinómica; por ser continuas las funciones polinómicas, la función $g(x)$ es continua para todos los valores excepto, en principio, para $x = \frac{1}{2}$, que enlaza ambas funciones polinómicas, y será o no continua en ese punto dependiendo del valor de m.

Para que también sea continua en $x = \frac{1}{2}$, calculamos el valor de la función en ese punto y los límites laterales, y tenemos que

$$g\left(\tfrac{1}{2}\right) = \left(\tfrac{1}{2}\right)^3 = \frac{1}{8},$$

$$\lim_{x \to \frac{1}{2}^-} g(x) = \lim_{x \to \frac{1}{2}} x^3 = \left(\tfrac{1}{2}\right)^3 = \frac{1}{8},$$

$$\lim_{x \to \frac{1}{2}^+} g(x) = \lim_{x \to \frac{1}{2}} mx = m \cdot \frac{1}{2} = \frac{m}{2}.$$

Para que exista el límite al tender x a $\frac{1}{2}$ deben ser iguales los límites laterales, de donde

$$\frac{1}{8} = \frac{m}{2}$$

y por tanto $m = \frac{1}{4}$.

Para este valor de m existe el límite y coincide con el valor de la función en $x = \frac{1}{2}$, es decir,

$$g\left(\tfrac{1}{2}\right) = \frac{1}{8} = \lim_{x \to \frac{1}{2}} g(x),$$

y por tanto la función es continua en $\frac{1}{2}$.

▶ **3.10** Dada la función

$$f(x) = \begin{cases} \dfrac{1 + e^{\frac{1}{x^2}}}{1 - e^{\frac{1}{x^2}}}, & \text{si } x \neq 0, \\[2mm] 0, & \text{si } x = 0, \end{cases}$$

estúdiese su continuidad. Caso de no ser continua en $x = 0$, ¿cómo debería definirse $f(0)$ para que fuese continua?

RESOLUCIÓN. La función f es continua $\forall x \in \mathbb{R}$, $x \neq 0$, pues es cociente de funciones continuas con denominador no nulo. El único punto de posible discontinuidad es $x = 0$, donde es $f(0) = 0$. Analicemos $\lim_{x \to 0} f(x)$.

Como

$$x \to 0^- \quad \Rightarrow \quad x^2 \to 0 \quad \Rightarrow \quad \frac{1}{x^2} \to +\infty \quad \Rightarrow \quad e^{\frac{1}{x^2}} \to +\infty,$$

y

$$x \to 0^+ \quad \Rightarrow \quad x^2 \to 0 \quad \Rightarrow \quad \frac{1}{x^2} \to +\infty \quad \Rightarrow \quad e^{\frac{1}{x^2}} \to +\infty,$$

resulta que el límite $\lim_{x \to 0} f(x)$ presenta una indeterminación del tipo $\left[\frac{\infty}{\infty}\right]$. Dividiendo en numerador y denominador por $e^{\frac{1}{x^2}}$ se tiene

$$\lim_{x \to 0} \frac{1 + e^{\frac{1}{x^2}}}{1 - e^{\frac{1}{x^2}}} = \left[\frac{\infty}{\infty}\right] = \lim_{x \to 0} \frac{\frac{1}{e^{\frac{1}{x^2}}} + 1}{\frac{1}{e^{\frac{1}{x^2}}} - 1} = \frac{0 + 1}{0 - 1} = -1.$$

Por tanto la función es discontinua en $x = 0$ pues $\lim_{x \to 0} f(x) = -1 \neq f(0) = 0$. Para que la función fuese continua en $x = 0$ debería ser $f(0) = -1$.

3.11 Dada la función $h(x) = \sqrt{\frac{5x}{x^2-9}}$, hállese el dominio de definición y los puntos de discontinuidad.

RESOLUCIÓN. El dominio de la función

$$h(x) = \sqrt{\frac{5x}{x^2-9}} = \sqrt{\frac{5x}{(x+3)(x-3)}}$$

está formado por todos los números reales que hagan el radicando positivo o nulo.
- Si es $x \geq 0$, deberá ser $x^2 - 9 > 0$, y por tanto, $x > 3$.
- Si es $x \leq 0$, deberá ser $x^2 - 9 < 0$, y por tanto, $x > -3$.

De aquí que el dominio de la función sea

$$\text{Dom } h(x) = (-3; 0] \cup (3; +\infty).$$

Para estudiar la continuidad consideramos a $h(x)$ como composición de funciones

$$h(x) = (g \circ f)(x) = g(f(x)),$$

siendo $g(t) = \sqrt{t}$ y $f(x) = \frac{5x}{x^2-9}$.

La raíz cuadrada es continua en todo su dominio, excepto en los extremos de los intervalos que sean cerrados, que tendrá continuidad lateral. El cociente de funciones polinómicas es función continua en todos los puntos salvo en los que se anule el denominador, en este caso $x = \pm 3$. Como estos dos puntos no están en el dominio de $h(x)$, tenemos que $h(x)$ es continua en

$$(-3; 0) \cup (3; +\infty)$$

y continua por la izquierda en $x = 0$.

3.12 Encuéntrense los puntos en que es discontinua la función

$$f(x) = x^2 + 1 + |2x - 1|.$$

RESOLUCIÓN. Como la función está definida mediante un valor absoluto, es conveniente definirla en dos partes.

Igualando a cero el valor absoluto obtenemos

$$|2x - 1| = 0 \;\Rightarrow\; 2x - 1 = 0 \;\Rightarrow\; 2x = 1 \;\Rightarrow\; x = \frac{1}{2},$$

por lo que debemos considerar los dos casos siguientes:

si $x \geq \frac{1}{2}$ es $|2x - 1| = 2x - 1$, y por tanto

$$f(x) = x^2 + 1 + 2x - 1 = x^2 + 2x,$$

si $x < \frac{1}{2}$ es $|2x - 1| = -(2x - 1) = -2x + 1$, y por tanto

$$f(x) = x^2 + 1 - 2x + 1 = x^2 - 2x + 2,$$

por lo que la función dada puede escribirse en la forma

$$f(x) = \begin{cases} x^2 - 2x + 2, & \text{si } x < \frac{1}{2}, \\ x^2 + 2x, & \text{si } x \geq \frac{1}{2}. \end{cases}$$

La función $f(x)$ es continua en todos los puntos distintos de $x = \frac{1}{2}$ por estar definida mediante funciones polinómicas.

Para estudiar la continuidad en el punto $\frac{1}{2}$ calculamos los límites laterales y el valor de la función en el punto:

$$\lim_{x \to \frac{1}{2}^-} f(x) = \lim_{x \to \frac{1}{2}} (x^2 - 2x + 2) = \frac{1}{4} - 1 + 2 = \frac{5}{4},$$

$$\lim_{x \to \frac{1}{2}^+} f(x) = \lim_{x \to \frac{1}{2}} (x^2 + 2x) = \frac{1}{4} + 1 = \frac{5}{4},$$

$$f\left(\frac{1}{2}\right) = \frac{1}{4} + 1 = \frac{5}{4}.$$

Por tanto, existe el límite de la función en $x = \frac{1}{2}$ y coincide con el valor de la función en el punto, así que también es continua en ese punto.

▶ 3.13 Se considera la función

$$g(x) = \begin{cases} \dfrac{x^2 - x - 2}{x - 2}, & \text{si } x \neq 2, \\ 0, & \text{si } x = 2, \end{cases}$$

¿está acotada esta función en el intervalo $[1; 3]$?

RESOLUCIÓN. Puesto que el límite de la función en el punto $x = 2$,

$$\lim_{x \to 2} g(x) = \lim_{x \to 2} \frac{x^2 - x - 2}{x - 2} = \left[\frac{0}{0}\right] = \lim_{x \to 2} \frac{(x - 2)(x + 1)}{x - 2} = \lim_{x \to 2} (x + 1) = 3,$$

no coincide con el valor de la función en ese punto, la función es discontinua, por lo que no puede aplicarse el teorema de la acotación de Weierstrass en el intervalo $[1; 3]$. Sin embargo, la función es acotada, ya que puede expresarse del modo

$$g(x) = \begin{cases} x + 1, & \text{si } x \in [1; 3] - \{2\}, \\ 0, & \text{si } x = 2, \end{cases}$$

donde se observa que el máximo valor de g en el intervalo dado es 4 y que el mínimo es 0.

▶ 3.14 Demuéstrese que la función $f(x) = 2x^3 - 5x^2 + x + 2$ corta al eje de abscisas en el intervalo $[-1; 3]$. ¿Puede afirmarse lo mismo de la función $g(x) = \frac{2x+1}{x-2}$?

RESOLUCIÓN. La función f es continua para todo valor real ya que es una función polinómica. Como además es

$$f(-1) = -2 - 5 - 1 + 2 = -6 < 0,$$
$$f(3) = 54 - 45 + 3 + 2 = 14 > 0,$$

tenemos una función continua en el intervalo $[-1; 3]$ que presenta signo contrario en los extremos de intervalo. Aplicando el teorema de Bolzano, que garantiza la existencia de al menos un valor entre -1 y 3 en el cual se anula la función, es aquél en que su gráfica corta al eje horizontal.

La función g es continua en todos los puntos excepto en $x = 2$ donde se anula el denominador, por lo que no puede aplicarse el teorema de Bolzano. Para saber si corta el eje de abscisas podemos igualar a cero y resolver. De la igualdad

$$\frac{2x + 1}{x - 2} = 0$$

obtenemos $2x + 1 = 0$, y así $x = \frac{-1}{2}$, valor que está en el intervalo $[-1; 3]$, por lo que también g corta al eje de abscisas en ese intervalo, pese a no cumplirse las hipótesis del teorema de Bolzano.

3.15 Demuéstrese que la ecuación $3^x - \sqrt{2} = 0$ tiene una solución en el intervalo $[0; 1]$.

RESOLUCIÓN. Sea $f(x) = 3^x - \sqrt{2}$. Es $f(0) = 1 - \sqrt{2} < 0$ y $f(1) = 3 - \sqrt{2} > 0$, además la función es continua en el intervalo $[0; 1]$, de donde, por el teorema de Bolzano, existe un valor $\alpha \in (0; 1)$ tal que $f(\alpha) = 0$, es decir, $3^\alpha - \sqrt{2} = 0$. El valor buscado es exactamente $\alpha = \frac{\ln 2}{2 \ln 3}$, que se obtiene sin más que tomar logaritmos neperianos en la igualdad $3^\alpha = \sqrt{2}$.

PROBLEMAS PROPUESTOS

3.1 Determínense los límites

$$a) \quad \lim_{x \to -1} \frac{1 - x}{1 + x}, \qquad b) \quad \lim_{x \to 1} \frac{x^3 - 1}{x - 1}.$$

3.2 Calcúlense

$$a) \quad \lim_{x \to +\infty} \frac{x^2 + 3}{x^3 + 2}, \qquad b) \quad \lim_{x \to -\infty} \frac{3 - x^3}{x^3 - 40}.$$

3.3 Determínense

$$a) \quad \lim_{x \to +\infty} \sqrt{x^2 + 1} - x, \qquad b) \quad \lim_{x \to -\infty} \frac{\sqrt{x + x^2}}{x + 2}.$$

3.4 Hállense

$$a) \quad \lim_{x \to 2} \frac{x}{|x - 2|}, \qquad b) \quad \lim_{x \to 1} \frac{x^2 - 1}{|x - 1|}.$$

3.5 Determínese

$$\lim_{x \to 1} \frac{\sqrt{x} - 1}{x^2 - 1}.$$

3.6 Demuéstrese que

$$\lim_{x \to 0} \frac{1 - \cos x}{x} = 0.$$

3.7 Calcúlese el límite

$$\lim_{x \to +\infty} \left(\sqrt{\pi x + \sqrt{\pi x}} - \sqrt{\pi x} \right).$$

3.8 La función $f(x)$ definida por

$$f(x) = \begin{cases} \dfrac{5 - x}{3}, & \text{si } x < -1, \\[2mm] \dfrac{2}{x}, & \text{si } x \geq -1, \end{cases}$$

¿es continua en $x = -1$?

3.9 Dada la función $f(x) = x^2 \operatorname{sen} \frac{1}{x}$, si $x \neq 0$ y $f(0) = k$, determínese el valor de k para que la función sea continua en $x = 0$.

3.10 Determínese si la siguiente función es continua

$$f(x) = \begin{cases} \dfrac{1 + e^{\frac{1}{x}}}{1 - e^{\frac{1}{x}}}, & \text{si } x \neq 0, \\ 0, & \text{si } x = 0. \end{cases}$$

3.11 Estúdiese la continuidad de la función

$$g(x) = \frac{e^x + e^{-x}}{e^x - e^{-x}}.$$

3.12 Estúdiese la continuidad de la función $h(x) = \dfrac{x - |x|}{x}$.

3.13 ¿Puede asegurarse que la función

$$f(x) = \frac{x^2 - 5x + 7}{x^3 - x^2 + x - 1}$$

está acotada en el intervalo $[0; 2]$?

3.14 Compruébese que la ecuación $\cos^2 x = 2 - x^3$ tiene solución real en el intervalo $[0; 2\pi]$.

3.15 Demuéstrese que la ecuación $e^{-x^2} = 2x$ tiene al menos una solución real.

La derivada
y sus aplicaciones

4.1. DERIVADA DE UNA FUNCIÓN

Si f es una función y $\big(a, f(a)\big)$ es un punto de su gráfica, ¿qué línea debe ser llamada la tangente a la gráfica en ese punto? Para responder a esta pregunta tomemos $h \neq 0$, y consideremos los puntos $\big(a + h, f(a + h)\big)$, con $h > 0$ y con $h < 0$ y dibujemos las secantes. Si $h \to 0$, por la derecha y por la izquierda, las secantes tienden a un límite, que es la recta tangente a la gráfica en ese punto. Véase la Figura 4.1.

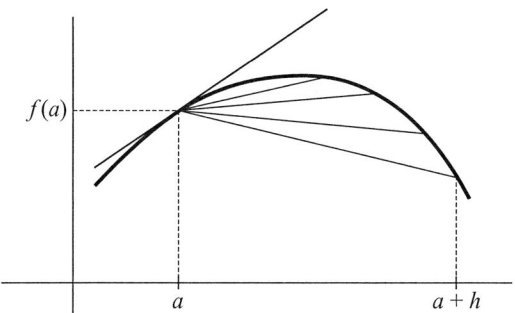

Figura 4.1 La tangente como límite de las secantes.

Las secantes tienen por pendiente

$$\frac{f(a + h) - f(a)}{h}$$

y la pendiente de la tangente será

$$\lim_{h \to 0} \frac{f(a + h) - f(a)}{h} = \lim_{x \to a} \frac{f(x) - f(a)}{x - a},$$

si $a + h = x$ y $h = x - a$.

Definición de derivada

Se dice que la función f es *derivable* en $x = a$ cuando existe y toma valor real el límite

$$\lim_{h \to 0} \frac{f(a + h) - f(a)}{h}.$$

A este límite se llama *derivada* de f en a y se escribe $f'(a)$.

■ **Ejemplo 4.1**   La función $f(x) = x^2$ tiene por derivada en el punto x_0

$$f'(x_0) = \lim_{h \to 0} \frac{(x_0 + h)^2 - x_0^2}{h} = \lim_{h \to 0} \frac{x_0^2 + 2x_0 h + h^2 - x_0^2}{h} = \lim_{h \to 0} (2x_0 + h) = 2x_0.$$

■ **Ejemplo 4.2**   La función afín $f(x) = mx + n$ tiene por derivada en el punto x_0

$$f'(x_0) = \lim_{h \to 0} \frac{m(x_0 + h) + n - mx_0 - n}{h} = \lim_{h \to 0} \frac{mh}{h} = m,$$

independientemente de cual sea el punto x_0.

La derivada es un límite por ambos lados que se interpreta como la pendiente de la recta tangente a la gráfica en el punto considerado. Una función definida en el intervalo $[0; +\infty)$, por ejemplo, no será derivable en el punto 0, donde sólo podrá existir límite por la derecha.

■ **Ejemplo 4.3** La función $f(x) = \sqrt{x}$ está definida para valores $x \geq 0$. Si queremos hallar la derivada en un punto x_0 hemos de exigir que sea $x_0 > 0$ y entonces se tiene

$$
\begin{aligned}
f'(x_0) &= \lim_{h \to 0} \frac{\sqrt{x_0 + h} - \sqrt{x_0}}{h} = \left[\frac{0}{0}\right] \\
&= \lim_{h \to 0} \frac{\left(\sqrt{x_0 + h} - \sqrt{x_0}\right)\left(\sqrt{x_0 + h} + \sqrt{x_0}\right)}{h\left(\sqrt{x_0 + h} + \sqrt{x_0}\right)} = \lim_{h \to 0} \frac{x_0 + h - x_0}{h\left(\sqrt{x_0 + h} + \sqrt{x_0}\right)} \\
&= \lim_{h \to 0} \frac{h}{h\left(\sqrt{x_0 + h} + \sqrt{x_0}\right)} = \lim_{h \to 0} \frac{1}{\sqrt{x_0 + h} + \sqrt{x_0}} = \frac{1}{2\sqrt{x_0}}.
\end{aligned}
$$

Derivadas laterales

Se define la *derivada por la izquierda* de una función f en el punto a, y se escribe $f'(a^-)$ al siguiente límite por la izquierda

$$
f'(a^-) = \lim_{h \to 0^-} \frac{f(a + h) - f(a)}{h}
$$

y se define la *derivada por la derecha* como

$$
f'(a^+) = \lim_{h \to 0^+} \frac{f(a + h) - f(a)}{h}.
$$

Estos límites pueden escribirse también como

$$
f'(a^-) = \lim_{x \to a^-} \frac{f(x) - f(a)}{x - a} \qquad \text{y} \qquad f'(a^+) = \lim_{x \to a^+} \frac{f(x) - f(a)}{x - a}.
$$

Se verifica la siguiente propiedad que nos da condiciones para que una función sea derivable en un punto en base a las derivadas laterales:

$$
f \text{ es derivable en } x = a \quad \text{si y sólo si} \quad \left\{ \begin{array}{l} \text{existen derivadas laterales en } x = a \\ \text{y coinciden.} \end{array} \right.
$$

Nótese que la existencia de derivadas laterales lleva a la existencia de semitangentes a la función en el punto $x = a$ y la condición de que ambas derivadas laterales coincidan nos asegura que ambas semirectas tienen la misma pendiente, siendo una prolongación de la otra. Si estas derivadas laterales no coinciden significa que no hay recta tangente y la función no es derivable, como se observa en la Figura 4.2.

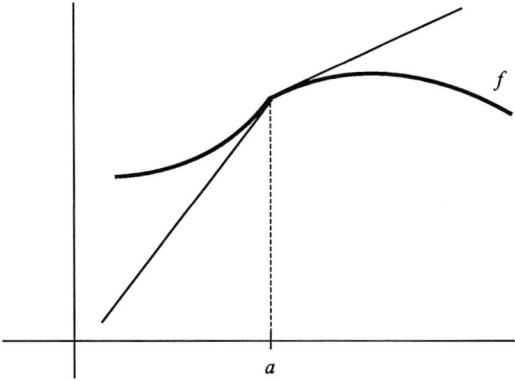

Figura 4.2 La existencia de derivadas laterales no implica la existencia de recta tangente.

La existencia de derivada de f en a es condición suficiente para la continuidad de la función en dicho punto, es decir,

$$\text{si } f \text{ es derivable en } a, \quad \text{entonces} \quad f \text{ es continua en } a.$$

La implicación recíproca no es cierta en general. Por ejemplo, la función valor absoluto $f(x) = |x|$ es continua en $x = 0$ pero no es derivable ya que sus derivadas laterales son

$$f'(0^-) = \lim_{h \to 0^-} \frac{|0 + h| - |0|}{h} = \lim_{h \to 0^-} \frac{|h|}{h} = \lim_{h \to 0^-} \frac{-h}{h} = -1,$$

$$f'(0^+) = \lim_{h \to 0^+} \frac{|0 + h| - |0|}{h} = \lim_{h \to 0^+} \frac{|h|}{h} = \lim_{h \to 0^+} \frac{h}{h} = 1.$$

Se dice que la función f es derivable en un conjunto $A \subset \mathbb{R}$ si existe $f'(x)$ en cada punto $x \in A$. Si f es derivable en $A \subset \mathbb{R}$ se define la función derivada f' en la forma

$$f'(x) = \lim_{h \to 0} \frac{f(x + h) - f(x)}{h}.$$

Análogamente si f' es derivable, su función derivada está dada por $f''(x) = (f'(x))'$ y en general es $f^{(k)}(x) = \left(f^{(k-1)}(x)\right)', \forall x \in A$.

La definición de derivada nos sirve para calcular derivadas de funciones en un punto genérico x_0 mediante el cálculo de un límite. Sin embargo, lo práctico es disponer de una tabla de derivadas, como la de la página 397, que nos da la regla a utilizar para derivar la funciones usuales del Cálculo. Es conveniente conocer bien las derivadas de esta tabla, que deben aprenderse de tanto usarlas y no como unas recetas memorísticas. Esta tabla contiene las derivadas de funciones de x, pero sirve también para funciones compuestas sin más que añadir la correspondiente derivada u'. Por ejemplo, la derivada de la función $f(x) = \ln x^3$, haciendo $u = x^3$, será

$$f'(x) = (\ln u)u' = (\ln x^3)3x^2.$$

Además de la notación "con prima" que estamos poniendo, $f'(x)$, $f'(a)$, se puede utilizar la notación "con D", Df, $Df(a)$, y la notación de Leibniz que es también muy utilizada y práctica:

$$\frac{df}{dx}, \qquad \frac{df}{dx}(a), \qquad \frac{dy}{dx}, \qquad \frac{dy}{dx}(a).$$

Así la función $y = x^3$ tiene por derivada en cualquier punto x

$$\frac{dy}{dx} = 3x^2$$

y para la función $y = x^3 - 4x$ puede escribirse directamente

$$\frac{d}{dx}(x^3 - 4x) = 3x^2 - 4.$$

En el caso de una recta de ecuación $y = mx + n$, la derivada es la pendiente m, y nos da la "proporción en el cambio de y respecto a x", es decir, "el número de veces que y varía más rápidamente que x". En el caso de una función $y = f(x)$, la derivada $\frac{dy}{dx} = f'(x)$ coincide con la pendiente de la recta tangente en el punto considerado, es decir, nos sigue dando el "coeficiente de variación de y con relación a x", pero para el punto considerado.

La derivada de una función f en un punto es un número, pero si consideramos la derivada en todos los puntos de un conjunto, o en todos los puntos en que la función sea derivable, tenemos una función, $f'(x)$, llamada *función derivada*. Si esta función es a su vez derivable, podemos considerar también su función derivada, llamada derivada segunda, f'', y así sucesivamente para tener una sucesión

$$f, \quad f', \quad f'', \quad f''', \quad f^{(4)}, \quad ..., \quad f^{(n)}, \quad ...,$$

o con notación de Leibniz,

$$\frac{d^2y}{dx^2} = \frac{d}{dx}\left(\frac{dy}{dx}\right), \qquad \ldots, \qquad \frac{d^ny}{dx^n} = \frac{d}{dx}\left(\frac{d^{n-1}y}{dx^{n-1}}\right).$$

■ **Ejemplo 4.4** La función $y = x^{-2}$ tiene por derivadas sucesivas

$$y' = -2x^{-3}, \quad y'' = 6x^{-4}, \quad y''' = -24x^{-5}, \quad y^{(4)} = 120x^{-6}, \quad \ldots, \quad y^{(n)} = (-1)^n(n+1)!\,x^{-(n+2)}.$$

4.2. DERIVADA DE LA FUNCIÓN COMPUESTA: REGLA DE LA CADENA

Regla de la cadena

La derivada de la función composición de funciones está dada por la conocida *regla de la cadena:*

■ **Regla de la cadena** *Si f es derivable en x_0 y g es derivable en $f(x_0)$, entonces $g \circ f$ es derivable en x_0 y la derivada está dada por*

$$(g \circ f)'(x_0) = g'(f(x_0)) \cdot f'(x_0).$$

Con la notación de Leibniz podemos escribir

$$\frac{dy}{dx} = \frac{dy}{du} \cdot \frac{du}{dx},$$

para una función $y = y(u(x))$, y esta fórmula es válida para composición de más funciones, como

$$\frac{dy}{dx} = \frac{dy}{du} \cdot \frac{du}{dv} \cdot \frac{dv}{dx}, \qquad \text{o bien} \qquad y'_x = y'_u \cdot u'_v \cdot v'_x.$$

■ **Ejemplo 4.5** Para obtener la derivada de la función $(x^3 + 5)^4$, llamamos $u = x^3 + 5$, y resulta

$$\frac{d}{dx}(x^3 + 5)^4 = \frac{d}{dx}(u^4) = 4u^3 \cdot \frac{du}{dx} = 4(x^3 + 5)^3 \cdot 3x^2 = 12x^2(x^3 + 5)^3.$$

Derivación de funciones inversas

La regla de la cadena nos permite también hallar la derivada de la función inversa de una dada cuya derivada conocemos. La derivación de inversas está regida por la siguiente proposición:

■ **Derivada de la inversa** *Si f es inyectiva y derivable en $(a;b)$ y su derivada no es nula, entonces f^{-1} es también derivable y su derivada vale*

$$(f^{-1})'(x) = \frac{1}{f'(f^{-1}(x))}.$$

■ **Ejemplo 4.6** La función $y = x^n$, si es $x > 0$ es inyectiva y su derivada $y' = nx^{n-1}$ es no nula, por lo que la derivada de su función inversa $y = \sqrt[n]{x} = x^{\frac{1}{n}}$ vale

$$\frac{d}{dx}\left(\sqrt[n]{x}\right) = \frac{d}{dx}\left(x^{\frac{1}{n}}\right) = \frac{1}{n\left(\sqrt[n]{x}\right)^{n-1}} = \frac{1}{n\sqrt[n]{x^{n-1}}}.$$

La derivada obtenida se puede escribir como

$$\frac{1}{n\sqrt[n]{x^{n-1}}} = \frac{1}{n}x^{\frac{1-n}{n}} = \frac{1}{n}x^{\frac{1}{n}-1}$$

y por tanto, para exponente de la forma $\frac{1}{n}$ se sigue la misma regla de derivación que la de potencias de exponente natural al ser $\frac{d}{dx}\left(x^{\frac{1}{n}}\right) = \frac{1}{n}x^{\frac{1}{n}-1}$. En el caso en que n sea impar la función $y = x^n$ es inyectiva en todo $\mathbb{R}$ y la fórmula está definida para todos los reales salvo para el cero, ya que se anula la derivada.

Además, si es $q > 0$, para que éste sea índice de una raíz, se tiene que

$$\frac{d}{dx}\left[\sqrt[q]{x^p}\right] = \frac{d}{dx}\left[x^{\frac{p}{q}}\right] = \frac{d}{dx}\left[(x^{\frac{1}{q}})^p\right] = p(x^{\frac{1}{q}})^{p-1}\frac{d}{dx}(x^{\frac{1}{q}}) = px^{\frac{p}{q}-\frac{1}{q}}\frac{1}{q}x^{\frac{1}{q}-1} = \frac{p}{q}x^{\frac{p}{q}-1},$$

es decir, la regla de derivación de potencias sirve también cuando el exponente es fraccionario.

Por ejemplo

$$\frac{d}{dx}\left[\sqrt[5]{x^4}\right] = \frac{d}{dx}\left[x^{\frac{4}{5}}\right] = \frac{4}{5}x^{\frac{4}{5}-1} = \frac{4}{5}x^{-\frac{1}{5}} = \frac{4}{5\sqrt[5]{x}}.$$

■ **Ejemplo 4.7** La función $f(x) = \operatorname{sen} x$ es inyectiva en $\left[\frac{-\pi}{2};\frac{\pi}{2}\right]$ y su derivada no es nula en ese intervalo, por lo que la derivada de su función inversa $f^{-1}(x) = \operatorname{arcsen} x$ será

$$\frac{d}{dx}(\operatorname{arcsen} x) = \frac{1}{\cos(\operatorname{arcsen} x)} = \frac{1}{\sqrt{1-x^2}}.$$

■ **Ejemplo 4.8** Si $a > 0$ y $a \neq 1$ la función $f(x) = \log_a x$ es inyectiva en $(0;+\infty)$ y tiene por derivada $f'(x) = \frac{1}{x}\log_a e$. La derivada de su función inversa $f^{-1}(x) = a^x$ es

$$\frac{d}{dx}(a^x) = \frac{1}{\frac{1}{a^x}\log_a e} = \frac{a^x}{\log_a e} = a^x\frac{\log_a a}{\log_a e} = a^x \ln a.$$

Derivación logarítmica

Dada la función $f(x) = \ln u(x)$ donde u es una función real derivable que toma solo valores positivos, es sabido que su derivada está dada por $f'(x) = \frac{u'(x)}{u(x)}$. Es posible en muchos casos, y a veces muy conveniente, calcular la derivada de una función dada a partir de la derivada de su logaritmo por la simplificación operativa que proporciona.

De este modo dada la función $g(x)$ cuya expresión explícita se conoce, supuesta derivable y positiva, si se considera su logaritmo neperiano se tiene la función derivable $\ln g(x)$ cuya derivada es $\frac{g'(x)}{g(x)}$. Procediendo del mismo modo con la expresión explícita de $g(x)$ podemos igualar los resultados y despejar $g'(x)$ que es la derivada pedida.

■ **Ejemplo 4.9** Calculemos por este método la derivada de la función $g(x) = \sqrt[3]{\frac{1+\operatorname{sen} 2x}{1-\operatorname{sen} 2x}}$.

Tomando logaritmos neperianos en ambos miembros se tiene

$$\ln g(x) = \ln\sqrt[3]{\frac{1+\operatorname{sen} 2x}{1-\operatorname{sen} 2x}}$$

$$= \ln\left(\frac{1+\operatorname{sen} 2x}{1-\operatorname{sen} 2x}\right)^{\frac{1}{3}} = \frac{1}{3}\ln\frac{1+\operatorname{sen} 2x}{1-\operatorname{sen} 2x} = \frac{1}{3}\left[\ln(1+\operatorname{sen} 2x) - \ln(1-\operatorname{sen} 2x)\right]$$

y derivando en ambos miembros queda

$$\frac{g'(x)}{g(x)} = \frac{1}{3}\left(\frac{2\cos 2x}{1+\operatorname{sen} 2x} - \frac{-2\cos 2x}{1-\operatorname{sen} 2x}\right) = \frac{2}{3}\cos 2x\left(\frac{1}{1+\operatorname{sen} 2x} + \frac{1}{1-\operatorname{sen} 2x}\right)$$

$$= \frac{2}{3}\cos 2x\frac{1-\operatorname{sen} 2x + 1 + \operatorname{sen} 2x}{(1+\operatorname{sen} 2x)(1-\operatorname{sen} 2x)} = \frac{2}{3}\cos 2x\frac{2}{1-\operatorname{sen}^2 2x}$$

$$= \frac{4}{3}\cos 2x\frac{1}{\cos^2 2x} = \frac{4}{3}\frac{1}{\cos 2x} = \frac{4}{3}\sec 2x.$$

Despejando se tiene que la derivada pedida es $g'(x) = g(x) \cdot \frac{4}{3} \sec 2x$, es decir

$$g'(x) = \frac{4}{3} \sqrt[3]{\frac{1 + \operatorname{sen} 2x}{1 - \operatorname{sen} 2x}} \sec 2x.$$

■ **Ejemplo 4.10** Calculemos la derivada de la función $y = (\operatorname{arctg} \sqrt{x})^{x^2}$.

Tomando logaritmos es $\ln y = \ln(\operatorname{arctg} \sqrt{x})^{x^2} = x^2 \ln(\operatorname{arctg} \sqrt{x})$ y derivando en ambos miembros queda

$$\frac{y'}{y} = 2x \ln(\operatorname{arctg} \sqrt{x}) + x^2 \frac{1}{\operatorname{arctg} \sqrt{x}} \frac{\frac{1}{2\sqrt{x}}}{1 + x}$$

de donde se obtiene la derivada buscada

$$y' = (\operatorname{arctg} \sqrt{x})^{x^2} \left(2x \ln(\operatorname{arctg} \sqrt{x}) + \frac{x^2}{2\sqrt{x}(1 + x) \operatorname{arctg} \sqrt{x}} \right).$$

Este proceso de derivación nos permite recordar con facilidad las reglas usuales de derivación para el producto, el cociente, la potencia, exponencial, exponencial-potencial y otras, como vemos a continuación.

1. De este modo para la función producto $y = f(x)g(x)$ se tiene que es $\ln y = \ln(f(x)g(x)) = \ln f(x) + \ln g(x)$ y derivando queda

$$\frac{y'}{y} = \frac{f'(x)}{f(x)} + \frac{g'(x)}{g(x)}$$

con lo cual al despejar y' resulta

$$y' = y \left(\frac{f'(x)}{f(x)} + \frac{g'(x)}{g(x)} \right) = f(x)g(x) \left(\frac{f'(x)}{f(x)} + \frac{g'(x)}{g(x)} \right) = f'(x)g(x) + f(x)g'(x).$$

2. Análogamente para la función cociente $y = \frac{f(x)}{g(x)}$ es $\ln y = \ln \frac{f(x)}{g(x)} = \ln f(x) - \ln g(x)$ y por derivación obtenemos

$$\frac{y'}{y} = \frac{f'(x)}{f(x)} - \frac{g'(x)}{g(x)},$$

de donde es

$$y' = y \left(\frac{f'(x)}{f(x)} - \frac{g'(x)}{g(x)} \right) = \frac{f(x)}{g(x)} \left(\frac{f'(x)}{f(x)} - \frac{g'(x)}{g(x)} \right) = \frac{f'(x)g(x) - f(x)y'(x)}{[g(x)]^2}$$

3. Para la función potencial $y = [f(x)]^\alpha$ con $\alpha \in \mathbb{R}$ es $\ln y = \ln[f(x)]^\alpha = \alpha \ln f(x)$ y al derivar se tiene

$$\frac{y'}{y} = \alpha \frac{f'(x)}{f(x)},$$

de donde es

$$y' = \alpha y \frac{f'(x)}{f(x)} = \alpha[f(x)]^\alpha \frac{f'(x)}{f(x)} = \alpha[f(x)]^{\alpha-1} f'(x).$$

4. Si se trata de la función exponencial $y = a^{f(x)}$ es $\ln y = \ln a^{f(x)} = f(x) \ln a$, derivando resulta

$$\frac{y'}{y} = f'(x) \ln a,$$

de donde se obtiene

$$y' = y f'(x) \ln a = a^{f(x)} f'(x) \ln a.$$

5. Para la función $y = f(x)^{g(x)}$ tomando logaritmos es $\ln y = \ln f(x)^{g(x)} = g(x) \ln f(x)$ y derivando en ambos miembros se obtiene

$$\frac{y'}{y} = g'(x) \ln f(x) + g(x)\frac{f'(x)}{f(x)}$$

de donde queda

$$y' = yg'(x) \ln f(x) + yg(x)\frac{f'(x)}{f(x)} = f(x)^{g(x)}g'(x) \ln f(x) + g(x)f(x)^{g(x)}\frac{f'(x)}{f(x)},$$

es decir

$$y' = g(x)f(x)^{g(x)-1}f'(x) + f(x)^{g(x)}g'(x) \ln f(x).$$

4.3. DIFERENCIAL DE UNA FUNCIÓN

Sea $f : I \subset \mathbb{R} \to \mathbb{R}$ una función derivable en $x_0 \in I$, la expresión de la derivada $f'(x_0)$ es

$$f'(x_0) = \lim_{h\to 0} \frac{f(x_0 + h) - f(x_0)}{h},$$

que se puede escribir en forma equivalente como

$$\frac{f(x_0 + h) - f(x_0)}{h} = f'(x_0) + \varepsilon,$$

donde ε es una función $\varepsilon = \varepsilon(h)$ tal que $\lim_{h\to 0} \varepsilon = 0$. Esta igualdad se escribe también como

$$\triangle f(x_0) = f(x_0 + h) - f(x_0) = f'(x_0) \cdot h + \varepsilon \cdot h.$$

La escritura de $\triangle f(x_0)$ en la forma $\triangle f(x_0) = f'(x_0) \cdot h + \varepsilon \cdot h$, con $\lim_{h\to 0} \varepsilon = 0$, nos permite definir a f como *función diferenciable* en x_0.

Además nos asegura que $\triangle f(x_0)$ se expresa como suma de dos sumandos siendo el primero de ellos $f'(x_0) \cdot h$, que es su parte principal, y el otro $\varepsilon \cdot h$ es infinitesimal. Por ello se escribe $\triangle f(x_0) \simeq f'(x_0) \cdot h$, siendo $f'(x_0) \cdot h$ una aproximación al incremento $\triangle f(x_0) = f(x_0 + h) - f(x_0)$ de la función. Esta aproximación mejora a medida que h se acerca a cero.

A $f'(x_0) \cdot h$, parte principal de $\triangle f(x_0)$, se le llama *diferencial* de la función f en el punto x_0 actuando sobre h y se escribe como $df(x_0)(h) = f'(x_0) \cdot h$.

De este modo la diferencial de f en x_0 es la aplicación lineal

$$\begin{aligned} df(x_0): \quad \mathbb{R} &\longrightarrow \mathbb{R} \\ h &\longmapsto df(x_0)(h) = f'(x_0) \cdot h, \end{aligned}$$

cuya matriz asociada en la base canónica de $\mathbb{R}$ es el número $f'(x_0)$. Por abuso de lenguaje se escribe $df(x_0) = f'(x_0) \cdot h$. Geométricamente, véase la Figura 4.3, al tener en cuenta que el significado de la derivada es

$$f'(x_0) = \operatorname{tg}\alpha = \frac{|\overline{QR}|}{|\overline{PQ}|} = \frac{|\overline{QR}|}{h}$$

resulta que $|\overline{QR}| = f'(x_0) \cdot h = df(x_0)$. Según la figura, $df(x_0)$ es la parte de $\triangle f(x_0)$ situada debajo de la tangente a la gráfica de la función en x_0.

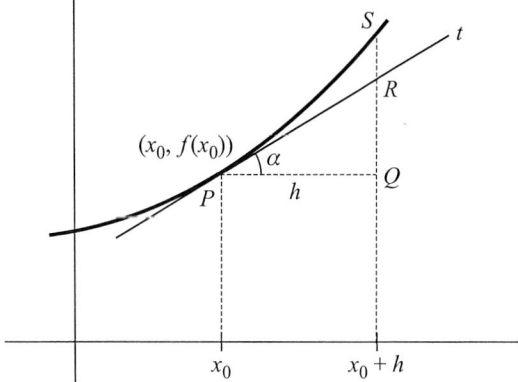

Figura 4.3 Interpretación geométrica de $df(x_0)$.

De lo anterior se desprende que si una función es derivable en un punto entonces es diferenciable en dicho punto y, recíprocamente, si una función es diferenciable en un punto también es derivable en ese punto.

En consecuencia si $f : I \subset \mathbb{R} \to \mathbb{R}$ es una función derivable en I entonces es diferenciable en I y su diferencial en cada punto $x \in I$ es la aplicación lineal definida como

$$df(x) : \quad \mathbb{R} \longrightarrow \mathbb{R}$$
$$h \longmapsto df(x)(h) = f'(x) \cdot h$$

Usualmente se sigue la notación clásica de nombrar la variación h de la variable independiente x como $h = dx$ y escribir, por abuso de notación, la expresión de la aplicación diferencial como el resultado de su actuación en la forma $df(x) = f'(x)dx$.

Con esta escritura se expresan cómodamente las reglas de la diferenciación, que debido al carácter lineal de la diferencial son las mismas que las de la derivación. Algunas de estas reglas son

$$d\left(f(x) \pm g(x)\right) = df(x) \pm dg(x),$$
$$d\left(f(x)g(x)\right) = df(x)g(x) + f(x)dg(x),$$
$$d\left(\frac{f(x)}{g(x)}\right) = \frac{df(x)g(x) - f(x)dg(x)}{[g(x)]^2}.$$

4.4. TEOREMAS DE VALOR MEDIO Y APLICACIONES

Teoremas del valor medio

Los tres teoremas clásicos del valor medio dan información sobre el comportamiento de funciones que son derivables en un intervalo abierto y continuas en el cerrado correspondiente. El primero de ellos es el teorema de Rolle.

■ **Teorema (de Rolle)** *Si f es continua en $[a; b]$, derivable en $(a; b)$ y además $f(a) = f(b)$, entonces existe al menos un $\alpha \in (a; b)$ tal que $f'(\alpha) = 0$.*

La interpretación geométrica del teorema es que al tomar la función el mismo valor en a y en b y ser continua en el intervalo $[a; b]$, la gráfica de la función que une los puntos $(a, f(a))$ y $(b, f(b))$, que tiene tangente en todos los puntos que unen éstos por ser derivable la función, debe tener al menos un punto α en el que la tangente sea horizontal, es decir con derivada nula. Este punto α estará en el intervalo abierto $(a; b)$ pues la función puede no ser derivable en los extremos. Véase la Figura 4.4.

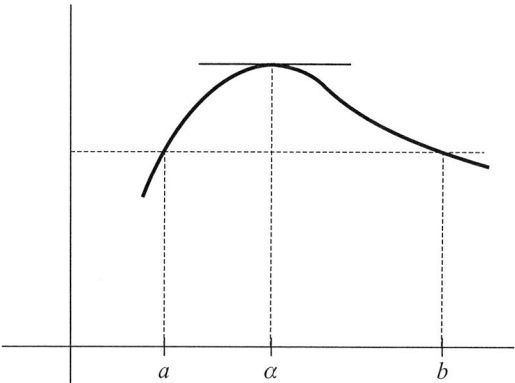

Figura 4.4 Interpretación geométrica del Teorema de Rolle.

Nótese que el enunciado del teorema es redundante en el sentido de que si la función es derivable en $(a; b)$, ya es continua en $(a; b)$, y bastaría añadir que f fuese continua por la derecha en a y continua por la izquierda en b, pero es costumbre enunciar el teorema como lo hemos hecho por brevedad.

El segundo teorema del valor medio es el de Lagrange, también llamado teorema de los incrementos finitos.

■ **Teorema (del valor medio de Lagrange)** *Si f es continua en $[a; b]$ y derivable en $(a; b)$, entonces existe al menos un $\alpha \in (a; b)$ tal que*

$$f'(\alpha) = \frac{f(b) - f(a)}{b - a}$$

La interpretación geométrica del teorema del valor medio es que existe al menos un punto $\alpha \in (a; b)$ tal que la pendiente de la recta tangente a la curva en el $(\alpha, f(\alpha))$ coincide con la pendiente de la secante que une los puntos $(a, f(a))$ y $(b, f(b))$, como puede verse en la Figura 4.5,

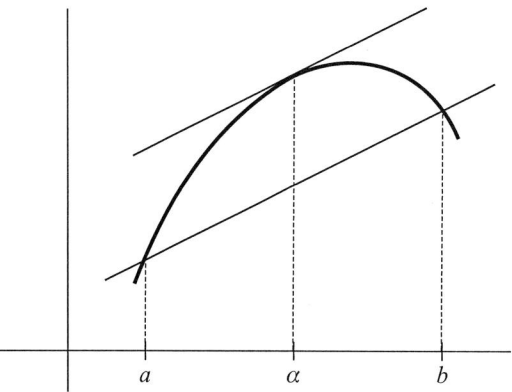

Figura 4.5 Interpretación geométrica del teorema del valor medio

donde la ecuación de la recta que pasa por los puntos extremos de la gráfica es

$$y - f(a) = \frac{f(b) - f(a)}{b - a}(x - a)$$

y lo que afirma el teorema es que existe al menos un punto α tal que la tangente a la gráfica en α es paralela a la recta que une los puntos extremos, es decir, que ambas rectas tienen la misma pendiente.

El teorema de Rolle es un caso particular del teorema de Lagrange sin más que hacer $f(a) = f(b)$, pero suelen enunciarse por separado ya que aquél se utiliza en la demostración de éste.

El teorema del valor medio puede escribirse de otra forma interesante. Si llamamos $h = b - a$, queda

$$f'(\alpha) = \frac{f(a+h) - f(a)}{h}$$

y si ahora despejamos $f(a + h)$ resulta la igualdad

$$f(a + h) = f(a) + h \cdot f'(\alpha) \qquad \text{con} \qquad \alpha \in (a; a+h),$$

llamada *fórmula de los incrementos finitos*, y que si h es pequeño y la función es "suave", es decir, derivable, tendremos que será $f'(\alpha) \simeq f'(a)$, de donde resulta

$$f(a + h) \simeq f(a) + h \cdot f'(a),$$

que nos permitirá calcular valores de la función en puntos próximos a uno dado en el cual se conoce el valor de la derivada.

La interpretación geométrica de esta fórmula puede verse en la Figura 4.6, donde se observa que el valor de la función en el punto $a + h$ se aproxima mediante la suma $f(a) + h \cdot f'(a)$.

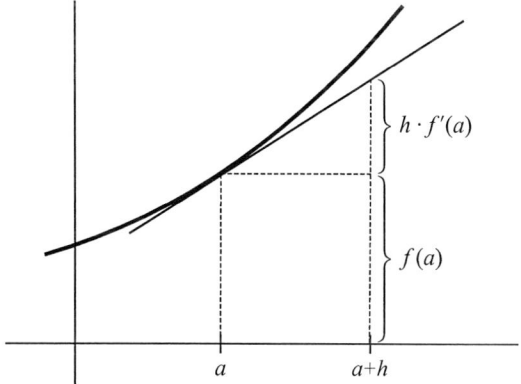

Figura 4.6 Interpretación geométrica de la fórmula de los incrementos finitos.

El teorema de Lagrange aporta una información cinemática interesante cuando la función f representa el espacio recorrido por un móvil en función del tiempo, asegurando que la velocidad media desarrollada por el móvil entre dos instantes fijados coincide con la velocidad instantánea en un punto del trayecto.

■ **Ejemplo 4.11** Si queremos hallar un valor aproximado de $\sqrt{65}$ de forma sencilla, consideramos la función $f(x) = \sqrt{x}$ en el intervalo $[64; 65]$ donde es continua y derivable. La fórmula de los incrementos finitos nos dice que

$$f(65) = f(64) + 1 \cdot f'(\alpha), \qquad \text{siendo } \alpha \in (64; 65).$$

Como es $f'(x) = \frac{1}{2\sqrt{x}}$, queda

$$\sqrt{65} = \sqrt{64} + 1 \cdot \frac{1}{2\sqrt{\alpha}} = \sqrt{64} + \frac{1}{2\sqrt{\alpha}}, \qquad \text{para algún } \alpha \in (64; 65).$$

Pero aproximadamente es

$$\frac{1}{2\sqrt{\alpha}} \simeq \frac{1}{2\sqrt{64}} = \frac{1}{16} = 0,0625,$$

luego

$$\sqrt{65} = \sqrt{64} + \frac{1}{2\sqrt{\alpha}} \simeq 8 + 0,0625 = 8,0625.$$

El valor que obtenemos con una calculadora, que efectúa muchas operaciones que no vemos, es $8,062257748$, con lo cual comprobamos la especial finura de este método, pues logra una gran aproximación al número buscado con muy pocas operaciones.

Si en la fórmula de los incrementos finitos pasamos $f(a)$ a la izquierda para tener el incremento de la función, resulta que es

$$\triangle f(a) = f(a + h) - f(a) \simeq f'(a) \cdot h = df(a)(h),$$

es decir, la diferencial de f en a es una aproximación del incremento de la función.

■ **Teorema (del valor medio de Cauchy)**   *Si f y g son dos funciones continuas en $[a; b]$ y derivables en $(a; b)$, entonces existe $\alpha \in (a; b)$ tal que*

$$[g(b) - g(a)]\, f'(\alpha) = [f(b) - f(a)]\, g'(\alpha).$$

En el caso en que sean $g(b) - g(a) \neq 0$ y $g'(\alpha) \neq 0$, puede escribirse con cocientes del modo

$$\frac{f(b) - f(a)}{g(b) - g(a)} = \frac{f'(\alpha)}{g'(\alpha)}.$$

Este teorema es una generalización del teorema del valor medio de Lagrange, pues basta hacer aquí $g(x) = x$, en cuyo caso es $g'(\alpha) = 1$ y $g(b) - g(a) = b - a \neq 0$, para obtener

$$\frac{f(b) - f(a)}{b - a} = f'(\alpha).$$

El teorema de Cauchy es la base de la demostración de la regla de L'Hôpital para el cálculo de límites, que veremos a continuación.

Un teorema del valor medio, el menos divulgado, que generaliza los tres teoremas anteriores es el de Peano, que tiene un nexo con el Álgebra lineal pues utiliza determinantes.

■ **Teorema (del valor medio de Peano)**   *Si f, g y h son tres funciones continuas en $[a; b]$ y derivables en $(a; b)$, entonces existe al menos un $\alpha \in (a; b)$ tal que*

$$\begin{vmatrix} f'(\alpha) & g'(\alpha) & h'(\alpha) \\ f(a) & g(a) & h(a) \\ f(b) & g(b) & h(b) \end{vmatrix} = 0.$$

Este teorema generaliza los tres anteriores, ya que que si hacemos $h(x) \equiv 1$, es $h'(\alpha) = 0$ y desarrollando el determinante se obtiene el teorema del valor medio de Cauchy. Haciendo además $g(x) = x$ se obtiene el de Lagrange, del que el teorema de Rolle es un caso particular.

Regla de L'Hôpital

La regla de L'Hôpital es una herramienta, en muchos casos eficaz, para el cálculo de límites indeterminados de las formas $\left[\frac{0}{0}\right]$ e $\left[\frac{\infty}{\infty}\right]$. Otros límites indeterminados pueden reducirse a los casos anteriores mediante un proceso operativo sencillo como veremos. La razón de que esta regla esté en esta lección y no al tratar los límites en general, véase Sección 3.2., es que se necesitan derivadas y que en su demostración se precisa el teorema del valor medio de Cauchy.

■ **Regla de L'Hôpital, caso $\left[\frac{0}{0}\right]$**   *Si $\lim_{x \to a} f(x) = 0$ y $\lim_{x \to a} g(x) = 0$ y $\exists \lim_{x \to a} \dfrac{f'(x)}{g'(x)}$, entonces*

$$\exists \lim_{x \to a} \frac{f(x)}{g(x)} = \lim_{x \to a} \frac{f'(x)}{g'(x)}.$$

Obsérvese que puede existir el límite buscado sin que exista el límite del cociente de sus derivadas.

■ **Ejemplo 4.12** Calculemos el límite $\lim_{x \to 0} \dfrac{x^2}{\operatorname{sen} x}$.

Se tiene que

$$\lim_{x \to 0} \frac{x^2}{\operatorname{sen} x} = \left[\frac{0}{0}\right] \overset{L'H}{=} \lim_{x \to 0} \frac{2x}{\cos x} = \frac{0}{1} = 0.$$

■ **Regla de L'Hôpital, caso** $\left[\frac{\infty}{\infty}\right]$ *Si* $\lim_{x \to a} f(x) = \pm\infty$ *y* $\lim_{x \to a} g(x) = \pm\infty$ *y* $\exists \lim_{x \to a} \dfrac{f'(x)}{g'(x)}$,
entonces

$$\exists \lim_{x \to a} \frac{f(x)}{g(x)} = \lim_{x \to a} \frac{f'(x)}{g'(x)}.$$

■ **Ejemplo 4.13** Calculemos el límite $\lim_{x \to +\infty} \dfrac{\ln x}{x}$.

Se tiene que

$$\lim_{x \to +\infty} \frac{\ln x}{x} = \left[\frac{\infty}{\infty}\right] \overset{L'H}{=} \lim_{x \to +\infty} \frac{\frac{1}{x}}{1} = \lim_{x \to +\infty} \frac{1}{x} = \frac{1}{+\infty} = 0.$$

■ **Ejemplo 4.14** La regla de L'Hôpital no siempre es conveniente, como vemos en el siguiente límite

$$\lim_{x \to +\infty} \frac{x^{39} + 1}{x^{40} + 2} = \left[\frac{\infty}{\infty}\right] \overset{L'H}{=} \lim_{x \to +\infty} \frac{39x^{38}}{40x^{39}} = \lim_{x \to +\infty} \frac{39}{40x} = 0,$$

donde es más eficiente dividir numerador y denominador entre x^{38} que utilizar la regla 38 veces. La regla puede ser ineficaz ya que si se intenta calcular el siguiente límite, después de aplicar la regla dos veces nos queda el mismo límite buscado:

$$\lim_{x \to +\infty} \frac{x}{\sqrt{x^2 + 2}} = \left[\frac{\infty}{\infty}\right] \overset{L'H}{=} \lim_{x \to +\infty} \frac{1}{\frac{2x}{2\sqrt{x^2+2}}}$$

$$= \lim_{x \to +\infty} \frac{\sqrt{x^2 + 2}}{x} = \left[\frac{\infty}{\infty}\right] \overset{L'H}{=} \lim_{x \to +\infty} \frac{\frac{2x}{2\sqrt{x^2+2}}}{1} = \lim_{x \to +\infty} \frac{x}{\sqrt{x^2 + 2}}.$$

Es inmediato observar que basta dividir numerador y denominador entre x para obtener el valor del límite, que resulta ser 1. Incluso puede ocurrir que la aplicación de la regla enmascare el límite, al resultar una expresión más complicada que la inicial, como ocurre en el siguiente caso

$$\lim_{x \to 0} \frac{e^{-\frac{1}{x^2}}}{x^2} = \left[\frac{0}{0}\right] = \lim_{x \to 0} \frac{e^{-\frac{1}{x^2}}}{x^4}.$$

Cuando la regla de L'Hôpital se muestra ineficaz conviene tener en cuenta los desarrollos en serie de las funciones numerador y denominador. En este ejemplo ni siquiera esta técnica resuelve el límite. No obstante, el límite se obtiene realizando el cambio $\frac{1}{x^2} = t$, resultando

$$\lim_{x \to 0} \frac{e^{-\frac{1}{x^2}}}{x^2} = \left[\frac{0}{0}\right] = \lim_{t \to +\infty} \frac{t}{e^t} = \left[\frac{\infty}{\infty}\right] \overset{L'H}{=} \lim_{t \to +\infty} \frac{1}{e^t} = 0.$$

Límites indeterminados

Recordemos las indeterminaciones que pueden presentarse en el cálculo de límites de funciones, ya que disponemos de una nueva y poderosa herramienta como es la regla de L'Hôpital. Cuando apliquemos esta regla lo indicaremos con $L'H$ sobre la igualdad.

Aparte de la indeteminación de la forma $\left[\frac{k}{0}\right]$, con $k \neq 0$, que obliga a hallar los límites laterales para decidir la existencia o no del límite, las siete indeterminaciones son

$$\left[\frac{0}{0}\right], \quad \left[\frac{\infty}{\infty}\right], \quad [\infty - \infty], \quad [0 \cdot \infty], \quad [0^0], \quad [\infty^0], \quad [1^\infty].$$

Las dos primeras se pueden resolver directamente aplicando la regla de L'Hôpital. En la tercera, considerada como fracción de denominador 1, se dividen numerador y denominador entre el producto de las funciones, quedando reducida a una indeterminación del primero de los tipos anteriores. En efecto,

$$\lim \left(f(x) - g(x)\right) = [\infty - \infty] = \lim \frac{\frac{1}{g(x)} - \frac{1}{f(x)}}{\frac{1}{f(x)g(x)}} = \left[\frac{0}{0}\right].$$

No obstante, puede ocurrir que la indeterminación de la forma $[\infty - \infty]$ quede reducida a una de las anteriores sin más que efectuar la operación.

■ **Ejemplo 4.15** Podemos hallar el límite

$$\lim_{x \to 0} \left(\frac{1}{x} - \frac{1}{\operatorname{sen} x}\right) = [\infty - \infty] = \lim_{x \to 0} \frac{\operatorname{sen} x - x}{x \operatorname{sen} x} = \left[\frac{0}{0}\right]$$

$$\overset{L'H}{=} \lim_{x \to 0} \frac{\cos x - 1}{\operatorname{sen} x + x \cos x} = \left[\frac{0}{0}\right] \overset{L'H}{=} \lim_{x \to 0} \frac{-\operatorname{sen} x}{\cos x + \cos x - x \operatorname{sen} x} = \frac{0}{2} = 0.$$

La indeterminación $[0 \cdot \infty]$ se convierte en una de las dos primeras sin más que invertir una de las funciones en el denominador, es decir,

$$\lim \left(f(x) \cdot g(x)\right) = [0 \cdot \infty] = \lim \frac{f(x)}{\frac{1}{g(x)}} = \left[\frac{0}{0}\right],$$

o bien,

$$\lim \left(f(x) \cdot g(x)\right) = [0 \cdot \infty] = \lim \frac{g(x)}{\frac{1}{f(x)}} = \left[\frac{\infty}{\infty}\right],$$

debiendo elegir el camino que más nos interese.

Las tres últimas indeterminaciones se reducen a las anteriores sin más que tener en cuenta la relación

$$u^v = e^{v \ln u}.$$

■ **Ejemplo 4.16** El límite

$$\lim_{x \to 0} x \ln x = [0 \cdot \infty] = \lim_{x \to 0} \frac{\ln x}{\frac{1}{x}} = \left[\frac{\infty}{\infty}\right] \overset{L'H}{=} \lim_{x \to 0} \frac{\frac{1}{x}}{\frac{-1}{x^2}} = \lim_{x \to 0} \frac{x}{-1} = 0.$$

■ **Ejemplo 4.17** Para hallar el límite

$$\lim_{x \to 0} x^{\operatorname{sen} x} = [0^0] = \lim_{x \to 0} e^{\operatorname{sen} x \cdot \ln x} = e^{\lim_{x \to 0} \operatorname{sen} x \cdot \ln x},$$

como

$$\lim_{x \to 0} \operatorname{sen} x \cdot \ln x = [0 \cdot \infty] = \lim_{x \to 0} \frac{\ln x}{\frac{1}{\operatorname{sen} x}} = \left[\frac{\infty}{\infty}\right] \overset{L'H}{=} \lim_{x \to 0} \frac{\frac{1}{x}}{\frac{-\cos x}{\operatorname{sen}^2 x}}$$

$$= \lim_{x \to 0} \frac{-\operatorname{sen}^2 x}{x \cos x} = \left[\frac{0}{0}\right] \overset{L'H}{=} \lim_{x \to 0} \frac{-2 \operatorname{sen} x \cos x}{\cos x - x \operatorname{sen} x} = \frac{0}{1} = 0,$$

resulta que

$$\lim_{x \to 0} x^{\operatorname{sen} x} = e^{\lim_{x \to 0} \operatorname{sen} x \cdot \ln x} = e^0 = 1.$$

En el caso de la indeterminación $[1^\infty]$, además de la relación anterior de u^v, puede utilizarse también que

$$\lim_{x \to x_0} [u(x)]^{v(x)} = e^{\lim_{x \to x_0} [u(x)-1]v(x)}.$$

■ **Ejemplo 4.18** El siguiente límite de la forma $[1^\infty]$ es

$$\lim_{x \to 0^+} (1 + x)^{\frac{1}{x}} = [1^\infty] = e^{\lim_{x \to 0^+} (1+x-1)\frac{1}{x}} = e^{\lim_{x \to 0^+} \frac{x}{x}} = e.$$

Asíntotas

Una *asíntota* es una recta a la que la función se acerca indefinidamente cuando hacemos a la variable tender a algún valor. Pueden ser verticales, horizontales y oblicuas.

La recta de ecuación $x = a$ es una asíntota vertical de la función f si es $\lim f(x) = \pm\infty$ cuando $x \to a$, o cuando $x \to a^+$ o cuando $x \to a^-$. Significa que a medida que x se acerca al punto a, al menos lateralmente, los valores de la función se hacen infinitamente grandes, positivos o negativos.

La recta de ecuación $y = k$ es una asíntota horizontal de la función f si es

$$\lim_{x \to +\infty} f(x) = k \qquad \text{o es} \qquad \lim_{x \to -\infty} f(x) = k, \qquad \text{con } k \in \mathbb{R}.$$

Significa que a medida que x se hace infinitamente más grande, positivo o negativo, la función se acerca a la asíntota. Puede haber dos asíntotas horizontales, una para $+\infty$ y otra para $-\infty$, que pueden ser la misma recta, puede existir asíntota para uno sólo de estos valores o puede no existir ninguna asíntota horizontal.

■ **Ejemplo 4.19** Para hallar las asíntotas verticales de la función $f(x) = \frac{2x}{x-1}$, hallamos los límites laterales cuando x tiende a 1, único valor que anula el denominador y pueda hacer que la función tienda al infinito. Tenemos que

$$\lim_{x \to 1^+} f(x) = \lim_{x \to 1^+} \frac{2x}{x - 1} = \frac{2}{0^+} = +\infty,$$

así que la recta $x = 1$ es una asíntota vertical de la función para valores próximos a 1 por la derecha, "acercándose" los valores de la función a $+\infty$. Por otro parte

$$\lim_{x \to 1^-} f(x) = \lim_{x \to 1^-} \frac{2x}{x - 1} = \frac{2}{0^-} = -\infty,$$

por lo que la recta $x = 1$ es también una asíntota vertical para valores próximos a 1 por la izquierda. Obsérvese que el límite de la función no existe en $x = 1$, al ser distintos los límites laterales, como puede observarse en la Figura 4.7.

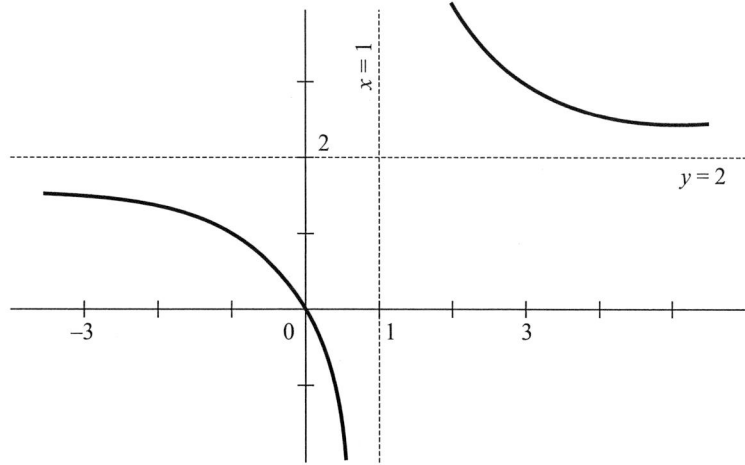

Figura 4.7 Asíntotas verticales y horizontales de la función del Ejemplo 4.19.

■ **Ejemplo 4.20** Para hallar las asíntotas horizontales de la función del ejemplo anterior basta calcular dos límites:

$$\lim_{x \to +\infty} f(x) = \lim_{x \to +\infty} \frac{2x}{x-1} = \left[\frac{\infty}{\infty}\right] \overset{L'H}{=} \lim_{x \to +\infty} \frac{2}{1} = 2,$$

$$\lim_{x \to -\infty} f(x) = \lim_{x \to -\infty} \frac{2x}{x-1} = \left[\frac{\infty}{\infty}\right] \overset{L'H}{=} \lim_{x \to -\infty} \frac{2}{1} = 2,$$

por lo que la recta $y = 2$ es asíntota horizontal para $+\infty$ y la misma recta es también asíntota horizontal para $-\infty$. Si en lugar de calcular estos límites por medio de la regla de L'Hôpital, lo hacemos dividiendo por la potencia mayor del denominador, obtenemos una valiosa información para la gráfica de la función, es decir, si hacemos

$$\lim_{x \to +\infty} f(x) = \lim_{x \to +\infty} \frac{2x}{x-1} = \left[\frac{\infty}{\infty}\right] = \lim_{x \to +\infty} \frac{2}{1 - \frac{1}{x}} = \frac{2}{1^-} = 2^+,$$

$$\lim_{x \to -\infty} f(x) = \lim_{x \to -\infty} \frac{2x}{x-1} = \left[\frac{\infty}{\infty}\right] = \lim_{x \to -\infty} \frac{2}{1 - \frac{1}{x}} = \frac{2}{1^+} = 2^-.$$

Esto nos indica que cuando x tiende a $+\infty$ los valores de la función tienden a la recta $y = 2$ pero con valores mayores que 2, es decir, por encima de la asíntota, mientras que cuando x tiende a $-\infty$, la gráfica se acerca a la asíntota por debajo de ella. Esta situación puede verse en la Figura 4.7.

La recta $y = mx + n$ se dice que es una asíntota oblicua de la función $f(x)$ si se tiene que

$$x \to \pm\infty \quad \Rightarrow \quad f(x) - y \to 0,$$

es decir, la función se acerca a la asíntota oblicua cuando x crece indefinidamente hacia $+\infty$ o hacia $-\infty$. El valor de la pendiente de la asíntota está determinado por

$$m = \lim_{x \to \pm\infty} \frac{f(x)}{x}$$

y m debe ser finito y no nulo. El valor de la ordenada en origen está dado por

$$n = \lim_{x \to \pm\infty} \left(f(x) - mx\right).$$

Sólo pueden existir, a lo sumo, dos asíntotas oblicuas, una para $+\infty$ y otra para $-\infty$, que en algún caso pueden ser la misma recta. Además entre asíntotas horizontales y oblicuas sólo puede haber dos como mucho, pues para valores de x tendiendo a $+\infty$, por ejemplo, si la función se acerca a una recta horizontal no podrá acercarse a una oblicua, y viceversa. Por tanto, si una función tuviese dos asíntotas horizontales, no tendríamos que buscar sus asíntotas oblicuas, y viceversa.

■ **Ejemplo 4.21** Para hallar las asíntotas oblicuas de la función $f(x) = \dfrac{2x^2}{x+1}$, hallamos los límites

$$m = \lim_{x \to \pm\infty} \frac{f(x)}{x} = \lim_{x \to \pm\infty} \frac{2x^2}{x^2 + x} = 2,$$

$$n = \lim_{x \to \pm\infty} \left(f(x) - mx\right) = \lim_{x \to \pm\infty} \left(\frac{2x^2}{x+1} - 2x\right) = \lim_{x \to \pm\infty} \frac{-2x}{x+1} = -2.$$

Por tanto, la recta $y = 2x - 2$ es asíntota oblicua para $+\infty$ y para $-\infty$.

Siempre que la función a estudiar sea una función racional, es decir cociente de polinomios, y el numerador tenga un grado superior al denominador en una unidad, existirá asíntota oblicua, pues efectuando la división de polinomios nos quedará como cociente la asíntota y como resto partido por el divisor una fracción que tenderá a cero.

■ **Ejemplo 4.22** La función racional $f(x) = \dfrac{x^2+1}{x}$ posee una asíntota oblicua para $+\infty$ y para $-\infty$, pues si efectuamos la división resulta

$$f(x) = \frac{x^2+1}{x} = x + \frac{1}{x}$$

y como $\dfrac{1}{x} \to 0$, cuando $x \to \pm\infty$, resulta que $f(x) \to y = x$, que es la asíntota oblicua.

4.5. ESTUDIO DEL CRECIMIENTO

Si una función es derivable en un punto, el hecho de que su derivada sea positiva o negativa en ese punto nos da una información sobre el crecimiento o decrecimiento de la función en las proximidades del punto, es decir, en un pequeño entorno, como veremos a continuación.

■ **Propiedad de crecimiento local** *Si f tiene derivada continua en x_0, podemos establecer:*

1. si es $f'(x_0) > 0$, entonces $\exists \delta > 0$ tal que f es estrictamente creciente en $(x_0 - \delta; x_0 + \delta)$,

2. si es $f'(x_0) < 0$, entonces $\exists \delta > 0$ tal que f es estrictamente decreciente en $(x_0 - \delta; x_0 + \delta)$.

Sin embargo, lo más interesante es el estudio del crecimiento en forma global, es decir, en un intervalo. Comencemos por recordar las definiciones; sea I un intervalo de la recta real, abierto, cerrado o semiabierto, es indiferente. Se dice que la función $f(x)$ es estrictamente creciente en I cuando $\forall x_1, x_2 \in I, x_1 < x_2$ se verifica que $f(x_1) < f(x_2)$, y se dice que es estrictamente decreciente cuando $\forall x_1, x_2 \in I, x_1 < x_2$ se verifica que $f(x_1) > f(x_2)$.

El siguiente teorema nos da una caracterización del crecimiento estricto para una función derivable.

■ **Teorema (de caracterización del crecimiento)** *Sea f derivable en un intervalo I. Se tiene que:*

1. si es $f'(x) > 0, \forall x \in I$, entonces f es estrictamente creciente en I,

2. si es $f'(x) < 0, \forall x \in I$, entonces f es estrictamente decreciemte en I, y

3. si es $f'(x) = 0, \forall x \in I$, entonces f es constante en I.

Este teorema nos da el crecimiento de una función atendiendo al signo de su derivada. Lo usual es que la derivada no conserve el signo y se trata de estudiar el signo en los distintos intervalos.

■ **Ejemplo 4.23** La función $f(x) = x^2$ tiene por derivada $f'(x) = 2x$, y el signo de la derivada es:

- positivo si es $x > 0$,
- negativo si es $x < 0$, y
- cero si es $x = 0$,

por tanto la función $f(x)$ es estrictamente creciente en $(0; +\infty)$ y estrictamente decreciente en $(-\infty; 0)$.

■ **Ejemplo 4.24** La función $f(x) = \frac{1}{x}$ tiene por derivada $f'(x) = \frac{-1}{x^2} < 0, \forall x \neq 0$. Por tanto la función es estrictamente decreciente en $(-\infty; 0) \cup (0; +\infty)$. En el punto $x = 0$ la función no está definida.

■ **Ejemplo 4.25** La función $f(x) = x^3$ tiene por derivada $f'(x) = 3x^2 > 0$, si $x \neq 0$, y es $f'(0) = 0$, por lo que es estrictamente creciente en $(-\infty; 0) \cup (0; +\infty)$. Como es $f(0) = 0$ y continua en ese punto, lo incluimos y diremos que $f(x)$ es estrictamente creciente en $\mathbb{R}$.

4.6. EXTREMOS LOCALES

Se dice que la función f tiene un *mínimo local* o relativo en el punto x_0 cuando verifica que existe un $\delta > 0$ tal que es $f(x_0) \le f(x)$, $\forall x \in (x_0 - \delta; x_0 + \delta)$, es decir, en x_0 la función pasa de decreciente a creciente. Diremos que la función posee un *máximo local* o relativo en x_0 cuando $\exists \delta > 0$ tal que es $f(x_0) \ge f(x)$, $\forall x \in (x_0 - \delta; x_0 + \delta)$, es decir, la función pasa en x_0 de creciente a decreciente. En estos casos se dice que la función posee un extremo local.

Para poder estudiar los extremos locales de funciones derivable tenemos un teorema que nos da condiciones necesarias y dos que nos dan condiciones suficientes. Estudiémoslos.

■ **Teorema (Condición necesaria de extremo)** *Si f posee extremo relativo en x_0 y $f(x)$ es derivable en x_0, entonces $f'(x_0) = 0$.*

Es decir, las funciones derivables sólo pueden tener extremos en los puntos con derivada nula. A estos puntos se les llama *puntos críticos*. Se trata por tanto de hallar los puntos críticos de una función y estudiar después si son o no extremos.

Sin embargo, una función puede ser derivable en un punto y valer cero su derivada en ese punto y no tener extremo. Tal es el caso de la función $f(x) = x^3$, cuya derivada $f'(x) = 3x^2$ se anula en $x = 0$ y, sin embargo, no existe extremo local porque la función es estrictamente creciente como hemos visto en el Ejemplo 4.25.

■ **Teorema (Criterio de la derivada primera)** *Si la función f es tal que $f'(x) = 0$ y existe δ tal que:*
- $f'(x) < 0$ *en* $(x_0 - \delta; x_0)$ *y* $f'(x) > 0$ *en* $(x_0; x_0 + \delta)$*, entonces x_0 es un mínimo local,*
- $f'(x) > 0$ *en* $(x_0 - \delta; x_0)$ *y* $f'(x) < 0$ *en* $(x_0; x_0 + \delta)$*, entonces x_0 es un máximo local.*

■ **Teorema (Criterio de la derivada segunda)** *Dada la función f, dos veces derivable en x_0, siendo $f'(x_0) = 0$, podemos afirmar:*
- *Si $f''(x_0) > 0$, entonces $f(x_0)$ es un mínimo local,*
- *Si $f''(x_0) < 0$, entonces $f(x_0)$ es un máximo local.*

En el caso de funciones que verifiquen $f''(x_0) = 0$, este criterio no decide la existencia de extremo local, para ello hemos de recurrir al criterio anterior o a un criterio más general que estudiaremos en la Sección 5.5.

■ **Ejemplo 4.26** Para hallar los puntos críticos de la función $f(x) = (x + 3)(x - 2)^4$, derivando e igualando a cero,

$$f'(x) = 4(x + 3)(x - 2)^3 + (x - 2)^4 = (x - 2)^3(5x + 10) = 5(x - 2)^3(x + 2) = 0,$$

luego los puntos críticos son $x = 2$ y $x = -2$, por lo que aplicando el criterio de la derivada primera tenemos:
- si $x < -2$ es $f'(x) > 0$, es decir, estrictamente creciente en $(-\infty; -2)$,
- si $-2 < x < 2$ es $f'(x) < 0$, es decir, estrictamente decreciente en $(-2; 2)$,
- si $x > 2$ es $f'(x) > 0$, es decir, estrictamente creciente en $(2; +\infty)$,

por tanto la función posee un máximo local en $x = -2$ y un mínimo local en $x = 2$.

■ **Ejemplo 4.27** La función $g(x) = 3x - x^3$ tiene por derivada $g'(x) = 3 - 3x^2$ y sus puntos críticos son $x = \pm 1$. Como es $g''(x) = -6x$, aplicando el criterio de la derivada segunda se tiene que
- $g''(-1) = 6 > 0$, luego g presenta un mínimo local en $x = -1$,
- $g''(1) = -6 < 0$, luego g tiene un máximo local en $x = 1$.

Extremos absolutos

Se dice que la función $f(x)$ tiene en el punto x_0 un *mínimo absoluto* si se verifica que es $f(x_0) \leq f(x)$ para todos los valores de x del dominio de la función, y tiene un *máximo absoluto* si se verifica $f(x_0) \geq f(x)$ para todos los valores del dominio.

En el caso de una función que esté definida en el intervalo cerrado $[a; b]$, los extremos absolutos de las función pueden alcanzarse en los extremos del intervalo, es decir, en a y en b, en los puntos en que la función no sea derivable o en los puntos críticos.

■ **Ejemplo 4.28** La función $f(x) = x^2 - 2x$ definida en $[-2; 2]$, es derivable en todo el intervalo, por lo que los posibles extremos absolutos están en los extremos del intervalo, es decir los puntos -2 y 2, o en los puntos críticos. Como es $f'(x) = 2x - 2$, el único punto crítico es $x = 1$. Además se tiene que

$$f(-2) = 8, \qquad f(2) = 0, \qquad f(1) = -1,$$

luego el máximo absoluto de la función está en $x = -2$ y vale 8, y el mínimo absoluto de la función está en $x = 1$, que es además mínimo relativo, y vale -1.

4.7. ESTUDIO DE LA CONVEXIDAD

Se dice que una función f es *convexa* en el intervalo I, cuando la recta tangente a la gráfica en cualquier punto de I, está situada por debajo de dicha gráfica en todo el intervalo I, salvo en el punto de tangencia. Se dice que la función es *cóncava* cuando las rectas tangentes están situadas por encima de la gráfica.

Estas definiciones se corresponden con la idea intuitiva de cóncavo como "hueco" y convexo como figura "sin entrantes", basta para ello situar el ojo del espectador en el punto $-\infty$ del eje OY y contemplar la gráfica; este punto de vista es el habitualmente aceptado.

Se dice que x_0 es un *punto de inflexión* de la función f cuando la gráfica de la función cambia en x_0 de convexa a cóncava o viceversa. En la Figura 4.8 puede observarse una función que es convexa en un intervalo y cóncava en otro, con su correspondiente punto de inflexión.

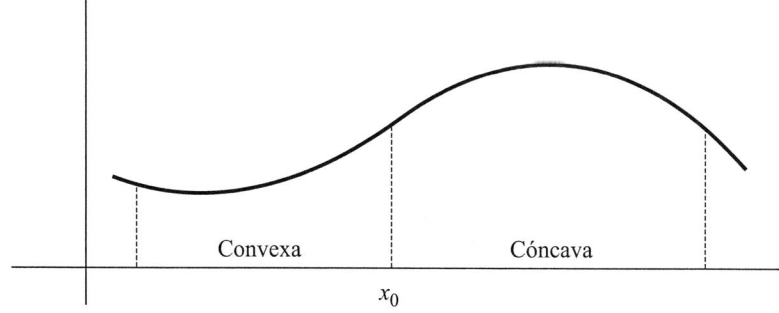

Figura 4.8 Convexidad, concavidad y punto de inflexión de la función f.

En el caso de funciones dos veces derivables el estudio de su convexidad está basado en el siguiente criterio.

■ **Teorema (Criterio de convexidad)** *Sea f derivable dos veces en un intervalo I, se tiene que:*
  ▪ *si $f''(x) > 0, \forall x \in I$, entonces f es convexa en I,*
  ▪ *si $f''(x) < 0, \forall x \in I$, entonces f es cóncava en I.*

Además para que un punto x_0 sea de inflexión, si la función es dos veces derivable, no puede ser $f''(x_0) > 0$ ni $f''(x_0) < 0$, luego una condición necesaria para que un punto pueda ser de inflexión es que sea $f''(x_0) = 0$.

■ **Ejemplo 4.29** Si queremos determinar los intervalos de convexidad y concavidad de la función $f(x) = x^5 - 5x^4$, hallamos la derivada segunda y la igualamos a cero para estudiar el signo de la derivada segunda en los diferentes intervalos. Como $f''(x) = 20x^3 - 60x^2 = 0$ nos lleva a $x = 0$ y $x = 3$, tenemos que

x	$(-\infty; 0)$	0	$(0; 3)$	3	$(3; +\infty)$
f''	$-$		$-$		$+$
f	cóncava		cóncava		convexa

luego el punto $x = 3$ es un punto de inflexión y los intervalos de convexidad y concavidad están indicados en el cuadro.

4.8. GRÁFICAS DE FUNCIONES

El dibujo de una gráfica consiste en hacer un esbozo de cómo es la gráfica de la función utilizando para ello algunas de las posibilidades estudiadas. Es decir, no se trata de hacer un estudio pormenorizado y completo como los que se hacen como modelos de explicación, sino llegar a conocer la gráfica sólo con un par de elementos estudiados, por ejemplo las asíntotas y los extremos relativos, o los cortes con los ejes y el crecimiento.

Como modelo y para recordar todos los aspectos que pueden estudiarse para la construcción de gráficas vamos a analizar y representar la función del ejemplo siguiente.

■ **Ejemplo 4.30** Estudiemos la función $f(x) = x(x-1)^2$.

1. Dominio:

   El dominio de la función es $\mathbb{R}$ y además la función es continua y derivable en toda la recta real por ser una función polinómica. La gráfica será por tanto continua y suave.

2. Cortes con ejes:

   Para $x = 0$ se obtiene $y = 0$, por lo que la gráfica corta al eje OY en el punto $(0, 0)$, es decir, en el origen de coordenadas.

   Para $y = 0$ resulta $0 = x(x-1)^2$, es decir, $x = 0$ y $x = 1$, por lo que la gráfica cortará al eje de abscisas en los puntos $(0, 0)$ y $(1, 0)$.

   Como es $(x-1)^2 \geq 0$, tenemos que si es $x > 0$ entonces es $y \geq 0$, mientras que si es $x < 0$ entonces es $y \leq 0$, por lo que la gráfica de la función estará únicamente en los cuadrantes primero y tercero del plano, lo que indicamos en la Figura 4.9 tachando los cuadrantes en que no hay gráfica.

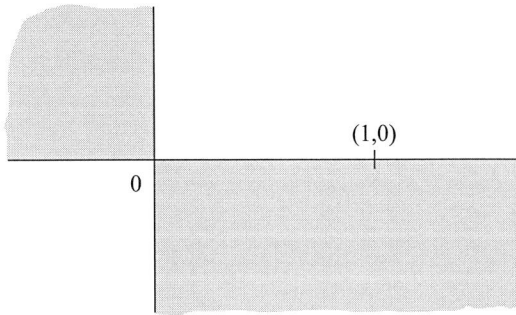

Figura 4.9 El signo de la función delimita los cuadrantes en que hay gráfica.

La función no tiene simetrías respecto de los ejes ni es periódica.

3. Asíntotas:

No existen asíntotas verticales porque la función es continua en toda la recta real. Además, como $x \to \pm\infty \;\Rightarrow\; y \to \pm\infty$, tampoco tiene asíntotas horizontales. Para estudiar si tiene asíntotas oblicuas hallamos la posible pendiente

$$m = \lim_{x \to \pm\infty} \frac{f(x)}{x} = \lim_{x \to \pm\infty} \frac{x(x-1)^2}{x} = \lim_{x \to \pm\infty} (x-1)^2 = +\infty,$$

por lo que no posee asíntotas oblicuas, ya que la pendiente en "puntos próximos" a $+\infty$ y a $-\infty$ tiende a $+\infty$.

4. Puntos críticos:

Igualando a cero la derivada primera obtenemos los puntos críticos de la función, únicos que pueden ser extremos relativos:

$$f'(x) = (x-1)^2 + 2x(x-1) = (x-1)(3x-1) = 0 \quad \Rightarrow \quad x = 1 \quad \text{y} \quad x = \frac{1}{3}.$$

5. Crecimiento:

Como la derivada primera es $f'(x) = (x-1)(3x-1)$, los intervalos de crecimiento y de decrecimiento se obtienen de la siguiente tabla:

x	$\left(-\infty;\frac{1}{3}\right)$	$\frac{1}{3}$	$\left(\frac{1}{3};1\right)$	1	$(1;+\infty)$
$f'(x)$	$+$	0	$-$	0	$+$
$f(x)$	creciente	máx.	decreciente	mín.	creciente

6. Extremos locales:

Puesto que la derivada segunda es $f''(x) = 6x - 4$, calculando su valor en los puntos críticos tenemos que

$$f''\left(\tfrac{1}{3}\right) = -2 < 0 \quad \Rightarrow \text{ máximo en } \quad \left(\frac{1}{3}, \frac{4}{27}\right),$$

$$f''(1) = 2 > 0 \quad \Rightarrow \text{ mínimo en } \quad (1,0),$$

si bien estos extremos relativos se deducen claramente del estudio del crecimiento.

7. Convexidad:

Como la derivada segunda $f''(x) = 6x - 4$ se anula en $x = \frac{2}{3}$, posible punto de inflexión, hacemos el estudio de la convexidad-concavidad con la siguiente tabla:

x	$\left(-\infty;\frac{2}{3}\right)$	$\frac{2}{3}$	$\left(\frac{2}{3};+\infty\right)$
$f''(x)$	$-$	0	$+$
$f(x)$	cóncava	inflexión	convexa

8. Gráfica de la función:

Con los datos hallados podemos construir la gráfica pedida que es la que aparece en la Figura 4.10.

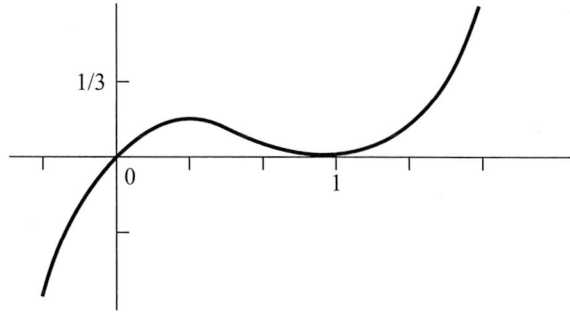

Figura 4.10 Gráfica de la función $f(x) = x(x-1)^2$.

PROBLEMAS RESUELTOS

▶ 4.1 Aplicando la definición de derivada hállese la derivada de la función $f(x) = \mathrm{sen}\, x$.

RESOLUCIÓN. Se tiene que, en un punto cualquiera x, es

$$f'(x) = \lim_{h \to 0} \frac{\mathrm{sen}(x+h) - \mathrm{sen}\, x}{h} = \left[\frac{0}{0}\right] = \lim_{h \to 0} \frac{\mathrm{sen}\, x \cos h + \cos x \,\mathrm{sen}\, h - \mathrm{sen}\, x}{h}$$

$$= \lim_{h \to 0} \frac{\cos x \,\mathrm{sen}\, h}{h} - \lim_{h \to 0} \frac{\mathrm{sen}\, x (1 - \cos h)}{h} = \cos x \lim_{h \to 0} \frac{\mathrm{sen}\, h}{h} - \mathrm{sen}\, x \lim_{h \to 0} \frac{1 - \cos h}{h} = \cos x,$$

ya que el primero de estos límites es igual a 1, como se ha visto en el Problema resuelto 3.6, y el segundo es nulo, véase el Problema propuesto 3.6.

▶ 4.2 La función $f(x) = e^{\frac{-1}{x^2}}$ no está definida en $x = 0$. Determínese el valor $f(0)$ para que la función resulte continua. Para ese valor, ¿resulta $f(x)$ derivable en $x = 0$?

RESOLUCIÓN. Para que la función f sea continua en 0, calculamos el límite

$$\lim_{x \to 0} f(x) = \lim_{x \to 0} e^{\frac{-1}{x^2}} = e^{-\infty} = \frac{1}{e^{+\infty}} = 0$$

y debemos elegir $f(0) = 0$ para que el límite coincida con el valor de la función en el punto.

Para ver si la función

$$f(x) = \begin{cases} e^{\frac{-1}{x^2}}, & \text{si } x \neq 0, \\ 0, & \text{si } x = 0, \end{cases}$$

es derivable en $x = 0$, calculamos las derivadas laterales:

$$f'_+(0) = \lim_{h \to 0^+} \frac{e^{\frac{-1}{h^2}} - 0}{h} = \lim_{h \to 0^+} \frac{e^{\frac{-1}{h^2}}}{h} = \lim_{h \to 0^+} \frac{\frac{1}{h}}{e^{\frac{1}{h^2}}} = \left[\frac{\infty}{\infty}\right],$$

utilizamos la regla de L'Hôpital para quitar la indeterminación y simplificando queda

$$f'_+(0) = \lim_{h \to 0^+} \frac{\frac{-1}{h^2}}{e^{\frac{1}{h^2}} \left(\frac{-2}{h^3}\right)} = \lim_{h \to 0^+} \frac{h}{2e^{\frac{1}{h^2}}} = \frac{0}{+\infty} = 0$$

y análogamente

$$f'_-(0) = \lim_{h \to 0^-} \frac{e^{\frac{-1}{h^2}} - 0}{h} = \lim_{h \to 0^-} \frac{e^{\frac{-1}{h^2}}}{h} = 0,$$

por lo que las derivadas laterales coinciden y, al ser continua en 0, es derivable; su derivada es $f'(0) = 0$, lo que indica que en el origen tiene tangente horizontal.

▶ 4.3 Hállense las ecuaciones de la tangente y la normal a la curva $9x^2 + 4y^2 = 36$ en el punto $A(0, 3)$.

RESOLUCIÓN. La ecuación de la recta que pasa por el punto $A(a, b)$ y tiene por pendiente m, es

$$y - b = m(x - a).$$

Para que esta recta sea tangente a la curva en el punto A, su pendiente debe ser la derivada en ese punto, es decir,

$$m = f'(0)$$

y como la curva dada $9x^2 + 4y^2 = 36$, despejando, representa a las funciones

$$y = \pm \frac{1}{2}\sqrt{36 - 9x^2}$$

y la que contine al punto $A(0,3)$ es la correpondiente al signo +, es decir,

$$y - f(x) - \frac{1}{2}\sqrt{36 - 9x^2},$$

cuya derivada es

$$f'(x) = \frac{-9x}{2\sqrt{36 - 9x^2}},$$

tenemos que en el punto A es $f'(0) = 0$, por tanto la pendiente debe ser $m = 0$, y la recta tangente en A será

$$y - 3 = 0(x - 0),$$

es decir, la recta horizontal $y = 3$.

El resultado era de esperar, ya que la curva dada es la elipse centrada en el origen que, dividiendo por 36, tiene por ecuación

$$\frac{x^2}{4} + \frac{y^2}{9} = 1$$

y el punto $(0,3)$ es un punto de corte con el eje OY, que tendrá tangente horizontal.

La recta normal a la curva en A tendrá por pendiente m_n verificando que $m_n = \frac{-1}{m}$, por lo que será $m_n = \infty$, es decir, la recta vertical que pasa por $A(0,3)$, su ecuación será entonces $x = 0$.

4.4 Dada la función f definida en $\mathbb{R}$ con valores reales, tal que $f(x) = e^{-x} - \operatorname{sen} 2x$, calcúlese la derivada n-ésima.

RESOLUCIÓN. Derivando obtenemos que

$$f'(x) = -e^{-x} - 2\cos 2x = -e^{-x} - 2\operatorname{sen}\left(2x + \tfrac{\pi}{2}\right),$$

sin más que tener en cuenta que $\cos\alpha = \operatorname{sen}(\alpha + \tfrac{\pi}{2})$. Derivando nuevamente obtenemos

$$f''(x) = e^{-x} - 2^2 \cos\left(2x + \tfrac{\pi}{2}\right) = e^{-x} - 2^2 \operatorname{sen}\left(2x + 2\tfrac{\pi}{2}\right).$$

Derivando sucesivamente

$$f'''(x) = -e^{-x} - 2^3 \cos\left(2x + 2\tfrac{\pi}{2}\right) = -e^{-x} - 2^3 \operatorname{sen}\left(2x + 3\tfrac{\pi}{2}\right),$$
$$f^{(4)}(x) = e^{-x} - 2^4 \cos\left(2x + 3\tfrac{\pi}{2}\right) = e^{-x} - 2^4 \operatorname{sen}\left(2x + 4\tfrac{\pi}{2}\right).$$

La derivada n-ésima será entonces

$$f^{(n)}(x) = (-1)^n e^{-x} - 2^n \operatorname{sen}\left(2x + n\tfrac{\pi}{2}\right).$$

La demostración de que ésta es la derivada n-ésima debe hacerse por inducción sobre n. La fórmula es cierta para $n = 1$, y si lo fuese para $k - 1$, es decir,

$$f^{(k-1)}(x) = (-1)^{k-1} e^{-x} - 2^{k-1} \operatorname{sen}\left(2x + (k-1)\tfrac{\pi}{2}\right),$$

derivando obtenemos

$$f^{(k)}(x) = (-1)^k e^{-x} - 2^k \cos\left(2x + (k-1)\tfrac{\pi}{2}\right) = (-1)^k e^{-x} - 2^k \operatorname{sen}\left(2x + k\tfrac{\pi}{2}\right),$$

que prueba que sería también cierta para k.

El hecho de que la fórmula de la derivada n-ésima sea cierta para $n = 1$, y si es cierta para el número natural $k - 1$, lo sea para k, prueba por el principio de inducción que la fórmula es válida para todo número natural n.

▶ **4.5** Sabiendo que f y g son derivables y que $f(1) = 1$, $g(1) = 2$, $f'(1) = 3$ y $g'(1) = 0$, determínense $(g \circ f)'(1)$, $(f \circ g)'(1)$ y $(f \circ f)'(1)$.

RESOLUCIÓN. Aplicando la regla de la cadena se tiene:

$$(g \circ f)'(1) = g'(f(1)) \cdot f'(1) = g'(1) \cdot f'(1) = 0 \cdot 3 = 0,$$
$$(f \circ g)'(1) = f'(g(1)) \cdot g'(1) = f'(2) \cdot g'(1) = f'(2) \cdot 0 = 0,$$
$$(f \circ f)'(1) = f'(f(1)) \cdot f'(1) = f'(1) \cdot f'(1) = 3 \cdot 3 = 9.$$

▶ **4.6** Sabiendo que f es una función derivable, hállense

$$\text{a)} \quad \frac{d}{dx}\left[f\left(\sqrt{2 + x^2}\right)\right], \qquad \text{b)} \quad \frac{d}{dx}\left[\sqrt{2 + (f(x))^2}\right].$$

RESOLUCIÓN. Aplicando la regla de la cadena se tiene que

$$\frac{d}{dx}\left[f\left(\sqrt{2 + x^2}\right)\right] = \left[f'\left(\sqrt{2 + x^2}\right)\right] \cdot \frac{d}{dx}\left(\sqrt{2 + x^2}\right)$$
$$= f'\left(\sqrt{2 + x^2}\right) \cdot \frac{2x}{2\sqrt{2 + x^2}} = f'\left(\sqrt{2 + x^2}\right) \cdot \frac{x}{\sqrt{2 + x^2}},$$

y que

$$\frac{d}{dx}\left[\sqrt{2 + (f(x))^2}\right] = \frac{1}{2\sqrt{2 + (f(x))^2}} \cdot \frac{d}{dx}\left(2 + (f(x))^2\right)$$
$$= \frac{1}{2\sqrt{2 + (f(x))^2}} \cdot (2f(x)f'(x)) = \frac{f(x)f'(x)}{\sqrt{2 + (f(x))^2}}.$$

▶ **4.7** Demuéstrense los teoremas del valor medio de Lagrange y de Cauchy.

RESOLUCIÓN. Para demostrar el teorema del valor medio de Lagrange, dada la función f continua en $[a; b]$ y derivable en $(a; b)$, basta considerar la función

$$F(x) = (b - a)f(x) - [f(b) - f(a)]x$$

que es también continua en $[a; b]$ y derivable en $(a; b)$, además verifica las condiciones del teorema de Rolle, pues es $F(a) = F(b)$, ya que

$$F(a) = (b - a)f(a) - [f(b) - f(a)]a = bf(a) - af(b),$$
$$F(b) = (b - a)f(b) - [f(b) - f(a)]b = bf(a) - af(b),$$

por lo que el teorema de Rolle garantiza la existencia de al menos un $\alpha \in (a; b)$ tal que $F'(\alpha) = 0$, es decir,

$$F'(\alpha) = (b - a)f'(\alpha) + [f(b) - f(a)] = 0,$$

de donde
$$f'(\alpha) = \frac{f(b) - f(a)}{b - a}.$$

Para demostrar el teorema del valor medio de Cauchy, siendo f y g funciones continuas en $[a; b]$ y derivables en $(a; b)$, se considera la función

$$G(x) = [g(b) - g(a)]f(x) - [f(b) - f(a)]g(x),$$

que es continua en $[a; b]$ y derivable en $(a; b)$, verificando que $G(a) = G(b)$, por lo que aplicando el teorema de Rolle a esta función se tiene que existe $\alpha \in (a; b)$ tal que $G'(\alpha) = 0$, es decir,

$$[g(b) - g(a)]f'(\alpha) - [f(b) - f(a)]g'(\alpha) = 0.$$

4.8 Sea $f(x) = \ln(5 - x^2)$ y el intervalo $[-2; 2]$. ¿Son aplicables los teoremas de Rolle y de Lagrange? En caso afirmativo, hállese el valor intermedio para el que se cumple el teorema.

RESOLUCIÓN. La función f está definida para los valores reales tales que sea $5 - x^2 > 0$, es decir, en el intervalo $(-\sqrt{5}; \sqrt{5})$.

En ese intervalo f es continua y derivable. Como el intervalo $[-2; 2]$ está contenido en el intervalo $(-\sqrt{5}; \sqrt{5})$, resulta que f es continua en $[-2; 2]$ y derivable en $(-2; 2)$; para que se cumplan las hipótesis del teorema de Rolle falta comprobar si $f(-2) = f(2)$, y al ser

$$f(-2) = \ln\left(5 - (-2)^2\right) = \ln(5 - 4) = \ln 1 = 0,$$
$$f(2) = \ln(5 - 2^2) = \ln(5 - 4) = \ln 1 = 0,$$

es aplicable el teorema de Rolle.

El teorema de Rolle garantiza la existencia de un valor intermedio $\alpha \in (-2; 2)$ en el que $f'(\alpha) = 0$. Como es

$$f'(x) = \frac{-2x}{5 - x^2},$$

resulta que de $f'(\alpha) = 0$ obtenemos $-2\alpha = 0$, por lo que $\alpha = 0$ es el valor que anula la derivada.

Puesto que f es continua en $[-2; 2]$ y derivable en el intervalo $(-2; 2)$, es aplicable el teorema del valor medio de Lagrange o de los incrementos finitos, que nos garantiza la existencia de un valor $\alpha \in (-2; 2)$ tal que

$$\frac{f(2) - f(-2)}{2 - (-2)} = f'(\alpha),$$

pero al ser $f(2) = f(-2)$, queda $f'(\alpha) = 0$, que coincide con la afirmación del teorema de Rolle, ya que éste es un caso particular del teorema de Lagrange en el que $f(a) = f(b)$, y entonces la cuerda que une los puntos $(a, f(a))$ y $(b, f(b))$ es horizontal, es decir, con pendiente nula.

4.9 Utilícese el teorema del valor medio de Lagrange para demostrar que

$$5 + \frac{1}{12} < \sqrt{26} < 5 + \frac{1}{10}.$$

RESOLUCIÓN. Consideramos la función $f(x) = \sqrt{x}$, definida en el intervalo $[25; 26]$. Esta función es continua y derivable, por lo que verifica las condiciones del teorema del valor medio. Como es $f'(x) = \frac{1}{2\sqrt{x}}$, este teorema asegura que existe al menos un valor $\alpha \in (25; 26)$ tal que

$$\frac{f(b) - f(a)}{b - a} = f'(\alpha), \quad \text{es decir,} \quad \frac{\sqrt{26} - \sqrt{25}}{26 - 25} = \frac{1}{2\sqrt{\alpha}},$$

de donde resulta que $\sqrt{26} = 5 + \frac{1}{2\sqrt{\alpha}}$, con $\alpha \in (25; 26)$. Como

$$\sqrt{36} > \sqrt{\alpha} > \sqrt{25} \quad \Rightarrow \quad \frac{1}{\sqrt{36}} < \frac{1}{\sqrt{\alpha}} < \frac{1}{\sqrt{25}},$$

tenemos que

$$5 + \frac{1}{2\sqrt{36}} < 5 + \frac{1}{2\sqrt{\alpha}} < 5 + \frac{1}{2\sqrt{25}} \quad \Rightarrow \quad 5 + \frac{1}{12} < \sqrt{26} < 5 + \frac{1}{10}.$$

▶ **4.10** Analícese si el teorema de Cauchy es aplicable a las funciones $f(x) = x^2 - 2x + 3$ y $g(x) = x^3 - 7x^2 + 20x - 5$ en el intervalo $[1; 4]$ y, en su caso, aplíquese.

RESOLUCIÓN. Las funciones $f(x)$ y $g(x)$ son continuas y derivables en $[1; 4]$ por ser polinómicas, además es $g(1) \neq g(4)$, ya que $g(1) = 9$ y $g(4) = 27$, y es $g'(x) \neq 0$ para todo x real, ya que

$$g'(x) = 3x^2 - 14x + 20$$

y la ecuación $3x^2 - 14x + 20 = 0$ no tiene soluciones reales porque su discriminante es

$$\triangle = b^2 - 4ac = 196 - 240 = -44 < 0.$$

Por tanto, es aplicable el teorema de Cauchy que garantiza la existencia de, al menos, un valor intermedio $\alpha \in (1; 4)$ verificando que

$$\frac{f(4) - f(1)}{g(4) - g(1)} = \frac{f'(\alpha)}{g'(\alpha)}.$$

Para calcular α sustituimos por sus valores y tenemos que

$$\frac{11 - 2}{27 - 9} = \frac{2\alpha - 2}{3\alpha^2 - 14\alpha + 20},$$

que operando es

$$3\alpha^2 - 14\alpha + 20 = 4\alpha - 4,$$

de donde es $\alpha^2 - 6\alpha + 8 = 0$ y resolviendo queda $\alpha = 2$ y $\alpha = 4$.

Por tanto el valor dado por el teorema es $\alpha = 2$ que pertenece al intervalo $(1; 4)$, ya que $\alpha = 4$ no está en ese intervalo.

▶ **4.11** Aplíquese el teorema de los incrementos finitos al cálculo aproximado de $\sqrt{403}$.

RESOLUCIÓN. Si queremos hallar un valor aproximado de $\sqrt{403}$ de forma sencilla, consideramos la función $f(x) = \sqrt{x}$ en el intervalo $[400; 403]$ que es continua y derivable, luego la fórmula de los incrementos finitos nos dice que

$$f(403) = f(400) + 3 \cdot f'(c), \qquad \text{siendo } c \in (400; 403).$$

Como es $f'(x) = \frac{1}{2\sqrt{x}}$, queda

$$\sqrt{403} = \sqrt{400} + 3 \cdot \frac{1}{2\sqrt{c}}, \qquad \text{para algún } c \in (400; 403).$$

Pero aproximadamente es

$$\frac{1}{2\sqrt{c}} \simeq \frac{1}{2\sqrt{400}} = \frac{1}{40} = 0,025,$$

luego

$$\sqrt{403} = \sqrt{400} + 3 \cdot \frac{1}{2\sqrt{c}} \simeq 20 + 3 \cdot 0,025 = 20,075.$$

El valor que obtenemos con una calculadora es $20,0748599$.

4.12 Demuéstrese que la ecuación $1 + 2x + 3x^2 + 4x^3 = 0$ tiene una única solución. Determínese un intervalo de longitud menor que 1 donde se pueda asegurar que está dicha solución.

RESOLUCIÓN. Por ser una ecuación cúbica con coeficientes reales tiene al menos una raíz real. Demostremos que esta ecuación no tiene dos raíces reales por reducción al absurdo. Si la ecuación $1 + 2x + 3x^3 + 4x^3 = 0$ tuviese dos raíces distintas, x_0 y x_1, siendo por ejemplo $x_0 < x_1$, al considerar la función $f(x) = 1 + 2x + 3x^2 + 4x^3$ sería

$$f(x_0) = f(x_1) = 0,$$

y como la función f es continua y derivable en toda la recta real, por ser una función polinómica, podríamos aplicar el teorema de Rolle al intervalo $[x_0, x_1]$ y entonces existiría un $\alpha \in (x_0; x_1)$ tal que $f'(\alpha) = 0$.

Pero $f'(x) = 2 + 6x + 12x^2 = 2(1 + 3x + 6x^2)$ no puede ser cero, ya que la ecuación $1 + 3x + 6x^2 = 0$ no admite raíces reales al tener discriminante negativo:

$$\triangle = 9 - 24 = -15 < 0.$$

El hecho de que la derivada no se anule en ningún valor está en contradicción con la conclusión del teorema de Rolle, por lo que la hipótesis de que existan dos raíces es falsa.

Otro método para demostrar esto mismo consiste en utilizar la derivada primera para estudiar el crecimiento de la función f. Véase Problema resuelto 4.13.

Vamos a determinar un intervalo de longitud menor que 1, que contenga la solución. Como la función es continua y tenemos que

$$f(0) = 1 > 0 \qquad \text{y} \qquad f(-2) = -23 < 0,$$

por el teorema de Bolzano existe un valor $\alpha \in (-2; 0)$ tal que $f(\alpha) = 0$. Calculemos el valor de f en el punto medio de este intervalo:

$$f(-1) = 1 - 2 + 3 - 4 = -2 < 0,$$

por lo que la raíz está en el intervalo $(-1; 0)$.

Calculando

$$f(\tfrac{-1}{2}) = 1 - 1 + \frac{3}{4} - \frac{4}{8} = \frac{1}{4} > 0,$$

tenemos que la raíz dada está en el intervalo $(-1; \tfrac{-1}{2})$.

4.13 La ecuación $e^x = 1 + x$ tiene una raíz que es $x = 0$. Demuéstrese que esta ecuación no puede tener otra.

RESOLUCIÓN. Consideremos la función $f(x) = e^x - 1 - x$, que es continua y derivable en toda la recta real. Su derivada

$$f'(x) = e^x - 1$$

- es positiva si $e^x - 1 > 0$, es decir, si $x > 0$, y
- es negativa si $e^x - 1 < 0$, es decir, si $x < 0$.

Por tanto, f es estrictamente creciente para $x > 0$ y estrictamete decreciente para $x < 0$. Como es $f(0) = 0$, no puede haber ningún otro valor real x tal que $f(x) = 0$, por lo que la ecuación $e^x - 1 - x = 0$ no tiene más raíz que $x = 0$.

Otra forma de hacer la demostración es utilizar el teorema de Rolle, véase el Problema resuelto 4.12.

▶ **4.14** Encuéntrese la falsedad del razonamiento

$$\lim_{x \to 0^+} \frac{x^3}{1 - \cos x} = \lim_{x \to 0^+} \frac{3x^2}{\operatorname{sen} x} = \lim_{x \to 0^+} \frac{6x}{\cos x} = \lim_{x \to 0^+} \frac{6}{-\operatorname{sen} x} = \frac{6}{0^-} = -\infty.$$

RESOLUCIÓN. Se ha aplicado incorrectamente la regla de L'Hôpital pues en el último paso se ha tratado el límite como indeterminado cuando realmente no lo es:

$$\lim_{x \to 0^+} \frac{x^3}{1 - \cos x} = \left[\frac{0}{0}\right] \stackrel{L'H}{=} \lim_{x \to 0^+} \frac{3x^2}{\operatorname{sen} x} = \left[\frac{0}{0}\right] \stackrel{L'H}{=} \lim_{x \to 0^+} \frac{6x}{\cos x} = \frac{0}{1} = 0.$$

▶ **4.15** Calcúlese

$$\lim_{x \to -1} \left(\frac{1}{1 + x} - \frac{1}{1 - e^{1+x}} \right).$$

RESOLUCIÓN. El límite pedido es de la forma $[\infty - \infty]$, operando tenemos que

$$\lim_{x \to -1} \left(\frac{1}{1 + x} - \frac{1}{1 - e^{1+x}} \right) = \lim_{x \to -1} \frac{1 - e^{1+x} - 1 - x}{(1 + x)(1 - e^{1+x})} = \lim_{x \to -1} \frac{-e^{1+x} - x}{(1 + x)(1 - e^{1+x})} = \left[\frac{0}{0}\right],$$

aplicamos ahora la regla de L'Hôpital y tenemos

$$\lim_{x \to -1} \left(\frac{1}{1 + x} - \frac{1}{1 - e^{1+x}} \right) = \lim_{x \to -1} \frac{-e^{1+x} - 1}{1 - e^{1+x} - (1 + x)e^{1+x}} = \lim_{x \to -1} \frac{-e^{1+x} - 1}{1 - e^{1+x}(2 + x)}$$

$$= \frac{-e^0 - 1}{1 - e^0(2 - 1)} = \frac{-2}{1 - 1} = \left[\frac{-2}{0}\right],$$

nos encontramos con una indeterminación de la forma $\left[\frac{k}{0}\right]$ que nos obliga a calcular los límites laterales.

El límite por la izquierda es

$$\lim_{x \to -1^-} \left(\frac{1}{1 + x} - \frac{1}{1 - e^{1+x}} \right) = \lim_{x \to -1^-} \frac{-e^{1+x} - 1}{1 - e^{1+x}(2 + x)}$$

$$= \frac{-1 - 1}{1 - e^{0^-} \cdot 1^-} = \frac{-2}{1 - 1^- \cdot 1^-} = \frac{-2}{1 - 1^-} = \frac{-2}{0^+} = -\infty,$$

ya que si $x \to -1^-$ es $1 + x \to 0^-$ y $e^{1+x} \to 1^-$.

El límite por la derecha es

$$\lim_{x \to -1^+} \left(\frac{1}{1 + x} - \frac{1}{1 - e^{1+x}} \right) = \lim_{x \to -1^+} \frac{-e^{1+x} - 1}{1 - e^{1+x}(2 + x)}$$

$$= \frac{-1 - 1}{1 - e^{0^+} \cdot 1^+} = \frac{-2}{1 - 1^+ \cdot 1^+} = \frac{-2}{1 - 1^+} = \frac{-2}{0^-} = +\infty,$$

ya que si $x \to -1^+$ es $1 + x \to 0^+$ y $e^{1+x} \to 1^+$.

Por tanto el límite pedido no existe.

4.16 Determínense los límites

$$\text{a)} \quad \lim_{x \to 2\pi} (-1 + \cos x)^{\operatorname{sen} x}, \qquad \text{b)} \quad \lim_{x \to +\infty} \frac{5^x + 7^x}{5^x - 7^x}.$$

RESOLUCIÓN. a) Se tiene que

$$\lim_{x \to 2\pi} (-1 + \cos x)^{\operatorname{sen} x} = [0^0] = e^{\lim_{x \to 2\pi} [\operatorname{sen} x \cdot \ln(-1 + \cos x)]}.$$

Hallemos el límite del exponente

$$\lim_{x \to 2\pi} [\operatorname{sen} x \cdot \ln(-1 + \cos x)] = [0 \cdot \infty] = \lim_{x \to 2\pi} \frac{\ln(-1 + \cos x)}{\frac{1}{\operatorname{sen} x}} = \left[\frac{\infty}{\infty}\right] \overset{L'H}{=} \lim_{x \to 2\pi} \frac{\frac{-\operatorname{sen} x}{-1 + \cos x}}{\frac{-\cos x}{\operatorname{sen}^2 x}}$$

$$= \lim_{x \to 2\pi} \frac{\operatorname{sen}^3 x}{\cos x(-1 + \cos x)} = \left[\frac{0}{0}\right] \overset{L'H}{=} \lim_{x \to 2\pi} \frac{3\operatorname{sen}^2 x \cos x}{\operatorname{sen} x - 2\operatorname{sen} x \cos x}$$

$$= \lim_{x \to 2\pi} \frac{3\operatorname{sen} x \cos x}{1 - 2\cos x} = \frac{0}{1 - 2} = 0,$$

luego el límite pedido será

$$\lim_{x \to 2\pi} (-1 + \cos x)^{\operatorname{sen} x} = e^{\lim_{x \to 2\pi} [\operatorname{sen} x \cdot \ln(-1 + \cos x)]} = e^0 = 1.$$

b) En el denominador hay una indeterminación $[\infty - \infty]$, pero dividiendo numerador y denominador por 7^x resulta

$$\lim_{x \to +\infty} \frac{5^x + 7^x}{5^x - 7^x} = \lim_{x \to +\infty} \frac{\frac{5^x + 7^x}{7^x}}{\frac{5^x - 7^x}{7^x}} = \lim \frac{\left(\frac{5}{7}\right)^x + 1}{\left(\frac{5}{7}\right)^x - 1} = -1,$$

ya que

$$\lim_{x \to +\infty} \left(\frac{5}{7}\right)^x = \lim_{x \to +\infty} e^{x \ln \frac{5}{7}} = \lim_{x \to +\infty} e^{-x \ln \frac{7}{5}} = e^{-\infty} = 0,$$

por ser $\ln \frac{7}{5} > 0$.

4.17 Encuéntrese la relación que deben verificar α y β para que sea

$$\lim_{x \to +\infty} \left(\frac{2x + \alpha}{2x + \beta}\right)^{3x} = \pi.$$

RESOLUCIÓN. Como

$$\lim_{x \to +\infty} \left(\frac{2x + \alpha}{2x + \beta}\right)^{3x} = [1^\infty] = e^{\lim_{x \to +\infty} 3x \ln \frac{2x + \alpha}{2x + \beta}},$$

calculamos el límite del exponente:

$$\lim_{x \to +\infty} 3x \ln \frac{2x + \alpha}{2x + \beta} = [\infty \cdot 0] = \lim_{x \to +\infty} \frac{\ln \frac{2x + \alpha}{2x + \beta}}{\frac{1}{3x}} = \left[\frac{0}{0}\right] \overset{L'H}{=} \lim_{x \to +\infty} \frac{\frac{\frac{2(2x + \beta) - 2(2x + \alpha)}{(2x + \beta)^2}}{\frac{2x + \alpha}{2x + \beta}}}{\frac{-3}{9x^2}}$$

$$= \lim_{x \to +\infty} \frac{\frac{4x + 2\beta - 4x - 2\alpha}{(2x + \alpha)(2x + \beta)}}{\frac{-1}{3x^2}} = \lim_{x \to +\infty} \frac{6x^2(\alpha - \beta)}{(2x + \alpha)(2x + \beta)} = \left[\frac{\infty}{\infty}\right] =$$

$$= \lim_{x \to +\infty} \frac{6(\alpha - \beta)}{\left(2 + \frac{\alpha}{x}\right)\left(2 + \frac{\beta}{x}\right)} = \frac{3}{2}(\alpha - \beta),$$

luego el límite del enunciado vale $e^{\frac{3}{2}(\alpha-\beta)}$. Igualando a π resulta $\frac{3}{2}(\alpha-\beta) = \ln\pi$ y por tanto la relación buscada entre α y β es $\alpha - \beta = \frac{2}{3}\ln\pi$.

▶ **4.18** Calcúlense las asíntotas y los extremos relativos de la función

$$y = 3x + \frac{3x}{x-1}.$$

RESOLUCIÓN. La función está definida y es continua y derivable en todos los valores reales excepto en $x = 1$ que anula el denominador.

Veamos si tiene asíntota vertical en $x = 1$. Para ello calculamos los límites laterales

$$\lim_{x\to 1^-}\left(3x + \frac{3x}{x-1}\right) = 3 + \frac{3}{0^-} = -\infty,$$

$$\lim_{x\to 1^+}\left(3x + \frac{3x}{x-1}\right) = 3 + \frac{3}{0^+} = +\infty,$$

luego la recta $x = 1$ es una asíntota vertical por ambos lados.

Veamos si tiene asíntotas horizontales. Para ello calculamos los límites

$$\lim_{x\to -\infty}\left(3x + \frac{3x}{x-1}\right) = \lim_{x\to -\infty}\frac{3x^2}{x-1} = \lim_{x\to -\infty}\frac{3x}{1-\frac{1}{x}} = \frac{-\infty}{1-0} = -\infty,$$

$$\lim_{x\to +\infty}\left(3x + \frac{3x}{x-1}\right) = \lim_{x\to +\infty}\frac{3x^2}{x-1} = \lim_{x\to +\infty}\frac{3x}{1-\frac{1}{x}} = \frac{+\infty}{1-0} = +\infty,$$

por tanto no tiene asíntotas horizontales.

Si la recta $y = mx + n$ fuese asíntota oblicua de la función, debería ser

$$m = \lim_{x\to \pm\infty}\frac{y}{x}$$

la pendiente de esta recta, con $m \neq 0$ (horizontal) y $m \neq \pm\infty$ (vertical), y

$$n = \lim_{x\to \pm\infty}(y - mx)$$

la ordenada en el origen de la recta.

Para ello calculamos los límites

$$m = \lim_{x\to +\infty}\frac{y}{x} = \lim_{x\to +\infty}\left(\frac{3x}{x} + \frac{3x}{x(x-1)}\right) = 3 + 0 = 3,$$

$$m = \lim_{x\to -\infty}\frac{y}{x} = \lim_{x\to -\infty}\left(\frac{3x}{x} + \frac{3x}{x(x-1)}\right) = 3 + 0 = 3,$$

por lo que hay asíntota oblicua de pendiente $m = 3$ cuando x tiende a $+\infty$ y también hay asíntota oblicua con la misma pendiente cuando x tiende a $-\infty$.

La ordenada en el origen para la asíntota en $+\infty$ es

$$n = \lim_{x\to +\infty}(y - mx) = \lim_{x\to +\infty}\left(3x + \frac{3x}{x-1} - 3x\right) = \lim_{x\to +\infty}\frac{3x}{x-1} = 3$$

y para la asíntota en $-\infty$ es

$$n = \lim_{x\to -\infty}(y - mx) = \lim_{x\to -\infty}\left(3x + \frac{3x}{x-1} - 3x\right) = \lim_{x\to -\infty}\frac{3x}{x-1} = 3.$$

Por tanto la misma recta $y = 3x + 3$ es asíntota oblicua para $+\infty$ y para $-\infty$.

Para calcular los extremos relativos de la función hallamos la derivada primera

$$y' = 3 + \frac{3(x-1) - 3x}{(x-1)^2} = 3 + \frac{-3}{(x-1)^2} = \frac{3(x-1)^2 - 3}{(x-1)^2} = \frac{3x(x-2)}{(x-1)^2}$$

y de $y' = 0$ obtenemos $x = 0$ y $x = 2$, que son los puntos críticos, únicos que pueden ser mínimo o máximo relativo.

Hallando la derivada segunda

$$y'' = \frac{3 \cdot 2(x-1)}{(x-1)^4} = \frac{6}{(x-1)^3}$$

y calculando los valores de y'' en los puntos críticos, obtenemos

$$y''(0) = \frac{6}{(-1)^3} = -6 < 0, \qquad \text{máximo en el punto } (0,0),$$

$$y''(2) = \frac{6}{1^3} = 6 > 0, \qquad \text{mínimo en el punto } (2,12),$$

ya que $y(0) = 0$ e $y(2) = 12$.

4.19   Calcúlense los intervalos de crecimiento y de decrecimiento y los mínimos y máximos de la función

$$f(x) = \frac{1}{3}x^3 - \frac{5}{2}x^2 + 6x.$$

RESOLUCIÓN. Puesto que la función f es una función polinómica, está definida en toda la recta real, donde es continua y derivable infinitas veces, por lo que podemos utilizar el criterio de la derivada primera para el estudio del crecimiento-decrecimiento. La primera derivada es

$$f'(x) = x^2 - 5x + 6 = (x-2)(x-3),$$

por lo que de $f'(x) = 0$ obtenemos los puntos críticos $x = 2$ y $x = 3$.

- Si es $x < 2$ es $f'(x) = (x-2)(x-3) > 0$,
- si es $2 < x < 3$ es $f'(x) = (x-2)(x-3) < 0$, y
- si es $x > 3$ es $f'(x) = (x-2)(x-3) > 0$, por tanto la función $f(x)$ es

creciente en $(-\infty; 2) \cup (3; +\infty)$ y decreciente en $(2; 3)$.

La derivada segunda es $f''(x) = 2x - 5$, y como $f''(2) = -1 < 0$, hay un máximo relativo en el punto de abscisa $x = 2$, cuya ordenada es $f(2) = \frac{14}{3}$, es decir, un máximo relativo en el punto $(2, \frac{14}{3})$. Como $f''(3) = 1 > 0$, hay un mínimo relativo en el punto de abscisa $x = 3$ y ordenada $f(3) = \frac{9}{2}$, es decir, un mínimo relativo en $(3, \frac{9}{2})$.

Podíamos haber evitado el uso de la derivada segunda con sólo analizar el signo de la derivada primera, que en $x = 2$ pasa de creciente a decreciente, luego presenta un máximo relativo y en $x = 3$ pasa de decreciente a creciente, luego existe un mínimo relativo en ese punto.

4.20   Determínense los extremos relativos de la función

$$f(x) = \frac{x - x^2}{1 + 3x^2}.$$

RESOLUCIÓN. Calculemos la derivada primera

$$f'(x) = \frac{(1+3x^2)(1-2x) - (x - x^2)6x}{(1+3x^2)^2} = \frac{1 - 2x - 3x^2}{(1+3x^2)^2}.$$

Puesto que el denominador es siempre positivo, igualamos a cero el numerador y, de $1 - 2x - 3x^2 = 0$, obtenemos las raíces $x = -1$ y $x = \frac{1}{3}$, que son los puntos críticos.

Dado que la derivada segunda puede no tener una expresión sencilla, estudiamos los intervalos de crecimiento y de decrecimiento sin más que factorizar

$$f'(x) = \frac{-3(x + 1)(x - \frac{1}{3})}{(1+3x^2)^2}$$

y completar el siguiente cuadro:

	$(-\infty; -1)$	-1	$(-1; \frac{1}{3})$	$\frac{1}{3}$	$(\frac{1}{3}; +\infty)$
f'	$-$	0	$+$	0	$-$
f	decreciente	mínimo	creciente	máximo	decreciente

luego la función posee un mínimo relativo en $x = -1$ y un máximo relativo en $x = \frac{1}{3}$.

▶ **4.21** Se pretende fabricar una lata de conserva cilíndrica con tapa de un litro de capacidad. ¿Cuáles deben ser sus dimensiones para que se utilice el mínimo posible de metal?

RESOLUCIÓN. Si la lata cilíndrica tiene por altura h y radio de la base r, y su volumen es un litro, o un dm^3, es $V = \pi r^2 h = 1$, de donde obtenemos la altura en función del radio, en decímetros, para que el volumen sea un litro:

$$h = \frac{1}{\pi r^2}.$$

El área total está formada por el área lateral y las dos tapas, y es

$$A = 2\pi r h + 2\pi r^2 = \frac{2\pi r}{\pi r^2} + 2\pi r^2 = \frac{2}{r} + 2\pi r^2,$$

habiendo sustituido el valor de h para tener una función de r. Se trata de hacer mínima la función $A(r) = \frac{2}{r} + 2\pi r^2$. Derivando obtenemos

$$A'(r) = \frac{-2}{r^2} + 4\pi r = \frac{-2 + 4\pi r^3}{r^2},$$

e igualando a cero la primera derivada, $A'(r) = 0$, obtenemos $-2 + 4\pi r^3 = 0$, de donde $r = \frac{1}{\sqrt[3]{2\pi}}$ es el único punto crítico.

Calculando la derivada segunda

$$A''(r) = \frac{4}{r^3} + 4\pi$$

y particularizando para $r = \frac{1}{\sqrt[3]{2\pi}}$ obtenemos

$$A''\left(\frac{1}{\sqrt[3]{2\pi}}\right) = \frac{4}{\frac{1}{2\pi}} + 4\pi = 8\pi + 4\pi = 12\pi > 0,$$

por lo que la función $A(r)$ tiene para $r = \frac{1}{\sqrt[3]{2\pi}}$ un mínimo relativo, es decir, el área de la lata es mínima para un radio

$$r = \frac{1}{\sqrt[3]{2\pi}} \, dm \simeq 0,542 \, dm$$

y una altura de

$$h = \frac{1}{\pi r^2} = \frac{\sqrt[3]{4\pi^2}}{\pi} \, dm = \sqrt[3]{\frac{4}{\pi}} \, dm \simeq 1,084 \, dm,$$

lo que sucede cuando la altura es igual al diámetro de la base.

4.22 Estúdiese la convexidad y la concavidad de la función $y = e^{-x^2}$.

RESOLUCIÓN. Para estudiar la convexidad y concavidad de la función dada, que es derivable infinitas veces en toda la recta real, debemos calcular la derivada segunda:

$$y = e^{-x^2}$$
$$y' = \quad 2xe^{-x^2}$$
$$y'' = -2e^{-x^2} - 2xe^{-x^2} \cdot (-2x) = 2e^{-x^2}(2x^2 - 1) = 2e^{-x^2}(\sqrt{2}x + 1)(\sqrt{2}x - 1),$$

por tanto y'' se anula en los valores $x = \frac{\pm 1}{\sqrt{2}}$, y el estudio es el siguiente:

- si $x \in (-\infty; \frac{-1}{\sqrt{2}})$ es $y'' > 0$ porque de los tres factores de y'', es $e^{-x^2} > 0$ para todo x, y los otros dos factores son negativos,
- si $x \in (\frac{-1}{\sqrt{2}}; \frac{1}{\sqrt{2}})$ es $y'' < 0$ porque el factor $\sqrt{2}x - 1$ es negativo, siendo positivos los otros dos,
- si $x \in (\frac{1}{\sqrt{2}}; +\infty)$ es $y'' > 0$ porque de los tres factores de y'' son positivos.

En resumen, la función es convexa en $(-\infty; \frac{-1}{\sqrt{2}}) \cup (\frac{1}{\sqrt{2}}; +\infty)$ y cóncava en $(\frac{-1}{\sqrt{2}}; \frac{1}{\sqrt{2}})$. En los puntos $x = \frac{-1}{\sqrt{2}}$ y $x = \frac{1}{\sqrt{2}}$ la función tiene puntos de inflexión, pues cambia de convexa a cóncava y de cóncava a convexa, respectivamente.

4.23 Estúdiense los intervalos de crecimiento y de decrecimiento y de convexidad y concavidad de la función

$$y = x^3 - 6x^2 + 9x - 8.$$

RESOLUCIÓN. La derivada primera es $y' = 3x^2 - 12x + 9 = 3(x - 1)(x - 3)$ y el estudio del crecimiento y decrecimiento está dado por el siguiente cuadro:

	$(-\infty; 1)$	1	$(1; 3)$	3	$(3; +\infty)$
y'	$+$	0	$-$	0	$+$
y	creciente		decreciente		creciente

Luego la función es creciente en $(-\infty; 1) \cup (3; +\infty)$ y decreciente en $(1; 3)$.

La derivada segunda es $y'' = 6x - 12 = 6(x - 2)$, por lo que ésta será positiva si $x > 2$ y negativa si es $x < 2$, así que la función es cóncava en $(-\infty; 2)$ y convexa en $(2; +\infty)$.

4.24 Determínense los valores de A y B para que la función $f(x) = A\sqrt{3x + 3} + B\sqrt{x - 1}$ tenga un punto de inflexión en el punto $(2, 8)$.

RESOLUCIÓN. Como es $f(x) = A(3x + 3)^{\frac{1}{2}} + B(x - 1)^{\frac{1}{2}}$, derivando dos veces tenemos que

$$f'(x) = \frac{3A}{2}(3x + 3)^{-\frac{1}{2}} + \frac{B}{2}(x - 1)^{-\frac{1}{2}}$$

y que

$$f''(x) = \frac{-9A}{4}(3x+3)^{-\frac{3}{2}} - \frac{B}{4}(x-1)^{-\frac{3}{2}}$$

$$= \frac{-9A}{4(3x+3)\sqrt{3x+3}} - \frac{B}{4(x-1)\sqrt{x-1}} = \frac{-9A(x-1)\sqrt{x-1} - B(3x+3)\sqrt{3x+3}}{4(3x+3)(x-1)\sqrt{3x+3}\sqrt{x-1}}.$$

Para que la función tenga un punto de inflexión en $x = 2$, debe ser $f''(2) = 0$, es decir, debe ser nulo el numerador particularizado en 2, resultando

$$-9A \cdot 1 \cdot \sqrt{1} - B \cdot 9 \cdot \sqrt{9} = 0,$$

o bien $-9A - 27B = 0$, es decir, $-A - 3B = 0$.

Por otra parte, el valor de la función en $x = 2$ es $f(2) = 8$, por lo que será $8 = A\sqrt{3 \cdot 2 + 3} + B\sqrt{2-1}$, es decir, $8 = 3A + B$.

Resolviendo el sistema formado por ambas condiciones

$$\left.\begin{array}{r} -A - 3B = 0 \\ 3A + B = 8 \end{array}\right\} \quad \left.\begin{array}{r} -3A - 9B = 0 \\ 3A + B = 8 \end{array}\right\} \quad \left.\begin{array}{r} -3A - 9B = 0 \\ -8B = 8 \end{array}\right\}$$

se tiene que es $A = 3$ y $B = -1$.

▶ **4.25** Represéntese la función $y = x - 3 + \dfrac{1}{x-2}$.

RESOLUCIÓN. La función

$$y = x - 3 + \frac{1}{x-2} = \frac{x^2 - 5x + 7}{x-2}$$

no está definida en $x = 2$, y en los demás puntos de la recta real es continua y derivable por ser cociente de funciones polinómicas.

Para estudiar los cortes con los ejes, hacemos $x = 0$, y es $y = -3 - \frac{1}{2} = -\frac{7}{2}$, por lo que $\left(0, \frac{-7}{2}\right)$ es el punto de corte con el eje OY. Haciendo $y = 0$, debe ser $x^2 - 5x + 7 = 0$, pero esta ecuación no tiene solución por ser $\Delta = 25 - 28 = -3 < 0$, por tanto la gráfica no corta al eje de abscisas, y entonces $x^2 - 5x + 7$ es siempre positivo, por lo que el signo de la función será

- si $x > 2$, es $x - 2 > 0$ y entonces $y > 0$,
- si $x < 2$, es $x - 2 < 0$ y entonces $y < 0$.

La función no es par ni impar, por lo que no tiene simetría respecto al eje OY ni respecto del origen.

A continuación vamos a estudiar las asíntotas. Para ver si tiene asíntota vertical en el punto $x = 2$, calculamos los límites laterales

$$\lim_{x \to 2^-} y(x) = \lim_{x \to 2^-} \left(x - 3 + \frac{1}{x-2}\right) = 2 - 3 + \frac{1}{2^- - 2} = -1 + \frac{1}{0^-} = -\infty,$$

$$\lim_{x \to 2^+} y(x) = \lim_{x \to 2^+} \left(x - 3 + \frac{1}{x-2}\right) = 2 - 3 + \frac{1}{2^+ - 2} = -1 + \frac{1}{0^+} = +\infty,$$

por tanto, hay asíntota vertical, que es la recta $x = 2$; a la izquierda de 2 la gráfica tiende a $-\infty$ y a la derecha de 2 tiende a $+\infty$.

Para ver si tiene asíntotas horizontales calculamos los límites

$$\lim_{x \to \pm\infty} y(x) = \lim_{x \to \pm\infty} \left(x - 3 + \frac{1}{x-2}\right) = \pm\infty - 3 + \frac{1}{\pm\infty} = \pm\infty,$$

que por no ser finito ninguno de ellos, no hay asíntota horizontal para $+\infty$ ni para $-\infty$.

Para ver si tiene asíntotas oblicuas calculamos las posibles pendientes

$$m = \lim_{x \to \pm\infty} \frac{y(x)}{x} = \lim_{x \to \pm\infty} \frac{x^2 - 5x + 7}{x^2 - 2x} = 1$$

y ordenadas en el origen

$$n = \lim_{x \to \pm\infty} (y(x) - mx) = \lim_{x \to \pm\infty} \left(x - 3 + \frac{1}{x-2} - x \right) = \lim_{x \to \pm\infty} \left(-3 + \frac{1}{x-2} \right) = -3,$$

por lo que la recta $y = x - 3$ es asíntota oblicua para x tendiendo a $-\infty$ y para x tendiendo a $+\infty$.

Veamos si la asíntota oblicua corta a la gráfica de la función, para ello deberá ser

$$x - 3 + \frac{1}{x-2} = x - 3,$$

de donde $\frac{1}{x-2} = 0$, que no tiene solución, por lo que no se cortan en ningún punto.

Estudiemos ahora los extremos relativos. A partir de la derivada primera

$$y' = 1 - \frac{1}{(x-2)^2} = \frac{(x-2)^2 - 1}{(x-2)^2} = \frac{x^2 - 4x + 3}{(x-2)^2} = \frac{(x-1)(x-3)}{(x-2)^2},$$

haciendo $y' = 0$ obtenemos los puntos críticos $x = 1$ y $x = 3$. Si calculamos la derivada segunda

$$y'' = \frac{2}{(x-2)^3}$$

y particularizamos en esos puntos, obtenemos

$$y''(1) = \frac{2}{-1} = -2 < 0, \qquad \text{luego máximo relativo en} \quad (1, -3),$$

$$y''(3) = \frac{2}{1} = 2 > 0, \qquad \text{luego mínimo relativo en} \quad (3, 1),$$

ya que es $y(1) = -3$ e $y(3) = 1$.

Con los datos que tenemos ya podemos dibujar totalmente la gráfica de la función dada y obtenemos la de la Figura 4.11.

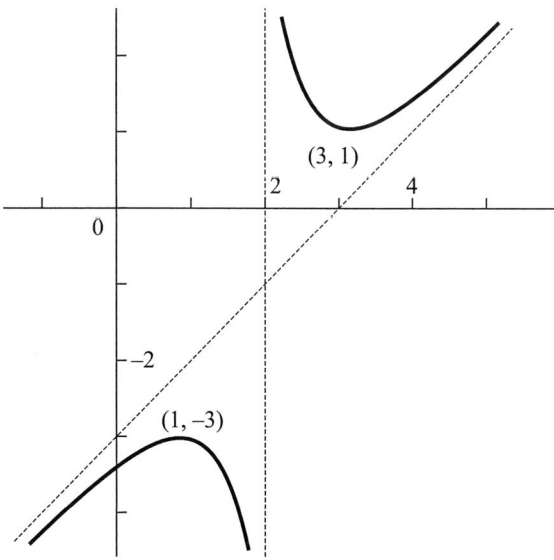

Figura 4.11 Gráfica de la función del Problema 4.25.

Como complemento de la representación gráfica vamos a estudiar el crecimiento-decrecimiento y la convexidad-concavidad, que nos servirán para comprobar que la gráfica está correctamente realizada.

Estudiando el signo de la derivada primera, como es $(x-2)^2 > 0$, si $x \neq 2$, tenemos que

- si es $x < 1$, es $y' > 0$,

- si es $1 < x < 3$, $x \neq 2$, es $y' < 0$,
- si es $x > 3$, es $y' > 0$,

por tanto la función es creciente en $(-\infty; 1) \cup (3; +\infty)$ y decreciente en $(1; 2) \cup (2; 3)$.

Estudiando el signo de la derivada segunda, tenemos que

- si es $x > 2$, es $y'' > 0$,
- si es $x < 2$, es $y'' < 0$,

por tanto, la función es cóncava en $(-\infty; 2)$ y convexa en $(2; +\infty)$.

De la observación de la figura se deduce que la gráfica es simétrica respecto del punto $(2, -1)$.

▶ **4.26** Represéntese la función $f(x) = \dfrac{x^4 - 2x^2}{x^2 - 1}$.

RESOLUCIÓN. La función

$$f(x) = \frac{x^4 - 2x^2}{x^2 - 1} = \frac{x^2(x^2 - 2)}{(x+1)(x-1)} = \frac{x^2(x + \sqrt{2})(x - \sqrt{2})}{(x+1)(x-1)}$$

no está definida en $x = \pm 1$. En los demás valores reales es continua y derivable.

El estudio del signo de la función, teniendo en cuenta que es $x^2 > 0$, y los distintos factores, debe hacerse en los intervalos siguientes, donde indicamos el signo de la función

x	$(-\infty; -\sqrt{2})$	$(-\sqrt{2}; -1)$	$(-1; 1)$	$(1; \sqrt{2})$	$(\sqrt{2}; +\infty)$
$f(x)$	positiva	negativa	positiva	negativa	positiva

Puesto que es $f(x) = f(-x)$, la función es par, y por tanto simétrica respecto del eje OY. No es pues necesario hacer el estudio de la gráfica para valores negativos de x.

Estudiemos los cortes con los ejes. Si es $x = 0$ tenemos que $y = 0$, por lo que $(0, 0)$ es el único corte con el eje OY, y haciendo $y = 0$ quedan los valores $x = 0$, $x = \sqrt{2}$, $x = -\sqrt{2}$, por lo que $(0, 0)$, $(\sqrt{2}, 0)$ y $(-\sqrt{2}, 0)$ son los puntos de corte con el eje OX.

Estudiemos si hay asíntotas verticales en el punto $x = 1$, para ello calculamos los límites laterales

$$\lim_{x \to 1^-} f(x) = \lim_{x \to 1^-} \frac{x^4 - 2x^2}{x^2 - 1} = \frac{1 - 2}{1^- - 1} = \frac{-1}{0^-} = +\infty,$$

$$\lim_{x \to 1^+} f(x) = \lim_{x \to 1^+} \frac{x^4 - 2x^2}{x^2 - 1} = \frac{1 - 2}{1^+ - 1} = \frac{-1}{0^+} = -\infty,$$

por tanto la recta vertical $x = 1$ es asíntota, por la izquierda la función tiende a $+\infty$ y por la derecha a $-\infty$. La recta $x = -1$ es también asíntota vertical, por ser f función simétrica respecto del eje OY.

Para ver si tiene asíntotas horizontales calculamos el límite

$$\lim_{x \to +\infty} f(x) = \lim_{x \to +\infty} \frac{x^4 - 2x^2}{x^2 - 1} = \lim_{x \to +\infty} \frac{x^2 - 2}{1 - \frac{1}{x^2}} = \frac{+\infty}{1} = +\infty,$$

por tanto no hay asíntota horizontal cuando $x \to +\infty$, y por simetría, tampoco cuando $x \to -\infty$.

Para ver si hay asíntotas oblicuas calculamos el límite

$$m = \lim_{x \to +\infty} \frac{f(x)}{x} = \lim_{x \to +\infty} \frac{x^4 - 2x^2}{x(x^2 - 1)} = \lim_{x \to +\infty} \frac{x - \frac{2}{x}}{1 - \frac{1}{x^2}} = \frac{+\infty}{1} = +\infty,$$

que al ser infinito indica que no hay asíntota oblicua cuando x tiende a $+\infty$. Se trata de una rama parabólica, en que la pendiente de la curva va aumentando indefinidamente sin llegar a estabilizarse. Por simetría, tampoco hay asíntota oblicua cuando x tiende a $-\infty$.

Estudiemos el crecimiento y los extremos de la función, para ello calculamos la derivada primera y obtenemos, operando

$$f'(x) = \frac{2x(x^4 - 2x^2 + 2)}{(x^2 - 1)^2},$$

y haciendo $f'(x) = 0$ resulta $2x(x^4 - 2x^2 + 2) = 0$, de donde $x = 0$ es el único punto crítico, ya que la ecuación bicuadrada $x^4 - 2x^2 + 2 = 0$ no tiene ninguna raíz real porque su discriminante es negativo.

Como son $(x^2 - 1)^2 > 0$ y $x^4 - 2x^2 + 2 > 0$ para todo $x \neq 1$, tenemos que

- si $x > 0$ y $x \neq 1$, es $f' > 0$ y por tanto es creciente la función,
- si $x < 0$ y $x \neq -1$, es $f' < 0$ y por tanto $f(x)$ es decreciente.

Del estudio del crecimiento-decrecimiento se deduce que en el único punto crítico, $(0, 0)$, la función tiene un mínimo relativo, siendo innecesario el estudio de la derivada segunda.

Con el fin de realizar el dibujo de la gráfica lo más exacto posible, hallemos el valor de la función en algunos puntos auxiliares:

$$f\left(\frac{1}{2}\right) = \frac{7}{12}, \qquad f(2) = \frac{8}{3}, \qquad f(3) = \frac{63}{8}$$

Ya estamos en condiciones de dibujar la gráfica pedida, que es la que aparece en la Figura 4.12.

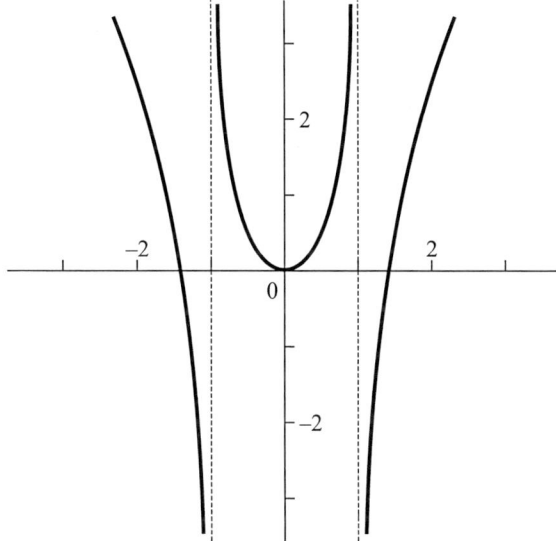

Figura 4.12 Gráfica de la función del Problema 4.26.

Es evidente que la gráfica tiene puntos de inflexión próximos a ± 2. Para determinarlos es preciso el estudio de la convexidad-concavidad.

Calculamos la derivada segunda que, operando, es

$$f''(x) = \frac{2(x^6 - 3x^4 - 2)}{(x^2 - 1)^3}$$

y los puntos de inflexión, igualando $f''(x)$ a cero, estarán entre las soluciones de la ecuación $x^6 - 3x^4 - 2 = 0$. Haciendo $z = x^2$, debemos resolver la cúbica $z^3 - 3z^2 - 2 = 0$, para ello consideramos la función continua y derivable $g(z) = z^3 - 3z^2 - 2$, cuya derivada primera es $g'(z) = 3z^2 - 6z$, e igualando a cero y particularizando en la derivada segunda $g''(z) = 6z - 6$, obtenemos que $(0, -2)$ es un máximo relativo y $(2, -6)$ es un mínimo relativo de la función $g(z)$, por lo que corta al eje OX en un sólo punto $z_0 \in (2; +\infty)$. Procedemos ahora como en el Problema resuelto 4.12, aplicando el teorema de Bolzano y mediante el uso de calculadora. Como es $g(3) = -2$ y $g(4) = 14$, la raíz buscada está en el intervalo $(3; 4)$. Como es

$g(3,1) = -1,039$ y $g(3,2) = 0,048$, la raíz está en el intervalo $(3,1;3,2)$. Como es $g(3,19) = -0,066...$ y $g(3,20) = 0,048$, está en el intervalo $(3,19;3,20)$. Como es $g(3,195) = -0,009...$ y $g(3,196) = 0,002...$, la raíz buscada z_0 está en el intervalo $(3,195;3,196)$, por lo que podemos escribir $z_0 = 3,195...$ y entonces los puntos de inflexión estarán en $x = \pm\sqrt{z_0} = \pm\sqrt{3,195...} \simeq \pm 1,78...$ Como es $f(1,78) = 1,71$, los puntos de inflexión serán aproximadamente $(1,78,1,71)$ y $(-1,78,1,71)$.

▶ **4.27** Represéntese aproximadamente la gráfica de la función

$$f(x) = \frac{x^2}{x^2 - 3x + 2},$$

hallando asíntotas, extremos e intervalos de crecimiento y decrecimiento.

RESOLUCIÓN. La función

$$f(x) = \frac{x^2}{x^2 - 3x + 2} = \frac{x^2}{(x-1)(x-2)}$$

no está definida en $x = 1$ ni en $x = 2$, y es continua y derivable en todos los demás puntos.

Al no ser par ni impar, no tiene simetría respecto al eje OY ni respecto al origen. Para $x = 0$ es $y = 0$, y $(0,0)$ es el único punto de corte con los ejes. Si $x \in (1;2)$ es $f(x) < 0$, y es positiva para los demás valores de x, salvo para $x = 1$ y $x = 2$ en los que no está definida.

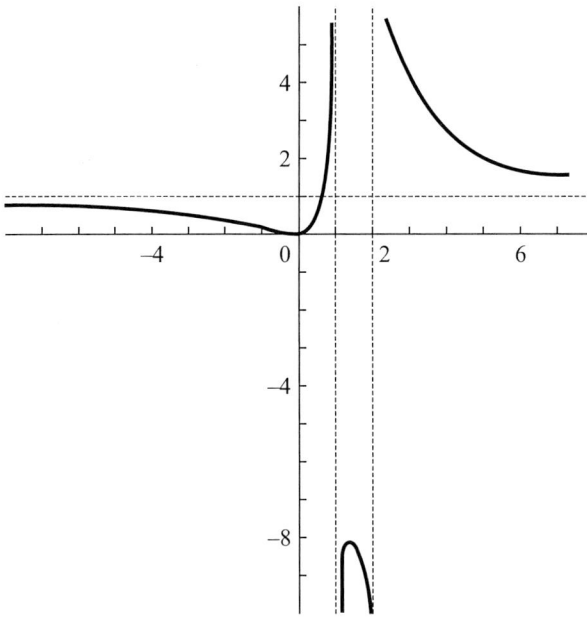

Figura 4.13 Gráfica de la función del Problema 4.27.

Para estudiar las asíntotas verticales calculamos los límites

$$\lim_{x \to 1} \frac{x^2}{(x-1)(x-2)} = \frac{1}{0 \cdot (-1)} = \pm\infty, \qquad \lim_{x \to 2} \frac{x^2}{(x-1)(x-2)} = \frac{4}{1 \cdot 0} = \pm\infty,$$

por lo que las rectas $x = 1$ y $x = 2$ son asíntotas verticales. No es imprescindible hallar los límites laterales porque ya hemos estudiado el signo de la función.

Para las asíntotas horizontales hallamos los límites

$$\lim_{x \to \pm\infty} \frac{x^2}{x^2 - 3x + 2} = \lim_{x \to \pm\infty} \frac{1}{1 - \frac{3}{x} + \frac{2}{x^2}} = 1,$$

por lo que la recta $y = 1$ es asíntota horizontal cuando x tiende a $+\infty$ y cuando x tiende a $-\infty$.

Si la gráfica de la función se aproxima a la recta horizontal $y = 1$ al tender x a $+\infty$ y a $-\infty$, no puede aproximarse a ninguna recta oblicua, por lo que no existen asíntotas oblicuas.

Veamos si la curva corta a la asíntota horizontal. Para ello debe ser

$$1 = \frac{x^2}{x^2 - 3x + 2},$$

de donde $-3x + 2 = 0$, y así curva y recta se cortan para $x = \frac{2}{3}$, es decir, en el punto $(\frac{2}{3}, 1)$.

Calculando la derivada primera

$$f'(x) = \frac{x(4 - 3x)}{(x - 1)^2(x - 2)^2}$$

e igualándola a cero, obtenemos los puntos críticos, $x = 0$ y $x = \frac{4}{3}$, y como la función es continua y derivable, con los puntos de corte que tenemos y las asíntotas, podemos garantizar que en $(0, 0)$ la función tiene un mínimo relativo y en $(\frac{4}{3}, -8)$ tiene un máximo relativo, ya que $f(\frac{4}{3}) = -8$.

Para estudiar el crecimiento, como $(x - 1)^2$ y $(x - 2)^2$ son positivos si $x \neq 1$ y $x \neq 2$, tenemos que

- si $x < 0$, es $f' < 0$,
- si $0 < x < \frac{4}{3}$, $x \neq 1$, es $f' > 0$,
- si $x > \frac{4}{3}$, es $f' < 0$,

por tanto la función es creciente en $(0; 1) \cup (1; \frac{4}{3})$ y decreciente en $(-\infty; 0) \cup (\frac{4}{3}; 2) \cup (2; +\infty)$.

Calculemos el valor de la función en los puntos auxiliares $x = -2$ y $x = 4$ para hacer el dibujo de la gráfica. Es $f(-2) = \frac{1}{3}$ y $f(4) = \frac{8}{3}$. Procedemos a llevar al papel los datos que tenemos y resulta la gráfica de la Figura 4.13.

Como no nos han pedido expresamente los puntos de inflexión, no los vamos a calcular, pero es claro que debe existir uno en un valor próximo a -1 para que la curva se aproxime a la asíntota horizontal por debajo y sea cóncava. En el caso de que se quiera hallar, el procedimiento de cálculo aproximado es el realizado en el problema anterior.

4.28 Represéntese gráficamente la función $y = \sqrt{x^2 + x + 1}$.

RESOLUCIÓN. El radicando $x^2 + x + 1$ no se anula para ningún valor real, porque el discriminante de la ecuación $x^2 + x + 1$ es $\Delta = 1 - 4 = -3 < 0$; como para $x = 0$ el radicando es positivo y $x^2 + x + 1$ es una función continua, será siempre positivo, por tanto la función $y = \sqrt{x^2 + x + 1}$ es continua, positiva y derivable en toda la recta real. Su derivada

$$y' = \frac{2x + 1}{2\sqrt{x^2 + x + 1}}$$

está definida en todo $\mathbb{R}$.

El único punto de corte con los ejes es $(0, 1)$. Puesto que la función radicando es una parábola de eje de simetría $x = \frac{-b}{2a} = \frac{-1}{2}$, la función y será simétrica respecto de la recta $x = \frac{-1}{2}$.

No puede haber asíntotas verticales ya que la función dada es continua para todo valor real. No tiene asíntotas horizontales, ya que no son finitos los límites

$$\lim_{x \to \pm\infty} \sqrt{x^2 + x + 1} = \sqrt{+\infty} = +\infty.$$

Para estudiar si existen asíntotas oblicuas calculamos los límites siguientes:

$$m_1 = \lim_{x \to +\infty} \frac{\sqrt{x^2 + x + 1}}{x} = \lim_{x \to +\infty} \sqrt{\frac{x^2 + x + 1}{x^2}} = \sqrt{1} = 1,$$

$$m_2 = \lim_{x \to -\infty} \frac{\sqrt{x^2 + x + 1}}{x} = \lim_{x \to -\infty} \left(-\sqrt{\frac{x^2 + x + 1}{x^2}}\right) = -\sqrt{1} = -1.$$

Hay por tanto asíntotas oblicuas de pendiente 1 y -1, y sus respectivas ordenadas en origen serán

$$n_1 = \lim_{x \to +\infty} \left(\sqrt{x^2 + x + 1} - x \right)$$

$$= \lim_{x \to +\infty} \frac{x+1}{\sqrt{x^2 + x + 1} + x} = \lim_{x \to +\infty} \frac{1 + \frac{1}{x}}{\sqrt{1 + \frac{1}{x} + \frac{1}{x^2}} + 1} = \frac{1}{1+1} = \frac{1}{2},$$

$$n_2 = \lim_{x \to -\infty} \left(\sqrt{x^2 + x + 1} + x \right)$$

$$= \lim_{x \to -\infty} \frac{x+1}{\sqrt{x^2 + x + 1} - x} = \lim_{x \to -\infty} \frac{1 + \frac{1}{x}}{-\sqrt{1 + \frac{1}{x} + \frac{1}{x^2}} - 1} = \frac{1}{-1-1} = \frac{-1}{2}.$$

Por tanto la gráfica se aproximará a las asíntotas

$$y = x + \tfrac{1}{2}, \qquad \text{para } x \to +\infty,$$
$$y = -x - \tfrac{1}{2}, \qquad \text{para } x \to -\infty.$$

Estudiemos el crecimiento-decrecimiento. De la derivada primera

$$y' = \frac{2x+1}{2\sqrt{x^2 + x + 1}}$$

obtenemos un único punto crítico, que es $x = \frac{-1}{2}$, por tanto

- si es $x > \frac{-1}{2}$, es $y' > 0$, por lo que la función es creciente, y
- si es $x < \frac{-1}{2}$, es $y' < 0$, por lo que la función es decreciente.

Del estudio del crecimiento-decrecimiento y dado que la función es continua para todos los valores reales, se deduce que en el punto correspondiente a $x = \frac{-1}{2}$ hay un mínimo relativo. Como es $y(\frac{-1}{2}) = \frac{\sqrt{3}}{2}$, en el punto $\left(\frac{-1}{2}, \frac{\sqrt{3}}{2} \right)$ la función tiene un mínimo relativo.

La función es convexa en todo el dominio, porque su derivada segunda

$$y'' = \frac{3}{4(x^2 + x + 1)\sqrt{x^2 + x + 1}}$$

es siempre positiva.

La gráfica de la función se representa en la Figura 4.14.

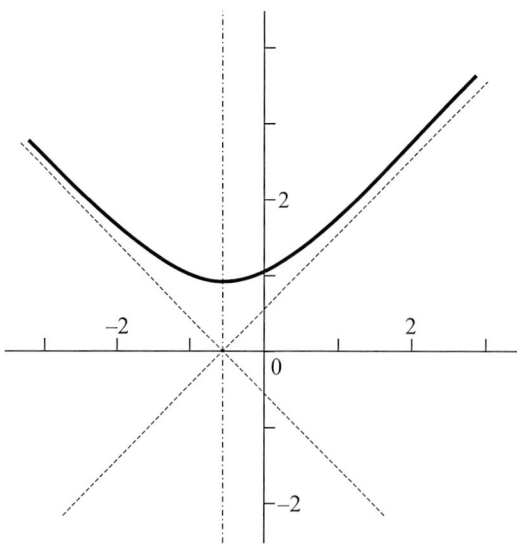

Figura 4.14 Gráfica de la función del Problema 4.28

PROBLEMAS PROPUESTOS

4.1 Aplicando la definición de derivada, hállese la derivada de la función $g(x) = \dfrac{1}{x}$.

4.2 Calcúlense las derivadas laterales de la función

$$g(x) = \frac{2x}{e^{\frac{1}{x}} + x}$$

en el origen de coordenadas.

4.3 Se considera la curva de ecuación $y = e^{x^2 + hx} - 1$. Determínese el valor de h para que la tangente en el origen sea la bisectriz del primer cuadrante.

4.4 Hállese la derivada n-ésima de la función $y = \operatorname{sen} \frac{x}{2}$.

4.5 Sabiendo que $h(0) = g(0) = g'(0) = 2$, $h(2) = h'(2) = 0$ y $g'(2) = h'(0) = 1$, hállense $(h \circ g)'(0)$, $(g \circ h)'(0)$ y $(h \circ h)'(2)$.

4.6 Sabiendo que g es derivable, calcúlense

$$\text{a)} \quad \frac{d}{dx}\left[g\left(\frac{1}{1+x}\right)\right], \qquad \text{b)} \quad \frac{d}{dx}\left[\frac{1}{1+g(x)}\right].$$

4.7 Demuéstrese el teorema del valor medio de Peano.

4.8 Se consideran las funciones

$$f(x) = \frac{x^2 - 4x}{x + 2}, \ x \in [0; 4] \qquad \text{y} \qquad g(x) = 2 + x^{\frac{2}{3}}, \ x \in [-1; 1].$$

Estúdiese si se verifican las hipótesis del teorema de Rolle. En caso afirmativo, determínese el punto interior del intervalo de definición en que se anula la derivada.

4.9 Analícese si es aplicable la fórmula del teorema del valor medio a las siguientes funciones en los intervalos indicados, y aplíquese en su caso

$$\text{a)} \ f(x) = \operatorname{sen} x, \ \text{en} \ [0; \tfrac{\pi}{2}], \qquad \text{b)} \ g(x) = x^{\frac{1}{2}}, \ \text{en} \ [1; 4].$$

4.10 ¿Es aplicable el teorema de Cauchy a las funciones $f(x) = xe^x$ y $g(x) = \frac{x}{3}(x-3)$ en el intervalo $[1; 2]$?

4.11 Por aplicación del teorema del valor medio, calcúlense valores aproximados de

$$\text{a)} \ e^{-0,02}, \qquad \text{b)} \ \operatorname{sen} 31°.$$

4.12 Demuéstrese, utilizando el teorema de Rolle, que la ecuación $5x^4 - 6x + 1 = 0$ no tiene más de dos raíces reales.

4.13 Analícese si es posible encontrar un valor m tal que la ecuación $2x^5 + x + m = 0$ tenga dos raíces reales.

4.14 Hállese la falsedad del razonamiento

$$\lim_{x \to 1^+} \frac{\sqrt{x^2 - x}}{1 - x} = \lim_{x \to 1^+} \sqrt{\frac{x^2 - x}{(1 - x)^2}} = \lim_{x \to 1^+} \sqrt{\frac{x(x-1)}{(x-1)^2}} = \lim_{x \to 1^+} \sqrt{\frac{x}{x - 1}} = \frac{\sqrt{1^+}}{\sqrt{0^+}} = +\infty.$$

4.15 Calcúlense los límites

$$\text{a) } \lim_{x \to 0} \left(\operatorname{tg} x \cdot \ln x \right), \qquad \text{b) } \lim_{x \to 0} \left(\frac{1}{x^2} \right)^{\operatorname{tg} x}.$$

4.16 Determínense

$$\text{a) } \lim_{x \to +\infty} \left(\ln x \right)^{\frac{1}{x^3}}, \qquad \text{b) } \lim_{x \to 0} \frac{\ln(1 + \operatorname{sen} x)}{x}.$$

4.17 Calcúlense los números reales α y β para que se verifique

$$\lim_{x \to +\infty} \left(\alpha x^3 + \beta x + \frac{x^4 + 2x^2 + 1}{x} \right) = 0.$$

4.18 Calcúlense las asíntotas de la función $f(x) = \ln \dfrac{x+1}{x-1}$.

4.19 Obténganse los intervalos de crecimiento y de decrecimiento de la función $y = \operatorname{sen} x + \cos x$ en el intervalo $[0; 2\pi]$.

4.20 Calcúlense los mínimos y máximos relativos de la función

$$y = \frac{x^2 - 7x}{x^2 + 1}.$$

4.21 Se pretende construir un depósito de base cuadrada y con capacidad $1 \, m^3$. Se sabe que el precio del material de la base es 10 euros por m^2, mientras que el de los laterales es de 5 euros el m^2. ¿Cuáles deben ser las dimensiones de ese depósitos paralelepipédico para que el coste sea mínimo?

4.22 Dada la curva de ecuación $f(x) = x + \frac{1}{x}$, determínense los extremos relativos, los puntos de inflexión de las asíntotas.

4.23 Hállense los intervalos de convexidad y concavidad de la función

$$f(x) = e^{-x}(x^2 + 6x + 8).$$

4.24 Determínense los valores de A y B para que la función $f(x) = x^3 + Ax^2 + Bx$ tenga extremos relativos en -1 y 2, y hállense estos puntos extremos.

4.25 Estúdiese la función $f(x) = \dfrac{x^4 + 2x^2 - 3}{x^2}$.

4.26 Represéntese gráficamente la curva de ecuación $y = \dfrac{(x+3)^3}{(x+2)^2}$.

4.27 Represéntese gráficamente la curva de ecuación $y = \dfrac{x^4}{x^3 - 1}$.

4.28 Estúdiese la función $y = ae^{-x^2}$, $a > 0$. Constrúyase razonadamente su gráfica.

Aproximación mediante funciones polinómicas

5.1. APROXIMACIÓN ENTRE FUNCIONES

Vamos a tratar el problema de aproximar una función $f(x)$ en un entorno de un punto x_0 por otra más sencilla; básicamente sustituiremos una función complicada, suficientemente derivable, por una función polinómica. Esto se debe a que los polinomios tienen un buen comportamiento algebraico en cuanto a las operaciones, siendo indefinidamente derivables.

Con la fórmula de los incrementos finitos sustituíamos una función por su recta tangente, es decir, por una función polinómica de primer grado, ahora consideraremos funciones polinómicas de mayor grado. Hagamos primero algunas observaciones.

Si consideramos la función $f(x) = x^2 - 2x + 2$, definida en el entorno de $x_0 = 0$, $(-\delta; \delta)$ y la aproximamos mediante la función $g_1(x) = x^2 - x + 2$, que verifica la condición $g_1(0) = f(0) = 2$, para el valor $x = 0 + h$ se tiene que

$$f(h) = h^2 - 2h + 2,$$
$$g_1(h) = h^2 - h + 2,$$

y el error cometido, en valor absoluto, es

$$|f(h) - g_1(h)| = |h^2 - 2h + 2 - h^2 + h - 2| = |h|,$$

es decir, es proporcional a $|h|$. Esto significa que la función $g_1(x)$ es una *aproximación* de la función $f(x)$ en un entorno de $x_0 = 0$, y el error que se comete depende del alejamiento de h respecto de 0.

Si consideramos ahora la función $g_2(x) = -2x + 2$, que verifica $g_2(0) = f(0)$, como aproximación de la función $f(x)$, el error cometido será

$$|f(h) - g_2(h)| = |h^2 - 2h + 2 + 2h - 2| = |h|^2,$$

es decir, proporcional a $|h|^2$, lo que significa que este error será menor que en el caso anterior para valores pequeños de h, dados por $|h| < 1$.

Consideremos ahora la función $g_3(x) = x^3 + x^2 - 2x + 2$, que verifica $g_3(0) = f(0)$, como función que aproxima a $f(x)$ en un entorno del cero. En este caso el error cometido está dado por

$$|f(h) - g_3(h)| = |h^2 - 2h + 2 - h^3 - h^2 + 2h - 2| = |h|^3,$$

menor que en los casos anteriores si es $|h| < 1$.

Este análisis, que puede observarse en la Figura 5.1, nos sugiere que el error cometido al reemplazar, en un entorno de x_0, una función f por otra g, debemos medirlo con potencias de $|h|$. De aquí la conveniencia de dar las siguientes definiciones.

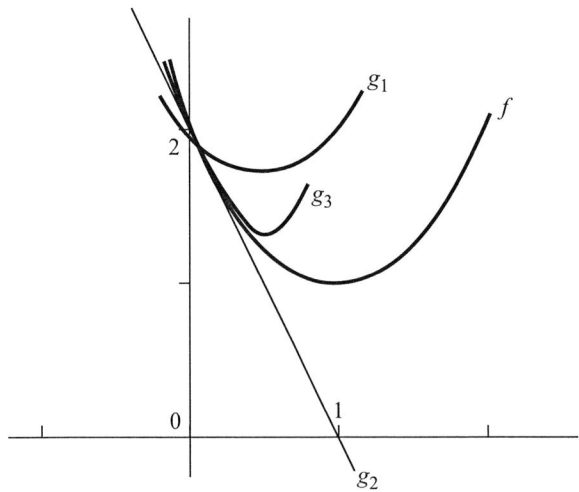

Figura 5.1 Aproximación a la función f con g_1, g_2 y g_3.

Si f y g están definidas en un entorno de x_0, siendo $f(x_0) = g(x_0)$, *el error* que se comete al sustituir f por g en el entorno de x_0 es

$$E = |f(x_0 + h) - g(x_0 + h)|.$$

Se llama *orden de aproximación* de la función g a la función f en un entorno de x_0, al número $r \in \mathbb{N}$ tal que existe, es finito y no nulo el límite

$$\lim_{h \to 0} \left| \frac{f(x_0 + h) - g(x_0 + h)}{h^r} \right|.$$

Esta definición equivale a decir que el error cometido en un entorno de x_0, $E = |f(x_0 + h) - g(x_0 + h)|$, es un *infinitésimo* de orden r.

Infinitésimos:

El concepto de infinitésimo es sencillo de comprender: se trata de una función definida en un entorno de un punto y que cumple la condición de tener límite cero en dicho punto.

La función $\varphi(x)$ es un *infinitésimo* en x_0 cuando $\lim_{x \to x_0} \varphi(x) = 0$.

■ **Ejemplo 5.1** Las funciones $\varphi_1(x) = x$, $\varphi_2(x) = x^2$, $\varphi_3(x) = \operatorname{sen} x$, $\varphi_4(x) = \ln(x + 1)$, son infinitésimos en $x = 0$. Del mismo modo $\psi_1(x) = x - 1$, $\psi_2(x) = (x - 1)^2$, $\psi_3(x) = \operatorname{sen}(x - 1)$, $\psi_4(x) = \ln(2 - x)$ son infinitésimos en $x = 1$.

■ **Ejemplo 5.2** La función dada por

$$\phi(x) = \begin{cases} 2 - x, & \text{si } x \in \mathbb{Q} - \{2\}, \\ x - 2, & \text{si } x \notin \mathbb{Q}, \\ 1, & \text{si } x = 2, \end{cases}$$

cuya gráfica está en la Figura 5.2, es un infinitésimo en $x = 2$.

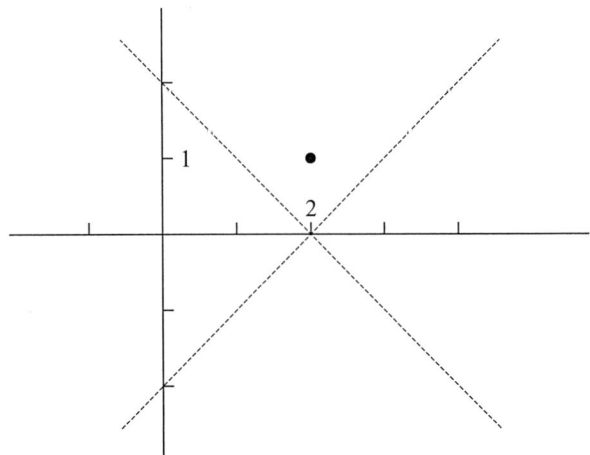

Figura 5.2 Gráfica de la función $\phi(x)$ del Ejemplo 5.2.

A partir de esta definición podemos construir una colección de infinitéstimos en x_0 :

$$y_1 = x - x_0, \qquad y_2 = (x - x_0)^2, \qquad \dots \qquad y_n = (x - x_0)^n,$$

llamada *escala potencial de infinitésimos.*

Estudiemos ahora la forma de comparar infinitésimos. Si $f(x)$ y $g(x)$ son infinitésimos en x_0, para compararlos calculamos el límite en x_0 dado por

$$\lim_{x \to x_0} \frac{f(x)}{g(x)},$$

y entonces, si el resultado de este límite es:

1. $\pm\infty$ $f(x)$ es de orden inferior a $g(x)$, porque tiende a cero con menor rapidez.
2. $k \neq 0$ Los infinitésimos tiene el mismo orden. Si es $k = 1$, los infinitésimos se llaman equivalentes.
3. 0 $f(x)$ es de orden superior.
4. Si no existe límite, no son comparables.

Un ejemplo de infinitésimos no comparables son las funciones x y $x \operatorname{sen} \frac{1}{x}$ en $x = 0$, ya que no existe el límite $\lim_{x \to 0} \operatorname{sen} \frac{1}{x}$. Observamos también que si dos infinitésimos son del mismo orden, multiplicando convenientemente uno de ellos, resultan dos infinitésimos equivalentes. Los infinitésimos equivalentes son útiles para el cálculo de límites ya que, en el caso del límite de un producto, puede sustituirse un factor por otro equivalente. Indicaremos la equivalencia de infinitésimos con el símbolo $\sim$.

■ **Ejemplo 5.3**   El límite $\lim\limits_{x \to 0} \dfrac{x \operatorname{sen} x}{1 - \cos x}$, puede calcularse del siguiente modo

$$\lim_{x \to 0} \frac{x \operatorname{sen} x}{1 - \cos x} = \left[\frac{0}{0}\right] = \lim_{x \to 0} \frac{x^2}{\frac{x^2}{2}} = 2,$$

ya que $\operatorname{sen} x \sim x$ y $1 - \cos x \sim \frac{x^2}{2}$ en $x = 0$. Por la regla de L'Hôpital este límite también sale, pero algo más largo:

$$\lim_{x \to 0} \frac{x \operatorname{sen} x}{1 - \cos x} = \left[\frac{0}{0}\right] \stackrel{L'H}{=} \lim_{x \to 0} \frac{\operatorname{sen} x + x \cos x}{\operatorname{sen} x} = \left[\frac{0}{0}\right] \stackrel{L'H}{=} \lim_{x \to 0} \frac{\cos x + \cos x - x \operatorname{sen} x}{\cos x} = \frac{2}{1} = 2.$$

A partir de la compación y de la escala potencial de infinitésimos podemos dar la definición de *orden de un infinitésimo*:

Se dice que el infinitésimo $\varphi(x)$ es de *orden* n en x_0 cuando es del mismo orden que $(x - x_0)^n$.

Para escribir fácilmente la comparación de infinitésimos en x_0 se utiliza la *notación de Landau* de la o grande y la o pequeña. Se dice que el infinitésimo $f(x)$ es una o grande de $g(x)$, y escribimos $f(x) = \mathcal{O}(g(x))$, cuando existe una constante $k > 0$ tal que $|f(x)| < k \cdot |g(x)|$ en un entorno reducido de x_0, lo que se traduce en que ambos infinitésimos son del mismo orden. Y se dice que $f(x)$ es una o pequeña de $g(x)$, y escribimos $f(x) = o(g(x))$, cuando es $\lim \frac{f(x)}{g(x)} = 0$ al tender x a x_0, lo que significa en la comparación de infinitésimos que $f(x)$ es de orden superior a $g(x)$.

Es fácil comprobar que los siguientes infinitésimos en $x = 0$ son equivalentes entre sí a x :

$$\operatorname{sen} x, \quad \operatorname{tg} x, \quad \operatorname{sh} x, \quad \operatorname{th} x, \quad \operatorname{arcsen} x, \quad \operatorname{arctg} x, \quad e^x - 1, \quad \ln(1 + x).$$

5.2.   POLINOMIOS DE TAYLOR

Sea el polinomio

$$P(x) = a_0 + a_1 x + a_2 x^2 + \cdots + a_n x^n,$$

queremos expresarlo en potencias de $(x - x_0)$, del modo

$$P(x) = b_0 + b_1(x - x_0) + b_2(x - x_0)^2 + \cdots + b_n(x - x_0)^n,$$

para lo cual bastará encontrar los números $b_0, b_1, b_2, \ldots, b_n$.

La cuestión planteada puede resolverse por tres métodos diferentes que son la *identificación de polinomios, las divisiones sucesivas (o método de Horner) y la utilización de las derivadas (o método de los polinomios de Taylor)*. El más interesante es el tercero ya que permite una generalización para obtener aproximaciones polinómicas de funciones que no lo son.

Identificación de polinomios

Veamos un ejemplo sencillo: Expresemos el polinomio $7+x^2$ en potencias de $(x-1)$. Por identificación se tiene

$$7 + x^2 = b_0 + b_1(x-1) + b_2(x-1)^2 = b_0 - b_1 + b_2 + (b_1 - 2b_2)x + b_2 x^2,$$

luego han de verificarse las ecuaciones

$$\begin{cases} 7 = b_0 - b_1 + b_2 \\ 0 = b_1 - 2b_2 \\ 1 = b_2, \end{cases} \quad \text{de donde,} \quad \begin{cases} b_2 = 1 \\ b_1 = 2 \\ b_0 = 8. \end{cases}$$

Resultando que

$$7 + x^2 = 8 + 2(x-1) + (x-1)^2.$$

Método de Horner o de las divisiones sucesivas

Si queremos expresar el polinomio $P(x) = 4x^3 + 3x^2 + 2x + 1$ como potencias de $(x+1)$, efectuamos, por el procedimiento de Ruffini, las divisiones sucesivas del polinomio entre $(x+1)$, en la forma:

		4	3	2	1
-1			-4	1	-3
		4	-1	3	-2
-1			-4	5	
		4	-5	8	
-1			-4		
		4	-9		

con ello resulta el polinomio dado en la forma

$$\begin{aligned} P(x) &= -2 + (x+1)[4x^2 - x + 3] = -2 + (x+1)\left[8 + (x+1)(4x-5)\right] \\ &= -2 + (x+1)\left[8 + (x+1)\left[-9 + (x+1)\cdot 4\right]\right] = -2 + 8(x+1) - 9(x+1)^2 + 4(x+1)^3 \\ &= 4(x+1)^3 - 9(x+1)^2 + 8(x+1) - 2. \end{aligned}$$

Esta última línea nos indica que basta utilizar el último cociente y los restos de las divisiones sucesivas para tener el polinomio ordenado en potencias decrecientes de $(x+1)$.

Método de las derivadas

Consideremos el polinomio

$$P(x) = a_0 + a_1 x + a_2 x^2 + \cdots + a_n x^n,$$

que queremos expresar con potencias de $(x - x_0)$ del modo:

$$P(x) = b_0 + b_1(x - x_0) + b_2(x - x_0)^2 + \cdots + b_n(x - x_0)^n.$$

De esta expresión se tiene que $P(x_0) = b_0$ y si derivamos sucesivamente la expresión anterior se obtienen:

$$P'(x) = b_1 + 2b_2(x - x_0) + 3b_3(x - x_0)^2 + \cdots + nb_n(x - x_0)^{n-1}$$

$$P''(x) = 2b_2 + 3 \cdot 2b_3(x - x_0) + \cdots + n(n-1)b_n(x - x_0)^{n-2}$$

$$\vdots$$

$$P^{(n-1)}(x) = (n-1)(n-2)\ldots 3 \cdot 2b_{n-1} + n(n-1)(n-2)\ldots 4 \cdot 3 \cdot 2b_n(x - x_0)$$

$$P^{(n)}(x) = n!b_n$$

Si particularizamos en $x = x_0$, resultan los coeficientes buscados en la forma:

$$P'(x_0) = b_1$$

$$P''(x_0) = 2!b_2 \qquad \Rightarrow \qquad b_2 = \frac{P''(x_0)}{2!}$$

$$P'''(x_0) = 3!b_3 \qquad \Rightarrow \qquad b_3 = \frac{P'''(x_0)}{3!}$$

$$\vdots$$

$$P^{(n-1)}(x_0) = (n-1)!b_{n-1} \quad \Rightarrow \quad b_{n-1} = \frac{P^{(n-1)}(x_0)}{(n-1)!}$$

$$P^{(n)}(x_0) = n!b_n \qquad \Rightarrow \qquad b_n = \frac{P^{(n)}(x_0)}{n!},$$

es decir, en general es

$$b_k = \frac{P^{(k)}(x_0)}{k!}, \qquad \text{con} \qquad b_0 = \frac{P(x_0)}{0!}.$$

En consecuencia el polinomio dado, utilizando sus propias derivadas, se expresa en potencias de $x - x_0$ como

$$P(x) = P(x_0) + \frac{P'(x_0)}{1!}(x - x_0) + \frac{P''(x_0)}{2!}(x - x_0)^2 + \cdots + \frac{P^{(n)}(x_0)}{n!}(x - x_0)^n.$$

Hemos visto que cualquier polinomio $P(x)$, con su expresión usual en potencias de x, puede expresarse también como polinomio en potencias de $(x - x_0)$; ésto nos va a permitir establecer el concepto de Polinomio de Taylor de una función en un punto x_0.

Si f es n veces derivable en x_0, llamamos *Polinomio de Taylor* de f en el punto x_0, de grado n, al polinomio

$$P_n(x) = f(x_0) + \frac{f'(x_0)}{1!}(x - x_0) + \frac{f''(x_0)}{2!}(x - x_0)^2 + \cdots + \frac{f^{(n)}(x_0)}{n!}(x - x_0)^n.$$

En particular los polinomios son n veces derivables en cualquier punto x_0 y su polinomio de Taylor es el polinomio con potencias de $(x - x_0)$ del mismo grado, visto anteriormente.

Se llama *Polinomio de MacLaurin* de f al polinomio de Taylor calculado en $x_0 = 0$.

Tiene la forma:

$$P_n(x) = f(0) + \frac{f'(0)}{1!}x + \frac{f''(0)}{2!}x^2 + \cdots + \frac{f^{(n)}(0)}{n!}x^n.$$

■ **Ejemplo 5.4** Hallemos el polinomio de Taylor de grado n de la función $y = xe^x$ en el punto $x_0 = 0$.

Es un polinomio de MacLaurin y por tanto derivando y particularizando se tiene

$$\begin{aligned}
f(x) &= xe^x &\Rightarrow\quad& f(0) = 0 \\
f'(x) &= e^x(x+1) &\Rightarrow\quad& f'(0) = 1 \\
f''(x) &= e^x(x+2) &\Rightarrow\quad& f''(0) = 2 \\
f'''(x) &= e^x(x+3) &\Rightarrow\quad& f'''(0) = 3 \\
&\vdots& &\vdots \\
f^{(n)}(x) &= e^x(x+n) &\Rightarrow\quad& f^{(n)}(0) = n,
\end{aligned}$$

con lo cual resulta el polinomio pedido como

$$P(x) = \frac{1x}{1!} + \frac{2x^2}{2!} + \frac{3x^3}{3!} + \cdots + \frac{nx^n}{n!} = x + \frac{x^2}{1!} + \frac{x^3}{2!} + \cdots + \frac{x^n}{(n-1)!}$$

■ **Ejemplo 5.5** Hallemos el polinomio de Taylor de grado 5 de la función sen x en $\frac{\pi}{2}$.

Derivando y particularizando:

$$f(x) = \operatorname{sen} x \quad \Rightarrow \quad f\left(\frac{\pi}{2}\right) = 1$$

$$f'(x) = \cos x \quad \Rightarrow \quad f'\left(\frac{\pi}{2}\right) = 0$$

$$f''(x) = -\operatorname{sen} x \quad \Rightarrow \quad f''\left(\frac{\pi}{2}\right) = -1$$

$$f'''(x) = -\cos x \quad \Rightarrow \quad f'''\left(\frac{\pi}{2}\right) = 0$$

$$f^{(4)}(x) = \operatorname{sen} x \quad \Rightarrow \quad f^{(4)}\left(\frac{\pi}{2}\right) = 1$$

$$f^{(5)}(x) = \cos x \quad \Rightarrow \quad f^{(5)}\left(\frac{\pi}{2}\right) = 0,$$

luego es

$$P(x) = 1 + \frac{0}{1!}\left(x - \frac{\pi}{2}\right) + \frac{-1}{2!}\left(x - \frac{\pi}{2}\right)^2 + \frac{0}{3!}\left(x - \frac{\pi}{2}\right)^3 + \frac{1}{4!}\left(x - \frac{\pi}{2}\right)^4 + \frac{0}{5!}\left(x - \frac{\pi}{2}\right)^5$$

$$= 1 - \frac{1}{2}\left(x - \frac{\pi}{2}\right)^2 + \frac{1}{24}\left(x - \frac{\pi}{2}\right)^4.$$

5.3. FÓRMULA DE TAYLOR

■ **Teorema (Fórmula de Taylor)** *Si f tiene derivadas hasta el orden $n + 1$ en un entorno de x_0, $E(x_0)$, y es $x \in E(x_0)$, entonces existe $\alpha \in E(x_0)$ tal que se tiene que*

$$f(x) = f(x_0) + \frac{f'(x_0)}{1!}(x - x_0) + \frac{f''(x_0)}{2!}(x - x_0)^2 + \cdots + \frac{f^{(n)}(x_0)}{n!}(x - x_0)^n + \frac{f^{(n+1)}(\alpha)}{(n+1)!}(x - x_0)^{n+1},$$

pudiendo ser $x_0 < \alpha < x$, o bien $x < \alpha < x_0$.

La expresión anterior se llama *fórmula de Taylor* con resto, o término complementario, de Lagrange. En el caso particular en que es $x_0 = 0$, se llama *fórmula de MacLaurin* y se tiene que:

$$f(x) = f(0) + \frac{f'(0)}{1!}x + \frac{f''(0)}{2!}x^2 + \cdots + \frac{f^{(n)}(0)}{n!}x^n + \frac{f^{(n+1)}(\alpha)}{(n+1)!}x^{n+1}, \quad \text{con} \quad 0 < \alpha < x,$$

o bien, haciendo $\alpha = \theta x$, con $0 < \theta < 1$.

En el primero de los dos ejemplos vistos de polinomios de Taylor, el resto de Lagrange es

$$T_n = \frac{e^\alpha(\alpha + n + 1)}{(n+1)!}x^{n+1}, \quad \text{con} \quad x_0 < \alpha < x,$$

y en el segundo de los ejemplos, es

$$T_5 = \frac{-\operatorname{sen}\alpha}{6!}(x - \frac{\pi}{2})^6, \quad \text{con} \quad \frac{\pi}{2} < \alpha < x.$$

■ **Teorema (del orden de aproximación)** *El polinomio de Taylor en x_0, de grado n, $P_n(x)$, aproxima a la función f, si es $f^{(n+1)}(x_0) \neq 0$, hasta el orden $n + 1$, es decir, es*

$$\lim_{x \to x_0}\left|\frac{f(x) - P_n(x)}{(x - x_0)^{n+1}}\right| = \lambda \neq 0.$$

Esto significa que el error cometido al aproximar f por su polinomio de Taylor de grado n, $P_n(x)$, es un infinitésimo de orden $n + 1$, al menos. Esta idea puede verse en la Figura 5.3.

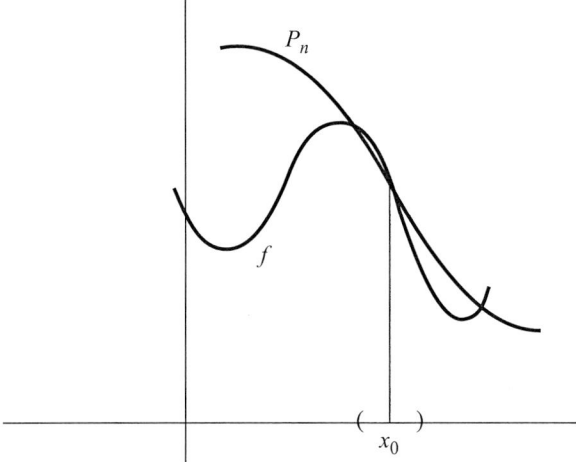

Figura 5.3 El polinomio de Taylor $P_n(x)$ como aproximación de f en x_0.

5.4. FÓRMULA DE TAYLOR DE ALGUNAS FUNCIONES

Función $f(x) = e^x$

En este caso tenemos que las sucesivas derivadas son

$$f^{(k)}(x) = e^x, \quad f^{(k)}(x_0) = e^{x_0}, \quad f^{(k)}(0) = 1,$$

por lo que la fórmula de Taylor en x_0, de grado n, es

$$e^x = e^{x_0} \left[1 + \frac{x - x_0}{1!} + \frac{(x - x_0)^2}{2!} + \cdots + \frac{(x - x_0)^n}{n!} \right] + e^\alpha \frac{(x - x_0)^{n+1}}{(n + 1)!},$$

con $x_0 < \alpha < x$. Y la fórmula de MacLaurin de grado n es

$$e^x = 1 + x + \frac{x^2}{2!} + \frac{x^3}{3!} + \cdots + \frac{x^n}{n!} + e^\alpha \frac{x^{n+1}}{(n + 1)!}, \quad \text{con} \quad 0 < \alpha < x.$$

Función $f(x) = \operatorname{sen} x$

Derivando y particularizando se obtiene

$$f(x) = \operatorname{sen} x \qquad f(x_0) = \operatorname{sen} x_0 \qquad f(0) = 0$$

$$f'(x) = \cos x = \operatorname{sen}\left(x + \frac{\pi}{2}\right) \qquad f'(x_0) = \operatorname{sen}\left(x_0 + \frac{\pi}{2}\right) \qquad f'(0) = 1$$

$$f''(x) = \cos\left(x + \frac{\pi}{2}\right) = \operatorname{sen}(x + \pi) \qquad f''(x_0) = \operatorname{sen}(x_0 + \pi) \qquad f''(0) = 0$$

$$\vdots \qquad\qquad\qquad \vdots \qquad\qquad\qquad \vdots$$

$$f^{(n)}(x) = \operatorname{sen}\left(x + n\frac{\pi}{2}\right) \qquad f^{(n)}(x_0) = \operatorname{sen}\left(x_0 + n\frac{\pi}{2}\right) \qquad f^{(n)}(0) = \operatorname{sen}\left(n\frac{\pi}{2}\right)$$

de donde de obtienen las fórmulas de Taylor y de MacLaurin:

$$\operatorname{sen} x = \operatorname{sen} x_0 + \frac{\operatorname{sen}(x_0 + \frac{\pi}{2})}{1!}(x - x_0) + \frac{\operatorname{sen}(x_0 + 2\frac{\pi}{2})}{2!}(x - x_0)^2$$
$$+ \cdots + \frac{\operatorname{sen}(x_0 + n\frac{\pi}{2})}{n!}(x - x_0)^n + \frac{\operatorname{sen}(\alpha + (n+1)\frac{\pi}{2})}{(n+1)!}(x - x_0)^{n+1},$$
$$\operatorname{sen} x = x - \frac{x^3}{3!} + \frac{x^5}{5!} - \frac{x^7}{7!} + \cdots + \frac{\operatorname{sen}(n\frac{\pi}{2})}{n!}x^n + \frac{\operatorname{sen}(\alpha + (n+1)\frac{\pi}{2})}{(n+1)!}x^{n+1}.$$

Función $f(x) = \cos x$

Derivando se obtiene:

$$f(x) = \cos x = \operatorname{sen}\left(x + \frac{\pi}{2}\right)$$

$$f'(x) = \cos\left(x + \frac{\pi}{2}\right) = \operatorname{sen}(x + \pi)$$

$$\vdots$$

$$f^{(k)}(x) = \cos\left(x + k\frac{\pi}{2}\right),$$

y las fórmulas respectivas de Taylor y de MacLaurin son

$$\cos x = \cos x_0 + \frac{\cos(x_0 + \frac{\pi}{2})}{1!}(x - x_0) + \frac{\cos(x_0 + 2\frac{\pi}{2})}{2!}(x - x_0)^2$$
$$+ \cdots + \frac{\cos(x_0 + n\frac{\pi}{2})}{n!}(x - x_0)^n + \frac{\cos(\alpha + (n+1)\frac{\pi}{2})}{(n+1)!}(x - x_0)^{n+1},$$
$$\cos x = 1 - \frac{x^2}{2!} + \frac{x^4}{4!} - \frac{x^6}{6!} + \cdots + \frac{\cos(n\frac{\pi}{2})}{n!}x^n + \frac{\cos(\alpha + (n+1)\frac{\pi}{2})}{(n+1)!}x^{n+1}.$$

Función $f(x) = \ln(1 + x)$ en $x_0 = 0$

Puesto que la función $\ln x$ no está definida en $x = 0$, se ha elegido la función $\ln(1 + x)$ para obtener la fórmula de MacLaurin.

Derivando y particularizando se obtiene

$$f(x) = \ln(1 + x) \qquad\qquad f(0) = 0$$
$$f'(x) = (1 + x)^{-1} \qquad\qquad f'(0) = 1$$
$$f''(x) = -1!(1 + x)^{-2} \qquad\qquad f''(0) = -1!$$
$$f'''(x) = 2!(1 + x)^{-3} \qquad\qquad f'''(0) = 2!$$
$$f^{(4)}(x) = -3!(1 + x)^{-4} \qquad\qquad f^{(4)}(0) = -3!$$
$$\vdots \qquad\qquad\qquad \vdots$$
$$f^{(n)}(x) = (-1)^{n-1}(n - 1)!(1 + x)^{-n} \qquad f^{(n)}(0) = (-1)^{n-1}(n - 1)!,$$

luego la fórmula de MacLaurin de grado n, con resto de Lagrange, es

$$\ln(1 + x) = x - \frac{x^2}{2} + \frac{x^3}{3} - \frac{x^4}{4} + \cdots + (-1)^{n-1}\frac{x^n}{n} + (-1)^n \frac{(1 + \alpha)^{-n-1}}{n + 1}x^{n+1}.$$

Función $f(x) = (1 + x)^m$

Puesto que la función x^m con $m \in \mathbb{Z}$ no está definida en $x = 0$, se elige la función $f(x) = (1 + x)^m$ para hallar la fórmula de MacLaurin de esta función. Derivando y particularizando se obtiene

$$f(x) = (1 + x)^m \qquad\qquad f(0) = 1$$
$$f'(x) = m(1 + x)^{m-1} \qquad\qquad f'(0) = m$$
$$f''(x) = m(m - 1)(1 + x)^{m-2} \qquad\qquad f''(0) = m(m - 1)$$
$$f'''(x) = m(m - 1)(m - 2)(1 + x)^{m-3} \qquad\qquad f'''(x) = m(m - 1)(m - 2)$$
$$\vdots \qquad\qquad\qquad\qquad \vdots$$
$$f^{(n)}(x) = m(m - 1)\cdots(m - n + 1)(1 + x)^{m-n} \qquad f^{(n)}(0) = m(m - 1)\cdots(m - n + 1),$$

luego la fórmula de MacLaurin de grado n, con resto de Lagrange, para esta función nos proporciona la igualdad

$$(1 + x)^m = 1 + mx + \frac{m(m - 1)}{2!}x^2 + \frac{m(m - 1)(m - 2)}{3!}x^3 + \cdots + \frac{m(m - 1)\ldots(m - n + 1)}{n!}x^n + T_n.$$

Función $f(x) = \operatorname{sh} x$

Derivando se obtiene

$$f(x) = \operatorname{sh} x \qquad\qquad f(0) = \operatorname{sh} 0 = 0$$
$$f'(x) = \operatorname{ch} x \qquad\qquad f'(0) = \operatorname{ch} 0 = 1$$
$$f''(x) = \operatorname{sh} x \qquad\qquad f''(0) = 0$$
$$f'''(x) = \operatorname{ch} x \qquad\qquad f'''(x) = 1$$
$$\vdots \qquad\qquad\qquad \vdots$$
$$f^{(n)}(x) = \begin{cases} \operatorname{sh} x, & \text{si } n \text{ par,} \\ \operatorname{ch} x, & \text{si } n \text{ impar,} \end{cases} \qquad f^{(n)}(0) = \begin{cases} 0, & \text{si } n \text{ par,} \\ 1, & \text{si } n \text{ impar.} \end{cases}$$

Luego la fórmula de MacLaurin de grado n, con resto de Lagrange, si es $n = 2k$ es

$$\operatorname{sh} x = x + \frac{x^3}{3!} + \frac{x^5}{5!} + \frac{x^7}{7!} + \cdots + \frac{x^{2k-1}}{(2k - 1)!} + 0 + \frac{\operatorname{ch} \alpha}{(2k + 1)!}x^{2k+1},$$

mientras que si es $n = 2k + 1$, resulta

$$\operatorname{sh} x = x + \frac{x^3}{3!} + \frac{x^5}{5!} + \frac{x^7}{7!} + \cdots + \frac{x^{2k+1}}{(2k + 1)!} + \frac{\operatorname{sh} \alpha}{(2k + 2)!}x^{2k+2}.$$

Función $f(x) = \operatorname{ch} x$

Procediendo análogamente al apartado anterior se obtiene :

$$\operatorname{ch} x = 1 + \frac{x^2}{2!} + \frac{x^4}{4!} + \frac{x^6}{6!} + \cdots + \frac{x^{2k}}{(2k)!} + \frac{\operatorname{sh} \alpha}{(2k + 1)!}x^{2k+1},$$

si es $n = 2k$, y

$$\operatorname{ch} x = 1 + \frac{x^2}{2!} + \frac{x^4}{4!} + \frac{x^6}{6!} + \cdots + \frac{x^{2k}}{(2k)!} + \frac{\operatorname{ch} \alpha}{(2k + 2)!}x^{2k+2},$$

si es $n = 2k + 1$.

5.5. APLICACIONES DE LA FÓRMULA DE TAYLOR

Los criterios para estudiar el crecimiento, los extremos locales y la convexidad-concavidad de funciones derivables utilizando la derivada primera y la derivada segunda de la función en un punto no deciden nada cuando ambas son nulas en ese punto. La fórmula de Taylor permite obtener nuevos criterios utilizando las derivadas $n-1$ y n-ésima en los papeles de derivada primera y derivada segunda.

Caracterización del crecimiento

Una función f, derivable al menos n veces en un punto x_0, es creciente o decreciente estrictamente en el punto x_0 si, y solamente si, la primera derivada no nula es de orden impar.

Si esta derivada es positiva la función es estrictamente creciente, y si es negativa es estrictamente decreciente, es decir,

si $f'(x_0) = f''(x_0) = \cdots = f^{(2k)}(x_0) = 0$ y $f^{(2k+1)}(x_0) > 0$, entonces f es creciente en x_0,

y si $f'(x_0) = f''(x_0) = \cdots = f^{(2k)}(x_0) = 0$ y $f^{(2k+1)}(x_0) < 0$, entonces f es decreciente en x_0.

■ **Ejemplo 5.6** La función $f(x) = (x-1)^5$ tiene por derivadas

$$f'(x) = 5(x-1)^4, \ \ f''(x) = 20(x-1)^3, \ \ f'''(x) = 60(x-1)^2, \ \ f^{(4)}(x) = 120(x-1), \ \ f^{(5)}(x) = 120,$$

por lo que resulta

$$f'(1) = f''(1) = f'''(1) = f^{(4)}(1) = 0, \qquad \text{mientras que} \quad f^{(5)}(1) = 120 > 0,$$

según el anterior criterio la función es creciente en $x = 1$.

Caracterización de los extremos locales

Una función f, derivable al menos n veces en un punto x_0, presenta un extremo relativo en el punto x_0 si, y solamente si, la primera derivada no nula es de orden par.

Si esta derivada es positiva la función presenta un mínimo local, y si es negativa un máximo relativo, es decir,

si $f'(x_0) = f''(x_0) = \cdots = f^{(2k-1)}(x_0) = 0$ y $f^{(2k)}(x_0) > 0$, entonces x_0 es mínimo de f,

y si $f'(x_0) = f''(x_0) = \cdots = f^{(2k-1)}(x_0) = 0$ y $f^{(2k)}(x_0) < 0$, entonces x_0 es máximo de f.

■ **Ejemplo 5.7** La función $g(x) = (x+2)^4$ tiene por derivadas

$$g'(x) = 4(x+2)^3, \quad g''(x) = 12(x+2)^2, \quad g'''(x) = 24(x+2), \quad g^{(4)}(x) = 24,$$

siendo $x = -2$ el único punto crítico, y como

$$g'(-2) = g''(-2) = g'''(-2) = 0, \qquad \text{pero} \quad g^{(4)}(-2) = 24 > 0,$$

según el anterior criterio la función presenta un mínimo relativo en $x = -2$.

Caracterización de la convexidad-concavidad

Una función f, derivable al menos $n+1$ veces en un punto x_0, tal que la primera derivada no nula en x_0 es $f^{(n)}(x_0)$, posee un punto de inflexión en x_0 si n es impar, mientras que si n es par, la función será convexa o cóncava según que sea $f^{(n)}(x_0) > 0$ o $f^{(n)}(x_0) < 0$.

Es decir,

si $f'(x_0) = f''(x_0) = \cdots = f^{(n-1)}(x_0) = 0$ y $f^{(n)}(x_0) \neq 0$ y n impar,

entonces x_0 es punto de inflexión,

si $f'(x_0) = f''(x_0) = \cdots = f^{(n-1)}(x_0) = 0$ y $f^{(n)}(x_0) > 0$ y n par,

entonces f es convexa en x_0,

y si $f'(x_0) = f''(x_0) = \cdots = f^{(n-1)}(x_0) = 0$ y $f^{(n)}(x_0) < 0$ y n par,

entonces f es cóncava en x_0.

■ **Ejemplo 5.8**   La función $f(x) = (x - 1)^5$ del Ejemplo 5.6 verifica que

$$f'(1) = f''(1) = f'''(1) = f^{(4)}(1) = 0, \qquad \text{mientras que} \quad f^{(5)}(1) = 120 \neq 0.$$

Como la primera derivada no nula en $x = -1$ es de orden impar, el punto $x = -1$ es punto de inflexión de la función f.

Mientras que para la función del Ejemplo 5.7, $g(x) = (x + 2)^4$, la primera derivada no nula en x_0 es la cuarta, $g^{(4)}(-2) > 0$, por lo que esta función es convexa en el punto $x = -2$.

Obtención de valores aproximados

Entre las numerosas aplicaciones de la fórmula de Taylor vamos a ver ahora la obtención de valores aproximados.

■ **Ejemplo 5.9**   Hallemos un valor aproximado del número e mediante un polinomio de MacLaurin de grado cinco.

Considerando $x_0 = 0$, es

$$e^x = 1 + x + \frac{x^2}{2!} + \frac{x^3}{3!} + \frac{x^4}{4!} + \frac{x^5}{5!} + e^\alpha \frac{x^6}{6!}, \quad \text{con} \quad 0 < \alpha < x.$$

Hagamos $x = 1$, así

$$e \simeq 1 + \frac{1}{2} + \frac{1}{6} + \frac{1}{24} + \frac{1}{120} = \frac{326}{120} = \frac{163}{60},$$

es decir, $e \simeq 2,716666\ldots$

Dado que el error cometido está acotado del modo

$$T_5 = \frac{e^\alpha 1^6}{6!} = \frac{e^\alpha}{6!} < \frac{e^1}{6!} < \frac{3}{6!} = \frac{1}{240} = 0,004166\ldots,$$

es decir,

$$2,716666 - 0,004166 < e < 2,716666 + 0,004166,$$

de donde $2,7125 < e < 2,721333$, por tanto la aproximación obtenida con P_5 es poco eficaz, ya que sólo nos permite obtener la primera cifra decimal: $e = 2,7\ldots$.

PROBLEMAS RESUELTOS

▶ **5.1**   ¿Qué error se comete al aproximar la función $f(x) = (x - 1)^4$ por la función $g(x) = x^2(x - 1)^2$ en un entorno del punto $x = 1$? ¿Cuál es el orden de aproximación?

RESOLUCIÓN.   En el punto $x = 1$ se verifica que $f(1) = g(1)$. El error de aproximación es

$$E = |f(1 + h) - g(1 + h)| = |h^4 - (1 + h)^2 h^2| = |h^4 - (1 + 2h + h^2)h^2| = |-h^2 - 2h^3|.$$

Esta aproximación es de orden 2 ya que

$$\lim_{h \to 0} \left| \frac{f(1+h) - g(1+h)}{h^2} \right| = \lim_{h \to 0} \left| \frac{-h^2 - 2h^3}{h^2} \right| = \lim_{h \to 0} |-1 - 2h| = |-1| = 1,$$

lo que equivale a decir que la diferencia entre las funciones es un infinitésimo en $x = 1$ de segundo orden.

5.2 Estúdiese si los siguientes infinitésimos en $x = 0$ son equivalentes

$$x^2, \qquad \operatorname{sen}^2 x, \qquad 1 - \cos x.$$

RESOLUCIÓN. Para ver si son equivalentes basta comprobar que el límite de su cociente es 1. Para los dos primeros es

$$\lim_{x \to 0} \frac{x^2}{\operatorname{sen}^2 x} = \left[\frac{0}{0} \right] \overset{L'H}{=} \lim_{x \to 0} \frac{2x}{2 \operatorname{sen} x \cos x} = \left[\frac{0}{0} \right] \overset{L'H}{=} \lim_{x \to 0} \frac{2}{2 \cos^2 x - 2 \operatorname{sen}^2 x} = \frac{2}{2-0} = 1,$$

por lo que x^2 y $\operatorname{sen}^2 x$ son infinitésimos equivalentes en $x = 0$.

Para el primero y el último tenemos que

$$\lim_{x \to 0} \frac{x^2}{1 - \cos x} = \left[\frac{0}{0} \right] \overset{L'H}{=} \lim_{x \to 0} \frac{2x}{\operatorname{sen} x} = \left[\frac{0}{0} \right] \overset{L'H}{=} \lim_{x \to 0} \frac{2}{\cos x} = 2,$$

por tanto x^2 y $1 - \cos x$ son infinitésimos del mismo orden, pero no son equivalentes. Bastará multiplicar este último por 2 para que lo sean, es decir, x^2, $\operatorname{sen}^2 x$ y $2(1 - \cos x)$ son equivalentes entre sí como infinitésimos en $x = 0$.

5.3 Calcúlese el límite

$$\lim_{x \to 0} \frac{x^2 \operatorname{sen}^2 x}{e(1 - \cos x)^2}.$$

Teniendo en cuenta que $\operatorname{sen} x$ y x son infinitésimos equivalentes en $x = 0$ y que también lo son $1 - \cos x$ y $\frac{x^2}{2}$ en ese mismo punto, queda

$$\lim_{x \to 0} \frac{x^2 \operatorname{sen}^2 x}{e(1 - \cos x)^2} = \lim_{x \to 0} \frac{x^2 x^2}{e \left(\frac{x^2}{2} \right)^2} = \lim_{x \to 0} \frac{x^4}{\frac{e x^4}{4}} = \frac{4}{e} \lim_{x \to 0} \frac{x^4}{x^4} = \frac{4}{e} \cdot 1 = \frac{4}{e}.$$

5.4 Calcúlese

$$\lim_{x \to 0} \left(\frac{3x^3 + 1}{\operatorname{sen}^3 x} - \frac{x^3 + 1}{x \operatorname{tg}^2 x} \right).$$

RESOLUCIÓN. Aplicando infinitésimos equivalentes al ser $\operatorname{tg} x \sim x$ y $\operatorname{sen} x \sim x$ en $x = 0$, se tiene

$$\lim_{x \to 0} \left(\frac{3x^3 + 1}{\operatorname{sen}^3 x} - \frac{x^3 + 1}{x \operatorname{tg}^2 x} \right) = [\infty - \infty] = \lim_{x \to 0} \left(\frac{3x^3}{\operatorname{sen}^3 x} - \frac{x^3}{x \operatorname{tg}^2 x} \right) + \lim_{x \to 0} \left(\frac{1}{\operatorname{sen}^3 x} - \frac{1}{x \operatorname{tg}^2 x} \right)$$

$$= (3 - 1) + \lim_{x \to 0} \frac{x \operatorname{tg}^2 x - \operatorname{sen}^3 x}{x \operatorname{sen}^3 x \operatorname{tg}^2 x} = 2 + \lim_{x \to 0} \frac{x - \operatorname{sen} x \cos^2 x}{x \operatorname{sen}^3 x} = 2 + \left[\frac{0}{0} \right].$$

Pero aplicando dos veces la regla de L'Hôpital, resulta que este último límite no existe porque sus límtes laterales son $+\infty$ y $-\infty$.

▶ **5.5** Siendo p un número real, $p \neq 0$, hállese

$$\lim_{x \to 0} \frac{(e^x - 1) \operatorname{sen}^2(\operatorname{arctg} x)^3}{px \operatorname{arctg}(\operatorname{sen}^3[\ln^2(1+x)])}.$$

RESOLUCIÓN. Se trata de un límite indeterminado de la forma $\left[\frac{0}{0}\right]$. Considerando infinitésimos equivalentes en $x = 0$ y siendo $e^x - 1 \sim x$, $\operatorname{arctg} x \sim x$ y $\ln(1+x) \sim x$, el límite pedido se calcula como

$$\lim_{x \to 0} \frac{(e^x - 1) \operatorname{sen}^2(\operatorname{arctg} x)^3}{px \operatorname{arctg}(\operatorname{sen}^3[\ln^2(1+x)])} = \left[\frac{0}{0}\right] = \lim_{x \to 0} \frac{x \operatorname{sen}^2 x^3}{px \operatorname{arctg}(\operatorname{sen}^3 x^2)}$$

$$= \lim_{x \to 0} \frac{x(x^3)^2}{px \operatorname{arctg}(x^2)^3} = \lim_{x \to 0} \frac{x^7}{px(x^2)^3} = \lim_{x \to 0} \frac{x^7}{px^7} = \frac{1}{p}.$$

▶ **5.6** Calcúlese

$$\lim_{x \to 0} \frac{x \operatorname{tg} x - \operatorname{tg}^2 x}{\operatorname{sen}^2 x - x \operatorname{sen} x}.$$

RESOLUCIÓN. Se trata de un límite indeterminado de la forma $\left[\frac{0}{0}\right]$ que sacando factores comunes en numerador y denominador y teniendo en cuenta que en $x = 0$ son infinitésimos equivalentes $\operatorname{tg} x \sim x$ y $\operatorname{sen} x \sim x$, se tiene que

$$\lim_{x \to 0} \frac{x \operatorname{tg} x - \operatorname{tg}^2 x}{\operatorname{sen}^2 x - x \operatorname{sen} x} = \left[\frac{0}{0}\right] = \lim_{x \to 0} \frac{\operatorname{tg} x(x - \operatorname{tg} x)}{\operatorname{sen} x(\operatorname{sen} x - x)} = \lim_{x \to 0} \frac{x(x - \operatorname{tg} x)}{x(\operatorname{sen} x - x)} = \lim_{x \to 0} \frac{x - \operatorname{tg} x}{\operatorname{sen} x - x} = \left[\frac{0}{0}\right].$$

También si escribimos el límite como producto en la forma

$$\lim_{x \to 0} \frac{x \operatorname{tg} x - \operatorname{tg}^2 x}{\operatorname{sen}^2 x - x \operatorname{sen} x} = \left[\frac{0}{0}\right] = \lim_{x \to 0} \frac{\operatorname{tg} x(x - \operatorname{tg} x)}{\operatorname{sen} x(\operatorname{sen} x - x)} = \left(\lim_{x \to 0} \frac{\operatorname{tg} x}{\operatorname{sen} x}\right) \left(\lim_{x \to 0} \frac{x - \operatorname{tg} x}{\operatorname{sen} x - x}\right)$$

$$= \left(\lim_{x \to 0} \frac{\operatorname{sen} x / \cos x}{\operatorname{sen} x}\right) \left(\lim_{x \to 0} \frac{x - \operatorname{tg} x}{\operatorname{sen} x - x}\right) = \left(\lim_{x \to 0} \frac{1}{\cos x}\right) \left(\lim_{x \to 0} \frac{x - \operatorname{tg} x}{\operatorname{sen} x - x}\right)$$

$$= 1 \cdot \left(\lim_{x \to 0} \frac{x - \operatorname{tg} x}{\operatorname{sen} x - x}\right) = \lim_{x \to 0} \frac{x - \operatorname{tg} x}{\operatorname{sen} x - x},$$

se llega al mismo límite, que puede resolverse por la regla de L'Hôpital, pues

$$\lim_{x \to 0} \frac{x - \operatorname{tg} x}{\operatorname{sen} x - x} = \left[\frac{0}{0}\right] \overset{L'H}{=} \lim_{x \to 0} \frac{1 - (1 + \operatorname{tg}^2 x)}{\cos x - 1} = \lim_{x \to 0} \frac{-\operatorname{tg}^2 x}{\cos x - 1} = \lim_{x \to 0} \frac{\operatorname{tg}^2 x}{1 - \cos x} = \left[\frac{0}{0}\right]$$

y ahora podríamos aplicar de nuevo la regla de L'Hôpital, pero es más conveniente utilizar infinitésimos equivalentes al ser $\operatorname{tg} x \sim x$ y $1 - \cos x \sim \frac{x^2}{2}$ en $x = 0$, quedando

$$\lim_{x \to 0} \frac{\operatorname{tg}^2 x}{1 - \cos x} = \left[\frac{0}{0}\right] = \lim_{x \to 0} \frac{x^2}{x^2/2} = \lim_{x \to 0} \frac{2x^2}{x^2} = 2,$$

que es el valor del límite pedido.

Si se opta por L'Hôpital en el último límite se llega al mismo resultado con más lentitud ya que

$$\lim_{x \to 0} \frac{\operatorname{tg}^2 x}{1 - \cos x} = \left[\frac{0}{0}\right] \overset{L'H}{=} \lim_{x \to 0} \frac{2 \operatorname{tg} x(1 + \operatorname{tg}^2 x)}{\operatorname{sen} x}$$

$$= \lim_{x \to 0} \left[2 \frac{\operatorname{sen} x / \cos x}{\operatorname{sen} x}(1 + \operatorname{tg}^2 x)\right] = 2 \lim_{x \to 0} \left[\frac{1}{\cos x}(1 + \operatorname{tg}^2 x)\right] = 2 \cdot 1 = 2.$$

▶ **5.7** Escríbase el polinomio $1 + 2x + 3x^2 + 4x^3 + 5x^4$ ordenado en potencias de $x + 1$ mediante
   a) Identificación de coeficientes,

b) Divisiones sucesivas entre $x + 1$,

c) El polinomio de Taylor.

RESOLUCIÓN. a) Por identificación se tiene

$$1 + 2x + 3x^2 + 4x^3 + 5x^4 = b_0 + b_1(x+1) + b_2(x+1)^2 + b_3(x+1)^3 + b_4(x+1)^4$$
$$= b_0 + b_1(x+1) + b_2(x^2 + 2x + 1) + b_3(x^3 + 3x^2 + 3x + 1)$$
$$+ b_4(x^4 + 4x^3 + 6x^2 + 4x + 1)$$
$$= (b_0 + b_1 + b_2 + b_3 + b_4) + (b_1 + 2b_2 + 3b_3 + 4b_4)x$$
$$+ (b_2 + 3b_3 + 6b_4)x^2 + (b_3 + 4b_4)x^3 + b_4x^4,$$

de donde se obtiene el sistema

$$\begin{cases} 1 - b_0 + b_1 + b_2 + b_3 + b_4 \\ 2 = b_1 + 2b_2 + 3b_3 + 4b_4 \\ 3 = b_2 + 3b_3 + 6b_4 \\ 4 = b_3 + 4b_4 \\ 5 = b_4 \end{cases} \Rightarrow \begin{cases} b_0 = 3 \\ b_1 = -12 \\ b_2 = 21 \\ b_3 = -16 \\ b_4 = 5, \end{cases}$$

por tanto

$$1 + 2x + 3x^2 + 4x^3 + 5x^4 = 3 - 12(x+1) + 21(x+1)^2 - 16(x+1)^3 + 5(x+1)^4.$$

b) Por el método de Horner o de las divisiones sucesivas

		5	4	3	2	1
-1			-5	1	-4	2
		5	-1	4	-2	3
-1			-5	6	-10	
		5	-6	10	-12	
-1			-5	11		
		5	-1	21		
-1			-5			
		5	-16			

obtenemos el mismo resultado.

c) Por el polinomio de Taylor se tiene

$$P(x) = 5x^4 + 4x^3 + 3x^2 + 2x + 1 \qquad P(-1) = 3 \qquad b_0 = 3$$

$$P'(x) = 20x^3 + 12x^2 + 6x + 2 \qquad P'(-1) = -12 \qquad b_1 = \frac{P'(-1)}{1!} = -12$$

$$P''(x) = 60x^2 + 24x + 6 \qquad P''(-1) = 42 \qquad b_2 = \frac{P''(-1)}{2!} = 21$$

$$P'''(x) = 120x + 24 \qquad P'''(-1) = -96 \qquad b_3 = \frac{P'''(-1)}{3!} = -16$$

$$P^{(4)}(x) = 120 \qquad P^{(4)}(-1) = 120 \qquad b_4 = \frac{P^{(4)}(-1)}{4!} = 5,$$

luego $P(x) = 3 - 12(x+1) + 21(x+1)^2 - 16(x+1)^3 + 5(x+1)^4$.

5.8 Escríbanse las siguiente funciones como combinaciones lineales de potencias de $(x - 3)$:

$$\text{a) } f(x) = x^5, \qquad \text{b) } g(x) = x^2 - 4x - 9,$$

justificando la fórmula que se utilice.

RESOLUCIÓN. Vamos a usar dos procedimientos distintos, uno en cada apartado.

a) Para escribir la función $f(x) = x^5$ como combinación de potencias de $x - 3$, vamos a dividir sucesivamente $f(x)$ entre $x - 3$, resultando

$$
\begin{array}{r|rrrrrr}
 & 1 & 0 & 0 & 0 & 0 & 0 \\
3 & & 3 & 9 & 27 & 81 & 243 \\
\hline
 & 1 & 3 & 9 & 27 & 81 & \boxed{243} \\
3 & & 3 & 18 & 81 & 324 & \\
\hline
 & 1 & 6 & 27 & 108 & \boxed{405} & \\
3 & & 3 & 27 & 162 & & \\
\hline
 & 1 & 9 & 54 & \boxed{270} & & \\
3 & & 3 & 36 & & & \\
\hline
 & 1 & 12 & \boxed{90} & & & \\
3 & & 3 & & & & \\
\hline
 & 1 & \boxed{15} & & & & \\
\end{array}
$$

y entonces, tomando los sucesivos restos y el último cociente, tenemos que

$$x^5 = 243 + 405(x - 3) + 270(x - 3)^2 + 90(x - 3)^3 + 15(x - 3)^4 + (x - 3)^5.$$

b) Puesto que la función $g(x)$ es derivable infinitas veces en toda la recta real, vamos a calcular su expresión mediante la fórmula de Taylor en el punto $x = 3$. Las derivadas son

$$
\begin{aligned}
g(x) &= x^2 - 4x - 9 \\
g'(x) &= 2x - 4 \\
g''(x) &= 2 \\
g'''(x) &= g^{(4)}(x) = \cdots = 0
\end{aligned}
$$

y particularizando en el punto $x = 3$ son

$$g(3) = -12, \qquad g'(3) = 2, \qquad g''(3) = 2,$$

por lo que la fórmula de Taylor queda

$$g(x) = -12 + 2(x - 3) + \frac{2}{2!}(x - 3)^2 = -12 + 2(x - 3) + (x - 3)^2.$$

Puesto que la función dada es una función polinómica de grado 2, los polinomios de Taylor de grado 2 y mayores son aproximaciones con error nulo, ya que la tercera derivada y siguientes son nulas.

▶ **5.9** Calcúlese el polinomio de Taylor de las funciones
a) $\operatorname{sen} x$, de grado $2n$, en $x_0 = \frac{\pi}{2}$,
b) $x^5 + x^3 + x$, de grado 4, en $x_0 = 0$.

RESOLUCIÓN. a) Se tiene que

$$
\begin{aligned}
f(x) &= \operatorname{sen} x & f\left(\frac{\pi}{2}\right) &= \operatorname{sen} \frac{\pi}{2} = 1 \\
f'(x) &= \cos x = \operatorname{sen}\left(x + \frac{\pi}{2}\right) & f'\left(\frac{\pi}{2}\right) &= \operatorname{sen} \pi = 0 \\
f''(x) &= \cos\left(x + \frac{\pi}{2}\right) = \operatorname{sen}\left(x + 2\frac{\pi}{2}\right) & f''\left(\frac{\pi}{2}\right) &= \operatorname{sen} \frac{3\pi}{2} = -1
\end{aligned}
$$

$$f'''(x) = \cos\left(x + 2\frac{\pi}{2}\right) = \text{sen}\left(x + 3\frac{\pi}{2}\right) \qquad f'''\left(\frac{\pi}{2}\right) = \text{sen}\, 2\pi = 0$$

$$\vdots \qquad\qquad\qquad\qquad\qquad \vdots$$

$$f^{(2n)}(x) = \text{sen}\left(x + 2n\frac{\pi}{2}\right) \qquad f^{(2n)}\left(\frac{\pi}{2}\right) - \text{sen}\left(2n+1\right)\frac{\pi}{2} - (-1)^n$$

luego

$$P_{2n}(x) = 1 - \frac{1}{2!}\left(x - \frac{\pi}{2}\right)^2 + \frac{1}{4!}\left(x - \frac{\pi}{2}\right)^4 - \cdots + \frac{\text{sen}(2n+1)\frac{\pi}{2}}{(2n)!}\left(x - \frac{\pi}{2}\right)^{2n}$$

$$= 1 - \frac{1}{2!}\left(x - \frac{\pi}{2}\right)^2 + \frac{1}{4!}\left(x - \frac{\pi}{2}\right)^4 - \cdots + \frac{(-1)^n}{(2n)!}\left(x - \frac{\pi}{2}\right)^{2n},$$

pues $\text{sen}(2n+1)\frac{\pi}{2} = 1$ si n es par y $\text{sen}(2n+1)\frac{\pi}{2} = -1$ si n es impar.

b) Se tiene que

$$
\begin{aligned}
f(x) &= x^5 + x^3 + x & f(0) &= 0 \\
f'(x) &= 5x^4 + 3x^2 + 1 & f'(0) &= 1 \\
f''(x) &= 20x^3 + 6x & f''(0) &= 0 \\
f'''(x) &= 60x^2 + 6 & f'''(0) &= 6 \\
f^{(4)}(x) &= 120x & f^{(4)}(0) &= 0,
\end{aligned}
$$

de donde resulta $P_4(x) = 0 + \frac{1}{1!}x + 0 + \frac{6}{3!}x^3 + 0 = x + x^3$.

5.10 Obténgase la fórmula de Taylor de la siguiente función

$$f(x) = e^{x+1}\cos x,$$

dando el término complementario o resto.

RESOLUCIÓN. El desarrollo de Taylor de orden n en el punto $x = a$, con resto de Lagrange, de la función derivable $n + 1$ veces en un entorno de a, es

$$f(x) = f(a) + f'(a)(x - a) + \frac{f''(a)}{2!}(x - a)^2 + \frac{f'''(a)}{3!}(x - a)^3 + \cdots +$$

$$+ \frac{f^{(n)}(a)}{n!}(x - a)^n + \frac{f^{(n+1)}(\alpha)}{(n+1)!}(x - a)^{n+1},$$

para algún $\alpha \in (a; x)$, que suele llamarse fórmula de Taylor con resto, y que tiene también otras expresiones.

Para obtener el desarrollo pedido, bastará calcular las $n + 1$ primeras derivadas y sustituirlas en la fórmula de Taylor. El cálculo de la derivada $n-$ésima es la dificultad principal de este problema.

En el cálculo de las derivadas vamos a utilizar las fórmulas de trigonometría.

$$\text{sen}\,\frac{\pi}{4} = \cos\frac{\pi}{4} = \frac{1}{\sqrt{2}},$$

$$\cos\alpha\cos\beta - \text{sen}\,\alpha\,\text{sen}\,\beta = \cos(\alpha + \beta),$$

que nos permitirán obtener expresiones simplificadas.

Tenemos que

$$f(x) = e^{x+1} \cos x$$

$$f'(x) = e^{x+1} (\cos x - \operatorname{sen} x) = e^{x+1} \sqrt{2} \left(\cos x \cdot \tfrac{1}{\sqrt{2}} - \operatorname{sen} x \cdot \tfrac{1}{\sqrt{2}} \right)$$

$$= e^{x+1} \sqrt{2} \left(\cos x \cos \tfrac{\pi}{4} - \operatorname{sen} x \operatorname{sen} \tfrac{\pi}{4} \right) = e^{x+1} \sqrt{2} \cos \left(x + \tfrac{\pi}{4} \right).$$

Derivando obtenemos

$$f''(x) = e^{x+1} \sqrt{2} \left(\cos(x + \tfrac{\pi}{4}) - \operatorname{sen}(x + \tfrac{\pi}{4}) \right)$$

$$= e^{x+1} \sqrt{2} \sqrt{2} \left(\cos(x + \tfrac{\pi}{4}) \tfrac{1}{\sqrt{2}} - \operatorname{sen}(x + \tfrac{\pi}{4}) \tfrac{1}{\sqrt{2}} \right)$$

$$= e^{x+1} 2 \left(\cos(x + \tfrac{\pi}{4}) \cos \tfrac{\pi}{4} - \operatorname{sen}(x + \tfrac{\pi}{4}) \operatorname{sen} \tfrac{\pi}{4} \right) = e^{x+1} 2 \cos \left(x + \tfrac{2\pi}{4} \right).$$

Derivando nuevamente

$$f'''(x) = e^{x+1} 2 \left(\cos(x + \tfrac{2\pi}{4}) - \operatorname{sen}(x + \tfrac{2\pi}{4}) \right)$$

$$= e^{x+1} 2 \sqrt{2} \left(\cos(x + \tfrac{2\pi}{4}) \tfrac{1}{\sqrt{2}} - \operatorname{sen}(x + \tfrac{2\pi}{4}) \tfrac{1}{\sqrt{2}} \right)$$

$$= e^{x+1} 2 \sqrt{2} \left(\cos(x + \tfrac{2\pi}{4}) \cos \tfrac{\pi}{4} - \operatorname{sen}(x + \tfrac{2\pi}{4}) \operatorname{sen} \tfrac{\pi}{4} \right) = e^{x+1} 2 \sqrt{2} \cos \left(x + \tfrac{3\pi}{4} \right)$$

y por inducción obtenemos la derivada n-ésima, que será

$$f^{(n)}(x) = e^{x+1} \sqrt{2^n} \cos \left(x + \frac{n\pi}{4} \right).$$

Particularizando la función y las n primeras derivadas en el punto a, y la derivada $n+1$ en el punto α, obtenemos el desarrollo de Taylor con resto, que será

$$e^{x+1} \cos x = e^{a+1} \cos a + e^{a+1} \sqrt{2} \cos(a + \tfrac{\pi}{4}) \cdot (x - a) + e^{a+1} \cos(a + \tfrac{\pi}{2}) \cdot (x - a)^2$$

$$+ \frac{e^{a+1} 2\sqrt{2}}{3!} \cos(a + \tfrac{3\pi}{4}) \cdot (x - a)^3 + \cdots + \frac{e^{a+1} \sqrt{2^n}}{n!} \cos(a + \tfrac{n\pi}{4}) \cdot (x - a)^n$$

$$+ \frac{e^{\alpha+1} \sqrt{2^{n+1}}}{(n+1)!} \cos(\alpha + \tfrac{(n+1)\pi}{4}) \cdot (x - a)^{n+1},$$

con $\alpha \in (0; x)$.

En el caso en que sea $a = 0$, la expresión que resulta, mucho más simple, es la de MacLaurin.

▶ **5.11** Hállese la derivada enésima, el polinomio de Taylor en $x = 1$, el polinomio de MacLaurin y el término complementario de Taylor y de MacLaurin, de la función $f(x) = (x - 1)e^{x+1}$.

RESOLUCIÓN. Derivando tenemos que

$$f'(x) = xe^{x+1}, \quad f''(x) = (x+1)e^{x+1}, \quad f'''(x) = (x+2)e^{x+1}, \quad f^{(4)}(x) = (x+3)e^{x+1},$$

y la derivada n-ésima es $f^{(n)}(x) = (x + n - 1)e^{x+1}$.

Como es $f^{(n)}(1) = ne^2$, el polinomio de Taylor en $x = 1$ será

$$P_n(x) = 0 + \frac{e^2}{1!}(x - 1) + \frac{2e^2}{2!}(x - 1)^2 + \frac{3e^2}{3!}(x - 1)^3 + \cdots + \frac{ne^2}{n!}(x - 1)^n$$

$$= e^2(x - 1) + e^2(x - 1)^2 + \frac{e^2}{2!}(x - 1)^3 + \cdots + \frac{e^2}{(n-1)!}(x - 1)^n.$$

Como es $f^{(n)}(0) = (n - 1)e$, el polinomio de MacLaurin es

$$P_n(x) = -e + \frac{e}{2!}x^2 + \frac{2e}{3!}x^3 + \frac{3e}{4!}x^4 + \cdots + \frac{(n-1)e}{n!}x^n.$$

El término complementario de Lagrange para el polinomio de Taylor en $x = 1$ es

$$T_n(x) = \frac{f^{(n+1)}(\alpha)}{(n+1)!}(x-1)^{n+1} = \frac{e^{\alpha+1}(\alpha+n)}{(n+1)!}(x-1)^{n+1}, \quad \text{con} \quad \alpha \in (1; x), \quad \text{si} \quad x > 1,$$

y el término complementario del de MacLaurin es

$$T_n(x) = \frac{f^{(n+1)}(\alpha)}{(n+1)!}x^{n+1} = \frac{e^{\alpha+1}(\alpha+n)}{(n+1)!}x^{n+1}, \quad \text{con} \quad \alpha \in (0; x), \quad \text{si} \quad x > 0.$$

5.12 Determínese el polinomio $P(x)$ que, verificando la igualdad

$$2P(x+3) - 3P(x+2) + P(x) \equiv 18x,$$

toma los valores $P(0) = -5$ y $P(1) = -8$.

RESOLUCIÓN. Aplicando la fórmula de Taylor al polinomio $P(x)$ se tiene que

$$P(x+2) = P(x) + \frac{P'(x)}{1!}2 + \frac{P''(x)}{2!}2^2 + \frac{P'''(x)}{3!}2^3 + \dots$$

y que

$$P(x+3) = P(x) + \frac{P'(x)}{1!}3 + \frac{P''(x)}{2!}3^2 + \frac{P'''(x)}{3!}3^3 + \dots,$$

por tanto resulta que

$$\begin{aligned}
18x &\equiv 2P(x+3) - 3P(x+2) + P(x) \\
&= 2P(x) - 3P(x) + P(x) + 6P'(x) - 6P'(x) + 9P''(x) - 6P''(x) + 9P'''(x) - 4P'''(x) + \dots \\
&= 3P''(x) + 5P'''(x) + \dots,
\end{aligned}$$

de donde se deduce que el polinomio $P(x)$ ha de tener, como mucho, grado tres, para que su segunda derivada sea de primer grado. Si ponemos $P(x) = a + bx + cx^2 + dx^3$, es $P'(x) = b + 2cx + 3dx^2$, $P''(x) = 2c + 6dx$, $P'''(x) = 6d$, resultando

$$18x \equiv 3P''(x) + 5P'''(x) + \dots = 3(2c + 6dx) + 5(6d) = 18dx + 6c + 30d,$$

de donde

$$\begin{cases} 18 = 18d \\ 0 = 6c + 30d \end{cases} \quad \Rightarrow \quad \begin{cases} c = -5 \\ d = 1, \end{cases}$$

luego es $P(x) = a + bx - 5x^2 + x^3$. Como es $P(0) = -5 = a$ y $P(1) = -8 = -5 + b - 5 + 1$, es decir, $b = 1$, resulta finalmente que el polinomio buscado es $P(x) = -5 + x - 5x^2 + x^3$.

5.13 Estúdiese la función $f(x) = e^x(x-1)^5$ en el punto $x = 1$.

RESOLUCIÓN. La derivada primera es $f'(x) = e^x(x-1)^5 + 5e^x(x-1)^4 = e^x(x-1)^4(x+4)$, por lo que $x = 1$ y $x = -4$ son los puntos críticos.

La segunda derivada es $f''(x) = e^x(x-1)^5 + 10e^x(x-1)^4 + 20e^x(x-1)^3$, y al ser $f''(1) = 0$, el criterio de la derivada segunda no decide. Debemos calcular más derivadas hasta encontrar una que no se anule en el punto $x = 1$.

Tenemos que $f'''(x) = e^x(x-1)^5 + 15e^x(x-1)^4 + 60e^x(x-1)^3 + 60e^x(x-1)^2$, que también se anula en $x = 1$. La cuarta derivada es

$$f^{(4)}(x) = e^x(x-1)^5 + 20e^x(x-1)^4 + 120e^x(x-1)^3 + 240e^x(x-1)^2 + 120e^x(x-1),$$

y también es $f^{(4)}(1) = 0$. La quinta derivada es

$$f^{(5)}(x) = e^x(x-1)^5 + 25e^x(x-1)^4 + 200e^x(x-1)^3 + 600e^x(x-1)^2 + 600e^x(x-1) + 120e^x,$$

que en el punto $x = 1$ vale $f^{(5)}(1) = 120e > 0$.

Al ser impar la primera derivada no nula en $x = 1$ y ser positiva, la función es creciente en ese punto. Además no posee extremos y, por otra parte, la función tiene un punto de inflexión en $x = 1$.

▶ **5.14** Calcúlese $\sqrt{e}$ con dos decimales exactos, justificando la acotación del error.

RESOLUCIÓN. Como es $\sqrt{e} = e^{1/2}$, vamos a calcular la fórmula de MacLaurin de orden n de la función $f(x) = e^x$. Es

$$f(x) = f'(x) = f''(x) = \cdots = f^{(n)}(x) = e^x$$

y entonces

$$f(0) = f'(0) = f''(0) = \cdots = f^{(n)}(0) = 1,$$

por lo que la expresión de la función queda

$$e^x = 1 + x + \frac{x^2}{2!} + \frac{x^3}{3!} + \frac{x^4}{4!} + \frac{x^5}{5!} + \cdots + \frac{x^n}{n!} + T_n,$$

siendo $T_n = \frac{e^\alpha}{(n+1)!}x^{n+1}$, con $\alpha \in (0; x)$. Para $x = \frac{1}{2}$ tenemos que

$$\sqrt{e} = e^{1/2} = 1 + \frac{1}{2} + \frac{1}{2^2 \cdot 2!} + \frac{1}{2^3 \cdot 3!} + \frac{1}{2^4 \cdot 4!}$$
$$+ \frac{1}{2^5 \cdot 5!} + \cdots + \frac{1}{2^n \cdot n!} + T_n$$

y hemos de calcular cuántos términos hay que tomar para que los dos primeros decimales sean exactos.

Para poder despreciar los decimales a partir del tercero, vamos a exigir que el término complementario T_n sea menor que una milésima. Para ello, como es

$$2 < e < 4 \qquad \text{y} \qquad e^\alpha < 4^{1/2} = 2,$$

es preciso que sea

$$\frac{e^\alpha}{2^{n+1}(n+1)!} < \frac{e^{1/2}}{2^{n+1}(n+1)!} < \frac{4^{1/2}}{2^{n+1}(n+1)!} = \frac{2}{2^{n+1}(n+1)!} < 0,001,$$

es decir,

$$2000 < 2^{n+1}(n+1)!$$

Para $n = 4$ es $2^5 \cdot 5! = 3840$, que supera a 2000, y para $n = 3$ es $2^4 \cdot 4! = 384$, que no supera a 2000, por lo que es preciso tomar la fórmula de MacLaurin hasta el orden $n = 4$. Entonces será

$$\sqrt{e} = 1 + \frac{1}{2} + \frac{1}{2^2 \cdot 2!} + \frac{1}{2^3 \cdot 3!} + \frac{1}{2^4 \cdot 4!} + T_n$$
$$= 1 + 0,5 + 0,125 + 0,02083\cdots + 0,00260416\cdots + T_n = 1,6484375 + T_n,$$

siendo $T_n < 0,001$.

Así $\sqrt{e}$ tiene su valor en el intervalo $[1,6474375; 1,6494375]$, por lo que podemos escribir $\sqrt{e} = 1,64\ldots$ con dos decimales exactos.

▶ **5.15** Calcúlese e^3 con un error menor que una centésima.

RESOLUCIÓN. El verdadero valor de e^3 es el que resulta de

$$e^x = 1 + x + \frac{x^2}{2!} + \frac{x^3}{3!} + \cdots + \frac{x^n}{n!} + \frac{x^{n+1}}{(n+1)!}e^\alpha,$$

con $0 < \alpha < x$, al sustituir x por 3, es decir

$$e^3 = 1 + 3 + \frac{3^2}{2!} + \frac{3^3}{3!} + \cdots + \frac{3^n}{n!} + \frac{3^{n+1}}{(n+1)!}e^\alpha, \qquad \alpha \in (0; 3).$$

Tomando como valor aproximado de e^3 el dado por

$$1 + 3 + \frac{3^2}{2!} + \frac{3^3}{3!} + \cdots + \frac{3^n}{n!},$$

el error que se comete es de valor

$$\frac{3^{n+1}}{(n+1)!}e^\alpha$$

y hemos de calcular n para que sea

$$\frac{3^{n+1}}{(n+1)!}e^\alpha < 0,01.$$

Como es $\alpha \in (0; 3)$ se tiene que

$$\frac{3^{n+1}}{(n+1)!}e^\alpha < \frac{3^{n+1}}{(n+1)!}e^3$$

y haciendo

$$\frac{3^{n+1}}{(n+1)!}e^3 < 0,01,$$

o bien $\frac{3^{n+1}}{(n+1)!} < \frac{0,01}{e^3}$, se tiene la acotación pedida.

Por otra parte al ser $e < 3$ es $e^3 < 30$, o bien

$$\frac{1}{30} < \frac{1}{e^3},$$

con lo cual haciendo

$$\frac{3^{n+1}}{(n+1)!} < \frac{0,01}{30}$$

se verifica que $\frac{3^{n+1}}{(n+1)!} < \frac{0,01}{e^3}$

Pero $\frac{3^{n+1}}{(n+1)!} < \frac{0,01}{30}$ equivale a $\frac{3^{n+2}}{(n+1)!} < \frac{0,01}{10} = 0,001$, y hemos de calcular los valores de n que verifican esta desigualdad. Ensayando con los números naturales se comprueba que la desigualdad anterior se verifica si es $n \geq 12$, con lo cual la primera aproximación para e^3 con error menor que una centésima es

$$e^3 \simeq 1 + 3 + \frac{3^2}{2!} + \frac{3^3}{3!} + \frac{3^4}{4!} + \frac{3^5}{5!} + \frac{3^6}{6!} + \frac{3^7}{7!} + \frac{3^8}{8!} + \frac{3^9}{9!} + \frac{3^{10}}{10!} + \frac{3^{11}}{11!} + \frac{3^{12}}{12!}.$$

PROBLEMAS PROPUESTOS

5.1 ¿Puede aproximarse la función $f(x) = 2(x+2)^2$ por la función $g(x) = x^2 + 4x$ en las proximidades del punto $x = -2$? En caso afirmativo, ¿cuál es el orden de aproximación?

5.2 Estúdiese si los infinitésimos $\ln(1 + 2x)$, $e^{2x} - 1$ y $e^{x^2} - 1$ son equivalentes en $x = 0$.

5.3 Hállese el límite

$$\lim_{x \to 0} \frac{\operatorname{arctg}(\operatorname{arcsen} x^2)}{(e^x - 1)\ln(1 + 2x)}.$$

5.4 Calcúlese el siguiente límite

$$\lim_{x \to 0} \frac{e^{\operatorname{sen} \pi x} \operatorname{tg} \pi x - \operatorname{tg} \pi x}{\pi - \pi \cos \pi x}.$$

5.5 Calcúlese el límite

$$\lim_{x \to 0} \frac{x \ln(1 + \operatorname{sen} 2x) \operatorname{arctg}(\operatorname{sen}^3 2x)}{(e^{\pi x} - 1)[1 - \cos^2(\operatorname{tg}^2 2x)]}.$$

5.6 Calcúlese

$$\lim_{x \to 0} \frac{\cos(\operatorname{sen} 2x) - \cos 2x}{x^4}.$$

5.7 Ordénese el polinomio $P(x) = 2x^3 - x^2 - 3x + 2$ en potencias del binomio $x - 2$.

5.8 Demuéstrese que $\operatorname{sen}(a + h)$ se diferencia de $\operatorname{sen} a + h \cos a$, a lo sumo en $\frac{h^2}{2} + \frac{h^3}{3!} + \frac{h^4}{4!}$, siendo $h > 0$.

5.9 Hállense los polinomios de Taylor de las funciones
   a) $e^{\operatorname{sen} x}$, de grado 3, en $x_0 = 0$,
   b) $x^6 + x^4 + x^2 + 1$, de grado 4, en $x_0 = 1$.

5.10 Obténgase la fórmula de Taylor de la función

$$y = \operatorname{sen}\left(\frac{3x}{2}\right) \text{ en } x = 0.$$

5.11 Hállese la derivada enésima, el polinomio de Taylor en $x = 1$, el polinomio de MacLaurin, el término complementario de Taylor y el de MacLaurin, de la función $f(x) = (e^x + 2)^2$.

5.12 Determínese un polinomio $P(x)$ de grado m tal que verifique $P(x) - P'(x) \equiv x^m$.

5.13 Estúdiese la función $f(x) = \sqrt{x}(x - 2)^3$ en las proximidades del punto $x = 2$.

5.14 Calcúlese un valor aproximado de $\operatorname{sen} \frac{\pi}{12}$ utilizando un polinomio de MacLaurin de grado cinco.

5.15 Utilícese un polinomio de MacLaurin para estimar el valor de $\sqrt[3]{e}$ con un error inferior a $0,001$.

Cálculo de primitivas

6.1. PRIMITIVAS DE UNA FUNCIÓN

Sea $f : [a; b] \to \mathbb{R}$ una función continua en $[a; b]$. Se dice que una función F es una *primitiva* de f en $[a; b]$ cuando F es derivable y se cumple $F'(x) = f(x)$, $\forall x \in [a; b]$, o bien que $dF(x) = f(x)dx$.

■ **Propiedad de caracterización de primitivas** *Si F es una primitiva de f en $[a; b]$, entonces cualquier primitiva de f en $[a; b]$ es de la forma $F(x) + C$, siendo C una constante.*

Según esta propiedad, el conjunto de todas las primitivas de una función continua f en $[a; b]$ se obtiene como suma de una primitiva con todas las posibles constantes reales, o expresado de otro modo, si tenemos una primitiva tenemos todas.

El conjunto de todas las primitivas de una función continua f en un intervalo $[a; b]$ se llama *integral indefinida* de f y se designa por $\int f$ o bien $\int f(x)dx$, y si $F(x)$ es una primitiva escribimos

$$\int f(x)dx = F(x) + C.$$

No deben confundirse los símbolos $\int f(x)dx$ e $\int_a^b f(x)dx$, ya que el primero es un conjunto de infinitas funciones y el segundo es un número real que puede expresar el valor de un área.

No siempre existen primitivas de una función dada que puedan expresarse mediante operaciones finitas de funciones elementales, es decir, como sumas, productos, cocientes y composiciones de funciones racionales, logarítmicas, exponenciales y trigonométricas. Por ejemplo, no existe ninguna función elemental que sea primitiva de e^{-x^2}.

Los símbolos de derivación y de integración indefinida pueden simplificarse, en cierto modo, de la forma:

$$\left[\int f(x)dx\right]' = f(x), \qquad \int f'(x)dx = f(x) + C.$$

■ **Propiedades de la integral indefinida** *Se verifica que:*

1. $\int [f(x) + g(x)] dx = \int f(x)dx + \int g(x)dx$

2. $\int k f(x)dx = k \int f(x)dx$, *siendo $k \in \mathbb{R}$,*

es decir, la integración indefinida es un operador lineal.

Aplicando las fórmulas conocidas para la derivación de funciones, podemos construir fácilmente una tabla de integrales inmediatas, ésta se encuentra en la página 398 y es conveniente aprenderla.

■ **Ejemplo 6.1** Se tiene que

$$\int [7 + 2x^4 + 3\,\text{sen}\,x] dx = \int 7dx + 2\int x^4dx + 3\int \text{sen}\,xdx = 7x + \frac{2x^5}{5} - 3\cos x + C.$$

6.2. INTEGRACIÓN POR CAMBIO DE VARIABLE

Si tenemos una integral que no es inmediata y mediante un cambio de variable se trasforma en una integral que es inmediata o cuyo cálculo es más sencillo, podemos hacerlo si se cumplen las condiciones de la siguiente proposición.

■ **Proposición (Integración por cambio de variable)** *Sean $[a; b]$ y $[c; d]$ dos intervalos, g una función con derivada continua en $[a; b]$ siendo $g([a; b]) \subset [c; d]$, y f una función continua en $[c; d]$, entonces*

$$\int f(x)dx = \int f[g(t)]g'(t)dt = F(t) + C = F[g^{-1}(x)] + C.$$

La fórmula de integración por cambio de variable la utilizaremos en un sentido derivado de la fórmula del enunciado: si además de las condiciones del enunciado, g es inyectiva, componiendo por la derecha con g^{-1}, en los dos miembros de la fórmula, resulta

$$\int f = \left[\int (f \circ g)\, g'\right] \circ g^{-1},$$

en la que partimos de la integral de la función f, hacemos el cambio de variable dado por g, y finalmente deshacemos el cambio de variable componiendo con g^{-1}, como veremos en los ejemplos siguientes.

■ **Ejemplo 6.2** Para hallar la integral

$$\int \frac{dx}{\sqrt{1-x^2}}$$

hacemos el cambio $x = \operatorname{sen} t$, entonces es $dx = \cos t\, dt$ y $t = \operatorname{arcsen} x$, y tenemos:

$$\int \frac{dx}{\sqrt{1-x^2}} = \int \frac{\cos t\, dt}{\sqrt{1-\operatorname{sen}^2 t}} = \int \frac{\cos t\, dt}{\cos t} = \int dt = t + C = \operatorname{arcsen} x + C.$$

■ **Ejemplo 6.3** Para calcular

$$\int \frac{3^x}{1+3^x}\, dx$$

hacemos el cambio $3^x = t$, entonces es $3^x \ln 3\, dx = dt$, de donde $dx = \dfrac{dt}{3^x \ln 3} = \dfrac{dt}{t \ln 3}$, y será

$$\int \frac{3^x}{1+3^x}\, dx = \int \frac{t}{1+t}\, \frac{dt}{t \ln 3} = \frac{1}{\ln 3} \int \frac{dt}{1+t} = \frac{1}{\ln 3} \ln|1+t| + C = \frac{1}{\ln 3} \ln(1+3^x) + C.$$

■ **Ejemplo 6.4** Para hallar

$$I = \int \frac{1}{x \ln x}\, dx$$

hacemos el cambio $\ln x = t$, es $\frac{1}{x} dx = dt$, de donde

$$I = \int \frac{1}{t}\, dt = \ln|t| + C = \ln|\ln x| + C.$$

6.3. INTEGRACIÓN POR PARTES

■ **Proposición (Integración por partes)** *Sean u y v dos funciones con derivadas continuas en el intervalo I, entonces*

$$\int u\, dv = uv - \int v\, du.$$

Esta fórmula puede escribirse

$$\int u(x) v'(x)\, dx = u(x) v(x) - \int u'(x) v(x)\, dx,$$

siendo válida salvo constante, que se añade al quitar la última integral.

El método de integración por partes es eficiente para integrandos de las formas:

1. Productos de polinomios por senos o cosenos.
2. Productos de polinomios por funciones exponenciales.
3. Productos de funciones exponenciales por senos o cosenos.
4. Productos de polinomios por funciones trigonométricas inversas.
5. Productos de polinomios por logaritmos.
6. Algunas expresiones irracionales.

■ **Ejemplo 6.5** Para calcular la integral

$$\int xe^x dx$$

hacemos

$$u = x, \qquad du = dx,$$
$$dv = e^x dx, \qquad v = e^x,$$

y resulta

$$\int xe^x dx = xe^x - \int e^x dx = xe^x - e^x + C = e^x(x - 1) + C.$$

■ **Ejemplo 6.6** La integral

$$\int x^2 \ln x dx$$

se resuelve haciendo

$$u = \ln x \qquad du = \frac{1}{x} dx$$
$$dv = x^2 dx \qquad v = \frac{x^3}{3}$$

pues obtenemos

$$\int x^2 \ln x dx = \frac{x^3}{3} \ln x - \int \frac{x^3}{3} \frac{1}{x} dx$$
$$= \frac{x^3}{3} \ln x - \int \frac{x^2}{3} dx = \frac{x^3}{3} \ln x - \frac{1}{3} \frac{x^3}{3} + C = \frac{x^3}{3} \left(\ln x - \frac{1}{3} \right) + C.$$

6.4. INTEGRACIÓN DE FUNCIONES RACIONALES

Se trata de calcular la integral de una función racional

$$\int \frac{P(x)}{Q(x)} dx,$$

donde $P(x), Q(x)$ son dos polinomios con coeficientes reales.

Si el grado del numerador es mayor o igual que el del denominador, se efectúa la división

$$\frac{P(x)}{Q(x)} = C(x) + \frac{R(x)}{Q(x)},$$

y como la integral del polinomio $C(x)$ es inmediata, el problema se reduce a calcular la integral

$$\int \frac{R(x)}{Q(x)} dx,$$

cuyo numerador tiene menor grado que el denominador. Para resolverlo es necesario acudir a la *descomposición en fracciones simples*.

■ **Ejemplo 6.7** Para hallar la integral

$$\int \frac{x^2 - x}{x + 3} dx,$$

efectuando la división, por Ruffini, queda

$$\int \frac{x^2 - x}{x + 3} dx = \int (x - 4) + \frac{12}{x + 3} dx = \int (x - 4) dx + 12 \int \frac{dx}{x + 3}$$
$$= \frac{x^2}{2} - 4x + C_1 + 12 \ln |x + 3| + C_2 = \frac{x^2}{2} - 4x + \ln(x + 3)^{12} + C.$$

Llamamos *fracción simple* a una expresión de la forma

$$\frac{A}{(x-a)^k} \qquad \text{o} \qquad \frac{Mx+N}{\left[(x-p)^2+q^2\right]^k},$$

donde A y a o M, N, p y q son números reales y k es un número natural.

■ **Teorema (de descomposición de funciones racionales)** *Toda función racional*

$$\frac{R(x)}{Q(x)},$$

con $\mathrm{gr}\big(R(x)\big) < \mathrm{gr}\big(Q(x)\big)$, *es suma de fracciones simples cuyos denominadores son los factores del polinomio* $Q(x)$.

Para descomponer una función en fracciones simples, primero hemos de descomponer el denominador $Q(x)$ en factores irreducibles y después hallar los coeficientes que aparecen en los numeradores de las fracciones simples. La factorización de $Q(x)$ se obtiene aplicando el teorema que afirma que si a es una raíz (real o compleja) de la ecuación $Q(x) = 0$, entonces $x - a$ es un factor del polinomio $Q(x)$; además, si a es una raíz de multiplicidad n, entonces $(x - a)^k$ es un factor de este polinomio para todo $k \leq n$. Además, si $p + qi$ es una raíz compleja de la ecuación $Q(x) = 0$ con coeficientes reales, entonces $p - qi$, también es raíz de esta ecuación (de la misma multiplicidad), y entonces el polinomio $Q(x)$ tiene el producto $(x - p - qi)(x - p + qi) = (x - p)^2 + q^2$ como factor.

Los coeficientes que aparecen en los numeradores de las fracciones simples se hallan generalmente por el llamado *método de los coeficientes indeterminados,* que estudiaremos con ejemplos. Veremos también que las fracciones simples pueden integrarse por los métodos que ya hemos estudiado.

Haremos este estudio en cuatro casos, dependiendo del tipo de raíces del denominador.

Sólo raíces reales simples

Sean $a_1, a_2, \ldots, a_n$ las raíces reales simples de $Q(x)$, en este caso descomponemos en la forma

$$\frac{R(x)}{Q(x)} = \frac{A_1}{x - a_1} + \frac{A_2}{x - a_2} + \cdots + \frac{A_n}{x - a_n}$$

y entonces será

$$\int \frac{R(x)}{Q(x)}dx = A_1 \int \frac{dx}{x - a_1} + A_2 \int \frac{dx}{x - a_2} + \cdots + A_n \int \frac{dx}{x - a_n}$$
$$= A_1 \ln|x - a_1| + A_2 \ln|x - a_2| + \cdots + A_n \ln|x - a_n|$$

donde los coeficientes $A_1, A_2, \ldots, A_n$ se determinan, de modo único, identificando los polinomios como veremos en el ejemplo.

■ **Ejemplo 6.8** Hallemos la integral

$$\int \frac{x\,dx}{(x+1)(x-2)}.$$

Puesto que el grado del numerador es menor que el del denominador, descomponemos en fracciones simples:

$$\frac{x}{(x+1)(x-2)} = \frac{A}{x+1} + \frac{B}{x-2} = \frac{A(x-2) + B(x+1)}{(x+1)(x-2)}.$$

De la igualdad de los numeradores

$$x = A(x-2) + B(x+1)$$

calcularemos los valores de los coeficientes A y B, por uno de estos dos métodos:

Primer método: Operando en la igualdad anterior, queda

$$x = (A + B)x + (-2A + B)$$

e identificando los coeficientes de estos dos polinomios de primer grado, resulta el sistema

$$\begin{cases} A + B = 1 \\ -2A + B = 0 \end{cases} \Rightarrow \begin{cases} A = 1/3 \\ B = 2/3 \end{cases}$$

luego

$$\int \frac{x\,dx}{(x+1)(x-2)} = \frac{1}{3} \int \frac{dx}{x+1} + \frac{2}{3} \int \frac{dx}{x-2} = \frac{1}{3} \ln|x+1| + \frac{2}{3} \ln|x-2| + C$$

$$= \ln \sqrt[3]{|x+1|} + \ln \sqrt[3]{(x-2)^2} + C = \ln \sqrt[3]{|x+1|\,(x-2)^2} + C.$$

Segundo método: Como la igualdad de polinomios

$$x = A(x-2) + B(x+1)$$

es válida para todo valor real de x, bastará dar a x dos valores convenientes. Como -1 y 2 anulan uno de los sumandos de la igualdad anterior, al sustituir en ella se tiene

$$\left.\begin{array}{ll} \text{para } x = -1: & -1 = -3A \\ \text{para } x = 2: & 2 = 3B \end{array}\right\} \quad \text{es decir,} \quad \left.\begin{array}{l} A = 1/3 \\ B = 2/3 \end{array}\right\}$$

y el proceso es más cómodo.

También es posible combinar ambos métodos, es decir, dar algunos valores para sacar unas ecuaciones y considerar términos de alguna potencia, como término de mayor grado o término independiente, para obtener otras ecuaciones.

Con raíces reales múltiples

Sea a una raíz real con multiplicidad n. En este caso descomponemos

$$\frac{R(x)}{Q(x)} = \frac{R(x)}{(x-a)^n} = \frac{A_1}{x-a} + \frac{A_2}{(x-a)^2} + \cdots + \frac{A_n}{(x-a)^n},$$

y de este modo, integrando la primera fracción simple obtendremos un logaritmo y de las demás obtendremos potencias de $x - a$:

$$\int \frac{A_k}{(x-a)^k}\,dx = A_k \int (x-a)^{-k}\,dx = A_k \frac{(x-a)^{-k+1}}{-k+1} + C.$$

Esta descomposición se realiza para cada una de las raíces y los coeficientes se determinan igualando los polinomios como veremos en el siguiente ejemplo.

■ **Ejemplo 6.9** En la integral

$$\int \frac{x^2 + 3}{(x-1)(x+2)^2}\,dx$$

tenemos una raíz simple y otra doble en el denominador, la descomposición es

$$\frac{x^2 + 3}{(x-1)(x+2)^2} = \frac{A}{x-1} + \frac{B}{x+2} + \frac{C}{(x+2)^2},$$

operando obtenemos que

$$x^2 + 3 = A(x+2)^2 + B(x-1)(x+2) + C(x-1).$$

Podemos identificar los polinomios, o dar valores, o mezclando ambos métodos:

$$
\begin{array}{lll}
\text{para } x = 1: & 4 = 9A \\
\text{para } x = -2: & 7 = -3C \\
\text{término de mayor grado:} & 1 = A + B
\end{array}
\left.\begin{array}{l} \\ \\ \\ \end{array}\right\}
\quad \text{es decir,} \quad
\begin{array}{l}
A = 4/9 \\
C = -7/3 \\
B = 5/9
\end{array}
\left.\begin{array}{l} \\ \\ \\ \end{array}\right\},
$$

de donde

$$
\begin{aligned}
\int \frac{x^2 + 3}{(x-1)(x+2)^2}\, dx &= \frac{4}{9}\int \frac{dx}{x-1} + \frac{5}{9}\int \frac{dx}{x+2} - \frac{7}{3}\int \frac{dx}{(x+2)^2} \\
&= \frac{4}{9}\ln|x-1| + \frac{5}{9}\ln|x+2| - \frac{7}{3}\int (x+2)^{-2}\,dx \\
&= \ln \sqrt[9]{|x-1|^4} + \ln \sqrt[9]{|x+2|^5} - \frac{7}{3}\frac{(x+2)^{-1}}{-1} + K \\
&= \ln \sqrt[9]{|x-1|^4\,|x+2|^5} + \frac{7}{3(x+2)} + K.
\end{aligned}
$$

Con raíces complejas simples

Como $Q(x)$ tiene coeficientes reales, si tiene una raíz compleja $p + qi$, tiene su conjugada $p - qi$; a esta pareja de raíces le asignamos una fracción del tipo

$$\frac{Mx + N}{(x - p - qi)(x - p + qi)} = \frac{Mx + N}{(x-p)^2 + q^2},$$

de este modo no aparecerán en ningún momento números complejos en la integración. Cada una de estas integrales se transformará en dos: una de tipo logaritmo y otra de la forma arco tangente:

$$
\begin{aligned}
\int \frac{Mx + N}{(x-p)^2 + q^2}\, dx &= \int \frac{Mx - Mp + Mp + N}{(x-p)^2 + q^2}\, dx \\
&= M\int \frac{x - p}{(x-p)^2 + q^2}\, dx + (Mp + N)\int \frac{dx}{(x-p)^2 + q^2} \\
&= \frac{M}{2}\int \frac{2(x-p)}{(x-p)^2 + q^2}\, dx + \frac{Mp + N}{q^2}\int \frac{dx}{\left(\frac{x-p}{q}\right)^2 + 1} \\
&= \frac{M}{2}\ln\left((x-p)^2 + q^2\right) + \frac{Mp + N}{q}\int \frac{\frac{1}{q}}{\left(\frac{x-p}{q}\right)^2 + 1}\, dx \\
&= \frac{M}{2}\ln\left((x-p)^2 + q^2\right) + \frac{Mp + N}{q}\operatorname{arctg}\left(\frac{x-p}{q}\right) + C.
\end{aligned}
$$

■ **Ejemplo 6.10** Hallemos

$$\int \frac{2x + 1}{(x-1)(x^2 + x + 1)}\, dx$$

Las raíces del denominador son $1, \frac{-1}{2} \pm \frac{\sqrt{3}}{2}i$. Es decir, una raíz real simple y una pareja de raíces complejas conjugadas, por lo que la descomposición adecuada es

$$\frac{2x + 1}{(x-1)(x^2 + x + 1)} = \frac{A}{x - 1} + \frac{Mx + N}{x^2 + x + 1},$$

luego debe ser

$$2x + 1 = A(x^2 + x + 1) + (Mx + N)(x - 1),$$

y agrupando queda

$$2x + 1 = (A + M)x^2 + (A - M + N)x + A - N;$$

si ahora identificamos coeficientes se obtiene $A = 1$, $M = -1$, $N = 0$. Por ello será

$$\begin{aligned}
\int \frac{2x+1}{(x-1)(x^2+x+1)}dx &= \int \frac{dx}{x-1} + \int \frac{-x}{x^2+x+1}dx \\
&= \ln|x-1| - \frac{1}{2}\int \frac{2x+1}{x^2+x+1}dx + \frac{1}{2}\int \frac{1}{x^2+x+1}dx \\
&= \ln|x-1| - \frac{1}{2}\ln(x^2+x+1) + \frac{1}{2}\int \frac{1}{(x+\frac{1}{2})^2+\frac{3}{4}}dx \\
&= \ln\frac{|x-1|}{\sqrt{x^2+x+1}} + \frac{1}{2}\frac{1}{\frac{3}{4}}\int \frac{1}{\frac{(x+\frac{1}{2})^2}{\frac{3}{4}}+1}dx \\
&= \ln\frac{|x-1|}{\sqrt{x^2+x+1}} + \frac{1}{2}\frac{2}{\sqrt{3}}\int \frac{\frac{2}{\sqrt{3}}}{\left(\frac{2x+1}{\sqrt{3}}\right)^2+1}dx \\
&= \ln\frac{|x-1|}{\sqrt{x^2+x+1}} + \frac{1}{\sqrt{3}}\operatorname{arctg}\frac{2x+1}{\sqrt{3}} + C.
\end{aligned}$$

Con raíces complejas múltiples

Si las raíces $p \pm qi$ son de multiplicidad n, descomponemos en la forma

$$\frac{R(x)}{Q(x)} = \frac{M_1 x + N_1}{(x-p)^2+q^2} + \frac{M_2 x + N_2}{\left[(x-p)^2+q^2\right]^2} + \cdots + \frac{M_n x + N_n}{\left[(x-p)^2+q^2\right]^n}$$

y el cálculo de las integrales del tipo

$$\frac{Mx+N}{\left[(x-p)^2+q^2\right]^k}$$

puede hacerse, como vamos a ver, por tres métodos, a saber: *reducción de exponente, fórmula de reducción* y por el *método de Hermite* (también llamado, más propiamente, de Hermite-Ostrogradski).

Reducción de exponente

$$\begin{aligned}
\int \frac{Mx+N}{\left[(x-p)^2+q^2\right]^k}dx &= \int \frac{M(x-p)+Mp+N}{\left[(x-p)^2+q^2\right]^k}dx \\
&= \frac{M}{2}\int \frac{2(x-p)dx}{\left[(x-p)^2+q^2\right]^k} + (Mp+N)\int \frac{dx}{\left[(x-p)^2+q^2\right]^k}
\end{aligned}$$

La primera de estas dos integrales puede calcularse fácilmente:

$$\int \frac{2(x-p)}{\left[(x-p)^2+q^2\right]^k}dx = \int u^{-k}du = \frac{u^{-k+1}}{-k+1} = \frac{1}{(1-k)u^{k-1}} = \frac{1}{(1-k)[(x-p)^2+q^2]^{k-1}}$$

y a la segunda integral vamos a llamarla I_k.

$$I_k = \int \frac{dx}{[(x-p)^2 + q^2]^k} = \int \frac{dt}{[t^2 + q^2]^k} = \frac{1}{q^2} \int \frac{t^2 + q^2 - t^2}{[t^2 + q^2]^k} dt$$

$$= \frac{1}{q^2} \int \frac{dt}{[t^2 + q^2]^{k-1}} - \frac{1}{q^2} \int \frac{t^2}{[t^2 + q^2]^k} dt.$$

Calculando esta última integral por partes, hacemos

$$u = t, \qquad\qquad du = dt$$

$$dv = \frac{tdt}{[t^2 + q^2]^k}, \qquad v = \frac{1}{2} \int [t^2 + q^2]^{-k} 2tdt = \frac{[t^2 + q^2]^{-k+1}}{2(-k+1)} = \frac{1}{2(1-k)[t^2 + q^2]^{k-1}},$$

y queda

$$I_k = \frac{1}{q^2} I_{k-1} - \frac{1}{q^2} \left[\frac{t}{2(1-k)[t^2 + q^2]^{k-1}} - \int \frac{dt}{2(1-k)[t^2 + q^2]^{k-1}} \right]$$

$$= \frac{1}{q^2} I_{k-1} + \frac{t}{2q^2(k-1)[t^2 + q^2]^{k-1}} + \frac{1}{2q^2(1-k)} \int \frac{dt}{[t^2 + q^2]^{k-1}}$$

$$= \frac{1}{q^2} \left(1 + \frac{1}{2(1-k)} \right) I_{k-1} + \frac{x-p}{2q^2(k-1)[(x-p)^2 + q^2]^{k-1}}.$$

■ **Ejemplo 6.11** Para hallar la integral

$$\int \frac{x^2 + 1}{(x-1)(x^2 + 2)^2} dx,$$

descomponiendo

$$\frac{x^2 + 1}{(x-1)(x^2 + 2)^2} = \frac{A}{x-1} + \frac{Mx + N}{x^2 + 2} + \frac{Px + Q}{(x^2 + 2)^2},$$

se obtiene

$$\int \frac{x^2 + 1}{(x-1)(x^2 + 2)^2} dx = \frac{2}{9} \int \frac{dx}{x-1} - \frac{2}{9} \int \frac{x+1}{x^2 + 2} dx + \frac{1}{3} \int \frac{x+1}{(x^2 + 2)^2} dx$$

$$= \frac{2}{9} \ln|x-1| - \frac{2}{9} \left[\frac{1}{2} \ln(x^2 + 2) + \frac{\sqrt{2}}{2} \operatorname{arctg} \frac{x}{\sqrt{2}} \right] + \frac{1}{3} \int \frac{x+1}{(x^2 + 2)^2} dx.$$

Esta última integral la expresamos como suma de dos en la forma

$$\int \frac{x+1}{(x^2 + 2)^2} dx = \int \frac{x}{(x^2 + 2)^2} dx + \int \frac{1}{(x^2 + 2)^2} dx = \frac{-1}{2} \frac{1}{x^2 + 2} + I_2,$$

siendo I_2 la última integral, y que vamos a calcular por reducción

$$I_2 = \int \frac{1}{(x^2 + 2)^2} dx = \frac{1}{2} \int \frac{2 + x^2 - x^2}{(x^2 + 2)^2} dx$$

$$= \frac{1}{2} \int \frac{1}{x^2 + 2} dx - \frac{1}{2} \int \frac{x^2}{(x^2 + 2)^2} dx = \frac{1}{2} I_1 - \frac{1}{2} \int \frac{x^2}{(x^2 + 2)^2} dx$$

y esta última integral la calculamos por partes, siendo

$$u = x, \qquad\qquad du = dx,$$

$$dv = \frac{xdx}{(x^2 + 2)^2}, \qquad v = \int \frac{xdx}{(x^2 + 2)^2} = \frac{1}{2} \int (x^2 + 2)^{-2} 2xdx = \frac{1}{2} \frac{-1}{(x^2 + 2)},$$

y de este modo se tiene que

$$I_2 = \frac{1}{2}I_1 - \frac{1}{2}\left[\frac{-x}{2(x^2+2)} + \frac{1}{2}\int\frac{1}{x^2+2}dx\right]$$

$$= \frac{1}{2}I_1 + \frac{x}{4(x^2+2)} - \frac{1}{4}I_1 = \frac{1}{4}I_1 + \frac{x}{4(x^2+2)} = \frac{1}{4\sqrt{2}}\operatorname{arctg}(\frac{x}{\sqrt{2}}) + \frac{x}{4(x^2+2)} + C,$$

ya que es $I_1 = \frac{1}{\sqrt{2}}\operatorname{arctg}(\frac{x}{\sqrt{2}})$.

Fórmula de reducción

La fórmula de reducción obtenida

$$I_k = \frac{1}{q^2}\left(1 + \frac{1}{2(1-k)}\right)I_{k-1} + \frac{x-p}{2q^2(k-1)\left[(x-p)^2+q^2\right]^{k-1}}$$

puede aplicarse directamente, si se dispone de ella.

Método de Hermite

Este método sirve también para el caso en que el denominador presenta raíces reales múltiples.

■ **Proposición (Método de Hermite)** *La integral de la función racional $\frac{R(x)}{Q(x)}$, con $\operatorname{gr}(R(x)) < \operatorname{gr}(Q(x))$, puede calcularse por la fórmula*

$$\int\frac{R(x)}{Q(x)}dx = \frac{X(x)}{Q_1(x)} + \int\frac{Y(x)}{Q_2(x)}dx,$$

donde, $Q_2(x) = (x-a_1)(x-a_2)\ldots\left[(x-p)^2+q^2\right]\ldots$, contiene los factores de las raíces reales y pares de complejas conjugadas, elevados a 1, $Q_1(x) = \frac{Q(x)}{Q_2(x)}$, es decir, contiene los restantes factores y $X(x)$, $Y(x)$, son polinomios indeterminados de grado uno menos que sus denominadores, cuyos coeficientes se hallan derivando la expresión.

■ **Ejemplo 6.12**   El denominador de la integral

$$\int\frac{x^2-2}{x^3(x^2+1)^2}dx$$

tiene por raíces 0, triple y $\pm i$, dobles. Descomponiendo por Hermite

$$\int\frac{x^2-2}{x^3(x^2+1)^2}dx = \frac{Ax^3+Bx^2+Cx+D}{x^2(x^2+1)} + \int\frac{Ex^2+Fx+G}{x(x^2+1)}dx$$

$$= \frac{Ax^3+Bx^2+Cx+D}{x^2(x^2+1)} + \int\frac{H}{x}dx + \int\frac{Mx+N}{x^2+1}dx.$$

Este último paso lo hacemos porque nos causará el mismo trabajo hallar E, F, G, para luego descomponer, que hallar directamente H, M, N, ya descompuesta.

Derivando esta última igualdad, se tiene

$$\frac{x^2-2}{x^3(x^2+1)^2} = \frac{x^2(x^2+1)(3Ax^2+2Bx+C) - (Ax^3+Bx^2+Cx+D)(4x^3+2x)}{x^4(x^2+1)^2} + \frac{H}{x} + \frac{Mx+N}{x^2+1}$$

simplificando entre x, y operando queda

$$\frac{x^2-2}{x^3(x^2+1)^2} = \frac{(x^3+x)(3Ax^2+2Bx+C) - (Ax^3+Bx^2+Cx+D)(4x^2+2)}{x^3(x^2+1)^2} + \frac{H}{x} + \frac{Mx+N}{x^2+1},$$

de donde, reduciendo a común denominador, e igualando los numeradores, resulta

$$x^2 - 2 = (x^3 + x)(3Ax^2 + 2Bx + C) - (Ax^3 + Bx^2 + Cx + D)(4x^2 + 2)$$
$$+ Hx^2(x^2 + 1)^2 + (Mx + N)x^3(x^2 + 1),$$

polinomios de grado 6 que permiten calcular los 7 coeficientes indeterminados, pues dando a x los valores 0 e i, que son raíces, y considerando los términos de mayor grado se obtienen cuatro ecuaciones, para hallar tres ecuaciones más damos a x otros valores sencillos como $1, 2$ y -1, obteniendo

$$
\begin{array}{lll}
x = 0 \;\Rightarrow & D = 1 & \begin{cases} A = 0 \\ B = 5/2 \end{cases} \\
x = i \begin{cases} \Rightarrow \\ \Rightarrow \end{cases} & \begin{cases} A = C \\ B = 5/2 \end{cases} & C = 0 \\
\text{término en } x^6 & H + M = 0 & D = 1 \\
\text{si } x = 1 & & H = 5 \\
\text{si } x = 2 & & M = -5 \\
\text{si } x = -1 & & N = 0
\end{array}
$$

Queda

$$\int \frac{x^2 - 2}{x^3(x^2 + 1)^2}\,dx = \frac{\frac{5}{2}x^2 + 1}{x^2(x^2 + 1)} + \int \frac{5}{x}\,dx + \int \frac{-5x}{x^2 + 1}\,dx$$

$$= \frac{5x^2 + 2}{2x^2(x^2 + 1)} + 5\ln|x| - \frac{5}{2}\ln(x^2 + 1) + C$$

$$= \frac{5x^2 + 2}{2x^2(x^2 + 1)} + \ln\left(\frac{|x|}{\sqrt{x^2 + 1}}\right)^5 + C.$$

6.5. INTEGRACIÓN DE ALGUNAS FUNCIONES IRRACIONALES

Puesto que todas las integrales racionales pueden integrarse, vamos a ver cómo hallar algunas integrales irracionales convirtiéndolas en racionales mediante un cambio de variable. Estudiaremos ahora cuatro tipos de irracionales algebraicas, dejando las trascendentes para más adelante.

Funciones irracionales en x

Son de la forma

$$\int R\left[x^{\frac{p_1}{q_1}}, x^{\frac{p_2}{q_2}}, \dots\right] dx,$$

donde R es una función racional y los números $p_1/q_1, p_2/q_2, \dots$, son racionales. Estas integrales se reducen a racionales mediante el cambio

$$x^{\frac{1}{m}} = t, \qquad \text{es decir,} \qquad x = t^m,$$

siendo m el mínimo común múltiplo de los denominadores, $m = \text{mcm}\{q_1, q_2, \dots\}$.

■ **Ejemplo 6.13** Para calcular la integral

$$\int \frac{dx}{\sqrt[3]{x} + \sqrt{x}},$$

como es $6 = \text{mcm}\{3, 2\}$, haciendo $\sqrt[6]{x} = t$, es $\sqrt[3]{x} = t^2$, $\sqrt{x} = t^3$, $x = t^6$, $dx = 6t^5 dt$ y resulta

$$\int \frac{dx}{\sqrt[3]{x} + \sqrt{x}} = \int \frac{6t^5 dt}{t^2 + t^3} = 6\int \frac{t^3}{t + 1}\,dt = 6\int\left(t^2 - t + 1 - \frac{1}{t + 1}\right) dt$$

$$= 6\left(\frac{t^3}{3} - \frac{t^2}{2} + t\right) - 6\ln|t + 1| + C$$

$$= 2\sqrt{x} - 3\sqrt[3]{x} + 6\sqrt[6]{x} - 6\ln(1 + \sqrt[6]{x}) + C.$$

Funciones irracionales en x y $\dfrac{ax+b}{cx+d}$

Estas integrales son de la forma

$$\int R\left[x,\left(\frac{ax+b}{cx+d}\right)^{\frac{p_1}{q_1}},\left(\frac{ax+b}{cx+d}\right)^{\frac{p_2}{q_2}},\dots\right]dx,$$

siendo R una función racional, a, b, c, d números reales y p_1/q_1, p_2/q_2, …, números racionales. Mediante el cambio de variable

$$\left(\frac{ax+b}{cx+d}\right)^{\frac{1}{m}}=t,$$

siendo $m=\mathrm{mcm}\{q_1,q_2,\dots\}$, estas integrales se transforman en racionales.

■ **Ejemplo 6.14**   En la integral

$$\int\frac{x\,dx}{\sqrt[3]{(x+2)^2}-\sqrt{x+2}},$$

hagamos $\sqrt[6]{x+2}=t$, de donde $x=t^6-2$, $dx=6t^5 dt$, resultando

$$\int\frac{x\,dx}{\sqrt[3]{(x+2)^2}-\sqrt{x+2}}=\int\frac{(t^6-2)6t^5 dt}{t^4-t^3}=6\int\frac{t^8-2t^2}{t-1}dt,$$

que es una integral racional.

Irracionales cuadráticas

Son de la forma

$$\int R\left[x,\sqrt{ax^2+bx+c}\right]dx,$$

siendo R una función racional, a,b,c números reales y $a\neq 0$.

Estas integrales pueden reducirse a racionales mediante el cambio de variable que indicamos en los siguientes casos:

A Si es $a>0$, hacemos $\sqrt{ax^2+bx+c}=\sqrt{a}\,x+t$.

B Si es $c>0$, hacemos $\sqrt{ax^2+bx+c}=tx+\sqrt{c}$.

C Si son $a<0$, $c<0$ se pone $ax^2+bx+c=a(x-r_1)(x-r_2)$, y hacemos $\sqrt{ax^2+bx+c}=t(x-r_1)$.

También pueden ser convertidas fácilmente en trigonométricas en los siguientes casos:

A' $\displaystyle\int R\left[x,\sqrt{a^2-x^2}\right]dx$. Cambio $x=a\operatorname{sen}t$ o bien $x=a\cos t$.

B' $\displaystyle\int R\left[x,\sqrt{a^2+x^2}\right]dx$. Cambio $x=a\operatorname{tg}t$.

C' $\displaystyle\int R\left[x,\sqrt{x^2-a^2}\right]dx$. Cambio $x=\dfrac{a}{\cos t}$.

En el caso particular de integrales cuadráticas que sean de la forma

$$\int\frac{P(x)}{\sqrt{ax^2+bx+c}}dx,$$

o que puedan reducirse a esta forma, donde $P(x)$ es un polinomio de grado n, puede utilizarse además de los cambios citados la siguiente descomposición, llamada *método alemán*,

$$\int\frac{P(x)}{\sqrt{ax^2+bx+c}}dx=Q(x)\sqrt{ax^2+bx+c}+K\int\frac{dx}{\sqrt{ax^2+bx+c}},$$

siendo $Q(x)$ un polinomio de grado $n-1$. Donde el polinomio $Q(x)$ y la constante K se determinan por derivación, de forma análoga a como se hace en el método de Hermite.

■ **Ejemplo 6.15** En la integral

$$\int \frac{dx}{(1+x)\sqrt{1+x+x^2}},$$

haciendo el cambio $\sqrt{1+x+x^2} = x+t$, resulta, elevando al cuadrado y operando,

$$x = \frac{t^2-1}{1-2t}, \qquad dx = \frac{-2(t^2-t+1)}{(1-2t)^2}dt,$$

con lo que resulta la integral racional

$$\int \frac{dx}{(1+x)\sqrt{1+x+x^2}} = \int \frac{-2(t^2-t+1)dt}{\left(1+\dfrac{t^2-1}{1-2t}\right)\left(\dfrac{t^2-1}{1-2t}+t\right)(1-2t)^2} = \int \frac{2}{t^2-2t}dt.$$

■ **Ejemplo 6.16** Para la integral

$$\int \frac{dx}{\sqrt{4+x^2}},$$

con el cambio de variable indicado $x = 2\operatorname{tg}t$, $dx = \dfrac{2dt}{\cos^2 t}$, queda

$$\int \frac{dx}{\sqrt{4+x^2}} = \int \frac{2}{\sqrt{4+4\operatorname{tg}^2 t}}\frac{dt}{\cos^2 t} = \int \frac{1}{\sqrt{1+\operatorname{tg}^2 t}}\frac{dt}{\cos^2 t} = \int \frac{\cos t\,dt}{\cos^2 t} = \int \frac{dz}{1-z^2}$$

$$= \frac{1}{2}\int \frac{dz}{1-z} + \frac{1}{2}\int \frac{dz}{1+z} = \frac{-1}{2}\ln|1-z| + \frac{1}{2}\ln|1+z| + C$$

$$= \frac{1}{2}\ln\left|\frac{1+z}{1-z}\right| + C = \ln\sqrt{\frac{1+\operatorname{sen}t}{1-\operatorname{sen}t}} + C =$$

$$= \ln\left|\frac{\sqrt{4+x^2}+x}{2}\right| + C,$$

donde se ha hecho el cambio $\operatorname{sen}t = z$ en la integral trigonométrica.

■ **Ejemplo 6.17** Para calcular la integral

$$\int \frac{9x^3+28x+1}{\sqrt{4+x^2}}dx,$$

podemos descomponer por el método alemán en la forma

$$\int \frac{9x^3+28x+1}{\sqrt{4+x^2}}dx = (Ax^2+Bx+C)\sqrt{4+x^2} + K\int \frac{1}{\sqrt{4+x^2}}dx,$$

donde bastará hallar los coeficientes A, B, C y K, dado que la última integral está calculada en el Ejemplo 6.16. Derivando en ambos miembros en la descomposición anterior queda

$$\frac{9x^3+28x+1}{\sqrt{4+x^2}} = (2Ax+B)\sqrt{4+x^2} + (Ax^2+Bx+C)\frac{2x}{2\sqrt{4+x^2}} + \frac{K}{\sqrt{4+x^2}}$$

$$= \frac{(2Ax+B)(4+x^2) + (Ax^2+Bx+C)x + K}{\sqrt{4+x^2}},$$

de donde

$$9x^3+28x+1 = 3Ax^3 + 2Bx^2 + (8A+C)x + 4B + K,$$

e identificando tenemos el sistema

$$\left.\begin{array}{r} 3A = 9 \\ 2B = 0 \\ 8A + C = 28 \\ 4B + K = 1 \end{array}\right\}$$

cuya solución es $A = 3, B = 0, C = 4$ y $K = 1$.

Integrales binomias

Son las integrales de la forma

$$\int x^m (a + bx^n)^p dx$$

siendo a, b reales no nulos y m, n, p números racionales con $n \neq 0$.

Con el cambio de variable $x^n = t$, es $x = t^{1/n}$, $dx = \frac{t^{\frac{1-n}{n}}}{n} dt$, resultando

$$\int x^m (a + bx^n)^p dx = \frac{1}{n} \int t^{\frac{m}{n}} (a + bt)^p t^{\frac{1-n}{n}} dt = \frac{1}{n} \int t^q (a + bt)^p dt,$$

siendo $q = \frac{m}{n} + \frac{1-n}{n} = \frac{m-n+1}{n}$.

Si alguno de los tres números p, q, $p + q$, es entero, la última integral es una función irracional en x y $\frac{ax+b}{cx+d}$, con $c = 0$, $d = 1$, y puede calcularse. El cambio a efectuar, siendo r, s enteros, es el siguiente:

A Si p es entero, hacemos $t = z^s$, siendo $q = \frac{r}{s}$,

B Si q es entero, hacemos $a + bt = z^s$, siendo $p = \frac{r}{s}$,

C Si $p + q$ es entero, hacemos $\frac{a+bt}{t} = z^s$, siendo $p = \frac{r}{s}$.

■ **Ejemplo 6.18** La integral

$$I = \int \frac{dx}{x\sqrt{(2 + 3x^2)^3}} = \int x^{-1}(2 + 3x^2)^{-3/2} dx,$$

con el cambio $x^2 = t$, $x = \sqrt{t}$, $dx = \frac{1}{2}t^{-1/2}dt$, queda

$$I = \int t^{-1/2}(2 + 3t)^{-3/2}\frac{t^{-1/2}dt}{2} = \frac{1}{2}\int t^{-1}(2 + 3t)^{-3/2}dt,$$

y como es $q = -1 = \frac{-1}{1}$, hacemos el cambio $2 + 3t = z^2$, $t = \frac{z^2-2}{3}$, $dt = \frac{2zdz}{3}$,

$$I = \frac{1}{2}\int \frac{3}{z^2 - 2}z^{-3}\frac{2zdz}{3} = \int \frac{dz}{(z^2 - 2)z^2},$$

que es racional.

6.6. INTEGRACIÓN DE ALGUNAS FUNCIONES TRASCENDENTES

Tipo exponencial

Son integrales de la forma

$$\int R[a^x]dx,$$

que mediante el cambio $a^x = t$, quedan reducidas a integrales racionales.

■ **Ejemplo 6.19** En la integral

$$\int \frac{e^x - 3e^{2x}}{1 + e^x}dx,$$

hagamos el cambio $e^x = t$, entonces es $x = \ln t$, $dx = \frac{dt}{t}$, y queda

$$\int \frac{e^x - 3e^{2x}}{1 + e^x}dx = \int \frac{t - 3t^2}{1 + t}\frac{dt}{t} = \int \frac{1 - 3t}{1 + t}dt,$$

que es racional.

Funciones racionales en $\operatorname{sen} x$ y $\cos x$

La forma de estas integrales es

$$\int R\left[\operatorname{sen} x, \cos x\right] dx$$

y se convierten en racionales polinómicas con alguno de estos cuatro cambios:

A Si $R\left[\operatorname{sen} x, \cos x\right]$ es impar en $\cos x$, cambio $\operatorname{sen} x = t$,

B Si $R\left[\operatorname{sen} x, \cos x\right]$ es impar en $\operatorname{sen} x$, cambio $\cos x = t$,

C Si $R\left[\operatorname{sen} x, \cos x\right]$ es par en $\operatorname{sen} x, \cos x$, cambio $\operatorname{tg} x = t$,

D Todas estas integrales pueden hacerse con el cambio $\operatorname{tg} \frac{x}{2} = t$.

El caso D se aplica sólo cuando no es posible ninguno de los otros, más sencillos, y entonces es

$$\operatorname{sen} x = \frac{\operatorname{sen} x}{1} = \frac{2\operatorname{sen}\frac{x}{2}\cos\frac{x}{2}}{1} = \frac{2\operatorname{sen}\frac{x}{2}\cos\frac{x}{2}}{\cos^2\frac{x}{2}+\operatorname{sen}^2\frac{x}{2}} = \frac{2\operatorname{tg}\frac{x}{2}}{1+\operatorname{tg}^2\frac{x}{2}} = \frac{2t}{1+t^2},$$

$$\cos x = \frac{\cos x}{1} = \frac{\cos^2\frac{x}{2}-\operatorname{sen}^2\frac{x}{2}}{1} = \frac{\cos^2\frac{x}{2}-\operatorname{sen}^2\frac{x}{2}}{\cos^2\frac{x}{2}+\operatorname{sen}^2\frac{x}{2}} = \frac{1-\operatorname{tg}^2\frac{x}{2}}{1+\operatorname{tg}^2\frac{x}{2}} = \frac{1-t^2}{1+t^2}$$

y como es $x = 2\operatorname{arctg} t$, resulta entonces que es

$$dx = \frac{2dt}{1+t^2}.$$

Cuando tengamos producto de potencias de $\operatorname{sen} x$ y $\cos x$, es decir, integrales del tipo

$$\int \operatorname{sen}^m x \cos^n x\, dx,$$

con m, n enteros, utilizaremos los cambios de los casos A, B y C.

Una forma cómoda de expresar las razones trigonométricas necesarias en cada uno de estos cambios se tiene al considerar un triángulo rectángulo conveniente, como se observa en la Figura 6.1, donde por ejemplo en el cambio $\operatorname{tg} x = t$, resultan ser

$$\operatorname{sen} x = \frac{t}{\sqrt{1+t^2}} \qquad \text{y} \qquad \cos x = \frac{1}{\sqrt{1+t^2}}$$

sin más que aplicar al triángulo correspondiente las definiciones de seno y coseno.

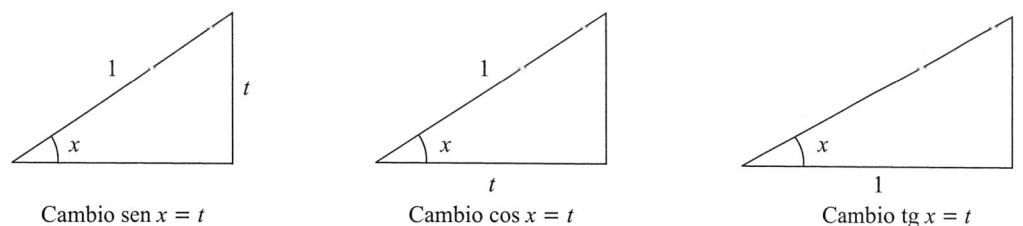

Cambio $\operatorname{sen} x = t$ Cambio $\cos x = t$ Cambio $\operatorname{tg} x = t$

Figura 6.1 Expresión de las razones trigonométricas dependiendo del cambio.

■ **Ejemplo 6.20** Calculemos la integral

$$\int \frac{\cos x}{\operatorname{sen}^3 x + 2\cos^2 x \operatorname{sen} x}\, dx.$$

Esta integral puede hacerse por los cuatro cambios considerados en las integrales racionales trigonométricas. Elegimos el A, lo que supone tomar $\operatorname{sen} x = t$, y $\cos x\, dx = dt$,

$$\int \frac{\cos x\, dx}{\operatorname{sen}^3 x + 2\cos^2 x \operatorname{sen} x} = \int \frac{dt}{t^3 + 2(1-t^2)t} = \int \frac{dt}{2t - t^3},$$

que es una integral racional con sólo raíces reales simples.

■ **Ejemplo 6.21**   En la integral

$$\int \frac{1 + \operatorname{sen} x}{\operatorname{sen} x \cos^2 x} dx,$$

sólo podemos aplicar el cambio D, siendo $\operatorname{tg} \frac{x}{2} = t$, resultando

$$\int \frac{1 + \operatorname{sen} x}{\operatorname{sen} x \cos^2 x} dx = \int \frac{1 + \frac{2t}{1+t^2}}{\frac{2t}{1+t^2} \left(\frac{1-t^2}{1+t^2}\right)^2} \frac{2dt}{1+t^2} = \int \frac{2(1 + t^2 + 2t)(1 + t^2)dt}{2t(1 - t^2)^2}$$

$$= \int \frac{(1 + t)^2(1 + t^2)dt}{t(1 - t^2)^2} = \int \frac{(1 + t)^2(1 + t^2)dt}{t(1 - t)^2(1 + t)^2} = \int \frac{1 + t^2}{t(1 - t)^2} dt,$$

que es una integral racional.

Producto de senos y cosenos

Son de la forma

$$\int \operatorname{sen} mx \cos nx dx, \quad m, n \in \mathbb{N}.$$

Estas integrales puden hacerse directamente, sin racionalizar, mediante las fórmulas de trigonometría que cambian productos a sumas y que vamos a revisar.

Como

$$\operatorname{sen}(A + B) = \operatorname{sen} A \cos B + \cos A \operatorname{sen} B$$
$$\operatorname{sen}(A - B) = \operatorname{sen} A \cos B - \cos A \operatorname{sen} B,$$

sumando queda

$$\operatorname{sen}(A + B) + \operatorname{sen}(A - B) = 2 \operatorname{sen} A \cos B,$$

luego

$$\int \operatorname{sen} A \cos B = \frac{1}{2} \int \operatorname{sen}(A + B) + \operatorname{sen}(A - B).$$

Además, como

$$\cos(A + B) = \cos A \cos B - \operatorname{sen} A \operatorname{sen} B$$
$$\cos(A - B) = \cos A \cos B + \operatorname{sen} A \operatorname{sen} B,$$

sumando resulta

$$\cos(A + B) + \cos(A - B) = 2 \cos A \cos B,$$

y restando resulta

$$\cos(A + B) - \cos(A - B) = -2 \operatorname{sen} A \operatorname{sen} B,$$

luego

$$\int \cos A \cos B = \frac{1}{2} \int \cos(A + B) + \cos(A - B)$$

y también

$$\int \operatorname{sen} A \operatorname{sen} B = \frac{1}{2} \int -\cos(A + B) + \cos(A - B).$$

■ **Ejemplo 6.22**   Para la siguiente integral tenemos

$$\int \operatorname{sen} 3x \cos 4x dx = \frac{1}{2} \int [\operatorname{sen} 7x + \operatorname{sen}(-x)] dx$$

$$= \frac{1}{2} \int \operatorname{sen} 7x dx - \frac{1}{2} \int \operatorname{sen} x dx = \frac{-\cos 7x}{14} + \frac{\cos x}{2} + C.$$

■ **Ejemplo 6.23**   La integral del coseno cuadrado es

$$\int \cos^2 x dx = \int \cos x \cos x dx = \frac{1}{2} \int [\cos 2x + \cos 0] dx$$

$$= \frac{1}{2} \int \cos 2x dx + \frac{1}{2} \int dx = \frac{1}{2} \frac{\operatorname{sen} 2x}{2} + \frac{1}{2} x + C = \frac{x}{2} + \frac{\operatorname{sen} 2x}{4} + C.$$

Integrales recurrentes

Algunas integrales que dependen de un parámetro $n \in \mathbb{N}$ pueden calcularse hallando una fórmula recurrente, como ocurre en la integral de siguiente ejemplo.

■ **Ejemplo 6.24** Para hallar la integral

$$I_n = \int x^n e^{-x} dx,$$

se tiene que para $n = 0$ es

$$I_0 = \int e^{-x} dx = -e^{-x} + C$$

y para el caso general, haciendo por partes $u = x^n$ y $dv = -e^{-x} dx$, es

$$I_n = \int x^n e^{-x} dx = -\int x^n (-e^{-x}) dx$$

$$= -x^n e^{-x} + \int nx^{n-1} e^{-x} dx = -x^n e^{-x} + n \int x^{n-1} e^{-x} dx = -x^n e^{-x} + nI_{n-1}.$$

PROBLEMAS RESUELTOS

6.1 Calcúlese la integral indefinida

$$\int \frac{1}{\sqrt{x}} e^{\sqrt{x}} dx.$$

RESOLUCIÓN. Puesto que la derivada de la raíz cuadrada de x es $\frac{1}{2\sqrt{x}}$, multiplicando y dividiendo por 2, tenemos que

$$\int \frac{1}{\sqrt{x}} e^{\sqrt{x}} dx = 2 \int \frac{1}{2\sqrt{x}} e^{\sqrt{x}} dx = 2 \int e^{\sqrt{x}} (\sqrt{x})' dx = 2e^{\sqrt{x}} + C.$$

Lo que hacemos es considerar la función $u(x) = \sqrt{x}$ y como $u'(x) = (\sqrt{x})' = \frac{1}{2\sqrt{x}}$, la integral dada es

$$2 \int e^{u(x)} u'(x) dx = 2e^{u(x)} + C,$$

sin más que mirar en la tabla de integrales inmediatas de la página 398.

Utilizando notación diferencial, como la función $u(x) = \sqrt{x}$ tiene por derivada $u'(x) = \frac{1}{2\sqrt{x}}$, su diferencial es $du = \frac{1}{2\sqrt{x}} dx$, es decir,

$$\int \frac{1}{\sqrt{x}} e^{\sqrt{x}} dx = 2 \int e^{\sqrt{x}} \frac{dx}{2\sqrt{x}} = 2 \int e^u du = 2e^u + C = 2e^{\sqrt{x}} + C.$$

En forma más breve basta escribir

$$\int \frac{1}{\sqrt{x}} e^{\sqrt{x}} dx = 2 \int \frac{e^{\sqrt{x}}}{2\sqrt{x}} dx = 2 \int e^{\sqrt{x}} d(\sqrt{x}) = 2 \int d(e^{\sqrt{x}}) = 2e^{\sqrt{x}} + C.$$

6.2 Calcúlese la integral

$$\int \frac{1}{(1-x)^2} dx.$$

RESOLUCIÓN. Se trata de la integral de una potencia de $1 - x$, como la derivada de $1 - x$ es -1, resulta que

$$\int \frac{1}{(1-x)^2}\,dx = \int (1-x)^{-2}dx = -\int (1-x)^{-2}(-1)dx = -\frac{(1-x)^{-1}}{-1} + C = \frac{1}{1-x} + C.$$

Con notación diferencial es

$$\int \frac{1}{(1-x)^2}\,dx = \int (1-x)^{-2}dx = -\int (1-x)^{-2}(-1)dx$$

$$= -\int (1-x)^{-2}d(1-x) = -\frac{(1-x)^{-1}}{-1} + C = \frac{1}{1-x} + C.$$

▶ **6.3** Calcúlese

$$\int (\mathrm{tg}^3\, x + \mathrm{tg}^5\, x)dx.$$

RESOLUCIÓN. Sacando factor común $\mathrm{tg}^3\, x$ y teniendo en cuenta que la derivada de $\mathrm{tg}\, x$ es $1 + \mathrm{tg}^2\, x$, queda

$$\int (\mathrm{tg}^3\, x + \mathrm{tg}^5\, x)dx = \int \mathrm{tg}^3\, x(1 + \mathrm{tg}^2\, x)dx = \int (\mathrm{tg}\, x)^3 d(\mathrm{tg}\, x) = \frac{\mathrm{tg}^4\, x}{4} + C.$$

▶ **6.4** Hállese la integral

$$\int \mathrm{sen}^3\, xdx.$$

RESOLUCIÓN. Descomponiendo $\mathrm{sen}^3\, x$ en producto y teniendo en cuenta la relación trigonométrica fundamental $\mathrm{sen}^2\, x + \cos^2\, x = 1$, se tiene

$$\int \mathrm{sen}^3\, xdx = \int \mathrm{sen}\, x\, \mathrm{sen}^2\, xdx = \int \mathrm{sen}\, x(1 - \cos^2\, x)dx$$

$$= \int \mathrm{sen}\, xdx - \int \mathrm{sen}\, x\cos^2\, xdx = \int \mathrm{sen}\, xdx + \int \cos^2\, x(-\mathrm{sen}\, x)dx$$

$$= -\cos x + \int \cos^2\, xd(\cos x) = -\cos x + \frac{\cos^3\, x}{3} + C.$$

▶ **6.5** Calcúlese la integral

$$\int \mathrm{tg}^2\, xdx.$$

RESOLUCIÓN. Sumando y restando 1 a la función subintegral para tener la derivada de la tangente, resulta

$$\int \mathrm{tg}^2\, xdx = \int (1 + \mathrm{tg}^2\, x - 1)dx$$

$$= \int (1 + \mathrm{tg}^2\, x)dx - \int dx = \int d(\mathrm{tg}\, x) - \int dx = \mathrm{tg}\, x - x + C.$$

▶ **6.6** Calcúlese la integral indefinida

$$\int \frac{2^x}{1 + 4^x}\,dx.$$

RESOLUCIÓN. Puesto que es $4^x = (2^x)^2$ y la derivada de 2^x es $2^x \ln 2$, multiplicando y dividiendo por la constante $\ln 2$, tenemos

$$\int \frac{2^x}{1 + 4^x} \, dx = \int \frac{2^x}{1 + (2^x)^2} \, dx = \frac{1}{\ln 2} \int \frac{2^x \ln 2}{1 + (2^x)^2} \, dx = \frac{1}{\ln 2} \int \frac{d(2^x)}{1 + (2^x)^2} = \frac{1}{\ln 2} \operatorname{arctg} 2^x + C.$$

6.7 Calcúlese la integral

$$\int \frac{e^x}{\sqrt{1 - e^x}} \, dx.$$

RESOLUCIÓN. La raíz en el denominador nos indica que la primitiva puede ser una raíz si tenemos en el numerador la derivada de $1 - e^x$, que es $-e^x$, y el doble de la raíz en el denominador, por tanto

$$\int \frac{e^x}{\sqrt{1 - e^x}} \, dx = -2 \int \frac{-e^x}{2\sqrt{1 - e^x}} \, dx = -2 \int d\sqrt{1 - e^x} = -2\sqrt{1 - e^x} + C.$$

6.8 Calcúlese

$$\int \frac{x^2}{9 + x^6} \, dx.$$

RESOLUCIÓN. Esta integral tiene el aspecto de un arco tangente, para ello dividimos entre 9 en numerador y denominador, escribimos el denominador en la forma $1 + u^2$ y tratamos de conseguir en el numerador la derivada de u, es decir,

$$\int \frac{x^2}{9 + x^6} \, dx = \int \frac{\frac{x^2}{9}}{1 + \frac{x^6}{9}} \, dx = \frac{1}{9} \int \frac{x^2}{1 + \left(\frac{x^3}{3}\right)^2} \, dx$$

$$= \frac{1}{9} \int \frac{\frac{3x^2}{3}}{1 + \left(\frac{x^3}{3}\right)^2} \, dx = \frac{1}{9} \int \frac{d\left(\frac{x^3}{3}\right)}{1 + \left(\frac{x^3}{3}\right)^2} = \frac{1}{9} \operatorname{arctg} \frac{x^3}{3} + C.$$

6.9 Hállese la integral

$$\int \ln x \, dx.$$

RESOLUCIÓN. Esta integral se resuelve por partes haciendo

$$u = \ln x \qquad du = \frac{1}{x} \, dx$$
$$dv = dx \qquad v = x,$$

resultando

$$\int \ln x \, dx = x \ln x - \int x \frac{1}{x} \, dx = x \ln x - \int dx = x \ln x - x + C = x(\ln x - 1) + C.$$

6.10 Resuélvase la integral indefinida

$$\int \operatorname{arcsen} x \, dx.$$

RESOLUCIÓN. Por partes haciendo

$$u = \operatorname{arcsen} x \qquad du = \frac{1}{\sqrt{1-x^2}}\,dx$$

$$dv = dx \qquad v = x,$$

queda

$$\int \operatorname{arcsen} x\,dx = x\operatorname{arcsen} x - \int \frac{x}{\sqrt{1-x^2}}\,dx = x\operatorname{arcsen} x + \int \frac{-2x}{2\sqrt{1-x^2}}\,dx$$

$$= x\operatorname{arcsen} x + \int d\sqrt{1-x^2} = x\operatorname{arcsen} x + \sqrt{1-x^2} + C.$$

▶ **6.11** Siendo a y b números reales, hállese

$$\int \frac{dx}{a^2\operatorname{sen}^2 x + b^2\cos^2 x}.$$

RESOLUCIÓN. Dividiendo numerador y denominador por $b^2\cos^2 x$ resulta

$$\int \frac{dx}{a^2\operatorname{sen}^2 x + b^2\cos^2 x} = \int \frac{\frac{1}{b^2\cos^2 x}}{1 + \frac{a^2}{b^2}\operatorname{tg}^2 x}\,dx = \frac{1}{ab}\int \frac{\frac{a}{b\cos^2 x}}{1 + \left(\frac{a\operatorname{tg} x}{b}\right)^2}\,dx$$

$$= \frac{1}{ab}\int \frac{d\left(\frac{a\operatorname{tg} x}{b}\right)}{1 + \left(\frac{a\operatorname{tg} x}{b}\right)^2} = \frac{1}{ab}\operatorname{arctg}\left(\frac{a\operatorname{tg} x}{b}\right) + C.$$

▶ **6.12** Calcúlese

$$I = \int \frac{dx}{1 + \sqrt{x}}.$$

RESOLUCIÓN. Puesto que $\sqrt{x}$ es lo que ofrece dificultades en la integral, hacemos el cambio de variable $\sqrt{x} = t$, con el fin de llegar a integrales inmediatas.

De $\sqrt{x} = t$ es $x = t^2$, y diferenciando obtenemos

$$dx = 2t\,dt.$$

Sustituyendo en la integral dada

$$I = \int \frac{dx}{1 + \sqrt{x}} = \int \frac{2t\,dt}{1 + t} = 2\int \frac{t + 1 - 1}{1 + t}\,dt = 2\int \left(\frac{t+1}{1+t} - \frac{1}{1+t}\right)dt,$$

y descomponiendo y simplificando

$$I = 2\int \frac{t+1}{1+t}\,dt - 2\int \frac{1}{1+t}\,dt = 2\int dt - 2\int \frac{dt}{1+t},$$

integrando obtenemos

$$I = 2t - 2\ln|1+t| + C,$$

y deshaciendo el cambio

$$I = 2\sqrt{x} - 2\ln|1 + \sqrt{x}| + C.$$

Recordando las propiedades de los logaritmos, podemos escribir

$$I = 2\sqrt{x} - \ln(1 + \sqrt{x})^2 + C.$$

El artificio de sumar y restar 1 en el numerador que hemos hecho, es equivalente a efectuar la división. Basta derivar la función obtenida para tener la función subintegral, lo que prueba que la solución es correcta; sin embargo, la expresión de la función primitiva no es única.

6.13 Calcúlese la integral indefinida

$$I = \int \operatorname{tg} 2x\,dx.$$

RESOLUCIÓN. Tenemos que es

$$I = \int \operatorname{tg} 2x\,dx = \int \frac{\operatorname{sen} 2x}{\cos 2x}\,dx = -\frac{1}{2} \int \frac{-2\operatorname{sen} 2x}{\cos 2x}\,dx$$

y como $(\cos 2x)' = -2\operatorname{sen} 2x$, podemos integrar directamente

$$I = -\frac{1}{2} \ln|\cos 2x| + C,$$

y por las propiedades de los logaritmos, queda

$$I = -\ln\sqrt{|\cos 2x|} + C.$$

6.14 Calcúlese la integral indefinida

$$I = \int (x^2 + 5)e^{-x}\,dx.$$

RESOLUCIÓN. Al ser la integral de un producto, uno de cuyos factores es un polinomio, y podemos rebajar el grado por derivación, y el otro factor podemos integrarlo fácilmente, vamos a intentar calcularla por partes, haciendo

$$\begin{cases} u - x^2 + 5 \\ dv = e^{-x}dx \end{cases} \quad \text{y entonces} \quad \begin{cases} du = 2x\,dx \\ v = \int e^{-x}dx = -e^{-x}. \end{cases}$$

Aplicando la fórmula de integración por partes,

$$\int u\,dv = uv - \int v\,du,$$

nos queda

$$\int (x^2 + 5)e^{-x}dx = -(x^2 + 5)e^{-x} + \int 2xe^{-x}dx,$$

la integral que resulta es semejante a la dada, pero hemos rebajado el grado del polinomio, entonces, integrando por partes nuevamente, haciendo

$$\begin{cases} u = 2x \\ dv = e^{-x}dx \end{cases} \quad \text{tenemos} \quad \begin{cases} du = 2\,dx \\ v = \int e^{-x}dx = -e^{-x}, \end{cases}$$

queda

$$I = -(x^2 + 5)e^{-x} - 2xe^{-x} + \int 2e^{-x}dx$$

y calculando esta integral, tenemos finalmente

$$I = -(x^2 + 5)e^{-x} - 2xe^{-x} - 2e^{-x} + C = -e^{-x}(x^2 + 2x + 7) + C.$$

▶ **6.15** Calcúlese la integral

$$I = \int x^2 \operatorname{sen} 3x dx.$$

RESOLUCIÓN. Podemos intentar resolverla por partes, haciendo

$$\begin{cases} u = x^2 \\ dv = \operatorname{sen} 3x dx \end{cases} \quad \text{y entonces será} \quad \begin{cases} du = 2x dx \\ v = \displaystyle\int \operatorname{sen} 3x dx = \dfrac{-\cos 3x}{3}, \end{cases}$$

por lo que nos quedará

$$I = \int x^2 \operatorname{sen} 3x dx = -x^2 \frac{\cos 3x}{3} + \int 2x \frac{\cos 3x}{3} dx = -x^2 \frac{\cos 3x}{3} + \frac{2}{3} \int x \cos 3x dx.$$

Calculando por partes esta integral, llamando

$$\begin{cases} u = x \\ dv = \cos 3x dx \end{cases} \quad \text{queda} \quad \begin{cases} du = dx \\ v = \displaystyle\int \cos 3x dx = \dfrac{\operatorname{sen} 3x}{3}, \end{cases}$$

y entonces obtenemos

$$I = -x^2 \frac{\cos 3x}{3} + \frac{2}{3}x \frac{\operatorname{sen} 3x}{3} - \frac{2}{3} \int \frac{\operatorname{sen} 3x}{3} dx$$

$$= -x^2 \frac{\cos 3x}{3} + \frac{2x}{3} \frac{\operatorname{sen} 3x}{3} + \frac{2}{9} \frac{\cos 3x}{3} + C = \left(\frac{2}{9} - x^2\right) \frac{\cos 3x}{3} + \frac{2x \operatorname{sen} 3x}{9} + C.$$

▶ **6.16** Calcúlese la integral

$$I = \int x \ln(1 + x^2) dx.$$

RESOLUCIÓN. Puesto que la función logaritmo neperiano tiene por derivada una fracción polinómica, vamos a resolverla por partes. Llamando

$$\begin{cases} u = \ln(1 + x^2) \\ dv = x\, dx \end{cases} \quad \text{tenemos} \quad \begin{cases} du = \dfrac{2x}{1 + x^2} dx \\ v = \displaystyle\int x dx = \dfrac{x^2}{2}, \end{cases}$$

y entonces la integral dada será

$$I = \int x \ln(1 + x^2) dx = \frac{x^2}{2} \ln(1 + x^2) - \int \frac{x^2}{2} \cdot \frac{2x}{1 + x^2} dx = \frac{x^2}{2} \ln(1 + x^2) - \int \frac{x^3}{1 + x^2} dx.$$

Para calcular esta integral efectuamos la división y obtenemos

$$I = \frac{x^2}{2}\ln(1+x^2) - \int\left(x - \frac{x}{1+x^2}\right)dx = \frac{x^2}{2}\ln(1+x^2) - \int x\,dx + \frac{1}{2}\int\frac{2x}{1+x^2}dx$$

$$= \frac{x^2}{2}\ln(1+x^2) - \frac{x^2}{2} + \frac{1}{2}\ln(1+x^2) + C$$

$$- (x^2+1)\frac{1}{2}\ln(1+x^2) - \frac{x^2}{2} + C - (x^2+1)\ln\sqrt{1+x^2} - \frac{x^2}{2} + C.$$

6.17 Calcúlese la integral

$$I = \int\frac{x-2}{x^3-x}dx.$$

RESOLUCIÓN. Tenemos que la integral pedida es

$$I = \int\frac{x-2}{x^3-x}dx = \int\frac{x-2}{x(x^2-1)}dx = \int\frac{x-2}{x(x+1)(x-1)}dx,$$

por lo que se trata de la integral de una función racional con raíces reales simples en el denominador, por ello descomponemos en la forma

$$\frac{x-2}{x(x+1)(x-1)} = \frac{A}{x} + \frac{B}{x+1} + \frac{C}{x-1}$$

y efectuando la suma de fracciones simples queda

$$\frac{x-2}{x(x+1)(x-1)} = \frac{A(x+1)(x-1) + Bx(x-1) + Cx(x+1)}{x(x+1)(x-1)}.$$

Para que sean iguales las fracciones, deberá cumplirse la igualdad de polinomios

$$x - 2 = A(x+1)(x-1) + Bx(x-1) + Cx(x+1)$$

para todo valor de x, por lo que identificando los polinomios, o bien dando a x los valores de las raíces $x = 0$, $x = -1$, $x = 1$, queda

$$\begin{array}{lll}
\text{para } x = 0: & -2 = -A \\
\text{para } x = -1: & -3 = 2B \qquad \text{de donde} \\
\text{para } x = 1: & -1 = 2C
\end{array}
\qquad
\begin{cases}
A = & 2 \\
B = & \dfrac{-3}{2} \\
C = & \dfrac{-1}{2}
\end{cases}$$

Por tanto, la integral pedida, sustituyendo estos valores e integrando, queda

$$I = \int\frac{x-2}{x(x+1)(x-1)}dx = 2\int\frac{dx}{x} - \frac{3}{2}\int\frac{dx}{x+1} - \frac{1}{2}\int\frac{dx}{x-1}$$

$$= 2\ln|x| - \frac{3}{2}\ln|x+1| - \frac{1}{2}\ln|x-1| + K$$

$$= \ln x^2 - \ln\sqrt{|x+1|^3} - \ln\sqrt{|x-1|} + K = \ln\frac{x^2}{\sqrt{|(x+1)^3(x-1)|}} + K.$$

6.18 Calcúlese la integral indefinida

$$\int\frac{x^4 - 3x^2 - 3x - 2}{x^3 - x^2 - 2x}dx.$$

RESOLUCIÓN. Puesto que el numerador tiene mayor grado que el denominador, es imprescindible efectuar la división; obtenemos por cociente $x + 1$ y por resto $-x - 2$, por lo que es

$$\int \frac{x^4 - 3x^2 - 3x - 2}{x^3 - x^2 - 2x} dx = \int \left(x + 1 + \frac{-x - 2}{x^3 - x^2 - 2x} \right) dx$$

$$= \int x\, dx + \int dx + \int \frac{-x - 2}{x^3 - x^2 - 2x} dx$$

$$= \frac{x^2}{2} + x + \int \frac{-x - 2}{x(x + 1)(x - 2)} dx.$$

Para calcular esta integral racional con raíces reales simples en el denominador, efectuamos la descomposición

$$\frac{-x - 2}{x(x + 1)(x - 2)} = \frac{A}{x} + \frac{B}{x + 1} + \frac{C}{x - 2},$$

debiendo ser idénticos los polinomios

$$-x - 2 = A(x + 1)(x - 2) + Bx(x - 2) + Cx(x + 1),$$

que para los valores de las raíces $x = 0$, $x = -1$, $x = 2$, nos proporcionan los valores $A = 1$, $B = -\frac{1}{3}$, $C = -\frac{2}{3}$, y entonces resulta

$$\int \frac{x^4 - 3x^2 - 3x - 2}{x^3 - x^2 - 2x} dx = \frac{x^2}{2} + x + \int \frac{1}{x} dx - \frac{1}{3} \int \frac{1}{x + 1} dx - \frac{2}{3} \int \frac{1}{x - 2} dx$$

$$= \frac{x^2}{2} + x + \ln|x| - \frac{1}{3} \ln|x + 1| - \frac{2}{3} \ln|x - 2| + K$$

$$= \frac{x^2}{2} + x + \ln|x| - \ln \sqrt[3]{|x + 1|} - \ln \sqrt[3]{(x - 2)^2} + K$$

$$= \frac{x^2}{2} + x + \ln \left| \frac{x}{\sqrt[3]{(x + 1)(x - 2)^2}} \right| + K.$$

▶ **6.19** Hállese la integral

$$I = \int \frac{x + 1}{x^2 - 3x + 3} dx.$$

RESOLUCIÓN. En primer lugar calculemos las raíces del denominador. De $x^2 - 3x + 3 = 0$ obtenemos $x = \frac{3}{2} \pm \sqrt{3} i$, que son complejas simples. Como el numerador ya está en la forma $Mx + N$, nos proporcionará un logaritmo y un arco tangente.

Como la derivada del denominador es $2x - 3$, para sacar el logaritmo, multiplicamos numerador y denominador por 2, y sumamos y restamos 3, queda

$$I = \int \frac{x + 1}{x^2 - 3x + 3} dx = \frac{1}{2} \int \frac{2x + 2}{x^2 - 3x + 3} dx = \frac{1}{2} \int \frac{2x - 3 + 3 + 2}{x^2 - 3x + 3} dx$$

$$= \frac{1}{2} \int \frac{2x - 3}{x^2 - 3x + 3} dx + \frac{1}{2} \int \frac{3 + 2}{x^2 - 3x + 3} dx,$$

ya tenemos la primera de las integrales, por tanto

$$I = \frac{1}{2} \ln(x^2 - 3x + 3) + \frac{5}{2} \int \frac{1}{x^2 - 3x + 3} dx.$$

Para sacar el arco tangente hemos de poner el denominador en la forma $u^2 + 1$, y en el numerador u', para ello hacemos

$$x^2 - 3x + 3 = (x + a)^2 + b = x^2 + 2ax + a^2 + b,$$

y obtenemos $a = -\frac{3}{2}$, $b = \frac{3}{4}$, y entonces es

$$I = \ln \sqrt{x^2 - 3x + 3} + \frac{5}{2} \int \frac{1}{\left(x - \frac{3}{2}\right)^2 + \frac{3}{4}} dx,$$

multiplicando numerador y denominador por $\frac{4}{3}$, para que aparezca la derivada de un arco tangente, e introduciendo este factor dentro del cuadrado, queda

$$I = \ln \sqrt{x^2 - 3x + 3} + \frac{5}{2} \int \frac{\frac{4}{3}}{\frac{4}{3}\left(x - \frac{3}{2}\right)^2 + 1} dx = \ln \sqrt{x^2 - 3x + 3} + \frac{5}{2} \int \frac{\frac{4}{3}}{\left(\frac{2x-3}{\sqrt{3}}\right)^2 + 1} dx,$$

basta ahora preparar en el numerador la derivada de $\frac{2x-3}{\sqrt{3}}$, es decir, $\frac{2}{\sqrt{3}}$, haciendo

$$I = \ln \sqrt{x^2 - 3x + 3} + \frac{5}{2} \cdot \frac{2}{\sqrt{3}} \int \frac{\frac{2}{\sqrt{3}}}{\left(\frac{2x-3}{\sqrt{3}}\right)^2 + 1} dx = \ln \sqrt{x^2 - 3x + 3} + \frac{5}{\sqrt{3}} \operatorname{arctg}\left(\frac{2x - 3}{\sqrt{3}}\right) + C.$$

El método empleado es el más conveniente para estas integrales que tienen raíces complejas simples en el denominador. Otra forma de calcular estas integrales es el empleo de fórmulas, como la siguiente, válida si $p^2 - 4q < 0$,

$$\int \frac{Mx + N}{x^2 + px + q} dx = \frac{M}{2} \ln |x^2 + px + q| + \frac{2N - Mp}{\sqrt{4q - p^2}} \operatorname{arctg} \frac{2x + p}{\sqrt{4q - p^2}} + C.$$

6.20 Calcúlese la integral indefinida siguiente

$$\int \frac{dx}{x^4 - 2x^3 + 2x^2 - 2x + 1}.$$

RESOLUCIÓN. Para hallar las raíces del denominador ensayamos por la regla de Ruffini los divisores del término independiente y tenemos

	1	−2	2	−2	1
1		1	−1	1	−1
	1	−1	1	−1	0
1		1	0	1	
	1	0	1	0	

por tanto, $x = 1$ es una raíz doble, y como el cociente es $x^2 + 1$, las otras dos raíces son $\pm i$, por lo que tenemos

$$\int \frac{dx}{x^4 - 2x^3 + 2x^2 - 2x + 1} = \int \frac{dx}{(x-1)^2(x^2 + 1)}.$$

Al tener una raíz múltiple y raíces complejas simples, debemos descomponer del modo

$$\frac{1}{x^4 - 2x^3 + 2x^2 - 2x + 1} = \frac{A}{x - 1} + \frac{B}{(x - 1)^2} + \frac{Mx + N}{x^2 + 1},$$

por lo que deben ser idénticos los polinomios

$$1 = A(x - 1)(x^2 + 1) + B(x^2 + 1) + (Mx + N)(x - 1)^2.$$

Dando el valor de la única raíz real, $x = 1$, obtenemos $1 = 2B$. Si damos el valor $x = 0$, que equivale a igualar los términos independientes de ambos polinomios, resulta $1 = -A + B + N$, y dando a x el valor de una raíz compleja, $x = i$, queda

$$1 = (Mi + N)(i - 1)^2 = (Mi + N)(-1 - 2i + 1) = (Mi + N)(-2i) = 2M - 2Ni,$$

de donde $1 = 2M$ y $0 = -2N$. De este sistema con cuatro incógnitas resulta

$$A = -\frac{1}{2}, \qquad B = \frac{1}{2}, \qquad M = \frac{1}{2}, \qquad N = 0,$$

y entonces es

$$\int \frac{dx}{x^4 - 2x^3 + 2x^2 - 2x + 1} = -\frac{1}{2} \int \frac{dx}{x - 1} + \frac{1}{2} \int \frac{dx}{(x - 1)^2} + \frac{1}{2} \int \frac{x\,dx}{x^2 + 1}.$$

Integrando las dos primeras y preparando la tercera, resulta

$$\begin{aligned}
\int \frac{dx}{x^4 - 2x^3 + 2x^2 - 2x + 1} &= \frac{-1}{2} \ln|x - 1| + \frac{1}{2} \cdot \frac{-1}{x - 1} + \frac{1}{2} \cdot \frac{1}{2} \int \frac{2x}{x^2 + 1} dx \\
&= \frac{-1}{2} \ln|x - 1| + \frac{-1}{2x - 2} + \frac{1}{4} \ln(x^2 + 1) + C \\
&= -\ln \sqrt{|x - 1|} - \frac{1}{2x - 2} + \ln \sqrt[4]{x^2 + 1} + C \\
&= \frac{1}{2 - 2x} + \ln \sqrt[4]{\frac{x^2 + 1}{(x - 1)^2}} + C.
\end{aligned}$$

▶ **6.21** Calcúlese la integral

$$\int \frac{dx}{(x + 1)^2 (x^2 + 1)^2}.$$

RESOLUCIÓN. Las raíces del denominador son -1 y $\pm i$, todas dobles. Descomponenmos utilizando el método de Hermite del siguiente modo

$$\int \frac{dx}{(x + 1)^2 (x^2 + 1)^2} = \frac{ax^2 + bx + c}{(x + 1)(x^2 + 1)} + \int \frac{A}{x + 1} dx + \int \frac{Mx + N}{x^2 + 1} dx.$$

Derivando tenemos

$$\begin{aligned}
\frac{1}{(x + 1)^2 (x^2 + 1)^2} &= \frac{(x + 1)(x^2 + 1)(2ax + b) - (ax^2 + bx + c)(x^2 + 1 + 2x^2 + 2x)}{(x + 1)^2 (x^2 + 1)^2} \\
&\quad + \frac{A}{x + 1} + \frac{Mx + N}{x^2 + 1},
\end{aligned}$$

de donde queda

$$\begin{aligned}
1 &= (x^3 + x^2 + x + 1)(2ax + b) - (ax^2 + bx + c)(3x^2 + 2x + 1) \\
&\quad + A(x + 1)(x^2 + 1)^2 + (Mx + N)(x + 1)^2 (x^2 + 1).
\end{aligned}$$

Para hallar los coeficientes indeterminados damos a x los valores -1 e i, resultando

$$\left. \begin{array}{ll} \text{para } x = -1: & 1 = -2a + 2b - 2c \\ \text{para } x = i: & 1 = -(-a + bi + c)(2i - 2) \end{array} \right\} \quad \left. \begin{array}{l} 1 = -2a + 2b - 2c \\ 1 = -2a + 2b + 2c \\ 0 = 2a + 2b - 2c \end{array} \right\} \quad \left. \begin{array}{l} a = \dfrac{-1}{4} \\[4pt] b = \dfrac{1}{4} \\[4pt] c = 0. \end{array} \right\}$$

Dando ahora el valor $x = 0$, lo que equivale a igualar térmimos independientes, igualando términos de mayor grado, es decir, de grado cinco, y dando un valor cualquiera como $x = 1$, obtenemos otras tres relaciones que nos permiten hallar los coeficientes restantes

$$
\begin{aligned}
\text{para } x = 0: & \quad 1 = b - c + A + N \\
\text{términos en } x^5: & \quad 0 = A + M \\
\text{para } x = 1: & \quad 1 = 4(2a + b) - 6(a + b + c) + 8A + 8(M + N)
\end{aligned}
\left.\right\}
\begin{aligned}
A + N &= \tfrac{3}{4} \\
A + M &= 0 \\
A + M + N &= \tfrac{1}{4}
\end{aligned}
\left.\right\}
\begin{aligned}
A &= \tfrac{1}{2} \\
M &= \tfrac{-1}{2} \\
N &= \tfrac{1}{4}
\end{aligned}
\left.\right\}
$$

Por tanto

$$
\begin{aligned}
\int \frac{dx}{(x+1)^2(x^2+1)^2} &= \frac{-\frac{x^2}{4} + \frac{x}{4}}{(x+1)(x^2+1)} + \frac{1}{2}\int \frac{1}{x+1}dx + \int \frac{\frac{-x}{2} + \frac{1}{4}}{x^2+1}dx \\
&= \frac{-x^2 + x}{4(x+1)(x^2+1)} + \frac{1}{2}\ln|x+1| - \frac{1}{4}\int \frac{2x-1}{x^2+1}dx \\
&= \frac{-x^2 + x}{4(x+1)(x^2+1)} + \ln\sqrt{|x+1|} - \frac{1}{4}\int \frac{2x}{x^2+1}dx + \frac{1}{4}\int \frac{1}{x^2+1}dx \\
&= \frac{-x^2 + x}{4(x+1)(x^2+1)} + \ln\sqrt{|x+1|} - \frac{1}{4}\ln(x^2+1) + \frac{1}{4}\operatorname{arctg} x + C \\
&= \frac{-x^2 + x}{4(x+1)(x^2+1)} + \ln\sqrt[4]{\frac{(x+1)^2}{x^2+1}} + \frac{1}{4}\operatorname{arctg} x + C.
\end{aligned}
$$

6.22 Calcúlese la siguiente integral

$$
\int \frac{dx}{(x^4 - 1)^2}.
$$

RESOLUCIÓN. Como es

$$
\int \frac{dx}{(x^4 - 1)^2} = \int \frac{dx}{[(x^2+1)(x^2-1)]^2} = \int \frac{dx}{(x^2+1)^2(x+1)^2(x-1)^2},
$$

resulta que el denominador tiene las raíces reales dobles 1 y -1 y las complejas dobles $\pm i$. Aplicando el método de Hermite descomponemos

$$
\int \frac{dx}{(x^4-1)^2} = \frac{ax^3 + bx^2 + cx + d}{(x+1)(x-1)(x^2+1)} \mid \int \frac{A}{x+1}dx \mid \int \frac{B}{x-1}dx \mid \int \frac{Mx+N}{x^2+1}dx
$$

y derivando tenemos que

$$
\begin{aligned}
\frac{1}{(x^4-1)^2} = {} & \frac{(x+1)(x-1)(x^2+1)(3ax^2+2bx+c) - 4x^3(ax^3+bx^2+cx+d)}{(x+1)^2(x-1)^2(x^2+1)^2} \\
& + \frac{A}{x+1} + \frac{B}{x-1} + \frac{Mx+N}{x^2+1},
\end{aligned}
$$

de donde resulta

$$
\begin{aligned}
1 = {} & (x^4 - 1)(3ax^2 + 2bx + c) - 4x^3(ax^3 + bx^2 + cx + d) \\
& + A(x+1)(x-1)^2(x^2+1)^2 + B(x-1)(x+1)^2(x^2+1)^2 \\
& + (Mx+N)(x+1)^2(x-1)^2(x^2+1),
\end{aligned}
$$

dando a x los valores 1, -1 e i, se obtienen los coeficientes indeterminados $a = b = d = 0$ y $c = \frac{-1}{4}$, y entrando con estos valores en la expresión anterior queda

$$
\begin{aligned}
1 = {} & \frac{-1}{4}(x^4 - 1) + x^4 + A(x+1)(x-1)^2(x^2+1)^2 + B(x-1)(x+1)^2(x^2+1)^2 \\
& + (Mx+N)(x+1)^2(x-1)^2(x^2+1),
\end{aligned}
$$

donde vamos a resolver identificando los coeficientes de mayor grado, x^7, y dando a x los valores 0, 2 y -2, con lo cual es

$$
\begin{aligned}
\text{en } x^7: && A + B + M &= 0 \\
\text{para } x = 0: && A - B + N &= \frac{3}{4} \\
\text{para } x = 2: && 75A + 225B + 90M + 45N &= \frac{-45}{4} \\
\text{para } x = -2: && -225A - 75B - 90M + 45N &= \frac{-45}{4}
\end{aligned}
\left.\vphantom{\begin{aligned}A\\A\\A\\A\end{aligned}}\right\}
$$

resultando entonces que $A = \frac{3}{16}$, $B = \frac{-3}{16}$, $M = 0$ y $N = \frac{3}{8}$, luego es

$$
\begin{aligned}
\int \frac{dx}{(x^4 - 1)^2} &= \frac{\frac{-x}{4}}{x^4 - 1} + \frac{3}{16} \int \frac{1}{x+1} dx - \frac{3}{16} \int \frac{1}{x-1} dx + \int \frac{\frac{3}{8}}{x^2 + 1} dx \\
&= \frac{-x}{4(x^4 - 1)} + \frac{3}{16} \ln|x+1| - \frac{3}{16} \ln|x-1| + \frac{3}{8} \int \frac{1}{x^2 + 1} dx \\
&= \frac{-x}{4(x^4 - 1)} + \frac{3}{16} \ln\left|\frac{x+1}{x-1}\right| + \frac{3}{8} \operatorname{arctg} x + C.
\end{aligned}
$$

▶ **6.23** Calcúlese la siguiente integral indefinida

$$
I = \int \sec x\, dx.
$$

RESOLUCIÓN. *Primer método:* Como la función subintegral,

$$
\sec x = \frac{1}{\cos x},
$$

es impar en $\cos x$, haciendo el cambio $\operatorname{sen} x = t$ es $\cos x = \sqrt{1 - \operatorname{sen}^2 x} = \sqrt{1 - t^2}$ y también es $\cos x\, dx = dt$, de donde $dx = \frac{dt}{\sqrt{1-t^2}}$, con lo cual tenemos

$$
I = \int \sec x\, dx = \int \frac{1}{\cos x} dx = \int \frac{1}{\sqrt{1 - t^2}} \frac{dt}{\sqrt{1 - t^2}} = \int \frac{dt}{1 - t^2},
$$

integral racional con raíces ± 1 en el denominador. Descomponiendo

$$
\frac{1}{1 - t^2} = \frac{A}{1 - t} + \frac{B}{1 + t} = \frac{1}{2}\left[\frac{1}{1 - t} + \frac{1}{1 + t}\right]
$$

queda

$$
I = \frac{1}{2} \int \left[\frac{1}{1 - t} + \frac{1}{1 + t}\right] dx = \frac{1}{2} \ln \frac{1 + t}{1 - t} + C = \ln \sqrt{\left|\frac{1 + t}{1 - t}\right|} + C = \ln \sqrt{\left|\frac{1 + \operatorname{sen} x}{1 - \operatorname{sen} x}\right|} + C.
$$

Segundo método: Considerando que $(\sec x)' = \sec x \cdot \operatorname{tg} x$, multiplicamos y dividimos el integrando por $\sec x + \operatorname{tg} x$ quedando

$$
I = \int \sec x\, dx = \int \frac{\sec^2 x + \sec x \cdot \operatorname{tg} x}{\sec x + \operatorname{tg} x} dx = \int \frac{d(\operatorname{tg} x + \sec x)}{\operatorname{tg} x + \sec x} dx = \ln|\operatorname{tg} x + \sec x| + C.
$$

Es claro que el resultado obtenido en ambos métodos es coincidente, ya que

$$|\operatorname{tg} x + \sec x| = \left|\frac{1 + \operatorname{sen} x}{\cos x}\right| = \sqrt{\frac{(1 + \operatorname{sen} x)^2}{\cos^2 x}}$$

$$= \sqrt{\frac{(1 + \operatorname{sen} x)^2}{1 - \operatorname{sen}^2 x}} = \sqrt{\frac{|1 + \operatorname{sen} x|^2}{|1 + \operatorname{sen} x| \cdot |1 - \operatorname{sen} x|}} = \sqrt{\left|\frac{1 + \operatorname{sen} x}{1 - \operatorname{sen} x}\right|}.$$

6.24 Calcúlense las integrales

$$\int \frac{dx}{\sqrt{4x^2 + x + 1}} \qquad \text{e} \qquad \int \frac{24x^3 + 5x^2 + 20x}{\sqrt{4x^2 + x + 1}}\,dx.$$

RESOLUCIÓN. Para la primera integral efectuamos el cambio

$$\sqrt{4x^2 + x + 1} = 2x + t,$$

siendo entonces $4x^2 + x + 1 = (2x + t)^2 = 4x^2 + 4xt + t^2$, de donde $x + 1 = 4xt + t^2$, es decir, $x(1 - 4t) = t^2 - 1$, y por tanto

$$x = \frac{t^2 - 1}{1 - 4t}, \qquad dx = \frac{2t(1 - 4t) + 4(t^2 - 1)}{(1 - 4t)^2}\,dt = \frac{2t - 4t^2 - 4}{(1 - 4t)^2}\,dt,$$

sustituyendo queda

$$\int \frac{dx}{\sqrt{4x^2 + x + 1}} = \int \frac{\frac{2t - 4t^2 - 4}{(1 - 4t)^2}\,dt}{\frac{2(t^2 - 1)}{1 - 4t} + t} = \int \frac{2t - 4t^2 - 4}{(1 - 4t)(2t^2 - 2 + t - 4t^2)}\,dt$$

$$= \int \frac{2\,dt}{1 - 4t} = \frac{-1}{2}\ln|1 - 4t| + C$$

$$= \ln \frac{1}{\sqrt{|1 - 4t|}} + C = \ln \frac{1}{\sqrt{|1 + 8x - 4\sqrt{4x^2 + x + 1}|}} + C.$$

Para hallar la segunda integral utilizamos el método alemán, descomponiendo

$$\int \frac{24x^3 + 5x^2 + 20x}{\sqrt{4x^2 + x + 1}}\,dx = (ax^2 + bx + c)\sqrt{4x^2 + x + 1} + K\int \frac{dx}{\sqrt{4x^2 + x + 1}}.$$

Derivando queda

$$\frac{24x^3 + 5x^2 + 20x}{\sqrt{4x^2 + x + 1}} = (2ax + b)\sqrt{4x^2 + x + 1} + \frac{(8x + 1)(ax^2 + bx + c)}{2\sqrt{4x^2 + x + 1}} + \frac{K}{\sqrt{4x^2 + x + 1}},$$

reduciendo a común denominador e igualando numeradores resulta

$$24x^3 + 5x^2 + 20x = (2ax + b)(4x^2 + x + 1) + \frac{1}{2}(8x + 1)(ax^2 + bx + c) + K$$

$$= 12ax^3 + \left(\frac{5a}{2} + 8b\right)x^2 + \left(2a + \frac{3b}{2} + 4c\right)x + \left(b + \frac{c}{2} + K\right),$$

de donde

$$\left.\begin{array}{l} 24 = 12a \\[2mm] 5 = \dfrac{5a}{2} + 8b \\[2mm] 20 = 2a + \dfrac{3b}{2} + 4c \\[2mm] 0 = b + \dfrac{c}{2} + K \end{array}\right\} \qquad \begin{array}{l} a = 2, \\[1mm] b = 0, \\[1mm] c = 4, \\[1mm] K = -2, \end{array}$$

luego, utilizando el resultado de la primera integral, se tiene

$$\int \frac{24x^3 + 5x^2 + 20x}{\sqrt{4x^2 + x + 1}}\,dx = (2x^2 + 4)\sqrt{4x^2 + x + 1} - 2\int \frac{dx}{\sqrt{4x^2 + x + 1}}$$

$$= (2x^2 + 4)\sqrt{4x^2 + x + 1} - 2\ln \frac{1}{\sqrt{\left|1 + 8x - 4\sqrt{4x^2 + x + 1}\right|}} + C$$

$$= (2x^2 + 4)\sqrt{4x^2 + x + 1} + \ln\left|1 + 8x - 4\sqrt{4x^2 + x + 1}\right| + C.$$

▶ **6.25** Calcúlese la siguiente integral indefinida

$$I = \int \frac{dx}{\cos^3 x}.$$

RESOLUCIÓN. *Primer método:* Se trata de integrar una función trigonométrica que es impar en coseno, ya que cambiando $\cos x$ por $-\cos x$ se obtiene

$$\frac{1}{(-\cos x)^3} = -\frac{1}{\cos^3 x},$$

por lo que debemos efectuar el cambio de variable $\operatorname{sen} x = t$.

De aquí, diferenciando, obtenemos $\cos x\,dx = dt$, y el coseno en función del seno es $\cos x = \sqrt{1 - t^2}$. Para que aparezca la expresión "$\cos x\,dx$", y no tengamos que despejar x y diferenciar, multiplicamos numerador y denominador por $\cos x$, y entonces es

$$I = \int \frac{dx}{\cos^3 x} = \int \frac{\cos x\,dx}{\cos^4 x} = \int \frac{dt}{(1 - t^2)^2} = \int \frac{dt}{(1 + t)^2(1 - t)^2},$$

que es una integral racional cuyo denominador tiene raíces reales múltiples, y puede descomponerse como

$$I = \int \frac{A}{t + 1}\,dt + \int \frac{B}{(t + 1)^2}\,dt + \int \frac{C}{t - 1}\,dt + \int \frac{D}{(t - 1)^2}\,dt,$$

donde los coeficientes indeterminados resultarán de la expresión

$$1 = A(t + 1)(t - 1)^2 + B(t - 1)^2 + C(t - 1)(t + 1)^2 + D(t + 1)^2,$$

en la que se obtiene:

$$\begin{aligned}
&\text{para } t = 1: &&1 = 4D\\
&\text{para } t = -1: &&1 = 4B\\
&\text{para } t = 0: &&1 = A + B - C + D\\
&\text{términos en } t^3: &&0 = A + C.
\end{aligned}$$

Resolviendo el sistema se obtienen los valores $A = B = D = \frac{1}{4}$ y $C = -\frac{1}{4}$, que sustituidos resulta

$$I = \frac{1}{4}\int \frac{dt}{t + 1} + \frac{1}{4}\int \frac{dt}{(t + 1)^2} - \frac{1}{4}\int \frac{dt}{t - 1} + \frac{1}{4}\int \frac{dt}{(t - 1)^2},$$

integrando y operando queda

$$I = \frac{1}{4}\ln|t + 1| - \frac{1}{4(t + 1)} - \frac{1}{4}\ln|t - 1| - \frac{1}{4(t - 1)} + C$$

$$= \frac{1}{4}\ln\left|\frac{t + 1}{t - 1}\right| - \frac{t - 1 + t + 1}{4(t + 1)(t - 1)} + C = \ln\sqrt[4]{\left|\frac{t + 1}{t - 1}\right|} + \frac{2t}{4(1 - t^2)} + C,$$

y deshaciendo el cambio $t = \text{sen}\, x$,

$$I = \ln \sqrt[4]{\left|\frac{1 + \text{sen}\, x}{1 - \text{sen}\, x}\right|} + \frac{\text{sen}\, x}{2(1 - \text{sen}^2 x)} + C = \ln \sqrt[4]{\left|\frac{1 + \text{sen}\, x}{1 - \text{sen}\, x}\right|} + \frac{\text{sen}\, x}{2\cos^2 x} + C.$$

Segundo método: Se tiene que

$$I = \int \frac{dx}{\cos^3 x} = \int \sec^3 x\, dx = \int \sec^2 x \cdot \sec x\, dx = \int \sec x\, d(\text{tg}\, x)$$

e integrando por partes

$$I = \sec x\, \text{tg}\, x - \int \text{tg}^2 x \sec x\, dx = \sec x\, \text{tg}\, x - \int (\sec^2 x - 1) \sec x\, dx$$

$$= \sec x\, \text{tg}\, x - \int \sec^3 x\, dx + \int \sec x\, dx = \sec x\, \text{tg}\, x - I + \ln|\sec x + \text{tg}\, x|,$$

donde el valor de la integral de la secante se ha calculado en el Problema resuelto 6.23. Despejando ahora I queda

$$I = \frac{1}{2}\left(\sec x\, \text{tg}\, x + \ln|\sec x + \text{tg}\, x|\right) + C.$$

6.26 Calcúlese

$$\int \text{tg}^3 x\, dx.$$

RESOLUCIÓN. *Primer método:* Se tiene

$$\int \text{tg}^3 x\, dx = \int \text{tg}\, x\, \text{tg}^2 x\, dx = \int \text{tg}\, x(1 + \text{tg}^2 x - 1)\, dx$$

$$= \int \text{tg}\, x(1 + \text{tg}^2 x)\, dx - \int \text{tg}\, x\, dx$$

$$= \int \text{tg}\, x\, d(\text{tg}\, x) + \int \frac{d(\cos x)}{\cos x} = \frac{1}{2}\text{tg}^2 x + \ln|\cos x| + C.$$

Segundo método: La integral pedida

$$\int \text{tg}^3 x\, dx = \int \frac{\text{sen}^3 x}{\cos^3 x}\, dx$$

es impar en seno y es impar en coseno por lo que se transformará en una integral racional mediante el cambio $\cos x = t$ y también con $\text{sen}\, x = t$.

Además es par en $\text{sen}\, x$ y $\cos x$, ya que cambiando por sus opuestos tenemos

$$\frac{(-\text{sen}\, x)^3}{(-\cos x)^3} = \frac{-\text{sen}^3 x}{-\cos^3 x} = \frac{\text{sen}^3 x}{\cos^3 x},$$

que es la misma expresión subintegral, por lo que también podemos hacer el cambio $\text{tg}\, x = t$, que es el que vamos a utilizar para el cálculo de la integral.

De $\text{tg}\, x = t$ sacamos $x = \text{arctg}\, t$, y diferenciando es

$$dx = \frac{dt}{1 + t^2}.$$

Necesitamos también el seno y el coseno en función de la tangente, pero de

$$t^2 = \frac{\text{sen}^2 x}{\cos^2 x} = \frac{1 - \cos^2 x}{\cos^2 x}$$

obtenemos que $t^2 \cos^2 x + \cos^2 x = 1$, de donde

$$\cos x = \frac{1}{\sqrt{1 + t^2}}, \qquad \text{y de aquí} \qquad \text{sen}\, x = \frac{t}{\sqrt{1 + t^2}}.$$

Sustituyendo en la integral, nos queda

$$\int \text{tg}^3 x\, dx = \int \frac{\text{sen}^3 x}{\cos^3 x}\, dx = \int \frac{\frac{t^3}{\sqrt{(1+t^2)^3}}}{\frac{1}{\sqrt{(1+t^2)^3}}} \cdot \frac{dt}{1 + t^2} = \int \frac{t^3}{1 + t^2}\, dt,$$

integral racional con mayor grado en el numerador, efectuamos la división y se obtiene por cociente t y por resto $-t$, así es

$$\int \text{tg}^3 x\, dx = \int t\, dt - \frac{1}{2} \int \frac{2t}{1 + t^2 dt} = \frac{t^2}{2} - \frac{1}{2} \ln(1 + t^2) + C$$

$$= \frac{t^2}{2} - \ln \sqrt{1 + t^2} + C = \frac{\text{tg}^2 x}{2} - \ln \sqrt{1 + \text{tg}^2 x} + C,$$

y como es $1 + \text{tg}^2 x = \dfrac{1}{\cos^2 x}$, queda finalmente

$$\int \text{tg}^3 x\, dx = \frac{\text{tg}^2 x}{2} - \ln \sqrt{\frac{1}{\cos^2 x}} + C = \frac{\text{tg}^2 x}{2} - \ln \left| \frac{1}{\cos x} \right| + C = \frac{\text{tg}^2 x}{2} + \ln |\cos x| + C.$$

▶ **6.27** Resuélvase la integral indefinida

$$\int \left(\frac{\ln x}{x} \right)^3 dx.$$

RESOLUCIÓN. Puesto que la función $\ln x$ es la que ofrece mayor complicación a la integral, intentamos el cambio $t = \ln x$, entonces es $x = e^t$, y diferenciando $dx = e^t dt$, con lo que la integral queda

$$\int \left(\frac{\ln x}{x} \right)^3 dx = \int \frac{t^3}{e^{3t}} e^t dt = \int t^3 e^{-2t} dt.$$

Ahora, por partes, haciendo

$$\begin{cases} u = t^3 \\ dv = e^{-2t} dt \end{cases} \quad \text{tenemos} \quad \begin{cases} du = 3t^2 dt \\ v = \displaystyle\int e^{-2t} dt = \frac{-e^{-2t}}{2}, \end{cases}$$

resulta

$$\int \left(\frac{\ln x}{x} \right)^3 dx = -\frac{1}{2} t^3 e^{-2t} + \int \frac{3}{2} t^2 e^{-2t} dt,$$

que integrando nuevamente por partes, llamando

$$\begin{cases} u = \dfrac{3}{2} t^2 \\ dv = e^{-2t} dt \end{cases} \quad \text{tenemos que} \quad \begin{cases} du = 3t\, dt \\ v = \displaystyle\int e^{-2t} dt = \frac{-e^{-2t}}{2}, \end{cases}$$

y así la integral nos queda

$$\int \left(\frac{\ln x}{x} \right)^3 dx = -\frac{1}{2} t^3 e^{-2t} - \frac{3}{4} t^2 e^{-2t} + \int \frac{3}{2} t e^{-2t} dt,$$

aplicamos la integración por partes una vez más,

$$\begin{cases} u = \dfrac{3}{2}t \\[2mm] dv = e^{-2t}dt \end{cases} \quad \text{se tiene que} \quad \begin{cases} du = \dfrac{3}{2}dt \\[2mm] v = \displaystyle\int e^{-2t}dt = \dfrac{-e^{-2t}}{2}, \end{cases}$$

y finalmente nos queda

$$\int \left(\frac{\ln x}{x}\right)^3 dx = -\frac{1}{2}t^3 e^{-2t} - \frac{3}{4}t^2 e^{-2t} - \frac{3}{4}te^{-2t} + \int \frac{3}{4}e^{-2t}dt$$

$$= \frac{-t^3 e^{-2t}}{2} - \frac{3t^2 e^{-2t}}{4} - \frac{3te^{-2t}}{4} - \frac{3}{4}\frac{e^{-2t}}{2} + C = e^{-2t}\left(\frac{-t^3}{2} - \frac{3t^2}{4} - \frac{3t}{4} - \frac{3}{8}\right) + C,$$

que volviendo a la variable x, y operando resulta

$$\int \left(\frac{\ln x}{x}\right)^3 dx = \frac{1}{x^2}\left(-\frac{1}{2}(\ln x)^3 - \frac{3}{4}(\ln x)^2 - \frac{3}{4}\ln x - \frac{3}{8}\right) + C$$

$$= \frac{-1}{8x^2}\left(4(\ln x)^3 + 6(\ln x)^2 + 6\ln x + 3\right) + C.$$

6.28 Calcúlese

$$\int \frac{dx}{x[(\ln x)^3 - 2(\ln x)^2 - \ln x + 2]}.$$

RESOLUCIÓN. Haciendo el cambio $\ln x = t$ es $x = e^t$ y $dx = e^t dt$, por lo que resulta

$$\int \frac{dx}{x[(\ln x)^3 - 2(\ln x)^2 - \ln x + 2]} = \int \frac{e^t dt}{e^t(t^3 - 2t^2 - t + 2)} = \int \frac{dt}{t^3 - 2t^2 - t + 2},$$

función racional cuyo denominador tiene por raíces $1, -1$ y 2, por lo que descomponemos en la forma

$$\int \frac{dx}{x[(\ln x)^3 - 2(\ln x)^2 - \ln x + 2]} = A \int \frac{dt}{t-1} + B \int \frac{dt}{t+1} + C \int \frac{dt}{t-2},$$

y de la igualdad de los polinomios

$$1 = A(t+1)(t-2) + B(t-1)(t-2) + C(t-1)(t+1)$$

se obtienen los coeficientes indeterminados $A = -\frac{1}{2}$, $B = \frac{1}{6}$, $C = \frac{1}{3}$, que sustituyendo e integrando queda

$$\int \frac{dx}{x[(\ln x)^3 - 2(\ln x)^2 - \ln x + 2]} = \frac{-1}{2}\ln|t-1| + \frac{1}{6}\ln|t+1| + \frac{1}{3}\ln|t-2| + K$$

$$= \ln\left|\frac{\sqrt[6]{t+1}\sqrt[3]{t-2}}{\sqrt{t-1}}\right| + K = \ln\left|\frac{\sqrt[6]{1+\ln x}\sqrt[3]{-2+\ln x}}{\sqrt{-1+\ln x}}\right| + K.$$

6.29 Calcúlense las integrales indefinidas

$$\text{a)} \quad \int x\cos^2 x\,dx, \qquad \text{b)} \quad \int \frac{2x-1}{\sqrt{4-9x^2}}dx.$$

RESOLUCIÓN. a) Vamos a aplicar la fórmula de integración por partes. Haciendo

$$\begin{cases} u = x \\ dv = \cos^2 x dx \end{cases}$$

tenemos que es

$$\begin{cases} du = dx \\ v = \displaystyle\int \cos^2 x dx = \int \frac{1 + \cos 2x}{2} dx = \int \frac{dx}{2} + \int \frac{\cos 2x}{2} dx = \frac{x}{2} + \frac{\operatorname{sen} 2x}{4} \end{cases}$$

y nos queda que

$$\int x \cos^2 x dx = x \left(\frac{x}{2} + \frac{\operatorname{sen} 2x}{4} \right) - \int \left(\frac{x}{2} + \frac{\operatorname{sen} 2x}{4} \right) dx$$

$$= \frac{x^2}{2} + \frac{x \operatorname{sen} 2x}{4} - \int \frac{x dx}{2} - \int \frac{\operatorname{sen} 2x}{4} dx$$

$$= \frac{x^2}{2} + \frac{x \operatorname{sen} 2x}{4} - \frac{x^2}{4} + \frac{\cos 2x}{8} + C = \frac{x^2}{4} + \frac{x \operatorname{sen} 2x}{4} + \frac{\cos 2x}{8} + C.$$

b) La integral de esta función irracional podemos pasarla a trigonométrica mediante el cambio

$$x = \frac{2}{3} \cos t,$$

que diferenciando es $dx = -\frac{2}{3} \operatorname{sen} t dt$. Además, como $\frac{3x}{2} = \cos t$, queda $t = \arccos \frac{3x}{2}$, que necesitaremos para deshacer el cambio. Sustituyendo tenemos

$$\int \frac{2x - 1}{\sqrt{4 - 9x^2}} dx = \int \frac{\frac{4}{3} \cos t - 1}{\sqrt{4 - 4 \cos^2 t}} \left(-\frac{2}{3} \right) \operatorname{sen} t dt = \frac{1}{3} \int \frac{2 \left(1 - \frac{4}{3} \cos t \right) \operatorname{sen} t dt}{2 \sqrt{1 - \cos^2 t}}$$

$$= \frac{1}{3} \int \frac{\left(1 - \frac{4}{3} \cos t \right) \operatorname{sen} t dt}{\operatorname{sen} t} = \frac{1}{3} \int \left(1 - \frac{4}{3} \cos t \right) dt$$

$$= \frac{1}{3} \left(t - \frac{4}{3} \operatorname{sen} t \right) + C = \frac{1}{3} \arccos \frac{3x}{2} - \frac{4}{9} \operatorname{sen} \left(\arccos \frac{3x}{2} \right) + C.$$

Si expresamos el seno en función del coseno y tenemos en cuenta que $\cos(\arccos \alpha) = \alpha$, podemos escribir la función primitiva en la forma

$$\int \frac{2x - 1}{\sqrt{4 - 9x^2}} dx = \frac{1}{3} \arccos \frac{3x}{2} - \frac{4}{9} \sqrt{1 - \frac{9x^2}{4}} + C.$$

Otra forma de calcular esta integral es descomponiendo en suma de dos y prepararla para una integración inmediata:

$$\int \frac{2x - 1}{\sqrt{4 - 9x^2}} dx = \int \frac{2x}{\sqrt{4 - 9x^2}} dx + \int \frac{-1}{\sqrt{4 - 9x^2}} dx$$

$$= \frac{-2}{9} \int \frac{-18x}{2 \sqrt{4 - 9x^2}} dx + \frac{1}{3} \int \frac{-\frac{3}{2}}{\sqrt{1 - \left(\frac{3x}{2} \right)^2}} dx$$

$$= \frac{-2}{9} \sqrt{4 - 9x^2} + \frac{1}{3} \arccos \left(\frac{3x}{2} \right) + C = \frac{-2}{9} \sqrt{4 - 9x^2} - \frac{1}{3} \arcsen \left(\frac{3x}{2} \right) + C.$$

Se observa claramente que la función primitiva que se obtiene puede tener distintas expresiones.

6.30 Calcúlese

$$\int \frac{\operatorname{sen} x}{1 + \operatorname{sen} x + \cos x} dx.$$

RESOLUCIÓN. Como integral trigonométrica solo puede hacerse con el cambio D, pero si multiplicamos numerador y denominador por la expresión $1 - (\operatorname{sen} x + \cos x)$, para que aparezca una diferencia de cuadrados, resulta

$$\int \frac{\operatorname{sen} x}{1 + \operatorname{sen} x + \cos x} dx = \int \frac{\operatorname{sen} x[1 - (\operatorname{sen} x + \cos x)]}{(1 + \operatorname{sen} x + \cos x)[1 - (\operatorname{sen} x + \cos x)]} dx$$

$$= \int \frac{\operatorname{sen} x(1 - \operatorname{sen} x - \cos x)}{1 - (\operatorname{sen} x + \cos x)^2} dx = \int \frac{\operatorname{sen} x(1 - \operatorname{sen} x - \cos x)}{-2 \operatorname{sen} x \cos x} dx$$

$$= \int \frac{1 - \operatorname{sen} x - \cos x}{-2 \cos x} dx = \frac{-1}{2} \int \frac{1}{\cos x} dx - \frac{1}{2} \int \frac{-\operatorname{sen} x}{\cos x} dx + \frac{1}{2} \int dx$$

$$= \frac{-1}{2} \ln \sqrt{\left| \frac{1 + \operatorname{sen} x}{1 - \operatorname{sen} x} \right|} - \frac{1}{2} \ln |\cos x| + \frac{1}{2} x + C$$

$$= \frac{x}{2} + \ln \sqrt[4]{\left| \frac{1 - \operatorname{sen} x}{(1 + \operatorname{sen} x) \cos x} \right|} + C,$$

donde la integral $\int \frac{1}{\cos x} dx$ está calculada en el Problema resuelto 6.23.

6.31 Calcúlense las integrales racionales

a) $\displaystyle \int \frac{x + 1}{(x - 1)^2(x^2 + 1)} \, dx,$ b) $\displaystyle \int \frac{4}{(4 + x^2)^2} \, dx.$

RESOLUCIÓN. a) Descomponiendo la función subintegral

$$\frac{x + 1}{(x - 1)^2(x^2 + 1)} = \frac{A}{x - 1} + \frac{B}{(x - 1)^2} + \frac{Mx + N}{x^2 + 1}$$

obtenemos $A - \frac{-1}{2}$, $B = 1$, $M = \frac{1}{2}$, $N = \frac{-1}{2}$, luego

$$\int \frac{x + 1}{(x - 1)^2(x^2 + 1)} \, dx = \frac{-1}{2} \int \frac{1}{x - 1} dx + \int \frac{1}{(x - 1)^2} dx + \frac{1}{2} \int \frac{x - 1}{x^2 + 1} dx$$

$$= \frac{-1}{2} \ln |x - 1| + \int (x - 1)^{-2} dx + \frac{1}{4} \int \frac{2x}{x^2 + 1} dx - \frac{1}{2} \int \frac{1}{x^2 + 1} dx$$

$$= \frac{-1}{2} \ln |x - 1| + \frac{-1}{x - 1} + \frac{1}{4} \ln(x^2 + 1) - \frac{1}{2} \operatorname{arctg} x + C.$$

b) Sumando y restando x^2 en el numerador podemos reducir la integral a otra más sencilla

$$\int \frac{4}{(4 + x^2)^2} dx = \int \frac{4 + x^2 - x^2}{(4 + x^2)^2} dx$$

$$= \int \frac{4 + x^2}{(4 + x^2)^2} dx - \int \frac{x^2}{(4 + x^2)^2} dx = \int \frac{dx}{4 + x^2} - \frac{1}{2} \int \frac{x \cdot 2x}{(4 + x^2)^2} dx.$$

La primera es un arco tangente que vale

$$\int \frac{dx}{4 + x^2} = \int \frac{\frac{1}{4}}{1 + \frac{x^2}{4}} dx = \frac{1}{2} \int \frac{\frac{1}{2}}{1 + (\frac{x}{2})^2} dx = \frac{1}{2} \operatorname{arctg} \frac{x}{2} + C.$$

La segunda se calcula por partes haciendo $u = x$, $du = dx$, $dv = \frac{2x\,dx}{(4+x^2)^2}$, siendo entonces

$$v = \int \frac{2x\,dx}{(4+x^2)^2} = \int (4+x^2)^{-2} d(4+x^2) = \frac{(4+x^2)^{-1}}{-1} = \frac{-1}{4+x^2}.$$

Por tanto resulta

$$\int \frac{4}{(4+x^2)^2}\,dx = \int \frac{dx}{4+x^2} - \frac{1}{2}\left[\frac{-x}{4+x^2} - \int \frac{-1}{4+x^2}\,dx\right]$$

$$= \frac{1}{2}\operatorname{arctg}\frac{x}{2} + \frac{1}{2}\frac{x}{4+x^2} - \frac{1}{2}\int \frac{dx}{4+x^2}$$

$$= \frac{1}{2}\operatorname{arctg}\frac{x}{2} + \frac{x}{2(4+x^2)} - \frac{1}{4}\operatorname{arctg}\frac{x}{2} + C = \frac{x}{2(4+x^2)} + \frac{1}{4}\operatorname{arctg}\frac{x}{2} + C.$$

▶ 6.32 Hállese la integral

$$I = \int \frac{\operatorname{sen} x \cos x}{(\operatorname{sen} x - \cos x)^2}\,dx.$$

RESOLUCIÓN. Desarrollando el denominador y utilizando la relación fundamental de la trigonometría tenemos

$$I = \int \frac{\operatorname{sen} x \cos x}{(\operatorname{sen} x - \cos x)^2}\,dx = \int \frac{\operatorname{sen} x \cos x}{\operatorname{sen}^2 x + \cos^2 x - 2\operatorname{sen} x \cos x}\,dx = \int \frac{\operatorname{sen}\cos x}{1 - 2\operatorname{sen} x \cos x}\,dx$$

$$= \frac{1}{2}\int \frac{2\operatorname{sen} x \cos x}{1 - 2\operatorname{sen} x \cos x}\,dx = \frac{-1}{2}\int \frac{1 - 2\operatorname{sen} x \cos x - 1}{1 - 2\operatorname{sen} x \cos x}\,dx$$

$$= \frac{-1}{2}\int \left(1 - \frac{1}{1 - 2\operatorname{sen} x \cos x}\right)dx = \frac{1}{2}\int \left(-1 + \frac{1}{1 - 2\operatorname{sen} x \cos x}\right)dx$$

$$= \frac{-1}{2}\int dx + \frac{1}{2}\int \frac{dx}{1 - 2\operatorname{sen} x \cos x} = \frac{-x}{2} + \frac{1}{2}I_1,$$

siendo I_1 esta integral, que por ser par en seno y coseno hacemos el cambio $\operatorname{tg} x = t$ para convertirla en racional

$$I_1 = \int \frac{dx}{1 - 2\operatorname{sen} x \cos x} = \int \frac{\frac{dt}{1+t^2}}{1 - 2\frac{t}{\sqrt{1+t^2}}\frac{1}{\sqrt{1+t^2}}} = \int \frac{dt}{(1+t^2) - 2t} = \int \frac{dt}{(1-t)^2}$$

$$= -\int (1-t)^{-2}(-1)dt = -\int (1-t)^{-2}d(1-t) = -\frac{(1-t)^{-1}}{-1} + C = \frac{1}{1-t} + C$$

$$= \frac{1}{1 - \operatorname{tg} x} + C,$$

por lo tanto la integral pedida es

$$I = \frac{-x}{2} + \frac{1}{2}I_1 = \frac{-x}{2} + \frac{1}{2(1 - \operatorname{tg} x)} + C.$$

▶ 6.33 Calcúlese la integral

$$\int \frac{dx}{\sqrt{x^2 + x + 1}}.$$

RESOLUCIÓN. Expresando el radicando con un cuadrado en la forma

$$x^2 + x + 1 = \left(x^2 + 2x\frac{1}{2} + \frac{1}{4}\right) - \frac{1}{4} + 1 = \left(x + \frac{1}{2}\right)^2 + \frac{3}{4},$$

basta hacer el cambio $x + \frac{1}{2} = \sqrt{\frac{3}{4}} \operatorname{tg} t$, de donde $dx = \sqrt{\frac{3}{4}}(1 + \operatorname{tg}^2 t)dt = \sqrt{\frac{3}{4}} \sec^2 t \, dt$.

Además es

$$x^2 + x + 1 = \left(\sqrt{\frac{3}{4}} \operatorname{tg} t\right)^2 + \frac{3}{4} = \frac{3}{4} \operatorname{tg}^2 t + \frac{3}{4} = \frac{3}{4}(1 + \operatorname{tg}^2 t) = \frac{3}{4} \sec^2 t,$$

por lo que resulta

$$\int \frac{dx}{\sqrt{x^2 + x + 1}} = \int \frac{\sqrt{\frac{3}{4}} \sec^2 t \, dt}{\sqrt{\frac{3}{4}} \sec t} = \int \sec t \, dt = \ln|\sec t + \operatorname{tg} t| + C$$

$$= \ln\left|\sqrt{1 + \operatorname{tg}^2 t} + \operatorname{tg} t\right| + C = \ln\left|\sqrt{\tfrac{4}{3}(x^2 + x + 1)} + \sqrt{\tfrac{4}{3}}\left(x + \frac{1}{2}\right)\right| + C$$

$$= \ln\left|\frac{2}{\sqrt{3}}\sqrt{x^2 + x + 1} + \frac{2}{\sqrt{3}}\left(x + \frac{1}{2}\right)\right| + C,$$

donde hemos utilizado que la integral de la secante es conocida, véase Problema resuelto 6.23.

6.34 Calcúlese la siguiente integral, siendo a y b números reales

$$\int e^{ax} \cos bx \, dx.$$

RESOLUCIÓN. *Primer método:*

Considerando la fórmula de Euler $e^{ix} = \cos x + i \operatorname{sen} x$, véase la Sección 10.5, que escrita para bx es $e^{ibx} = \cos bx + i \operatorname{sen} bx$, siendo x un número real, al multiplicar por e^{ax}, se tiene la igualdad

$$e^{ax} \cdot e^{ibx} = e^{(a+bi)x} = e^{ax} \cos bx + i e^{ax} \operatorname{sen} bx.$$

Integrando en ambos miembros y prescindiendo de la constante de integración se tiene

$$I - \int e^{(a+bi)x} dx - \int e^{ax} \cos bx \, dx + i \int e^{ax} \operatorname{sen} bx \, dx = I_1 + i I_2,$$

y al ser

$$I = \int e^{(a+bi)x} dx = \frac{a - bi}{a^2 + b^2} e^{ax} e^{ibx} = \frac{e^{ax}}{a^2 + b^2}(a - bi) e^{ibx} = \frac{e^{ax}}{a^2 + b^2}(a - bi)(\cos bx + i \operatorname{sen} bx)$$

$$= \frac{e^{ax}}{a^2 + b^2}\left[(b \operatorname{sen} bx + a \cos bx) + i(a \operatorname{sen} bx - b \cos bx)\right]$$

$$= \frac{e^{ax}}{a^2 + b^2}(b \operatorname{sen} bx + a \cos bx) + i \frac{e^{ax}}{a^2 + b^2}(a \operatorname{sen} bx - b \cos bx) = I_1 + i I_2,$$

se tiene el valor de las integrales

$$I_1 = \int e^{ax} \cos bx \, dx = \frac{e^{ax}}{a^2 + b^2}(b \operatorname{sen} bx + a \cos bx) + C_1,$$

$$I_2 = \int e^{ax} \operatorname{sen} bx \, dx = \frac{e^{ax}}{a^2 + b^2}(a \operatorname{sen} bx - b \cos bx) + C_2.$$

Segundo método:

Integrando por partes sucesivamente se tiene

$$I_1 = \int e^{ax} \cos bx \, dx = \frac{e^{ax}}{b} \operatorname{sen} bx - \frac{a}{b} \int e^{ax} \operatorname{sen} bx \, dx$$

$$= \frac{e^{ax}}{b} \operatorname{sen} bx - \frac{a}{b} \left[-\frac{e^{ax}}{b} \cos bx + \frac{a}{b} \int e^{ax} \cos bx \, dx \right] = \frac{e^{ax}}{b} \operatorname{sen} bx + \frac{ae^{ax}}{b^2} \cos bx - \frac{a^2}{b^2} I_1$$

y agrupando es $(1 + \frac{a^2}{b^2}) I_1 = \frac{e^{ax}}{b} \operatorname{sen} bx + \frac{ae^{ax}}{b^2} \cos x$, obteniéndose

$$I_1 = \frac{e^{ax}}{a^2 + b^2} (b \operatorname{sen} bx + a \cos bx) + C_1.$$

Análogamente podemos obtener

$$I_2 = \int e^{ax} \operatorname{sen} bx \, dx = \frac{e^{ax}}{a^2 + b^2} (a \operatorname{sen} bx - b \cos bx) + C_2.$$

Caso particular: Con $a = b = 1$ resultan las integrales, de presencia tan frecuente, $\int e^x \cos x \, dx$ e $\int e^x \operatorname{sen} x \, dx$ con valor

$$\int e^x \cos x \, dx = \frac{e^x}{2} (\operatorname{sen} x + \cos x) + C_1,$$

$$\int e^x \operatorname{sen} x \, dx = \frac{e^x}{2} (\operatorname{sen} x - \cos x) + C_2.$$

▶ **6.35** Encuéntrese la fórmula recurrente para la integral

$$I_n = \int \frac{dx}{(1 + x^2)^n}$$

y determínense I_2 e I_3.

RESOLUCIÓN. Para $n = 1$ se tiene

$$I_1 = \int \frac{dx}{1 + x^2} = \operatorname{arctg} x + C$$

y para $n > 1$, sumando y restando en el numerador x^2 queda

$$I_n = \int \frac{dx}{(1 + x^2)^n} = \int \frac{1 + x^2 - x^2}{(1 + x^2)^n} \, dx = \int \frac{dx}{(1 + x^2)^{n-1}} - \int \frac{x^2}{(1 + x^2)^n} \, dx.$$

Haciendo por partes esta última integral con $u = x$, $du = dx$,

$$dv = \frac{x \, dx}{(1 + x^2)^n} = \frac{1}{2} \frac{2x \, dx}{(1 + x^2)^n} = \frac{1}{2} (1 + x^2)^{-n} d(1 + x^2) \qquad \Rightarrow$$

$$v = \frac{1}{2} \frac{(1 + x^2)^{-n+1}}{-n + 1} = \frac{-1}{2(n-1)} \frac{1}{(1 + x^2)^{n-1}},$$

con lo cual

$$I_n = I_{n-1} - \int \frac{x^2}{(1 + x^2)^n} \, dx = I_{n-1} - \left[\frac{-1}{2(n-1)} \frac{x}{(1 + x^2)^{n-1}} + \frac{1}{2(n-1)} \int \frac{1}{(1 + x^2)^{n-1}} dx \right]$$

$$= I_{n-1} + \frac{1}{2(n-1)} \frac{x}{(1 + x^2)^{n-1}} - \frac{1}{2(n-1)} I_{n-1}$$

$$= \frac{1}{2(n-1)} \frac{x}{(1 + x^2)^{n-1}} + \left(1 - \frac{1}{2n-2} \right) I_{n-1} = \frac{1}{2(n-1)} \frac{x}{(1 + x^2)^{n-1}} + \frac{2n-3}{2n-2} I_{n-1},$$

es decir,

$$I_n = \frac{1}{2(n-1)} \frac{x}{(1+x^2)^{n-1}} + \frac{2n-3}{2n-2} I_{n-1},$$

que es la fórmula buscada. Para los casos particulares es

$$I_2 = \int \frac{dx}{(1+x^2)^2} = \frac{1}{2} \frac{x}{(1+x^2)^1} + \frac{1}{2} I_1 = \frac{1}{2} \frac{x}{1+x^2} + \frac{1}{2} \operatorname{arctg} x + C,$$

$$I_3 = \int \frac{dx}{(1+x^2)^3} = \frac{1}{4} \frac{x}{(1+x^2)^2} + \frac{3}{4} I_2 = \frac{1}{4} \frac{x}{(1+x^2)^2} + \frac{3}{4} \left[\frac{1}{2} \frac{x}{1+x^2} + \frac{1}{2} \operatorname{arctg} x \right] + C.$$

6.36 Hállese la fórmula recurrente para las integrales

$$I_n = \int \cos^n x \, dx$$

y determínense I_2 e I_3.

RESOLUCIÓN. Integrando por partes con

$$u = \cos^{n-1} x \qquad du = (n-1)\cos^{n-2} x(-\operatorname{sen} x)dx$$
$$dv = \cos x dx \qquad v = \operatorname{sen} x,$$

por lo que se tiene

$$I_n = \int \cos^n x \, dx = \int \cos^{n-1} x \cos x dx = \operatorname{sen} x \cos^{n-1} x + \int (n-1) \operatorname{sen}^2 x \cos^{n-2} x dx$$

$$= \operatorname{sen} x \cos^{n-1} x + (n-1) \int (1-\cos^2 x) \cos^{n-2} x dx$$

$$= \operatorname{sen} x \cos^{n-1} x + (n-1) \int \cos^{n-2} dx - (n-1) \int \cos^n x dx =$$

$$= \operatorname{sen} x \cos^{n-1} x + (n-1)I_{n-2} - (n-1)I_n,$$

de donde en definitiva es

$$n \cdot I_n = \operatorname{sen} x \cos^{n-1} x + (n-1)I_{n-2}$$

y despejando I_n se obtiene la fórmula recurrente

$$I_n = \frac{1}{n} \operatorname{sen} x \cos^{n-1} x + \frac{n-1}{n} I_{n-2}.$$

Puesto que, prescindiendo de la constante C, es $I_0 = \int dx = x$, resulta

$$I_2 = \frac{1}{2} \operatorname{sen} x \cos x + \frac{1}{2} x = \frac{1}{2}(x + \operatorname{sen} x \cos x).$$

Por otra parte de $I_1 = \int \cos x dx = \operatorname{sen} x$ resulta

$$I_3 = \frac{1}{3} \operatorname{sen} x \cos^2 x + \frac{2}{3} \operatorname{sen} x.$$

6.37 Hállese la integral recurrente

$$I_{m,n} = \int \operatorname{sen}^m x \cos^n x \, dx.$$

RESOLUCIÓN. Escribiendo la integral en la forma

$$I_{m,n} = \int \operatorname{sen}^{m-1}x \cos^n x \operatorname{sen} x \, dx$$

y haciendo

$$u = \operatorname{sen}^{m-1}x \qquad\qquad du = (m-1)\operatorname{sen}^{m-2}x \cos x dx$$

$$dv = \cos^n x \operatorname{sen} x dx \qquad\qquad v = \frac{-1}{n+1}\cos^{n+1}x,$$

resulta

$$I_{m,n} = \frac{-1}{n+1}\cos^{n+1}\operatorname{sen}^{m-1}x + \frac{m-1}{n+1}\int \operatorname{sen}^{m-2}x \cos^{n+2} dx$$

$$= \frac{-1}{n+1}\cos^{n+1}x\operatorname{sen}^{m-1}x + \frac{m-1}{n+1}\int \operatorname{sen}^{m-2}x \cos^n x(1-\operatorname{sen}^2 x)dx$$

$$= \frac{-1}{n+1}\cos^{n+1}x\operatorname{sen}^{m-1}x + \frac{m-1}{n+1}\int \operatorname{sen}^{m-2}x \cos^n x dx - \frac{m-1}{n+1}\int \operatorname{sen}^m x \cos^n x dx,$$

es decir,

$$I_{m,n} = \frac{-1}{n+1}\cos^{n+1}x\operatorname{sen}^{m-1}x + \frac{m-1}{n+1}I_{m-2,n} - \frac{m-1}{n+1}I_{m,n},$$

de donde

$$\left(1 + \frac{m-1}{n+1}\right)I_{m,n} = \frac{-1}{n+1}\cos^{n+1}x\operatorname{sen}^{m-1}x + \frac{m-1}{n+1}I_{m-2,n}$$

luego

$$\frac{m+n}{n+1}I_{m,n} = \frac{-1}{n+1}\cos^{n+1}x\operatorname{sen}^{m-1}x + \frac{m-1}{n+1}I_{m-2,n}$$

y despejando resulta

$$I_{m,n} = \frac{-1}{m+n}\cos^{n+1}x\operatorname{sen}^{m-1}x + \frac{m-1}{m+n}I_{m-2,n}.$$

De forma análoga, si la integral inicial $I_{m,n}$ se hubiese expresado en la forma $\int \operatorname{sen}^m x \cos^{n-1}x \cos x dx$, haciendo $u = \cos^{n-1}x$ y $dv = \operatorname{sen}^m x \cos x dx$, mediante un proceso similar se obtendría

$$I_{m,n} = \frac{1}{m+n}\cos^{n-1}x\operatorname{sen}^{m+1}x + \frac{n-1}{m+n}I_{m,n-2}.$$

PROBLEMAS PROPUESTOS

6.1 Calcúlese la integral indefinida

$$\int e^{\operatorname{sen}x}\cos x dx.$$

6.2 Calcúlese la integral

$$\int (1-x)^2 dx.$$

6.3 Calcúlese

$$\int (\operatorname{cotg}^2 x + \operatorname{cotg}^4 x)dx.$$

6.4 Hállese la integral

$$\int \cos^3 x\, dx.$$

6.5 Calcúlese la integral

$$\int \cot g^2 x\, dx.$$

6.6 Calcúlese la integral indefinida

$$\int \frac{e^x}{1 + e^{2x}}\, dx.$$

6.7 Calcúlese la integral

$$\int \frac{e^x}{\sqrt{1 - e^{2x}}}\, dx.$$

6.8 Calcúlese

$$\int \frac{1}{1 + 9x^2}\, dx.$$

6.9 Hállese la integral

$$\int \operatorname{arctg} x\, dx.$$

6.10 Resuélvase la integral indefinida

$$\int x^2 e^x\, dx.$$

6.11 Hállese

$$\int \frac{2 \operatorname{sen} 2x}{2 + \operatorname{sen}^2 x}\, dx.$$

6.12 Calcúlese

$$\int \frac{x^4 e^{3x^5}\, dx}{3}.$$

6.13 Calcúlese la integral

$$\int \frac{2x^5}{3x^6 + 9}\, dx.$$

6.14 Calcúlese la integral indefinida

$$\int x^2 \ln x\, dx.$$

6.15 Intégrese por partes

$$\int (x - 2)e^{-x}\, dx.$$

6.16 Calcúlese la integral indefinida

$$\int (x^2 + 1) \ln x\, dx.$$

6.17 Calcúlese la integral indefinida

$$\int \frac{x^2 + 3}{x^2 - 5x + 6}\, dx.$$

6.18 Resuélvase la integral indefinida

$$\int \frac{13x^2 - 4x - 81}{(x-3)(x-4)(x-1)}\, dx.$$

6.19 Calcúlese la integral

$$\int \frac{x-3}{x^2 + 49}\, dx.$$

6.20 Calcúlese

$$\int \frac{5x}{x^4 + x^3 - x - 1}\, dx.$$

6.21 Hállese la integral

$$\int \frac{dx}{(x^2 + 1)^4}.$$

6.22 Hállese la integral

$$\int \frac{x^4 - 2x^2 + 2}{(x^2 - 2x + 2)^2}\, dx.$$

6.23 Hállese la integral

$$\int x\sqrt{1-x}\, dx.$$

6.24 Calcúlense las integrales

$$\int \frac{dx}{\sqrt{4 - 9x^2}} \qquad \text{e} \qquad \int \frac{54x^6 - 20x^4 - 45x - 3}{\sqrt{4 - 9x^2}}\, dx.$$

6.25 Calcúlese la integral indefinida siguiente

$$\int \frac{\cos^5 x}{\operatorname{sen}^2 x}\, dx.$$

6.26 Calcúlese la integral

$$\int \frac{\operatorname{sen}^2 x}{\cos^4 x}\, dx.$$

6.27 Calcúlese

$$\int x^2 \operatorname{arctg} x\, dx.$$

6.28 Calcúlese la integral

$$\int (1 - \ln t)\,dt.$$

6.29 Calcúlense las siguientes integrales indefinidas

a) $\quad\displaystyle\int (x^3 - 5x + 1)e^{-x}\,dx,\quad$ b) $\quad\displaystyle\int \frac{e^{2x}}{e^{4x} + 4}\,dx.$

6.30 Hállese

$$\int \frac{dx}{\sec x + \operatorname{tg} x}.$$

6.31 Calcúlense las siguientes integrales indefinidas

a) $\quad\displaystyle\int \frac{x^4}{x^3 - x^2 + 9x - 9}\,dx,\quad$ b) $\quad\displaystyle\int \frac{x^3\,dx}{(x^2 + x + 1)(x - 1)}.$

6.32 Encuéntrese

$$\int \frac{\operatorname{sen} x + \cos x}{\operatorname{sen} x - \cos x}\,dx.$$

6.33 Calcúlese la integral

$$\int \frac{dx}{\sqrt{x^2 + 5x + 6}}.$$

6.34 Calcúlense por partes las integrales

a) $\quad\displaystyle\int \cos^3 x\,dx,\quad$ b) $\quad\displaystyle\int \frac{(\cos x)\ln(\operatorname{sen} x)}{\sqrt{\operatorname{sen} x}}\,dx.$

6.35 Encuéntrese la fórmula recurrente para la integral

$$I_n = \int \frac{x^n}{\sqrt{1 - x^2}}\,dx.$$

6.36 Encuéntrese la fórmula recurrente

$$I_n = \int \operatorname{sen}^n x\,dx.$$

6.37 Hállese la fórmula recurrente

$$\int \operatorname{tg}^n x\,dx.$$

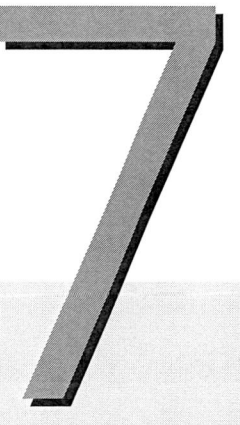

Integral de Riemann

7.1. Concepto de integral definida

El método de *exhaución,* o del agotamiento, utilizado por Arquímedes para calcular áreas mediante la inscripción de polígonos regulares con gran número de lados, es el origen del Cálculo integral. Desde Arquímedes hasta la época de Gauss se conocía como problema de las *cuadraturas* el de obtener al área encerrada bajo o entre algunas curvas. El problema no consistía en definir las áreas sino en calcularlas.

Durante el siglo XIX se iniciaron las discusiones sobre los fundamentos del Cálculo infinitesimal. Era necesario desarrollar las proposiciones fundamentales del Cálculo por métodos tan rigurosos desde el punto de vista lógico como los que se encontraban ya en la Geometría griega.

Cauchy, Riemann, Darboux, Dirichlet y Dini fueron los matemáticos que elaboraron sucesivas teorías de distinto alcance, puestas a prueba con funciones cada vez más complicadas. Por fin, a comienzos del siglo XX, Lebesgue creó la teoría de integración que lleva su nombre y que se convertiría en el modelo de todas las teorías modernas de la integral.

La integral de Cauchy se establece para las funciones continuas o, a lo sumo, acotadas con un número finito de puntos de discontinuidad. La integral de Riemann se refiere a funciones acotadas con infinitas discontinuidades, siempre que no sean "demasiadas" (dicho técnicamente, cuando el conjunto de puntos de discontinuidad tenga medida nula). La integral de Lebesgue es la que alcanza mayor generalidad y requiere la introducción del concepto de función medible. En este texto trataremos únicamente la integral de Riemann.

Particiones de un intervalo

Sean $a, b \in \mathbb{R}$, $a < b$. Llamaremos *partición* del intervalo $[a; b]$ a un conjunto finito de puntos del mismo

$$P = \{x_0, x_1, \ldots, x_n\},$$

que verifican

$$a = x_0 < x_1 < x_2 < \cdots < x_n = b.$$

Al conjunto de todas las particiones posibles del intervalo lo representamos por $\mathcal{P}([a; b])$.

Dadas las particiones P_1, $P_2 \in \mathcal{P}([a; b])$ decimos que P_1 es más fina que P_2 y lo representamos por $P_1 \geq P_2$ si P_1 contiene a P_2, es decir,

$$P_1 \geq P_2 \qquad \text{cuando} \qquad P_2 \subset P_1.$$

Observamos que con esta definición tenemos una relación de orden parcial en $\mathcal{P}([a; b])$. Puede ocurrir que $P \nsubseteq P'$ y que $P' \nsubseteq P$, sin embargo $P \cup P'$ es más fina que una y que otra.

■ **Ejemplo 7.1** En el intervalo $[a; b]$ los números dados por la fórmula

$$x_i = a + \frac{b - a}{n} i, \qquad i = 0, 1, 2, \ldots, n$$

forman una partición de $[a; b]$ tal que todos los subintervalos tienen la misma amplitud.

Sumas de Riemann

Llamamos *diámetro* de la partición $P = \{x_0, x_1, \ldots, x_n\}$, y representamos por $d(P)$, al número

$$d(P) = \max\{|x_i - x_{i-1}| : i = 1, 2, \ldots, n\}.$$

Sea f una función real definida en $[a; b]$ y acotada, y sea P una partición de $[a; b]$, llamamos *suma superior de Riemann* correspondiente a f y a P, al número

$$\overline{S}(f, P) = \sum_{i=1}^{n} M_i(x_i - x_{i-1}) = M_1(x_1 - x_0) + M_2(x_2 - x_1) + \cdots + M_n(x_n - x_{n-1}),$$

donde $M_i = \sup\{f(x), x \in [x_{i-1}; x_i]\}$. De igual modo, llamamos *suma inferior de Riemann* al número

$$\underline{S}(f, P) = \sum_{i=1}^{n} m_i(x_i - x_{i-1}) = m_1(x_1 - x_0) + m_2(x_2 - x_1) + \cdots + m_n(x_n - x_{n-1}),$$

siendo $m_i = \inf\{f(x), x \in [x_{i-1}; x_i]\}$.

Propiedades de las sumas de Riemann

Las sumas de Riemann verifican $\forall P, P_1, P_2 \in \mathcal{P}([a; b])$ las siguientes propiedades:

1. $\overline{S}(f, P) \geq \underline{S}(f, P)$.
2. Si $P_1 \geq P_2$, entonces

    a) $\overline{S}(f, P_1) \leq \overline{S}(f, P_2)$

    b) $\underline{S}(f, P_1) \geq \underline{S}(f, P_2)$

3. $\overline{S}(f, P_1) \geq \underline{S}(f, P_2)$

Consideremos ahora el conjunto de números reales $\{\overline{S}(f, P)\}_{P \in \mathcal{P}([a;b])}$, este conjunto tiene cota inferior, por la propiedad 3, y por aplicación del axioma del supremo de los números reales, existe ínfimo de este conjunto, a este ínfimo lo llamaremos *integral superior de Riemann* de f en $[a; b]$, y lo representamos por

$$\overline{\int_a^b} f = \inf\{\overline{S}(f, P)\}_{P \in \mathcal{P}([a;b])}.$$

Del mismo modo, el conjunto $\{\underline{S}(f, P)\}_{P \in \mathcal{P}([a;b])}$ posee supremo llamado *integral inferior de Riemann*:

$$\underline{\int_a^b} f = \sup\{\underline{S}(f, P)\}_{P \in \mathcal{P}([a;b])}.$$

Sea $f : [a; b] \to \mathbb{R}$ una función acotada, se dice que es *integrable-Riemann* en $[a; b]$ si es

$$\underline{\int_a^b} f = \overline{\int_a^b} f.$$

A este valor común lo llamamos *integral* de f en $[a; b]$, y se representa como $\int_a^b f$, es decir,

$$\int_a^b f = \underline{\int_a^b} f = \overline{\int_a^b} f.$$

Son inmediatas las propiedades

$$\int_a^a f = 0$$

y, si $a < b$,

$$\int_b^a f = -\int_a^b f.$$

Si $f(x) \geq 0, \forall x \in [a; b]$ y $f(x)$ es integrable en $[a; b]$, el número $\int_a^b f$ coincide con el área de la región del plano limitada por el eje OX, la gráfica de $f(x)$ y las rectas $x = a$ y $x = b$.

7.2. CRITERIO DE INTEGRABILIDAD

■ **Teorema (Criterio de integrabilidad de Cauchy)** *Sea $f : [a; b] \to \mathbb{R}$, una función acotada, se tiene que*

f es integrable-Riemann en $[a; b]$ si y sólo si $\forall \varepsilon > 0, \exists P \in \mathcal{P}\left([a; b]\right) : \overline{S}(f, P) - \underline{S}(f, P) < \varepsilon$.

■ **Ejemplo 7.2** La función $f(x) = c, \forall x \in [a; b]$ es integrable ya que si

$$P = \{a = x_0 < x_1 < \cdots < x_n = b\},$$

es

$$\overline{S}(f, P) = \sum_{i=1}^{n} M_i(x_i - x_{i-1}) = c \sum_{i=1}^{n} (x_i - x_{i-1}) = c(b - a)$$

$$\underline{S}(f, P) = \sum_{i=1}^{n} m_i(x_i - x_{i-1}) = c \sum_{i=1}^{n} (x_i - x_{i-1}) = c(b - a)$$

con lo que $\forall \varepsilon > 0, \forall P$ es

$$\overline{S}(f, P) - \underline{S}(f, P) = 0 < \varepsilon.$$

■ **Ejemplo 7.3** La función de Dirichlet

$$g(x) = \begin{cases} 0, & \text{si } x \in \mathbb{Q} \\ 1, & \text{si } x \notin \mathbb{Q} \end{cases}$$

no es integrable en $[a; b]$, ya que $M_i = 1$, $m_i = 0$, véase la Figura 2.10, de donde $\overline{S}(f, P) = b - a$ y $\underline{S}(f, P) = 0$, independientemente de P, así que la diferencia $\overline{S}(f, P) - \underline{S}(f, P)$ no puede hacerse menor que cualquier ε.

■ **Teorema (de integrabilidad de funciones monótonas)** *Si $f : [a; b] \to \mathbb{R}$ es monótona, entonces es integrable en $[a; b]$.*

■ **Ejemplo 7.4** La función parte entera, $E[x]$, es una función monótona en el intervalo $[0; 5]$, véase la Figura 2.13, luego es integrable y tenemos que

$$\int_0^5 E[x] = \underline{\int_0^5} E[x] = \underline{S}(f, P) = 0 + 1 + 2 + 3 + 4 = 10,$$

sin más que elegir cualquier partición que contenga los números 0, 1, 2, 3, 4 y 5.

■ **Teorema (de integrabilidad de funciones continuas)** *Si f es continua en $[a; b]$, entonces f es integrable en $[a; b]$.*

■ **Proposición** *Sea $f : [a; b] \to \mathbb{R}$ acotada en $[a; b]$, sean m y M el ínfimo y el supremo de f en $[a; b]$ y sea $P = \{x_0, x_1, \ldots, x_n\}$ una partición de $[a; b]$, entonces para toda partición P' de $[a; b]$ que conste de k puntos más que P, se verifica que*

1. $\underline{S}(f, P') - \underline{S}(f, P) \leq k(M - m)d(P)$.

2. $\overline{S}(f, P) - \overline{S}(f, P') \leq k(M - m)d(P)$.

■ **Proposición** *Sea $f : [a; b] \to \mathbb{R}$ integrable en $[a; b]$ y $P_n = \{x_0, x_1, \ldots, x_n\}$ tal que*

$$x_i = a + \frac{b - a}{n} i,$$

para $i = 0, 1, 2, \ldots, n$. Entonces

$$\lim_n \underline{S}(f, P_n) = \int_a^b f = \lim_n \overline{S}(f, P_n).$$

■ **Teorema (de la integral como límite de una suma)** *Si* $f : [a; b] \to \mathbb{R}$ *es una función integrable en* $[a; b]$*, entonces*

$$\int_a^b f = \lim_n \sum_{i=1}^n f\left(a + \frac{b-a}{n}i\right) \frac{b-a}{n}.$$

Observamos que al ser f integrable, es independiente del tipo de partición y por comodidad se eligen las particiones regulares.

■ **Ejemplo 7.5** Vamos a calcular el valor de $\int_0^1 x dx$ utilizando este teorema.
Tomemos $a = 0, b = 1, f(x) = x$, así será

$$\frac{b-a}{n} = \frac{1}{n}, \qquad f\left(a + \frac{b-a}{n}i\right) = \frac{i}{n},$$

con lo que

$$\int_0^1 x dx = \lim_n \sum_{i=1}^n \frac{i}{n}\frac{1}{n} = \lim_n \frac{1}{n^2} \sum_{i=1}^n i$$

$$= \lim_n \frac{1}{n^2}(1 + 2 + 3 + \cdots + n) = \lim_n \frac{1}{n^2}\frac{n(n+1)}{2} = \frac{1}{2}.$$

■ **Ejemplo 7.6** Del mismo modo calculamos

$$\int_0^1 x^2 dx = \lim_n \sum_{i=1}^n \left(\frac{i}{n}\right)^2 \frac{1}{n} = \lim_n \frac{1}{n^3} \sum_{i=1}^n i^2$$

$$= \lim_n \frac{1}{n^3}(1 + 2^2 + 3^2 + \cdots + n^2) = \lim_n \frac{1}{n^3}\frac{n(n+1)(2n+1)}{6} = \frac{1}{3}.$$

7.3. PROPIEDADES DE LA INTEGRAL DEFINIDA

La integral definida verifica las siguientes propiedades:
1. Si f y g son integrables en $[a; b]$ entonces $f + g$ es integrable en $[a; b]$ y además

$$\int_a^b (f + g) = \int_a^b f + \int_a^b g.$$

2. Si f es integrable en $[a; b]$ y $c \in \mathbb{R}$ entonces cf es integrable en $[a; b]$ y además

$$\int_a^b cf = c \int_a^b f.$$

Estas dos propiedades juntas hacen que la integral tenga la propiedad de linealidad

$$\int_a^b (c_1 f + c_2 g) = c_1 \int_a^b f + c_2 \int_a^b g.$$

3. $\forall c \in [a; b]$ se cumple que

$$f \text{ es integrable en } [a; b] \quad \Leftrightarrow \quad \begin{cases} f \text{ es integrable en } [a; c] \text{ y} \\ f \text{ es integrable en } [c; b] \end{cases}$$

y además

$$\int_a^b f = \int_a^c f + \int_c^b f.$$

Esta propiedad se llama "propiedad aditiva de intervalo".

4. Si f es integrable en $[a;b]$ y $f(x) \geq 0, \forall x \in [a;b]$, entonces

$$\int_a^b f \geq 0.$$

5. Si f y g son dos funciones integrables en $[a;b]$ tales que $f(x) \leq g(x)$, $\quad \forall x \in [a;b]$, entonces

$$\int_a^b f \leq \int_a^b g.$$

6. Si f es integrable en $[a;b]$, entonces $|f|$ es integrable en $[a;b]$ y

$$\left| \int_a^b f \right| \leq \int_a^b |f|.$$

Y en consecuencia

$$\int_a^b f \leq \left| \int_a^b f \right| \leq \int_a^b |f|.$$

Sea $f : [a;b] \to \mathbb{R}$ una función acotada e integrable en $[a;b]$. El número real

$$\frac{1}{b-a} \int_a^b f(x)dx$$

se llama *valor medio* de f en el intervalo $[a;b]$, o promedio integral.

■ **Teorema (del valor medio integral)** *Si $f : [a;b] \to \mathbb{R}$ una función continua en $[a;b]$, entonces existe un punto $c \in [a;b]$ tal que*

$$\int_a^b f(x)dx = f(c)(b-a).$$

Este teorema nos asegura que el valor medio de una función continua en un intervalo es uno de los valores que toma la función en ese intervalo y tiene una sencilla interpretación geométrica: el área que la gráfica de $f(x) \geq 0$ deja por debajo entre las rectas $x = a$ y $x = b$ es la de un rectángulo de base $b - a$ y altura el valor $f(c)$, como puede observarse en la Figura 7.1.

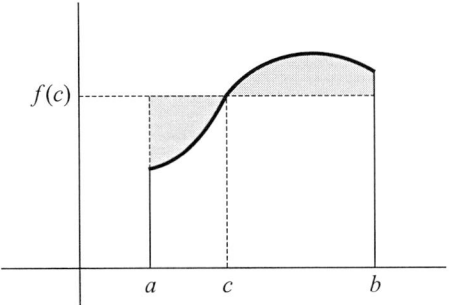

Figura 7.1 Interpretación geométrica del teorema del valor medio integral.

■ **Proposición (Integración por cambio de variable)** *Sea $f : [a;b] \to \mathbb{R}$ continua y sea $x = \varphi(t), \varphi : I \to [a;b]$, (intervalo en $\mathbb{R}$), tal que φ tiene derivada continua y además inyectiva en I, entonces*

$$\int_a^b f(x)dx = \int_{\varphi^{-1}(a)}^{\varphi^{-1}(b)} f(\varphi(t))\varphi'(t)dt.$$

■ **Proposición (Integración por partes)** *Sean $u(x), v(x)$ funciones con derivada continua, entonces se cumple que:*

$$\int_a^b u(x)dv(x) = [u(x)v(x)]_a^b - \int_a^b v(x)du(x).$$

7.4. TEOREMA FUNDAMENTAL DEL CÁLCULO

Hasta ahora hemos obtenido resultados sin conocer la conexión entre el Cálculo integral y el Cálculo diferencial.

■ **Proposición (Continuidad de la función integral)** *Si* $f : [a; b] \to \mathbb{R}$ *es integrable en* $[a; b]$ *y* $F : [a; b] \to \mathbb{R}$ *es tal que* $F(x) = \int_a^x f(t)dt$, *entonces*

$$F \text{ es continua en } [a; b].$$

La función F se llama *función integral* de f en el intervalo $[a; b]$. En el caso en que sea $f(x) \geq 0$, $\forall x \in [a; b]$, la función F es una función acumulativa de áreas. Como puede observarse en la Figura 7.2, $F(x)$ vale en cada punto $x_0 \in [a; b]$ la medida del área comprendida entre la gráfica de la función f, el eje de abscisas y las rectas verticales $x = a$ y $x = x_0$.

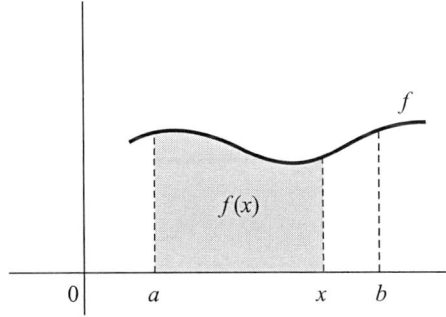

Figura 7.2 Interpretación geométrica de la función integral $F(x) = \int_a^x f(t)dt$.

■ **Teorema (Fundamental del Cálculo)** *Sea* f *integrable en* $[a; b]$ *y sea* $F(x) = \int_a^x f(t)dt$ *su función integral. En estas condiciones, si* f *es continua en* $[a; b]$ *entonces* F *es derivable en* $[a; b]$ *y su derivada es* $F'(x) = f(x)$.

■ **Ejemplo 7.7** Dada la función $F(x) = \int_0^x e^{-t \ln(t^2+1)}dt$, su derivada en el intervalo $[0; 2]$ es $f(x) = e^{-x \ln(x^2+1)}$.

■ **Teorema (Regla de Barrow)** *Sea* $f : [a; b] \to \mathbb{R}$ *integrable en* $[a; b]$ *y sea* G *una primitiva de* f, *es decir* $G'(x) = f(x)$, $\forall x \subset [a; b]$, *entonces*

$$\int_a^b f(x)dx = G(b) - G(a) = [G(x)]_a^b.$$

■ **Ejemplo 7.8** Toda función polinómica

$$f(x) = a_0 + a_1 x + a_2 x^2 + \cdots + a_n x^n$$

es continua y por tanto integrable en cualquier intervalo $[a; b]$. Además f es la derivada de la función

$$g(x) = a_0 x + \frac{a_1}{2}x^2 + \frac{a_2}{3}x^3 + \cdots + \frac{a_n}{n+1}x^{n+1},$$

por lo que

$$\int_a^b (a_0 + a_1 x + \cdots + a_n x^n)dx = \left[a_0 x + \frac{a_1}{2}x^2 + \frac{a_2}{3}x^3 + \cdots + \frac{a_n}{n+1}x^{n+1}\right]_a^b$$
$$= a_0(b - a) + \frac{a_1}{2}(b^2 - a^2) + \cdots + \frac{a_n}{n+1}(b^{n+1} - a^{n+1}).$$

7.5. APLICACIONES DE LA INTEGRAL DE RIEMANN

Áreas de figuras planas

Sea $f(x)$ una función definida e integrable en el intervalo $[a; b]$ tal que $f(x) \geq 0$, $\forall x \in [a; b]$. Según hemos visto, la integral definida

$$\int_a^b f(x)dx$$

representa el área del recinto limitado por la gráfica de la función $f(x)$, el eje de abscisas y las rectas $x = a$ y $x = b$.

■ **Ejemplo 7.9** Hallemos el área que la función $f(x) = x^2$ deja entre su gráfica y el eje de abscisas, entre los valores $x = 0$ y $x = 1$. Será

$$A = \int_0^1 x^2 dx = \left[\frac{x^3}{3}\right]_0^1 = \frac{1}{3} - 0 = \frac{1}{3}.$$

Si la función $f(x)$ es constantemente negativa e integrable en el intervalo $[a; b]$, basta considerar la función $g(x) = -f(x)$, $\forall x \in [a; b]$, que es simétrica respecto del eje de abscisas, de este modo las áreas coinciden y resulta que

$$\text{Área}(f) = \text{Área}(g) = \int_a^b g(x)dx = -\int_a^b f(x)dx.$$

En el caso en que la función $f(x)$, integrable en el intervalo $[a; b]$ tome valores positivos y negativos en ese intervalo, con un número finito de cambios de signo, podemos descomponer el área como suma de integrales definidas, extendidas a los subintervalos en que no cambia de signo, anteponiendo un signo menos a aquellas en cuyo subintervalo la función tome valores negativos.

■ **Ejemplo 7.10** El área de la región limitada por la *sinusoide* y el eje de abscisas entre 0 y 2π es

$$A = \int_0^\pi \operatorname{sen} x \, dx - \int_\pi^{2\pi} \operatorname{sen} x \, dx = [-\cos x]_0^\pi - [-\cos x]_\pi^{2\pi} = 1 + 1 + 1 + 1 = 4,$$

donde se ha cambiado el signo de la segunda integral porque la función $\operatorname{sen} x$ es negativa en $[\pi; 2\pi]$.

Observando la gráfica de la función *seno*, véase la Figura 2.18, es claro que el área pedida es dos veces el área comprendida entre 0 y π.

Si queremos calcular el área comprendida entre dos funciones $f(x)$ y $g(x)$ y las rectas $x = a$ y $x = b$, en el caso en que se verifique $g(x) \geq f(x) \geq 0$, $\forall x \in [a; b]$, bastará restar al área que limita $g(x)$ el área que limita $f(x)$, es decir,

$$A = A(g) - A(f) = \int_a^b g(x)dx - \int_a^b f(x)dx = \int_a^b [g(x) - f(x)] \, dx.$$

Sin embargo, esta fórmula se cumple aunque las funciones $f(x)$ y $g(x)$ no sean positivas en todo el intervalo, ya que una traslación paralela al eje de ordenadas puede llevar su gráficas hasta que lo sean, sin modificar el valor del área comprendida entre ellas. Así, la anterior fórmula es válida con tal que sea $g(x) \geq f(x)$, $\forall x \in [a; b]$.

■ **Ejemplo 7.11** Hallemos el área limitada por las gráficas de las funciones $y = 3x$ e $y = x^2$. Comenzamos hallando los puntos de corte de las dos gráficas; igualando

$$3x = x^2 \quad \Rightarrow \quad x(3 - x) = 0 \quad \Rightarrow \quad x = 0 \quad \text{y} \quad x = 3.$$

Es decir, las gráficas se cortan únicamente para $x = 0$ y para $x = 3$.

Además tenemos que en el intervalo $[0; 3]$, la gráfica de $3x$ está situada por encima de la gráfica de x^2, ya que $3x \geq x^2$, $\forall x \in [0; 3]$, por lo que será

$$A = \int_0^3 (3x - x^2)dx = \left[\frac{3x^2}{2} - \frac{x^3}{3}\right]_0^3 = \frac{27}{2} - \frac{27}{3} = \frac{9}{2}.$$

Si la función está dada en coordenadas polares por la expresión $\rho = \rho(\theta)$, el área encerrada por la gráfica de esta función entre los valores θ_1 y θ_2 del argumento está dada por

$$A = \frac{1}{2}\int_{\theta_1}^{\theta_2} \rho^2(\theta)d\theta.$$

■ **Ejemplo 7.12** La expresión en coordenadas polares de la circunferencia de radio r es $\rho(\theta) = r$, por lo que el área del círculo de radio r es

$$A = \frac{1}{2}\int_0^{2\pi} \rho^2 d\theta = \frac{1}{2}\int_0^{2\pi} r^2 d\theta = \frac{r^2}{2}\int_0^{2\pi} d\theta = \frac{r^2}{2}[\theta]_0^{2\pi} = \frac{r^2}{2}(2\pi - 0) = \pi r^2.$$

Longitud de un arco de curva

Se entiende por *rectificar* una curva, hallar la medida de su longitud. Pero no todas las curvas continuas se pueden rectificar, por ejemplo la función continua $f(x) = x\sin\frac{1}{x}$, con $f(0) = 0$, es continua en $[-1; 1]$ y no es rectificable.

Sea $f(x)$ una función continua, derivable y con derivada continua en el intervalo $[a; b]$ y sea $P = \{x_0, x_1, \ldots, x_n\}$, con $a = x_0 < x_1 < \cdots < x_n = b$, una partición del intervalo. Para cada partición P se considera la sucesión de puntos pertenecientes a la gráfica de la función, $A_0, A_1, \ldots, A_n$, de coordenadas $A_i = \big(x_i, f(x_i)\big)$.

Se llama *longitud del arco de curva* comprendido entre los puntos A_0 y A_n al límite de la longitud de la poligonal $A_0, A_1, \ldots, A_n$ cuando el diámetro de la partición tiende a cero, es decir,

$$L = \lim_{d(P)\to 0}\left(\overline{A_0A_1} + \overline{A_1A_2} + \cdots + \overline{A_{n-1}A_n}\right).$$

Para que el límite anterior exista y sea finito, y podamos decir que la curva es rectificable, es necesario que el conjunto de las longitudes de las poligonales sea un conjunto acotado, lo que puede garantizarse si la función $f(x)$ posee derivada continua en $[a; b]$.

■ **Proposición (Longitud de un arco de curva)** *Si la función $f(x)$ es derivable con derivada continua en $[a; b]$, la longitud el arco de curva entre a y b está dada por*

$$L = \int_a^b \sqrt{1 + [f'(x)]^2}dx.$$

■ **Ejemplo 7.13** Para hallar la longitud del arco de la circunferencia de radio unidad correspondiente al primer cuadrante, cuya ecuación es $y = \sqrt{1 - x^2}$, con $x \in [0; 1]$, como es $y' = \frac{-2x}{2\sqrt{1-x^2}} = \frac{-x}{\sqrt{1-x^2}}$, resulta

$$L = \int_0^1 \sqrt{1 + \frac{x^2}{1-x^2}}dx = \int_0^1 \sqrt{\frac{1-x^2+x^2}{1-x^2}}dx$$

$$= \int_0^1 \frac{dx}{\sqrt{1-x^2}} = [\text{arcsen } x]_0^1 = \text{arcsen } 1 - \text{arcsen } 0 = \frac{\pi}{2} - 0 = \frac{\pi}{2}.$$

La circunferencia completa de radio unidad tiene por longitud obviamente 2π.

En el caso en que la ecuación de la curva esté dada en paramétricas, en la forma

$$\left.\begin{array}{c} x = x(t) \\ y = y(t) \end{array}\right\}$$

la expresión de la longitud del arco de curva es

$$L = \int_{t_0}^{t_1} \sqrt{1 + \left[\frac{y'(t)}{x'(t)}\right]^2}\, x'(t)dt = \int_{t_0}^{t_1} \sqrt{[x'(t)]^2 + [y'(t)]^2}\,dt,$$

siendo $a = x(t_0)$ y $b = x(t_1)$.

■ **Ejemplo 7.14** La longitud del arco de cicloide de ecuaciones paramétricas

$$\begin{cases} x = t - \operatorname{sen} t \\ y = 1 - \cos t \end{cases}$$

comprendido entre los valores del parámetro $t = 0$ y $t = \pi$, como es

$$\left.\begin{array}{c} x' = 1 - \cos t \\ y' = \operatorname{sen} t \end{array}\right\}$$

se tiene que $x'^2 + y'^2 = 1 + \cos^2 t - 2\cos t + \operatorname{sen}^2 t = 2(1 - \cos t)$, y entonces es

$$L = \int_0^\pi \sqrt{2(1 - \cos t)}\,dt = \sqrt{2}\int_0^\pi \sqrt{2}\operatorname{sen}\frac{t}{2}dt = \left[-4\cos\frac{t}{2}\right]_0^\pi = 4,$$

donde se ha utilizado la igualdad trigonométrica $1 - \cos t = 2\operatorname{sen}^2\frac{t}{2}$.

Volumen de revolución

Sea $y = f(x)$ una función continua en $[a;b]$ que gira alrededor del eje OX para engendrar un cuerpo cuyo volumen deseamos calcular.

Se llama *volumen de revolución* al del cuerpo engendrado al girar en torno al eje OX la gráfica de la función continua $f(x)$ comprendida entre los valores $x = a$ y $x = b$.

■ **Proposición (Volumen de revolución)** *El volumen de revolución está dado por*

$$V = \pi \int_a^b [f(x)]^2\,dx.$$

Si giramos en torno del eje OY bastará intercambiar los papeles de x e y, adecuando el intervalo de integración, resultando

$$V = \pi \int_c^d [f(y)]^2\,dy.$$

■ **Ejemplo 7.15** Hallemos el volumen de la esfera de radio r.

La ecuación de la circunferencia que gira en torno al eje OX es $x^2 + y^2 = r^2$, de donde $y^2 = r^2 - x^2$. El volumen de revolución es

$$V = \pi \int_{-r}^r [f(x)]^2\,dx = \pi \int_{-r}^r \left(r^2 - x^2\right)dx$$
$$= \pi \left[r^2 x - \frac{x^3}{3}\right]_{-r}^r = \pi \left(r^3 - \frac{r^3}{3} + r^3 - \frac{r^3}{3}\right) = 2\pi \left(r^3 - \frac{r^3}{3}\right) = \frac{4}{3}\pi r^3.$$

Volumen por secciones

Se llama *volumen por secciones* al del cuerpo que tiene secciones transversales dadas por una función continua $A(x)$ cuando x varía entre los valores $x = a$ y $x = b$.

■ **Proposición (Volumen por secciones)** *El volumen por secciones está dado por*

$$V = \int_a^b A(x)dx.$$

En el caso de cuerpos cuya sección sea constante, $A(x) = B$, se tiene que $V = \int_a^b Bdx = B[x]_a^b = B(b-a)$, es decir área de la base por altura.

■ **Ejemplo 7.16** Para hallar el volumen del cono de radio de la base 1 y altura 1, como el área de la sección correspondiente a x es la del círculo de radio x, $A(x) = \pi x^2$, como puede observarse en la Figura 7.3, se tiene que

$$V = \int_0^1 A(x)dx = \int_0^1 \pi x^2 dx = \pi \left[\frac{x^3}{3}\right]_0^1 = \frac{\pi}{3}.$$

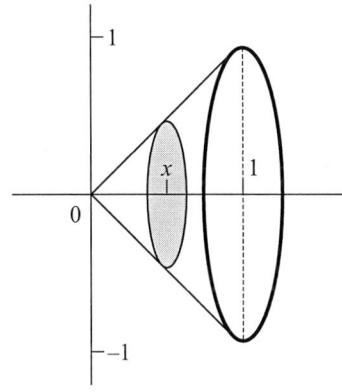

Figura 7.3 Área de la sección transversal del cono.

Área de revolución

Se llama *área de revolución* a la del cuerpo engendrado al girar en torno al eje OX la gráfica de la función $f(x)$, con derivada continua, comprendida entre los valores $x = a$ y $x = b$.

■ **Proposición (Área de revolución)** *El área de revolución está dada por*

$$A = 2\pi \int_a^b f(x)\sqrt{1 + [f'(x)]^2}dx.$$

Si giramos en torno del eje OY, intercambiando los papeles de x e y, será

$$A = 2\pi \int_c^d f(y)\sqrt{1 + [f'(y)]^2}dy.$$

■ **Ejemplo 7.17** El área de la esfera de radio r será:

$$A = 2\pi \int_{-r}^r \sqrt{r^2 - x^2}\sqrt{1 + \left(\frac{-x}{\sqrt{r^2 - x^2}}\right)^2}dx$$

$$= 2\pi \int_{-r}^r \sqrt{r^2 - x^2}\frac{\sqrt{r^2 - x^2 + x^2}}{\sqrt{r^2 - x^2}}dx = 2\pi \int_{-r}^r rdx = 2\pi [rx]_{-r}^r = 4\pi r^2.$$

PROBLEMAS RESUELTOS

▶ **7.1** Calcúlese la integral

$$\int_0^{\frac{\pi}{2}} \operatorname{sen} x \cos^2 x dx.$$

RESOLUCIÓN. Como la función a integrar es impar en $\operatorname{sen} x$, hacemos el cambio $t = \cos x$, diferenciando es $dt = - \operatorname{sen} x dx$, y sustituyendo

$$\int_0^{\frac{\pi}{2}} \operatorname{sen} x \cos^2 x dx = - \int_0^{\frac{\pi}{2}} \cos^2 x (- \operatorname{sen} x) dx = - \int_a^b t^2 dt.$$

Es preciso tener en cuenta que al cambiar la variable, los límites de integración también cambian; como x varía de 0 a $\frac{\pi}{2}$, y es $t = \cos x$, la nueva variable t tomará valores entre a y b, y será

$$a = \cos 0 = 1,$$
$$b = \cos \frac{\pi}{2} = 0,$$

por tanto

$$\int_0^{\frac{\pi}{2}} \operatorname{sen} x \cos^2 x dx = - \int_1^0 t^2 dt = \left[\frac{-t^3}{3}\right]_1^0 = \left(\frac{-0^3}{3}\right) - \left(\frac{-1^3}{3}\right) = 0 - \left(\frac{-1}{3}\right) = \frac{1}{3},$$

donde hemos aplicado la regla de Barrow, dando a la variable el valor del límite superior y restándole el obtenido para el límite inferior.

Se obtiene el mismo resultado deshaciendo el cambio de variable y sin tomar nuevos límites de integración, pero es preciso considerar la integral como indefinida. Es decir, como es

$$\int \operatorname{sen} x \cos^2 x dx = - \int t^2 dt = \frac{-t^3}{3} + C = \frac{- \cos^3 x}{3} + C,$$

tenemos que

$$\int_0^{\frac{\pi}{2}} \operatorname{sen} x \cos^2 x dx = \left[\frac{- \cos^3 x}{3} + C\right]_0^{\frac{\pi}{2}} = \frac{- \cos^3 \frac{\pi}{2}}{3} + C - \left(\frac{- \cos^3 0}{3} + C\right) = 0 + C + \frac{1}{3} - C = \frac{1}{3}.$$

▶ **7.2** Calcúlese la integral definida

$$\int_{-5}^5 \left(|x| + x e^{\frac{x}{2}}\right) dx$$

e interprétese gráficamente la situación.

RESOLUCIÓN. Puesto que la función valor absoluto está definida por

$$|x| = \begin{cases} x, & \text{si } x \geq 0, \\ -x, & \text{si } x < 0, \end{cases}$$

es conveniente descomponer la integral definida en dos intervalos, del modo

$$\int_{-5}^5 \left(|x| + x e^{\frac{x}{2}}\right) dx = \int_{-5}^0 \left(|x| + x e^{\frac{x}{2}}\right) dx + \int_0^5 \left(|x| + x e^{\frac{x}{2}}\right) dx,$$

por la definición de valor absoluto y descomponiendo las funciones resulta

$$\int_{-5}^{5} \left(|x| + xe^{\frac{x}{2}}\right) dx = \int_{-5}^{0} \left(-x + xe^{\frac{x}{2}}\right) dx + \int_{0}^{5} \left(x + xe^{\frac{x}{2}}\right) dx$$

$$= \int_{-5}^{0} x dx + \int_{-5}^{0} xe^{\frac{x}{2}} dx + \int_{0}^{5} x dx + \int_{0}^{5} xe^{\frac{x}{2}} dx.$$

Debemos calcular por partes la integral indefinida $\int xe^{\frac{x}{2}} dx$, con

$$\begin{cases} u = x \\ dv = e^{\frac{x}{2}} dx \end{cases} \begin{cases} du = dx \\ v = \int e^{\frac{x}{2}} dx = 2e^{\frac{x}{2}}, \end{cases}$$

se tiene

$$\int xe^{\frac{x}{2}} dx = x \cdot 2e^{\frac{x}{2}} - \int 2e^{\frac{x}{2}} dx = 2xe^{\frac{x}{2}} - 4e^{\frac{x}{2}} = 2e^{\frac{x}{2}}(x - 2).$$

Aplicando la regla de Barrow tenemos que la integral definida queda

$$\int_{-5}^{5} \left(|x| + xe^{\frac{x}{2}}\right) dx = \left[\frac{-x^2}{2}\right]_{-5}^{0} + \left[2e^{\frac{x}{2}}(x - 2)\right]_{-5}^{0} + \left[\frac{x^2}{2}\right]_{0}^{5} + \left[2e^{\frac{x}{2}}(x - 2)\right]_{0}^{5}$$

$$= 0 + \frac{25}{2} - 4 + 14e^{-\frac{5}{2}} + \frac{25}{2} - 0 + 6e^{\frac{5}{2}} + 4 = 25 + 6e^{\frac{5}{2}} + 14e^{-\frac{5}{2}}.$$

La interpretación geométrica es que la función dada

$$f(x) = |x| + xe^{\frac{x}{2}} = \begin{cases} x + xe^{\frac{x}{2}} = x(1 + e^{\frac{x}{2}}), & \text{si } x \geq 0, \\ -x + xe^{\frac{x}{2}} = x(-1 + e^{\frac{x}{2}}), & \text{si } x < 0, \end{cases}$$

es siempre positiva. En efecto, si es $x > 0$, los dos factores de $f(x)$ son positivos, y si $x < 0$, es $0 < e^{\frac{x}{2}} < e^0 < 1$, y restando 1 en las desigualdades, queda

$$-1 < e^{\frac{x}{2}} - 1 < 0,$$

por tanto, los dos factores de $f(x)$ son negativos y el producto es positivo.

Además la función $f(x)$ es continua en $[-5; 5]$, y por ello integrable. El número $25 + 6e^{5/2} + 14e^{-5/2}$ obtenido en la integral definida es el área que limita la gráfica de la función $f(x)$, el eje de abscisas y las rectas $x = -5$ y $x = 5$.

7.3 Estúdiese si la función $f(x) = \ln(x^2)$ verifica el teorema del valor medio del Cálculo integral en el intervalo $[1; e]$ y hállese el punto del intervalo a que alude el teorema.

RESOLUCIÓN. La función es continua en $[1; e]$ y por tanto existe un valor $c \in [1; e]$ tal que

$$\int_{1}^{e} \ln(x^2) dx = f(c)(e - 1).$$

Como es

$$\int_{1}^{e} \ln(x^2) dx = \int_{1}^{e} 2\ln x dx = 2\int_{1}^{e} \ln x dx$$

$$= 2\left([x\ln x]_{1}^{e} - \int_{1}^{e} dx\right) = 2\left((e\ln e - 0) - (e - 1)\right) = 2(e - e + 1) = 2$$

y $f(c) = \ln(c^2) = 2\ln c$, se tiene que la igualdad del teorema en este caso es

$$2 = (2\ln c)(e-1),$$

es decir, $(e-1)(\ln c) = 1$, de donde $\ln c = \frac{1}{e-1}$ y por tanto es $c = e^{\frac{1}{e-1}} \in (1; e)$.

▶ **7.4** Calcúlese la integral recurrente

$$I_n = \int_0^{\frac{\pi}{2}} \cos^n x dx.$$

RESOLUCIÓN. Integrando por partes con $u = \cos^{n-1} x$ y $dv = \cos x dx$, es

$$I_n = \int_0^{\frac{\pi}{2}} \cos^n x dx = \int_0^{\frac{\pi}{2}} \cos^{n-1} x(\cos x dx) = \left[\text{sen}\, x \cos^{n-1} x\right]_0^{\frac{\pi}{2}} + \int_0^{\frac{\pi}{2}} (n-1)\,\text{sen}^2 x \cos^{n-2} x dx$$

$$= 0 - 0 + (n-1)\int_0^{\frac{\pi}{2}} \text{sen}^2 x \cos^{n-2} x dx = (n-1)\int_0^{\frac{\pi}{2}} (1-\cos^2 x)\cos^{n-2} x dx$$

$$= (n-1)\int_0^{\frac{\pi}{2}} \cos^{n-2} x dx - (n-1)\int_0^{\frac{\pi}{2}} \cos^n x dx = (n-1)I_{n-2} - (n-1)I_n,$$

fórmula válida para $n \geq 2$, de donde $I_n + (n-1)I_n = (n-1)I_{n-2}$, es decir $nI_n = (n-1)I_{n-2}$. Por tanto, la fórmula recurrente, si $n \geq 2$, es

$$I_n = \frac{n-1}{n} I_{n-2}.$$

Tenemos que

$$I_0 = \int_0^{\frac{\pi}{2}} dx = \frac{\pi}{2}, \qquad I_1 = \int_0^{\frac{\pi}{2}} \cos x dx = 1$$

y para calcular otros valores de I_n, según sea n par o impar, resulta

$$I_{2k} = \frac{(2k-1)(2k-3)\cdots 5 \cdot 3 \cdot 1}{(2k)(2k-2)\cdots 6 \cdot 4 \cdot 2} I_0 = \frac{(2k-1)!!}{(2k)!!} \frac{\pi}{2},$$

$$I_{2k+1} = \frac{(2k)(2k-2)\cdots 6 \cdot 4 \cdot 2}{(2k+1)(2k-1)\cdots 5 \cdot 3 \cdot 1} I_1 = \frac{(2k)!!}{(2k+1)!!},$$

donde la expresión $n!!$ se lee "n semifactorial" y representa el producto de los factores alternos en $n!$; así por ejemplo es $9!! = 9 \cdot 7 \cdot 5 \cdot 3 \cdot 1$.

▶ **7.5** Sea A_t el área del recinto plano limitado por la curva de ecuación $y = xe^{2x}$ y las rectas $x = t$, $x = 0$, $y = 0$, siendo $t < 0$. Calcúlese A_t.

RESOLUCIÓN. La función dada, $y = xe^{2x}$, para valores negativos de x es negativa. Debemos integrar entre el valor $x = t$ y el valor $x = 0$, como se observa en la Figura 7.4, y puesto que el resultado de esta integración será un número negativo, y la función que mide el área debe ser positiva, debemos tomar valor absoluto o cambiar de signo, que hace a la función positiva en el intervalo $[t; 0]$.

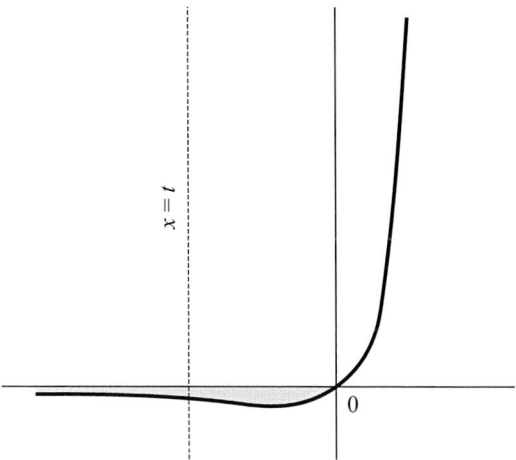

Figura 7.4 La función A_t del Problema 7.5.

Entonces se tiene que

$$A_t = \int_t^0 -xe^{2x}dx,$$

que integrando por partes con

$$\begin{cases} u = -x \\ dv = e^{2x}dx \end{cases} \quad \text{es} \quad \begin{cases} du = -dx \\ v = \displaystyle\int e^{2x}dx = \dfrac{e^{2x}}{2}, \end{cases}$$

y tenemos que

$$A_t = \int_t^0 -xe^{2x}dx = \left[-x\frac{e^{2x}}{2} + \int \frac{e^{2x}}{2}dx\right]_t^0 = \left[-x\frac{e^{2x}}{2} + \frac{e^{2x}}{4}\right]_t^0$$

$$= 0 + \frac{1}{4} - \left(-t\frac{e^{2t}}{2} + \frac{e^{2t}}{4}\right) = \frac{1}{4} - \frac{e^{2t}}{4}(1 - 2t) = \frac{1}{4}\left(1 - e^{2t}(1 - 2t)\right).$$

Para $t = 0$ es $A_t = 0$, y a medida que el valor de t "se desplaza" hacia la izquierda, el valor del área rayada aumenta; naturalmente la función A_t es decreciente para valores $t < 0$.

7.6 Determínese el área del recinto limitado por la parábola $y^2 - 2x = 0$ y la recta que une los puntos $(2, -2)$ y $(4, 2\sqrt{2})$.

RESOLUCIÓN. La recta que pasa por los puntos dados tiene por ecuación

$$y - 2\sqrt{2} = \frac{2\sqrt{2} - (-2)}{4 - 2}(x - 4),$$

que operando queda

$$y = (1 + \sqrt{2})x - 4 - 2\sqrt{2}.$$

Veamos en qué puntos se cortan la parábola y la recta. Como la parábola es $y = \pm\sqrt{2x}$, igualando

$$\pm\sqrt{2x} = (1 + \sqrt{2})x - 4 - 2\sqrt{2},$$

elevando al cuadrado y operando queda $x = 2$ y $x = 4$, es decir, recta y parábola se cortan en los puntos $(2, -2)$ y $(4, 2\sqrt{2})$, como puede verse en la Figura 7.5.

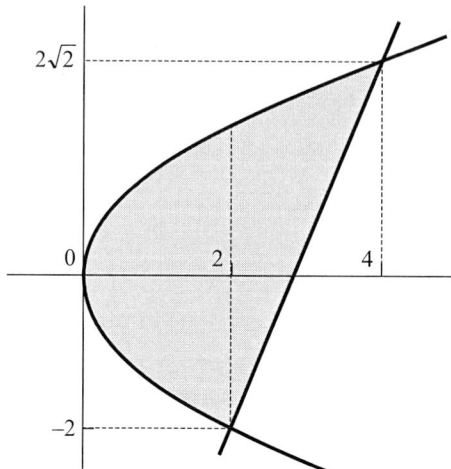

Figura 7.5 Área limitada por las funciones del Problema 7.6.

En el intervalo $[0; 2]$, por simetría, el área por encima del eje es igual al área por debajo; en el intervalo $[2; 4]$ el área está limitada por dos funciones, entonces el área pedida será

$$
\begin{aligned}
A &= 2 \int_0^2 \sqrt{2x}\,dx + \int_2^4 \left[\sqrt{2x} - \left((1 + \sqrt{2})x - 4 - 2\sqrt{2} \right) \right] dx \\
&= 2 \left[\sqrt{2}\frac{x^{3/2}}{3/2} \right]_0^2 + \left[\sqrt{2}\frac{x^{3/2}}{3/2} - (1 + \sqrt{2})\frac{x^2}{2} + (4 + 2\sqrt{2})x \right]_2^4 \\
&= 2 \left(\frac{8}{3} - 0 \right) + \frac{16\sqrt{2}}{3} - 8(1 + \sqrt{2}) + 8(\sqrt{2} + 2) - \frac{8}{3} + 2(1 + \sqrt{2}) - 4(\sqrt{2} + 2) \\
&= \frac{8}{3} + 2 + \frac{16\sqrt{2}}{3} - 2\sqrt{2} = \frac{14 + 10\sqrt{2}}{3}.
\end{aligned}
$$

Otro modo más cómodo de hacer el problema es considerar las funciones

$$
x = \frac{y^2}{2} \qquad \text{y} \qquad x = \frac{y + 4 + 2\sqrt{2}}{1 + \sqrt{2}}
$$

y entonces el área es

$$
A = \int_{-2}^{2\sqrt{2}} \left(\frac{y + 4 + 2\sqrt{2}}{1 + \sqrt{2}} - \frac{y^2}{2} \right) dy = \left[\frac{y^2}{2(1 + \sqrt{2})} + \frac{4 + 2\sqrt{2}}{1 + \sqrt{2}}y - \frac{y^2}{6} \right]_{-2}^{2\sqrt{2}} = \frac{14 + 10\sqrt{2}}{3}.
$$

▶ **7.7** Encuéntrese el área determinada por la curva

$$
y = \frac{a}{2} \left(e^{\frac{x}{a}} + e^{-\frac{x}{a}} \right), \qquad a > 0,
$$

los ejes coordenados y la recta $x = a$.

RESOLUCIÓN. La función dada es siempre positiva y el único punto de corte con los ejes es $(0, a)$. Entonces el área limitada, como puede verse en la Figura 7.6, está dada por

$$
\begin{aligned}
A &= \int_0^a \frac{a}{2} \left(e^{\frac{x}{a}} + e^{-\frac{x}{a}} \right) dx = \frac{a}{2} \left[ae^{\frac{x}{a}} - ae^{-\frac{x}{a}} \right]_0^a \\
&= \frac{a}{2}\left(ae^1 - ae^{-1} - (ae^0 - ae^0) \right) = \frac{a^2}{2} \left(e - \frac{1}{e} \right) = \frac{a^2(e^2 - 1)}{2e}.
\end{aligned}
$$

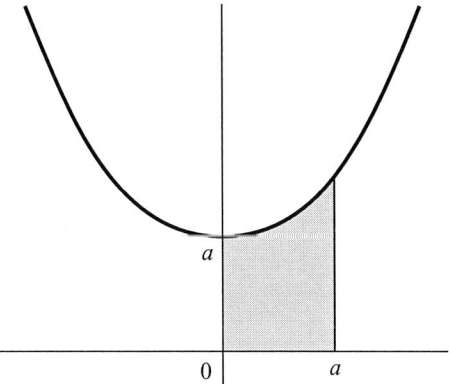

Figura 7.6 El área pedida en el Problema 7.7.

7.8 Obténgase el área limitada por las curvas $y = x^3$, $y = 2x$, $y = x$.

RESOLUCIÓN. Las dos rectas, $y = 2x$, $y = x$, se cortan en el punto $(0,0)$ y cortan a la curva en ese punto y además en $x = \pm\sqrt{2}$ y en $x = \pm 1$, respectivamente, por lo que el área limitada por las tres curvas es la que aparece rayada en la Figura 7.7.

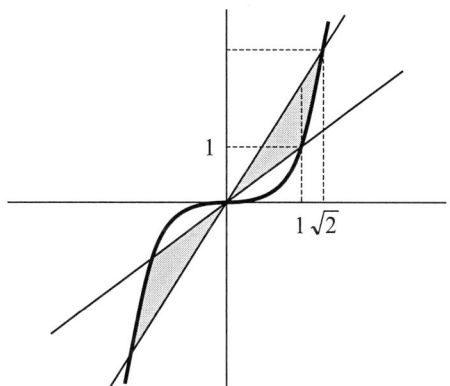

Figura 7.7 El área a determinar en el Problema 7.8.

Por ser la figura simétrica respecto del origen, tenemos que el área pedida será, aplicando la regla de Barrow,

$$A = 2\int_0^1 (2x - x)dx + 2\int_1^{\sqrt{2}} (2x - x^3)dx$$

$$= 2\left[\frac{x^2}{2}\right]_0^1 + 2\left[x^2 - \frac{x^4}{4}\right]_1^{\sqrt{2}} = 2\left(\frac{1}{2} - 0\right) + 2\left(2 - 1 - 1 + \frac{1}{4}\right) = 1 + \frac{1}{2} = \frac{3}{2}.$$

7.9 Hállense las intersecciones con el eje OX de la curva de ecuación $y = x(\cos x + \operatorname{sen} x)$ y calcúlese el área limitada por la curva entre dos intersecciones consecutivas.

RESOLUCIÓN. Haciendo $y = 0$ queda $0 = x(\cos x + \operatorname{sen} x)$, cuyas soluciones son $x = 0$ y los valores que verifiquen $\cos x + \operatorname{sen} x = 0$, es decir

$$1 + \frac{\operatorname{sen} x}{\cos x} = 0,$$

por tanto, $\text{tg}\, x = -1$, que se cumple para los valores

$$x = \frac{3\pi}{4} + k\pi, \qquad k \quad \text{entero}.$$

El área limitada por la curva y el eje entre dos intersecciones consecutivas con éste, no es siempre la misma, sino que aumenta, por efecto del factor x, a medida que nos alejamos del origen.

Calculemos, en primer lugar, el área limitada entre las intersecciones $x = 0$ y $x = \frac{3\pi}{4}$. Será

$$A = \int_0^{\frac{3\pi}{4}} x(\cos x + \text{sen}\, x)dx = \int_0^{\frac{3\pi}{4}} x \cos x\, dx + \int_0^{\frac{3\pi}{4}} x \,\text{sen}\, x\, dx,$$

empleando la integración por partes, en la primera hacemos

$$\begin{cases} u = x \\ dv = \cos x\, dx \end{cases} \quad \text{y entonces es} \quad \begin{cases} du = dx \\ v = \displaystyle\int \cos x\, dx = \text{sen}\, x, \end{cases}$$

y en la segunda

$$\begin{cases} u = x \\ dv = \text{sen}\, x\, dx \end{cases} \quad \text{es} \quad \begin{cases} du = dx \\ v = \displaystyle\int \text{sen}\, x\, dx = -\cos x, \end{cases}$$

resultando que

$$A = \left[x \,\text{sen}\, x - \int \text{sen}\, x\, dx \right]_0^{\frac{3\pi}{4}} + \left[-x \cos x + \int \cos x\, dx \right]_0^{\frac{3\pi}{4}}$$

$$= \left[x \,\text{sen}\, x + \cos x \right]_0^{\frac{3\pi}{4}} + \left[-x \cos x + \text{sen}\, x \right]_0^{\frac{3\pi}{4}},$$

como es $\text{sen}\, \frac{3\pi}{4} = \frac{1}{\sqrt{2}}$ y $\cos \frac{3\pi}{4} = \frac{-1}{\sqrt{2}}$, queda

$$A = \left[\frac{3\pi}{4} \cdot \frac{1}{\sqrt{2}} - \frac{1}{\sqrt{2}} - (0 + 1) \right] + \left[\frac{-3\pi}{4} \cdot \frac{-1}{\sqrt{2}} + \frac{1}{\sqrt{2}} - (0 + 0) \right] = \frac{3\pi}{2\sqrt{2}} - 1.$$

El área limitada entre las intersecciones consecutivas $x = \frac{3\pi}{4} + k\pi$ y $x = \frac{3\pi}{4} + (k+1)\pi$, en función de k, será el valor absoluto de la integral

$$\int_{\frac{3\pi}{4}+k\pi}^{\frac{3\pi}{4}+(k+1)\pi} x(\cos x + \text{sen}\, x)dx = \left[x \,\text{sen}\, x + \cos x \right]_{\frac{3\pi}{4}+k\pi}^{\frac{3\pi}{4}+(k+1)\pi} + \left[-x \cos x + \text{sen}\, x \right]_{\frac{3\pi}{4}+k\pi}^{\frac{3\pi}{4}+(k+1)\pi}$$

$$= \left[x(\text{sen}\, x - \cos x) + (\text{sen}\, x + \cos x) \right]_{\frac{3\pi}{4}+k\pi}^{\frac{3\pi}{4}+(k+1)\pi},$$

dando los valores y tendiendo en cuenta que

$$\text{sen}\left(\frac{3\pi}{4} + k\pi \right) = \frac{(-1)^k}{\sqrt{2}} \qquad \text{y} \qquad \cos\left(\frac{3\pi}{4} + k\pi \right) = -\frac{(-1)^k}{\sqrt{2}},$$

resulta

$$A = \left(\frac{3\pi}{4} + (k+1)\pi \right)\left(\frac{(-1)^{k+1}}{\sqrt{2}} + \frac{(-1)^{k+1}}{\sqrt{2}} \right) + \frac{(-1)^{k+1}}{\sqrt{2}} - \frac{(-1)^{k+1}}{\sqrt{2}}$$

$$- \left(\frac{3\pi}{4} + k\pi \right)\left(\frac{(-1)^k}{\sqrt{2}} + \frac{(-1)^k}{\sqrt{2}} \right) - \frac{(-1)^k}{\sqrt{2}} + \frac{(-1)^k}{\sqrt{2}}$$

$$= \left(\frac{3\pi}{4} + (k+1)\pi \right)\sqrt{2}(-1)(-1)^k - \left(\frac{3\pi}{4} + k\pi \right)\sqrt{2}(-1)^k$$

$$= -\sqrt{2}(-1)^k\left(\frac{3\pi}{2} + (2k+1)\pi \right) = \frac{(-1)^{k+1}\pi}{\sqrt{2}}(4k+5);$$

por tanto el área entre las intersecciones correspondientes a $\frac{3\pi}{4} + k\pi$ y siguiente será

$$A_k = \frac{\pi|4k + 5|}{\sqrt{2}}, \qquad \text{si} \qquad k \neq -1,$$

ya que para $k = -1$ queda el intervalo $\left[\frac{3\pi}{4} - \pi; \frac{3\pi}{4}\right] = \left[\frac{-\pi}{4}; \frac{3\pi}{4}\right]$ que tiene otra intersección intermedia, para $x = 0$, siendo

$$A = \frac{3\pi}{2\sqrt{2}} \quad 1,$$

ya calculada, y

$$B = -\int_{-\frac{\pi}{4}}^{0} x(\cos x + \operatorname{sen} x)dx = \frac{\pi}{2\sqrt{2}} - 1.$$

El problema se comprende mejor si se tiene en cuenta la gráfica de la función, que puede verse en la Figura 7.8.

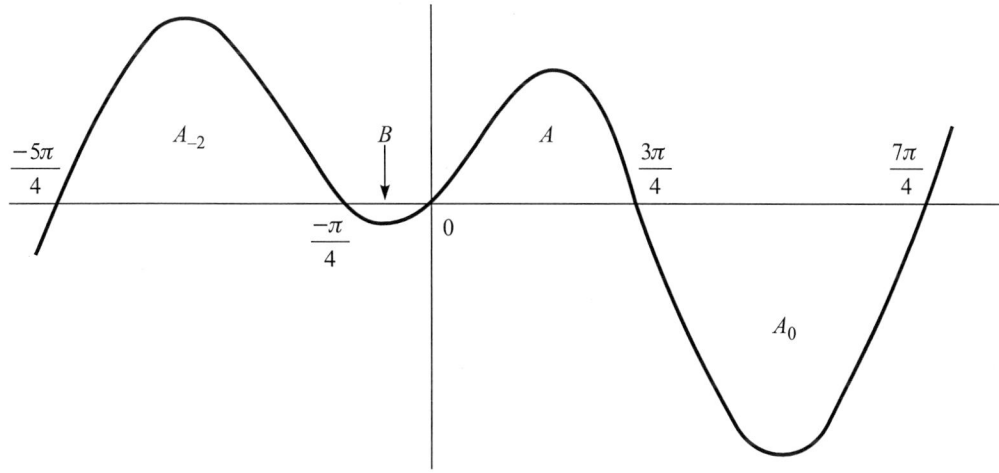

Figura 7.8 El área limitada por la función del Problema 7.9.

7.10 Calcúlese lo que mide el arco de la curva $y = \ln x$ comprendido entre las rectas $x = 1$ y $x = 2$.

RESOLUCIÓN. Como es $y' = \dfrac{1}{x}$, la longitud pedida está dada por

$$L = \int_1^2 \sqrt{1 + \frac{1}{x^2}}\, dx = \int_1^2 \frac{\sqrt{x^2 + 1}}{x}\, dx.$$

Para hallar una primitiva de esta función hacemos el cambio

$$\sqrt{x^2 + 1} = \frac{1}{u}, \qquad x = \frac{\sqrt{1 - u^2}}{u}, \qquad dx = \frac{-du}{u^2\sqrt{1 - u^2}},$$

quedando

$$\int \frac{\sqrt{x^2 + 1}}{x}\, dx = \int \frac{-du}{u^2(1 - u^2)} = \int \frac{du}{u^2(u + 1)(u - 1)} = \int \left(\frac{A}{u} + \frac{B}{u^2} + \frac{C}{u + 1} + \frac{D}{u - 1}\right) du,$$

obteniéndose $A = 0$, $B = -1$, $C = -1/2$, $D = 1/2$, de donde

$$\int \frac{\sqrt{x^2 + 1}}{x}\, dx = \frac{1}{u} - \ln\sqrt{u + 1} + \ln\sqrt{u - 1} + C = \frac{1}{u} - \ln\sqrt{\frac{u + 1}{u - 1}} + C = \sqrt{x^2 + 1} - \ln\frac{1 + \sqrt{x^2 + 1}}{x} + C.$$

Por lo que la longitud pedida es

$$L = \int_1^2 \sqrt{1 + \frac{1}{x^2}}\, dx = \left[\sqrt{x^2+1} - \ln \frac{1 + \sqrt{x^2+1}}{x} \right]_1^2 = \sqrt{5} - \sqrt{2} + \ln \frac{2 + 2\sqrt{2}}{1 + \sqrt{5}} \simeq 1,337.$$

▶ **7.11** Cuando una cadena fija por sus extremos cuelga libremente adopta la forma de una *catenaria* que viene dada por la ecuación $y = a\,\mathrm{ch}\left(\frac{x}{a}\right)$. Calcúlese la longitud de la cadena si está fija en los puntos $x = -a$ y $x = a$.

RESOLUCIÓN. La longitud de la curva $y = a\,\mathrm{ch}\left(\frac{x}{a}\right)$ con $x \in [-a; a]$ viene dada por

$$L = \int_{-a}^a \sqrt{1 + \left[\frac{dy}{dx}\right]^2}\, dx = \int_{-a}^a \sqrt{1 + \mathrm{sh}^2\left(\frac{x}{a}\right)}\, dx = \int_{-a}^a \mathrm{ch}\left(\frac{x}{a}\right) dx$$

$$= \left[a\,\mathrm{sh}\left(\frac{x}{a}\right) \right]_{-a}^a = a\,(\mathrm{sh}\,1 - \mathrm{sh}(-1)) = a\left(\frac{e}{2} - \frac{1}{2e} - \frac{1}{2e} + \frac{e}{2} \right) = a\left(e - \frac{1}{e} \right).$$

▶ **7.12** Se considera el segmento de curva $y = \mathrm{sen}\,x$, $0 \leq x \leq \pi$.

   a) Hállese el área limitada por este segmento de curva y el eje OX.

   b) Hállese el volumen del cuerpo de revolución engendrado por el segmento de curva anterior al girar alrededor del eje de las X.

RESOLUCIÓN. a) El área que limita la función $y = \mathrm{sen}\,x$ con el eje OX, entre los valores 0 y π, en que la función es positiva, es

$$A = \int_0^\pi \mathrm{sen}\,x\,dx = [-\cos x]_0^\pi = -\cos \pi + \cos 0 = 1 + 1 = 2.$$

b) El volumen limitado por la función dada al girar alrededor del eje OX es

$$V = \pi \int_0^\pi \mathrm{sen}^2 x\,dx = \pi \int_0^\pi \frac{1 - \cos 2x}{2}\,dx$$

$$= \pi \left[\frac{x}{2} - \frac{\mathrm{sen}\,2x}{4} \right]_0^\pi = \pi \left(\frac{\pi}{2} - \frac{\mathrm{sen}\,2\pi}{4} - 0 + \frac{\mathrm{sen}\,0}{4} \right) = \frac{\pi^2}{2}.$$

▶ **7.13** Aplicando el concepto de integral, calcúlese el volumen del sólido engendrado al girar alrededor del eje OX el recinto limitado por las curvas $x^2 = 4y$, $y = x^2 - 3$.

RESOLUCIÓN. Las curvas son $y = \frac{x^2}{4}$ e $y = x^2 - 3$, que se cortan en los puntos cuyas abscisas verifiquen

$$\frac{x^2}{4} = x^2 - 3,$$

es decir, $x^2 = 4x^2 - 12$, de donde, $0 = 3x^2 - 12 = 3(x^2 - 4)$, y de aquí

$$0 = x^2 - 4, \quad \text{por tanto} \quad x = \pm 2.$$

La curva $y = \frac{x^2}{4}$ corta a los ejes en $(0,0)$ y la curva $y = x^2 - 3$ en $(0,-3)$ y en $(\pm\sqrt{3}, 0)$.

Como ambas funciones son pares, el volumen engendrado en el intervalo $[-2; 2]$ será, por simetría, doble que el engendrado en $[0; 2]$.

Veamos para qué valores de x la gráfica de $y = \frac{x^2}{4}$ corta a la función opuesta de $y = x^2 - 3$, es decir, a $y = -x^2 + 3$. Ha de ser

$$\frac{x^2}{4} = -x^2 + 3,$$

de donde $x^2 = -4x^2 + 12$, y así $5x^2 = 12$, por tanto, para $x = \pm\sqrt{\frac{12}{5}}$.

Construimos el dibujo del recinto que va a engendrar el volumen y que resulta el de la Figura 7.9.

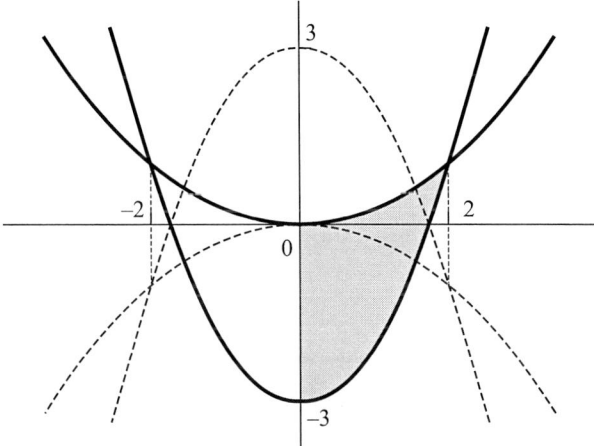

Figura 7.9 Recinto a girar para el volumen del Problema 7.13.

Entonces, al dar una vuelta completa alrededor del eje OX, en el intervalo $\left[0; \sqrt{\frac{12}{5}}\right]$ es la función $y = x^2 - 3$ la que engendra el volumen, ya que la otra función queda por debajo; en el intervalo $\left[\sqrt{\frac{12}{5}}; 2\right]$ es la función $y = \frac{x^2}{4}$, por la misma razón, pero el recinto está limitado por debajo por la función $y = x^2 - 3$ en el intervalo $[\sqrt{3}; 2]$. Por tanto será

$$V = 2 \cdot V_{[0;2]} = 2\pi\left(\int_0^{\sqrt{\frac{12}{5}}} (x^2 - 3)^2 dx + \int_{\sqrt{\frac{12}{5}}}^2 \left(\frac{x^2}{4}\right)^2 dx - \int_{\sqrt{3}}^2 (x^2 - 3)^2 dx\right)$$

$$= 2\pi\left(\left[\frac{x^5}{5} - 2x^3 + 9x\right]_0^{\sqrt{\frac{12}{5}}} + \left[\frac{x^5}{80}\right]_{\sqrt{\frac{12}{5}}}^2 + \left[\frac{-x^5}{5} + 2x^3 - 9x\right]_{\sqrt{3}}^2\right)$$

$$= 2\pi\left(\frac{144}{125}\sqrt{\frac{12}{5}} - \frac{24}{5}\sqrt{\frac{12}{5}} + 9\sqrt{\frac{12}{5}} + \frac{32}{80} - \frac{144}{2000}\sqrt{\frac{12}{5}} - \frac{32}{5} + 16 - 18 + \frac{9\sqrt{3}}{5} - 6\sqrt{3} + 9\sqrt{3}\right)$$

$$= 2\pi\left(\frac{132}{25}\sqrt{\frac{12}{5}} + \frac{24}{5}\sqrt{3} - 8\right) = \frac{48\pi\sqrt{3}}{125}(11\sqrt{5} - 25) - 16\pi.$$

7.14 Calcúlese el volumen del sólido de revolución engendrado al girar alrededor del eje OY el recinto limitado por las curvas

$$y = x^3, \qquad y = 2x - x^2.$$

RESOLUCIÓN. Veamos en qué puntos se cortan las curvas dadas $y = x^3$ e $y = 2x - x^2$. Es preciso que sea $x^3 = 2x - x^2$, de donde

$$x(x^2 + x - 2) = 0,$$

cuyas soluciones son $x = 0$, $x = 1$, $x = -2$, es decir, se cortan en los puntos

$$(0,0), \quad (1,1) \quad \text{y} \quad (-2, -8).$$

Puesto que el volumen engendrado al girar el recinto limitado por dos funciones, f_1 y f_2, viene dado por la fórmula

$$V = \pi \int_a^b f_1^2 - f_2^2,$$

en nuestro caso, por girar alrededor del eje OY, consideramos las funciones de y

$$x = \sqrt[3]{y} \quad \text{y} \quad x = 1 - \sqrt{1-y},$$

ya que la parábola $y = 2x - x^2$, de eje de simetría $x_0 = \frac{-2}{-2} = 1$, es la gráfica de las funciones

$$x = 1 - \sqrt{1-y}, \qquad \text{para } x \leq 1,$$
$$x = 1 + \sqrt{1-y}, \qquad \text{para } x \geq 1,$$

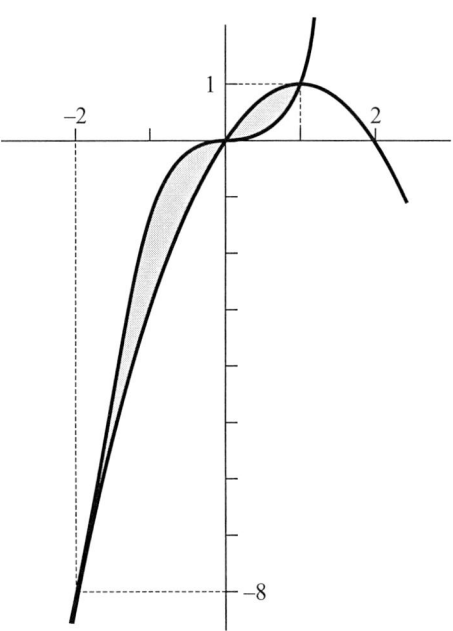

Figura 7.10 Recinto limitado por las curvas $y = x^3$ e $y = 2x - x^2$.

y entonces tenemos que

$$V = \pi \int_{-8}^0 \left(\sqrt[3]{y^2} - (1 - \sqrt{1-y})^2 \right) dy + \pi \int_0^1 \left(\sqrt[3]{y^2} - (1 - \sqrt{1-y})^2 \right) dy,$$

podemos agruparlas en una sola integral e, integrando, resulta

$$V = \pi \int_{-8}^1 (y^{2/3} - 2 + y + 2\sqrt{1-y}) dy = \pi \left[\frac{3y^{5/3}}{5} - 2y + \frac{y^2}{2} - \frac{4}{3}(1-y)^{3/2} \right]_{-8}^1$$

$$= \pi \left(\frac{3}{5} - 2 + \frac{1}{2} - 0 + \frac{96}{5} - 16 - 32 + 36 \right) = \frac{63\pi}{10}.$$

Si hubiéramos hallado los dos volúmenes por separado habríamos obtenido $\frac{13\pi}{30}$ y $\frac{88\pi}{15}$ que suman el resultado obtenido.

7.15 Dedúzcase por integración la fórmula del volumen del tronco de pirámide.

RESOLUCIÓN. Consideremos un tronco de pirámide cuyas bases tienen áreas B y B' y altura h, que por simplificar supondremos recto, es decir, que la altura une los centros de las bases.

Consideramos unos ejes coordenados y el tronco situado en ellos como se indica en la Figura 7.11.

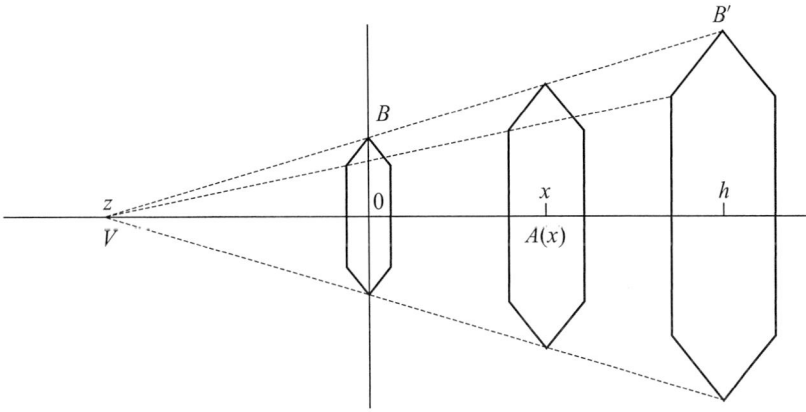

Figura 7.11 Pirámide de base variable $A(z)$.

Con el vértice en V tenemos tres pirámides, una de base B y altura $-z$, otra de base variable $A(x)$ y altura $-z + x$, y la tercera de base B' y altura $-z + h$.

Como las bases de figuras semejantes son proporcionales a los cuadrados de las alturas, tenemos las igualdades

$$\frac{\sqrt{B'}}{\sqrt{B}} = \frac{-z+h}{-z}, \qquad \frac{\sqrt{B}}{\sqrt{A(x)}} = \frac{-z}{-z+x},$$

que nos permiten eliminar z, quedando

$$\sqrt{A(x)} = \sqrt{B} + \left(\sqrt{B'} - \sqrt{B}\right)\frac{x}{h},$$

y entonces es

$$A(x) = B + \left(\sqrt{B'} - \sqrt{B}\right)^2 \frac{x^2}{h^2} + 2\left(\sqrt{B'B} - B\right)\frac{x}{h}$$

$$= B + \left(B' + B - 2\sqrt{B'B}\right)\frac{x^2}{h^2} + \left(\sqrt{B'B} - B\right)\frac{2x}{h}.$$

Aplicando la fórmula del volumen por secciones y operando tenemos que

$$V = \int_0^h A(x)dx = \int_0^h \left(B + \left(B' + B - 2\sqrt{B'B}\right)\frac{x^2}{h^2} + \left(\sqrt{B'B} - B\right)\frac{2x}{h}\right)dx$$

$$= \left[Bx + \left(B' + B - 2\sqrt{B'B}\right)\frac{x^3}{3h^2} + \left(\sqrt{B'B} - B\right)\frac{x^2}{h}\right]_0^h$$

$$= Bh + \left(B' + B - 2\sqrt{B'B}\right)\frac{h^3}{3h^2} + \left(\sqrt{B'B} - B\right)\frac{h^2}{h}$$

$$= Bh + \frac{B'h}{3} + \frac{Bh}{3} - \frac{2\sqrt{B'B}\cdot h}{3} + \sqrt{B'B}\cdot h - Bh = \left(B' + B + \sqrt{B'B}\right)\frac{h}{3}.$$

Si el tronco de pirámide no fuese recto, por el principio de Cavalieri, que nos dice que dos cuerpos de igual altura h que tienen secciones de igual área $A(x)$ para todo x, $0 \le x \le h$, tienen el mismo volumen, el volumen sería igual al de otro tronco de pirámide recto de igual altura y sección $A(x)$. La fórmula, por tanto, es válida para todos los troncos de pirámide.

▶ **7.16** Calcúlese

$$\int_{-2}^{1} \left(f'\left(\frac{x}{3}\right) + E[x] \right) dx,$$

donde f' es continua en $(-\infty; +\infty)$ y $E[x]$ es la función parte entera.

RESOLUCIÓN. Tenemos que

$$\int_{-2}^{1} \left(f'\left(\frac{x}{3}\right) + E[x] \right) dx = \int_{-2}^{1} f'\left(\frac{x}{3}\right) dx + \int_{-2}^{1} E[x] dx,$$

y vamos a calcular cada integral por separado. Haciendo $\frac{x}{3} = t$ resulta

$$\int_{-2}^{1} f'\left(\frac{x}{3}\right) dx = \int_{-2/3}^{1/3} f'(t) 3 dt = 3 \int_{-2/3}^{1/3} f'(t) dt = 3 \left[f(t) \right]_{-2/3}^{1/3} = 3 \left(f\left(\frac{1}{3}\right) - f\left(\frac{-2}{3}\right) \right).$$

Por otra parte se tiene

$$\int_{-2}^{1} E[x] dx = \int_{-2}^{-1} (-2) dx + \int_{-1}^{0} (-1) dx + \int_{0}^{1} 0 dx = [-2x]_{-2}^{-1} + [-x]_{-1}^{0} = -2(-1+2) - 1 = -3.$$

El resultado final se obtiene sumando los valores de estas integrales y es

$$\int_{-2}^{1} \left(f'\left(\frac{x}{3}\right) + E[x] \right) dx = 3 \left(f\left(\frac{1}{3}\right) - f\left(\frac{-2}{3}\right) \right) - 3.$$

▶ **7.17** Calcúlese $F'(x)$ siendo

$$F(x) = \int_{3}^{\operatorname{sen}^3 x + e^{-x^2}} (2 - 5t) dt.$$

RESOLUCIÓN. Consideramos la función $F(u) = \int_{3}^{u} (2 - 5t) dt$, con $u = \operatorname{sen}^3 x + e^{-x^2}$. Como la función $2 - 5t$ es continua en $(-\infty; +\infty)$, podemos aplicar el teorema fundamental del Cálculo y obtenemos $\frac{dF(u)}{du} = 2 - 5u$, donde, al aplicar la regla de la cadena, resulta

$$\frac{dF[u(x)]}{dx} = \frac{dF(u)}{du} \frac{du}{dx} = \left[2 - 5\left(\operatorname{sen}^3 x + e^{-x^2} \right) \right] \cdot \left[3 \operatorname{sen}^2 x \cos x - 2x e^{-x^2} \right].$$

▶ **7.18** Utilizando la definición de integral definida, calcúlese el límite

$$\lim_{n} \frac{\operatorname{sen} \frac{1}{n} + \operatorname{sen} \frac{2}{n} + \operatorname{sen} \frac{3}{n} + \cdots + \operatorname{sen} \frac{n}{n}}{n}.$$

RESOLUCIÓN. Sea $f(x) = \operatorname{sen} x$, que es continua en $[0; 1]$ y por tanto integrable, y formemos la sucesión de particiones regulares $\{P_n\}$ de $[0; 1]$ dada por $P_n = \{0, \frac{1}{n}, \frac{2}{n}, \frac{3}{n}, \ldots, \frac{n-1}{n}, \frac{n}{n}\} = \{x_0, x_1, x_2, \ldots, x_n\}$. Considerando en cada subintervalo originado por la partición P_n el valor de la función en el extremo superior, se tiene la correspondiente suma integral

$$S_n(f, P_n) = f(x_1)(x_1 - x_0) + f(x_2)(x_2 - x_1) + \cdots + f(x_n)(x_n - x_{n-1})$$
$$= \frac{1}{n} \operatorname{sen} \frac{1}{n} + \frac{1}{n} \operatorname{sen} \frac{2}{n} + \cdots + \frac{1}{n} \operatorname{sen} \frac{n}{n} = \frac{1}{n} \left(\operatorname{sen} \frac{1}{n} + \cdots + \operatorname{sen} \frac{n}{n} \right),$$

por lo que

$$\lim_n S_n(f, P_n) = \lim_n \frac{1}{n}\left(\operatorname{sen}\frac{1}{n} + \cdots + \operatorname{sen}\frac{n}{n}\right) = \int_0^1 \operatorname{sen} x\, dx = [-\cos x]_0^1 = 1 - \cos 1.$$

7.19 Utilizando la definición de integral definida, calcúlese el límite

$$\lim_n\left(\frac{1^2}{n^3+1} + \frac{2^2}{n^3+2^3} + \frac{3^2}{n^3+3^3} + \frac{4^2}{n^3+4^3} + \cdots + \frac{n^2}{n^3+n^3}\right).$$

RESOLUCIÓN. Para poder aplicar la definición de integral definida necesitamos un factor $\frac{1}{n}$ multiplicando a una suma, para ello multiplicamos y dividimos por n tal como se muestra a continuación

$$\frac{1}{n^3+1} + \frac{2^2}{n^3+2^3} + \frac{3^2}{n^3+3^3} + \cdots + \frac{n^2}{n^3+n^3} =$$

$$= \frac{1}{n}\left[\frac{n \cdot 1^2}{n^3+1} + \frac{n \cdot 2^2}{n^3+2^3} + \frac{n \cdot 3^2}{n^3+3^3} + \cdots + \frac{n \cdot n^2}{n^3+n^3}\right]$$

$$= \frac{1}{n}\left[\frac{\frac{n \cdot 1^2}{n^3}}{1+\left(\frac{1}{n}\right)^3} + \frac{\frac{n \cdot 2^2}{n^3}}{1+\left(\frac{2}{n}\right)^3} + \frac{\frac{n \cdot 3^2}{n^3}}{1+\left(\frac{3}{n}\right)^3} + \cdots + \frac{\frac{n \cdot n^2}{n^3}}{1+\left(\frac{n}{n}\right)^3}\right]$$

$$= \frac{1}{n}\left[\frac{\left(\frac{1}{n}\right)^2}{1+\left(\frac{1}{n}\right)^3} + \frac{\left(\frac{2}{n}\right)^2}{1+\left(\frac{2}{n}\right)^3} + \frac{\left(\frac{3}{n}\right)^2}{1+\left(\frac{3}{n}\right)^3} + \cdots + \frac{\left(\frac{n}{n}\right)^2}{1+\left(\frac{n}{n}\right)^3}\right].$$

Si ahora consideramos la función $f(x) = \frac{x^2}{1+x^3}$, que es continua en $[0; 1]$ y por tanto integrable, y la sucesión de particiones regulares $\{P_n\}$ de $[0; 1]$ dada por $P_n = \{0, \frac{1}{n}, \frac{2}{n}, \ldots, \frac{n-1}{n}, \frac{n}{n}\} = \{x_0, x_1, x_2, \ldots, x_n\}$, eligiendo en cada subintervalo el valor de la función en el extremo superior se tiene la suma integral

$$S_n(f, P_n) = f(x_1)(x_1 - x_0) + f(x_2)(x_2 - x_1) + \cdots + f(x_n)(x_n - x_{n-1})$$

$$= \frac{1}{n}\frac{\left(\frac{1}{n}\right)^2}{1+\left(\frac{1}{n}\right)^3} + \frac{1}{n}\frac{\left(\frac{2}{n}\right)^2}{1+\left(\frac{2}{n}\right)^3} + \cdots + \frac{1}{n}\frac{\left(\frac{n}{n}\right)^2}{1+\left(\frac{n}{n}\right)^3}$$

$$= \frac{1}{n}\left[\frac{\left(\frac{1}{n}\right)^2}{1+\left(\frac{1}{n}\right)^3} + \frac{\left(\frac{2}{n}\right)^2}{1+\left(\frac{2}{n}\right)^3} + \frac{\left(\frac{3}{n}\right)^2}{1+\left(\frac{3}{n}\right)^3} + \cdots + \frac{\left(\frac{n}{n}\right)^2}{1+\left(\frac{n}{n}\right)^3}\right]$$

de donde resulta

$$\lim_n S_n(f, P_n) = \lim_n\left(\frac{1^2}{n^3+1} + \frac{2^2}{n^3+2^3} + \cdots + \frac{n^2}{n^3+n^3}\right) = \int_0^1 \frac{x^2}{1+x^3}\, dx$$

$$= \frac{1}{3}\int_0^1 \frac{3x^2}{1+x^3}\, dx = \frac{1}{3}\left[\ln|1+x^3|\right]_0^1 = \frac{1}{3}\left(\ln 2 - \ln 1\right) = \frac{1}{3}\ln 2.$$

7.20 Calcúlese el área encerrada por la curva $\rho = a\cos 4\theta$, $a > 0$.

RESOLUCIÓN. Como $\cos 4\theta$ es nulo cuando θ es $\frac{\pi}{8}, \frac{3\pi}{8}, \frac{5\pi}{8}, \frac{7\pi}{8}, \ldots$ y vale ± 1 si toma los valores $0, \frac{\pi}{4}, \frac{\pi}{2}, \ldots$, la figura es una flor con ocho pétalos simétricos. En la Figura 7.12 podemos ver la gráfica del medio pétalo correspondiente a $0 \le \theta \le \frac{\pi}{8}$ y la curva completa.

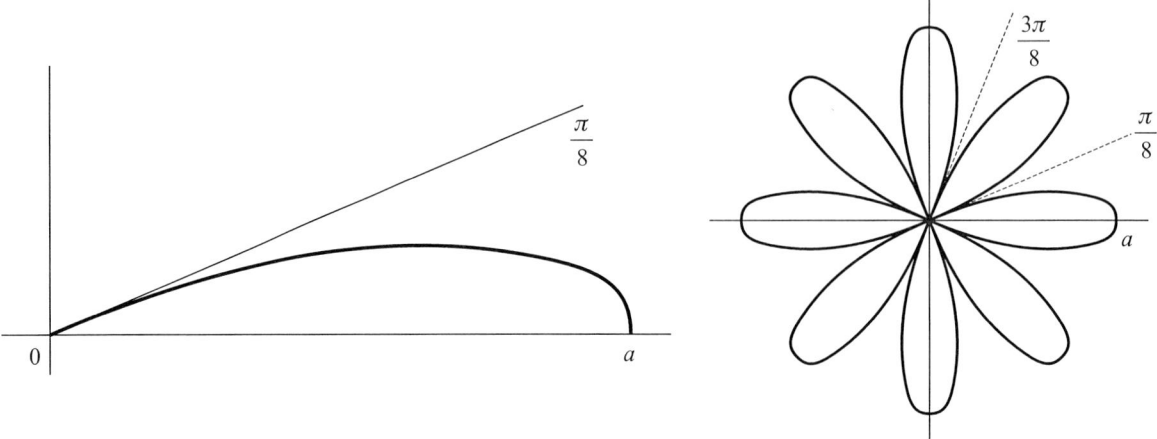

Figura 7.12 Curva en el primer cuadrante y curva completa.

El área comprendida entre 0 y $\frac{\pi}{8}$ es

$$A = \frac{1}{2} \int_{\theta_1}^{\theta_2} \rho^2 d\theta = \frac{1}{2} \int_0^{\frac{\pi}{8}} a^2 \cos^2 4\theta \, d\theta$$

$$= \frac{a^2}{2} \int_0^{\frac{\pi}{8}} \frac{1 + \cos 8\theta}{2} d\theta = \frac{a^2}{4} \left[\theta + \frac{\operatorname{sen} 8\theta}{8} \right]_0^{\frac{\pi}{8}} = \frac{a^2}{4} \frac{\pi}{8} = \frac{\pi a^2}{32}.$$

El área total es dieciséis veces el área de medio pétalo, resultando

$$A_{total} = \frac{a^2 \pi}{2}.$$

▶ **7.21** Determínese mediante coordenadas polares al área de una elipse de semiejes a y b.

RESOLUCIÓN. La ecuación canónica de la elipse de semiejes a y b en coordenadas cartesianas rectangulares es $\frac{x^2}{a^2} + \frac{y^2}{b^2} = 1$, es decir, $b^2 x^2 + a^2 y^2 = a^2 b^2$ y efectuando el cambio a coordenadas polares

$$x = \rho \cos \theta$$
$$y = \rho \operatorname{sen} \theta$$

resulta $b^2 \rho^2 \cos^2 \theta + a^2 \rho^2 \operatorname{sen}^2 \theta = a^2 b^2$, de donde

$$\rho^2 = \frac{a^2 b^2}{a^2 \operatorname{sen}^2 \theta + b^2 \cos^2 \theta},$$

por lo que el área pedida, que por simetría es cuatro veces la correpondiente al primer cuadrante, resulta ser

$$A = 4\frac{1}{2} \int_0^{\frac{\pi}{2}} \rho^2 d\theta = 2 \int_0^{\frac{\pi}{2}} \frac{a^2 b^2}{a^2 \operatorname{sen}^2 \theta + b^2 \cos^2 \theta} d\theta = 2a^2 b^2 \int_0^{\frac{\pi}{2}} \frac{d\theta}{a^2 \operatorname{sen}^2 \theta + b^2 \cos^2 \theta}.$$

Esta integral está calculada en el Problema resuelto 6.11, de donde se obtiene finalmente

$$A = 2a^2 b^2 \left[\frac{1}{ab} \operatorname{arctg} \left(\frac{a \operatorname{tg} x}{b} \right) \right]_0^{\frac{\pi}{2}} = 2ab \left(\operatorname{arctg} \left(\frac{a \operatorname{tg} \frac{\pi}{2}}{b} \right) - \operatorname{arctg} \left(\frac{a \operatorname{tg} 0}{b} \right) \right) = 2ab \left(\frac{\pi}{2} - 0 \right) = \pi ab.$$

El área de la elipse puede calcularse más fácilmente integrando en el primer cuadrante la función explícita

$$y = \frac{b}{a}\sqrt{a^2 - x^2}.$$

7.22 Hállese el volumen generado al girar alrededor del eje OX el lazo de la curva

$$(x - 3a)y^2 - bx(x - 2a) = 0, \quad a, b > 0.$$

RESOLUCIÓN. Si despejamos en la igualdad obtenemos

$$y^2 = \frac{bx(x - 2a)}{x - 3a}.$$

Los puntos de corte con el eje OX vienen dados por $y^2 = 0$, de donde resultan los puntos $x = 0$ y $x = 2a$. Hay una asíntota vertical en $x = 3a$ que no interviene por estar fuera del intervalo $[0; 2a]$.

El volumen viene dado por

$$V = \pi \int_0^{2a} y^2 dx = \pi \int_0^{2a} \frac{bx(x - 2a)}{x - 3a} dx = \pi b \int_0^{2a} \frac{x^2 - 2ax}{x - 3a} dx = \pi b \int_0^{2a} \left(x + a + \frac{3a^2}{x - 3a} \right) dx$$

$$= \pi b \left[\frac{x^2}{2} + ax + 3a^2 \ln|x - 3a| \right]_0^{2a} = \pi b \left(\frac{(2a)^2}{2} + 2a^2 + 3a^2(\ln a - \ln 3a) \right)$$

$$= \pi b \left(2a^2 + 2a^2 + 3a^2 \ln \frac{a}{3a} \right) = \pi b \left(4a^2 + 3a^2 \ln \frac{1}{3} \right) = \pi a^2 b \left(4 - 3 \ln 3 \right).$$

PROBLEMAS PROPUESTOS

7.1 Calcúlese

$$\int_0^1 e^{3x} \operatorname{sen} x \, dx$$

y explíquese el significado geométrico del número obtenido.

7.2 Dadas las funciones $y_1 - x^2 e^{-ax}$, $y_2 - x^2$,

   a) calcúlese

$$\int_0^1 (y_2 - y_1) dx,$$

   b) determínense los puntos en los que y_1 e y_2 tienen la misma pendiente.

7.3 Estúdiese si la función $f(x) = (x - 1)^3 + 1$ verifica el teorema del valor medio del Cálculo integral en el intervalo $[0; 3]$ y calcúlese el punto del intervalo a que se refiere el teorema.

7.4 A partir de la fórmula recurrente $I_n = \frac{n-1}{n} I_{n-2}$ de las integrales $I_n = \int_0^{\frac{\pi}{2}} \cos^n x \, dx$, demuéstrese la fórmula de Wallis

$$\lim_n \frac{1 \cdot 3 \cdot 5 \cdots (2n - 1)\sqrt{n}}{2 \cdot 4 \cdot 6 \cdots (2n)} = \frac{1}{\sqrt{\pi}}.$$

7.5 Calcúlese el área limitada por la curva $y = \frac{3}{x} - \frac{1}{x^3}$, el eje de abscisas y las rectas de ecuación $x = 1$, $x = \frac{\sqrt{3}}{2}$.

7.6 Calcúlese el área del recinto limitado por la parábola $y = 8x^2$ y la recta $x + y - 6 = 0$.

7.7 Calcúlese el área limitada por las curvas $y = e^x, y = e^{-x}$ y la recta $x = 1$.

7.8 a) Calcúlese el área de la región del plano limitada por la elipse de ecuación

$$\frac{x^2}{16} + \frac{y^2}{9} = 1.$$

b) Calcúlese el área de los dos recintos en que la región anterior queda dividida mediante la circunferencia de centro $(0, -3)$ y radio 5.

7.9 Calcúlese el área del recinto comprendido entre los arcos de las curvas de ecuaciones

$$y = \cos x, \qquad y = 1 - \cos x,$$

siendo $\frac{-\pi}{2} \leq x \leq \frac{\pi}{2}$.

7.10 Determínese la longitud del arco de curva $y = x^{\frac{3}{2}}$ correspondiente al intervalo $[0; 1]$.

7.11 Calcúlese la longitud del arco de parábola $y = x^2$ que coresponde al intervalo $[0; 1]$.

7.12 Hállese por integración el volumen engendrado al girar alrededor del eje OX el segmento que une los puntos $(2, 2)$ y $(4, 6)$.

7.13 Calcúlese el volumen encerrado por la superficie engendrada al girar la elipse

$$\frac{x^2}{4} + y^2 = 1,$$

una vuelta completa alrededor del eje OX.

7.14 Hállese el volumen del cuerpo engendrado al girar, alrededor del eje OY, el segmento circular limitado por la circunferencia $x^2 + y^2 = 25$ y la recta $y = 3$.

7.15 Dedúzcase por integración el volumen del tronco de cono.

7.16 Calcúlese $\int_{-1}^{1} (|2x| + E[2x]) \, dx$, donde E es la función parte entera.

7.17 Hállese $F'(x)$ siendo

$$F(x) = \int_{\frac{1}{x-1}}^{2x^4+5} \operatorname{sen} t^3 dt$$

la función definida $\forall x > 1$.

7.18 Utilizando la definición de integral definida, calcúlese el límite

$$\lim_n \frac{e^{\frac{1}{n}} + e^{\frac{2}{n}} + e^{\frac{3}{n}} + \cdots + e^{\frac{n}{n}}}{n}.$$

7.19 Hállese el siguiente límite por medio de la integral definida

$$\lim_n \sqrt[n]{\frac{1 \cdot n}{n^2 + 1} \frac{2 \cdot n}{n^2 + 2^2} \frac{3 \cdot n}{n^2 + 3^2} \cdots \frac{n \cdot n}{n^2 + n^2}}.$$

7.20 Calcúlese el área encerrada por la lemniscata que está dada por la ecuación $\rho^2 = a^2 \cos 2\theta$.

7.21 Hállese el área limitada por la curva cuya ecuación en coordenada polares es $\rho = a(1 + \cos \theta)$.

7.22 Se desea construir un polideportivo cuya base sea una elipse de ecuación $\frac{x^2}{a^2} + \frac{y^2}{b^2} = 1$ y cuyas secciones transversales al eje OX sean triángulos equiláteros. Determínese el volumen que encierra para diseñar la calefacción.

Integrales impropias

8.1. INTEGRALES IMPROPIAS DE PRIMERA ESPECIE

Hemos definido la integral $\int_a^b f(x)dx$, para a, b finitos, si f es integrable en $[a; b]$, para lo que hemos exigido que fuese acotada en ese intervalo; estas limitaciones excluyen gran cantidad de integrales que aparecen en la práctica, por lo que vamos a generalizar la definición de integral definida permitiendo que a y b puedan ser infinitos o que la función no esté acotada en algunos puntos.

Sea una función $f : [a; +\infty) \to \mathbb{R}$, integrable en todo intervalo $[a; m]$, $m \geq a$, se define *integral impropia de primera especie* de la función f en el intervalo $[a; +\infty)$, como el límite dado por

$$\int_a^{+\infty} f(x)dx = \lim_{m \to +\infty} \int_a^m f(x)dx. \tag{8.1}$$

Si este límite existe y es finito, se dice que la integral impropia es *convergente*, mientras que si no existe o es infinito, decimos que es *divergente*.

De igual modo, para funciones $f : (-\infty; b] \to \mathbb{R}$, integrables en todo intervalo $[m; b]$, $m \leq b$, definimos

$$\int_{-\infty}^b f(x)dx = \lim_{m \to -\infty} \int_m^b f(x)dx, \tag{8.2}$$

y diremos que es convergente cuando el límite exista y sea finito, siendo divergente en caso contrario.

Además si la función $f : \mathbb{R} \to \mathbb{R}$ es integrable en todo intervalo cerrado $[a; b]$ y para algún $c \in \mathbb{R}$, las dos integrales $\int_{-\infty}^c f(x)dx$ y $\int_c^{+\infty} f(x)dx$ son convergentes, se dice que la integral impropia $\int_{-\infty}^{+\infty} f(x)dx$ es convergente, siendo su valor

$$\int_{-\infty}^{+\infty} f(x)dx = \int_{-\infty}^c f(x)dx + \int_c^{+\infty} f(x)dx. \tag{8.3}$$

■ **Ejemplo 8.1**   La integral $\int_0^{+\infty} e^{-x}dx$ es convergente al valor 1, ya que

$$\int_0^{+\infty} e^{-x}dx = \lim_{m \to +\infty} \int_0^m e^{-x}dx$$

$$= \lim_{m \to +\infty} \left[-e^{-x} \right]_0^m = \lim_{m \to +\infty} \left(-e^{-m} + e^0 \right) = \lim_{m \to +\infty} \left(1 - \frac{1}{e^m} \right) = 1.$$

■ **Ejemplo 8.2**   La integral $\int_{-\infty}^0 e^{-x}dx$ es divergente, porque

$$\int_{-\infty}^0 e^{-x}dx = \lim_{m \to -\infty} \int_m^0 e^{-x}dx$$

$$= \lim_{m \to -\infty} \left[-e^{-x} \right]_m^0 = \lim_{m \to -\infty} \left(-e^0 + e^{-m} \right) = -1 + e^{+\infty} = +\infty.$$

Una integral importante de primera especie

Siendo $a > 0$, la integral

$$\int_a^{+\infty} \frac{1}{x^p}dx, \tag{8.4}$$

es convergente si $p > 1$ y divergente si $p \leq 1$.

■ **Ejemplo 8.3** De este modo, la siguientes integrales

$$\int_1^{+\infty} \frac{1}{x^2}\,dx, \qquad \int_2^{+\infty} \frac{1}{x^{3/2}}\,dx, \qquad \int_4^{+\infty} \frac{1}{x^{5/3}}\,dx,$$

son convergentes, mientras que las integrales

$$\int_1^{+\infty} \frac{1}{\sqrt[3]{x}}\,dx, \qquad \int_2^{+\infty} \frac{1}{x}\,dx, \qquad \int_4^{+\infty} \frac{1}{\sqrt[4]{x^3}}\,dx,$$

son divergentes.

Esta integral impropia se utiliza para determinar, por comparación, la convergencia o divergencia de muchas integrales impropias. La interpretación geométrica de la integral impropia de estas funciones puede verse en la Figura 8.1.

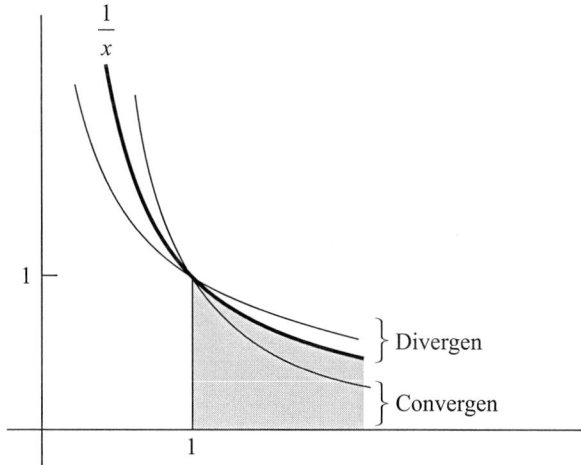

Figura 8.1 Convergencia o divergencia de la integral $\int_a^{+\infty} \frac{1}{x^p}\,dx$.

Observemos que si $f : [a; +\infty) \to \mathbb{R}$, es una función integrable en todo intervalo $[a; m]$, $m \geq a$, y es $c \geq a$, las integrales $\int_a^{+\infty} f(x)dx$ y $\int_c^{+\infty} f(x)dx$ convergen o divergen simultáneamente, ya que es

$$\int_a^m f(x)dx = \int_a^c f(x)dx + \int_c^m f(x)dx,$$

y de modo análogo, si $f : (-\infty; b] \to \mathbb{R}$ es una función integrable en todo intervalo $[m; b]$, $m \leq b$ y es $c \leq b$, tendrán el mismo carácter las integrales $\int_{-\infty}^b f(x)dx$ y $\int_{-\infty}^c f(x)dx$.

Valor principal de Cauchy

En el caso de una función $f : \mathbb{R} \to \mathbb{R}$, integrable en todo intervalo cerrado, si la integral $\int_{-\infty}^{+\infty} f(x)dx$ es convergente (lo que implica que existe un $c \in \mathbb{R}$ tal que las dos integrales impropias son convergentes) entonces su valor es

$$\lim_{m \to +\infty} \int_{-m}^m f(x)dx,$$

pero puede ocurrir que este límite exista sin que la integral sea convergente. Esto es lo que le ocurre a la función del ejemplo siguiente.

■ **Ejemplo 8.4** La integral de la función $f(x) = 2x$ es divergente a pesar de que

$$\lim_{m\to+\infty} \int_{-m}^{m} 2xdx = \lim_{m\to+\infty} \left[x^2\right]_{-m}^{m} = \lim_{m\to+\infty} \left(m^2 - m^2\right) = 0,$$

ya que divergen las integrales $\int_{-\infty}^{a} f(x)dx$ y $\int_{a}^{+\infty} f(x)dx$, pues son

$$\lim_{m\to+\infty} \int_{a}^{m} 2xdx = \lim_{m\to+\infty} \left[x^2\right]_{a}^{m} = \lim_{m\to+\infty} \left(m^2 - a^2\right) = +\infty,$$

$$\lim_{m\to+\infty} \int_{-m}^{a} 2xdx = \lim_{m\to+\infty} \left[x^2\right]_{-m}^{a} = \lim_{m\to+\infty} \left(a^2 - m^2\right) = -\infty.$$

La razón de esta aparente contradicción queda clara en la Figura 8.2, donde observamos que las áreas por encima del eje de abscisas se compensan con las áreas por debajo, de modo que para todo $m > 0$ es $\int_{-m}^{m} 2xdx = 0$, a pesar de que la función $f(x) = 2x$ deja por debajo un área infinita en el primer cuadrante y lo mismo ocurre en el cuadrante tercero.

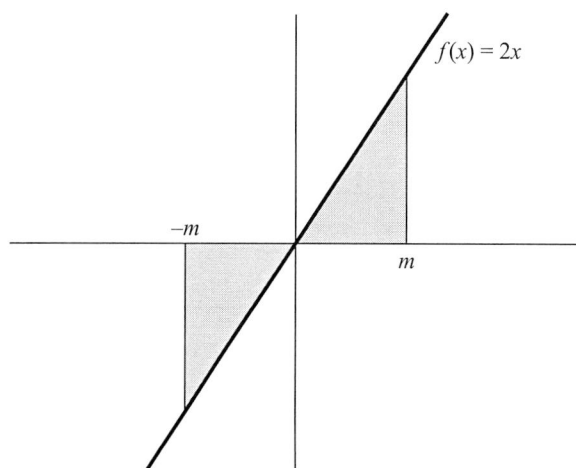

Figura 8.2 Interpretación geométrica del valor principal de una integral impropia.

Se llama *valor principal* de la integral impropia $\int_{-\infty}^{+\infty} f(x)dx$ al límite

$$\lim_{m\to+\infty} \int_{-m}^{m} f(x)dx.$$

Convergencia de integrales de primera especie

Si la función subintegral tiene una primitiva expresable mediante funciones elementales, el cálculo de la integral impropia se reduce a un sencillo cálculo de límites.

Estudiaremos ahora el problema de su convergencia cuando la primitiva no se conoce o no es expresable mediante suma finita de funciones elementales. Los criterios de convergencia de integrales impropias son semejantes a los criterios de convergencia de series, donde en muchos casos se decide el carácter de la serie sin sumarla.

■ **Proposición (Convergencia de funciones no negativas)** *Si la función $f : [a; +\infty) \to \mathbb{R}$ es integrable y no negativa en todo intervalo $[a; m]$, $a \le m$, entonces la integral $\int_{a}^{+\infty} f(x)dx$ converge si y sólo si la función $F : [a; +\infty) \to \mathbb{R}$ definida por $F(m) = \int_{a}^{m} f(x)dx$ está acotada superiormente en $[a; +\infty)$.*

■ **Proposición (Criterio de comparación por mayorante)**   *Sean $f, g : [a; +\infty) \to \mathbb{R}$ funciones integrables en todo intervalo $[a; m]$, $a \leq m$ y tales que $\exists x_0$ verificando que $0 \leq f(x) \leq g(x)$, $\forall x \geq x_0$, se tiene que*

a) Si $\displaystyle\int_a^{+\infty} g(x)dx$ converge, entonces $\displaystyle\int_a^{+\infty} f(x)dx$ converge.

b) Si $\displaystyle\int_a^{+\infty} f(x)dx$ diverge, entonces $\displaystyle\int_a^{+\infty} g(x)dx$ diverge.

■ **Proposición (Criterio de comparación en el límite)**   *Sean $f, g : [a; +\infty) \to \mathbb{R}$ funciones integrables y no negativas en todo intervalo $[a; m]$, $a \leq m$ y tales que*

$$\lim_{x\to+\infty} \frac{f(x)}{g(x)} = L \in \mathbb{R},$$

entonces se tiene que

a) Si $L \neq 0$, las dos integrales $\displaystyle\int_a^{+\infty} f(x)dx$ y $\displaystyle\int_a^{+\infty} g(x)dx$ tienen el mismo carácter.

b) Si $L = 0$ y la integral $\displaystyle\int_a^{+\infty} g(x)dx$ es convergente, también lo es $\displaystyle\int_a^{+\infty} f(x)dx$.

■ **Teorema (Criterio integral)**   *Sea $f : [1; +\infty) \to \mathbb{R}$ una función positiva, decreciente e integrable y tal que para cada $n \in \mathbb{N}$ sea $a_n = f(n)$, entonces*

$$\sum_{n=1}^{+\infty} a_n \text{ converge} \quad \Leftrightarrow \quad \int_1^{+\infty} f(x)dx \text{ converge.}$$

■ **Ejemplo 8.5**   Sea $p \in \mathbb{R}$. La serie $\sum \frac{1}{n^p}$ es convergente si $p > 1$ y divergente si $p \leq 1$, ya que la integral impropia $\int_1^{+\infty} \frac{1}{x^p}dx$ es convergente si $p > 1$ y divergente si $p \leq 1$, como hemos visto en (8.4).

Sea $f : [a; +\infty) \to \mathbb{R}$ integrable en todo intervalo $[a; m]$, $m > a$, se dice que la integral $\int_a^{+\infty} f(x)dx$ es *absolutamente convergente* cuando la integral $\int_a^{|\infty} |f(x)|dx$ es convergente. Se dice que la integral $\int_a^{+\infty} f(x)dx$ es *condicionalmente convergente* cuando es convergente pero no lo es absolutamente.

■ **Proposición (Condición suficiente de convergencia)**   *Sea $f : [a; +\infty) \to \mathbb{R}$ integrable en todo intervalo $[a; m]$, $m > a$. En estas condiciones,*

$$si \int_a^{+\infty} f(x)\,dx \text{ es absolutamente convergente, entonces } \int_a^{+\infty} f(x)\,dx \text{ es convergente.}$$

8.2.   INTEGRALES IMPROPIAS DE SEGUNDA ESPECIE

Sea una función $f : [a; b) \to \mathbb{R}$, integrable en todo intervalo $[a; b - \varepsilon]$, $\varepsilon > 0$, se define *integral impropia de segunda especie* de la función f en el intervalo $[a; b)$, como el límite dado por

$$\int_a^b f(x)dx = \lim_{\varepsilon\to 0} \int_a^{b-\varepsilon} f(x)dx. \tag{8.5}$$

Si este límite existe y es finito se dice que la integral impropia es *convergente* mientras que si no existe o es infinito, la integral es *divergente*.

De igual modo, para funciones $f : (a; b] \to \mathbb{R}$, integrables en todo intervalo $[a + \varepsilon; b]$, $\varepsilon > 0$, se define la integral impropia correspondiente como

$$\int_a^b f(x)dx = \lim_{\varepsilon \to 0} \int_{a+\varepsilon}^b f(x)dx, \tag{8.6}$$

y se dice que esta integral es convergente cuando el límite exista y sea finito, siendo divergente en caso contrario.

Dados $c \in (a; b)$ y la función $f : [a; b] \to \mathbb{R}$, que es integrable en todo intervalo contenido en $[a; b] - \{c\}$, se define

$$\int_a^b f(x)dx = \lim_{\varepsilon_1 \to 0} \int_a^{c-\varepsilon_1} f(x)dx + \lim_{\varepsilon_2 \to 0} \int_{c+\varepsilon_2}^b f(x)dx. \tag{8.7}$$

Si ambos límites existen y son finitos se dice que $\int_a^b f(x)dx$ es convergente y su valor es el de la suma anterior. La integral es divergente si uno o ambos límites no existen o son infinitos.

Puede ocurrir que exista el límite

$$\lim_{\varepsilon \to 0} \left(\int_a^{c-\varepsilon} f(x)dx + \int_{c+\varepsilon}^b f(x)dx \right),$$

obtenido haciendo $\varepsilon_1 = \varepsilon_2$, sin que la integral impropia sea convergente, al valor de este límite se le llama *valor principal* de la integral impropia.

■ **Ejemplo 8.6** La integral impropia $\int_0^1 \dfrac{1}{\sqrt{1-x}}dx$ es convergente al valor 2, pues

$$\int_0^1 \frac{1}{\sqrt{1-x}}dx = \lim_{\varepsilon \to 0} \int_0^{1-\varepsilon} \frac{1}{\sqrt{1-x}}dx = \lim_{\varepsilon \to 0} \left[-2\sqrt{1-x} \right]_0^{1-\varepsilon} = \lim_{\varepsilon \to 0} \left(-2\sqrt{\varepsilon} + 2\sqrt{1} \right) = 2,$$

ya que

$$\int \frac{1}{\sqrt{1-x}}dx = \int (1-x)^{-1/2}\, dx = \frac{-(1-x)^{1/2}}{1/2} + C.$$

■ **Ejemplo 8.7** La integral

$$\int_0^1 \ln x\, dx$$

es impropia, ya que $\ln x \to -\infty$ cuando $x \to 0^+$. Aplicando la definición e integrando por partes resulta

$$\int_0^1 \ln x\, dx = \lim_{\varepsilon \to 0^+} \int_{0+\varepsilon}^1 \ln x\, dx = \lim_{\varepsilon \to 0^+} \left[x \ln x - x \right]_\varepsilon^1 = 1 \ln 1 - 1 - \lim_{\varepsilon \to 0^+} (\varepsilon \ln \varepsilon - \varepsilon)$$

$$= -1 - \lim_{\varepsilon \to 0^+} \varepsilon \ln \varepsilon = [0 \cdot \infty] = -1 - \lim_{\varepsilon \to 0^+} \frac{\ln \varepsilon}{\frac{1}{\varepsilon}} = \left[\frac{\infty}{\infty} \right] \overset{L'H}{=} -1 + \lim_{\varepsilon \to 0^+} \varepsilon = -1.$$

Una integral importante de segunda especie

La integral

$$\int_a^b \frac{1}{(x-a)^p}dx \tag{8.8}$$

es convergente si $p < 1$ y divergente si $p \geq 1$. La gráfica de estas funciones está en la Figura 8.3. Se observa que la integral de la función $\frac{1}{x-a}$ es divergente y las de las funciones $f(x) = \frac{1}{(x-a)^p}$ que están por encima de ella entre a y 1, también son divergentes, mientras que las que en ese mismo intervalo están por debajo son convergentes.

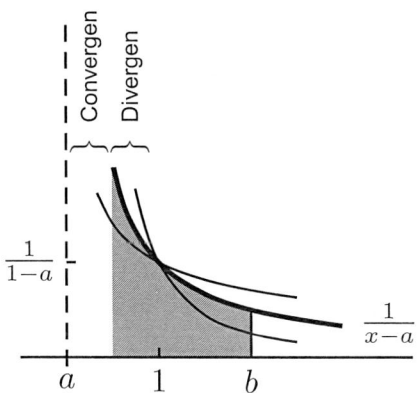

Figura 8.3 Convergencia o divergencia de la integral $\int_a^b \frac{1}{(x-a)^p}\,dx$.

■ **Ejemplo 8.8** De este modo, son convergentes las integrales

$$\int_1^2 \frac{dx}{\sqrt{x-1}} \qquad y \qquad \int_3^5 \frac{1}{(x-3)^{2/3}}\,dx,$$

mientras que las integrales

$$\int_0^1 \frac{dx}{x^4} \qquad y \qquad \int_2^3 \frac{1}{\sqrt{(x-2)^5}}\,dx$$

son divergentes.

Compruebe el lector resultados análogos para las integrales

$$\int_a^b \frac{dx}{(b-x)^p}.$$

Convergencia de integrales de segunda especie

Enunciaremos ahora cuatro proposiciones relativas a la convergencia de integrales impropias de segunda especie.

■ **Proposición (Convergencia de funciones no negativas)** *Si la función $f : [a; b) \to \mathbb{R}$, es integrable y no negativa en todo intervalo $[a; b - \varepsilon]$, $\varepsilon > 0$, entonces la integral $\int_a^b f$ converge si y sólo si la función $F : [a; b) \to \mathbb{R}$, definida por $F(b - \varepsilon) = \int_a^{b-\varepsilon} f(x)dx$, está acotada superiormente en $[a; b)$.*

■ **Proposición (Criterio de comparación por mayorante)** *Sean $f, g : [a; b) \to \mathbb{R}$, funciones integrables en todo intervalo $[a, b - \varepsilon)$, $\varepsilon > 0$, y tales que $0 \le f(x) \le g(x)$, $\forall x \in [c; b)$, con $c \in (a; b)$, se tiene que*

a) si $\displaystyle\int_a^b g(x)\,dx$ converge, entonces $\displaystyle\int_a^b f(x)dx$ converge.

b) si $\displaystyle\int_a^b f(x)\,dx$ diverge, entonces $\displaystyle\int_a^b g(x)\,dx$ diverge.

La interpretación de este criterio se comprende fácilmente con la Figura 8.4, donde se observa que las áreas que dejan por debajo de sus gráficas las funciones f y g en el intervalo $[a; c]$ son finitas y en el intervalo $[c; b]$ la gráfica de g deja más área que la de f.

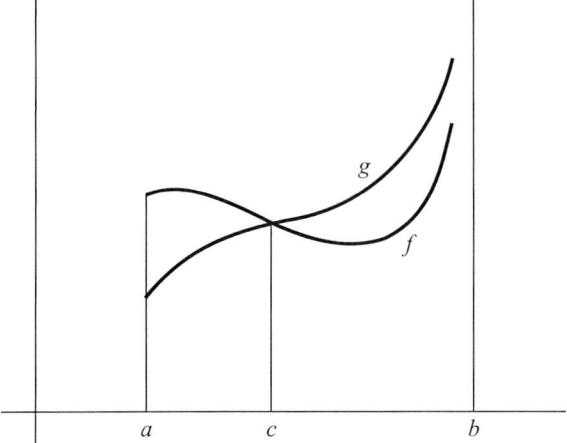

Figura 8.4 Interpretación geométrica del criterio de comparación por mayorante.

■ **Proposición (Criterio de comparación en el límite)** *Sean $f, g : [a; b) \to \mathbb{R}$, funciones integrables y no negativas en todo intervalo $[a; b - \varepsilon]$, $\varepsilon > 0$ y tales que*

$$\lim_{x \to b^-} \frac{f(x)}{g(x)} = L,$$

entonces se tiene que:

a) Si $L \neq 0$, las dos integrales $\int_a^b f(x)dx$ y $\int_a^b g(x)dx$ tienen el mismo carácter.

b) Si $L = 0$ y la integral $\int_a^b g(x)dx$ es convergente, también lo es $\int_a^b f(x)dx$.

Sea $f : [a; b) \to \mathbb{R}$ integrable en todo intervalo $[a; b - \varepsilon]$, $\varepsilon > 0$, diremos que la integral $\int_a^b f(x)dx$ es *absolutamente convergente* cuando la integral $\int_a^b |f(x)|\, dx$ es convergente. Diremos que la integral $\int_a^b f(x)dx$ es *condicionalmente convergente* cuando es convergente pero la integral $\int_a^b |f(x)|\, dx$ es divergente.

■ **Proposición (Condición suficiente de convergencia)** *Sea $f : [a; b) \to \mathbb{R}$ integrable en todo intervalo $[a; b - \varepsilon]$, $\varepsilon > 0$, en estas condiciones*

$$si \int_a^b f(x)dx \ es \ absolutamente \ convergente, \ entonces \ \int_a^b f(x)dx \ es \ convergente.$$

Análogamente para intervalos de la forma $[a + \varepsilon; b]$.

Existen también integrales impropias de ambos tipos a la vez: tienen un intervalo infinito y no son acotadas en algún punto del intervalo.

■ **Ejemplo 8.9** La integral $\int_0^{+\infty} \frac{1}{x}dx$ es de primera y de segunda especie y como

$$\int_0^{+\infty} \frac{1}{x}dx = \int_0^1 \frac{1}{x}dx + \int_1^{+\infty} \frac{1}{x}dx$$

$$= \lim_{\varepsilon \to 0^+} \int_\varepsilon^1 \frac{1}{x}dx + \lim_{m \to +\infty} \int_1^m \frac{1}{x}dx = \lim_{\varepsilon \to 0^+} [\ln x]_\varepsilon^1 + \lim_{m \to +\infty} [\ln x]_1^m$$

$$= \ln 1 - \lim_{\varepsilon \to 0^+} \ln \varepsilon + \lim_{m \to +\infty} \ln m - \ln 1 = 0 + \infty + \infty - 0 = +\infty,$$

es decir, la integral diverge.

Existen funciones con notables aplicaciones en Matemáticas y ciencias afines, muy especialmente en el campo de la Estadística, definidas a través de integrales impropias. Nos estamos refiriendo a las llamadas funciones eulerianas, las *funciones gamma y beta.*

8.3. LA FUNCIÓN GAMMA

La *función gamma* de Euler es la función $\Gamma : (0; +\infty) \to \mathbb{R}$, definida para cada número real p, tal que $p > 0$, como

$$\Gamma(p) = \int_0^{+\infty} x^{p-1} e^{-x} dx.$$

Propiedades de la función gamma

1. $\displaystyle\int_0^{+\infty} x^{p-1} e^{-x} dx$ es convergente $\forall p > 0$, es decir, la función gamma está bien definida.

2. $\Gamma(1) = \Gamma(2) = 1$.

3. $\Gamma(p+1) = p\Gamma(p)$.

4. $\Gamma\left(\dfrac{1}{n}\right) = n \displaystyle\int_0^{+\infty} e^{-x^n} dx$, como caso particular $\Gamma\left(\dfrac{1}{2}\right) = 2 \displaystyle\int_0^{+\infty} e^{-x^2} dx$.

5. $\Gamma\left(\dfrac{1}{2}\right) = \sqrt{\pi}$.

6. Fórmula de los complementos:

$$\Gamma(p)\Gamma(1-p) = \frac{\pi}{\operatorname{sen} p\pi}.$$

■ **Ejemplo 8.10**   Para calcular la integral

$$\int_0^{+\infty} x^2 e^{-x} dx,$$

como es precisamente

$$\int_0^{+\infty} x^2 e^{-x} dx = \Gamma(3) = 2\Gamma(2) = 2.1 = 2,$$

tenemos hallado el valor de la integral por medio de la función gamma.

Mediante la propiedad 3 de la función gamma, el cálculo de $\Gamma(p)$ para $p > 1$ puede reducirse al cálculo para un valor p con $0 < p < 1$. Para estos valores la función gamma está tabulada, véase la tabla de la página 399.

Esta igualdad permite extender la definición de la función gamma a valores de p negativos, salvo enteros negativos. De este modo la gráfica de la función gamma es la de la Figura 8.5.

Cálculo práctico de $\Gamma(p)$

Si $p > 1$ es $p = k + r$ con $1 \leq r < 2$. Aplicando la ley de recurrencia sucesivamente es:

$$\Gamma(p) = \Gamma(k+r) = (p-1)(p-2)\cdots(p-k+1)(p-k)\Gamma(p-k) = (p-1)(p-2)\cdots(r+1)\Gamma(r).$$

■ **Ejemplo 8.11**   Se tiene que

$$\Gamma(5,27) = 4,27 \cdot 3,27 \cdot 2,27 \cdot 1,27 \cdot \Gamma(1,27),$$

donde este último valor está en la tabla. También

$$\Gamma\left(\tfrac{17}{4}\right) = \Gamma\left(4 + \tfrac{1}{4}\right) = \left(3 + \tfrac{1}{4}\right)\left(2 + \tfrac{1}{4}\right)\left(1 + \tfrac{1}{4}\right)\Gamma\left(1 + \tfrac{1}{4}\right).$$

■ **Ejemplo 8.12**   De la igualdad $\Gamma(p) = \frac{1}{p}\Gamma(p+1)$, se obtiene por ejemplo

$$\Gamma(-0,6) = \frac{1}{-0,6}\Gamma(0,4) \qquad \text{y} \qquad \Gamma\left(-\tfrac{32}{25}\right) = \frac{-25}{32}\Gamma\left(\tfrac{-7}{25}\right) = \frac{-25}{32} \cdot \frac{-25}{7}\Gamma\left(\tfrac{18}{25}\right).$$

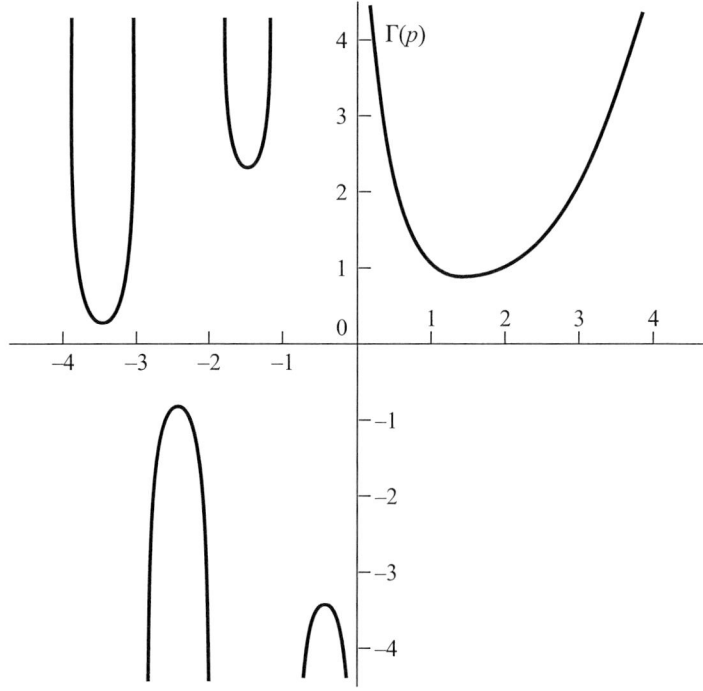

Figura 8.5 Gráfica de la función gamma de Euler.

8.4. LA FUNCIÓN BETA

La *función beta* de Euler es la función $B : (0; +\infty) \times (0; +\infty) \to \mathbb{R}$, definida por

$$B(p,q) = \int_0^1 x^{p-1}(1-x)^{q-1}dx,$$

para cada par de números reales positivos p, q.

Propiedades de la función beta

1. $\displaystyle\int_0^1 x^{p-1}(1-x)^{q-1}dx$ es convergente para $p > 0$ y $q > 0$, es decir, la función beta está bien definida.

2. $B(p,q) = B(q,p)$.

3. $B(p,q) = \dfrac{\Gamma(p)\Gamma(q)}{\Gamma(p+q)}$.

4. $B\left(\dfrac{1}{2},\dfrac{1}{2}\right) = \pi$.

5. $B(p,1) = \frac{1}{p}, \quad B(1,q) = \frac{1}{q}$.

6. $B(p,q) = B(p+1,q) + B(p,q+1)$

7. Expresión trigonométrica de la función beta:

$$B(p,q) = 2\int_0^{\frac{\pi}{2}} (\operatorname{sen} x)^{2p-1}(\cos x)^{2q-1}dx.$$

■ **Ejemplo 8.13** Para calcular la integral

$$\int_0^1 x^3(1-x)^2 dx,$$

como es precisamente

$$B(4,3) = \int_0^1 x^3(1-x)^2 dx = \frac{\Gamma(4)\Gamma(3)}{\Gamma(4+3)} = \frac{3!2!}{6!} = \frac{1}{60},$$

tenemos hallado el valor de la integral por medio de la función beta.

La fórmula dada por la propiedad 3 de la función beta permite el cálculo de la función beta para cualesquiera valores de p y q sin más que utilizar la tabla de la función gamma de la página 399 y la propiedad 3 de la función gamma.

■ **Ejemplo 8.14**   Tenemos que

$$B(2,5;3,5) = \frac{\Gamma(2,5)\Gamma(3,5)}{\Gamma(6)} = \frac{1,5 \cdot 0,5 \cdot \Gamma(\frac{1}{2}) \cdot 2,5 \cdot 1,5 \cdot 0,5 \cdot \Gamma(\frac{1}{2})}{5 \cdot 4 \cdot 3 \cdot 2 \cdot \Gamma(1)} = \frac{\frac{3\cdot1}{2\cdot2} \cdot \frac{5\cdot3\cdot1}{2\cdot2\cdot2} \cdot \left(\sqrt{\pi}\right)^2}{5!} = \frac{3\pi}{256}.$$

PROBLEMAS RESUELTOS

8.1   Estúdiese la convergencia de las integrales

$$\text{a) } \int_0^{+\infty} xe^{-x}dx, \qquad \text{b) } \int_2^{+\infty} \frac{dx}{x\ln x}.$$

RESOLUCIÓN. a) Utilizando la igualdad (8.1) es

$$\int_0^{+\infty} xe^{-x}dx = \lim_{m\to+\infty} \int_0^m xe^{-x}dx,$$

e integrando por partes con

$$\begin{aligned} u &= x, & du &= dx, \\ dv &= e^{-x}dx, & v &= -e^{-x}, \end{aligned}$$

queda

$$\begin{aligned} \int_0^{+\infty} xe^{-x}dx &= \lim_{m\to+\infty} \int_0^m xe^{-x}dx = \lim_{m\to+\infty} \left[-xe^{-x} + \int e^{-x}dx\right]_0^m \\ &= \lim_{m\to+\infty} \left[-xe^{-x} - e^{-x}\right]_0^m = \lim_{m\to+\infty} \left(-me^{-m} - e^{-m} + 0 + e^0\right) = 1. \end{aligned}$$

b) Se tiene que

$$\begin{aligned} \int_2^{+\infty} \frac{dx}{x\ln x} &= \lim_{m\to+\infty} \int_2^m \frac{dx}{x\ln x} = \lim_{m\to+\infty} \int_2^m d(\ln(\ln x)) \\ &= \lim_{m\to+\infty} \left[\ln(\ln x)\right]_2^m = \lim_{m\to+\infty} \left(\ln(\ln m) - \ln(\ln 2)\right) = +\infty, \end{aligned}$$

por lo que esta integral es divergente.

8.2   Estúdiese la convergencia de la integral

$$\int_{-\infty}^{+\infty} \frac{x}{1+x^2}dx.$$

RESOLUCIÓN. Para todo $c \in \mathbb{R}$ las integrales

$$I_1 = \int_{-\infty}^{c} \frac{x}{1+x^2}dx \qquad \text{e} \qquad I_2 = \int_{c}^{+\infty} \frac{x}{1+x^2}dx$$

son divergentes, pues

$$I_1 = \int_{-\infty}^{c} \frac{x}{1+x^2}dx = \lim_{m \to -\infty} \int_{m}^{c} \frac{x}{1+x^2}dx = \lim_{m \to -\infty} \left[\frac{1}{2}\ln(1+x^2)\right]_{m}^{c}$$

$$= \lim_{m \to -\infty} \left(\ln\sqrt{1+c^2} - \ln\sqrt{1+m^2}\right) = \ln\sqrt{1+c^2} - \lim_{m \to -\infty}\ln\sqrt{1+m^2} = -\infty,$$

$$I_2 = \int_{c}^{+\infty} \frac{x}{1+x^2}dx = \lim_{m \to +\infty} \int_{c}^{m} \frac{x}{1+x^2}dx = \lim_{m \to +\infty} \left[\frac{1}{2}\ln(1+x^2)\right]_{c}^{m}$$

$$= \lim_{m \to +\infty} \left(\ln\sqrt{1+m^2} - \ln\sqrt{1+c^2}\right) = \lim_{m \to +\infty}\ln\sqrt{1+m^2} - \ln\sqrt{1+c^2} = +\infty,$$

por lo que la integral del enunciado es divergente. Bastaría que una de las dos integrales calculadas fuese divergente para asegurar la divergencia de la integral dada.

Sin embargo, si calculamos el valor principal de Cauchy resulta ser

$$V.P. = \lim_{m \to +\infty} \int_{-m}^{m} \frac{x}{1+x^2}dx$$

$$= \lim_{m \to +\infty} \left[\frac{1}{2}\ln(1+x^2)\right]_{-m}^{m} = \lim_{m \to +\infty} \left(\ln\sqrt{1+m^2} - \ln\sqrt{1+(-m)^2}\right) = 0,$$

lo que puede interpretarse fácilmente observando la Figura 8.6, donde las áreas por encima del eje de abscisas compensan las áreas por debajo, a pesar de que ambas áreas sean infinitas.

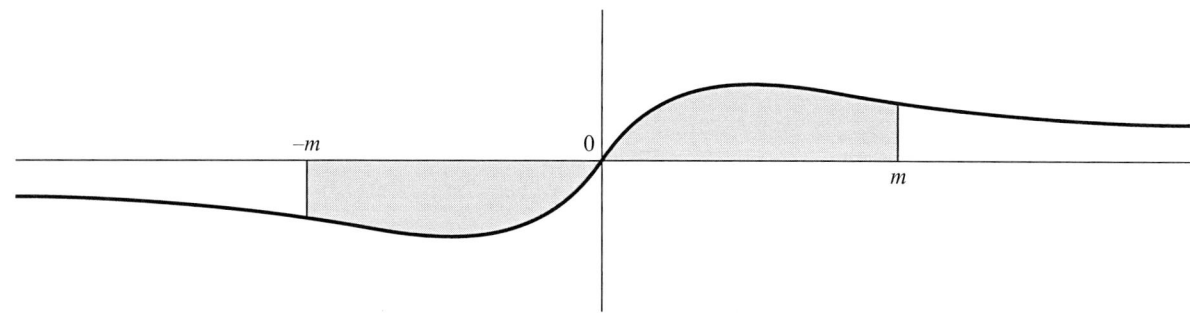

Figura 8.6 Interpretación geométrica del valor principal del Problema 8.2.

▶ 8.3 Dada la función $f(x) = ke^{-kx}$, con $k > 0$, determínese el valor de k para que se verifique que

$$\int_{0}^{+\infty} ke^{-kx}dx = 1.$$

RESOLUCIÓN. Calculando la integral impropia se tiene

$$\int_{0}^{+\infty} ke^{-kx}dx = \lim_{m \to +\infty} \int_{0}^{m} ke^{-kx}dx = -\lim_{m \to +\infty} \int_{0}^{m} e^{-kx}(-k)dx$$

$$= -\lim_{m \to +\infty} \left[e^{-kx}\right]_{0}^{m} = -\lim_{m \to +\infty} \left(e^{-km} - e^{0}\right) = 1 - \lim_{m \to +\infty} e^{-km} = 1.$$

En consecuencia la igualdad pedida se verifica para todo valor positivo de k.

La función dada es la función de densidad de la distribución exponencial de parámetro k, importante en el Cálculo de Probabilidades. La igualdad de enunciado prueba que f es una auténtica función de densidad para cada valor positivo de k.

8.4 Estúdiese la convergencia de la integral

$$\int_1^{+\infty} \frac{x+3}{x^3+x}dx.$$

RESOLUCIÓN. *Primer método:*

El denominador sólo se anula en $x = 0$ que no pertenece al intervalo de integración, por lo que es una integral impropia de primera especie. Para estudiar su convergencia por mayorante, descomponemos

$$\int_1^{+\infty} \frac{x+3}{x^3+x}dx = \int_1^{+\infty} \frac{x}{x^3+x}dx + 3\int_1^{+\infty} \frac{1}{x^3+x}dx.$$

La primera de estas integrales es convergente pues

$$\frac{x}{x^3+x} = \frac{1}{x^2+1} < \frac{1}{x^2}$$

y la segunda también, en virtud del criterio de comparación por mayorante, pues

$$\frac{1}{x^3+x} < \frac{1}{x^3},$$

ya que la integral $\int_1^{+\infty} \frac{1}{x^p}dx$ es convergente cuando $p > 1$.

Segundo método:

Para estudiar la convergencia por comparación en el límite, como el numerador es de primer grado y el denominador de grado tres, conviene comparar con $\frac{1}{x^2}$, resultando

$$\lim_{x \to +\infty} \frac{\frac{x+3}{x^3+x}}{\frac{1}{x^2}} = \lim_{x \to +\infty} \frac{x^2(x+3)}{x^3+x} = 1,$$

luego ambas integrales tienen el mismo carácter, y puesto que $\int_1^{+\infty} \frac{1}{x^2}dx$ es convergente, pues es del tipo (8.4) con $p = 2$, la integral pedida es convergente.

8.5 Estúdiese la convergencia de la integrales

$$I_1 = \int_1^{+\infty} \frac{1}{e^{x^2+1}}dx, \qquad e \qquad I_2 = \int_1^{+\infty} \frac{x^2+2}{x^3}dx.$$

RESOLUCIÓN. Como es

$$\frac{1}{e^{x^2+1}} = \frac{1}{e^{x^2} \cdot e} \leq \frac{1}{e^{x^2}} \leq \frac{1}{e^x} = e^{-x}, \qquad \forall x \in [1; +\infty),$$

teniendo en cuenta que la integral $\int_1^{+\infty} e^{-x}dx$ es convergente, pues por definición es

$$\int_1^{+\infty} e^{-x}dx = \lim_{m \to +\infty} \int_1^m e^{-x}dx = \lim_{m \to +\infty} \left[-e^{-x}\right]_1^m = e^{-1} - \lim_{m \to +\infty} e^{-m} = \frac{1}{e}$$

y por el criterio de comparación por mayorante resulta que I_1 converge.

Por otra parte, como es

$$\frac{x^2+2}{x^3} \geq \frac{x^2}{x^3} = \frac{1}{x}, \qquad \forall x \in [1;+\infty),$$

por el mismo criterio resulta que I_2 es divergente.

▶ **8.6**   Estúdiese la convergencia de la integrales

$$\text{a)} \int_2^{+\infty} \frac{1}{\ln x}\,dx, \qquad \text{b)} \int_1^{+\infty} \frac{dx}{e^{x^2+\frac{1}{x^2}}}.$$

RESOLUCIÓN. a) Como es $\ln x \leq x$, $\forall x \in [2;+\infty)$, se tiene que

$$\frac{1}{\ln x} \geq \frac{1}{x}, \qquad \forall x \in [2;+\infty),$$

y como $\int_2^{+\infty} \frac{1}{x}\,dx$ es divergente, pues es del tipo $\int_2^{+\infty} \frac{1}{x^p}\,dx$ con $p=1$, por el criterio de comparación por mayorante, la integral dada es divergente.

b) Como es $x^2 \leq e^{x^2} \leq e^{x^2+\frac{1}{x^2}}$, $\forall x \in [1;+\infty)$, resulta que

$$\frac{1}{e^{x^2+\frac{1}{x^2}}} \leq \frac{1}{x^2}, \qquad \forall x \in [1;+\infty),$$

de donde, por comparación, la integral dada es convergente.

▶ **8.7**   Estúdiese por comparación el carácter de la integral

$$\int_1^{+\infty} \frac{1}{\sqrt{4+x^4}}\,dx.$$

RESOLUCIÓN. Como es

$$\frac{1}{\sqrt{4+x^4}} \leq \frac{1}{\sqrt{x^4}} = \frac{1}{x^2}$$

$\forall x \in [2;+\infty)$, y al ser convergente la integral $\int_1^{+\infty} \frac{1}{x^2}\,dx$, por el criterio de comparación por mayorante la integral dada es convergente.

▶ **8.8**   Estúdiese el carácer de la integral

$$\int_{-\infty}^{+\infty} e^{-|x+1|}\,dx.$$

RESOLUCIÓN. Teniendo en cuenta que

$$|x+1| = \begin{cases} x+1, & \text{si } x+1 \geq 0, \\ -(x+1), & \text{si } x+1 < 0, \end{cases} = \begin{cases} x+1, & \text{si } x \geq -1, \\ -(x+1), & \text{si } x < -1, \end{cases}$$

la función subintegral se escribe en la forma

$$e^{-|x+1|} = \begin{cases} e^{-(x+1)}, & \text{si } x \geq -1, \\ e^{x+1}, & \text{si } x < -1. \end{cases}$$

El carácter de la integral propuesta se decide a partir de las integrales

$$I_1 = \int_{-\infty}^{-1} e^{x+1} dx \qquad \text{e} \qquad I_2 = \int_{-1}^{+\infty} e^{-(x+1)} dx.$$

Como son

$$I_1 = \lim_{m \to -\infty} \int_{m}^{-1} e^{x+1} dx = \lim_{m \to -\infty} \left[e^{x+1} \right]_{m}^{-1} = e^{-1+1} - \lim_{m \to -\infty} e^{m+1} = e^0 \quad 0 = 1,$$

$$I_2 = \lim_{m \to +\infty} \int_{-1}^{m} e^{-(x+1)} dx = \lim_{m \to +\infty} \left[-e^{-(x+1)} \right]_{-1}^{m} = e^{-(-1+1)} - \lim_{m \to +\infty} e^{-(m+1)} = e^0 - 0 = 1.$$

Al ser ambas integrales convergentes, la integral dada es también convergente y se verifica que

$$\int_{-\infty}^{+\infty} e^{-|x+1|} dx = \int_{-\infty}^{-1} e^{-|x+1|} dx + \int_{-1}^{+\infty} e^{-|x+1|} dx = I_1 + I_2 = 1 + 1 = 2.$$

8.9 Estúdiese la convergencia de la siguiente integral, siendo a un número real,

$$\int_{1}^{+\infty} \frac{\cos x}{x^2 + a^2} dx.$$

RESOLUCIÓN. Estudiemos la convergencia absoluta. Como es

$$\left| \frac{\cos x}{x^2 + a^2} \right| = \frac{|\cos x|}{x^2 + a^2} \le \frac{1}{x^2 + a^2} \le \frac{1}{x^2}, \qquad \forall a \in \mathbb{R},$$

y ser convergente la integral $\int_{1}^{+\infty} \frac{1}{x^2} dx$, resulta que la integral

$$\int_{1}^{+\infty} \left| \frac{\cos x}{x^2 + a^2} \right| dx$$

es convergente, por lo que la integral del enunciado es absolutamente convergente, y por tanto convergente.

8.10 Estúdiese el carácter de las integrales

$$I_1 = \int_{1}^{+\infty} \frac{x^2 \cos x^2}{x^4 + 1} dx \qquad \text{e} \qquad I_2 = \int_{0}^{+\infty} \frac{e^{2x}}{e^{3x} + 1} dx.$$

RESOLUCIÓN. Como es $|x^2 \cos x^2| = |x^2| |\cos x^2| \le |x^2| = x^2$, se tiene que

$$\left| \frac{x^2 \cos x^2}{x^4 + 1} \right| \le \frac{x^2}{x^4 + 1} \le \frac{x^2}{x^4} = \frac{1}{x^2}, \qquad \forall x \in [1; +\infty)$$

y como la integral $\int_{1}^{+\infty} \frac{1}{x^2} dx$ converge al ser del tipo $\int_{1}^{+\infty} \frac{1}{x^p} dx$ con $p > 1$, por el criterio de comparación, la integral I_1 es absolutamente convergente y por tanto es convergente.

Teniendo en cuenta ahora que

$$\frac{e^{2x}}{e^{3x} + 1} \le \frac{e^{2x}}{e^{3x}} = \frac{1}{e^x} = e^{-x}, \qquad \forall x \in [0; +\infty),$$

y como es

$$\int_{0}^{+\infty} e^{-x} dx = \lim_{m \to +\infty} \int_{0}^{m} e^{-x} dx = \lim_{m \to +\infty} \left[-e^{-x} \right]_{0}^{m} = 1 - \lim_{m \to +\infty} e^{-m} = 1 - 0 = 1,$$

se tiene que la integral I_2 es convergente por el criterio de comparación por mayorante.

▶ **8.11** Hállese la convergencia de la integral

$$\int_1^9 \frac{1}{\sqrt[3]{x-1}}\,dx.$$

RESOLUCIÓN. Como es una integral impropia de segunda especie, utilizando la definición se tiene que

$$\int_1^9 \frac{1}{\sqrt[3]{x-1}}\,dx = \lim_{\varepsilon \to 0^+} \int_{1+\varepsilon}^9 \frac{1}{\sqrt[3]{x-1}}\,dx = \lim_{\varepsilon \to 0^+} \int_{1+\varepsilon}^9 (x-1)^{-\frac{1}{3}}\,dx$$

$$= \lim_{\varepsilon \to 0^+} \left[\frac{3}{2}(x-1)^{\frac{2}{3}} \right]_{1+\varepsilon}^9 = \frac{3}{2}\,2^2 - \frac{3}{2}\lim_{\varepsilon \to 0^+} \varepsilon^{\frac{2}{3}} = 6 - 0 = 6,$$

luego la integral converge y su valor es 6.

▶ **8.12** Hállese la convergencia de la integral

$$\int_{-2}^4 \frac{dx}{x^2}.$$

RESOLUCIÓN. Puesto que la función subintegral no está definida en el punto $x = 0$ que pertenece al intervalo de integración, la integral será convergente cuando lo sean las dos integrales en que la descomponemos

$$\int_{-2}^4 \frac{dx}{x^2} = \int_{-2}^0 \frac{dx}{x^2} + \int_0^4 \frac{dx}{x^2}.$$

Por la definición de integral de segunda especie, tenemos

$$\int_{-2}^0 \frac{dx}{x^2} = \lim_{\varepsilon \to 0^-} \int_{-2}^\varepsilon \frac{dx}{x^2} = \lim_{\varepsilon \to 0^-} \left[\frac{-1}{x} \right]_{-2}^\varepsilon$$

$$= \lim_{\varepsilon \to 0^-} \frac{-1}{\varepsilon} - \frac{-1}{-2} = \frac{-1}{2} + \lim_{\varepsilon \to 0^-} \frac{-1}{\varepsilon} = \frac{-1}{2} + \infty = +\infty,$$

$$\int_0^4 \frac{dx}{x^2} = \lim_{\varepsilon \to 0^+} \int_\varepsilon^4 \frac{dx}{x^2} = \lim_{\varepsilon \to 0^+} \left[\frac{-1}{x} \right]_\varepsilon^4 = \frac{-1}{4} - \lim_{\varepsilon \to 0^+} \frac{-1}{\varepsilon} = \frac{-1}{4} - (-\infty) = +\infty.$$

En consecuencia la integral es divergente.

▶ **8.13** Estúdiese la convergencia de la integral

$$\int_0^{\frac{\pi}{2}} \frac{\cos x}{\sqrt{1-\operatorname{sen} x}}\,dx.$$

RESOLUCIÓN. En el punto $x = \frac{\pi}{2}$ se anula el denominador, por lo que es una integral impropia de segunda especie. Utilizando la definición resulta

$$\int_0^{\frac{\pi}{2}} \frac{\cos x}{\sqrt{1-\operatorname{sen} x}}\,dx = \lim_{\varepsilon \to 0^+} \int_0^{\frac{\pi}{2}-\varepsilon} \frac{\cos x}{\sqrt{1-\operatorname{sen} x}}\,dx = -2\lim_{\varepsilon \to 0^+} \int_0^{\frac{\pi}{2}-\varepsilon} \frac{-\cos x}{2\sqrt{1-\operatorname{sen} x}}\,dx$$

$$= -2\lim_{\varepsilon \to 0^+} \int_0^{\frac{\pi}{2}-\varepsilon} \frac{d(1-\operatorname{sen} x)}{2\sqrt{1-\operatorname{sen} x}} = -2\lim_{\varepsilon \to 0^+} \int_0^{\frac{\pi}{2}-\varepsilon} d\left(\sqrt{1-\operatorname{sen} x}\right)$$

$$= -2\lim_{\varepsilon \to 0^+} \left[\sqrt{1-\operatorname{sen} x}\right]_0^{\frac{\pi}{2}-\varepsilon}$$

$$= -2\left(\lim_{\varepsilon \to 0^+} \sqrt{1-\operatorname{sen}(\tfrac{\pi}{2}-\varepsilon)} - \sqrt{1-\operatorname{sen} 0}\right) = -2\,(0-1) = 2.$$

8.14 Decídase la convergencia de la integral

$$\int_1^3 \frac{1}{(x-1)(3-x)}dx.$$

RESOLUCIÓN. El denominador se anula para $x = 1$ y $x = 3$, que son los extremos del intervalo de integración, por lo que se trata de una integral impropia de segunda especie en ambos extremos. Para cualquier $a \in (1;3)$ podemos descomponer en la forma

$$\int_1^3 \frac{1}{(x-1)(3-x)}dx = \int_1^a \frac{1}{(x-1)(3-x)}dx + \int_a^3 \frac{1}{(x-1)(3-x)}dx$$

y aplicar la definición en ambas integrales.

Sin embargo, es más cómodo descomponer la función en fracciones simples, mediante coeficientes indeterminados, del modo

$$\frac{1}{(x-1)(3-x)} = \frac{A}{x-1} + \frac{B}{3-x},$$

como hemos estudiado en la Sección 6.4, obteniéndose $A = B = \frac{1}{2}$, por lo que podemos escribir

$$\int_1^3 \frac{1}{(x-1)(3-x)}dx = \frac{1}{2}\int_1^3 \frac{1}{(x-1)}dx + \frac{1}{2}\int_1^3 \frac{1}{(3-x)}dx,$$

teniendo ahora dos integrales impropias de segunda especie de forma que en cada una de ellas la función subintegral es no acotada en un extremo. La primera de ellas es divergente pues es

$$\int_1^3 \frac{1}{(x-1)^p}dx$$

con $p = 1$. Por la misma razón la segunda de ellas es también divergente.

8.15 Hállese por comparación el carácter de la integral

$$\int_1^3 \frac{1}{\sqrt{x^2-1}}dx.$$

RESOLUCIÓN. La integral es impropia porque la función no está definida en el punto $x = 1$. Para todo $x \in (1;3]$ se tiene que $x^2 \geq x$, de donde $x^2 - 1 \geq x - 1$, por tanto $\sqrt{x^2-1} \geq \sqrt{x-1}$, y de aquí que sea

$$\frac{1}{\sqrt{x^2-1}} \leq \frac{1}{\sqrt{x-1}}.$$

Puesto que la integral $\int_1^3 \frac{1}{\sqrt{x-1}}dx$ es convergente, por ser del tipo $\int_a^b \frac{1}{(x-a)^p}dx$ con $p < 1$, por el criterio de comparación la integral dada es convergente.

8.16 Estúdiese la convergencia de la integral

$$\int_2^{2\pi} \frac{\operatorname{sen} x}{\sqrt{x-2}}dx.$$

RESOLUCIÓN. Estudiaremos su convergencia absoluta. Puesto que $\forall x \in [2;2\pi]$ se tiene que

$$\left|\frac{\operatorname{sen} x}{\sqrt{x-2}}\right| \leq \frac{1}{\sqrt{x-2}},$$

y como la integral $\int_2^{2\pi} \frac{1}{\sqrt{x-2}} dx$ es convergente por ser del tipo dado por (8.8) con $p = \frac{1}{2}$, la integral del enunciado es absolutamente convergente y, por tanto, convergente.

▶ **8.17** Estúdiese el carácter de la integral

$$\int_{-1}^{1} \frac{dx}{\sqrt{1-x^2}}.$$

y calcule si es posible su valor.

RESOLUCIÓN. La integral es impropia porque la función no está definida en los extremos del intervalo de integración, pero al tratarse de una función par, si la integral es convergente valdrá el doble que la integral en el intervalo $[0; 1]$, por lo que tenemos

$$\int_{-1}^{1} \frac{dx}{\sqrt{1-x^2}} = 2 \int_{0}^{1} \frac{dx}{\sqrt{1-x^2}} = 2 \lim_{\varepsilon \to 0^+} \int_{0}^{1-\varepsilon} \frac{dx}{\sqrt{1-x^2}} = 2 \lim_{\varepsilon \to 0^+} [\operatorname{arcsen} x]_0^{1-\varepsilon}$$

$$= 2 \left(\lim_{\varepsilon \to 0^+} \operatorname{arcsen}(1-\varepsilon) - \operatorname{arcsen} 0 \right) = 2(\operatorname{arcsen} 1 - 0) = 2 \operatorname{arcsen} 1 = 2 \frac{\pi}{2} = \pi.$$

▶ **8.18** Demuéstrese que la integral impropia

$$\int_{a}^{+\infty} \frac{1}{x^p} dx,$$

siendo $a > 0$, es convergente si $p > 1$ y divergente si es $p \leq 1$.

RESOLUCIÓN. En el caso en que sea $p \neq 1$, utilizando la definición, se tiene

$$\int_{a}^{+\infty} \frac{dx}{x^p} = \lim_{m \to +\infty} \int_{a}^{m} \frac{dx}{x^p} = \lim_{m \to +\infty} \left[\frac{1}{(1-p)x^{p-1}} \right]_a^m = \lim_{m \to +\infty} \frac{1}{1-p} \left(\frac{1}{m^{p-1}} - \frac{1}{a^{p-1}} \right)$$

y entonces resulta que

si es $p > 1 \quad \Rightarrow \quad p - 1 > 0 \quad \Rightarrow \quad \lim_{m \to +\infty} \frac{1}{1-p} \left(\frac{1}{m^{p-1}} - \frac{1}{a^{p-1}} \right) = 0 - \frac{1}{(1-p)a^{p-1}}$, luego converge,

si es $p < 1 \quad \Rightarrow \quad p - 1 < 0 \quad \Rightarrow \quad \lim_{m \to +\infty} \frac{1}{1-p} \left(\frac{1}{m^{p-1}} - \frac{1}{a^{p-1}} \right) = +\infty$, luego diverge, y

si $p = 1$, directamente, $\lim_{m \to +\infty} \int_a^m \frac{dx}{x} = \lim_{m \to +\infty} [\ln x]_a^m = +\infty$, luego diverge.

▶ **8.19** Hállese el área que delimitan en el primer cuadrante las funciones

$$f(x) = \frac{1}{1+x} \qquad y \qquad g(x) = \frac{1}{1+x^2}.$$

RESOLUCIÓN. Estas funciones se cortan en $x = 0$ y $x = 1$. Entre estos dos puntos limitan un área finita por ser continuas. Ambas funciones tienden a cero cuando x tiende a $+\infty$, por lo que hay que estudiar la convergencia de la integral impropia que pudiera medir este área, es decir, la integral impropia entre 1 y $+\infty$ de la función diferencia de funciones, tal como se observa en la Figura 8.7.

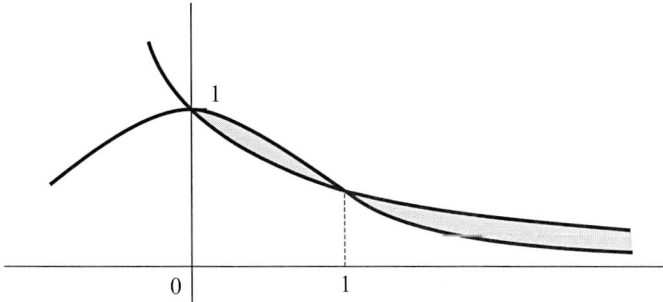

Figura 8.7 Área limitada por las funciones del Problema 8.19.

En el intervalo $[0; 1]$ es $f(x) \leq g(x)$, mientras que en el intervalo $[1; +\infty)$ es al contrario, por lo que el área total estará dada por la suma

$$\int_0^1 (g(x) - f(x)) \, dx + \int_1^{+\infty} (f(x) - g(x)) \, dx.$$

La primera integral vale

$$\int_0^1 \left(\frac{1}{1+x^2} - \frac{1}{1+x} \right) dx = [\operatorname{arctg} x - \ln(1+x)]_0^1 = \operatorname{arctg} 1 - \ln 2 - \operatorname{arctg} 0 + \ln 1 = \frac{\pi}{4} - \ln 2.$$

Y la segunda

$$\begin{aligned}
\int_1^{+\infty} \left(\frac{1}{1+x} - \frac{1}{1+x^2} \right) dx &= \lim_{m \to +\infty} \int_1^m \left(\frac{1}{1+x} - \frac{1}{1+x^2} \right) dx = \lim_{m \to +\infty} [\ln(1+x) - \operatorname{arctg} x]_1^m \\
&= \lim_{m \to +\infty} (\ln(1+m) - \operatorname{arctg} m) - \ln 2 + \operatorname{arctg} 1 \\
&= +\infty - \frac{\pi}{2} - \ln 2 + \frac{\pi}{4} = +\infty,
\end{aligned}$$

es decir, divergente. Luego el área encerrada es infinita.

8.20 Estúdiese la convergencia de la integral siguiente, utilizando los criterios de comparación,

$$\int_0^{+\infty} \frac{e^{-x}}{\sqrt{x}} dx.$$

RESOLUCIÓN. La función subintegral no está definida en $x = 0$ teniendo además intervalo de integración infinito, por lo que la integral impropia es de primera y de segunda especie. Considerando por ejemplo $c = 1 \in (0; +\infty)$, debemos estudiar las integrales I_1 e I_2 de la siguiente descomposición

$$\int_0^{+\infty} \frac{e^{-x}}{\sqrt{x}} dx = \int_0^1 \frac{e^{-x}}{\sqrt{x}} dx + \int_1^{+\infty} \frac{e^{-x}}{\sqrt{x}} dx = I_1 + I_2.$$

Para la primera de ellas, como es

$$\frac{e^{-x}}{\sqrt{x}} = \frac{1}{e^x \sqrt{x}} \leq \frac{1}{\sqrt{x}}, \qquad \forall x \in (0; 1],$$

al ser $\int_0^1 \frac{1}{\sqrt{x}} dx$ convergente, por el criterio de comparación se tiene que I_1 es convergente.

Para estudiar la convergencia de I_2, como es $\sqrt{x} \geq 1$, $\forall x \in [1; +\infty)$, se tiene que

$$\sqrt{x} \geq 1 \quad \Rightarrow \quad \frac{1}{\sqrt{x}} \leq 1 \quad \Rightarrow \quad \frac{e^{-x}}{\sqrt{x}} \leq e^{-x},$$

y como $\int_1^{+\infty} e^{-x} dx$ es convergente, véase Problema resuelto 8.5, entonces I_2 es convergente. En consecuencia la integral pedida es suma de dos convergentes y por tanto convergente.

▶ **8.21** Estúdiese el carácter de las integrales siguientes y cuando sea posible obténgase su valor:

$$\text{a)} \int_0^{+\infty} \frac{1}{(x-1)^2} dx, \qquad \text{b)} \int_2^{+\infty} \frac{1}{(x-1)^2} dx.$$

RESOLUCIÓN. a) La primera integral es impropia de primera especie y por anularse la función subintegral en el punto $x = 1$ también de segunda especie. Será convergente cuando lo sean las tres integrales de la siguiente descomposición

$$\int_0^{+\infty} \frac{1}{(x-1)^2} dx = \int_0^1 \frac{1}{(x-1)^2} dx + \int_1^2 \frac{1}{(x-1)^2} dx + \int_2^{+\infty} \frac{1}{(x-1)^2} dx.$$

Pero la primera de estas integrales es divergente por ser del tipo $\int_a^b \frac{1}{(x-a)^p} dx$ con $p = 2$. Por tanto la integral pedida es divergente.

b) Puesto que el punto $x = 1$ que anula el denominador no está en el intervalo de integración se trata de una integral impropia de primera especie. Utilizando la definición es

$$\int_2^{+\infty} \frac{1}{(x-1)^2} dx = \lim_{m \to +\infty} \int_2^m \frac{1}{(x-1)^2} dx = \lim_{m \to +\infty} \left[\frac{-1}{x-1} \right]_2^m = \lim_{m \to +\infty} \frac{-1}{m-1} - \frac{-1}{2-1} = 1.$$

▶ **8.22** Analícese la convergencia de la integral

$$I = \int_0^1 \frac{x^3}{\sqrt{1-x^2}} dx$$

y si procede, obténgase su valor.

RESOLUCIÓN. *Primer método:* Haciendo el cambio $x^2 = t$, es $x = t^{\frac{1}{2}}$ y es $dx = \frac{1}{2} t^{-\frac{1}{2}} dt$; además es $\sqrt{1-x^2} = \sqrt{1-t} = (1-t)^{\frac{1}{2}}$. Por tanto

$$I = \int_0^1 \frac{(t^{\frac{1}{2}})^3}{(1-t)^{\frac{1}{2}}} \frac{1}{2} t^{-\frac{1}{2}} dt = \frac{1}{2} \int_0^1 t^{\frac{3}{2}} t^{-\frac{1}{2}} (1-t)^{-\frac{1}{2}} dt = \frac{1}{2} \int_0^1 t(1-t)^{-\frac{1}{2}} dt = \frac{1}{2} B\left(2, \frac{1}{2}\right)$$

$$= \frac{1}{2} \frac{\Gamma(2)\Gamma(\frac{1}{2})}{\Gamma(2+\frac{1}{2})} = \frac{1}{2} \frac{1 \cdot \Gamma(\frac{1}{2})}{(1+\frac{1}{2})\Gamma(1+\frac{1}{2})} = \frac{1}{2} \frac{\Gamma(\frac{1}{2})}{\frac{3}{2}\frac{1}{2}\Gamma(\frac{1}{2})} = \frac{2}{3}.$$

La integral es convergente, pues la función beta es convergente para $p = 2$ y $q = \frac{1}{2}$, y su valor es $\frac{2}{3}$.

Segundo método: Haciendo el cambio $x = \operatorname{sen} t$ es $1 - x^2 = 1 - \operatorname{sen}^2 t = \cos^2 t$ y es $dx = \cos t \, dt$. Para hallar los límites de integración resulta que para $x = 0$ será $t = 0$ y para $x = 1$ será $t = \frac{\pi}{2}$, de donde

$$I = \int_0^{\frac{\pi}{2}} \frac{\operatorname{sen}^3 t \cos t \, dt}{\cos t} = \frac{1}{2}\left(2 \int_0^{\frac{\pi}{2}} (\operatorname{sen} t)^3 (\cos t)^0 dt \right) = \frac{1}{2} B\left(2, \frac{1}{2}\right) = \frac{2}{3},$$

donde se ha utilizado la expresión trigonométrica de la función beta.

Tercer método: Vamos a calcularla encontrando una primitiva, mediante la integración por partes, y aplicando después la definición de integral impropia. Como

$$\int \frac{x^3}{\sqrt{1-x^2}}dx = -\int \frac{x^2(-x)}{\sqrt{1-x^2}}dx = -\int x^2 d\left(\sqrt{1-x^2}\right)$$

$$= -\left(x^2\sqrt{1-x^2} - 2\int \sqrt{1-x^2}\,x\,dx\right) = -x^2\sqrt{1-x^2} - \int \sqrt{1-x^2}(-2x)dx$$

$$= -x^2\sqrt{1-x^2} - \int (1-x^2)^{\frac{1}{2}}d(1-x^2) = -x^2\sqrt{1-x^2} - \frac{2}{3}(1-x^2)^{\frac{3}{2}} + C,$$

aplicando la definición de integral impropia de segunda especie queda

$$I = \int_0^1 \frac{x^3}{\sqrt{1-x^2}}dx = \lim_{\varepsilon\to 0^+}\int_0^{1-\varepsilon} \frac{x^3}{\sqrt{1-x^2}}dx = \lim_{c\to 0^+}\left[-x^2\sqrt{1-x^2} - \frac{2}{3}(1-x^2)^{\frac{3}{2}}\right]_0^{1-\varepsilon}$$

$$= \lim_{\varepsilon\to 0^+}\left(-(1-\varepsilon)^2\sqrt{1-(1-\varepsilon)^2} - \frac{2}{3}(1-(1-\varepsilon)^2)^{\frac{3}{2}}\right) + 0 + \frac{2}{3} = 0 - 0 + 0 + \frac{2}{3} = \frac{2}{3}\,.$$

El cálculo de la integral indefinida puede hacerse también por el *método alemán*, véase Sección 6.5, mediante la descomposición

$$\int \frac{x^3}{\sqrt{1-x^2}}dx = (ax^2 + bx + c)\sqrt{1-x^2} + K\int \frac{dx}{\sqrt{1-x^2}},$$

obteniéndose $a = -1/3$, $c = -2/3$, $b = K = 0$.

8.23 Calcúlense las integrales

$$\text{a) } \int_0^1 \sqrt[4]{-\ln x}\,dx, \qquad \text{b) } \int_0^{+\infty} \frac{x^3}{3^x}dx.$$

RESOLUCIÓN. a) Como es $-\ln x = \ln \frac{1}{x}$, haciendo el cambio $\ln \frac{1}{x} = t$ o equivalentemente $\frac{1}{x} = e^t$, es $x = \frac{1}{e^t} = e^{-t}$ y $dx = -e^{-t}dt$.

En cuanto a los límites, si es $x = 0$ entonces $t = +\infty$ y si $x = 1$ se tiene que $t = 0$. Con ello la integral se escribe

$$\int_0^1 \sqrt[4]{-\ln x}\,dx - \int_0^1 \sqrt[4]{\ln \frac{1}{x}}\,dx = \int_{+\infty}^0 \sqrt[4]{t}(\ c^{-t})dt - -\int_{+\infty}^0 t^{\frac{1}{4}}e^{-t}dl$$

$$= \int_0^{+\infty} t^{\frac{1}{4}}e^{-t}dt = \int_0^{+\infty} t^{\frac{5}{4}-1}e^{-t}dt = \Gamma(\tfrac{5}{4}) = \Gamma(1+\tfrac{1}{4}) = \tfrac{1}{4}\Gamma(\tfrac{1}{4}).$$

b) La integral se escribe como

$$\int_0^{+\infty} \frac{x^3}{3^x}dx = \int_0^{+\infty} x^3 3^{-x}dx$$

y haciendo el cambio $3^{-x} = e^{-t}$, si tomamos logaritmos neperianos se tiene que $-x\ln 3 = -t$ y por tanto es $x = \frac{t}{\ln 3}$, con lo cual los límites no cambian, siendo $dx = \frac{1}{\ln 3}dt$. En estas condiciones la integral rsulta

$$\int_0^{+\infty} \frac{x^3}{3^x}dx = \int_0^{+\infty} x^3 3^{-x}dx = \int_0^{+\infty} \left(\frac{t}{\ln 3}\right)^3 e^{-t}\frac{1}{\ln 3}dt$$

$$= \frac{1}{(\ln 3)^4}\int_0^{+\infty} t^3 e^{-t}dt = \frac{1}{(\ln 3)^4}\Gamma(4) = \frac{1}{(\ln 3)^4}3! = \frac{6}{(\ln 3)^4}\,.$$

▶ 8.24 Calcúlese la integral

$$\int_0^{\sqrt[3]{3}} \sqrt[3]{3 - x^3}\, dx.$$

RESOLUCIÓN. Haciendo el cambio $x^3 = 3t$, o bien $x = \sqrt[3]{3}\, t^{1/3}$, los nuevos límites son

$$\text{si } x = 0, \text{ es } t = 0,$$
$$\text{si } x = \sqrt[3]{3}, \text{ es } \left(\sqrt[3]{3}\right)^3 = 3t, \text{ de donde } 3 = 3t \text{ y } t = 1,$$

y diferenciando en la expresión $x = \sqrt[3]{3}\, t^{1/3}$ queda

$$dx = \sqrt[3]{3}\frac{1}{3}t^{-2/3} = \frac{1}{\sqrt[3]{3^2}}t^{-\frac{2}{3}}\, dt.$$

Entrando en la integral se tiene

$$\int_0^{\sqrt[3]{3}} \sqrt[3]{3 - x^3}\, dx = \int_0^1 \sqrt[3]{3 - 3t}\frac{1}{\sqrt[3]{3^2}}t^{-\frac{2}{3}}\, dt = \frac{1}{\sqrt[3]{3^2}}\int_0^1 \sqrt[3]{3}\sqrt[3]{1 - t}\; t^{-\frac{2}{3}}\, dt$$

$$= \frac{\sqrt[3]{3}}{\sqrt[3]{3^2}}\int_0^1 t^{-\frac{2}{3}}(1 - t)^{\frac{1}{3}}\, dt = \frac{1}{\sqrt[3]{3}}B(\tfrac{1}{3}, \tfrac{4}{3}).$$

▶ 8.25 Calcúlese el valor de las integrales

$$\text{a) } \int_0^a \sqrt[4]{x^3(a - x)}\, dx, \qquad \text{b) } \int_0^{+\infty} e^{-\alpha x^2}\, dx,$$

con $a > 0$ y $\alpha > 0$, y como caso particular obténgase el valor de la integral de Poisson

$$\int_0^{+\infty} e^{-x^2}\, dx.$$

RESOLUCIÓN. a) Haciendo el cambio de variables dado por la igualdad $x = at$ se tiene que es $dx = a\, dt$, y en cuanto a los límites, si es $x = 0$ entonces también es $t = 0$ y para $x = a$ es $t = 1$, con lo cual la integral se escribe en la forma

$$\int_0^a \sqrt[4]{x^3(a - x)}\, dx = \int_0^1 \sqrt[4]{a^3 t^3(a - at)}\, a\, dt$$

$$= \int_0^1 \sqrt[4]{a^4 t^3(1 - t)}\, a\, dt = a^2 \int_0^1 t^{\frac{3}{4}}(1 - t)^{\frac{1}{4}}\, dt = a^2 B(\tfrac{7}{4}, \tfrac{5}{4}).$$

b) Con el cambio $\alpha x^2 = t$ y por tanto $x = \frac{1}{\sqrt{\alpha}}t^{\frac{1}{2}}$, los límites de integración no se alteran y diferenciando se obtiene $dx = \frac{1}{2\sqrt{\alpha}}t^{-\frac{1}{2}}\, dt$. Entrando en la integral se tiene

$$\int_0^{+\infty} e^{-\alpha x^2}\, dx = \int_0^{+\infty} e^{-t}\frac{1}{2\sqrt{\alpha}}t^{-\frac{1}{2}}\, dt = \frac{1}{2\sqrt{\alpha}}\int_0^{+\infty} t^{-\frac{1}{2}}e^{-t}\, dt = \frac{1}{2\sqrt{\alpha}}\Gamma(\tfrac{1}{2}) = \frac{1}{2\sqrt{\alpha}}\sqrt{\pi} = \frac{1}{2}\sqrt{\frac{\pi}{\alpha}}.$$

Haciendo $\alpha = 1$ resulta que la integral de Poisson vale

$$\int_0^{+\infty} e^{-x^2}\, dx = \frac{1}{2}\sqrt{\pi}.$$

8.26 Calcúlese la integral

$$I = \int_0^2 \sqrt{16 - x^4} dx.$$

RESOLUCIÓN. La integral dada no es impropia y podemos calcularla por varios procedimientos.

Primer método:
Haciendo el cambio $x^4 = 16t$, es $x = 2t^{\frac{1}{4}}$ y se tiene que para $x = 0$ entonces $t = 0$ y cuando $x = 2$ es $t = 1$.

Por otra parte, diferenciando se tiene $dx = \frac{1}{2} t^{-\frac{3}{4}} dt$. Con todo ello la integral en la nueva variable se escribe como

$$I = \frac{1}{2} \int_0^1 \sqrt{16 - 16t}\, t^{-\frac{3}{4}} dt = \frac{1}{2} \int_0^1 \sqrt{16(1-t)}\, t^{-\frac{3}{4}} dt - 2 \int_0^1 t^{-\frac{3}{4}}(1-t)^{\frac{1}{2}} dt = 2B(\tfrac{1}{4}, \tfrac{3}{2}).$$

Segundo método:
Con el cambio $x^2 = 4\operatorname{sen} u$ se tiene que si es $x = 0$ entonces también es $u = 0$ y para $x = 2$ queda $4 = 4\operatorname{sen} u$ y $\operatorname{sen} u = 1$, con lo cual es $u = \frac{\pi}{2}$.

Si diferenciamos en el cambio queda $2x dx = 4\cos u du$, o bien $4\sqrt{\operatorname{sen} u} dx = 4\cos u du$, de donde es $dx = \frac{\cos u}{\sqrt{\operatorname{sen} u}} du$.

A su vez el radical subintegral queda

$$\sqrt{16 - x^4} = \sqrt{16 - 16\operatorname{sen}^2 u} = \sqrt{16(1 - \operatorname{sen}^2 u)} = 4\sqrt{1 - \operatorname{sen}^2 u} = 4\cos u,$$

y la integral se expresa como

$$I = \int_0^{\frac{\pi}{2}} 4\cos u \frac{\cos u}{\sqrt{\operatorname{sen} u}} du = 4 \int_0^{\frac{\pi}{2}} \frac{\cos^2 u}{\sqrt{\operatorname{sen} u}} du.$$

Esta integral se puede resolver como integral trigonométrica pura, o bien yendo a la versión trigonométrica de la función $B(p, q)$. Si optamos por esta vía se tiene que

$$I = 4 \int_0^{\frac{\pi}{2}} \frac{\cos^2 u}{\sqrt{\operatorname{sen} u}} du = 2 \left(2 \int_0^{\frac{\pi}{2}} (\operatorname{sen} u)^{-\frac{1}{2}} (\cos u)^2 du \right) = 2B(\tfrac{1}{4}, \tfrac{3}{2}),$$

resultado coincidente.

8.27 Dedúzcase la expresión trigonométrica de la función beta de Euler dada por

$$B(p, q) = 2 \int_0^{\frac{\pi}{2}} (\operatorname{sen} t)^{2p-1} (\cos t)^{2q-1} dt,$$

con $p > 0$ y $q > 0$, y como consecuencia pruébese que $B(\tfrac{1}{2}, \tfrac{1}{2}) = \pi$ y confírmese que $\Gamma(\tfrac{1}{2}) = \sqrt{\pi}$.

RESOLUCIÓN. La definición primera de la función beta dice que ésta es

$$B(p, q) = \int_0^1 x^{p-1}(1 - x)^{q-1} dx.$$

Si hacemos el cambio de variable definido por $x = \operatorname{sen}^2 t$, se tiene que es $1 - x = 1 - \operatorname{sen}^2 t = \cos^2 t$. Diferenciando resulta $dx = 2\operatorname{sen} t \cos t\, dt$ y los límites se cambian en la expresión del cambio en la forma $x = 0$ para $t = 0$ y $x = 1$ se corresponde con $t = \frac{\pi}{2}$.

Entrando con todo ello en la expresión de la función se tiene

$$B(p,q) = \int_0^{\frac{\pi}{2}} (\operatorname{sen}^2 t)^{p-1} (\cos^2 t)^{q-1} 2 \operatorname{sen} t \cos t \, dt$$

$$= 2 \int_0^{\frac{\pi}{2}} (\operatorname{sen} t)^{2p-2} \operatorname{sen} t (\cos t)^{2q-2} \cos t \, dt = 2 \int_0^{\frac{\pi}{2}} (\operatorname{sen} t)^{2p-1} (\cos t)^{2q-1} \, dt,$$

que es la expresión buscada.

Si en la expresión trigonométrica obtenida hacemos $p = q = \frac{1}{2}$ se tiene que

$$B\left(\frac{1}{2}, \frac{1}{2}\right) = 2 \int_0^{\frac{\pi}{2}} (\operatorname{sen} t)^{2 \cdot \frac{1}{2} - 1} (\cos t)^{2 \cdot \frac{1}{2} - 1} \, dt = 2 \int_0^{\frac{\pi}{2}} dt = 2 \frac{\pi}{2} = \pi.$$

Tenemos pues el valor pedido $B(\frac{1}{2}, \frac{1}{2}) = \pi$. Si ahora tenemos en cuenta la fórmula que relaciona a las dos funciones eulerianas, dada por

$$B(p,q) = \frac{\Gamma(p)\Gamma(q)}{\Gamma(p+q)}$$

y entramos en ella con $p = q = \frac{1}{2}$, juntamente con el resultado anterior, queda

$$B\left(\frac{1}{2}, \frac{1}{2}\right) = \frac{\Gamma(\frac{1}{2})\Gamma(\frac{1}{2})}{\Gamma(\frac{1}{2} + \frac{1}{2})} = \frac{\left(\Gamma(\frac{1}{2})\right)^2}{\Gamma(1)} = \left(\Gamma\left(\frac{1}{2}\right)\right)^2 = \pi,$$

y en consecuencia se tiene el interesante resultado

$$\Gamma(\tfrac{1}{2}) = \sqrt{\pi}.$$

▶ **8.28** Hállense las integrales

$$I_1 = \int_0^{\frac{\pi}{2}} \frac{dx}{\sqrt[3]{\operatorname{tg}^2 x}} \qquad \text{e} \qquad I_2 = \int_0^a \sqrt[3]{x^2(a-x)^4} \, dx.$$

RESOLUCIÓN. Para calcular la primera integral podemos escribirla utilizando la expresión trigonométrica de la función beta en la forma

$$I_1 = \int_0^{\frac{\pi}{2}} \frac{dx}{\sqrt[3]{\operatorname{tg}^2 x}} = \int_0^{\frac{\pi}{2}} \left(\frac{\operatorname{sen} x}{\cos x}\right)^{-\frac{2}{3}} dx = \frac{1}{2}\left(2\int_0^{\frac{\pi}{2}} (\operatorname{sen} x)^{-\frac{2}{3}} (\cos x)^{\frac{2}{3}} dx\right) = \frac{1}{2} B(\tfrac{1}{6}, \tfrac{5}{6}).$$

Para hallar la segunda integral, realizando el cambio de variable $x = at$ se tiene que si es $x = 0$ entonces $t = 0$ y si $x = a$, entonces $t = 1$, y diferenciando resulta $dx = a \, dt$. Con todo ello la integral se escribe en la forma

$$I_2 = \int_0^a \sqrt[3]{x^2(a-x)^4} \, dx = \int_0^1 \sqrt[3]{a^2 t^2 (a - at)^4} \, a \, dt$$

$$= \int_0^1 \sqrt[3]{a^2 t^2 a^4 (1-t)^4} \, a \, dt = a^3 \int_0^1 t^{\frac{2}{3}} (1-t)^{\frac{4}{3}} \, dt = a^3 B(\tfrac{5}{3}, \tfrac{7}{3}).$$

▶ **8.29** Estúdiese el carácter de las integrales

$$I_1 = \int_1^{+\infty} \frac{dx}{\sqrt{1+x^3}} \qquad \text{e} \qquad I_2 = \int_0^1 \frac{dx}{\sqrt[4]{1-x^5}}.$$

Resolución. Como es $\sqrt{1 + x^3} \geq \sqrt{x^3} = x^{\frac{3}{2}}$, $\forall x \in [1; +\infty)$, se tiene que

$$\frac{1}{\sqrt{1 + x^3}} \leq \frac{1}{x^{\frac{3}{2}}},$$

y como $\int_1^{+\infty} \frac{dx}{x^{\frac{3}{2}}}$ converge, al ser del tipo $\int_1^{+\infty} \frac{dx}{x^p}$ con $p = \frac{3}{2} > 1$, por el criterio de comparación por mayorante la integral I_1 es convergente.

Para la integral I_2 se tiene que $\forall x \in [0; 1)$ es $x^5 \leq x$, de donde

$$-x^5 \geq -x \;\Rightarrow\; 1 - x^5 \geq 1 - x \;\Rightarrow\; \sqrt[4]{1 - x^5} \geq \sqrt[4]{1 - x} \;\Rightarrow\; \frac{1}{\sqrt[4]{1 - x^5}} \leq \frac{1}{\sqrt[4]{1 - x}} = \frac{1}{(1 - x)^{\frac{1}{4}}}$$

y como $\int_0^1 \frac{1}{(1-x)^{\frac{1}{4}}} dx$ converge, al ser del tipo $\int_a^b \frac{dx}{(b-x)^p}$ con $p < 1$, se tiene que, por el criterio de comparación por mayorante, la integral I_2 converge. Además podemos calcular el valor de esta integral del siguiente modo, con el cambio $x^5 = t$ se tiene $x = t^{\frac{1}{5}}$ y $dx = \frac{1}{5} t^{-\frac{4}{5}} dt$ y podemos escribir

$$I_2 = \int_0^1 \frac{1}{5} \frac{1}{\sqrt[4]{1 - t}} t^{-\frac{4}{5}} dt = \frac{1}{5} \int_0^1 t^{-\frac{4}{5}} (1 - t)^{-\frac{1}{4}} dt = \frac{1}{5} B(\tfrac{1}{5}, \tfrac{3}{4}).$$

8.30 Estúdiese el carácter de la integral

$$\int_1^{e^2} \frac{dx}{x \ln x}.$$

Resolución. Se trata de una integral impropia de segunda especie pues la función subintegral no está acotada en $x = 1$. Aplicando la definición se tiene que

$$\int_1^{e^2} \frac{dx}{x \ln x} = \lim_{\varepsilon \to 0^+} \int_{1+\varepsilon}^{e^2} \frac{d(\ln x)}{\ln x} = \lim_{\varepsilon \to 0^+} [\ln(\ln x)]_{1+\varepsilon}^{e^2}$$

$$= \ln(\ln e^2) - \lim_{\varepsilon \to 0^+} \ln(\ln(1 + \varepsilon)) = \ln 2 - \ln 0^+ = \ln 2 - (-\infty) = +\infty,$$

por lo que la integral es divergente.

PROBLEMAS PROPUESTOS

8.1 Estúdiese la convergencia de las integrales

$$\text{a)} \int_0^{+\infty} x e^{-x^2} dx, \qquad \text{b)} \int_0^{+\infty} x e^x dx.$$

8.2 Estúdiese la convergencia de las integrales

$$\text{a)} \int_{-\infty}^{+\infty} \frac{1}{1 + x^2} dx, \qquad \text{b)} \int_1^{+\infty} \frac{x}{1 + x^4} dx.$$

8.3 Determínese el valor de α para que la función $f(x) = \dfrac{\alpha}{1 + x^2}$, con $\alpha > 0$ verifique que

$$\int_{-\infty}^{+\infty} f(x) dx = 1.$$

8.4 Estúdiese por comparación la convergencia de la integral

$$\int_{-\infty}^{+\infty} \frac{dx}{x^2 + 4}.$$

8.5 Estúdiese la convergencia de la integrales

$$\text{a)}\ \int_{1}^{+\infty} \frac{\operatorname{sen} x}{x^2} dx, \qquad \text{b)}\ \int_{0}^{+\infty} x \cos x \, dx.$$

8.6 Estúdiese por comparación el carácter de la integrales siguientes

$$\text{a)}\ \int_{1}^{+\infty} \frac{1}{x^2 + a^2} dx, \text{donde } a \in \mathbb{R}, \qquad \text{b)}\ \int_{2}^{+\infty} \frac{dx}{\sqrt{1 + x^2}}.$$

8.7 Estúdiese por comparación el carácter de la integral

$$\int_{2}^{+\infty} \frac{1}{\sqrt[3]{x^2 - 1}} dx.$$

8.8 Estúdiese el carácer de la integral

$$\int_{-\infty}^{+\infty} e^{x - e^x} dx.$$

8.9 Estúdiese la convergencia de la integral

$$\int_{1}^{+\infty} \frac{\operatorname{sen} x}{x^2} dx.$$

8.10 Hállese el carácter de la integral

$$\int_{\frac{\pi}{2}}^{+\infty} \frac{x \cos x}{x^3 - x + 2} dx.$$

8.11 Estúdiese la convergencia de la integral

$$\int_{1}^{3} \frac{dx}{\sqrt{3 - x}}.$$

8.12 Hállese la convergencia de la integral impropia

$$\int_{-1}^{1} \frac{1}{\sqrt[3]{x}} dx.$$

8.13 Analícese la convergencia de las integrales

$$\text{a)}\ \int_{1}^{2} \frac{dx}{\sqrt{x - 1}}, \qquad \text{b)}\ \int_{1}^{4} \frac{1}{4 - x} dx.$$

8.14 Estúdiese la convergencia de la integral impropia

$$\int_{-2}^{1} \frac{1}{(x+2)(1-x)} dx.$$

8.15 Estúdiese por comparación la convergencia de

$$\int_{1}^{2} \frac{dx}{\sqrt{x-1}}.$$

8.16 Hállese la convergencia de

$$\int_{\pi}^{2\pi} \frac{\operatorname{sen} x \cos x}{\sqrt{x^2-1}} dx.$$

8.17 Estúdiese el carácter de la integral

$$I = \int_{0}^{1} \frac{1}{\sqrt{|1-x|}} dx$$

y trátese de obtener su valor.

8.18 Demuéstrese que la integral impropia

$$\int_{a}^{b} \frac{1}{(x-a)^p} dx$$

es convergente si $p < 1$ y divergente si $p \geq 1$.

8.19 Hállese el área comprendida en el primer cuadrante entre las funciones $f(x) = \dfrac{1}{x^2}$ y $g(x) = \dfrac{1}{x^3}$ a partir del punto $x = 1$.

8.20 Utilizando criterios de comparación, estúdiese la convergencia de la integral

$$\int_{3}^{+\infty} \frac{dx}{\sqrt{x-3}}.$$

8.21 Estúdiese el carácter de las integrales siguientes y cuando sea posible obténganse sus valores:

a) $\displaystyle\int_{-2}^{+\infty} \frac{1}{(x+1)^2} dx,$ b) $\displaystyle\int_{0}^{+\infty} \frac{1}{(x+1)^2} dx.$

8.22 Calcúlese el valor de la integral

$$\int_{0}^{3} \frac{x^3}{\sqrt[3]{(3-x)^2}} dx.$$

8.23 Hállense las integrales

a) $\displaystyle\int_{0}^{1} \ln^3 x\, dx,$ b) $\displaystyle\int_{0}^{+\infty} x^4 \pi^{-4x} dx.$

8.24 Calcúlese

$$\int_{0}^{1} \frac{\sqrt{1-x^2}}{\sqrt{x}} dx.$$

8.25 Calcúlense las integrales

$$a) \int_0^{+\infty} \sqrt{x}\, e^{-x^4}\, dx, \qquad b) \int_0^3 \frac{x^3}{\sqrt{3-x}}\, dx.$$

8.26 Hállese la integral

$$I = \int_0^4 \sqrt[3]{x^2(4-x)}\, dx.$$

8.27 Calcúlese la integral

$$I = \int_0^{\frac{\pi}{2}} \operatorname{sen}^3 x \cos^4 x\, dx.$$

8.28 Calcúlense las integrales

$$a) \int_0^{\frac{\pi}{2}} \cos^2 x \sqrt[3]{\operatorname{sen}^2 x}\, dx, \qquad b) \int_0^{\frac{\pi}{2}} \cos^8 x\, dx.$$

8.29 Calcúlense las integrales

$$a) \int_1^{+\infty} \frac{e^{-\sqrt{x}}}{\sqrt{x}}\, dx, \qquad b) \int_0^{+\infty} \frac{e^{-\sqrt{x}}}{\sqrt{x}}\, dx.$$

8.30 Hállese el valor de la integral

$$\int_e^{+\infty} \frac{dx}{x \ln^3 x}.$$

Series numéricas

9.1. SUCESIONES NUMÉRICAS

Definición

Se llama sucesión de números reales a cada aplicación entre el conjunto de los números naturales y el conjunto de los números reales de la forma

$$
\begin{array}{rcl}
f: \ \mathbb{N} & \longrightarrow & \mathbb{R} \\
n & \longmapsto & f(n).
\end{array}
$$

Usualmente se representa la sucesión considerando las imágenes mediante el conjunto $\{a_n\}$, siendo $a_n = f(n)$ el llamado término general de la sucesión. De este modo, recorriendo $\mathbb{N}$ según su orden resultan las imágenes a_n o términos de la sucesión formando el conjunto ordenado $\{a_1, a_2, a_3, \dots, a_n, \dots\}$.

Las sucesiones pueden presentarse de dos formas. Una consiste en dar su término general a_n. Así la sucesión de término general $a_n = \frac{2n-1}{2n+1}$ es el conjunto ordenado

$$
\left\{ \frac{1}{3}, \frac{3}{5}, \frac{5}{7}, \frac{7}{9}, \dots, \frac{2n-1}{2n+1}, \dots \right\}.
$$

También puede definirse una sucesión conociendo alguno de sus primeros términos y dando una ley recurrente para la generación de los siguientes. Así suelen definirse las sucesiones llamadas progresiones, en las que basta con conocer el primer término y la diferencia como es el caso de las progresiones aritméticas o el primer término y la razón en el caso de las progresiones geométricas.

Una progresión aritmética de primer término a_1 y diferencia d es el conjunto

$$
\{a_1, a_1 + d, a_1 + 2d, \dots, a_1 + (n-1)d, \dots\},
$$

es decir, su término general es $a_n = a_1 + (n-1)d$.

En el caso en que la sucesión es una progresión geométrica de primer término a_1 y razón r el conjunto de sus términos está dado por

$$
\{a_1, a_1 r, a_1 r^2, \dots, a_1 r^{n-1}, \dots\},
$$

siendo su término general $a_n = a_1 r^{n-1}$.

Cuando la sucesión no es una progresión la determinación del término general, a partir de la ley de formación de los términos, no siempre es tarea sencilla.

Pensemos por ejemplo en la sucesión tal que su primer término es $a_1 = 1$ y cada término posterior se obtiene del anterior sumándole el subíndice de su lugar, con lo cual es $a_2 = a_1 + 2$, $a_3 = a_2 + 3$ y así sucesivamente, resultando $\{1, 3, 6, 10, \dots\}$. Para hallar el término general a_n basta con reiterar la propiedad en la forma

$$
\begin{aligned}
a_1 &= 1 \\
a_2 &= a_1 + 2 \\
a_3 &= a_2 + 3 \\
&\ \ \vdots \\
a_n &= a_{n-1} + n,
\end{aligned}
$$

si sumamos miembro a miembro las n igualdades se tiene

$$
a_n = 1 + 2 + \cdots + n = \frac{1+n}{2}\, n = \frac{n(n+1)}{2},
$$

que es el término general buscado.

Mayor complicación presenta la búsqueda del término general de la conocida sucesión de Fibonacci definida por

$$
a_1 = 1, \ a_2 = 1 \qquad \text{y} \qquad a_{k+1} = a_{k-1} + a_k \qquad \text{para} \qquad k \geq 2,
$$

siendo el conjunto de sus términos $\{1, 1, 2, 3, 5, 8, 13, \dots\}$. El término general de esta sucesión es

$$a_n = \frac{1}{\sqrt{5}}\left[\left(\frac{1+\sqrt{5}}{2}\right)^n - \left(\frac{1-\sqrt{5}}{2}\right)^n\right]$$

y una buena estrategia para encontrarlo consiste en diseñar un proceso recurrente en forma matricial utilizando la teoría de autovalores.

Límite de una sucesión

Dada una sucesión de números reales $\{a_n\}$, diremos que su límite es el número real L, o bien que la sucesión converge a L, si $\forall \varepsilon > 0$, $\exists n_0 \in \mathbb{N}$ tal que $|a_n - L| < \varepsilon$, $\forall n > n_0$, es decir, todos los términos a_n con $n > n_0$ se sitúan en el intervalo $(L - \varepsilon; L + \varepsilon)$. En forma simbólica se expresa como $\lim_n a_n = L$. Las sucesiones que tienen por límite un número real se llaman *convergentes*. En caso contrario se dice que son *divergentes*.

■ **Ejemplo 9.1** Demostremos con la definición dada que la sucesión de término general $a_n = \frac{2n}{n+1}$ converge a 2. En efecto, dado $\forall \varepsilon > 0$ hemos de determinar un valor $n_0 \in \mathbb{N}$ tal que

$$\left|\frac{2n}{n+1} - 2\right| < \varepsilon, \qquad \forall n > n_0.$$

Se trata de encontrar, para cada ε dado, los valores de n que verifican la anterior desigualdad, lo cual origina las equivalencias

$$\left|\frac{2n}{n+1} - 2\right| < \varepsilon \quad \Leftrightarrow \quad \left|\frac{2n - 2n - 2}{n+1}\right| < \varepsilon \quad \Leftrightarrow \quad \left|\frac{-2}{n+1}\right| < \varepsilon$$

$$\Leftrightarrow \quad \frac{2}{n+1} < \varepsilon \quad \Leftrightarrow \quad \frac{n+1}{2} > \frac{1}{\varepsilon} \quad \Leftrightarrow \quad n+1 > \frac{2}{\varepsilon} \quad \Leftrightarrow \quad n > \frac{2}{\varepsilon} - 1.$$

Si es $E\left[\frac{2}{\varepsilon} - 1\right]$ la parte entera de $\frac{2}{\varepsilon} - 1$, tomando $n_0 = E\left[\frac{2}{\varepsilon} - 1\right] + 1$, con lo cual es $n_0 > \frac{2}{\varepsilon} - 1$ se tiene que $\forall n > n_0$ es

$$|a_n - 2| = \left|\frac{2n}{n+1} - 2\right| = \frac{2}{n+1} < \frac{2}{n_0 + 1} < \frac{2}{\left(\frac{2}{\varepsilon} - 1\right) + 1} = \frac{2}{\frac{2}{\varepsilon}} = \varepsilon.$$

Queda probado, por tanto, que $\forall \varepsilon > 0$, $\exists n_0 = E\left[\frac{2}{\varepsilon} - 1\right] + 1$ tal que $\forall n > n_0$ es $|a_n - 2| < \varepsilon$, con lo cual la sucesión $\{a_n\} = \left\{\frac{2n}{n+1}\right\}$ tiene por límite 2.

Propiedades de las sucesiones convergentes

Las sucesiones convergentes verifican las siguientes propiedades.

1. El límite de una sucesión convergente $\{a_n\}$ de números reales es único.
2. Toda sucesión de números reales $\{a_n\}$ monótona creciente y acotada superiormente es convergente.
3. Toda sucesión de números reales $\{a_n\}$ monótona decreciente y acotada inferiormente es convergente.
4. Toda sucesión de números reales $\{a_n\}$ convergente está acotada.
5. Álgebra de límites: Si $\{a_n\}$ y $\{b_n\}$ son sucesiones convergentes tales que $\lim_n a_n = L_1$ y $\lim_n b_n = L_2$, se tiene que

   a) $\lim_n(\lambda a_n + \mu b_n) = \lambda L_1 + \mu L_2$ (propiedad de linealidad). En virtud de esta propiedad las sucesiones convergentes constituyen un subespacio vectorial dentro del espacio vectorial de las sucesiones de números reales).

   b) $\lim_n(a_n b_n) = L_1 L_2$ (producto).

   c) $\lim_n \frac{a_n}{b_n} = \frac{L_1}{L_2}$ (cociente, si es $b_n \neq 0$, $\forall n$ y $L_2 \neq 0$).

6. Si $\{a_n\}$ es una sucesión convergente con $\lim_n a_n = L$ y b es un número real positivo distinto de 1, se verifican

$$\lim_n b^{a_n} = b^L \qquad \text{y} \qquad \lim_n \log_b a_n = \log_b L.$$

7. Si $\{a_n\}$ y $\{b_n\}$ son sucesiones convergentes siendo $\lim_n a_n = L_1$ y $\lim_n b_n = L_2$, con $L_1 > 0$, se verifica que $\lim_n a_n^{b_n} = L_1^{L_2}$.

8. Comparación por mayorante: Si $\{a_n\}$ y $\{b_n\}$ son sucesiones convergentes con $\lim_n a_n = L_1$ y $\lim_n b_n = L_2$ y tales que existe un $n_0 \in \mathbb{N}$ tal que $a_n \leq b_n, \forall n > n_0$, entonces se verifica que $L_1 \leq L_2$.

9. Regla del sandwich: Si $\{a_n\}$ y $\{b_n\}$ son sucesiones convergentes al mismo límite L y la sucesión $\{c_n\}$ es tal que $\forall n > n_0$, siendo $n_0 \in \mathbb{N}$, verifica las desigualdades $a_n \leq c_n \leq b_n$, entonces la sucesión $\{c_n\}$ también converge a L.

■ **Ejemplo 9.2** Si $\{a_n\} = \{\frac{5n-1}{n+3}\}$ es $\lim_n a_n = 5$ y para $\{b_n\} = \{\frac{5n+1}{n+1}\}$ también es $\lim_n b_n = 5$, como $\{c_n\} = \{\frac{5n}{n+2}\}$ es tal que

$$\frac{5n-1}{n+3} \leq \frac{5n}{n+2} \leq \frac{5n+1}{n+1}, \qquad \forall n \in \mathbb{N},$$

también es $\lim_n c_n = 5$.

Propiedades de las sucesiones divergentes

Las sucesiones divergentes verifican las siguientes propiedades:

1. La sucesión de números reales $\{a_n\}$ diverge a $+\infty$ si $\forall M > 0, \exists n_0 \in \mathbb{N}$ tal que si es $n > n_0$ entonces se verifica que $a_n > M$, es decir, cuando a partir de un lugar cada término de la sucesión supera a cualquier número prefijado por grande que éste sea. La sucesión $\{a_n\}$ tal que $a_n = \frac{3n^2+1}{n}$ verifica que $\lim_n a_n = +\infty$.

2. Análogamente se dice que la sucesión $\{a_n\}$ diverge a $-\infty$ si $\forall M > 0, \exists n_0 \in \mathbb{N}$ tal que si es $n > n_0$ se verifica que $a_n < -M$. Por ejemplo la sucesión $\{\frac{-3n^2+1}{n}\}$ diverge a $-\infty$.

3. Sean las sucesiones $\{a_n\}$ y $\{b_n\}$ de números reales, se tiene que

   a) Si $\lim_n a_n = +\infty$ y $\lim_n b_n = +\infty$, entonces $\lim_n(a_n + b_n) = +\infty$, lo cual se expresa simbólicamente en la forma $(+\infty) + (+\infty) = +\infty$.

   b) Si $\lim_n a_n = -\infty$ y $\lim_n b_n = -\infty$, también es $\lim_n(a_n + b_n) = -\infty$, lo cual se representa como $(-\infty) + (-\infty) = -\infty$.

   c) Si Si $\lim_n a_n = \pm\infty$ y $\{b_n\}$ está acotada, entonces la sucesión suma verifica que $\lim_n(a_n + b_n) = \pm\infty$, en forma respectiva.

   d) Si $\{a_n\}$ está acotada y $\lim_n b_n = \pm\infty$, entonces es $\lim_n \frac{a_n}{b_n} = 0$.

   e) Algunas relaciones simbólicas que permiten expresar el carácter de una sucesión obtenida de otras mediante operaciones elementales son:

(1) $(+\infty) + (+\infty) = +\infty$	(6) $(-\infty)(-\infty) = +\infty$
(2) $(-\infty) + (-\infty) = -\infty$	(7) $(+\infty)(-\infty) = -\infty$
(3) $a + (+\infty) = +\infty$	(8) $a(-\infty) = -\infty$, si $a > 0$
(4) $a + (-\infty) = -\infty$	(9) $a(-\infty) = +\infty$, si $a < 0$
(5) $(+\infty)(+\infty) = +\infty$	(10) $\dfrac{1}{\pm\infty} = 0$

   donde la expresión $(+\infty) + (+\infty) = +\infty$ debe entenderse como la propiedad que afirma que la suma de dos sucesiones divergentes a $+\infty$ es una sucesión que diverge a $+\infty$ y el simbolismo $(-\infty)(-\infty) = +\infty$ expresa el hecho de que al multiplicar dos sucesiones divergentes a $-\infty$ se obtiene otra divergente a $+\infty$.

Límites indeterminados

Al operar con sucesiones podemos encontrar también expresiones formales que no proporcionan directamente el carácter de la sucesión resultante. Las más frecuentes son las simbolizadas en la forma

$$[\infty - \infty], \quad [0 \cdot \infty], \quad \left[\frac{0}{0}\right], \quad \left[\frac{\infty}{\infty}\right], \quad [0^0], \quad [\infty^0], \quad [1^\infty].$$

Resolver la indeterminación significa hacer un estudio especial del límite de la sucesión resultante de la operación, ya que trasladando la operación al límite no se obtiene el valor del mismo. De este modo cuando se escribe $\lim_n(\sqrt{n^2 + n} - \sqrt{n^2 + 1})$ intervienen las sucesiones $\{a_n\} = \{\sqrt{n^2 + n}\}$ y $\{b_n\} = \{\sqrt{n^2 + 1}\}$ y ambas son divergentes al ser $\lim_n \sqrt{n^2 + n} = +\infty$ y $\lim_n \sqrt{n^2 + 1} = +\infty$. De la sucesión diferencia

$$\{a_n - b_n\} = \left\{\sqrt{n^2 + n} - \sqrt{n^2 + 1}\right\}$$

no tenemos información en cuanto a su límite como consecuencia del carácter de las sucesiones $\{a_n\}$ y $\{b_n\}$ y hemos de estudiarla directamente. Estamos ante una indeterminación del tipo $[\infty - \infty]$. En este caso basta un sencillo proceso de producto y cociente de la forma

$$\sqrt{n^2 + n} - \sqrt{n^2 + 1} = \frac{\left(\sqrt{n^2 + n} - \sqrt{n^2 + 1}\right)\left(\sqrt{n^2 + n} + \sqrt{n^2 + 1}\right)}{\sqrt{n^2 + n} + \sqrt{n^2 + 1}} = \frac{\left(\sqrt{n^2 + n}\right)^2 - \left(\sqrt{n^2 + 1}\right)^2}{\sqrt{n^2 + n} + \sqrt{n^2 + 1}}$$

$$= \frac{n^2 + n - n^2 - 1}{\sqrt{n^2 + n} + \sqrt{n^2 + 1}} = \frac{n - 1}{\sqrt{n^2 + n} + \sqrt{n^2 + 1}} = \frac{1 - \frac{1}{n}}{\sqrt{1 + \frac{1}{n}} + \sqrt{1 + \frac{1}{n^2}}},$$

si ahora tomamos límites para $n \to +\infty$ se tiene que

$$\lim_n \left(\sqrt{n^2 + n} - \sqrt{n^2 + 1}\right) = \lim_n \frac{1 - \frac{1}{n}}{\sqrt{1 + \frac{1}{n}} + \sqrt{1 + \frac{1}{n^2}}} = \frac{1 - 0}{1 + 1} = \frac{1}{2}.$$

En definitiva, el límite se presenta en la forma indeterminada $[\infty - \infty]$ y su valor es $\frac{1}{2}$, con lo cual la sucesión es convergente.

El número e

Se define como el límite de la sucesión monótona creciente y acotada $\{a_n\} = \{(1 + \frac{1}{n})^n\}$. Es un número irracional comprendido entre 2 y 3 del cual se pueden recordar con facilidad sus quince primeras cifras decimales, siendo

$$e = 2,7\,1828\,1828\,45\,90\,45\ldots$$

Este número es la base de los llamados logaritmos naturales o neperianos originando la función logarítmica de esta base, $f(x) = \ln x$, cuya función inversa es $g(x) = \exp(x) = e^x$ que se involucra en múltiples procesos del cálculo en una variable real, véase la Sección 2.5.

Existen muchas sucesiones cuyo límite se calcula utilizando el número e, entre otras están las siguientes:

1. La sucesión $\{a_n\} = \{(1 + \frac{1}{n})^{n+\alpha}\}$, siendo α un número real, es tal que

$$\lim_n a_n = \lim_n \left[\left(1 + \frac{1}{n}\right)^{n+\alpha}\right]$$

$$= \lim_n \left[\left(1 + \frac{1}{n}\right)^n \left(1 + \frac{1}{n}\right)^\alpha\right] = \left[\lim_n \left(1 + \frac{1}{n}\right)^n\right]\left[\lim_n \left(1 + \frac{1}{n}\right)^\alpha\right] = e \cdot 1 = e.$$

■ **Ejemplo 9.3** Con $\alpha = \pi$ se tiene que

$$\lim_n \left(1 + \frac{1}{n}\right)^{n+\pi} = e.$$

2. La sucesión $\{b_n\} = \{(1 + \frac{1}{n+k})^n\}$, en la cual k es un número natural, verifica que

$$\lim_n b_n = \lim_n \left[\left(1 + \frac{1}{n+k}\right)^n\right] =$$

$$= \lim_n \frac{\left(1 + \frac{1}{n+k}\right)^{n+k}}{\left(1 + \frac{1}{n+k}\right)^k} = \frac{\lim_n \left(1 + \frac{1}{n+k}\right)^{n+k}}{\lim_n \left(1 + \frac{1}{n+k}\right)^k} = \frac{e}{1} = e.$$

■ **Ejemplo 9.4**   Con $k = 3$ resulta

$$\lim_n \left(1 + \frac{1}{n+3}\right)^n = e.$$

3. La sucesión $\{b_n\} = \{(1 + \frac{1}{a_n})^{a_n}\}$ tal que $\{a_n\}$ es una sucesión que diverge a $\pm\infty$ verifica que

$$\lim_n b_n = e.$$

■ **Ejemplo 9.5**   Con $a_n = 3n^2$ se tiene que

$$\lim_n \left(1 + \frac{1}{3n^2}\right)^{3n^2} = e.$$

4. Los límites indeterminados de la forma $[1^\infty]$ provenientes de sucesiones del tipo $\{a_n^{b_n}\}$, siendo $\lim_n a_n = 1$ y $\lim_n b_n = \pm\infty$, se resuelven considerando la sucesión $\{c_n\}$ tal que $a_n = 1 + c_n$, con $\lim_n c_n = 0$, resultando

$$\lim_n a_n^{b_n} = \lim_n (1 + c_n)^{b_n} = \lim_n \left[(1 + c_n)^{\frac{1}{c_n}}\right]^{c_n b_n} = \left[\lim_n (1 + c_n)^{\frac{1}{c_n}}\right]^{\lim_n (c_n b_n)} = e^{\lim_n (a_n - 1) b_n}.$$

■ **Ejemplo 9.6**   Una indeterminación resuelta por este procedimiento es

$$\lim_n \left(\frac{2n^2 + 3}{2n^2 + 1}\right)^{3n^2} = [1^\infty] = e^{\lim_n \left(\frac{2n^2+3}{2n^2+1} - 1\right) 3n^2} = e^{\lim_n \left(\frac{2n^2+3-2n^2-1}{2n^2+1}\right) 3n^2}$$

$$= e^{\lim_n \left(\frac{2}{2n^2+1} 3n^2\right)} = e^{\lim_n \frac{6n^2}{2n^2+1}} = e^3.$$

El uso directo de la fórmula anterior es más cómodo que transformar la sucesión hasta conocer su límite mediante alguna de las expresiones del número e. Para el ejemplo anterior este proceso se concreta en la forma siguiente

$$\lim_n \left(\frac{2n^2 + 3}{2n^2 + 1}\right)^{3n^2} = \lim_n \left(\frac{(2n^2 + 1) + 2}{2n^2 + 1}\right)^{3n^2} = \lim_n \left(1 + \frac{2}{2n^2 + 1}\right)^{3n^2}$$

$$= \lim_n \left(1 + \frac{1}{\frac{2n^2+1}{2}}\right)^{\frac{2n^2+1}{2} \frac{2}{2n^2+1} 3n^2} = \lim_n \left[\left(1 + \frac{1}{\frac{2n^2+1}{2}}\right)^{\frac{2n^2+1}{2}}\right]^{\frac{6n^2}{2n^2+1}}$$

$$= \left[\lim_n \left(1 + \frac{1}{\frac{2n^2+1}{2}}\right)^{\frac{2n^2+1}{2}}\right]^{\lim_n \frac{6n^2}{2n^2+1}} = e^{\lim_n \frac{6n^2}{2n^2+1}} = e^3,$$

que evidentemente es más laborioso que el anterior.

Criterio de Stolz

Es un criterio eficaz para determinar el límite de determinadas sucesiones y que se describe en la siguiente proposición.

■ **Proposición (Criterio de Stolz)** *Sean $\{a_n\}$ y $\{b_n\}$ sucesiones de números reales tales que la sucesión $\{b_n\}$ es creciente con $\lim_n b_n = +\infty$, en estas condiciones si es*

$$\lim_n \frac{a_n - a_{n-1}}{b_n - b_{n-1}} = L$$

con $L \in \mathbb{R} \cup \{+\infty, -\infty\}$, entonces también es $\lim_n \frac{a_n}{b_n} = L$.

■ **Ejemplo 9.7** Para calcular

$$\lim_n \frac{1 + 3 + 5 + \cdots + (2n - 1)}{2n^2 + 1},$$

procediendo según el criterio de Stolz se tiene que es

$$\lim_n \frac{1 + 3 + 5 + \cdots + (2n - 1)}{2n^2 + 1} = \lim_n \frac{a_n}{b_n} = \lim_n \frac{a_n - a_{n-1}}{b_n - b_{n-1}}$$

$$= \lim_n \frac{[1 + 3 + 5 + \cdots + (2n - 3) + (2n - 1)] - [1 + 3 + 5 + \cdots + (2n - 3)]}{2n^2 + 1 - [2(n-1)^2 + 1]}$$

$$= \lim_n \frac{2n - 1}{2n^2 + 1 - 2n^2 + 4n - 3} = \lim_n \frac{2n - 1}{4n - 2} = \frac{1}{2}.$$

El criterio aplicado nos ha evitado tener que recordar la igualdad $1 + 3 + 5 + \cdots + (2n - 1) = n^2$, véase Problema resuelto 1.11.b, ya que con ella el límite pedido resulta también como

$$\lim_n \frac{1 + 3 + 5 + \cdots + (2n - 1)}{2n^2 + 1} = \lim_n \frac{n^2}{2n^2 + 1} = \frac{1}{2}.$$

■ **Ejemplo 9.8** Aplicando el criterio de Stolz al cálculo del límite

$$\lim_n \frac{\ln 1^2 + \ln 2^2 + \cdots + \ln n^2}{n \ln n^2}$$

se tiene

$$\lim_n \frac{\ln 1^2 + \ln 2^2 + \cdots + \ln n^2}{n \ln n^2} = \lim_n \frac{\ln n^2}{n \ln n^2 - (n-1) \ln(n-1)^2} = \lim_n \frac{2 \ln n}{2n \ln n - 2(n-1) \ln(n-1)}$$

$$= \lim_n \frac{\ln n}{n \ln n - (n-1) \ln(n-1)} = \lim_n \frac{\ln n}{\ln n^n - \ln(n-1)^{n-1}}$$

$$= \lim_n \frac{\ln n}{\ln \frac{n^n}{(n-1)^{n-1}}} = \lim_n \frac{\ln n}{\ln \left[n \frac{n^{n-1}}{(n-1)^{n-1}} \right]}$$

$$= \lim_n \frac{\ln n}{\ln n + \ln \frac{n^{n-1}}{(n-1)^{n-1}}} = \lim_n \frac{\ln n}{\ln n + \ln \left(\frac{n}{n-1} \right)^{n-1}},$$

dividiendo ahora entre $\ln n$ en numerador y denominador queda

$$\lim_n \frac{\ln 1^2 + \ln 2^2 + \cdots + \ln n^2}{n \ln n^2} = \lim_n \frac{1}{1 + \frac{1}{\ln n} \ln \left(\frac{n}{n-1} \right)^{n-1}} = \frac{1}{1 + \lim_n \left[\frac{1}{\ln n} \ln \left(\frac{n}{n-1} \right)^{n-1} \right]}$$

$$= \frac{1}{1 + \left(\lim_n \frac{1}{\ln n} \right) \left[\lim_n \ln \left(1 + \frac{1}{n-1} \right)^{n-1} \right]} = \frac{1}{1 + 0 \cdot (\ln e)} = \frac{1}{1 + 0} = 1.$$

9.2. CONCEPTO DE SERIE Y CONVERGENCIA

Dada la sucesión de números reales $\{a_n\}$ se llama *serie* de término general a_n al par de sucesiones $(\{a_n\}, \{s_n\})$, siendo $\{s_n\}$ la sucesión definida por $s_n = \sum_{k=1}^{n} a_k$, llamada sucesión de sumas parciales de la serie.

Siguiendo la notación clásica, representaremos la serie de término general a_n en la forma

$$\sum_{n=1}^{+\infty} a_n.$$

Esta expresión formal tomada en sentido estricto nos invita a calcular la suma de los infinitos términos de una sucesión, tarea imposible si tenemos que considerarlos todos para luego obtener la suma. Un proceso de límite salva la situación y nos dirá si dicha suma es finita o infinita, o incluso si no existe.

■ **Ejemplo 9.9** La sucesión $\{a_n\} = \left\{\frac{3}{2^n}\right\}$ permite definir la serie $\sum_{n=1}^{+\infty} \frac{3}{2^n}$.

La sucesión $\{s_n\}$ de sumas parciales de la serie tiene como término general

$$s_n = \sum_{k=1}^{n} a_k = a_1 + a_2 + a_3 + \cdots + a_n = \frac{3}{2^1} + \frac{3}{2^2} + \frac{3}{2^3} + \cdots + \frac{3}{2^n}$$

$$= 3\left(\frac{1}{2} + \frac{1}{2^2} + \frac{1}{2^3} + \cdots + \frac{1}{2^n}\right) = 3\frac{\frac{1}{2} - \frac{1}{2^n} \cdot \frac{1}{2}}{1 - \frac{1}{2}} = 3\left(1 - \frac{1}{2^n}\right).$$

Series convergentes

La serie $\sum_{n=1}^{+\infty} a_n$ es *convergente* cuando converge la sucesión $\{s_n\}$ de sus sumas parciales, lo cual equivale a decir que tiene límite y además es $\lim_n s_n = s \in \mathbb{R}$.

Cuando esto ocurre se dice que la sucesión $\{a_n\}$ es sumable siendo s su suma, y se escribe $\sum_{n=1}^{+\infty} a_n = s$. Con un lenguaje más impreciso y directo, se dice que en este caso la serie es sumable y su suma vale s.

Cuando no existe el límite anterior o bien sea infinito, diremos que la serie es divergente. Si el límite es infinito diremos que éste es el valor de la suma de la serie y escribiremos $\sum_{n=1}^{+\infty} a_n = \pm\infty$.

■ **Ejemplo 9.10** La serie $\sum_{n=1}^{+\infty} \frac{3}{2^n}$ considerada en el Ejemplo 9.9 es tal que la correspondiente sucesión de sumas parciales tiene por término general $s_n = 3 - \frac{3}{2^n}$, y por tanto es $\lim_n s_n = 3$. De este modo la serie dada es convergente y su suma tiene este valor, es decir,

$$\sum_{n=1}^{+\infty} \frac{3}{2^n} = 3.$$

■ **Ejemplo 9.11** Para la serie $\sum_{n=1}^{+\infty} (3n + 1)$, su sucesión de sumas parciales es de término general

$$s_n = 4 + 7 + 10 + \cdots + (3n + 1) = \frac{4 + (3n + 1)}{2} n = \frac{3n + 5}{2} n = \frac{3n^2 + 5n}{2},$$

sin más que sumar los n primeros términos de una progresión aritmética, y además es $\lim_n s_n = +\infty$, con lo cual la serie dada es divergente con suma infinita y escribiremos

$$\sum_{n=1}^{+\infty} (3n + 1) = +\infty.$$

■ **Ejemplo 9.12**   Si ahora consideramos la serie $\sum_{n=1}^{+\infty}(-1)^{n+1}e$ y formamos su sucesión de sumas parciales, resulta

$$s_1 = a_1 = e,$$
$$s_2 = a_1 + a_2 = e - e = 0,$$
$$s_3 = a_1 + a_2 + a_3 = e,$$

es decir,

$$s_n = \begin{cases} e, & \text{si } n \text{ impar,} \\ 0, & \text{si } n \text{ par.} \end{cases}$$

Con lo cual la sucesión $\{s_n\}$ no tiene límite y la serie dada es divergente. Muchos autores clásicos nombraban como oscilante el carácter de estas series para distinguirlo del tipo divergente propio de las series con suma infinita.

Decidir el carácter de una serie a partir de la sucesión de sumas parciales no siempre es sencillo y en muchos casos conoceremos la convergencia de una serie sin poder obtener su suma.

Necesitamos establecer condiciones que nos faciliten el análisis de la convergencia de las series de números reales.

■ **Proposición (Condición necesaria de convergencia)**   *Si la serie $\sum_{n=1}^{+\infty} a_n$ es convergente, entonces es* $\lim_n a_n = 0$.

Esta propiedad nos dice que es condición necesaria para la convergencia de una serie que su término general tenga por límite cero.

La serie $\sum_{n=1}^{+\infty} \frac{3}{2^n}$ del Ejemplo 9.10 es convergente y $\lim_n \frac{3}{2^n} = 0$, tal como afirma la propiedad.

Una lectura muy interesada de la propiedad anterior asegura que si el término general de una serie no tiene límite cero, entonces la serie es divergente. En este sentido, la serie $\sum_{n=1}^{+\infty} \frac{n}{3n+1}$ es divergente ya que $\lim_n \frac{n}{3n+1} = \frac{1}{3} \neq 0$.

La proposición recíproca de la anterior no es válida, véase Problema resuelto 9.15. En consecuencia, dada la serie $\sum_{n=1}^{+\infty} a_n$, si $\lim_n a_n \neq 0$, la serie diverge. Si es $\lim_n a_n = 0$ y la sucesión de sumas parciales no aporta la información adecuada, continúa la incertidumbre sobre el carácter de la serie y serían precisos otros recursos. Uno muy deseable es el de tener alguna condición necesaria y suficiente para la convergencia de una serie como se muestra en la siguiente proposición.

■ **Proposición (Condición de Cauchy)**   *La serie $\sum_{n=1}^{+\infty} a_n$ converge si, y solo si, para cualquier $\varepsilon > 0$, existe un número natural n_0 de forma que*

$$\forall n \in \mathbb{N} \quad con \quad n \geq n_0 \quad y \quad \forall k \in \mathbb{N} \quad se\ verifica\ que \quad |a_{n+1} + a_{n+2} + \cdots + a_{n+k}| < \varepsilon.$$

Es decir, que a partir de un lugar el valor absoluto de la suma de términos comprendidos entre dos lugares es menor que un ε prefijado.

9.3.   PROPIEDADES DE LAS SERIES

Las series representan formalmente sumas con infinitos sumandos, por lo que sus propiedades no tienen por qué coincidir con la suma ordinaria de números reales en la que se opera con un número finito de sumandos.

■ **Primera propiedad de linealidad**   *Si $\sum_{n=1}^{+\infty} a_n$ y $\sum_{n=1}^{+\infty} b_n$ son series convergentes con sumas respectivas s y s^*, entonces la serie $\sum_{n=1}^{+\infty}(\lambda a_n + \mu b_n)$ es también convergente con suma $\lambda s + \mu s^*$, cualesquiera que sean los números reales λ y μ.*

Esta propiedad permite afirmar que el conjunto de las series convergentes de números reales es un espacio vectorial y el operador que asocia a cada serie convergente su suma es lineal.

■ **Ejemplo 9.13** La serie $\sum_{n=1}^{+\infty} \frac{5+3\cdot 2^n}{7^n}$ es una combinación lineal de las series $\sum_{n=1}^{+\infty} a_n = \sum_{n=1}^{+\infty} \frac{1}{7^n}$ y $\sum_{n=1}^{+\infty} b_n = \sum_{n=1}^{+\infty} \left(\frac{2}{7}\right)^n$, que son convergentes pues sus sucesiones de sumas parciales $\{s_n\}$ y $\{s_n^*\}$ son tales que

$$s_n = \frac{1}{7} + \frac{1}{7^2} + \cdots + \frac{1}{7^n} = \frac{\frac{1}{7} - \frac{1}{7^n}\frac{1}{7}}{1 - \frac{1}{7}} = \frac{1 - \frac{1}{7^n}}{6} = \frac{1}{6}\left(1 - \frac{1}{7^n}\right),$$

con lo cual es $s = \lim_n s_n = \sum_{n=1}^{+\infty} \frac{1}{7^n} = \frac{1}{6}$, y

$$s_n^* = \frac{2}{7} + \left(\frac{2}{7}\right)^2 + \cdots + \left(\frac{2}{7}\right)^n = \frac{\frac{2}{7} - \left(\frac{2}{7}\right)^n \cdot \frac{2}{7}}{1 - \frac{2}{7}} = 2\frac{1 - \left(\frac{2}{7}\right)^n}{5} = \frac{2}{5}\left[1 - \left(\frac{2}{7}\right)^n\right],$$

siendo $s^* = \lim_n s_n^* = \sum_{n=1}^{+\infty} \left(\frac{2}{7}\right)^n = \frac{2}{5}$.

En consecuencia la serie dada es convergente y su suma es

$$\sum_{n=1}^{+\infty} \frac{5+3\cdot 2^n}{7^n} = 5\sum_{n=1}^{+\infty} \frac{1}{7^n} + 3\sum_{n=1}^{+\infty} \left(\frac{2}{7}\right)^n = 5\cdot\frac{1}{6} + 3\cdot\frac{2}{5} = \frac{5}{6} + \frac{6}{5} = \frac{61}{30}.$$

Consecuencia inmediata de la anterior es la siguiente propiedad.

■ **Segunda propiedad de linealidad** *Si $\sum_{n=1}^{+\infty} a_n$ es una serie divergente y $\sum_{n=1}^{+\infty} b_n$ es convergente, entonces $\forall \lambda \in \mathbb{R}, \lambda \neq 0$ y $\forall \mu \in \mathbb{R}$ se verifica que la serie $\sum_{n=1}^{+\infty} (\lambda a_n + \mu b_n)$ es divergente.*

■ **Ejemplo 9.14** La serie $\sum_{n=1}^{+\infty} \frac{2\cdot 5^n + 5\cdot 2^n}{3^n}$ es divergente pues es combinación lineal de la serie divergente $\sum_{n=1}^{+\infty} \left(\frac{5}{3}\right)^n$, con coeficiente $2 \neq 0$, y de la serie convergente $\sum_{n=1}^{+\infty} \left(\frac{2}{3}\right)^n$.

Conviene resaltar que la combinación lineal de series divergentes no siempre es una serie divergente como pone de manifiesto el siguiente ejemplo.

■ **Ejemplo 9.15** Las series $\sum_{n=1}^{+\infty} \frac{1}{n}$ y $\sum_{n=1}^{+\infty} \frac{1}{n+1}$ son ambas divergentes, véase el Problema resuelto 9.18, y, sin embargo, la serie

$$\sum_{n=1}^{+\infty} \left[1\cdot\frac{1}{n} + (-1)\frac{1}{n+1}\right] = \sum_{n=1}^{+\infty} \left(\frac{1}{n} - \frac{1}{n+1}\right)$$

es convergente, pues al considerar la sucesión de sus sumas parciales $\{s_n\}$ es

$$s_n = a_1 + a_2 + \cdots + a_n$$
$$= \left(\frac{1}{1} - \frac{1}{2}\right) + \left(\frac{1}{2} - \frac{1}{3}\right) + \left(\frac{1}{3} - \frac{1}{4}\right) + \cdots + \left(\frac{1}{n-1} - \frac{1}{n}\right) + \left(\frac{1}{n} - \frac{1}{n+1}\right) = 1 - \frac{1}{n+1},$$

y por tanto es

$$\lim_n s_n = 1 = \sum_{n=1}^{+\infty} \left(\frac{1}{n} - \frac{1}{n+1}\right).$$

Además téngase en cuenta que al ser $\frac{1}{n} - \frac{1}{n+1} = \frac{1}{n(n+1)}$, se obtiene la igualdad equivalente

$$\sum_{n=1}^{+\infty} \frac{1}{n(n+1)} = 1.$$

■ **Propiedad asociativa** *Si la serie $\sum_{n=1}^{+\infty} a_n$ es convergente o divergente con suma infinita, es decir, $\sum_{n=1}^{+\infty} a_n = s \in \mathbb{R} \cup \{-\infty, +\infty\}$, se verifica que la serie $\sum_{n=1}^{+\infty} b_n$ obtenida al agrupar los términos de la serie $\sum_{n=1}^{+\infty} a_n$ mediante paréntesis, tiene la misma suma.*

Sin embargo, la supresión de paréntesis en una serie convergente puede originar otra divergente. Así por ejemplo, la serie

$$\sum_{n=1}^{+\infty}(n-n) = (1-1) + (2-2) + (3-3) + \cdots + (n-n) + \ldots$$

tiene como suma cero y por tanto converge, mientras que la obtenida al suprimir el paréntesis

$$1 - 1 + 2 - 2 + 3 - 3 + \cdots + n - n + \ldots$$

ya no es convergente, pues su sucesión de sumas parciales $\{s_n\}$ es tal que

$$s_1 = 1, \qquad s_2 = 0, \qquad s_3 = 2, \qquad s_4 = 0, \qquad \ldots$$

y no converge.

En consecuencia las series no tienen la propiedad disociativa.

■ **Propiedad conmutativa o reordenación de series** *Dada la serie $\sum_{n=1}^{+\infty} a_n$ se dice que la serie $\sum_{n=1}^{+\infty} b_n$ es una reordenación de la anterior si existe una aplicación biyectiva $f : \mathbb{N} \to \mathbb{N}$, de forma que es $b_n = a_{f(n)}$ para cada $n \in \mathbb{N}$.*

Así por ejemplo, considerando la serie

$$\sum_{n=1}^{+\infty} a_n = 1 + \frac{1}{2} + 2 + \frac{1}{2^2} + 3 + \frac{1}{2^3} + \ldots,$$

se tiene que la serie

$$\sum_{n=1}^{+\infty} b_n = \frac{1}{2} + 1 + \frac{1}{2^2} + 2 + \frac{1}{2^3} + 3 + \ldots,$$

es una reordenación de la anterior. Las series tienen los mismos términos pero en orden distinto.

Se dice que una serie verifica la propiedad conmutativa si todas sus reordenaciones tiene el mismo carácter que la propia serie.

La serie $\sum_{n=1}^{+\infty} a_n$ es *incondicionalmente convergente* si cada reordenación suya es una serie convergente y además todas las reordenaciones tienen la misma suma. Si una serie convergente no es incondicionalmente convergente, se dice que es *condicionalmente convergente*.

9.4. SERIES DE TÉRMINOS NO NEGATIVOS

Se dice que la serie $\sum_{n=1}^{+\infty} a_n$ es de términos no negativos si es $a_n \geq 0$, $\forall n \in \mathbb{N}$.

Si una serie es de términos no negativos, su sucesión de sumas parciales $\{s_n\}$ es monótona creciente pues $s_n = s_{n-1} + a_n \geq s_{n-1}$, al ser $a_n \geq 0$. Por ello, teniendo en cuenta las propiedades de las sucesiones de números reales, se tiene el siguiente resultado.

■ **Proposición (Convergencia de series de términos no negativos)** *La serie de términos no negativos $\sum_{n=1}^{+\infty} a_n$ es convergente si y sólo si, la sucesión de sumas parciales $\{s_n\}$ está acotada superiormente.*

Además la divergencia de una serie de términos no negativos se da solamente con suma infinita.

El carácter de muchas series de términos no negativos puede deducirse a partir del conocimiento previo de la convergencia o divergencia de otras series, mediante la utilización de los llamados criterios de comparación.

Criterios de comparación

■ **Primer criterio de comparación: comparación por mayorante** *Si $\sum_{n=1}^{+\infty} a_n$ y $\sum_{n=1}^{+\infty} b_n$ son series de términos no negativos y existe un número $k \in \mathbb{N}$ tal que $\forall n \geq k$ es $a_n \leq b_n$, podemos asegurar que*

1. *Si $\sum_{n=1}^{+\infty} b_n$ converge, entonces $\sum_{n=1}^{+\infty} a_n$ converge.*
2. *Si $\sum_{n=1}^{+\infty} a_n$ diverge, entonces $\sum_{n=1}^{+\infty} b_n$ diverge.*

Este criterio nos permite decidir el carácter de una serie cuando se conoce el de otra y se da la adecuada mayoración o bien minoración de términos a partir de un lugar. El criterio no aporta la suma de la serie, asunto no siempre sencillo.

■ **Ejemplo 9.16** Hemos visto en el Ejemplo 9.9 que la serie $\sum_{n=1}^{+\infty} \frac{3}{2^n}$ es convergente. Si consideramos ahora la serie $\sum_{n=1}^{+\infty} \frac{3}{2^n+1}$, se verifica que

$$\frac{3}{2^n + 1} \leq \frac{3}{2^n}, \qquad \forall n \geq 1,$$

y por 1, se tiene que la serie $\sum_{n=1}^{+\infty} \frac{3}{2^n+1}$ converge.

■ **Ejemplo 9.17** Del hecho de ser divergente la serie $\sum_{n=1}^{+\infty} \frac{1}{n}$ se sigue la divergencia de $\sum_{n=1}^{+\infty} \frac{1}{\sqrt{n}}$, en virtud de 2, puesto que $\frac{1}{\sqrt{n}} \geq \frac{1}{n}, \forall n \geq 1$.

■ **Segundo criterio de comparación: comparación en el límite** *Dadas las series $\sum_{n=1}^{+\infty} a_n$ con $a_n \geq 0$ y $\sum_{n=1}^{+\infty} b_n$ con $b_n > 0$, se verifica cada una de las afirmaciones:*

1. *Si $\sum_{n=1}^{+\infty} b_n$ converge y existe un número natural n_0 tal que $\frac{a_n}{b_n} \leq k$ para un cierto $k > 0$ y $\forall n \geq n_0$, entonces $\sum_{n=1}^{+\infty} a_n$ converge.*
2. *Si $\sum_{n=1}^{+\infty} b_n$ diverge y existe un número natural n_0 tal que $\frac{a_n}{b_n} \geq k$ para un cierto $k > 0$ y $\forall n \geq n_0$, entonces $\sum_{n=1}^{+\infty} a_n$ diverge.*

Como consecuencia de lo anterior se tiene la forma operativa del criterio que afirma:

Siendo $\lim_n \frac{a_n}{b_n} = L$, podemos asegurar la verificación de los siguientes resultados:

3. *Si es $L \neq 0$ (ahora es $L > 0$ pues $a_n \geq 0$ y $b_n > 0$), entonces las series $\sum_{n=1}^{+\infty} a_n$ y $\sum_{n=1}^{+\infty} b_n$ tienen el mismo carácter.*
4. *Para $L = 0$ podemos afirmar*

    a) *Si $\sum_{n=1}^{+\infty} b_n$ converge, entonces $\sum_{n=1}^{+\infty} a_n$ converge y*

    b) *Si $\sum_{n=1}^{+\infty} a_n$ diverge, entonces $\sum_{n=1}^{+\infty} b_n$ diverge.*
5. *Cuando $L = +\infty$ se tiene en forma análoga*

    a) *Si $\sum_{n=1}^{+\infty} b_n$ diverge, entonces $\sum_{n=1}^{+\infty} a_n$ diverge, y*

    b) *Si $\sum_{n=1}^{+\infty} a_n$ converge, entonces $\sum_{n=1}^{+\infty} b_n$ converge.*

■ **Ejemplo 9.18** De la convergencia de la serie $\sum_{n=1}^{+\infty} \frac{1}{n(n+1)}$ verificada en el Ejemplo 9.15, y considerando el segundo criterio de comparación, apartado 3, se puede asegurar que la serie $\sum_{n=1}^{+\infty} \frac{n}{(n+1)(n+2)(n+3)}$ es también convergente, pues

$$\lim_n \frac{\frac{n}{(n+1)(n+2)(n+3)}}{\frac{1}{n(n+1)}} = \lim_n \frac{n^2(n+1)}{(n+1)(n+2)(n+3)} = 1.$$

■ **Ejemplo 9.19**   La divergencia de la serie $\sum_{n=1}^{+\infty} \frac{1}{\sqrt{n}}$, probada en el Ejemplo 9.17, y el segundo criterio de comparación garantizan la divergencia de $\sum_{n=1}^{+\infty} \frac{1}{\sqrt{n}+\sqrt{n+1}}$ ya que

$$\lim_n \frac{\frac{1}{\sqrt{n}+\sqrt{n+1}}}{\frac{1}{\sqrt{n}}} = \lim_n \frac{\sqrt{n}}{\sqrt{n}+\sqrt{n+1}} = \frac{1}{2}.$$

■ **Ejemplo 9.20**   En forma análoga de la divergencia de la serie $\sum_{n=1}^{|\infty} \frac{1}{n}$ se sigue la divergencia de $\sum_{n=1}^{+\infty} \frac{n+1}{3n^2+2n}$, al ser

$$\lim_n \frac{\frac{n+1}{3n^2+2n}}{\frac{1}{n}} = \lim_n \frac{n^2+n}{3n^2+2n} = \frac{1}{3}.$$

■ **Ejemplo 9.21**   De la convegencia de la serie $\sum_{n=1}^{+\infty} \frac{1}{n(n+1)}$, utilizando el segundo criterio de comparación, Apartado 3, se sigue la convergencia de la serie $\sum_{n=1}^{+\infty} \frac{1}{n^2}$ ya que es

$$\lim_n \frac{\frac{1}{n^2}}{\frac{1}{n(n+1)}} = \lim_n \frac{n^2+n}{n^2} = 1.$$

■ **Ejemplo 9.22**   La serie $\sum_{n=1}^{+\infty} a_n = \sum_{n=1}^{+\infty} \frac{1}{n^3}$ es convergente, al serlo la serie $\sum_{n=1}^{+\infty} b_n = \sum_{n=1}^{+\infty} \frac{1}{n(n+1)}$ y verificarse que es

$$\lim_n \frac{a_n}{b_n} = \lim_n \frac{\frac{1}{n^3}}{\frac{1}{n(n+1)}} = \lim_n \frac{n^2+n}{n^3} = 0,$$

en virtud del Apartado 4.a del segundo criterio de comparación.

■ **Ejemplo 9.23**   De la divergencia de la serie $\sum_{n=1}^{+\infty} a_n = \sum_{n=1}^{+\infty} \frac{1}{n}$ se deduce la divergencia de la serie $\sum_{n=1}^{+\infty} \frac{1}{\sqrt{n+1}}$ dado que es

$$\lim_n \frac{a_n}{b_n} = \lim_n \frac{\frac{1}{n}}{\frac{1}{\sqrt{n+1}}} = \lim_n \frac{\sqrt{n+1}}{n} = 0$$

y teniendo en cuenta el Apartado 4.b del segundo criterio de comparación.

Observaciones sobre el segundo criterio de comparación

Cuando es $\lim_n \frac{a_n}{b_n} = L = 0$ y la serie $\sum_{n=1}^{+\infty} b_n$ es divergente no se deduce el carácter de la serie $\sum_{n=1}^{+\infty} a_n$ que puede ser convergente o divergente.

■ **Ejemplo 9.24**   Sea la serie $\sum_{n=1}^{+\infty} b_n = \sum_{n=1}^{+\infty} \frac{1}{\sqrt{n}}$ la cual conocemos ya que es divergente.

Si consideramos la serie $\sum_{n=1}^{+\infty} a_n = \sum_{n=1}^{+\infty} \frac{1}{n^2}$ se verifica que

$$\lim_n \frac{a_n}{b_n} = \lim_n \frac{\frac{1}{n^2}}{\frac{1}{\sqrt{n}}} = \lim_n \frac{\sqrt{n}}{n^2} = 0$$

y por otra parte sabemos que la serie $\sum_{n=1}^{+\infty} a_n = \sum_{n=1}^{+\infty} \frac{1}{n^2}$ converge.

Si ahora consideramos la serie $\sum_{n=1}^{+\infty} a_n = \sum_{n=1}^{+\infty} \frac{1}{n}$ también se verifica que

$$\lim_n \frac{a_n}{b_n} = \lim_n \frac{\frac{1}{n}}{\frac{1}{\sqrt{n}}} = \lim_n \frac{\sqrt{n}}{n} = 0$$

y la serie $\sum_{n=1}^{+\infty} a_n = \sum_{n=1}^{+\infty} \frac{1}{n}$ diverge.

Si es $\lim_n \frac{a_n}{b_n} = L = 0$ y $\sum_{n=1}^{+\infty} a_n$ es convergente no se decide el carácter de la serie $\sum_{n=1}^{+\infty} b_n$ pudiendo ser ésta convergente o divergente.

■ **Ejemplo 9.25** La serie $\sum_{n=1}^{+\infty} a_n = \sum_{n=1}^{+\infty} \frac{1}{n(n+1)}$ es convergente, como sabemos, y la serie $\sum_{n=1}^{+\infty} b_n = \sum_{n=1}^{+\infty} \frac{1}{n}$ que es divergente verifican

$$\lim_n \frac{a_n}{b_n} = \lim_n \frac{\frac{1}{n(n+1)}}{\frac{1}{n}} = \lim_n \frac{n}{n(n+1)} = 0.$$

Si ahora consideramos la serie $\sum_{n=1}^{+\infty} a_n = \sum_{n=1}^{+\infty} \frac{1}{3^n}$, que es convergente pues aplicando la definición de suma ésta vale $\frac{1}{2}$, y la serie $\sum_{n=1}^{+\infty} b_n = \sum_{n=1}^{+\infty} \frac{1}{2^n}$, que también es convergente con suma 1, verifican que

$$\lim_n \frac{a_n}{b_n} = \lim_n \frac{\frac{1}{3^n}}{\frac{1}{2^n}} = \lim_n \left(\frac{2}{3}\right)^n = 0.$$

Cuando es $\lim_n \frac{a_n}{b_n} = L = +\infty$ y la serie $\sum_{n=1}^{+\infty} b_n$ converge, no se decide el carácter de la serie $\sum_{n=1}^{+\infty} a_n$.

■ **Ejemplo 9.26** Las series $\sum_{n=1}^{+\infty} b_n = \sum_{n=1}^{+\infty} \frac{1}{3^n}$ y $\sum_{n=1}^{+\infty} a_n = \sum_{n=1}^{+\infty} \frac{1}{2^n}$ son convergentes y verifican

$$\lim_n \frac{a_n}{b_n} = \lim_n \frac{\frac{1}{2^n}}{\frac{1}{3^n}} = \lim_n \left(\frac{3}{2}\right)^n = +\infty.$$

Si consideramos ahora las series $\sum_{n=1}^{+\infty} b_n = \sum_{n=1}^{+\infty} \frac{1}{n(n+1)}$, que es convergente, y $\sum_{n=1}^{+\infty} a_n = \sum_{n=1}^{+\infty} \frac{1}{n}$, la cual diverge y también cumplen que

$$\lim_n \frac{a_n}{b_n} = \lim_n \frac{\frac{1}{n}}{\frac{1}{n(n+1)}} = \lim_n (n+1) = +\infty.$$

Siendo $\lim_n \frac{a_n}{b_n} = L = +\infty$ y la serie $\sum_{n=1}^{+\infty} a_n$ divergente, no se puede asegurar el carácter de la serie $\sum_{n=1}^{+\infty} b_n$.

■ **Ejemplo 9.27** La serie $\sum_{n=1}^{+\infty} a_n = \sum_{n=1}^{+\infty} \frac{1}{\sqrt{n}}$ diverge y la serie $\sum_{n=1}^{+\infty} b_n = \sum_{n=1}^{+\infty} \frac{1}{n(n+1)}$ converge y verifican que

$$\lim_n \frac{a_n}{b_n} = \lim_n \frac{\frac{1}{\sqrt{n}}}{\frac{1}{n(n+1)}} = \lim_n \frac{n(n+1)}{\sqrt{n}} = +\infty.$$

Si ahora consideramos la misma serie divergente $\sum_{n=1}^{+\infty} a_n = \sum_{n=1}^{+\infty} \frac{1}{\sqrt{n}}$ y la serie $\sum_{n=1}^{+\infty} b_n = \sum_{n=1}^{+\infty} \frac{1}{n}$, ésta es divergente y también verifican que

$$\lim_n \frac{a_n}{b_n} = \lim_n \frac{\frac{1}{\sqrt{n}}}{\frac{1}{n}} = \lim_n \frac{n}{\sqrt{n}} = +\infty.$$

Dos modelos de series para comparar

Series geométricas

Las series geométricas son de la forma

$$\sum_{n=1}^{+\infty} ar^{n-1} = a + ar + ar^2 + \cdots + ar^{n-1} + \dots,$$

donde a y r son números reales fijos. El número r se llama razón de la serie.

Un ejemplo de serie geométrica es la dada por $\sum_{n=1}^{+\infty} \frac{2}{3^{n-1}}$, cuya razón es $r = \frac{1}{3}$.

Este tipo de series se analizan con gran comodidad y su convergencia se establece mediante la siguiente proposición.

■ **Proposición (Convergencia de series geométricas)** *Dado el número real $a \neq 0$, la serie geométrica* $\sum_{n=1}^{+\infty} ar^{n-1}$ *es convergente si, y solamente si, es $|r| < 1$.*

Además, cuando la serie converge tiene por suma $s = \frac{a}{1-r}$.

■ **Ejemplo 9.28** La serie $\sum_{n=1}^{+\infty} \frac{5}{2^{n-1}}$ es convergente ya que es geométrica y su razón es tal que $|r| = |\frac{1}{2}| < 1$; por tanto tiene suma $s = \frac{5}{1-\frac{1}{2}} = \frac{5}{1/2} = 10$.

■ **Ejemplo 9.29** La serie $\sum_{n=1}^{+\infty} 4 \cdot 3^{n-1}$ es también geométrica de razón $r = 3$ y al ser $|r| > 1$ la serie diverge y en este caso tiene suma $s = +\infty$.

■ **Ejemplo 9.30** La serie $\sum_{n=1}^{+\infty}(-1)^{n+1}2 = 2 - 2 + 2 - 2 + \cdots + (-1)^{n+1}2 + \ldots$ es geométrica de razón $r = -1$ y es divergente de tipo oscilante ya que la sucesión de sumas parciales $\{s_n\}$ es

$$s_n = \begin{cases} 2, & \text{si } n \text{ impar,} \\ 0, & \text{si } n \text{ par,} \end{cases}$$

y carece de límite al presentar dos puntos de acumulación diferentes.

■ **Ejemplo 9.31** La serie $\sum_{n=1}^{+\infty} 2$ es geométrica de razón $r = 1$ y es divergente de suma $+\infty$ ya que la sucesión de sus sumas parciales $\{s_n\}$ está dada por $s_n = 2 + 2 + \overset{(n}{\ldots} + 2 = 2n$ y por tanto $\lim_n s_n = +\infty$.

Series armónicas

La serie $\sum_{n=1}^{+\infty} \frac{1}{n^p}$ en la que p es una constante real y $p > 0$, se llama serie armónica.

Respecto al carácter de este tipo de series podemos decir:

■ **Proposición (Convergencia de series armónicas)**

1. Si $p = 1$ la serie es $\sum_{n=1}^{+\infty} \frac{1}{n}$ la cual ya sabemos que es divergente (es la armónica clásica).

2. Si $p < 1$ la serie $\sum_{n=1}^{+\infty} \frac{1}{n^p}$ también diverge como consecuencia del primer criterio de comparación al ser

$$\frac{1}{n^p} \geq \frac{1}{n}, \qquad \forall n \in \mathbb{N}.$$

3. Si $p > 1$ la serie $\sum_{n=1}^{+\infty} \frac{1}{n^p}$ es convergente (véase el Problema resuelto 9.20).

■ **Ejemplo 9.32** La serie $\sum_{n=1}^{+\infty} \frac{1}{\sqrt{n}}$ diverge pues es del tipo $\sum_{n=1}^{+\infty} \frac{1}{n^p}$ con $p = \frac{1}{2}$.

■ **Ejemplo 9.33** La serie $\sum_{n=1}^{+\infty} \frac{1}{n^3}$ converge pues es del tipo $\sum_{n=1}^{+\infty} \frac{1}{n^p}$ con $p = 3$.

Criterio integral

Este criterio relaciona las integrales impropias de primera especie, que hemos estudiado en la Sección 8.1, con las series numéricas de modo que la convergencia o divergencia de una serie puede deducirse de la convergencia o divergencia de la correspondiente integral impropia y viceversa.

■ **Criterio integral** *Dada la serie de términos positivos $\sum_{n=1}^{+\infty} a_n$ y sea la función real positiva f definida en el intervalo $[1; +\infty)$, que es decreciente y tal que $a_n = f(n), \forall n \in \mathbb{N}$. En estas condiciones la serie $\sum_{n=1}^{+\infty} a_n$ y la integral $\int_1^{+\infty} f(x)dx$ tienen el mismo carácter.*

La relación existente entre la serie numérica y la integral impropia queda patente al observar la Figura 9.1, donde la función f se elige de forma que coincida en cada $n \in \mathbb{N}$ con el valor de a_n, de este modo el área que la función f deja por debajo de su gráfica es mayor que la suma $\sum_{n=2}^{+\infty} a_n$, pero menor que la suma $\sum_{n=1}^{+\infty} a_n$.

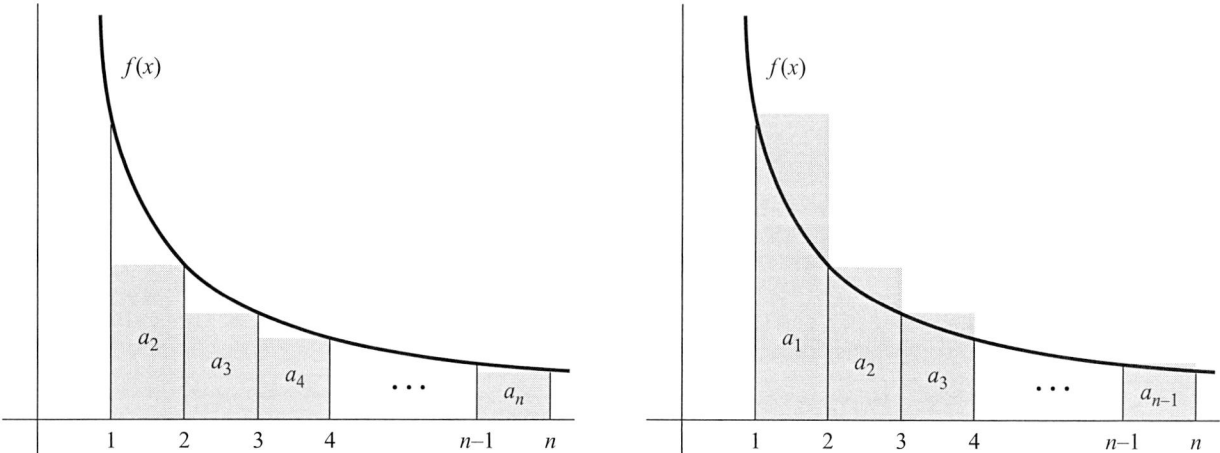

Figura 9.1 Interpretación geométrica del criterio integral.

■ **Ejemplo 9.34** Para decidir el carácter de la serie $\sum_{n=1}^{+\infty} \frac{1}{n^2}$, una estrategia consiste en considerar la función $f : [1; +\infty) \to \mathbb{R}$, definida por $f(x) = \frac{1}{x^2}$ y como

$$\int_1^{+\infty} \frac{1}{x^2} dx = \lim_{b \to +\infty} \int_1^b \frac{1}{x^2} dx = \lim_{b \to +\infty} \left[\frac{-1}{x} \right]_1^b = 1 - \lim_{b \to +\infty} \frac{1}{b} = 1,$$

la integral $\int_1^{+\infty} \frac{1}{x^2} dx$ converge y por tanto también converge la serie $\sum_{n=1}^{+\infty} \frac{1}{n^2}$.

■ **Ejemplo 9.35** Una forma de probar la divergencia de la serie $\sum_{n=1}^{+\infty} \frac{1}{n}$, se tiene mediante la función $f(x) = \frac{1}{x}$ ya que la integral $\int_1^{+\infty} \frac{1}{x} dx$ es divergente en virtud de la definición al ser

$$\int_1^{+\infty} \frac{1}{x} dx = \lim_{b \to +\infty} \int_1^b \frac{1}{x} dx = \lim_{b \to +\infty} [\ln x]_1^b = \lim_{b \to +\infty} \ln b - \ln 1 = \lim_{b \to +\infty} \ln b = +\infty.$$

■ **Ejemplo 9.36** El estudio de las series armónicas $\sum_{n=1}^{+\infty} \frac{1}{n^p}$ se reduce al análisis de la convergencia de las integrales impropias $\int_1^{+\infty} \frac{1}{x^p} dx$. Basta aplicar la definición y se concluye que la integral $\int_1^{+\infty} \frac{1}{x^p} dx$ converge si es $p > 1$ y diverge para $p \leq 1$, por lo que la serie $\sum_{n=1}^{+\infty} \frac{1}{n^p}$ converge igualmente si $p > 1$ y diverge si $p \leq 1$.

Criterios clásicos de convergencia para series de términos no negativos

Dada la serie $\sum_{n=1}^{+\infty} a_n$ de términos no negativos siempre se puede determinar su carácter mediante el de otra serie adecuada utilizando los criterios de comparación.

Sin embargo, no es fácil, en muchos casos, concretar esa serie conveniente de comparación cuyo carácter decida el de la serie en estudio.

Analizando los criterios de comparación y teniendo en cuenta algunos modelos como las series geométricas y armónicas surgieron los llamados criterios clásicos de convergencia que deciden de modo directo y con comodidad el carácter de un gran número de series.

Entre estos criterios, los más conocidos son el de Pringsheim, el de la raíz, el del cociente y el de Raabe.

Considerando como serie modelo la serie armónica $\sum_{n=1}^{+\infty} \frac{1}{n^p}$ y como consecuencia del segundo criterio de comparación se obtiene el siguiente criterio:

■ **Criterio de Pringsheim** *Si $\sum_{n=1}^{+\infty} a_n$ es una serie de términos no negativos y siendo $L = \lim_n \frac{a_n}{\frac{1}{n^p}} = \lim_n (a_n \cdot n^p)$ se tiene*

1. *si es $p > 1$ y $L \in \mathbb{R}^+$, entonces $\sum_{n=1}^{+\infty} a_n$ converge.*
2. *si es $p \leq 1$ y $L \in \mathbb{R}^+ - \{0\}$, o bien es $L = +\infty$, entonces $\sum_{n=1}^{+\infty} a_n$ diverge.*

■ **Ejemplo 9.37** Dada la serie $\sum_{n=1}^{+\infty} \frac{2n}{3n^2+1}$ como es $a_n = \frac{2n}{3n^2+1}$, multiplicando por n^1 se tiene que

$$\lim_n \left(\frac{2n}{3n^2 + 1} \, n \right) = \lim_n \frac{2n^2}{2n^2 + 1} = \frac{2}{3} > 0$$

y al ser $p \leq 1$, la serie diverge.

■ **Ejemplo 9.38** La serie $\sum_{n=1}^{+\infty} \frac{\sqrt{n^2+n}}{n^3+3\sqrt{n}}$ es tal que

$$\lim_n \left(\frac{\sqrt{n^2 + n}}{n^3 + 3\sqrt{n}} \, n^2 \right) = \lim_n \frac{\sqrt{n^6 + n^5}}{n^3 + 3\sqrt{n}} = \lim_n \frac{\sqrt{1 + \frac{1}{n}}}{1 + 3\sqrt{\frac{1}{n^5}}} = 1$$

y como es $p = 2$, la serie converge.

■ **Ejemplo 9.39** La serie $\sum_{n=1}^{+\infty} \ln \frac{n+1}{n}$ es divergente ya que

$$\lim_n (a_n \, n) = \lim_n n \ln \frac{n+1}{n} = \lim_n n \ln \left(1 + \frac{1}{n} \right)$$
$$= \lim_n \left[\ln \left(1 + \frac{1}{n} \right)^n \right] = \ln \left[\lim_n \left(1 + \frac{1}{n} \right)^n \right] = \ln e = 1$$

y como es $p = 1$ la serie diverge.

■ **Criterio de la raíz o de Cauchy** *Sea $\sum_{n=1}^{+\infty} a_n$ una serie de términos no negativos. En relación a ella se establecen las siguientes afirmaciones:*

1. *Si existe un $n_0 \in \mathbb{N}$ tal que $\forall n \geq n_0$ es $\sqrt[n]{a_n} \leq k$, donde k es un número real con $k < 1$, entonces $\sum_{n=1}^{+\infty} a_n$ converge,*
2. *Si existe un $n_0 \in \mathbb{N}$ tal que $\forall n \geq n_0$ es $\sqrt[n]{a_n} \geq 1$, entonces $\sum_{n=1}^{+\infty} a_n$ diverge.*

Forma práctica del criterio:

Considerando $L = \lim_n \sqrt[n]{a_n}$ se tiene

(a) *si es $L < 1$, entonces $\sum_{n=1}^{+\infty} a_n$ converge,*
(b) *si es $L > 1$, entonces $\sum_{n=1}^{+\infty} a_n$ diverge,*
(c) *si es $L = 1$, el criterio no decide.*

■ **Ejemplo 9.40** Aplicando el criterio de la raíz a la serie $\sum_{n=1}^{+\infty} \left(\frac{n+1}{n} \right)^{n^2}$ se verifica que

$$\lim_n \sqrt[n]{a_n} = \lim_n \sqrt[n]{\left[\left(\frac{n+1}{n} \right)^n \right]^n} = \lim_n \left(\frac{n+1}{n} \right)^n = \lim_n \left(1 + \frac{1}{n} \right)^n = e > 1$$

y por tanto la serie diverge.

■ **Ejemplo 9.41**   La serie $\sum_{n=1}^{+\infty} \left(\frac{n^2+1}{2n^2+3} \right)^n$ es tal que

$$\lim_n \sqrt[n]{a_n} = \lim_n \sqrt[n]{\left(\frac{n^2+1}{2n^2+3} \right)^n} = \lim_n \frac{n^2+1}{2n^2+3} = \frac{1}{2} < 1$$

y por tanto la serie es convergente.

■ **Criterio del cociente o de D'Alembert**   *Dada la serie de términos positivos $\sum_{n=1}^{+\infty} a_n$, podemos afirmar:*

1. Si existe un $n_0 \in \mathbb{N}$ tal que $\forall n \geq n_0$ es $\frac{a_{n+1}}{a_n} \leq k$ con $k < 1$, entonces $\sum_{n=1}^{+\infty} a_n$ converge,

2. Si es $\frac{a_{n+1}}{a_n} \geq 1$, $\forall n \geq n_0$, entonces $\sum_{n=1}^{+\infty} a_n$ diverge.

Forma práctica del criterio:

Siendo $L = \lim_n \frac{a_{n+1}}{a_n}$ se tiene

(a) para $L < 1$, la serie $\sum_{n=1}^{+\infty} a_n$ converge,

(b) para $L > 1$, la serie $\sum_{n=1}^{+\infty} a_n$ diverge,

(c) para $L = 1$, el criterio no decide.

■ **Ejemplo 9.42**   Dada la serie $\sum_{n=1}^{+\infty} \frac{n!}{n^n}$, aplicando el criterio del cociente en su forma de límite se tiene

$$\lim_n \frac{a_{n+1}}{a_n} = \lim_n \frac{\frac{(n+1)!}{(n+1)^{n+1}}}{\frac{n!}{n^n}} = \lim_n \frac{n^n(n+1)!}{(n+1)^{n+1}n!} = \lim_n \frac{n^n(n+1)}{(n+1)^n(n+1)}$$

$$= \lim_n \left(\frac{n}{n+1} \right)^n = \frac{1}{\lim_n \left(\frac{n+1}{n} \right)^n} = \frac{1}{\lim_n \left(1 + \frac{1}{n} \right)^n} = \frac{1}{e} < 1$$

y por tanto la serie converge.

■ **Ejemplo 9.43**   Consecuencia del ejemplo anterior es que $\lim_n \frac{n!}{n^n} = 0$, en virtud de la condición necesaria de convergencia que dice *"si $\sum_{n=1}^{+\infty} a_n$ converge entonces $\lim_n a_n = 0$ "*.

Hemos obtenido el valor del límite de modo indirecto y en forma inmediata. El cálculo del mismo por los procedimientos usuales es bastante laborioso.

El hecho de ser $\lim_n \frac{n!}{n^n} = 0$ pone de manifiesto lo que ya sabemos, que n^n crece más rápidamente que $n!$ para valores de n suficientemente grandes lo cual se suele expresar en la forma $n! = o(n^n)$ cuando $n \to +\infty$, lo cual se lee diciendo que $n!$ es "o pequeña" de n^n en la notación de Landau, véase la Sección 5.1.

■ **Ejemplo 9.44**   Al aplicar el criterio del cociente a la serie $\sum_{n=1}^{+\infty} \frac{n}{n+1}$ se tiene que

$$\lim_n \frac{a_{n+1}}{a_n} = \lim_n \frac{\frac{n+1}{n+2}}{\frac{n}{n+1}} = \lim_n \frac{(n+1)^2}{n(n+2)} = \lim_n \frac{n^2+2n+1}{n^2+2n} = 1$$

y el criterio no nos informa del carácter de la serie. El carácter de la misma se tiene del hecho de ser $\lim_n a_n = \lim_n \frac{n}{n+1} = 1 \neq 0$ con lo cual la serie es divergente.

El criterio del cociente tampoco es eficaz para las series armónicas $\sum_{n=1}^{+\infty} \frac{1}{n^p}$, ya que para ellas es $\lim_n \frac{a_{n+1}}{a_n} = 1$.

■ **Criterio de Raabe** *Considerando la serie de términos positivos $\sum_{n=1}^{+\infty} a_n$ se tiene*

1. Si existe un $n_0 \in \mathbb{N}$ tal que $\forall n \geq n_0$ se verifica que

$$n\left(1 - \frac{a_{n+1}}{a_n}\right) \geq k \quad con\ k > 1, \quad entonces \sum_{n=1}^{+\infty} a_n \ es\ convergente$$

2. Si es $n\left(1 - \frac{a_{n+1}}{a_n}\right) \leq 1\ \forall n \geq n_0$, entonces $\sum_{n=1}^{+\infty} a_n$ es divergente

Forma práctica del criterio:

Siendo $L = \lim_n \left[n\left(1 - \frac{a_{n+1}}{a_n}\right)\right]$ se verifican

(a) si es $L > 1$, entonces $\sum_{n=1}^{+\infty} a_n$ converge,

(b) si es $L < 1$, entonces $\sum_{n=1}^{+\infty} a_n$ diverge,

(c) si es $L = 1$, el criterio no decide.

Este criterio es recomendable en los casos en que el criterio del cociente no decide el carácter de la serie.

■ **Ejemplo 9.45** Vamos a estudiar la convergencia de la serie $\sum_{n=1}^{+\infty} \frac{2\cdot5\cdot8\ldots(3n-1)}{3\cdot6\cdot9\ldots3n}$.

Si aplicamos el criterio del cociente, se tiene que

$$\lim_n \frac{a_{n+1}}{a_n} = \lim_n \frac{\frac{2\cdot5\cdot8\ldots(3n-1)(3n+2)}{3\cdot6\cdot9\ldots3n\cdot3(n+1)}}{\frac{2\cdot5\cdot8\ldots(3n-1)}{3\cdot6\cdot9\ldots3n}} = \lim_n \frac{3n+2}{3n+3} = 1$$

y no nos informa sobre el carácter de la serie. Si calculamos el límite del producto de Raabe, se tiene que es

$$\lim_n \left[n\left(1 - \frac{a_{n+1}}{a_n}\right)\right] = \lim_n \left[n\left(1 - \frac{3n+2}{3n+3}\right)\right] = \lim_n n\frac{3n+3-3n-2}{3n+3} = \lim_n \frac{n}{3n+3} = \frac{1}{3} < 1,$$

con lo cual la serie dada es divergente.

9.5. SERIES DE TÉRMINOS CUALESQUIERA

El carácter de muchas series que tienen todos sus términos negativos o una parte de ellos se decide manejando los criterios conocidos de las series de términos no negativos.

De este modo dada la serie $\sum_{n=1}^{+\infty} a_n$ en la cual es $a_n \leq 0, \forall n \in \mathbb{N}$, se considera la serie $\sum_{n=1}^{+\infty}(-a_n)$, la cual es ya de términos no negativos y se puede estudiar con los criterios anteriores.

Si la serie tiene un número finito de términos positivos y los restantes negativos, se suman los términos positivos y la serie se presenta como una suma finita positiva y una serie de términos negativos. El carácter de esta última decide el de la serie dada.

Si la serie tiene un número finito de términos negativos y los restantes no negativos se halla la suma de los términos negativos y resulta una suma finita negativa y una serie de términos no negativos cuyo carácter es el de la serie original.

En el caso de que la serie $\sum_{n=1}^{+\infty} a_n$ tenga infinitos términos positivos e infinitos términos negativos se puede expresar como suma de dos series $\sum_{n=1}^{+\infty} a_n^+$ y $\sum_{n=1}^{+\infty} a_n^-$ definidas en la forma $a_n^+ = a_n$ si $a_n \geq 0$ y $a_n^+ = 0$ si $a_n < 0$. Análogamente $a_n^- = a_n$ si $a_n \leq 0$ y $a_n^- = 0$ si $a_n > 0$.

De este modo se tiene que $a_n = a_n^+ + a_n^-$ y si ambas series $\sum_{n=1}^{+\infty} a_n^+$ y $\sum_{n=1}^{+\infty} a_n^-$ son convergentes la serie $\sum_{n=1}^{+\infty} a_n$ también lo es y además si s_1 y s_2 son las sumas respectivas de $\sum_{n=1}^{+\infty} a_n^+$ y $\sum_{n=1}^{+\infty} a_n^-$ se verifica que la suma s de la serie $\sum_{n=1}^{+\infty} a_n$ es $s = s_1 + s_2$ (combinación lineal de series convergentes).

Cuando una de las series $\sum_{n=1}^{+\infty} a_n^+$ y $\sum_{n=1}^{+\infty} a_n^-$ diverge y la otra converge entonces la serie $\sum_{n=1}^{+\infty} a_n$ diverge. Si ambas divergen no se garantiza a priori el carácter de la serie $\sum_{n=1}^{+\infty} a_n$, pero en muchos casos el problema se resuelve mediante la convergencia absoluta.

■ **Ejemplo 9.46** Dada la serie $\sum_{n=1}^{+\infty} -3\frac{1}{2^{n-1}}$ en la que todos sus términos son negativos, se considera la serie opuesta $\sum_{n=1}^{+\infty} 3\frac{1}{2^{n-1}}$ la cual es una serie geométrica convergente de suma $\frac{3}{1-\frac{1}{2}} = \frac{3}{1/2} = 6$. Con ello la serie inicial $\sum_{n=1}^{+\infty} -3\frac{1}{2^{n-1}}$ es también convergente de suma -6.

■ **Ejemplo 9.47** La serie $1 + 2 + 3 + 4 + 5 + \sum_{n=6}^{+\infty} -3\frac{1}{2^{n-1}}$ tiene cinco términos positivos de suma 15 y los restantes son negativos dados por la serie

$$\sum_{n=6}^{+\infty} -3\frac{1}{2^{n-1}} = -3\frac{1}{2^5} - 3\frac{1}{2^6} - 3\frac{1}{2^7} - \cdots = -3\frac{1}{2^5}\left(1 + \frac{1}{2} + \frac{1}{2^2} + \ldots\right)$$
$$= -3\frac{1}{2^5} \cdot \frac{1}{1-\frac{1}{2}} = -3\frac{1}{2^5} \cdot \frac{1}{\frac{1}{2}} = -3\frac{2}{2^5} = -\frac{3}{2^4},$$

con lo cual la serie dada es convergente y su suma vale $15 - \frac{3}{2^4}$.

■ **Ejemplo 9.48** La serie $-1 - 2 - 3 - 4 - 5 + \sum_{n=1}^{+\infty} 3\frac{1}{2^{n-1}}$ tiene cinco términos negativos cuya suma vale -15 y los restantes son todos positivos y constituyen la serie geométrica $\sum_{n=6}^{+\infty} 3\frac{1}{2^{n-1}}$ de razón $\frac{1}{2}$ y suma

$$3\frac{1}{2^5} + 3\frac{1}{2^6} + 3\frac{1}{2^7} + \cdots = 3\frac{1}{2^5}\left(1 + \frac{1}{2} + \frac{1}{2^2} + \ldots\right) = 3\frac{1}{2^5} \cdot \frac{1}{1-\frac{1}{2}} = \frac{3}{2^4},$$

en consecuencia la serie $-1 - 2 - 3 - 4 - 5 + \sum_{n=1}^{+\infty} 3\frac{1}{2^{n-1}}$ es convergente y su suma vale $-15 + \frac{3}{2^4}$.

■ **Ejemplo 9.49** La serie $\sum_{n=1}^{+\infty} a_n = 2 - 3 + 2\frac{1}{3} - 3\frac{1}{2} + 2\frac{1}{3^2} - 3\frac{1}{2^2} + 2\frac{1}{3^3} - 3\frac{1}{2^3} + \ldots$ es suma de las series

$$\sum_{n=1}^{+\infty} a_n^+ = 2 + 0 + 2\frac{1}{3} + 0 + 2\frac{1}{3^2} + 0 + 2\frac{1}{3^3} + \ldots$$

y

$$\sum_{n=1}^{+\infty} a_n^- = 0 - 3 + 0 - 3\frac{1}{2} + 0 - 3\frac{1}{2^2} + 0 - 3\frac{1}{2^3} + \ldots$$

La serie $\sum_{n=1}^{+\infty} a_n^+$ es convergente pues su sucesión de sumas parciales es monótona creciente y está acotada superiormente con lo cual podemos agrupar mediante paréntesis sus términos en la forma

$$(2+0) + \left(2\frac{1}{3} + 0\right) + \left(2\frac{1}{3^2} + 0\right) + \cdots = 2 + 2\frac{1}{3} + 2\frac{1}{3^2} + \cdots + 2\frac{1}{3^{n-1}} + \cdots = \frac{2}{1-\frac{1}{3}} = \frac{2}{\frac{2}{3}} = 3$$

y la serie $\sum_{n=1}^{+\infty} a_n^-$ es también convergente pues la sucesión de sumas parciales es monótona decreciente y está acotada inferiormente teniendo por suma

$$-\left(3 + 3\frac{1}{2} + 3\frac{1}{2^2} + \cdots + 3\frac{1}{2^{n-1}} + \ldots\right) = -\frac{3}{1-\frac{1}{2}} = -\frac{3}{\frac{1}{2}} = -6,$$

con ello resulta que la suma de la serie es $\sum_{n=1}^{+\infty} a_n = \sum_{n=1}^{+\infty} a_n^+ + \sum_{n=1}^{+\infty} a_n^- = 3 - 6 = -3$.

Convergencia absoluta y convergencia condicional

Se dice que la serie $\sum_{n=1}^{+\infty} a_n$ es *absolutamente convergente* cuando converge la serie $\sum_{n=1}^{+\infty} |a_n|$.

■ **Ejemplo 9.50** La serie $\sum_{n=1}^{+\infty} \frac{\cos n}{2^n}$ es absolutamente convergente ya que la serie $\sum_{n=1}^{+\infty} \left|\frac{\cos n}{2^n}\right|$ es convergente. La convergencia de esta última serie se confirma de forma inmediata ya que

$$\left|\frac{\cos n}{2^n}\right| = \frac{|\cos n|}{2^n} \leq \frac{1}{2^n}, \quad \forall n \in \mathbb{N},$$

y como la serie $\sum_{n=1}^{+\infty} \frac{1}{2^n}$ es convergente, pues se trata de una serie geométrica de razón $\frac{1}{2}$, teniendo en cuenta el primer criterio de comparación la serie $\sum_{n=1}^{+\infty} \left|\frac{\cos n}{2^n}\right|$ es convergente.

■ **Ejemplo 9.51** La serie $\sum_{n=1}^{+\infty} (-1)^{n+1} \frac{1}{n^2}$ es absolutamente convergente ya que la serie

$$\sum_{n=1}^{+\infty} \left|(-1)^{n+1} \frac{1}{n^2}\right| = \sum_{n=1}^{+\infty} \frac{1}{n^2}$$

es convergente al tratarse de una serie armónica $\sum_{n=1}^{+\infty} \frac{1}{n^p}$ con $p = 2 > 1$.

■ **Ejemplo 9.52** La serie $\sum_{n=1}^{+\infty} (-1)^{n+1} \frac{1}{n}$ no es absolutamente convergente. En efecto, la serie

$$\sum_{n=1}^{+\infty} \left|(-1)^{n+1} \frac{1}{n}\right| = \sum_{n=1}^{+\infty} \frac{1}{n}$$

es divergente.

■ **Ejemplo 9.53** La serie $\sum_{n=1}^{+\infty} (-1)^{n+1} 5 \left(\frac{3}{2}\right)^n$ no es absolutamente convergente pues la serie de sus valores absolutos $\sum_{n=1}^{+\infty} 5 \left(\frac{3}{2}\right)^n$ es divergente ya que se trata de una serie geométrica de razón $r = \frac{3}{2} > 1$.

La convergencia absoluta y la convergencia de una serie se relacionan mediante la siguiente proposición.

■ **Proposición** *Si la serie $\sum_{n=1}^{+\infty} a_n$ es absolutamente convergente, entonces es convergente.*

Una proposición recíproca no es válida. Usando esta proposición podemos garantizar la convergencia de una serie cuando exista convergencia absoluta de la misma.

De este modo las series $\sum_{n=1}^{+\infty} \frac{\cos n}{2^n}$ y $\sum_{n=1}^{+\infty} (-1)^{n+1} \frac{1}{n^2}$ son convergentes ya que son absolutamente convergentes según hemos comprobado en los ejemplos anteriores.

Se dice que la serie $\sum_{n=1}^{+\infty} a_n$ es *condicionalmente convergente* cuando es convergente pero no lo es absolutamente.

Por ejemplo la serie $\sum_{n=1}^{+\infty} (-1)^{n+1} \frac{1}{n}$ es convergente como veremos al tratar las series alternadas, e incluso más adelante, al estudiar las series de potencias encontraremos su suma; sin embargo, no es absolutamente convergente ya que la serie de sus valores absolutos $\sum_{n=1}^{+\infty} \frac{1}{n}$ es divergente.

En resumen, de la convergencia absoluta de una serie se sigue la convergencia, pero la convergencia de una serie no garantiza la convergencia absoluta.

Otros resultados en relación con la convergencia absoluta y condicional de las series son

1. La serie $\sum_{n=1}^{+\infty} a_n$ es incondicionalmente convergente si, y solamente si, es absolutamente convergente.

2. La serie $\sum_{n=1}^{+\infty} a_n$ es absolutamente convergente si, y solamente si, las series $\sum_{n=1}^{+\infty} a_n^+$ y $\sum_{n=1}^{+\infty} a_n^-$ son convergentes.

3. Si la serie $\sum_{n=1}^{+\infty} a_n$ es condicionalmente convergente entonces las series $\sum_{n=1}^{+\infty} a_n^+$ y $\sum_{n=1}^{+\infty} a_n^-$ son divergentes.

■ **Ejemplo 9.54** La serie $\sum_{n=1}^{+\infty} (-1)^{n+1} \frac{1}{n}$ es condicionalmente convergente y las series

$$\sum_{n=1}^{+\infty} a_n^+ = 1 + \frac{1}{3} + \frac{1}{5} + \cdots + \frac{1}{2n-1} + \ldots \qquad \text{y}$$

$$\sum_{n=1}^{+\infty} a_n^- = -\frac{1}{2} - \frac{1}{4} - \cdots - \frac{1}{2n} - \ldots$$

son ambas divergentes.

4. Si la serie $\sum_{n=1}^{+\infty} a_n$ es absolutamente convergente, cualquier reordenación suya es también absolutamente convergente y ambas tienen la misma suma.

5. Si la serie $\sum_{n=1}^{+\infty} a_n$ es condicionalmente convergente y se considera un número real α, entonces existe una serie $\sum_{n=1}^{+\infty} b_n$, por reordenación de los términos de la serie $\sum_{n=1}^{+\infty} a_n$, de tal forma que es $\sum_{n=1}^{+\infty} b_n = \alpha$.

6. Las series absolutamente convergentes verifican la propiedad conmutativa mientras que las condicionalmente convergentes no la verifican. Es una consecuencia inmediata de 4 y 5.

Series alternadas

Entre las series con infinitos términos positivos e infinitos términos negativos tienen una importancia particular las llamadas series alternadas o alternantes de signo.

Una serie de números reales de la forma

$$\sum_{n=1}^{+\infty} (-1)^{n+1} a_n \qquad \text{o bien} \qquad \sum_{n=1}^{+\infty} (-1)^n a_n \qquad \text{con} \qquad a_n > 0$$

se dice que es una *serie alternada*.

Las series

$$1 - \frac{1}{4} + \frac{1}{9} - \frac{1}{16} + \cdots + (-1)^{n+1} \frac{1}{n^2} + \ldots$$
$$-2 + 4 - 6 + 8 - 10 + \cdots + (-1)^n 2n + \ldots$$

son ejemplos de series alternadas.

El carácter de muchas series alternadas se determina con el criterio de Leibniz.

■ **Criterio de Leibniz** *Sea la serie alternada $\sum_{n=1}^{+\infty} (-1)^n a_n$. Si se verifica que la sucesión $\{a_n\}$ es monótona decreciente y tiene por límite cero entonces la serie dada es convergente.*

■ **Ejemplo 9.55** La serie $\sum_{n=1}^{+\infty} (-1)^n \frac{1}{n^2}$ sabemos que es convergente por ser absolutamente convergente. Otra forma de comprobar la convergencia se tiene al aplicar el criterio anterior. En efecto, como es

$$a_{n+1} = \frac{1}{(n+1)^2} \leq \frac{1}{n^2} = a_n \qquad \text{y} \qquad \lim_n \frac{1}{n^2} = 0,$$

la serie alternada $\sum_{n=1}^{+\infty} (-1)^n \frac{1}{n^2}$ es convergente.

■ **Ejemplo 9.56** La serie $\sum_{n=1}^{+\infty}(-1)^n\frac{1}{n}$ no es absolutamente convergente pues $\sum_{n=1}^{+\infty}\frac{1}{n}$ diverge y por tanto esta consideración no nos informa sobre el carácter de la serie. Sin embargo, aplicando el criterio de Leibniz la serie dada es convergente ya que

$$a_{n+1} = \frac{1}{n+1} \le \frac{1}{n} = a_n \qquad \text{y} \qquad \lim_n \frac{1}{n} = 0.$$

Por tanto, cuando no se da la convergencia absoluta en una serie alternada hemos de ensayar la verificación del criterio de Leibniz.

Otros criterios de convergencia

■ **Criterio de Dirichlet: Generalización del criterio de Leibniz** *Dadas las sucesiones de números reales* $\{a_n\}$ *y* $\{b_n\}$ *tales que la serie* $\sum_{n=1}^{+\infty} a_n$ *tiene acotadas sus sumas parciales y la sucesión* $\{b_n\}$ *es monótona con límite cero, en estas condiciones se verifica que la serie* $\sum_{n=1}^{+\infty} a_n b_n$ *es convergente.*

Observación relevante e inmediata: El criterio de convergencia de Leibniz de las series alternadas $\sum_{n=1}^{+\infty}(-1)^{n+1}a_n$ es una consecuencia inmediata del criterio de Dirichlet ya que la serie $\sum_{n=1}^{+\infty}(-1)^{n+1}$ tiene las sumas parciales acotadas y la sucesión $\{a_n\}$ es monótona decreciente y con $\lim_n a_n = 0$.

■ **Criterio de Abel** *Si las sucesiones* $\{a_n\}$ *y* $\{b_n\}$ *son tales que la serie* $\sum_{n=1}^{+\infty} a_n$ *es convergente y la sucesión* $\{b_n\}$ *es monótona y acotada, entonces la serie* $\sum_{n=1}^{+\infty} a_n b_n$ *es convergente.*

Este criterio resulta muy creativo cuando se describe en la forma: *Dada la serie convergente* $\sum_{n=1}^{+\infty} a_n$, *se obtiene otra serie convergente si sus términos se multiplican uno a uno por los de una sucesión monótona y acotada de números reales.*

De este modo si $\sum_{n=1}^{+\infty} a_n$ es una serie convergente de números reales también lo son por el criterio de Abel, entre otras, las series

$$\sum_{n=1}^{+\infty} \frac{1}{n^2}\, a_n, \qquad \sum_{n=1}^{+\infty}\left(1+\frac{1}{n}\right)^n a_n, \qquad \sum_{n=1}^{+\infty}\frac{1}{\ln(1+n)}\, a_n, \qquad \sum_{n=1}^{+\infty}\frac{n+1}{n+2}\, a_n.$$

Si ahora consideramos por ejemplo la serie convergente $\sum_{n=1}^{+\infty} a_n = \sum_{n=1}^{+\infty}(-1)^{n+1}\frac{1}{n}$ se tienen las series convergentes respectivas

1. $\displaystyle\sum_{n=1}^{+\infty} \frac{1}{n^2}(-1)^{n+1}\frac{1}{n} = \sum_{n=1}^{+\infty}(-1)^{n+1}\frac{1}{n^3}$,

2. $\displaystyle\sum_{n=1}^{+\infty}\left(1+\frac{1}{n}\right)^n (-1)^{n+1}\frac{1}{n} = \sum_{n=1}^{+\infty}(-1)^{n+1}\left(\frac{n+1}{n}\right)^n \frac{1}{n} = \sum_{n=1}^{+\infty}(-1)^{n+1}\frac{(n+1)^n}{n^{n+1}}$,

3. $\displaystyle\sum_{n=1}^{+\infty}\frac{1}{\ln(1+n)}(-1)^{n+1}\frac{1}{n} = \sum_{n=1}^{+\infty}(-1)^{n+1}\frac{1}{n\ln(1+n)}$,

4. $\displaystyle\sum_{n=1}^{+\infty}\frac{n+1}{n+2}(-1)^{n+1}\frac{1}{n} = \sum_{n=1}^{+\infty}(-1)^{n+1}\frac{n+1}{n(n+2)}$.

Estos ejemplos nos ponen de manifiesto la gran utilidad de este criterio para crear de modo sencillo toda una amplia colección de series convergentes, cuyo análisis sin conocer su génesis podría presentar complicación. Esta línea de trabajo es de gran interés didáctico por la motivación que debe suscitar en los estudiantes si sus profesores se la exponen. Pero los problemas reales nos demandan el conocimiento del carácter de una serie que hemos de decidir en la forma más rápida posible, lo cual dependerá del aspecto de la serie desde el asequible al más intimidador que pueda presentar y nos haga afinar los recursos.

En este sentido, la serie $\sum_{n=1}^{+\infty}(-1)^{n+1}\frac{1}{n^3}$, mencionada anteriormente, es absolutamente convergente ya que la serie $\sum_{n=1}^{+\infty}\frac{1}{n^3}$ es convergente al ser armónica $\sum_{n=1}^{+\infty}\frac{1}{n^p}$ con $p > 1$, y por tanto es convergente.

También se decide la convergencia de la serie $\sum_{n=1}^{+\infty}(-1)^{n+1}\frac{1}{n^3}$ mediante el criterio de Leibniz. Y sería más improbable invocar el criterio de Abel si bien también es eficaz considerando que la serie dada $\sum_{n=1}^{+\infty}(-1)^{n+1}\frac{1}{n^3}$ es convergente al ser el producto respectivo de los términos de la serie convergente $\sum_{n=1}^{+\infty}(-1)^{n+1}\frac{1}{n}$ por la sucesión monótona y acotada $\{\frac{1}{n^2}\}$.

Si se trata de la serie $\sum_{n=1}^{+\infty}\frac{\cos n\pi}{n}$, aquí no podemos aplicar la convergencia absoluta con éxito ya que la serie $\sum_{n=1}^{+\infty}\frac{|\cos n\pi|}{n} = \sum_{n=1}^{+\infty}\frac{1}{n}$ es divergente y no nos informa del carácter de la serie $\sum_{n=1}^{+\infty}\frac{\cos n\pi}{n}$. Pero considerando que la serie es

$$\sum_{n=1}^{+\infty}\frac{\cos n\pi}{n} = -\frac{1}{1} + \frac{1}{2} - \frac{1}{3} + \cdots + (-1)^n\frac{1}{n} + \cdots,$$

se trata de una serie alternada que por el criterio de Leibniz es convergente. Aplique el lector el criterio de Dirichlet para llegar al mismo resultado.

Finalizaremos este comentario considerando la serie $\sum_{n=1}^{+\infty}\frac{(n+1)\cos n\pi}{n(2n+1)}$ que presenta mayor complicación que las anteriores y donde el estudio de la convergencia absoluta no es eficaz. Si se considera la serie $\sum_{n=1}^{+\infty}a_n = \sum_{n=1}^{+\infty}\frac{\cos n\pi}{n}$, que es convergente según hemos analizado, teniendo en cuenta que la sucesión $\{b_n\} = \{\frac{n+1}{2n+1}\}$ es monótona y acotada, por el criterio de Abel la serie producto término a término,

$$\sum_{n=1}^{+\infty}a_n b_n = \sum_{n=1}^{+\infty}\frac{(n+1)\cos n\pi}{n(2n+1)},$$

es convergente.

9.6. SUMA DE SERIES

La *suma de una serie* convergente se define como el límite de su sucesión de sumas parciales, es decir, dada la serie $\sum_{n=1}^{+\infty}a_n$, si es $\lim_n \sum_{k=1}^{n}a_k = s \in \mathbb{R}$, entonces s es la suma de la serie y escribiremos

$$\sum_{n=1}^{+\infty}a_n = s.$$

Ya hemos obtenido la suma de algunas series en la definición de las mismas, pero, en general, este proceso no siempre es sencillo, quedando reducido el cálculo de la suma a tipos muy específicos de series, algunos de los cuales vamos a presentar.

Diremos que una serie es sumable cuando se ha determinado su suma.

El concepto de serie sumable se extiende también a las series divergentes a $+\infty$ y $-\infty$, siendo estos símbolos sus sumas respectivas. Veamos algunos tipos de series sumables.

Series geométricas

■ **Proposición** *La serie de la forma $\sum_{n=1}^{+\infty}ar^{n-1}$ es una serie geométrica de razón r y sabemos que si es $|r| < 1$ la serie converge siendo su suma*

$$s = \frac{a}{1-r}.$$

■ **Ejemplo 9.57** La serie $\sum_{n=1}^{+\infty}\frac{2}{5^{n-1}}$ es geométrica de razón $r = \frac{1}{5}$ y por tanto su suma es

$$s = \frac{2}{1-\frac{1}{5}} = \frac{5}{2}.$$

■ **Ejemplo 9.58** La serie $\sum_{n=1}^{+\infty}\frac{4^{n-1}}{3}$ es también geométrica de razón $r = 4$ y por tanto diverge siendo su suma $s = +\infty$.

Propiedad telescópica de las series

Si en la sucesión $\{a_n\}$ se suman las diferencias de términos consecutivos, se dice que estas sumas tienen la *propiedad telescópica* cuando verifican la igualdad

$$\sum_{k=1}^{n}(a_k - a_{k+1}) = a_1 - a_{n+1}.$$

Teniendo en cuenta esta propiedad, dada la serie $\sum_{n=1}^{+\infty} a_n$, conviene buscar una sucesión $\{b_n\}$ tal que cada término a_k de la serie se exprese en la forma $a_k = b_k - b_{k+1}$, y si esto ocurre se dice que la serie $\sum_{n=1}^{+\infty} a_n$ tiene la propiedad telescópica. En estas condiciones el término general de la sucesión de sumas parciales de la serie se simplifica notablemente al ser

$$s_n = \sum_{k=1}^{n} a_k = \sum_{k=1}^{n}(b_k - b_{k+1}) = b_1 - b_{n+1}, \qquad \forall n \geq 1.$$

Para cada serie numérica $\sum_{n=1}^{+\infty} a_n$ existen infinitas sucesiones $\{b_n\}$ tales que para cada una de ellas la serie verifica la propiedad telecópica. La más inmediata es la sucesión

$$\{b_n\} = \{0, -s_1, -s_2, -s_3, \dots\}$$

sugerida por la sucesión $\{s_n\}$ de sumas parciales de la serie dada.

Elegida una sucesión adecuada $\{b_n\}$ resulta que al ser $\lim_n s_n = b_1 - \lim_n b_{n+1}$, se decide de forma inmediata el carácter de la serie $\sum_{n=1}^{+\infty} a_n$ y si ésta converge se obtiene también su suma.

■ **Ejemplo 9.59** Dada la serie $\sum_{n=1}^{+\infty} \frac{1}{n(n+1)}$, si se considera la sucesión $\{b_n\} = \{\frac{1}{n}\}$ se tiene que

$$a_n = \frac{1}{n(n+1)} = \frac{1}{n} - \frac{1}{n+1} = b_n - b_{n+1}$$

y por tanto es

$$s_n = \sum_{k=1}^{n} a_k$$

$$= \left(\frac{1}{1} - \frac{1}{2}\right) + \left(\frac{1}{2} - \frac{1}{3}\right) + \left(\frac{1}{3} - \frac{1}{4}\right) + \cdots + \left(\frac{1}{n-1} - \frac{1}{n}\right) + \left(\frac{1}{n} - \frac{1}{n+1}\right) = 1 - \frac{1}{n+1}$$

y de donde resulta que

$$s = \lim_n s_n = 1 - \lim_n \frac{1}{n+1} = 1 = \sum_{n=1}^{+\infty} \frac{1}{n(n+1)}.$$

■ **Ejemplo 9.60** La serie $\sum_{n=1}^{+\infty} \ln \frac{n}{n+1}$ es tal que

$$a_n = \ln \frac{n}{n+1} = \ln n - \ln(n+1)$$

y

$$s_n = \sum_{k=1}^{n} \ln \frac{k}{k+1} = \sum_{n=1}^{n}[\ln k - \ln(k+1)]$$

$$= (\ln 1 - \ln 2) + (\ln 2 - \ln 3) + \cdots + (\ln(n-1) - \ln n) + (\ln n - \ln(n+1))$$

$$= \ln 1 - \ln(n+1) = -\ln(n+1).$$

En consecuencia es

$$\lim_n s_n = \lim_n [-\ln(n+1)] = -\infty,$$

y la serie diverge siendo su suma $s = -\infty$ y escribiremos $\sum_{n=1}^{+\infty} \ln \frac{n}{n+1} = -\infty$.

Series aritmético-geométricas

Se llaman *series aritmético-geométricas* a las series de la forma $\sum_{n=1}^{+\infty} a_n b_n$ donde son $a_n = a_{n-1} + d$ y $b_n = b_{n-1} r$, es decir, a_n es el término general de una progresión aritmética de diferencia d y b_n es el término general de una progresión geométrica de razón r.

Estas series convergen para $|r| < 1$ y su suma es

$$s = \left[\frac{a_1}{1-r} + \frac{d \cdot r}{(1-r)^2} \right] \cdot b_1.$$

■ **Ejemplo 9.61** La serie

$$\sum_{n=1}^{+\infty} \frac{4(3n+2)}{7^{n-1}}$$

es aritmético-geométrica siendo $a_n = 3n + 2$, con diferencia $d = 3$, la parte aritmética y $b_n = \frac{4}{7^{n-1}}$ con $r = \frac{1}{7}$ la parte geométrica. Como es $|r| = |\frac{1}{7}| < 1$ la serie converge y tiene por suma

$$s = \left[\frac{5}{1 - \frac{1}{7}} + \frac{3 \cdot \frac{1}{7}}{(1 - \frac{1}{7})^2} \right] \cdot 4 = \frac{77}{3}.$$

Series hipergeométricas

La serie $\sum_{n=1}^{+\infty} a_n$ se dice que es *hipergeométrica* cuando es de términos positivos y verifica

$$\frac{a_{n+1}}{a_n} = \frac{\alpha n + \beta}{\alpha n + \gamma}, \qquad \text{con} \quad \alpha, \beta, \gamma \in \mathbb{R} \quad \text{y} \quad \alpha > 0.$$

Una serie de este tipo converge cuando es $\alpha < \gamma - \beta$, en virtud del criterio de Raabe, siendo su suma

$$s = \frac{-\gamma a_1}{\alpha + \beta - \gamma}.$$

■ **Ejemplo 9.62** La serie $\sum_{n=1}^{+\infty} \frac{1}{4n^2 - 1}$ puede escribirse en la forma

$$\sum_{n=1}^{+\infty} \frac{1}{4n^2 - 1} = \sum_{n=1}^{+\infty} \frac{1}{(2n-1)(2n+1)}$$

y en esta expresión es hipergeométrica ya que

$$\frac{a_{n+1}}{a_n} = \frac{\frac{1}{(2n+1)(2n+3)}}{\frac{1}{(2n-1)(2n+1)}} = \frac{2n-1}{2n+3} = \frac{\alpha n + \beta}{\alpha n + \gamma},$$

con $\alpha = 2$, $\beta = -1$ y $\gamma = 3$. La serie es convergente, pues $\alpha = 2 < \gamma - \beta = 3 - (-1) = 4$, y su suma es

$$s = \frac{\gamma a_1}{\alpha + \beta - \gamma} = \frac{-3 \cdot \frac{1}{3}}{2 - 1 - 3} = \frac{-1}{-2} = \frac{1}{2}.$$

Obsérvese que la suma hallada se puede obtener considerando que la serie es también telescópica ya que

$$\sum_{n=1}^{+\infty} \frac{1}{(2n-1)(2n+1)} = \sum_{n=1}^{+\infty} \frac{1}{2} \left[\frac{1}{2n-1} - \frac{1}{2n+1} \right]$$

y por tanto es

$$s_n = \sum_{k=1}^{n} a_k$$

$$= \frac{1}{2}\left[\left(\frac{1}{1}-\frac{1}{3}\right)+\left(\frac{1}{3}-\frac{1}{5}\right)+\left(\frac{1}{5}-\frac{1}{7}\right)+\cdots+\left(\frac{1}{2n-3}-\frac{1}{2n-1}\right)+\left(\frac{1}{2n-1}-\frac{1}{2n+1}\right)\right]$$

$$= \frac{1}{2}\left[1-\frac{1}{2n+1}\right]=\frac{1}{2}-\frac{1}{2}\cdot\frac{1}{2n+1}.$$

En consecuencia su suma resulta ser

$$s = \lim_{n} s_n = \lim_{n}\left[\frac{1}{2}-\frac{1}{2}\cdot\frac{1}{2n+1}\right]=\frac{1}{2}$$

y el resultado coincide con el obtenido anteriormente.

Otras series importantes

Existen otras técnicas no mencionadas para sumar series, lográndose algunas sumas aparentemente sorprendentes, entre otras, las siguientes:

$$\sum_{n=1}^{+\infty}\frac{(-1)^{n+1}}{n}=\ln 2, \qquad \sum_{n=1}^{+\infty}\frac{1}{n^2}=\frac{\pi^2}{6},$$

$$\sum_{n=1}^{+\infty}\frac{1}{(2n)^2}=\frac{\pi^2}{24}, \qquad \sum_{n=1}^{+\infty}\frac{1}{(2n-1)^2}=\frac{\pi^2}{8}, \qquad \sum_{n=1}^{+\infty}\frac{(-1)^{n+1}}{n^2}=\frac{\pi^2}{12}.$$

La justificación de las dos primeras se logra con los desarrollos en serie que veremos en la Sección 10.5, las otras tres sumas se obtienen fácilmente a partir de la segunda y se demostrarán en los Problemas resuelto 9.47 y propuesto 9.47.

PROBLEMAS RESUELTOS

9.1 Demuéstrese que $\lim_{n}\frac{n^3}{4n^3+1}=\frac{1}{4}$.

RESOLUCIÓN. La afirmación estará probada si $\forall\varepsilon>0$ se determina un número natural n_0 tal que $\forall n>n_0$ se verifica que $\left|\frac{n^3}{4n^3+1}-\frac{1}{4}\right|<\varepsilon$.

Como

$$\left|\frac{n^3}{4n^3+1}-\frac{1}{4}\right|<\varepsilon \;\;\Leftrightarrow\;\; \left|\frac{4n^3-4n^3-1}{16n^3+4}\right|<\varepsilon \;\;\Leftrightarrow\;\; \left|\frac{-1}{16n^3+4}\right|<\varepsilon \;\;\Leftrightarrow\;\; \frac{1}{16n^3+4}<\varepsilon,$$

al ser $\frac{1}{16n^3+4}<\frac{1}{16n^3}$, si hacemos $\frac{1}{16n^3}<\varepsilon$ se verifica la desigualdad inicial.

Como $\frac{1}{16n^3}<\varepsilon$ equivale a $n>\sqrt[3]{\frac{1}{16\varepsilon}}$, bastará tomar como n_0 la parte entera de esta cantidad aumentada en una unidad, es decir

$$n_0 = E\left[\sqrt[3]{\frac{1}{16\varepsilon}}\right]+1,$$

y por tanto es $n_0 > \sqrt[3]{\frac{1}{16\varepsilon}}$. Comprobémoslo

$$\left|\frac{n^3}{4n^3+1}-\frac{1}{4}\right|=\frac{1}{16n^3+1}<\frac{1}{16n^3}<\frac{1}{16n_0^3}<\frac{1}{16\left(\sqrt[3]{\frac{1}{16\varepsilon}}\right)^3}=\frac{1}{\frac{1}{\varepsilon}}=\varepsilon, \qquad \forall n>n_0.$$

En definitiva, hemos probado que $\forall \varepsilon > 0 \; \exists n_0(\varepsilon) = E\left[\sqrt[3]{\frac{1}{16n\varepsilon}}\right] + 1$ tal que se verifica $\left|\frac{n^3}{4n^3+1} - \frac{1}{4}\right| < \varepsilon, \forall n > n_0$, es decir, que $\lim_n \frac{n^3}{4n^3+1} = \frac{1}{4}$.

▶ **9.2** Demuéstrese que la sucesión de término general $a_n = \sqrt{2n+1} - \sqrt{2n-1}$ tiene límite, comprobando que es monótona decreciente y que está acotada inferiormente. Calcúlese el límite de la sucesión.

RESOLUCIÓN. La sucesión es monótona decreciente si es $a_k \geq a_{k+1}, \forall k \in \mathbb{N}$ o equivalentemente si es $\frac{a_k}{a_{k+1}} \geq 1, \forall k \in \mathbb{N}$, y vamos a analizarlo de este modo. Por definición de a_n es

$$\frac{a_k}{a_{k+1}} = \frac{\sqrt{2k+1} - \sqrt{2k-1}}{\sqrt{2k+3} - \sqrt{2k+1}},$$

si multiplicamos en numerador y denominador por los binomios irracionales cuadráticos conjugados de numerador y denominador y operamos se tiene

$$\frac{a_k}{a_{k+1}} = \frac{\left(\sqrt{2k+1} - \sqrt{2k-1}\right)\left(\sqrt{2k+1} + \sqrt{2k-1}\right)\left(\sqrt{2k+3} + \sqrt{2k+1}\right)}{\left(\sqrt{2k+3} - \sqrt{2k+1}\right)\left(\sqrt{2k+3} + \sqrt{2k+1}\right)\left(\sqrt{2k+1} + \sqrt{2k-1}\right)}$$

$$= \frac{\left[\left(\sqrt{2k+1}\right)^2 - \left(\sqrt{2k-1}\right)^2\right]\left(\sqrt{2k+3} + \sqrt{2k+1}\right)}{\left[\left(\sqrt{2k+3}\right)^2 - \left(\sqrt{2k+1}\right)^2\right]\left(\sqrt{2k+1} + \sqrt{2k-1}\right)}$$

$$= \frac{(2k+1-2k+1)\left(\sqrt{2k+3} + \sqrt{2k+1}\right)}{(2k+3-2k-1)\left(\sqrt{2k+1} + \sqrt{2k-1}\right)}$$

$$= \frac{2\left(\sqrt{2k+3} + \sqrt{2k+1}\right)}{2\left(\sqrt{2k+1} + \sqrt{2k-1}\right)} = \frac{\sqrt{2k+3} + \sqrt{2k+1}}{\sqrt{2k+1} + \sqrt{2k-1}} > 1, \quad \forall k \in \mathbb{N}.$$

La sucesión está acotada inferiormente por cero al ser $\sqrt{2n+1} - \sqrt{2n-1} > 0, \forall n \in \mathbb{N}$. Con estas dos afirmaciones resulta que la sucesión tiene límite. Calculemos su valor

$$\lim_n \left(\sqrt{2n+1} - \sqrt{2n-1}\right) = [\infty - \infty]$$

$$= \lim_n \frac{\left(\sqrt{2n+1} - \sqrt{2n-1}\right)\left(\sqrt{2n+1} + \sqrt{2n-1}\right)}{\sqrt{2n+1} + \sqrt{2n-1}}$$

$$= \lim_n \frac{\left(\sqrt{2n+1}\right)^2 - \left(\sqrt{2n-1}\right)^2}{\sqrt{2n+1} + \sqrt{2n-1}}$$

$$= \lim_n \frac{2n+1-2n+1}{\sqrt{2n+1} + \sqrt{2n-1}} = \lim_n \frac{2}{\sqrt{2n+1} + \sqrt{2n-1}} = 0.$$

¿Es casual que el límite coincida con la cota inferior considerada o necesariamente siempre es así? La respuesta está en el Problema propuesto 9.2.

▶ **9.3** Demuéstrese que la sucesión de término general

$$a_n = \frac{e^n + (-e)^n}{e^n}$$

no tiene límite, mientras que la de término general

$$b_n = \frac{e^n + (-e)^n}{\pi^n}$$

sí lo tiene y obténgase su valor.

RESOLUCIÓN. Para la primera sucesión $\{a_n\}$ el conjuto de sus términos es

$$\left\{\frac{e-e}{e}, \frac{e^2+e^2}{e^2}, \frac{e^3-e^3}{e^3}, \frac{e^4+e^4}{e^4}, \dots\right\} = \{0, 2, 0, 2, \dots\}$$

y por tanto la sucesión carece de límite al presentar el conjunto de sus términos dos puntos de acumulación y ninguno de estos verifica la definición de límite.

La sucesión $\{b_n\}$ es tal que, si dividimos en numerador y denominador por π^n para el cálculo de su límite, se tiene que

$$\lim_n b_n = \lim_n \frac{\frac{e^n}{\pi^n} + \frac{(-e)^n}{\pi^n}}{\frac{\pi^n}{\pi^n}} = \lim_n \frac{\left(\frac{e}{\pi}\right)^n + (-1)^n\left(\frac{e}{\pi}\right)^n}{1} = 0,$$

al ser $0 < \frac{e}{\pi} < 1$ y verificar que $\lim_n \left(\frac{e}{\pi}\right)^n = 0$.

9.4 Calcúlense los límites

$$\text{a) } \lim_n \sqrt{(n^2+1) + \sqrt{n^2+1}} - \sqrt{n^2+1}, \qquad \text{b) } \lim_n \left(\frac{\sqrt{n^2+1}}{\sqrt{n^2+2}}\right)^{\sqrt{n^2+3}}.$$

RESOLUCIÓN. a) Se trata de una indeterminación de la forma $[\infty - \infty]$. Multiplicando y dividiendo por el binomio irracional cuadrático conjugado y operando se tiene

$$\lim_n \sqrt{(n^2+1) + \sqrt{n^2+1}} - \sqrt{n^2+1} = [\infty - \infty] = \lim_n \frac{\left(\sqrt{(n^2+1)+\sqrt{n^2+1}}\right)^2 - \left(\sqrt{n^2+1}\right)^2}{\sqrt{(n^2+1)+\sqrt{n^2+1}} + \sqrt{n^2+1}}$$

$$= \lim_n \frac{(n^2+1) + \sqrt{n^2+1} - (n^2+1)}{\sqrt{(n^2+1)+\sqrt{n^2+1}} + \sqrt{n^2+1}}$$

$$= \lim_n \frac{\sqrt{n^2+1}}{\sqrt{(n^2+1)+\sqrt{n^2+1}} + \sqrt{n^2+1}} = \left[\frac{\infty}{\infty}\right]$$

$$= \lim_n \frac{\sqrt{1+\frac{1}{n^2}}}{\sqrt{1+\frac{1}{n^2}+\sqrt{\frac{1}{n^2}+\frac{1}{n^4}}} + \sqrt{1+\frac{1}{n^2}}} = \frac{1}{2}.$$

b) Es una indeterminación de la forma $[1^\infty]$. Haciendo

$$\lim_n \left(\frac{\sqrt{n^2+1}}{\sqrt{n^2+2}}\right)^{\sqrt{n^2+3}} = [1^\infty] = e^{\lim_n [(a_n-1)b_n]},$$

véase la Sección 9.1, como es

$$(a_n - 1)b_n = \left(\frac{\sqrt{n^2+1}}{\sqrt{n^2+2}} - 1\right)\sqrt{n^2+3} = \frac{\sqrt{n^2+1} - \sqrt{n^2+2}}{\sqrt{n^2+2}}\sqrt{n^2+3}$$

$$= \frac{\sqrt{n^2+3}}{\sqrt{n^2+2}} \frac{\left(\sqrt{n^2+1}\right)^2 - \left(\sqrt{n^2+2}\right)^2}{\sqrt{n^2+1} + \sqrt{n^2+2}} = \frac{\sqrt{n^2+3}}{\sqrt{n^2+2}} \frac{n^2+1-n^2-2}{\sqrt{n^2+1} + \sqrt{n^2+2}}$$

$$= \sqrt{\frac{n^2+3}{n^2+2}} \frac{-1}{\sqrt{n^2+1} + \sqrt{n^2+2}},$$

se tiene que

$$\lim_n (a_n - 1)b_n = \left(\lim_n \sqrt{\frac{n^2+3}{n^2+2}} \right) \left(\lim_n \frac{-1}{\sqrt{n^2+1} + \sqrt{n^2+2}} \right) = 1 \cdot 0 = 0,$$

y entrando en la primera expresión resulta finalmente que

$$\lim_n \left(\frac{\sqrt{n^2+1}}{\sqrt{n^2+2}} \right)^{\sqrt{n^2+3}} = e^0 = 1.$$

▶ **9.5** Analícese la convergencia de las sucesiones $\{a_n\}$ y $\{b_n\}$ cuyos términos generales son

$$a_n = 2^n n^3 - 2^{n+1} n^2 \qquad \text{y} \qquad b_n = \frac{2^n e^n + 3^n \pi^{-n}}{3^n \pi^n + 2^n e^{-n}}.$$

RESOLUCIÓN. El límite $\lim_n a_n = \lim_n (2^n n^3 - 2^{n+1} n^2)$ se presenta en la forma indeterminada $[\infty - \infty]$ y la indeterminación se resuelve de forma inmediata con sólo escribir a_n en la forma

$$a_n = 2^n n^3 - 2^{n+1} n^2 = 2^n n^2 (n - 2),$$

con lo cual es

$$\lim_n a_n = \lim_n \left[2^n n^2 (n-2) \right] = \left(\lim_n 2^n n^2 \right) \left(\lim_n (n-2) \right) = (+\infty)(+\infty) = +\infty$$

y por tanto la sucesión diverge a $+\infty$. La notación simbólica empleada expresa que el producto de dos sucesiones divergentes a $+\infty$ es otra sucesión también divergente a $+\infty$.

b) En la sucesión $\{b_n\}$ el límite se presenta en la forma indeterminada $[\frac{\infty}{\infty}]$. Para resolver la indeterminación dividimos numerador y denominador entre $3^n \pi^n$ resultando

$$\lim_n \frac{2^n e^n + 3^n \pi^{-n}}{3^n \pi^n + 2^n e^{-n}} = \lim_n \frac{\frac{2^n e^n}{3^n \pi^n} + \frac{3^n \pi^{-n}}{3^n \pi^n}}{\frac{3^n \pi^n}{3^n \pi^n} + \frac{2^n e^{-n}}{3^n \pi^n}} = \lim_n \frac{\left(\frac{2e}{3\pi} \right)^n + \frac{1}{\pi^{2n}}}{1 + \left(\frac{2}{3} \right)^n \frac{1}{(e\pi)^n}} = \frac{0}{1} = 0.$$

En consecuencia la sucesión $\{b_n\}$ converge a cero.

▶ **9.6** Considerando sucesiones $\{a_n\}$ de términos positivos convergentes al valor 1 y sucesiones $\{b_n\}$ divergentes a $+\infty$, obténganse ejemplos en los cuales la sucesión $\{a_n^{b_n}\}$ no tenga límite, tenga por límite un número real, diverja a $+\infty$.

RESOLUCIÓN. (1) La sucesión $\left(1 + \frac{1}{1}\right)^1, 1^1, \left(1 + \frac{1}{2}\right)^2, 1^2, \ldots, \left(1 + \frac{1}{n}\right)^n, 1^n, \ldots$, es del tipo $a_n^{b_n}$ y se presenta en la forma indeterminada $[1^\infty]$. Esta sucesión no converge ya que dos subsucesiones suyas como

$$\{c_n\} = \left\{ \left(1 + \frac{1}{1}\right)^1, \left(1 + \frac{1}{2}\right)^2, \ldots, \left(1 + \frac{1}{n}\right)^n, \ldots \right\}$$

y

$$\{d_n\} = \left\{ 1^1, 1^2, 1^3, \ldots, 1^n, \ldots \right\}$$

convergen respectivamente a los valores distintos e y 1.

(2) La sucesión $\{a_n\}$ de término general $a_n = 1$ y la sucesión $\{b_n\}$ de término general $b_n = n$ hacen que la sucesión $\{a_n^{b_n}\}$ se presente en la forma indeterminada $[1^\infty]$ siendo convergente ya que es $\{a_n^{b_n}\} = \{1, 1, \ldots, 1, \ldots\}$ y por tanto $\lim_n a_n^{b_n} = 1$.

(3) Considerando las sucesiones $\{a_n\}$, siendo $a_n = 1 + \frac{1}{n}$, y $\{b_n\}$ con $b_n = n^2$, también la sucesión $\left\{ a_n^{b_n} \right\} = \left\{ \left(1 + \frac{1}{n} \right)^{n^2} \right\}$ se presenta en la forma indeterminada $[1^\infty]$, siendo en este caso

$$\lim_n a_n^{b_n} = \lim_n \left(1 + \frac{1}{n} \right)^{n^2} = \lim_n \left[\left(1 + \frac{1}{n} \right)^n \right]^n = \left[\lim_n \left(1 + \frac{1}{n} \right)^n \right]^{\lim_n n} = e^{+\infty} = +\infty$$

y la sucesión es divergente.

9.7 Calcúlese el límite

$$\lim_n \frac{1^2 + 2^2 + 3^2 + \cdots + n^2}{3n^3}.$$

RESOLUCIÓN. *Primer método:*

Considerando las sucesiones $\{a_n\} = \{1^2 + 2^2 + \cdots + n^2\}$ y $\{b_n\} = \{3n^3\}$, como la sucesión $\{b_n\}$ es monótona creciente con $\lim_n b_n = +\infty$, podemos ensayar el criterio de Stolz. El límite pedido se escribe como $\lim_n \frac{a_n}{b_n}$. Si existe el límite de la sucesión $\frac{a_n - a_{n-1}}{b_n - b_{n-1}}$ entonces se verifica que es

$$\lim_n \frac{a_n}{b_n} = \lim_n \frac{a_n - a_{n-1}}{b_n - b_{n-1}}.$$

Calculando este último límite se obtiene

$$\lim_n \frac{a_n - a_{n-1}}{b_n - b_{n-1}} = \lim_n \frac{\left[1^2 + 2^2 + \cdots + (n-1)^2 + n^2 \right] - \left[1^2 + 2^2 + \cdots + (n-1)^2 \right]}{3n^3 - 3(n-1)^3}$$

$$= \lim_n \frac{n^2}{3n^3 - 3(n^3 - 3n^2 + 3n - 1)} = \lim_n \frac{n^2}{9n^2 - 9n + 3} = \frac{1}{9}.$$

Segundo método:

Teniendo en cuenta que es $1^2 + 2^2 + \cdots + n^2 = \frac{1}{6} n(n+1)(2n+1)$, véase Problema propuesto 1.11, se tiene que

$$\lim_n \frac{1^2 + 2^2 + \cdots + n^2}{3n^3} = \lim_n \frac{\frac{1}{6} n(n+1)(2n+1)}{3n^3} = \lim_n \frac{n(n+1)(2n+1)}{18n^3} = \frac{2}{18} = \frac{1}{9}.$$

9.8 Demuéstrese el teorema de Cauchy relativo al límite de la sucesión media aritmética de una sucesión dada y que dice: *Si la sucesión $\{a_n\}$ es tal que* $\lim_n a_n = L$*, entonces es*

$$\lim_n \frac{a_1 + a_2 + \cdots + a_n}{n} = L.$$

Como aplicación calcúlese el límite

$$\lim_n \left[\frac{3}{2n} + \frac{5}{3n} + \frac{7}{4n} + \cdots + \frac{2n+1}{n(n+1)} \right].$$

RESOLUCIÓN. A partir de la sucesión $\{a_n\}$ consideramos la sucesión de término general $\frac{a_1 + a_2 + \cdots + a_n}{n}$ y aplicando el criterio de Stolz se tiene que

$$\lim_n \frac{a_1 + a_2 + \cdots + a_n}{n} = \lim_n \frac{(a_1 + a_2 + \cdots + a_{n-1} + a_n) - (a_1 + a_2 + \cdots + a_{n-1})}{n - (n-1)}$$

$$= \lim_n \frac{a_n}{1} = \lim_n a_n = L,$$

lo que prueba el teorema. El límite pedido se puede calcular a partir del teorema anterior en la forma

$$\lim_n \left[\frac{3}{2n} + \frac{5}{3n} + \frac{7}{4n} + \cdots + \frac{2n+1}{n(n+1)} \right] = \lim_n \frac{\frac{3}{2} + \frac{5}{3} + \frac{7}{4} + \cdots + \frac{2n+1}{n+1}}{n} = \lim_n \frac{2n+1}{n+1} = 2,$$

pues basta considerar que si la sucesión $\{a_n\}$ es $a_n = \frac{2n+1}{n+1}$, se tiene que sus términos son $a_1 = \frac{3}{2}$, $a_2 = \frac{5}{3}$, $a_3 = \frac{7}{4}, \ldots$

▶ 9.9 Calcúlense los siguientes límites:

$$\text{a) } \lim_n \frac{\binom{n}{1} + \binom{n}{2} + \cdots + \binom{n}{n-1} + \binom{n}{n}}{1 + 3 + 9 + 27 + \cdots + 3^{n-1}}, \qquad \text{b) } \lim_n \frac{1^1 + 3^3 + 5^5 + 7^7 + \cdots + (2n-1)^{2n-1}}{2^2 + 4^4 + 6^6 + \cdots + (2n)^{2n}}.$$

RESOLUCIÓN. a) En el numerador aparece la suma de la fila n-ésima del triángulo de Tartaglia excepto el primer sumando. Como es

$$\binom{n}{0} + \binom{n}{1} + \binom{n}{2} + \cdots + \binom{n}{n-1} + \binom{n}{n} = 2^n,$$

se tiene que

$$\binom{n}{1} + \binom{n}{2} + \cdots + \binom{n}{n-1} + \binom{n}{n} = 2^n - \binom{n}{0} = 2^n - 1.$$

La expresión del denominador es la suma de los n primeros términos de una progresión geométrica de razón 3 y por tanto

$$1 + 3 + 9 + 27 + \cdots + 3^{n-1} = \frac{3^n - 1}{3 - 1} = \frac{3^n - 1}{2}.$$

Entrando con estos valores en el límite pedido queda

$$\lim_n \frac{\binom{n}{1} + \binom{n}{2} + \cdots + \binom{n}{n-1} + \binom{n}{n}}{1 + 3 + 9 + 27 + \cdots + 3^{n-1}} = \lim_n \frac{2^n - 1}{\frac{3^n - 1}{2}} = \lim_n \frac{2(2^n - 1)}{3^n - 1}$$

$$= 2 \lim_n \frac{2^n - 1}{3^n - 1} = \left[\frac{\infty}{\infty} \right] = 2 \lim_n \frac{\left(\frac{2}{3}\right)^n - \frac{1}{3^n}}{1 - \frac{1}{3^n}} = 2 \cdot 0 = 0.$$

b) Aplicando el criterio de Stolz se tiene

$$\lim_n \frac{1^1 + 3^3 + 5^5 + 7^7 + \cdots + (2n-1)^{2n-1}}{2^2 + 4^4 + 6^6 + \cdots + (2n)^{2n}} = \lim_n \frac{(2n-1)^{2n-1}}{(2n)^{2n}} = \lim_n \frac{(2n-1)^{2n-1}}{(2n)^{2n-1}2n}$$

$$= \lim_n \left[\left(\frac{2n-1}{2n} \right)^{2n-1} \frac{1}{2n} \right]$$

$$= \left[\lim_n \left(\frac{2n-1}{2n} \right)^{2n-1} \right] \left[\lim_n \frac{1}{2n} \right]$$

$$= e^{\lim_n \left(\frac{2n-1}{2n} - 1 \right)(2n-1)} \cdot 0$$

$$= 0 \cdot e^{\lim_n \frac{-2n+1}{2n}} = 0 \cdot e^{-1} = 0.$$

▶ 9.10 Calcúlese los límites

$$\text{a) } \lim_n \left(3n^2 + 2n + 1 \right)^{\frac{1}{\ln(5n+2)}}, \qquad \text{b) } \lim_n \frac{3^1 + 5^2 + 7^3 + \cdots + (2n+1)^n}{2^1 + 4^2 + 6^3 + \cdots + (2n)^n}.$$

RESOLUCIÓN. a) Se trata de una indeterminación del tipo $[\infty^0]$. Para calcular el límite propuesto, al ser

$$L = \lim_n a_n^{b_n} = \lim_n e^{\ln a_n^{b_n}} = \lim_n e^{b_n \ln a_n} = e^{\lim_n [b_n \ln a_n]} = e^{\lambda},$$

calculemos

$$\lambda = \lim_n \frac{\ln(3n^2 + 2n + 1)}{\ln(5n + 2)} = \lim_n \frac{\ln\left[n^2\left(3 + \frac{2}{n} + \frac{1}{n^2}\right)\right]}{\ln\left[n\left(5 + \frac{2}{n}\right)\right]} = \lim_n \frac{\ln n^2 + \ln\left(3 + \frac{2}{n} + \frac{1}{n^2}\right)}{\ln n + \ln\left(5 + \frac{2}{n}\right)}$$

$$= \lim_n \frac{2\ln n + \ln\left(3 + \frac{2}{n} + \frac{1}{n^2}\right)}{\ln n + \ln\left(5 + \frac{2}{n}\right)} = \left[\frac{\infty}{\infty}\right] = \lim_n \frac{2 + \frac{\ln\left(2 + \frac{2}{n} + \frac{1}{n^2}\right)}{\ln n}}{1 + \frac{\ln\left(5 + \frac{2}{n}\right)}{\ln n}} = \frac{2 + 0}{1 + 0} = 2,$$

y por tanto es $L = e^{\lambda} = e^2$.

b) Aplicando el criterio de Stolz

$$\lim_n \frac{3^1 + 5^2 + 7^3 + \cdots + (2n+1)^n}{2^1 + 4^2 + 6^3 + \cdots + (2n)^n} = \lim_n \frac{(2n+1)^n}{(2n)^n} = \lim_n \left(\frac{2n+1}{2n}\right)^n = \lim_n \left(1 + \frac{1}{2n}\right)^n$$

$$= \lim_n \left[\left(1 + \frac{1}{2n}\right)^{2n}\right]^{\frac{1}{2}} = \left[\lim_n \left(1 + \frac{1}{2n}\right)^{2n}\right]^{\frac{1}{2}} = e^{\frac{1}{2}} = \sqrt{e}.$$

9.11 Obténgase

$$L = \lim_n \left(\frac{1}{n^2}\left[\frac{1}{2} + \frac{3^3}{4^2} + \frac{5^4}{6^3} + \cdots + \frac{(2n-1)^{n+1}}{(2n)^n}\right]\right).$$

RESOLUCIÓN. La expresión dada se puede escribir como

$$L = \lim_n \frac{\frac{1}{2} + \frac{3^3}{4^2} + \frac{5^4}{6^3} + \cdots + \frac{(2n-1)^{n+1}}{(2n)^n}}{n^2} = \lim_n \frac{a_n}{b_n}$$

y puesto que la sucesión $\{b_n\} = \{n^2\}$ es monótona creciente con $\lim_n b_n = +\infty$, ensayamos el criterio de Stolz y resulta

$$L = \lim_n \frac{a_n}{b_n} = \lim_n \frac{a_n - a_{n-1}}{b_n - b_{n-1}} = \lim_n \frac{\frac{(2n-1)^{n+1}}{(2n)^n}}{n^2 - (n-1)^2} = \lim_n \frac{(2n-1)(2n-1)^n}{(n^2 - n^2 + 2n - 1)(2n)^n}$$

$$= \lim_n \frac{(2n-1)(2n-1)^n}{(2n-1)(2n)^n} = \lim_n \left(\frac{2n-1}{2n}\right)^n = [1^{\infty}]$$

$$= e^{\lim_n \left(\frac{2n-1}{2n} - 1\right)n} = e^{\lim_n \frac{2n-1-2n}{2n}n} = e^{\lim_n \frac{-n}{2n}} = e^{-\frac{1}{2}} = \frac{1}{\sqrt{e}}.$$

9.12 Determínense los límites

a) $\lim_n \left[\frac{4}{2n} + \frac{7}{2 \cdot 2n} + \frac{10}{2 \cdot 3n} + \cdots + \frac{3n+1}{2n^2}\right]$,   b) $\lim_n \sqrt[n]{\frac{4}{2 \cdot 1} \cdot \frac{7}{2 \cdot 2} \cdot \frac{10}{2 \cdot 3} \cdots \frac{3n+1}{2n}}$.

RESOLUCIÓN. a) El límite pedido se puede escribir en la forma

$$\lim_n \left[\frac{4}{2n} + \frac{7}{2 \cdot 2n} + \frac{10}{2 \cdot 3n} + \cdots + \frac{3n+1}{2n^2} \right] = \lim_n \frac{\frac{4}{1} + \frac{7}{2} + \frac{10}{3} + \cdots + \frac{3n+1}{n}}{2n}$$

$$= \lim_n \frac{1}{2} \left(\frac{\frac{4}{1} + \frac{7}{2} + \frac{10}{3} + \cdots + \frac{3n+1}{n}}{n} \right)$$

$$= \frac{1}{2} \lim_n \frac{\frac{4}{1} + \frac{7}{2} + \frac{10}{3} + \cdots + \frac{3n+1}{n}}{n}$$

$$= \frac{1}{2} \lim_n \frac{a_1 + a_2 + \cdots + a_n}{n} = \frac{1}{2} \lim_n a_n$$

$$= \frac{1}{2} \lim_n \frac{3n+1}{n} = \frac{1}{2} \cdot 3 = \frac{3}{2},$$

por la propiedad de la media aritmética.

b) Por observación directa se tiene

$$\lim_n \sqrt[n]{\frac{4}{2 \cdot 1} \cdot \frac{7}{2 \cdot 2} \cdot \frac{10}{2 \cdot 3} \cdots \frac{3n+1}{2n}} = \lim_n \sqrt[n]{\frac{1}{2^n} \left(\frac{4}{1} \cdot \frac{7}{2} \cdot \frac{10}{3} \cdots \frac{3n+1}{n} \right)}$$

$$= \left(\lim_n \sqrt[n]{\left(\frac{1}{2} \right)^n} \right) \left(\lim_n \sqrt[n]{\frac{4}{1} \cdot \frac{7}{2} \cdot \frac{10}{3} \cdots \frac{3n+1}{n}} \right)$$

$$= \frac{1}{2} \lim_n \sqrt[n]{\frac{4}{1} \cdot \frac{7}{2} \cdot \frac{10}{3} \cdots \frac{3n+1}{n}} = \frac{1}{2} \lim_n \sqrt[n]{a_1 a_2 \ldots a_n}$$

$$= \frac{1}{2} \lim_n a_n = \frac{1}{2} \lim_n \frac{3n+1}{n} = \frac{1}{2} \cdot 3 = \frac{3}{2},$$

donde se ha tenido en cuenta la propiedad de la media geométrica, véase Problema Propuesto 9.8.

▶ **9.13** Siendo p un número natural, calcúlese el valor del límite

$$\lim_n \left(\sqrt[p]{n^{2p} + 2n^p} - \sqrt[p]{n^{2p} + n^p} \right).$$

RESOLUCIÓN. La expresión de la que se pretende calcular el límite se puede escribir en la forma

$$\sqrt[p]{n^{2p} + 2n^p} - \sqrt[p]{n^{2p} + n^p} = \left(n^{2p} + 2n^p \right)^{\frac{1}{p}} - \left(n^{2p} + n^p \right)^{\frac{1}{p}}$$

$$= \left[n^{2p} \left(1 + \frac{2n^p}{n^{2p}} \right) \right]^{\frac{1}{p}} - \left[n^{2p} \left(1 + \frac{n^p}{n^{2p}} \right) \right]^{\frac{1}{p}}$$

$$= n^2 \left(1 + \frac{2n^p}{n^{2p}} \right)^{\frac{1}{p}} - n^2 \left(1 + \frac{n^p}{n^{2p}} \right)^{\frac{1}{p}} = n^2 \left(1 + \frac{2}{n^p} \right)^{\frac{1}{p}} - n^2 \left(1 + \frac{1}{n^p} \right)^{\frac{1}{p}}.$$

Desarrollando por la fórmula del binomio de Newton y teniendo en cuenta el valor del número combinatorio de índice superior no entero

$$\binom{\alpha}{k} = \frac{\alpha \cdot (\alpha - 1) \cdots [\alpha - (k-1)]}{k!},$$

se obtiene que

$$\sqrt[p]{n^{2p} + 2n^p} - \sqrt[p]{n^{2p} + n^p}$$

$$= n^2 \left[1 + \binom{1/p}{1} \frac{2}{n^p} + \binom{1/p}{2} \left(\frac{2}{n^p} \right)^2 + \cdots \right] - n^2 \left[1 + \binom{1/p}{1} \frac{1}{n^p} + \binom{1/p}{2} \left(\frac{1}{n^p} \right)^2 + \cdots \right]$$

$$= n^2 \left[\frac{1}{p} \frac{1}{n^p} + \frac{\frac{1}{p}\left(\frac{1}{p} - 1 \right)}{2!} \frac{3}{n^{2p}} + \cdots \right] = \frac{1}{p} \frac{n^2}{n^p} + \frac{\frac{1}{p}\left(\frac{1}{p} - 1 \right)}{2!} \frac{3n^2}{n^{2p}} + \cdots$$

Con la igualdad obtenida el límite pedido resulta ser

$$\lim_n \left(\sqrt[p]{n^{2p} + 2n^p} - \sqrt[p]{n^{2p} + n^p} \right) = \lim_n \left(\frac{1}{p} \frac{n^2}{n^p} + \frac{\frac{1}{p}\left(\frac{1}{p} - 1 \right)}{2!} \frac{3n^2}{n^{2p}} + \cdots \right) = \begin{cases} \frac{1}{2}, & \text{si } p = 2, \\ 0, & \text{si } p > 2. \end{cases}$$

9.14 Aplicando la definición, analícese el carácter de la serie $\sum_{n=1}^{+\infty} \frac{n}{(n+1)!}$.

RESOLUCIÓN. El término general de la serie puede escribirse en la forma

$$a_n = \frac{n}{(n+1)!} = \frac{(n+1) - 1}{(n+1)!} = \frac{n+1}{(n+1)!} - \frac{1}{(n+1)!} = \frac{1}{n!} - \frac{1}{(n+1)!},$$

en consecuencia el término general de la sucesión de sumas parciales $\{s_n\}$ asociada a la serie es tal que su término general puede escribirse como

$$s_n = \sum_{k=1}^{n} a_k = a_1 + a_2 + \cdots + a_n$$

$$= \left(\frac{1}{1!} - \frac{1}{2!} \right) + \left(\frac{1}{2!} - \frac{1}{3!} \right) + \cdots + \left(\frac{1}{(n-1)!} - \frac{1}{n!} \right) + \left(\frac{1}{n!} - \frac{1}{(n+1)!} \right) = 1 - \frac{1}{(n+1)!},$$

es decir, la serie tiene la propiedad telescópica y por tanto resulta inmediato que

$$\lim_n s_n = \lim_n \left[1 - \frac{1}{(n+1)!} \right] = 1 \in \mathbb{R}.$$

En consecuencia la serie es convergente y su suma vale 1, es decir,

$$\sum_{n=1}^{+\infty} \frac{n}{(n+1)!} = 1.$$

9.15 Pruébese que si la serie $\sum_{n=1}^{+\infty} a_n$ converge, entonces es $\lim_n a_n = 0$ y póngase un contraejemplo que asegure la falsedad de la proposición recíproca.

RESOLUCIÓN. Si $\{s_n\}$ es la sucesión de sumas parciales de la serie, se verifica que $a_n = s_n - s_{n-1}$ por definición de s_n. Si la serie converge se tiene que es $\lim_n s_n = s \in \mathbb{R}$, y por la igualdad anterior al tomar límites resulta que

$$\lim_n a_n = \lim_n s_n - \lim_n s_{n-1} = s - s = 0,$$

y queda probada la condición necesaria.

Si consideramos la serie $\sum_{n=1}^{+\infty} \frac{1}{\sqrt{n+1} + \sqrt{n}}$, se verifica que

$$\lim_n a_n = \lim_n \frac{1}{\sqrt{n+1} + \sqrt{n}} = 0.$$

Pero, por otra parte, al considerar que es

$$a_n = \frac{1}{\sqrt{n+1}+\sqrt{n}} = \frac{\sqrt{n+1}-\sqrt{n}}{\left(\sqrt{n+1}+\sqrt{n}\right)\left(\sqrt{n+1}-\sqrt{n}\right)} = \frac{\sqrt{n+1}-\sqrt{n}}{n+1-n} = \sqrt{n+1}-\sqrt{n},$$

resulta que el término general de la sucesión de sumas parciales de la serie dada es

$$s_n = \sum_{k=1}^{n} a_k = a_1 + a_2 + \cdots + a_n$$

$$= \left(\sqrt{2}-\sqrt{1}\right) + \left(\sqrt{3}-\sqrt{2}\right) + \cdots + \left(\sqrt{n}-\sqrt{n-1}\right) + \left(\sqrt{n+1}-\sqrt{n}\right) = \sqrt{n+1}-1,$$

por tanto se tiene que $\lim_n s_n = +\infty$ y la serie diverge.

▶ **9.16** De una serie $\sum_{n=1}^{+\infty} a_n$ se sabe que el término general de su sucesión de sumas parciales es $s_n = \frac{2n-1}{2n+1}$. Determínese el carácter de la serie y encuéntrense sus términos.

RESOLUCIÓN. Como es $\lim_n s_n = \lim_n \frac{2n-1}{2n+1} = 1$, la serie dada es convergente y su suma vale 1, es decir, $\sum_{n=1}^{+\infty} a_n = 1$.

De la definición de $\{s_n\}$ se tiene que es $a_n = s_n - s_{n-1}$ para $n \geq 2$, por tanto es

$$a_n = \frac{2n-1}{2n+1} - \frac{2n-3}{2n-1}$$

$$= \frac{(2n-1)^2 - (2n+1)(2n-3)}{(2n+1)(2n-1)} = \frac{4n^2 - 4n + 1 - 4n^2 + 4n + 3}{(2n+1)(2n-1)} = \frac{4}{4n^2 - 1},$$

para $n \geq 2$.

Nos falta conocer el primer término de la serie que resulta de s_n al ser $a_1 = s_1 = \frac{2 \cdot 1 - 1}{2 \cdot 1 + 1} = \frac{1}{3}$, por tanto la serie pedida es

$$\sum_{n=1}^{+\infty} a_n = a_1 + \sum_{n=2}^{+\infty} a_n = \frac{1}{3} + \sum_{n=2}^{+\infty} \frac{4}{4n^2 - 1}.$$

▶ **9.17** Demuéstrese la condición necesaria y suficiente de Cauchy para la convergencia de una serie, y mediante ella pruébese que la serie $\sum_{n=1}^{+\infty} \frac{1}{n+3}$ es divergente.

RESOLUCIÓN. Como $a_{n+1} + a_{n+2} + \cdots + a_{n+k} = s_{n+k} - s_n$, la condición

$$|a_{n+1} + a_{n+2} + \cdots + a_{n+k}| < \varepsilon$$

equivale a $|s_{n+k} - s_n| < \varepsilon$.

La propiedad de que $\forall \varepsilon > 0, \exists n_0 \in \mathbb{N}$ tal que $\forall n \in \mathbb{N}$ con $n > n_0$ y $\forall k \in \mathbb{N}$ se verifica que $|s_{n+k} - s_n| < \varepsilon$, equivale a que la sucesión de sumas parciales $\{s_n\}$ de la serie $\sum_{n=1}^{+\infty} a_n$ sea de Cauchy lo cual a su vez equivale a que la sucesión $\{s_n\}$ sea convergente y esto nos muestra que la serie $\sum_{n=1}^{+\infty} a_n$ converge.

Recuérdese que sucesión de números reales convergente equivale a ser sucesión fundamental o de Cauchy.

La divergencia de $\sum_{n=1}^{+\infty} \frac{1}{n+3}$ queda probada si $\exists \varepsilon > 0$ tal que $\forall n \in \mathbb{N}$, $\exists k$ tal que $|s_{n+k} - s_n| > \varepsilon$. Tomando $\varepsilon = \frac{1}{4}$ y $\forall n \in \mathbb{N}$ eligiendo $k = n + 3$, es

$$
\begin{aligned}
|a_{n+1} + a_{n+2} + \cdots + a_{n+k}| &= |a_{n+1} + a_{n+2} + \cdots + a_{n+(n+3)}| \\
&= \left| \frac{1}{(n+1)+3} + \frac{1}{(n+2)+3} + \cdots + \frac{1}{[n+(n+3)]+3} \right| \\
&= \left| \frac{1}{(n+3)+1} + \frac{1}{(n+3)+2} + \cdots + \frac{1}{(n+3)+(n+3)} \right| \\
&\geq \left| \frac{1}{(n+3)+(n+3)} + \frac{1}{(n+3)+(n+3)} + \overset{(n+3)}{\cdots} + \frac{1}{(n+3)+(n+3)} \right| \\
&= \left| \frac{n+3}{2(n+3)} \right| = \frac{1}{2} > \varepsilon = \frac{1}{4}.
\end{aligned}
$$

9.18 Mediante la condición necesaria y suficiente de Cauchy, pruébese la divergencia de la serie armónica $\sum_{n=1}^{+\infty} \frac{1}{n}$.

RESOLUCIÓN. Sea $\varepsilon = \frac{1}{4}$ y $\forall n \in \mathbb{N}$, si tomamos $k = n$ resulta que

$$
\begin{aligned}
|a_{n+1} + a_{n+2} + \cdots + a_{n+k}| &= |a_{n+1} + a_{n+2} + \cdots + a_{2n}| = \left| \frac{1}{n+1} + \frac{1}{n+2} + \cdots + \frac{1}{2n} \right| \\
&\geq \left| \frac{1}{2n} + \frac{1}{2n} + \cdots + \frac{1}{2n} \right| = \left| \frac{n}{2n} \right| = \frac{1}{2},
\end{aligned}
$$

y no se verifica la condición, ya que $\frac{1}{2} > \varepsilon = \frac{1}{4}$.

9.19 Analícese la convergencia de la serie

$$
\sum_{n=1}^{+\infty} 2^n \, \text{sen} \left(\left(1 + \frac{1}{n} \right)^2 \frac{\pi}{2} \right).
$$

RESOLUCIÓN. Si $n \to +\infty$ entonces $\left(1 + \frac{1}{n} \right)^2 \to 1$ y $\text{sen} \left(\left(1 + \frac{1}{n} \right)^2 \frac{\pi}{2} \right) \to \text{sen} \frac{\pi}{2} = 1$. En consecuencia es

$$
\lim_n a_n = \lim_n 2^n \, \text{sen} \left(\left(1 + \frac{1}{n} \right)^2 \frac{\pi}{2} \right) \neq 0
$$

y la serie diverge al incumplir la condición necesaria de convergencia.

9.20 Demuéstrese que si es $p > 1$ la serie $\sum_{n=1}^{+\infty} \frac{1}{n^p}$ es convergente.

RESOLUCIÓN. Vamos a probarlo mediante el primer criterio de comparación. Dada la serie

$$
\sum_{n=1}^{+\infty} a_n = \sum_{n=1}^{+\infty} \frac{1}{n^p} = 1 + \frac{1}{2^p} + \frac{1}{3^p} + \frac{1}{4^p} + \ldots
$$

consideramos la serie

$$
\sum_{n=1}^{+\infty} b_n = 1 + \frac{1}{2^p} + \frac{1}{2^p} + \frac{1}{4^p} + \frac{1}{4^p} + \frac{1}{4^p} + \frac{1}{4^p} + \ldots
$$

y se verifica que

$$0 \le a_n = \frac{1}{n^p} \le b_n, \qquad \forall n \in \mathbb{N}.$$

Veamos ahora que la serie $\sum_{n=1}^{+\infty} b_n$ es convergente, lo cual con la desigualdad anterior y el primer criterio de comparación se garantiza la convergencia de $\sum_{n=1}^{+\infty} a_n$.

Si en la serie $\sum_{n=1}^{+\infty} b_n$ agrupamos sus términos en la forma

$$\sum_{n=1}^{+\infty} b_n = 1 + \frac{1}{2^p} + \frac{1}{2^p} + \frac{1}{4^p} + \frac{1}{4^p} + \frac{1}{4^p} + \frac{1}{4^p} + \dots$$

$$= 1 + 2\frac{1}{2^p} + 4\frac{1}{4^p} + 8\frac{1}{8^p} + \dots$$

$$= 1 + \frac{1}{2^{p-1}} + \frac{1}{4^{p-1}} + \frac{1}{8^{p-1}} + \dots$$

$$= 1 + \frac{1}{2^{p-1}} + \left(\frac{1}{2^{p-1}}\right)^2 + \left(\frac{1}{2^{p-1}}\right)^3 + \dots + \left(\frac{1}{2^{p-1}}\right)^{n-1} + \dots$$

se tiene que $\sum_{n=1}^{+\infty} b_n$ es una serie geométrica de razón $r = \frac{1}{2^{p-1}}$ y es convergente ya que $|r| = \frac{1}{2^{p-1}} < 1$, al ser $p > 1$.

▶ **9.21** Obténgase la fracción generatriz de cada una de las expresiones decimales siguientes:

a) $0,333\dots,$ b) $3,547\,547\dots,$ c) $2,816\,436\,43\dots$

RESOLUCIÓN. a) El número dado se puede escribir como una suma infinita en la forma

$$0,333\dots = 0,3 + 0,03 + 0,003 + \dots = \frac{3}{10} + \frac{3}{100} + \frac{3}{1000} + \dots$$

$$= \frac{3}{10} + \frac{3}{10^2} + \frac{3}{10^3} + \dots = \frac{3}{10} + \frac{3}{10} \cdot \frac{1}{10} + \frac{3}{10} \cdot \left(\frac{1}{10}\right)^2 + \dots$$

y se tiene una serie geométrica $\sum_{n=1}^{+\infty} ar^{n-1}$ en la cual es $a = \frac{3}{10}$ y $r = \frac{1}{10}$ y por tanto su suma es

$$s = \frac{\frac{3}{10}}{1 - \frac{1}{10}} = \frac{\frac{3}{10}}{\frac{9}{10}} = \frac{1}{3},$$

con lo cual $0,333\dots = \frac{1}{3}$.

Recordemos que con recursos aún más elementales se puede obtener la fracción buscada haciendo

$$x = 0,333\dots,$$

multiplicando por 10 la igualdad anterior se tiene

$$10x = 3,33\dots$$

y restando de la segunda la primera queda $9x = 3$, de donde es $x = \frac{3}{9} = \frac{1}{3}$.

b) Se tiene que

$$3,547\,547\dots = 3 + 0,547 + 0,000\,547 + 0,000\,000\,547 + \dots$$

$$= 3 + \frac{547}{1000} + \frac{547}{1000^2} + \frac{547}{1000^3} + \dots = 3 + 547 \left(\frac{1}{10^3} + \frac{1}{10^6} + \frac{1}{10^9} + \dots\right)$$

$$= 3 + 547 \frac{\frac{1}{10^3}}{1 - \frac{1}{10^3}} = 3 + 547 \frac{1}{999} = 3 + \frac{547}{999} = \frac{3544}{999}.$$

c) En este caso es

$$2,81\,643\,643\ldots = 2,81 + 0,00\,643 + 0,00\,000\,643 + \cdots$$

$$= \frac{281}{100} + \frac{1}{100}\left(0,643 + 0,000\,643 + \cdots\right) = \frac{281}{100} + \frac{643}{100}\left(\frac{1}{10^3} + \frac{1}{10^6} + \cdots\right)$$

$$= \frac{281}{100} + \frac{643}{100}\frac{\frac{1}{10^3}}{1 - \frac{1}{10^3}} = \frac{281}{100} + \frac{643}{100}\frac{1}{999} = \frac{281}{100} + \frac{643}{99\,900} = \frac{140\,681}{49\,950}.$$

9.22 Demuéstrese el llamado *primer criterio de comparación* para series de términos no negativos. Mediante este criterio decídase el carácter de la serie $\sum_{n=1}^{+\infty} \frac{n+1}{n}$.

RESOLUCIÓN. El primer criterio de comparación dice que si $\sum_{n=1}^{+\infty} a_n$ y $\sum_{n=1}^{+\infty} b_n$ son dos series de términos no negativos tales que existe un número $p \in \mathbb{N}$ tal que para cualquier $n \geq p$ es $0 \leq a_n \leq b_n$, entonces

1. si $\displaystyle\sum_{n=1}^{+\infty} b_n$ converge, entonces $\displaystyle\sum_{n=1}^{+\infty} a_n$ converge.

2. si $\displaystyle\sum_{n=1}^{+\infty} a_n$ diverge, entonces $\displaystyle\sum_{n=1}^{+\infty} b_n$ diverge.

Para demostrarlo sean $\{s_n\}$ y $\{s_n^*\}$ las sucesiones de sumas parciales respectivas de las series, considerando $n \geq p$ se tiene que

$$s_n - s_p = a_{p+1} + a_{p+2} + \cdots + a_n \qquad \text{y que} \qquad s_n^* - s_p^* = b_{p+1} + b_{p+2} + \cdots + b_n$$

y se verifica que $\forall n \geq p$ es

$$s_n - s_p \leq s_n^* - s_p^* \tag{9.1}$$

y por tanto es $s_n \leq s_n^* - (s_p^* - s_p)$.

Si $\sum_{n=1}^{+\infty} b_n$ es convergente entonces $\{s_n^*\}$ es una sucesión acotada, y por lo anterior $\{s_n\}$ también será acotada y al ser monótona creciente existe $\lim_n s_n = s \in \mathbb{R}$ y por tanto $\sum_{n=1}^{+\infty} a_n$ es convergente.

Si $\sum_{n=1}^{+\infty} a_n$ es divergente de (9.1) se tiene que

$$s_n^* \geq s_n + (s_p^* - s_p) \tag{9.2}$$

y como $\{s_n\}$ no está acotada, por (9.2) se tiene que $\{s_n^*\}$ no está acotada, es decir $\lim_n s_n^* = +\infty$ y por tanto $\sum_{n=1}^{+\infty} b_n$ diverge.

La serie $\sum_{n=1}^{+\infty} \frac{n+1}{n}$ es divergente ya que $\lim_n \frac{n+1}{n} = 1 \neq 0$. Como nos piden decidir el carácter por el primer criterio de comparación hemos de encontrar una serie divergente de forma que nuestra serie tenga términos mayores a partir de un lugar.

Considerando la serie $\sum_{n=1}^{+\infty} \frac{1}{n}$, cuya divergencia conocemos del Problema resuelto 9.18, podemos escribir

$$\frac{n+1}{n} = 1 + \frac{1}{n}, \qquad \forall n \in \mathbb{N}, \qquad \text{es decir,} \qquad \frac{n+1}{n} \geq \frac{1}{n}, \qquad \forall n \in \mathbb{N},$$

y como $\sum_{n=1}^{+\infty} \frac{1}{n}$ diverge, en virtud del primer criterio de comparación, la serie $\sum_{n=1}^{+\infty} \frac{n+1}{n}$ también diverge.

También podemos considerar como serie de comparación $\sum_{n=1}^{+\infty} \ln \frac{n+1}{n}$, analizada en el Ejemplo 9.39, la cual es divergente, y tener en cuenta que $\forall n \in \mathbb{N}$ es

$$\frac{n+1}{n} \geq \ln \frac{n+1}{n},$$

y por tanto, por el primer criterio, la serie $\sum_{n=1}^{+\infty} \frac{n+1}{n}$ es una serie divergente.

▶ **9.23** Estúdiese el carácter de la serie $\sum_{n=1}^{+\infty} \operatorname{arctg} \dfrac{1}{n^2 + n + 1}$.

RESOLUCIÓN. El término general de la serie puede escribirse en la forma

$$a_n = \operatorname{arctg} \frac{1}{n^2 + n + 1} = \operatorname{arctg} \frac{1}{n} - \operatorname{arctg} \frac{1}{n+1},$$

esta igualdad puede comprobarse si se calcula la tangente de ambos miembros y se aplica la fórmula de la tangente de la diferencia de ángulos

$$\operatorname{tg}(\alpha - \beta) = \frac{\operatorname{tg}\alpha - \operatorname{tg}\beta}{1 + \operatorname{tg}\alpha \operatorname{tg}\beta}.$$

Considerando la sucesión de sumas parciales de la serie $\{s_n\}$, su término general es

$$s_n = \sum_{k=1}^{n} a_k = a_1 + a_2 + .. + a_n$$

$$= \left(\operatorname{arctg}\frac{1}{1} - \operatorname{arctg}\frac{1}{2}\right) + \left(\operatorname{arctg}\frac{1}{2} - \operatorname{arctg}\frac{1}{3}\right) + \left(\operatorname{arctg}\frac{1}{3} - \operatorname{arctg}\frac{1}{4}\right)$$

$$+ \cdots + \left(\operatorname{arctg}\frac{1}{n-1} - \operatorname{arctg}\frac{1}{n}\right) + \left(\operatorname{arctg}\frac{1}{n} - \operatorname{arctg}\frac{1}{n+1}\right)$$

$$= \operatorname{arctg} 1 - \operatorname{arctg}\frac{1}{n+1}.$$

Por definición de suma es

$$\sum_{n=1}^{+\infty} a_n = \lim_n s_n = \lim_n \left(\operatorname{arctg} 1 - \operatorname{arctg}\tfrac{1}{n+1}\right) = \operatorname{arctg} 1 - \lim_n \operatorname{arctg}\tfrac{1}{n+1} = \frac{\pi}{4} - \operatorname{arctg} 0 = \frac{\pi}{4}.$$

En definitiva, es

$$\sum_{n=1}^{+\infty} \operatorname{arctg} \frac{1}{n^2 + n + 1} = \frac{\pi}{4}.$$

▶ **9.24** Justifíquese por comparación que la serie $\sum_{n=1}^{+\infty} \dfrac{1}{4n^2 + 8n + 3}$ es convergente y calcúlese su suma.

RESOLUCIÓN. El término general de la serie verifica la desigualdad $\frac{1}{4n^2+8n+3} \le \frac{1}{n^2}, \forall n \in \mathbb{N}$, y como la serie $\sum_{n=1}^{+\infty} \frac{1}{n^2}$ es convergente al ser una serie armónica $\sum_{n=1}^{+\infty} \frac{1}{n^p}$ con $p = 2$, la serie dada es también convergente por el primer criterio de comparación.

Vamos a calcular su suma a partir de la sucesión de sumas parciales. Como es

$$a_n = \frac{1}{4n^2 + 8n + 3} = \frac{1}{(2n+1)(2n+3)} = \frac{1}{2}\left[\frac{1}{2n+1} - \frac{1}{2n+3}\right],$$

resulta que

$$s_n = \sum_{k=1}^{n} a_k$$

$$= \frac{1}{2}\left[\left(\frac{1}{3} - \frac{1}{5}\right) + \left(\frac{1}{5} - \frac{1}{7}\right) + \left(\frac{1}{7} - \frac{1}{9}\right) + \cdots + \left(\frac{1}{2n-1} - \frac{1}{2n+1}\right) + \left(\frac{1}{2n+1} - \frac{1}{2n+3}\right)\right]$$

$$= \frac{1}{2}\left(\frac{1}{3} - \frac{1}{2n+3}\right),$$

si ahora tomamos límites es

$$s = \sum_{n=1}^{+\infty} \frac{1}{4n^2+8n+3} = \lim_n s_n = \lim_n \frac{1}{2}\left(\frac{1}{3} - \frac{1}{2n+3}\right) = \frac{1}{6}.$$

9.25 Dada la sucesión de números reales $\{a_n\}$, obténgase la condición necesaria y suficiente para que la serie

$$\sum_{n=1}^{+\infty}(a_{n+3} - a_n)$$

sea convergente. Como aplicación compruébese que la serie $\sum_{n=1}^{+\infty} \frac{1}{n(n+3)}$ es convergente y obténgase su suma.

RESOLUCIÓN. Si $\{s_n\}$ es la sucesión de sumas parciales de la serie $\sum_{n=1}^{+\infty}(a_{n+3} - a_n)$, ésta converge si es convergente la sucesión $\{s_n\}$. Haciendo $b_n = a_{n+3} - a_n$ se tiene

$$b_1 = a_4 - a_1$$
$$b_2 = a_5 - a_2$$
$$b_3 = a_6 - a_3$$
$$b_4 = a_7 - a_4$$
$$\vdots$$
$$b_{n-3} = a_n - a_{n-3}$$
$$b_{n-2} = a_{n+1} - a_{n-2}$$
$$b_{n-1} = a_{n+2} - a_{n-1}$$
$$b_n = a_{n+3} - a_n$$

de donde, sumando miembro a miembro y cancelando términos, resulta

$$s_n = \sum_{k=1}^{n} b_k = -a_1 - a_2 - a_3 + a_{n+1} + a_{n+2} + a_{n+3}.$$

1. Si es $\lim_n a_n = L \in \mathbb{R}$, entonces es $\lim_n a_{n+1} = \lim_n a_{n+2} = \lim_n a_{n+3} = L$, y por tanto es $\lim_n s_n = 3L - (a_1 + a_2 + a_3) \in \mathbb{R}$ y la serie $\sum_{n=1}^{+\infty}(a_{n+3} - a_n)$ converge teniendo por suma este valor, es decir,

$$\sum_{n=1}^{+\infty}(a_{n+3} - a_n) = 3L - (a_1 + a_2 + a_3).$$

2. Si es $\lim_n a_n = \pm\infty$, entonces es $\lim_n s_n = \pm\infty$ y la serie $\sum_{n=1}^{+\infty}(a_{n+3} - a_n)$ es divergente.

Para comprobar la convergenca de la serie dada, basta considerar que

$$\frac{1}{n(n+3)} = \frac{1}{3}\left(\frac{1}{n} - \frac{1}{n+3}\right) = -\frac{1}{3}\left(\frac{1}{n+3} - \frac{1}{n}\right)$$

y por tanto

$$\sum_{n=1}^{+\infty} \frac{1}{n(n+3)} = -\frac{1}{3}\sum_{n=1}^{+\infty}\left(\frac{1}{n+3} - \frac{1}{n}\right) = -\frac{1}{3}\sum_{n=1}^{+\infty}(a_{n+3} - a_n),$$

siendo $a_n = \frac{1}{n}$, y por el resultado anterior, al ser $\lim_n a_n = \lim_n \frac{1}{n} = 0$, se tiene que

$$\sum_{n=1}^{+\infty} \frac{1}{n(n+3)} = -\frac{1}{3} \sum_{n=1}^{+\infty} (a_{n+3} - a_n) = -\frac{1}{3} \left[3L - (a_1 + a_2 + a_3) \right]$$

$$= -\frac{1}{3} \left[0 - \left(\frac{1}{1} + \frac{1}{2} + \frac{1}{3} \right) \right] = \frac{1}{3} \left(1 + \frac{1}{2} + \frac{1}{3} \right) = \frac{1}{3} \frac{6+3+2}{6} = \frac{11}{18}.$$

▶ 9.26 Utilizando el segundo criterio de comparación, analícese la convergencia de las series

$$\sum_{n=1}^{+\infty} \frac{2}{3n^2 + 5} \qquad \text{y} \qquad \sum_{n=1}^{+\infty} \frac{1}{2\sqrt{n+1}}$$

RESOLUCIÓN. Como $\sum_{n=1}^{+\infty} \frac{1}{n(n+1)}$ es una serie convergente y

$$\lim_n \frac{\frac{2}{3n^2+5}}{\frac{1}{n(n+1)}} = \lim_n \frac{2n^2 + 2n}{3n^2 + 5} = \frac{2}{3},$$

por el segundo criterio de comparación la primera de las series es convergente.

Para estudiar la segunda consideramos la serie divergente $\sum_{n=1}^{+\infty} \frac{1}{\sqrt{n}}$, analizada en el Ejemplo 9.17, y teniendo en cuenta que

$$\lim_n \frac{\frac{1}{2\sqrt{n+1}}}{\frac{1}{\sqrt{n}}} = \lim_n \frac{\sqrt{n}}{2\sqrt{n+1}} = \frac{1}{2},$$

resulta que la serie $\sum_{n=1}^{+\infty} \frac{1}{2\sqrt{n+1}}$ es divergente, como se sigue del segundo criterio de comparación.

▶ 9.27 Estúdiese por comparación el carácter de la serie $\sum_{n=1}^{+\infty} \frac{5^n}{3^n + e^n}$.

RESOLUCIÓN. Como $3^n + e^n \leq 3^n + 3^n = 2 \cdot 3^n, \forall n \in \mathbb{N}$, entonces

$$\frac{5^n}{3^n + e^n} \geq \frac{5^n}{2 \cdot 3^n} = \frac{1}{2} \left(\frac{5}{3} \right)^n$$

y como la serie $\sum_{n=1}^{+\infty} \frac{1}{2} \left(\frac{5}{3} \right)^n$ es divergente ya que es geométrica con razón $r = \frac{5}{3}$ tal que $|r| > 1$, por el primer criterio de comparación la serie $\sum_{n=1}^{+\infty} \frac{5^n}{3^n + e^n}$ es divergente al ser mayorante de una serie divergente. Sin utilizar el criterio de comparación, al ser $\lim_n a_n \neq 0$, la serie diverge.

▶ 9.28 Mediante criterios de comparación obténgase el carácter de las series

$$\text{a)} \sum_{n=1}^{+\infty} \frac{2n+1}{3n^2 + 2}, \qquad \text{b)} \sum_{n=1}^{+\infty} \frac{3}{\sqrt{n+1} + \sqrt{n+2}}.$$

RESOLUCIÓN. a) Si se considera la serie divergente $\sum_{n=1}^{+\infty} \frac{1}{n}$ y teniendo en cuenta que es

$$\lim_n \frac{\frac{2n+1}{3n^2+2}}{\frac{1}{n}} = \lim_n \frac{(2n+1)n}{3n^2 + 2} = \lim_n \frac{2n^2 + n}{3n^2 + 2} = \frac{2}{3} \neq 0,$$

se concluye que la serie $\sum_{n=1}^{+\infty} \frac{2n+1}{3n^2+2}$ diverge por el segundo criterio de comparación.

b) Sabemos que la serie $\sum_{n=1}^{+\infty} \frac{1}{\sqrt{n}}$ diverge al ser armónica $\sum_{n=1}^{+\infty} \frac{1}{n^p}$ con $p = \frac{1}{2} < 1$, y como se verifica que

$$\lim_n \frac{\frac{3}{\sqrt{n+1}+\sqrt{n+2}}}{\frac{1}{\sqrt{n}}} = \lim_n \frac{3\sqrt{n}}{\sqrt{n+1}+\sqrt{n+2}} = \lim_n \frac{3}{\sqrt{1+\frac{1}{n}}+\sqrt{1+\frac{2}{n}}} = \frac{3}{2} \neq 0,$$

por el segundo criterio de comparación la serie $\sum_{n=1}^{+\infty} \frac{3}{\sqrt{n+1}+\sqrt{n+2}}$ es divergente.

9.29 Dada la serie

$$\sum_{n=1}^{+\infty} \frac{1}{4n^2 + 16n + 7}$$

compruébese que es convergente,

a) mediante el segundo criterio de comparación,

b) hallando su suma.

RESOLUCIÓN. a) Considerando la serie convergente $\sum_{n=1}^{+\infty} b_n = \sum_{n=1}^{+\infty} \frac{1}{n^2}$ se tiene que

$$\lim_n \frac{a_n}{b_n} = \lim_n \frac{\frac{1}{4n^2+16n+7}}{\frac{1}{n^2}} = \lim_n \frac{n^2}{4n^2 + 16n + 7} = \frac{1}{4},$$

y por tanto las series son del mismo carácter, en consecuencia $\sum_{n=1}^{+\infty} a_n = \sum_{n=1}^{+\infty} \frac{1}{4n^2+16n+7}$ es convergente.

b) Hemos de considerar la sucesión de sumas parciales de la serie y hallar su límite. Como es

$$a_n = \frac{1}{4n^2 + 16n + 7} = \frac{1}{(2n+1)(2n+7)} = \frac{1}{6}\left(\frac{1}{2n+1} - \frac{1}{2n+7}\right),$$

se tiene que

$$s_n = \sum_{k=1}^{n} a_k$$
$$= \frac{1}{6}\left[\left(\frac{1}{3} - \frac{1}{9}\right) + \left(\frac{1}{5} - \frac{1}{11}\right) + \left(\frac{1}{7} - \frac{1}{13}\right) + \left(\frac{1}{9} - \frac{1}{15}\right) + \left(\frac{1}{11} - \frac{1}{17}\right)\right.$$
$$+ \cdots + \left(\frac{1}{2n-5} - \frac{1}{2n+1}\right) + \left(\frac{1}{2n-3} - \frac{1}{2n+3}\right) + \left(\frac{1}{2n-1} - \frac{1}{2n+5}\right)$$
$$\left. + \left(\frac{1}{2n+1} - \frac{1}{2n+7}\right)\right]$$
$$= \frac{1}{6}\left(\frac{1}{3} + \frac{1}{5} + \frac{1}{7} - \frac{1}{2n+3} - \frac{1}{2n+5} - \frac{1}{2n+7}\right),$$

de donde

$$\lim_n s_n = \frac{1}{6}\left(\frac{1}{3} + \frac{1}{5} + \frac{1}{7}\right) = \frac{1}{6}\frac{35+21+15}{3\cdot 5\cdot 7} = \frac{1}{6}\frac{71}{105} = \frac{71}{630} = \sum_{k=1}^{n} \frac{1}{4n^2+16n+7}.$$

9.30 Decídase el carácter de las series

$$a) \sum_{n=1}^{+\infty} \frac{2^n}{3^n e^n}, \qquad b) \sum_{n=1}^{+\infty} \frac{n+3}{(n+4)!}.$$

RESOLUCIÓN. a) La serie $\sum_{n=1}^{+\infty} \frac{2^n}{3^n e^n}$ es geométrica de razón $r = \frac{2}{3e}$, siendo $|r| < 1$ y por tanto convergente, siendo su suma

$$s = \sum_{n=1}^{+\infty} \frac{2^n}{3^n e^n} = \frac{\frac{2}{3e}}{1 - \frac{2}{3e}} = \frac{2}{3e - 2}.$$

b) Escribiendo el término general en la forma

$$a_n = \frac{n+3}{(n+4)!} = \frac{(n+4)-1}{(n+4)!} = \frac{n+4}{(n+4)!} - \frac{1}{(n+4)!} = \frac{1}{(n+3)!} - \frac{1}{(n+4)!},$$

podemos obtener el término general de la sucesión de sumas parciales de manera que nos informe de su límite en la forma siguiente

$$s_n = \sum_{k=1}^{n} a_k = a_1 + a_2 + \cdots + a_n$$

$$= \left(\frac{1}{4!} - \frac{1}{5!} \right) + \left(\frac{1}{5!} - \frac{1}{6!} \right) + \cdots + \left(\frac{1}{(n+2)!} - \frac{1}{(n+3)!} \right) + \left(\frac{1}{(n+3)!} - \frac{1}{(n+4)!} \right)$$

$$= \frac{1}{4!} - \frac{1}{(n+4)!}.$$

Si ahora calculamos el límite se tiene que es

$$\lim_n s_n = \lim_n \left(\frac{1}{4!} - \frac{1}{(n+4)!} \right) = \frac{1}{4!} - \lim_n \frac{1}{(n+4)!} = \frac{1}{4!} - 0 = \frac{1}{24}.$$

▶ **9.31** Utilizando el criterio integral demuéstrese que la serie $\sum_{n=1}^{+\infty} \frac{1}{1+n^2}$ es convergente y obténgase una aproximación de su suma.

RESOLUCIÓN. Considerando la función $f(x) = \frac{1}{1+x^2}$ se tiene que, al ser

$$\int_1^{+\infty} \frac{1}{1+x^2} dx = \lim_{b\to+\infty} \int_1^b \frac{dx}{1+x^2} = \lim_{b\to+\infty} [\operatorname{arctg} x]_1^b = \lim_{b\to+\infty} (\operatorname{arctg} b - \operatorname{arctg} 1) = \frac{\pi}{2} - \frac{\pi}{4} = \frac{\pi}{4},$$

la integral converge y por el criterio integral también converge la serie $\sum_{n=1}^{+\infty} \frac{1}{1+n^2}$.

La convergencia de la serie $\sum_{n=1}^{+\infty} \frac{1}{1+n^2}$ resulta también de la convergencia de la serie $\sum_{n=1}^{+\infty} \frac{1}{n^2}$, utilizando el primer criterio de comparación, dado que $\frac{1}{1+n^2} \leq \frac{1}{n^2}, \forall n \in \mathbb{N}$.

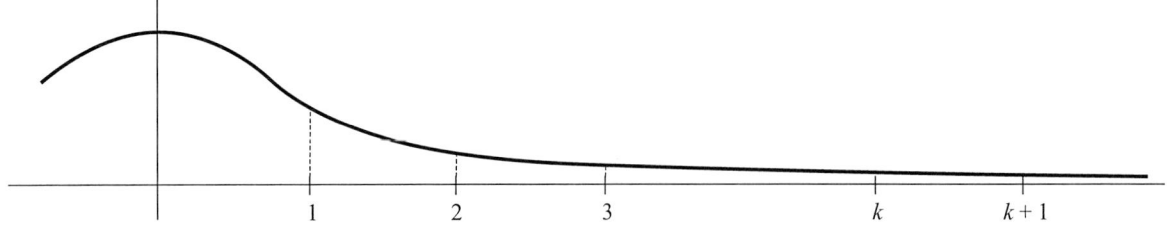

Figura 9.2 Gráfica de la función $f(x) = \frac{1}{1+x^2}$ en el intervalo $[1; +\infty)$.

Para aproximarnos a la suma de la serie, tenemos en cuenta la función $f(x) = \frac{1}{1+x^2}$ en $[1; +\infty)$, cuya gráfica puede verse en la Figura 9.2, y los términos de la sucesión $\{a_n\} = \left\{ \frac{1}{1+n^2} \right\}$. Considerando los intervalos de amplitud unidad que sobre el eje de abscisas se originan para recorrer la sucesión y, dado que la función es decreciente, se tiene que

$$
\begin{aligned}
f(2) \leq f(x) \leq f(1), && \forall x \in [1; 2], \\
f(3) \leq f(x) \leq f(2), && \forall x \in [2; 3], \\
\vdots && \\
f(k) \leq f(x) \leq f(k-1), && \forall x \in [k-1; k], \\
\vdots && \\
f(n) \leq f(x) \leq f(n-1), && \forall x \in [n-1; n].
\end{aligned}
$$

Estas desigualdades se escriben en forma equivalente como

$$
\begin{aligned}
a_2 \leq f(x) \leq a_1, && \forall x \in [1; 2], \\
a_3 \leq f(x) \leq a_2, && \forall x \in [2; 3], \\
\vdots && \\
a_k \leq f(x) \leq a_{k-1}, && \forall x \in [k-1; k], \\
\vdots && \\
a_n \leq f(x) \leq a_{n-1}, && \forall x \in [n-1; n].
\end{aligned}
$$

Integrando en ambos miembros de cada desigualdad en el intervalo correspondiente y aplicando la propiedad de monotonía de la integral se tiene

$$
\begin{aligned}
a_2 \leq \int_1^2 f(x)dx \leq a_1, && \forall x \in [1; 2], \\
a_3 \leq \int_2^3 f(x)dx \leq a_2, && \forall x \in [2; 3], \\
\vdots && \\
a_k \leq \int_{k-1}^k f(x)dx \leq a_{k-1}, && \forall x \in [k-1; k], \\
\vdots && \\
a_n \leq \int_{n-1}^n f(x)dx \leq a_{n-1}, && \forall x \in [n-1; n].
\end{aligned}
$$

Sumando miembro a miembro y usando la *propiedad aditiva de intervalo* en la integración queda

$$
s_n - a_1 \leq \int_1^n f(x)dx \leq s_{n-1},
$$

donde $\{s_n\}$ es la sucesión de sumas parciales de la serie $\sum_{n=1}^{+\infty} \frac{1}{1+n^2}$, que sabemos es convergente.

Si ahora tomamos límites para $n \to +\infty$ en las anteriores desigualdades, es decir,

$$
\lim_n s_n - a_1 \leq \lim_n \int_1^n f(x)dx \leq \lim_n s_{n-1},
$$

como es

$$
\lim_n \int_1^n \frac{1}{1+x^2}dx = \frac{\pi}{4} \qquad \text{y} \qquad \lim_n s_n = \lim_n s_{n-1} = s = \sum_{n=1}^{+\infty} \frac{1}{1+n^2},
$$

resulta que $s - a_1 \leq \frac{\pi}{4} \leq s$. Finalmente, al ser $a_1 = \frac{1}{1+1^2} = \frac{1}{2}$, quedan las desigualdades

$$s - \frac{1}{2} \leq \frac{\pi}{4} \qquad \text{y} \qquad s \geq \frac{\pi}{4},$$

o en forma equivalente, $\frac{\pi}{4} \leq s \leq \frac{\pi}{4} + \frac{1}{2}$, con lo cual $s \in \left[\frac{\pi}{4}; \frac{\pi}{4} + \frac{1}{2}\right]$.

▶ **9.32** Estúdiese la serie $\sum_{n=2}^{+\infty} \frac{1}{n \ln^2 n}$.

RESOLUCIÓN. Mediante el criterio integral de convergencia su carácter es el mismo que el de la integral $\int_2^{+\infty} \frac{1}{x \ln^2 x} dx$. Como

$$\int_2^{+\infty} \frac{1}{x \ln^2 x} dx = \lim_{b \to +\infty} \int_2^b (\ln x)^{-2} d(\ln x) = \lim_{b \to +\infty} \left[\frac{(\ln x)^{-1}}{-1}\right]_2^b$$

$$= \lim_{b \to +\infty} \left[\frac{-1}{\ln x}\right]_2^b = \frac{1}{\ln 2} - \lim_{b \to +\infty} \frac{1}{\ln b} = \frac{1}{\ln 2} = \log_2 e,$$

se tiene que la integral impropia es convergente y por tanto también lo es la serie.

▶ **9.33** Estúdiese el carácter de la serie

$$\sum_{n=1}^{+\infty} \frac{n3^n}{(2n+1)5^n}.$$

RESOLUCIÓN. Vamos a resolverlo por dos procedimientos. *Primer método:*
Una mirada poco profunda nos sugiere los criterios clásicos. Por el criterio del cociente, al ser

$$\frac{a_{n+1}}{a_n} = \frac{(n+1)3^{n+1}}{(2n+3)5^{n+1}} \frac{(2n+1)5^n}{n3^n} = \frac{3(n+1)(2n+1)}{5n(2n+3)} = \frac{3}{5} \frac{2n^2 + 3n + 1}{2n^2 + 3n},$$

se tiene que es

$$\lim_n \frac{a_{n+1}}{a_n} = \lim_n \frac{3}{5} \frac{2n^2 + 3n + 1}{2n^2 + 3n} = \frac{3}{5} \cdot 1 = \frac{3}{5} < 1,$$

y la serie converge.

Si aplicamos ahora el criterio de la raíz se tiene que

$$\lim_n \sqrt[n]{a_n} = \lim_n \sqrt[n]{\frac{n3^n}{(2n+1)5^n}} = \lim_n \left[\sqrt[n]{\left(\frac{3}{5}\right)^n} \sqrt[n]{\frac{n}{2n+1}}\right]$$

$$= \left[\lim_n \sqrt[n]{\left(\frac{3}{5}\right)^n}\right]\left[\lim_n \sqrt[n]{\frac{n}{2n+1}}\right] = \frac{3}{5} \lim_n \left(\frac{n}{2n+1}\right)^{\frac{1}{n}} = \frac{3}{5}\left(\frac{1}{2}\right)^0 = \frac{3}{5} < 1,$$

con lo cual también el criterio de la raíz nos muestra la convergencia de la serie.

Segundo método:
Si miramos el término general con más intensidad, podemos escribir que $\forall n \in \mathbb{N}$ es

$$\frac{n3^n}{(2n+1)5^n} = \left(\frac{3}{5}\right)^n \frac{n}{2n+1} \leq \left(\frac{3}{5}\right)^n \cdot 1 = \left(\frac{3}{5}\right)^n,$$

y como la serie $\sum_{n=1}^{+\infty}\left(\frac{3}{5}\right)^n$ es una serie geométrica convergente, al ser $r = \frac{3}{5}$ y verificar que es $|r| < 1$, teniendo en cuenta el primer criterio de comparación, se sigue que la serie dada es convergente.

9.34 Aplíquense los criterios del cociente y de la raíz a la serie $\sum_{n=1}^{+\infty} a_n$ donde es

$$a_n = \begin{cases} \dfrac{1}{3^n}, & \text{si } n \text{ es impar}, \\[2mm] \dfrac{1}{3^{n-3}}, & \text{si } n \text{ es par}. \end{cases}$$

RESOLUCIÓN. a) Aplicando el criterio del cociente se tiene:

1. Si n es par, entonces $n+1$ es impar y

$$\frac{a_{n+1}}{a_n} = \frac{\frac{1}{3^{n+1}}}{\frac{1}{3^{n-3}}} = \frac{3^{n-3}}{3^{n+1}} = 3^{n-3-n-1} = 3^{-4} = \frac{1}{3^4} = \frac{1}{81}.$$

2. Si n es impar entonces $n+1$ es par y

$$\frac{a_{n+1}}{a_n} = \frac{\frac{1}{3^{(n+1)-3}}}{\frac{1}{3^n}} = \frac{3^n}{3^{n-2}} = 3^{n-(n-2)} = 3^2 = 9.$$

Con ello se tiene que $\lim_n \frac{a_{n+1}}{a_n} = \frac{1}{81}$, si n es par, mientras que $\lim_n \frac{a_{n+1}}{a_n} = 9$, si n es impar, con lo cual no existe el limite $\lim_n \frac{a_{n+1}}{a_n}$ y en consecuencia el criterio del cociente no nos informa del carácter de la serie.

b) Si aplicamos el criterio de la raíz tenemos:

1. Si n es impar, entonces es

$$\lim_n \sqrt[n]{a_n} = \lim_n \sqrt[n]{\left(\frac{1}{3}\right)^n} = \frac{1}{3} < 1.$$

2. Si n es par, entonces

$$\lim_n \sqrt[n]{a_n} = \lim_n \sqrt[n]{\frac{1}{3^{n-3}}} = \lim_n \sqrt[n]{\frac{3^3}{3^n}} = \lim_n \sqrt[n]{\left(\frac{1}{3}\right)^n} \cdot \lim_n \sqrt[n]{3^3} = \frac{1}{3} \cdot 1 = \frac{1}{3} < 1.$$

En consecuencia es $\lim_n \sqrt[n]{a_n} = \frac{1}{3} < 1$ y la serie converge.

En el proceso se pone de manifiesto que el criterio de la raíz es más potente que el criterio del cociente.

9.35 Siendo a un número real positivo, determínese el carácter de la serie numérica

$$\sum_{n=1}^{+\infty} \frac{3^{n-1}a^n}{(n+1)\pi^{n+1}}.$$

RESOLUCIÓN. Para aplicar el criterio del cociente, obtenemos que

$$\frac{a_{n+1}}{a_n} = \frac{3^n a^{n+1}}{(n+2)\pi^{n+2}} \frac{(n+1)\pi^{n+1}}{3^{n-1}a^n} = \frac{3a}{\pi} \frac{n+1}{n+2}$$

y calculando el límite es

$$\lim_n \frac{a_{n+1}}{a_n} = \frac{3a}{\pi} \lim_n \frac{n+1}{n+2} = \frac{3a}{\pi}.$$

Por tanto,

1. si $\frac{3a}{\pi} < 1$, la serie será convergente, pero $\frac{3a}{\pi} < 1$ equivale a ser $a < \frac{\pi}{3}$, y por el contrario,

2. si $\frac{3a}{\pi} > 1$, la serie será divergente, es decir si $a > \frac{\pi}{3}$. Además

3. si es $a = \frac{\pi}{3}$, la serie es

$$\sum_{n=1}^{+\infty} \frac{3^{n-1}\pi^n}{(n+1)3^n\pi^{n+1}} = \sum_{n=1}^{+\infty} \frac{1}{3\pi(n+1)},$$

la cual diverge en virtud del segundo criterio de comparación, pues considerando la serie divergente $\sum_{n=1}^{+\infty} \frac{1}{n}$, se tiene que es

$$\lim_n \frac{\frac{1}{3\pi(n+1)}}{\frac{1}{n}} = \lim_n \frac{n}{3\pi(n+1)} = \frac{1}{3\pi} \neq 0.$$

▶ **9.36** Estúdiese, según los valores del parámetro $p > 0$, el carácter de la serie

$$\sum_{n=1}^{+\infty} \frac{5^n}{3^n + p^n}.$$

RESOLUCIÓN. *Primer método:* Por comparación:

1. Si es $p > 5$, como

$$\frac{5^n}{3^n + p^5} < \frac{5^n}{p^n} = \left(\frac{5}{p}\right)^n,$$

al ser la serie $\sum_{n=1}^{+\infty} \left(\frac{5}{p}\right)^n$ convergente, por ser geométrica de razón $\frac{5}{p}$ con $\left|\frac{5}{p}\right| < 1$, por el primer criterio de comparación la serie pedida es convergente.

2. Si es $p < 5$ entonces $p^n < 5^n$ y por tanto

$$\frac{5^n}{3^n + p^n} > \frac{5^n}{3^n + 5^n} > \frac{5^n}{5^n + 5^n} = \frac{1}{2}, \qquad \forall n \in \mathbb{N},$$

con lo cual la serie $\sum_{n=1}^{+\infty} \frac{5^n}{3^n + p^n}$ es mayorante de la serie divergente $\sum_{n=1}^{+\infty} \frac{1}{2}$ y en consecuencia la serie pedida es divergente.

3. Si es $p = 5$ se tiene la serie $\sum_{n=1}^{+\infty} \frac{5^n}{3^n + 5^n}$ y como

$$\lim_n \frac{5^n}{3^n + 5^n} = \lim_n \frac{1}{\frac{3^n}{5^n} + 1} = \lim_n \frac{1}{1 + \left(\frac{3}{5}\right)^n} = 1 \neq 0,$$

la serie diverge. En conclusión, si $p \in (5; +\infty)$ la serie converge y si $p \in (0; 5]$ la serie diverge.

Segundo método: Por el criterio del cociente:

Como

$$\frac{a_{n+1}}{a_n} = \frac{5^{n+1}}{3^{n+1} + p^{n+1}} \frac{3^n + p^n}{5^n}$$

$$= \frac{5^{n+1}}{5^n} \frac{3^n + p^n}{3^{n+1} + p^{n+1}} = 5 \frac{3^n + p^n}{3^{n+1} + p^{n+1}} = 5 \frac{\frac{3^n}{p^{n+1}} + \frac{1}{p}}{\frac{3^{n+1}}{p^{n+1}} + 1} = 5 \frac{\frac{1}{p}\left(\frac{3}{p}\right)^n + \frac{1}{p}}{\left(\frac{3}{p}\right)^{n+1} + 1},$$

se tiene que:

1. Si es $p > 5$ resulta que

$$\lim_n \frac{a_{n+1}}{a_n} = 5\frac{\frac{1}{p}}{1} = \frac{5}{p} < 1$$

y la serie converge.

2. Si es $3 < p < 5$, obtenemos

$$\lim_n \frac{a_{n+1}}{a_n} = \frac{5}{p} > 1$$

y la serie diverge.

3. Si es $0 < p < 3$, dividiendo entre 3^{n+1} numerador y denominador de la primera expresión se obtiene

$$\frac{a_{n+1}}{a_n} = 5\,\frac{\frac{1}{3} + \frac{1}{3}\left(\frac{p}{3}\right)^n}{1 + \left(\frac{p}{3}\right)^{n+1}} \qquad \text{y por tanto} \qquad \lim_n \frac{a_{n+1}}{a_n} = \frac{5}{3} > 1$$

y la serie diverge.

4. Si es $p = 3$ la serie es $\sum_{n=1}^{+\infty} \frac{5^n}{3^n + 3^n} = \sum_{n=1}^{+\infty} \frac{5^n}{2 \cdot 3^n} = \sum_{n=1}^{+\infty} \frac{1}{2}\left(\frac{5}{3}\right)^n$ y se trata de una serie geométrica de razón $r = \frac{5}{3}$ con $|r| > 1$ y por tanto diverge.

5. Finalmente para $p = 5$ la serie es $\sum_{n=1}^{+\infty} \frac{5^n}{3^n + 5^n}$, y como

$$\frac{5^n}{3^n + 5^n} > \frac{5^n}{5^n + 5^n} = \frac{5^n}{2 \cdot 5^n} = \frac{1}{2},$$

teniendo en cuenta que la serie $\sum_{n=1}^{+\infty} \frac{1}{2}$ es divergente, por el primer criterio de comparación la serie diverge. En resumen, la serie converge para $p \in (5; +\infty)$ y diverge para $p \in (0; 5]$, resultado coincidente con el obtenido por el primer método.

9.37 Calcúlense los límites

$$\text{a) } \lim_n \frac{e^{2n}}{n!}, \qquad \text{b) } \lim_n \frac{3 \cdot 6 \cdot 9 \cdots (3n)}{7 \cdot 12 \cdot 17 \cdots (5n+2)}.$$

RESOLUCIÓN. Se trata de dos límites indeterminados de la forma $\left[\frac{\infty}{\infty}\right]$ pero su resolución es complicada por los procedimientos usuales por lo que acudimos a la teoría de series.

a) Considerando la serie $\sum_{n=1}^{+\infty} \frac{e^{2n}}{n!}$, que es de términos positivos, al aplicar el criterio del cociente se tiene que es

$$\lim_n \frac{a_{n+1}}{a_n} = \lim_n \frac{e^{2(n+1)}n!}{e^{2n}(n+1)!} = \lim_n \frac{e^{2n}e^2 n!}{e^{2n}(n+1)n!} = \lim_n \frac{e^2}{n+1} = 0 < 1$$

y la serie es convergente.

Aplicando la condición necesaria de convergencia su término general tiene límite cero y por tanto es

$$\lim_n \frac{e^{2n}}{n!} = 0.$$

b) Sea ahora la serie $\sum_{n=1}^{+\infty} \frac{3 \cdot 6 \cdot 9 \cdots (3n)}{7 \cdot 12 \cdot 17 \cdots (5n+2)}$ en la cual es

$$\lim_n \frac{a_{n+1}}{a_n} = \lim_n \frac{3 \cdot 6 \cdot 9 \cdots (3n)(3n+3) \cdot 7 \cdot 12 \cdot 17 \cdots (5n+2)}{7 \cdot 12 \cdot 17 \cdots (5n+2)(5n+7) \cdot 3 \cdot 6 \cdot 9 \cdots (3n)} = \lim_n \frac{3(n+1)}{5n+7} = \frac{3}{5} < 1$$

y la serie converge, con lo cual por la condición necesaria de convergencia este límite es también cero.

9.38 Analícese la validez de la igualdad

$$\sum_{n=1}^{+\infty} \left(2 + \frac{2}{3} + \frac{2}{3^2} + \cdots + \frac{2}{3^{n-1}}\right)^2 = \sum_{n=1}^{+\infty} \left(\frac{2}{3^{n-1}}\right)^2.$$

RESOLUCIÓN. El primer miembro es la serie de término general $a_n = \left(2 + \frac{2}{3} + \frac{2}{3^2} + \cdots + \frac{2}{3^{n-1}}\right)^2$, si calculamos su límite se tiene

$$\lim_n a_n = \lim_n \left(2 + \frac{2}{3} + \frac{2}{3^2} + \cdots + \frac{2}{3^{n-1}}\right)^2 = \left[\lim_n \left(2 + \frac{2}{3} + \frac{2}{3^2} + \cdots + \frac{2}{3^{n-1}}\right)\right]^2$$

$$= \left[\lim_n 2\left(1 + \frac{1}{3} + \frac{1}{3^2} + \cdots + \frac{1}{3^{n-1}}\right)\right]^2 = \left[\lim_n 2 \frac{1 - \frac{1}{3^n}}{1 - \frac{1}{3}}\right]^2 = \left[\lim_n 2 \frac{1 - \frac{1}{3^n}}{\frac{2}{3}}\right]^2$$

$$= \left[\lim_n 3\left(1 - \frac{1}{3^n}\right)\right]^2 = 3^2 = 9 \neq 0,$$

por lo que se trata de una serie divergente, que al ser de términos positivos, tiene suma $+\infty$. Por tanto el primer miembro es $+\infty$.

En el segundo miembro aparece la serie de término general

$$b_n = \left(\frac{2}{3^{n-1}}\right)^2 = \frac{2^2}{(3^{n-1})^2} = \frac{4}{9^{n-1}},$$

que es una serie geométrcia de razón $r = \frac{1}{9}$, con $|r| < 1$, y su suma es

$$\frac{4}{1 - \frac{1}{9}} = \frac{4}{\frac{8}{9}} = \frac{9}{2},$$

tenemos por tanto que el segundo miembro es $\frac{9}{2}$. En consecuencia la igualdad del enunciado no es válida.

▶ **9.39** Analícese el carácter de la serie $\sum_{n=1}^{+\infty} \frac{(2n+1)\operatorname{sen} n}{n(n+1)^2}$.

RESOLUCIÓN. A partir de la serie dada

$$\sum_{n=1}^{+\infty} \frac{(2n+1)\operatorname{sen} n}{n(n+1)^2}, \tag{9.3}$$

la serie de valores absolutos es

$$\sum_{n=1}^{+\infty} \frac{(2n+1)}{n(n+1)^2}|\operatorname{sen} n| \tag{9.4}$$

y como

$$\frac{(2n+1)}{n(n+1)^2}|\operatorname{sen} n| \leq \frac{(2n+1)}{n(n+1)^2},$$

si probamos que la serie

$$\sum_{n=1}^{+\infty} b_n = \sum_{n=1}^{+\infty} \frac{(2n+1)}{n(n+1)^2} \tag{9.5}$$

es convergente, se tiene que la serie (9.4) converge y por tanto la serie (9.3) converge absolutamente y también converge.

Aplicando el criterio del cociente en (9.5), como es

$$\frac{b_{n+1}}{b_n} = \frac{[2(n+1)+1]n(n+1)^2}{(n+1)[(n+1)+1]^2(2n+1)} = \frac{(2n+3)n(n+1)}{(n+2)^2(2n+1)} = \frac{2n^3 + 5n^2 + 3n}{2n^3 + 9n^2 + 12n + 4}$$

y por tanto $\lim_n \frac{b_{n+1}}{b_n} = 1$, el criterio no decide.

Aplicando el criterio de Raabe, como es

$$n\left(1 - \frac{b_{n+1}}{b_n}\right) = n\left(1 - \frac{2n^3 + 5n^2 + 3n}{2n^3 + 9n^2 + 12n + 4}\right) = \frac{4n^3 + 9n^2 + 4n}{2n^3 + 9n^2 + 12n + 4}$$

se tiene que $\lim_n \left[n \left(1 - \frac{b_{n+1}}{b_n} \right) \right] = 2 > 1$, y la serie (9.5) converge, y por lo dicho la serie (9.3) converge.

La convergencia de (9.5) resulta más cómoda por el criterio de Pringsheim, ya que

$$\lim_n \frac{n^2(2n+1)}{n(n+1)^2} = 2 \neq 0$$

y por tanto es $p = 2$ y la serie converge.

9.40 Estúdiese el carácter de la serie

$$\sum_{n=1}^{+\infty} (-1)^{n+1} \left(\frac{5}{2^n} - \frac{2}{3^n} \right).$$

RESOLUCIÓN. *Primer método:*

Como es $\frac{5}{2^n} - \frac{2}{3^n} > 0, \forall n \in \mathbb{N}$ la serie es alternada y la escribimos en la forma $\sum_{n=1}^{+\infty} (-1)^{n+1} a_n$ siendo $a_n = \frac{5}{2^n} - \frac{2}{3^n}$.

Analicemos si la serie verifica el criterio de convergencia de Leibniz. Según este criterio la serie converge si $\{a_n\}$ es una sucesión decreciente y además se verifica que $\lim_n a_n = 0$. La sucesión $\{a_n\}$ es decreciente si $a_k - a_{k+1} \geq 0, \forall k \in \mathbb{N}$. En nuestro caso es

$$a_k - a_{k+1} = \left(\frac{5}{2^k} - \frac{2}{3^k} \right) - \left(\frac{5}{2^{k+1}} - \frac{2}{3^{k+1}} \right) = \left(\frac{5}{2^k} - \frac{5}{2^{k+1}} \right) - \left(\frac{2}{3^k} - \frac{2}{3^{k+1}} \right)$$

$$= \frac{5}{2^k} \left(1 - \frac{1}{2} \right) - \frac{2}{3^k} \left(1 - \frac{1}{3} \right) = \frac{5}{2^k} \frac{1}{2} - \frac{2}{3^k} \frac{2}{3} = \frac{5}{2^{k+1}} - \frac{4}{3^{k+1}} > 0,$$

con lo cual se verifica la condición de decrecimiento. Además

$$\lim_n a_n = \lim_n \left(\frac{5}{2^n} - \frac{2}{3^n} \right) = 0$$

y en consecuencia la serie es convergente.

Segundo método:

Analicemos la convergencia absoluta. La serie de valores absolutos es $\sum_{n=1}^{+\infty} \left(\frac{5}{2^n} - \frac{2}{3^n} \right)$, la cual es combinación de las series $\sum_{n=1}^{+\infty} \frac{5}{2^n}$ y $\sum_{n=1}^{+\infty} \frac{2}{3^n}$, resultando como diferencia de ambas.

Como la serie $\sum_{n=1}^{+\infty} \frac{5}{2^n}$ es convergente por ser geométrica de razón $\frac{1}{2}$, teniendo por suma $\frac{5/2}{1-1/2} = 5$ y la serie $\sum_{n=1}^{+\infty} \frac{2}{3^n}$ es también convergente ya que es geométrica de razón $\frac{1}{3}$ y cuya suma es $\frac{2/3}{1-1/3} = \frac{2}{2} = 1$, resulta que la serie $\sum_{n=1}^{+\infty} \left(\frac{5}{2^n} - \frac{2}{3^n} \right)$ es convergente de suma $5 - 1 = 4$.

Con ello queda probado que la serie $\sum_{n=1}^{+\infty} (-1)^{n+1} \left(\frac{5}{2^n} - \frac{2}{3^n} \right)$ es absolutamente convergente, de lo que se deduce que es convergente.

Tercer método:

La serie dada $\sum_{n=1}^{+\infty} (-1)^{n+1} \left(\frac{5}{2^n} - \frac{2}{3^n} \right)$ se puede escribir como diferencia de dos series convergentes en la forma $\sum_{n=1}^{+\infty} (-1)^{n+1} \frac{5}{2^n} - \sum_{n=1}^{+\infty} (-1)^{n+1} \frac{2}{3^n}$, ya que la primera serie

$$\sum_{n=1}^{+\infty} (-1)^{n+1} \frac{5}{2^n} = \frac{5}{2} - \frac{5}{2^2} + \frac{5}{2^3} - \frac{5}{2^4} + \cdots + (-1)^{n+1} \frac{5}{2^n} + \cdots$$

es geométrica de razón $r = -\frac{1}{2}$ y como $|r| < 1$, converge a la suma $\frac{5/2}{1-(-1/2)} = \frac{5/2}{1+1/2} = \frac{5}{3}$. También la serie

$$\sum_{n=1}^{+\infty} (-1)^{n+1} \frac{2}{3^n} = \frac{2}{3} - \frac{2}{3^2} + \frac{2}{3^3} - \frac{2}{3^4} + \cdots + (-1)^{n+1} \frac{2}{3^n} + \cdots$$

es geométrica de razón $r = -\frac{1}{3}$ y como es $|r| < 1$ también converge teniendo suma de valor

$$\frac{2/3}{1 - (-2/3)} = \frac{2/3}{1 + 1/3} = \frac{2}{4} = \frac{1}{2}.$$

De todo ello se concluye que la serie $\sum_{n=1}^{+\infty} (-1)^{n+1} \left(\frac{5}{2^n} - \frac{2}{3^n} \right)$ es convergente y su suma vale $\frac{5}{3} - \frac{1}{2} = \frac{7}{6}$. Este procedimiento ha resultado más interesante ya que nos ha permitido conocer la suma de la serie.

▶ **9.41** Pruébese el criterio de Leibniz para series alternadas de números reales que afirma: *Dada la serie alternada* $\sum_{n=1}^{+\infty} (-1)^{n+1} a_n$, *con* $a_n > 0$, *si se verifica que para cada* n *es* $a_n \geq a_{n+1}$ *y* $\lim_n a_n = 0$, *entonces la serie es convergente.*

RESOLUCIÓN. El término general de la sucesión de sumas parciales es $s_n = \sum_{k=1}^{n} (-1)^{k+1} a_k$ y escribiendo la suma formal de la serie

$$a_1 - a_2 + a_3 - a_4 + \cdots + a_{2n-1} - a_{2n} + a_{2n+1} - a_{2n+2} + a_{2n+3} - \cdots$$

se establecen las igualdades

$$s_{2n+2} = s_{2n} + (a_{2n+1} - a_{2n+2}) \qquad \text{y} \qquad s_{2n+1} = s_{2n-1} + (-a_{2n} + a_{2n+1}),$$

y teniendo en cuenta que $a_{2n+1} \geq a_{2n+2}$ es $a_{2n+1} - a_{2n+2} \geq 0$ y por tanto se tiene que $s_{2n+2} \geq s_{2n}$. Análogamente al ser $a_{2n} \geq a_{2n+1}$ es $-a_{2n} + a_{2n+1} \leq 0$ y en consecuencia se verifica que $s_{2n+1} \leq s_{2n-1}$. Tenemos por ello que la sucesión de sumas parciales impares $\{s_{2n-1}\}$ es monótona decreciente y la de sumas parciales pares $\{s_{2n}\}$ es monótona creciente. Además como es $s_{2n} = s_{2n-1} - a_{2n}$ se tiene que $s_{2n} \leq s_{2n-1}$, con lo cual podemos afirmar que

$$s_2 \leq s_{2n} \leq s_{2n-1} \leq s_1, \qquad \forall n \in \mathbb{N}.$$

Estas igualdades nos dicen que s_2 es una cota inferior para la sucesión decreciente $\{s_{2n-1}\}$ y s_1 es una cota superior para la sucesión creciente $\{s_{2n}\}$, con lo cual cada una de estas sucesiones tiene límite.

Suponiendo que sean $\lim_n s_{2n-1} = L_1$ y $\lim_n s_{2n} = L_2$, como es $s_{2n} = s_{2n-1} + a_{2n}$ resulta que se verifica la igualdad $L_1 = L_2$ dado que es $\lim_n a_{2n} = 0$ por ser una hipótesis inicial. Como las subsucesiones $\{s_{2n-1}\}$ y $\{s_{2n}\}$ contienen a todos los términos de la sucesión $\{s_n\}$ se verifica que $L_1 = L_2 = s = \lim_n s_n$ y por tanto la serie converge.

▶ **9.42** Analícese la convergencia y si es posible obténgase la suma de la serie

$$\sum_{n=1}^{+\infty} (-1)^{n+1} \frac{2n+1}{n(n+1)}.$$

RESOLUCIÓN. Se trata de una serie alternada pues adopta la forma $\sum_{n=1}^{+\infty} (-1)^{n+1} a_n$ con $a_n > 0, \forall n \in \mathbb{N}$. Comprobemos si verifica las condiciones del criterio de Leibniz:

1. La sucesión $\{a_n\}$ debe ser monótona decreciente, es decir, $a_k \geq a_{k+1}, \forall k \in \mathbb{N}$, o equivalentemente $\frac{a_k}{a_{k+1}} \geq 1$, y en nuestro caso tenemos

$$\frac{a_k}{a_{k+1}} = \frac{\frac{2k+1}{k(k+1)}}{\frac{2k+3}{(k+1)(k+2)}} = \frac{(2k+1)(k+2)}{k(2k+3)} = \frac{2k^2 + 5k + 2}{2k^2 + 3k} > 1$$

y por tanto la condición se cumple.

2. Por otra parte es

$$\lim_n a_n = \lim_n \frac{2n+1}{n(n+1)} = \lim_n \frac{2n+1}{n^2+n} = 0$$

y también se verifica la segunda condición, y la serie es convergente.

Estudiemos ahora la convergencia absoluta. La serie de valores absolutos de la serie dada es $\sum_{n=1}^{+\infty} \frac{2n+1}{n(n+1)}$, la cual es divergente como se demuestra, por el segundo criterio de comparación, al comparar mediante límite con la serie divergente $\sum_{n=1}^{+\infty} \frac{1}{n}$ y verificar que

$$\lim_n \frac{\frac{2n+1}{n(n+1)}}{\frac{1}{n}} = \lim_n \frac{2n^2+n}{n^2+n} = 2 \neq 0.$$

Como consecuencia la serie $\sum_{n=1}^{+\infty}(-1)^{n+1}\frac{2n+1}{n(n+1)}$ es condicionalmente convergente ya que es convergente pero no lo es absolutamente.

Para el cálculo de la suma descomponemos su término general en fracciones simples en la forma

$$\frac{2n+1}{n(n+1)} = \frac{1}{n} + \frac{1}{n+1},$$

resultado por otra parte inmediato por simple observación. De este modo el término general de la serie puede escribirse como

$$\sum_{n=1}^{+\infty}(-1)^{n+1}\frac{2n+1}{n(n+1)} = \sum_{n=1}^{+\infty}(-1)^{n+1}\left(\frac{1}{n}+\frac{1}{n+1}\right) = \sum_{n=1}^{+\infty}\left[(-1)^{n+1}\frac{1}{n}+(-1)^{n+1}\frac{1}{n+1}\right]$$

y considerando la sucesión de las sumas parciales $\{s_n\}$ asociada a la serie, es

$$s_n = \sum_{k=1}^{n}\left[(-1)^{k+1}\frac{1}{k}+(-1)^{k+1}\frac{1}{k+1}\right]$$

$$= \left[(-1)^2\frac{1}{1}+(-1)^2\frac{1}{2}\right] + \left[(-1)^3\frac{1}{2}+(-1)^3\frac{1}{3}\right] + \left[(-1)^4\frac{1}{3}+(-1)^4\frac{1}{4}\right]$$

$$+ \left[(-1)^5\frac{1}{4}+(-1)^5\frac{1}{5}\right] + \cdots + \left[(-1)^n\frac{1}{n-1}+(-1)^n\frac{1}{n}\right] + \left[(-1)^{n+1}\frac{1}{n}+(-1)^{n+1}\frac{1}{n+1}\right]$$

$$= \left(1+\frac{1}{2}\right) + \left(-\frac{1}{2}-\frac{1}{3}\right) + \left(\frac{1}{3}+\frac{1}{4}\right) + \left(-\frac{1}{4}-\frac{1}{5}\right) + \cdots$$

$$+ \left[(-1)^n\frac{1}{n-1}+(-1)^n\frac{1}{n}\right] + \left[(-1)^{n+1}\frac{1}{n}+(-1)^{n+1}\frac{1}{n+1}\right]$$

$$= 1 + (-1)^{n+1}\frac{1}{n+1}$$

y por tanto es

$$s = \sum_{n=1}^{+\infty}(-1)^{n+1}\frac{2n+1}{n(n+1)} = \lim_n s_n = \lim_n\left[1+(-1)^{n+1}\frac{1}{n+1}\right] = 1,$$

que es la suma de la serie.

9.43 Estúdiese por dos procedimientos el carácter de la serie

$$\sum_{n=1}^{+\infty}(-1)^{n+1}\frac{\sqrt{n+1}-\sqrt{n}}{\sqrt{n(n+1)}}.$$

RESOLUCIÓN. Considerando que es

$$\frac{\sqrt{n+1}-\sqrt{n}}{\sqrt{n(n+1)}} = \frac{\sqrt{n+1}-\sqrt{n}}{\sqrt{n}\sqrt{n+1}} = \frac{\sqrt{n+1}}{\sqrt{n}\sqrt{n+1}} - \frac{\sqrt{n}}{\sqrt{n}\sqrt{n+1}} = \frac{1}{\sqrt{n}} - \frac{1}{\sqrt{n+1}},$$

la serie se puede escribir como

$$\sum_{n=1}^{+\infty} (-1)^{n+1} \left(\frac{1}{\sqrt{n}} - \frac{1}{\sqrt{n+1}} \right).$$

Primer método: Estudiando la convergencia absoluta:

La serie de los valores absolutos es $\sum_{n=1}^{+\infty} \left(\frac{1}{\sqrt{n}} - \frac{1}{\sqrt{n+1}} \right)$ y su sucesión de sumas parciales tiene por término general

$$s_n = \sum_{k=1}^{n} \left(\frac{1}{\sqrt{k}} - \frac{1}{\sqrt{k+1}} \right) = \left(\frac{1}{\sqrt{1}} - \frac{1}{\sqrt{2}} \right) + \left(\frac{1}{\sqrt{2}} - \frac{1}{\sqrt{3}} \right)$$

$$+ \left(\frac{1}{\sqrt{3}} - \frac{1}{\sqrt{4}} \right) + \cdots + \left(\frac{1}{\sqrt{n-1}} - \frac{1}{\sqrt{n}} \right) + \left(\frac{1}{\sqrt{n}} - \frac{1}{\sqrt{n+1}} \right)$$

$$= 1 - \frac{1}{\sqrt{n+1}}$$

y su límite es

$$\lim_n s_n = \lim_n \left(1 - \frac{1}{\sqrt{n+1}} \right) = 1 - \lim_n \frac{1}{\sqrt{n+1}} = 1 - 0 = 1.$$

Con ello la serie de valores absolutos converge teniendo suma 1. De este modo la serie

$$\sum_{n=1}^{+\infty} (-1)^{n+1} \left(\frac{1}{\sqrt{n}} - \frac{1}{\sqrt{n+1}} \right)$$

es absolutamente convergente y como consecuencia es convergente.

Segundo método:

La serie

$$\sum_{n=1}^{+\infty} (-1)^{n+1} \frac{\sqrt{n+1}-\sqrt{n}}{\sqrt{n(n+1)}}$$

es alternada y escrita en la forma $\sum_{n=1}^{+\infty} (-1)^{n+1} a_n$ es $a_n > 0$. Analicemos si verifica los requisitos del criterio de Leibniz.

1. Veamos si es monótona decreciente la sucesión $\{a_n\}$, para ello hemos de probar que sea $\frac{a_n}{a_{n+1}} \geq 1$. Como es

$$\frac{a_n}{a_{n+1}} = \frac{\frac{\sqrt{n+1}-\sqrt{n}}{\sqrt{n(n+1)}}}{\frac{\sqrt{n+2}-\sqrt{n+1}}{\sqrt{(n+1)(n+2)}}} = \frac{\left(\sqrt{n+1}-\sqrt{n}\right)\sqrt{n+2}}{\left(\sqrt{n+2}-\sqrt{n+1}\right)\sqrt{n}}$$

$$= \frac{\sqrt{n+1}-\sqrt{n}}{\sqrt{n+2}-\sqrt{n+1}} \frac{\sqrt{n+2}}{\sqrt{n}} \geq \frac{\sqrt{n+1}-\sqrt{n}}{\sqrt{n+2}-\sqrt{n+1}}, \qquad (9.6)$$

ya que es $\frac{\sqrt{n+2}}{\sqrt{n}} > 1, \forall n \in \mathbb{N}$.

Si consideramos la función $f(x) = \sqrt{x+1} - \sqrt{x}$, como su derivada es

$$f'(x) = \frac{1}{2\sqrt{x+1}} - \frac{1}{2\sqrt{x}}, \qquad \forall x > 0,$$

se tiene que $f'(x) < 0, \forall x \geq 1$, con lo cual la función f es estrictamente decreciente en el intervalo $[1; +\infty)$. En consecuencia podemos asegurar que $f(n) > f(n+1)$, es decir, que

$$\sqrt{n+1} - \sqrt{n} > \sqrt{n+2} - \sqrt{n+1}.$$

Si ahora tenemos en cuenta la desigualdad (9.6) resulta que es $\frac{a_n}{a_{n+1}} \geq 1$ y por tanto $\{a_n\}$ es decreciente.

2. Como además, al ser también $a_n = \frac{1}{\sqrt{n}} - \frac{1}{\sqrt{n+1}}$, se tiene que el $\lim_n a_n = 0$, y por el criterio de Leibniz la serie dada es convergente.

9.44 Determínese el carácter de la serie

$$\sum_{n=1}^{+\infty} a_n = 1 + \frac{1}{3} + \frac{1}{3^2} + \cdots + \frac{1}{3^{29}} - \frac{5}{2^2} - \frac{5}{2^4} - \frac{5}{2^6} - \cdots$$

RESOLUCIÓN. La serie dada se puede escribir en la forma

$$\sum_{n=1}^{+\infty} a_n = \sum_{n=1}^{30} \frac{1}{3^{n-1}} - \sum_{n=31}^{+\infty} \frac{5}{2^{2n-60}},$$

donde se han agrupado sus términos en dos bloques, el primero, que es una suma finita, agrupa a los treinta primeros sumandos de la serie, estando en el otro bloque los restantes términos.

El carácter de la serie lo determina el bloque de la parte infinita de sumandos. Como es

$$\sum_{n=1}^{30} \frac{1}{3^{n-1}} = 1 + \frac{1}{3} + \frac{1}{3^2} + \cdots + \frac{1}{3^{29}} = \frac{1 - \frac{1}{3^{29}}\frac{1}{3}}{1 - \frac{1}{3}} = \frac{3 - \frac{1}{3^{29}}}{3 - 1} = \frac{1}{2}\left(3 - \frac{1}{3^{29}}\right),$$

ya que se trata de la suma de los treinta primeros términos de la progresión geométrica con primer término 1 y razón $r = \frac{1}{3}$.

Por otra parte,

$$\sum_{n=31}^{+\infty} \frac{5}{2^{2n-60}} - \frac{5}{2^2} + \frac{5}{2^4} + \frac{5}{2^6} + \cdots$$

es una serie geométrica con primer término $\frac{5}{2^2}$ y razón $r = \frac{1}{2^2}$ que al ser $|r| < 1$ es convergente teniendo por suma $\frac{5/2^2}{1 - 1/2^2} = \frac{5}{3}$.

En consecuencia la serie propuesta es convergente y su suma es

$$s = \frac{1}{2}\left(3 - \frac{1}{3^{29}}\right) - \frac{5}{3} = -\frac{1}{6}\left(1 + \frac{1}{3^{28}}\right).$$

9.45 Analícese la convergencia de las series

$$\text{a)} \sum_{n=1}^{+\infty}(-1)^{n+1}\left(\frac{2n+1}{2n}\right)^{-n^2}, \qquad \text{b)} \sum_{n=1}^{+\infty}\left(\frac{n+2}{n+1}\right)^{2n}.$$

RESOLUCIÓN. a) La serie dada es alternada, considerando la serie de los valores absolutos $\sum_{n=1}^{+\infty} \left(\frac{2n+1}{2n} \right)^{-n^2}$ se tiene que al aplicar el criterio de la raíz es

$$\lim_n \sqrt[n]{\left(\frac{2n+1}{2n} \right)^{-n^2}} = \lim_n \sqrt[n]{\left[\left(\frac{2n+1}{2n} \right)^{-n} \right]^n} = \lim_n \left(\frac{2n+1}{2n} \right)^{-n} = \lim_n \frac{1}{\left(\frac{2n+1}{2n} \right)^n}$$

$$= \frac{1}{\lim_n \left[\left(1 + \frac{1}{2n} \right)^{2n} \right]^{\frac{1}{2}}} = \frac{1}{\left[\lim_n \left(1 + \frac{1}{2n} \right)^{2n} \right]^{\frac{1}{2}}} = \frac{1}{e^{\frac{1}{2}}} = \frac{1}{\sqrt{e}} < 1,$$

con lo cual converge absolutamente la serie $\sum_{n=1}^{+\infty} (-1)^{n+1} \left(\frac{2n+1}{2n} \right)^{-n^2}$ y por tanto también converge.

b) La serie $\sum_{n=1}^{+\infty} \left(\frac{n+2}{n+1} \right)^{2n}$ es tal que el límite de su término general es

$$\lim_n \left(\frac{n+2}{n+1} \right)^{2n} = e^{\lim_n \left(\frac{n+2}{n+1} - 1 \right) 2n} = e^{\lim_n \frac{(n+2-n-1)2n}{n+1}} = e^{\lim_n \frac{2n}{n+1}} = e^2 \neq 0,$$

así que la serie diverge.

▶ 9.46 Estúdiese el carácter de las series

$$\text{a) } \sum_{n=1}^{+\infty} (-1)^{n+1} \frac{1}{5^n - 4^n}, \qquad \text{b) } \sum_{n=1}^{+\infty} (-1)^{n+1} \frac{1}{e^n + e^{-n}}.$$

RESOLUCIÓN. a) Considerando la serie de los valores absolutos $\sum_{n=1}^{+\infty} \frac{1}{5^n - 4^n}$, y teniendo en cuenta que la serie $\sum_{n=1}^{+\infty} \frac{1}{5^n}$ es convergente, al ser geométrica de razón $r = \frac{1}{5}$ con $|r| < 1$, si calculamos el límite

$$\lim_n \frac{\frac{1}{5^n - 4^n}}{\frac{1}{5^n}} = \lim_n \frac{5^n}{5^n - 4^n} = \lim_n \frac{1}{1 - \left(\frac{4}{5} \right)^n} = 1,$$

por el segundo criterio de comparación, se concluye que la serie $\sum_{n=1}^{+\infty} \frac{1}{5^n - 4^n}$, es convergente. Como consecuencia la serie $\sum_{n=1}^{+\infty} (-1)^{n+1} \frac{1}{5^n - 4^n}$ es absolutamente convergente y por tanto convergente.

b) La serie de valores absolutos $\sum_{n=1}^{+\infty} \frac{1}{e^n + e^{-n}}$, es tal que su término general verifica que $\frac{1}{e^n + e^{-n}} \leq \frac{1}{e^n}, \forall n \in \mathbb{N}$, y como la serie $\sum_{n=1}^{+\infty} \frac{1}{e^n} = \sum_{n=1}^{+\infty} \left(\frac{1}{e} \right)^n$ es convergente al ser geométrica de razón $r = \frac{1}{e}$, por el primer criterio de comparación la serie $\sum_{n=1}^{+\infty} \frac{1}{e^n + e^{-n}}$ es convergente y la serie $\sum_{n=1}^{+\infty} (-1)^{n+1} \frac{1}{e^n + e^{-n}}$ es absolutamente convergente y en consecuencia convergente.

▶ 9.47 Sabiendo que

$$\sum_{n=1}^{+\infty} \frac{1}{n^2} = \frac{\pi^2}{6}$$

demuéstrese que

$$\sum_{n=1}^{+\infty} \frac{1}{(2n)^2} = \frac{\pi^2}{24} \qquad \text{y que} \qquad \sum_{n=1}^{+\infty} \frac{1}{(2n-1)^2} = \frac{\pi^2}{8}.$$

RESOLUCIÓN. Multiplicando por $\frac{1}{4}$ y teniendo en cuenta la propiedad de linealidad de las series convergentes, la serie dada queda

$$\frac{\pi^2}{6} \cdot \frac{1}{4} = \frac{1}{4} \sum_{n=1}^{+\infty} \frac{1}{n^2} = \sum_{n=1}^{+\infty} \frac{1}{4n^2} = \sum_{n=1}^{+\infty} \frac{1}{(2n)^2},$$

lo que prueba el valor de la primera suma. Para la segunda, a partir de

$$\sum_{n=1}^{+\infty} \frac{1}{n^2} = 1 + \frac{1}{2^2} + \frac{1}{3^2} + \frac{1}{4^2} + \cdots + \frac{1}{n^2} + \frac{1}{(n+1)^2} + \cdots + \frac{1}{(2n-1)^2} + \frac{1}{(2n)^2} + \cdots$$

$$= \left(1 + \frac{1}{3^2} + \frac{1}{5^2} + \cdots + \frac{1}{(2n-1)^2} + \cdots\right) + \left(\frac{1}{2^2} + \frac{1}{4^2} + \frac{1}{6^2} + \cdots + \frac{1}{(2n)^2} + \cdots\right)$$

$$= \sum_{n=1}^{+\infty} \frac{1}{(2n-1)^2} + \sum_{n=1}^{+\infty} \frac{1}{(2n)^2},$$

se tiene que

$$\sum_{n=1}^{+\infty} \frac{1}{(2n-1)^2} = \sum_{n=1}^{+\infty} \frac{1}{n^2} - \sum_{n=1}^{+\infty} \frac{1}{(2n)^2} = \frac{\pi^2}{6} - \frac{\pi^2}{24} = \frac{(4-1)\pi^2}{24} = \frac{\pi^2}{8},$$

donde la reordenación de términos ha sido posible dada la convergencia absoluta de las series que intervienen en el proceso.

9.48 Calcúlese la suma de la serie

$$\sum_{n=1}^{+\infty} \frac{1}{1^2 + 2^2 + 3^2 + \cdots + n^2}.$$

RESOLUCIÓN. Teniendo en cuenta que la suma del denominador es

$$1^2 + 2^2 + 3^2 + \cdots + n^2 = \frac{n(n+1)(2n+1)}{6},$$

según el Problema propuesto 1.11, se tiene que

$$\sum_{n=1}^{+\infty} \frac{1}{1^2 + 2^2 + 3^2 + \cdots + n^2} = 6\sum_{n=1}^{+\infty} \frac{1}{n(n+1)(2n+1)} = 6\sum_{n=1}^{+\infty} \left(\frac{1}{n} + \frac{1}{n+1} - \frac{4}{2n+1}\right)$$

$$= 6\left[\left(1 + \frac{1}{2} - \frac{4}{3}\right) + \left(\frac{1}{2} + \frac{1}{3} - \frac{4}{5}\right) + \left(\frac{1}{3} + \frac{1}{4} - \frac{4}{7}\right) + \cdots\right]$$

$$= 6\left[1 + 2\frac{1}{2} + \left(2\frac{1}{3} - \frac{4}{3}\right) + 2\frac{1}{4} + \left(2\frac{1}{5} - \frac{4}{5}\right) + 2\frac{1}{6}\right.$$

$$\left. + \left(2\frac{1}{7} - \frac{4}{7}\right) + \cdots\right]$$

$$= 6\left[1 + 2\frac{1}{2} + 2\left(\frac{-1}{3}\right) + 2\frac{1}{4} + 2\left(\frac{-1}{5}\right) + 2\frac{1}{6} + 2\left(\frac{-1}{7}\right) + \cdots\right]$$

$$= 6\left[1 + 2\left(\frac{1}{2} - \frac{1}{3} + \frac{1}{4} - \frac{1}{5} + \cdots\right)\right]$$

$$= 6\left[1 - 2\left(-\frac{1}{2} + \frac{1}{3} - \frac{1}{4} + \frac{1}{5} - \cdots\right)\right]$$

$$= 6\left[1 + 2 - 2\left(1 - \frac{1}{2} + \frac{1}{3} - \frac{1}{4} + \frac{1}{5} - \cdots\right)\right] = 6\left[3 - 2\ln 2\right],$$

ya que la serie del paréntesis tiene suma conocida que es $\ln 2$, véase Ejemplo 10.19 o Sección 9.6.

9.49 Hállese la suma de la serie

$$\sum_{n=1}^{+\infty} \frac{1}{(5n-2)(5n+3)}.$$

RESOLUCIÓN. *Primer método:*

Como es

$$a_n = \frac{1}{(5n-2)(5n+3)} = \frac{1}{5}\left[\frac{1}{5n-2} - \frac{1}{5n+3}\right],$$

el término general de la sucesión de sumas parciales $\{s_n\}$ está dado por

$$s_n = \sum_{k=1}^{n} a_k = \frac{1}{5}\sum_{k=1}^{n}\left(\frac{1}{5n-2} - \frac{1}{5n+3}\right)$$

$$= \frac{1}{5}\left[\left(\frac{1}{3} - \frac{1}{8}\right) + \left(\frac{1}{8} - \frac{1}{13}\right) + \left(\frac{1}{13} - \frac{1}{18}\right) + \cdots\right.$$

$$\left. + \left(\frac{1}{5n-7} - \frac{1}{5n-2}\right) + \left(\frac{1}{5n-2} - \frac{1}{5n+3}\right)\right]$$

$$= \frac{1}{5}\left[\frac{1}{3} - \frac{1}{5n+3}\right]$$

y por tanto

$$\sum_{n=1}^{+\infty}\frac{1}{(5n-2)(5n+3)} = \lim_n s_n = \frac{1}{5}\left(\frac{1}{3} - \lim_n \frac{1}{5n+3}\right) = \frac{1}{15}.$$

Segundo método:

Como es

$$\frac{a_{n+1}}{a_n} = \frac{\frac{1}{(5n+3)(5n+8)}}{\frac{1}{(5n-2)(5n+3)}} = \frac{5n-2}{5n+8} = \frac{\alpha n + \beta}{\alpha n + \gamma},$$

la serie es hipergeométrica siendo $\alpha = 5$, $\beta = -2$ y $\gamma = 8$, y como es $\alpha < \gamma - \beta$, la serie converge siendo su suma

$$s = \frac{-\gamma a_1}{\alpha + \beta - \gamma} = \frac{-8\frac{1}{3\cdot8}}{5-2-8} = \frac{-\frac{1}{3}}{-5} = \frac{1}{15},$$

resultado coincidente.

▶ **9.50** Analícese la validez de la igualdad

$$\sum_{n=1}^{+\infty}\frac{e^{-n}}{\binom{n}{0} + \binom{n}{1} + \binom{n}{2} + \cdots + \binom{n}{n}} = \frac{1}{2e-1}.$$

RESOLUCIÓN. Teniendo encuenta que $\binom{n}{0} + \binom{n}{1} + \binom{n}{2} + \cdots + \binom{n}{n} = 2^n$ se tiene que

$$\sum_{n=1}^{+\infty}\frac{e^{-n}}{\binom{n}{0} + \binom{n}{1} + \binom{n}{2} + \cdots + \binom{n}{n}} = \sum_{n=1}^{+\infty}\frac{e^{-n}}{2^n} = \sum_{n=1}^{+\infty}\frac{1}{(2e)^n} = \frac{\frac{1}{2e}}{1 - \frac{1}{2e}} = \frac{1}{2e-1}$$

al tratarse de una serie geométrica de razón $r = \frac{1}{2e}$.

PROBLEMAS PROPUESTOS

9.1 Demuéstrese que la sucesión $0,5$, $\quad 0,55$, $\quad 0,555,\ldots$ converge a $\frac{5}{9}$.

9.2 ¿Puede asegurarse que toda sucesión monótona decreciente y acotada inferiormente por cero tiene límite cero?

9.3 Cada término de la sucesión de números reales $\{a_n\}$ está dado por

$$
a_n = \begin{cases} \dfrac{5^n - 1}{5^n}, & \text{si } n \text{ es impar,} \\ \dfrac{5^n + 1}{5^n}, & \text{si } n \text{ es par.} \end{cases}
$$

Calcúlese su límite y determínese qué terminos de la sucesión están en el entorno centrado en el límite y de radio 10^{-6}.

9.4 Calcúlense los límites

a) $\lim_n \left(\dfrac{\sqrt{n^2 + 1} + \sqrt{n+1}}{\sqrt{n^2 + 1} - \sqrt{n+1}} \right)^{\sqrt{n+1}}$,

b) de la sucesión $\sqrt{e}, \sqrt{e\sqrt{e}}, \sqrt{e\sqrt{e\sqrt{e}}}, \ldots$

9.5 Calcúlense los límites

a) $\lim_n \dfrac{n^3 + 3n^2 - 2n + 2}{\sqrt{n^7 + 2n^5 + n^4 + 3n^2 + 1}}$,

b) $\lim_n \dfrac{\sqrt{3n^2 + 1} - \sqrt{2n^2 - 1}}{2n + 1}$.

9.6 Encuéntrense dos sucesiones $\{a_n\}$ y $\{b_n\}$ tales que su límite se presente en la forma indeterminada $[\infty - \infty]$ siendo una convergente y la otra divergente.

9.7 Calcúlese

$$
\lim_n \frac{1^3 + 2^3 + 3^3 + \cdots + n^3}{2n^4}.
$$

9.8 Demuestre el criterio de la media geométrica para la convergencia de sucesiones que se establece en la forma: *Si la sucesión de términos positivos* $\{a_n\}$ *es tal que* $\lim_n a_n = L$, *entonces*

$$
\lim_n \sqrt[n]{a_1 a_2 \cdots a_n} = L.
$$

Como aplicación calcúlese el límite

$$
\lim_n \left[\left(\frac{1+1}{1} \right)^{2 \cdot 1} \cdot \left(\frac{2+1}{2} \right)^{2 \cdot 2} \cdots \left(\frac{n+1}{n} \right)^{2n} \right]^{\frac{2}{n}}.
$$

9.9 Calcúlense los límites

a) $\lim_n \dfrac{2^{n+1} + 1}{\binom{n}{0} + \binom{n}{1} + \cdots + \binom{n}{n}}$,

b) $\lim_n \dfrac{5^{n+1} + 3^{n+1}}{3 \cdot 5^n + 5 \cdot 3^n}$.

9.10 Calcúlense los límites

a) $\lim_n \left(\sqrt{\dfrac{2n+1}{2n+2}} \right)^{\frac{1}{\sqrt{2n+2} - \sqrt{2n+1}}}$,

b) $\lim_n \dfrac{4 + 2 + 1 + \frac{1}{2} + \frac{1}{4} + \cdots + \frac{1}{2^{n-3}}}{3 + 1 + \frac{1}{3} + \frac{1}{9} + \cdots + \frac{1}{3^{n-2}}}$.

9.11 Hállese

$$
\lim_n \left[\frac{1}{(n+1)^2} \left(\frac{2^3}{5^2} + \frac{5^5}{8^4} + \frac{8^8}{11^6} + \cdots + \frac{(3n-1)^{2n+1}}{(3n+2)^{2n}} \right) \right].
$$

9.12 Determínense los límites

a) $\lim_n \left(\dfrac{\pi \cdot 2}{n \cdot 1} + \dfrac{\pi \cdot 3^2}{n \cdot 2^2} + \dfrac{\pi \cdot 4^3}{n \cdot 3^3} + \cdots + \dfrac{\pi \cdot (n+1)^n}{n \cdot n^n} \right)$ b) $\lim_n \sqrt[n]{\dfrac{2}{\pi \cdot 1} \cdot \dfrac{3^2}{\pi \cdot 2^2} \cdot \dfrac{4^3}{\pi \cdot 3^3} \cdots \dfrac{(n+1)^n}{\pi \cdot n^n}}.$

9.13 Siendo p y q números reales positivos, obténgase la relación entre ellos sabiendo que se verifica la igualdad

$$\lim_n \left(\frac{3n^2 + pn}{3n^2 + 1} \right)^{\frac{n^2+1}{n+1}} = \lim_n \left(\frac{2n+1}{2n+3} \right)^{qn+2}.$$

9.14 Explíquese la siguiente aparente paradoja:

mientras que $\displaystyle\sum_{n=1}^{3} \frac{1}{n(n+1)} \neq \sum_{n=1}^{3} \frac{n}{(n+1)!},$ se verifica que $\displaystyle\sum_{n=1}^{+\infty} \frac{1}{n(n+1)} = \sum_{n=1}^{+\infty} \frac{n}{(n+1)!}.$

9.15 Compruébese que la serie $\sum_{n=1}^{+\infty} \ln \frac{n+1}{n}$ verifica la condición necesaria de convergencia y sin embargo diverge.

9.16 Si $\sum_{n=1}^{+\infty} a_n$ es una serie de números reales convergente, analícese el carácter de la serie $\sum_{n=1}^{+\infty} b_n$ siendo $b_n = \frac{a_n + 2}{a_n + 3}$.

9.17 Analícese la convergencia de las series

a) $\displaystyle\sum_{n=1}^{+\infty} \left(\frac{n+1}{n} \right)^n,$ b) $\displaystyle\sum_{n=1}^{+\infty} (-1)^{n+1} \frac{n+1}{n}.$

9.18 Estúdiese el carácter de las series

a) $\displaystyle\sum_{n=1}^{+\infty} \left(\frac{n^2}{n^2 + 1} \right)^n,$ b) $\displaystyle\sum_{n=1}^{+\infty} \left(\frac{n^2}{n^2 + 1} \right)^{n^2}.$

9.19 Estúdiese la convergencia de la serie

$$\sum_{n=1}^{+\infty} \frac{n^2 - 1}{n^2 + 1} \cos \frac{1}{n^2}.$$

9.20 Demuéstrese que dado el número real $a \neq 0$, la serie geométrica $\sum_{n=1}^{+\infty} ar^{n-1}$ converge cuando es $|r| < 1$ y en este caso es $s = \dfrac{a}{1-r}$.

9.21 Obténgase la fracción generatriz de cada una de las expresiones decimales siguientes:

a) $0,555\ldots,$ b) $21,030\,303\ldots,$ c) $0,033\,26\,26\ldots$

9.22 Utilizando el primer criterio de comparación, analícese el carácter de la serie

$$\sum_{n=1}^{+\infty} \frac{n+1}{n^2 + 1}.$$

9.23 Utilizando el primer criterio de comparación decídase el carácter de las series

$$\text{a) } \sum_{n=1}^{+\infty} \frac{1}{n}, \qquad \text{b) } \sum_{n=1}^{+\infty} \frac{1}{(n+1)!}.$$

9.24 Mediante los dos criterios de comparación, pruébese que la serie

$$\sum_{n=1}^{+\infty} \frac{1}{(n+1)^2}$$

es una serie convergente.

9.25 Si $\sum_{n=1}^{+\infty} a_n$ es una serie convergente, analícese el carácter de las serie

$$\sum_{n=1}^{+\infty} \frac{1}{1+a_n^2}.$$

9.26 Utilizando el primer criterio de comparación, decídase el carácter de la serie

$$\sum_{n=1}^{+\infty} \left(\frac{2}{n+1} \right)^2.$$

9.27 Analícese la convergencia de la serie $\sum_{n=1}^{+\infty} \frac{n+2}{\sqrt{n}}$.

9.28 Por comparación decídase el carácter de las series

$$\text{a) } \sum_{n=1}^{+\infty} \frac{3n}{(n+1)(n+2)(n+3)}, \qquad \text{b) } \sum_{n=1}^{+\infty} \frac{\operatorname{sen}^2 n^2}{n^2}.$$

9.29 Utilizando el primer criterio de comparación compruébese que la serie

$$\sum_{n=1}^{+\infty} \frac{1}{(n+1)!}$$

es convergente. Teniendo en cuenta la convergencia de esta serie, demuéstrese que la serie $\sum_{n=1}^{+\infty} \frac{1}{n!}$ es también convergente.

9.30 Decídase sobre la validez de la igualdad

$$\sum_{n=1}^{+\infty} \frac{2\pi^n + 3e^n}{5^n} = 3\frac{\pi}{5-\pi} + 2\frac{e}{5-e}.$$

9.31 Analícese mediante el criterio integral el carácter de la serie

$$\sum_{n=1}^{+\infty} \frac{n}{n^2+1}.$$

9.32 Estúdiese el carácter de la serie

$$\sum_{n=1}^{+\infty} \frac{\ln n}{n}.$$

9.33 Estúdiese el carácter de las series

$$\text{a) } \sum_{n=1}^{+\infty} \left(\frac{2n^2 + 1}{3n^2 + n} \right)^n, \qquad \text{b) } \sum_{n=1}^{+\infty} \frac{2 \cdot 4 \cdot 6 \cdots 2n}{3 \cdot 5 \cdot 7 \cdots (2n+1)}.$$

9.34 Estúdiese el carácter de las series

$$\text{a) } \sum_{n=1}^{+\infty} \frac{4 \cdot 7 \cdot 10 \cdots (3n+1)}{5 \cdot 8 \cdot 11 \cdots (3n+2)}, \qquad \text{b) } \sum_{n=1}^{+\infty} \left(\frac{4 \cdot 7 \cdot 10 \cdots (3n+1)}{5 \cdot 8 \cdot 11 \cdots (3n+2)} \right)^2.$$

Como consecuencia del resultado obtenido analícese la validez o no de la siguiente afirmación: "Si se multiplican término a término dos series divergentes se obtiene otra serie divergente".

9.35 Siendo α un número real, $\alpha \geq 1$, estúdiese según sus valores el carácter de la serie

$$\sum_{n=1}^{+\infty} \left(\frac{\alpha n - 1}{3n + 1} \right)^{n^2}.$$

9.36 Analícese el carácter de la serie

$$\sum_{n=1}^{+\infty} \frac{2^n + a^n}{3^n}$$

según los valores de a, $a > 0$, y si es posible obténgase su suma.

9.37 Hállese el valor de cada uno de los límites

$$\text{a) } \lim_{n} \frac{n^{300}}{\pi^n}, \qquad \text{b) } \lim_{n} \frac{(n!)^2}{(3n)!}.$$

9.38 Analícese la validez o no de la igualdad

$$\left[\sum_{n=1}^{+\infty} \left(\frac{2}{3^{n-1}} \right) \right]^2 = \sum_{n=1}^{+\infty} \left(\frac{2}{3^{n-1}} \right)^2.$$

9.39 Analícese la convergencia de la series

$$\text{a) } \sum_{n=1}^{+\infty} \frac{\cos 3n}{(\ln 5)^n}, \qquad \text{b) } \sum_{n=2}^{+\infty} (-1)^n \frac{1}{n \ln^2 n}.$$

9.40 Determínese el carácter de la serie

$$\sum_{n=1}^{+\infty} (-1)^{n+1} \frac{2^n}{\left(\sqrt{5} \right)^n + \left(\sqrt{5} \right)^{-n}}.$$

9.41 Dada la sucesión $\{a_n\}$ con $a_n > 0$, $\forall n \in \mathbb{N}$, siendo $a_{n+1} \le a_n$ y $\lim_n a_n = 0$, entonces la serie alternada $\sum_{n=1}^{+\infty} (-1)^{n+1} a_n$ es convergente por el criterio de Leibniz.

Demuéstrese que si $s = \sum_{n=1}^{+\infty} (-1)^{n+1} a_n$ es la suma de la serie se verifica que $|s - s_n| \le a_{n+1}$. Es decir, "el error que se comete al tomar como suma de la serie la suma de los n primeros términos es, en valor absoluto, menor que el primer término despreciado y del mismo signo que éste".

9.42 Estúdiese la convergencia y analícese la posibilidad de obtener la suma de la serie

$$\sum_{n=1}^{+\infty} (-1)^{n+1} \frac{6n + 9}{n^2 + 3n + 2}.$$

9.43 Estúdiese la convergencia de las series

$$\text{a) } \sum_{n=1}^{+\infty} (-1)^{n+1} \frac{n^2 + 1}{(n+1)!}, \qquad \text{b) } \sum_{n=1}^{+\infty} (-1)^{n+1} \left[\ln \left(1 + \frac{1}{n} \right) \right]^n.$$

9.44 Hállese la suma de la serie

$$\sum_{n=1}^{+\infty} a_n = \sum_{n=1}^{20} \frac{2}{5^{n-1}} + \sum_{n=21}^{+\infty} \frac{3}{n^2 + 3n + 2}.$$

9.45 Determínese el carácter de las series

$$\text{a) } \sum_{n=1}^{+\infty} \frac{(3n)^n}{2^n \cdot n!}, \qquad \text{b) } \sum_{n=1}^{+\infty} \frac{\cos(\pi n^2)}{n^2 + 1}.$$

9.46 Estúdiese el carácter de las series

$$\text{a) } \sum_{n=1}^{+\infty} \frac{\operatorname{sen}(2n + 1)}{(\ln 5)^n}, \qquad \text{b) } \sum_{n=1}^{+\infty} \frac{(-1)^{n+1} n^2}{(n+1)!}.$$

9.47 Sabiendo que $\sum_{n=1}^{+\infty} \frac{1}{n^2} = \frac{\pi^2}{6}$ y que $\sum_{n=1}^{+\infty} \frac{1}{(2n)^2} = \frac{\pi^2}{24}$, pruébese que

$$\sum_{n=1}^{+\infty} \frac{(-1)^{n+1}}{n^2} = \frac{\pi^2}{12}.$$

9.48 Calcúlese la suma de la serie

$$\sum_{n=1}^{+\infty} \frac{1}{1 + 2 + 3 + \cdots + n}.$$

9.49 Hállese la suma de la serie

$$\sum_{n=1}^{+\infty} \frac{2n + 1}{2n^2(n+1)^2}.$$

9.50 Sabiendo que $\sum_{n=1}^{+\infty} \frac{1}{n^2} = \frac{\pi^2}{6}$, calcúlese el valor de la suma

$$\frac{1}{1} + \frac{1}{1 + 3} + \frac{1}{1 + 3 + 5} + \cdots + \frac{1}{1 + 3 + 5 + \cdots + (2n - 1)} + \cdots$$

Series de potencias

10.1. SUCESIONES DE FUNCIONES

En forma análoga a como se definen las sucesiones de números reales se puede establecer el concepto de sucesión de funciones en la que sus términos son funciones definidas en un conjunto dado de números reales. Para cada punto de este conjunto la sucesión de funciones se convierte en una sucesión numérica. Si esta sucesión numérica converge entonces la sucesión funcional se dice convergente en el punto.

Considerando para cada punto x en que la sucesión numérica resultante de la serie funcional converge y teniendo en cuenta su límite podemos definir una función f que asigna al punto x el límite de esta serie numérica. A la función f así definida se le llama *límite puntual* de la sucesión funcional dada.

Propiedades notables de las funciones que forman los términos de la sucesión como la derivación o la integración no se transmiten, en general, a la función límite puntual por lo cual es necesario introducir el concepto de *convergencia uniforme* de una sucesión de funciones, en la cual la proximidad de las funciones de la sucesión a la función límite, a partir de cierto término, es independiente del punto que se considere.

Por analogía con las series numéricas la suma formal de los términos de una sucesión de funciones nos introduce en el algoritmo de las series funcionales, en la cuales su convergencia puntual uniforme y absoluta son las de la sucesión correspondiente de sus sumas parciales.

Especial interés tienen las series de potencias, cuyo análisis de convergencia tiene una metodología muy definida y permiten representar dentro del llamado intervalo de convergencia a la función límite por un polinomio ilimitado único.

Sea A un conjunto de números reales y $\mathcal{F} = \{f : A \to \mathbb{R}\}$ el conjunto de las funciones reales definidas en A. Una sucesión $\{f_n\}$ de funciones definidas en A es una aplicación entre el conjunto de los números naturales y el conjunto $\mathcal{F}$. Al particularizar las funciones de la sucesión en cada punto concreto de A se obtiene en ese punto una sucesión numérica.

■ **Ejemplo 10.1**   Las funciones

$$f_1(x) = \frac{x^2}{2}, \quad f_2(x) = \frac{x^2}{5}, \quad f_3(x) = \frac{x^2}{10}, \quad \ldots, \quad f_n(x) = \frac{x^2}{n^2 + 1}, \quad \ldots$$

definen una sucesión funcional que se escribe $\{f_n(x)\} = \left\{\frac{x^2}{n^2+1}\right\}$. Haciendo en esta sucesión $x = 2$ resulta la sucesión numérica

$$\{f_n(2)\} = \left\{\frac{4}{2}, \frac{4}{5}, \frac{4}{10}, \ldots, \frac{4}{n^2 + 1}, \ldots\right\}.$$

Dada la sucesión $\{f_n\}$ de funciones definidas en $A \subset \mathbb{R}$ y siendo x_0 un punto de A, se dice que la sucesión funcional $\{f_n\}$ converge en x_0 cuando la sucesión numérica $\{f_n(x_0)\}$ es convergente.

Si C es el subconjunto de A formado por los puntos en los que converge la sucesión numérica obtenida de la sucesión funcional $\{f_n\}$, la función definida en C como

$$\begin{array}{rccc} f : & C & \longrightarrow & \mathbb{R} \\ & x & \longmapsto & f(x) = \lim_n f_n(x) \end{array}$$

se llama límite puntual de la sucesión funcional $\{f_n\}$ en el conjunto C.

Pensamos que la definición anterior se asimila mejor si consideramos la representación de la Figura 10.1.

Para cada x_k de C, $k = 1, 2, 3, \ldots, p, \ldots$ se genera una sucesión numérica convergente dada por

$$f_1(x_k), \ f_2(x_k), \ f_3(x_k), \ \ldots \longrightarrow \lim_n f_n(x_k)$$

y la función límite f se define como

$$f(x_k) = \lim_n f_n(x_k).$$

La situación se describe diciendo que la sucesión funcional $\{f_n\}$ converge puntualmente a f en el conjunto C, y se representa como

$$\lim_n f_n = f.$$

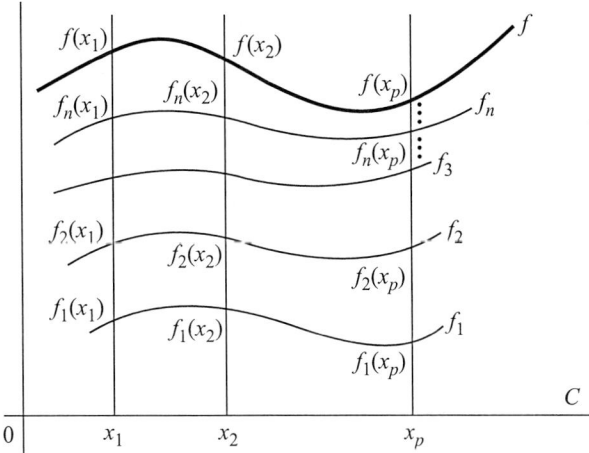

Figura 10.1 Interpretación geométrica del límite puntual de la sucesión $\{f_n\}$.

Teniendo en cuenta la definición de límite de una sucesión numérica, la convergencia puntual de la sucesión funcional $\{f_n\}$ se puede definir diciendo que la sucesión funcional $\{f_n\}$ converge puntualmente a la función f en el conjunto C si para cada $\varepsilon > 0$ y para cada $x \in C$, existe un $n_0 \in \mathbb{N}$ tal que es

$$|f_n(x) - f(x)| < \varepsilon, \quad \forall n \geq n_0.$$

■ **Ejemplo 10.2** La sucesión funcional $\left\{ f_n(x) \right\} = \left\{ \frac{x^2}{n^2+1} \right\}$ del ejemplo anterior verifica que

$$\lim_n f_n(x) = \lim_n \frac{x^2}{n^2 + 1} = 0, \quad \forall x \in \mathbb{R},$$

y por tanto la sucesión funcional $\left\{ \frac{x^2}{n^2+1} \right\}$ converge puntualmente a la función $f(x) = 0$ en todo $\mathbb{R}$.

■ **Ejemplo 10.3** La sucesión funcional $\{f_n(x)\}$ definida como $f_n : \mathbb{R} \to (0; 1)$ donde $f_n(x) = \{x\}^n$ es decir "la parte decimal de x elevada a n" tiene por límite puntual la función $f(x) \equiv 0$, ya que $\{x\}^n = y^n$ con $y \in (0; 1)$ y por tanto

$$\lim_n f_n(x) = \lim_n \{x\}^n = \lim_n y^n = 0.$$

En la definición de límite puntual n_0 depende de ε y del punto considerado. Si el valor n_0 no depende del punto considerado en el conjunto C y tan sólo depende de ε, se tiene la convergencia uniforme.

Sea $\{f_n\}$ una sucesión de funciones definidas en A que converge puntualmente a la función f en el conjunto C, se dice que la sucesión funcional $\{f_n\}$ *converge uniformemente* la función f en el conjunto C si para todo $\varepsilon > 0$, existe un número $n_0 \in \mathbb{N}$ tal que se verifica

$$|f_n(x) - f(x)| < \varepsilon, \quad \forall n \geq n_0 \quad \text{y} \quad \forall x \in C.$$

La definición dada nos muestra que a partir de n_0 las funciones f_n de la sucesión se encuentran dentro de una banda de amplitud 2ε centrada en la función límite f, como muestra la Figura 10.2.

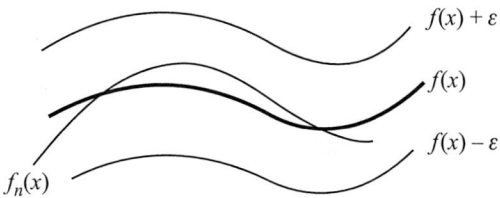

Figura 10.2 Interpretación geométrica de la convergencia uniforme.

Es claro que si $\{f_n\}$ converge uniformemente a f entonces también converge puntualmente a f, mientras que la convergencia puntual no garantiza la convergencia uniforme.

El estudio de la convergencia uniforme de una sucesión funcional mediante la definición resulta en general muy laborioso y conviene utilizar condiciones equivalentes de más cómodo manejo. Las más usadas son el criterio de Cauchy y la conocida como límite del supremo, que se concretan en las proposiciones siguientes.

■ **Proposición (Criterio de Cauchy)**   *Sea $\{f_n\}$ una sucesión de funciones definidas en un conjunto $A \subset \mathbb{R}$. La sucesión $\{f_n\}$ converge uniformemente en A si, y solamente si para cada $\varepsilon > 0$ existe un $n_0 \in \mathbb{N}$ tal que*

$$|f_p(x) - f_q(x)| < \varepsilon,$$

para todo par de números naturales p y q mayores que n_0 y para todo $x \in A$.

El fundamento de este criterio radica en el hecho de que toda sucesión de Cauchy de números reales es convergente. Este criterio es conveniente cuando se quiere comprobar la convergencia uniforme y no se conoce la función límite.

■ **Proposición (Criterio del límite del supremo)**   *Sea $\{f_n\}$ una sucesión de funciones definidas en $A \subset \mathbb{R}$. La sucesión $\{f_n\}$ converge uniformemente a una función $f : A \to \mathbb{R}$ si, y solamente si es*

$$\lim_n \left[\sup_{x \in A} \left\{ |f_n(x) - f(x)| \right\} \right] = 0.$$

■ **Ejemplo 10.4**   Analicemos la convergencia de la sucesión $\{f_n\}$ de funciones reales definidas en $[0; 1]$ por

$$f_n(x) = \begin{cases} x(1 - nx), & \text{si } 0 \le x \le \frac{1}{n}, \\ 0, & \text{si } x \ge \frac{1}{n}, \end{cases} \text{ para cada } n \in \mathbb{N} \text{ y cada } x \in [0; 1].$$

Por la definición es $f_n(0) = 0$, y en cada $x \in (0; 1]$ es $f_n(x) = 0$ para todo n que verifique $n \ge \frac{1}{x}$. En consecuencia $\{f_n\}$ converge puntualmente a la función $f : [0; 1] \to \mathbb{R}$ definida como $f(x) = 0$ en cada $x \in [0; 1]$.

Para decidir si la convergencia es uniforme hemos de calcular

$$\lim_n \left[\sup\{ |f_n(x) - 0| : x \in [0; 1] \} \right].$$

Como

$$\sup\{ |f_n(x) - 0| : x \in [0; 1] \} = \sup\left\{ |f_n(x) - 0| : x \in \left[0; \frac{1}{n}\right] \right\}$$

$$= \left| f_n\left(\frac{1}{2n} \right) \right| = f_n\left(\frac{1}{2n} \right) = \frac{1}{2n}\left(1 - n\frac{1}{2n} \right) = \frac{1}{2n}\frac{1}{2} = \frac{1}{4n}.$$

Si ahora calculamos el límite se tiene

$$\lim_n \left[\sup\{ |f_n(x) - 0| : x \in [0; 1] \} \right] = \lim_n \frac{1}{4n} = 0,$$

y por tanto la sucesión funcional converge uniformemente a la función $f(x) = 0$ en todo el intervalo $[0; 1]$.

■ **Ejemplo 10.5**   Estudiemos ahora la convergencia de la sucesión de funciones $\{g_n\}$ definidas en el intervalo $[0; 1]$ por

$$g_n(x) = \begin{cases} nx(1 - nx), & \text{si } 0 \le x \le \frac{1}{n}, \\ 0, & \text{si } x \ge \frac{1}{n}. \end{cases}$$

La sucesión converge puntualmente en $[0;1]$ a la función $g(x) = 0$, ya que $g_n(0) = 0$, $\forall n \in \mathbb{N}$ y $\forall x \in (0;1]$ es $g_n(x) = 0$, $\forall n \geq \frac{1}{x}$. Como es

$$\sup\{|g_n(x) - 0| : x \in [0;1]\} = \sup\left\{|g_n(x) - 0| : x \in \left[0;\frac{1}{n}\right]\right\}$$

$$= \sup\left\{|g_n(x)| : x \in \left[0;\frac{1}{n}\right]\right\}$$

$$= \left|g_n\left(\frac{1}{2n}\right)\right| = n\frac{1}{2n}\left(1 - n\frac{1}{2n}\right) = \frac{1}{2}\left(1 - \frac{1}{2}\right) = \frac{1}{4},$$

se tiene que

$$\lim_n\left[\sup\{|g_n(x) - 0| : x \in [0;1]\}\right] = \lim_n \frac{1}{4} = \frac{1}{4} \neq 0,$$

y en consecuencia la convergencia de la sucesión a la función $g(x) = 0$ en el intervalo $[0;1]$ no es uniforme. Por tanto en este caso se da solo la convergencia puntual.

Convergencia uniforme y propiedades de la función límite

En este apartado se analiza el traslado de las propiedades de las funciones que forman la sucesión a su función límite. La convergencia uniforme es una buena garantía salvo para la derivación.

■ **Proposición (Convergencia uniforme y acotación)** *Si $\{f_n\}$ es una sucesión de funciones reales definidas en $A \subset \mathbb{R}$ siendo todas ellas acotadas en A y tal que converge uniformemente a f, entonces f es una función acotada.*

■ **Proposición (Convergencia uniforme y continuidad)** *Sea $\{f_n\}$ una sucesión de funciones reales definidas en un conjunto $A \subset \mathbb{R}$ y tal que cada f_n es una función continua en un punto $x_0 \in A$. En estas condiciones si la sucesión $\{f_n\}$ converge uniformemente a la función $f : A \to \mathbb{R}$, se verifica que f es también continua en x_0.*

Dicho coloquialmente, el límite uniforme de una sucesión de funciones continuas en un punto es una función continua en ese punto.

Esta proposición nos dice que si una sucesión de funciones continuas en un punto converge a una función discontinua en ese punto, entonces la convergencia no es uniforme. Tal situación ocurre en el siguiente ejemplo.

■ **Ejemplo 10.6** Sea $\{f_n\}$ la sucesión de funciones definidas en $[0;1]$ por $f_n(x) = \frac{2}{1+n^2x^2}$ para cada $n \in \mathbb{N}$ y cada $x \in [0;1]$.

Cada función f_n es una función continua en $[0;1]$. Esta sucesión es tal que

$$\lim_n f_n(0) = \lim_n 2 = 2$$

y $\forall x \in [0;1]$ es

$$\lim_n f_n(x) = \lim_n \frac{1}{1 + n^2x^2} = 0,$$

con lo cual $\{f_n\}$ converge puntualmente a la función

$$f(x) = \begin{cases} 2, & \text{si } x = 0, \\ 0, & \text{si } x \neq 0. \end{cases}$$

Como $f(x)$ no es continua en 0 mientras que cada f_n lo es, la convergencia de $\{f_n\}$ a f no es uniforme.

■ **Proposición (Convergencia uniforme e integrabilidad)** *Dada la sucesión $\{f_n\}$ de funciones reales definidas en $A = [a; b]$ y que converge uniformemente a la función $f : [a; b] \to \mathbb{R}$. En estas condiciones si cada una de las funciones f_n es integrable en $[a; b]$ se verifica que f es también integrable en $[a; b]$ y además se verifica que*

$$\lim_n \int_a^b f_n(x)dx = \int_a^b f(x)dx.$$

■ **Ejemplo 10.7** Como la sucesión $\{f_n\}$ analizada en el Ejemplo 10.1 definida como

$$f_n(x) = \begin{cases} x(1 - nx), & \text{si } 0 \leq x \leq \frac{1}{n}, \\ 0, & \text{si } x \geq \frac{1}{n}, \end{cases}$$

para cada $n \in \mathbb{N}$ y cada $x \in [0; 1)$, converge uniformemente a la función $f(x) = 0$ en $[0; 1]$ debe verificar que

$$\lim_n \int_0^1 f_n(x)dx = \int_0^1 f(x)dx.$$

En efecto, el segundo miembro es $\int_0^1 0dx = 0$, y el primer miembro está dado por el límite

$$\lim_n \int_0^1 f_n(x)dx = \lim_n \left[\int_0^{1/n} x(1 - nx)dx + \int_{1/n}^1 0dx \right]$$

$$= \lim_n \left[\frac{1}{2}x^2 - n\frac{x^3}{3} \right]_0^{1/n} = \lim_n \left(\frac{1}{2}\frac{1}{n^2} - \frac{n}{3}\frac{1}{n^3} \right) = \lim_n \left(\frac{1}{2} - \frac{1}{3} \right) \frac{1}{n^2} = 0.$$

Y por tanto se cumple el resultado de la proposición al estar la sucesión en las condiciones de la misma.

Por lo visto con las sucesiones de funciones integrables cabría esperar comportamiento análogo para la derivación. Sin embargo las cosas son bien distintas ya que dada la sucesión $\{f_n\}$ de funciones derivables que converge a una función f, ésta no tiene por qué ser una función derivable e incluso en el caso en que f sea derivable, su derivada no tiene por qué coincidir con el límite de la sucesión de las derivadas $\{f'_n\}$.

El comportamiento de las sucesiones de funciones derivables está regido por la siguiente proposición.

■ **Proposición (Convergencia uniforme y derivabilidad)** *Si $\{f_n\}$ es una sucesión de funciones derivables con derivada finita en el conjunto $A = (a; b)$, verificando que para cada valor $x_0 \in (a; b)$ la sucesión numérica $\{f_n(x_0)\}$ es convergente y que la sucesión de sus derivadas $\{f'_n\}$ converge uniformemente en $(a; b)$, entonces la sucesión funcional $\{f_n\}$ converge uniformemente a una función f derivable en $(a; b)$ y se verifica que*

$$f'(x) = \lim_n f'_n(x), \qquad \forall x \in (a; b).$$

Existen, no obstante, sucesiones funcionales tales que la sucesión de sus derivadas converge a la derivada de su función límite sin verificar todas las exigencias de la proposición anterior como vemos en el siguiente ejemplo.

■ **Ejemplo 10.8** La sucesión de funciones $\{f_n\}$ de $(0; 1)$ en $\mathbb{R}$ dadas por

$$f_n(x) = \frac{x^2}{1 + n^2 x^2}$$

converge uniformemente a la función nula y el límite de la sucesión de sus derivadas verifica que $f'(x) = \lim_n f'_n(x)$, $\forall x \in (0; 1)$.

En efecto, $\forall x \in (0; 1)$ es

$$\lim_n f_n(x) = \lim_n \frac{x^2}{1 + n^2 x^2} = 0,$$

con lo cual $\{f_n\}$ converge puntualmente a la función $f(x) = 0$ en $(0;1)$. Considerando para cada $n \in \mathbb{N}$ la derivada de cada función de la sucesión se tiene que es

$$f_n'(x) = \frac{2n(1 + n^2x^2) - 2n^2x \cdot x^2}{(1 + n^2x^2)^2} = \frac{2x}{(1 + n^2x^2)^2},$$

como $f_n'(x) > 0$, $\forall x \in (0;1)$, f_n es una función creciente en $(0;1)$ y por tanto

$$\sup_{x \in (0;1)} f_n(x) = \frac{1^2}{1 + n^21^2} = \frac{1}{1 + n^2},$$

luego

$$\limsup_{n} \{|f_n(x) - f(x)| : x \in (0;1)\} = \limsup_{n} \left\{ \left| \frac{x^2}{1 + n^2x^2} - 0 \right| : x \in (0;1) \right\}$$

$$= \limsup_{n} \left\{ \frac{x^2}{1 + n^2x^2} : x \in (0;1) \right\} = \lim_{n} \frac{1^2}{1 + n^2} = 0$$

y por tanto la convergencia es uniforme.

Como $f'(x) = 0$ y $\forall x \in (0;1)$ es

$$\lim_{n} f'(x) = \lim_{n} \frac{2n}{(1 + n^2x^2)^2} = 0,$$

se tiene que en este caso para cada $x \in (0;1)$ es $f'(x) = \lim_n f_n'(x)$.

10.2. SERIES DE FUNCIONES

Definición de serie funcional. Tipos de convergencia

Si $\{f_n\}$ es una sucesión de funciones definidas en un conjunto $A \subset \mathbb{R}$ y se considera la sucesión $\{s_n\}$ obtenida de la anterior haciendo, $\forall x \in A$,

$$s_1(x) = f_1(x)$$
$$s_2(x) = f_1(x) + f_2(x)$$
$$\vdots$$
$$s_n(x) = f_1(x) + f_2(x) + \cdots + f_n(x),$$

se llama *serie funcional* de término general f_n al par $(\{f_n\}, \{s_n\})$ y se representa como $\sum_{n=1}^{+\infty} f_n$.

A la sucesión $\{s_n\}$ se le llama sucesión de sumas parciales de la serie y s_n es la suma parcial n-ésima de la serie $\sum_{n=1}^{+\infty} f_n$.

Nos interesa estudiar la convergencia de las series funcionales y existen tres tipos de convergencia: convergencia puntual, convergencia uniforme y convergencia absoluta.

La serie $\sum_{n=1}^{+\infty} f_n$ *converge puntualmente* a una función s en un conjunto $A \subset \mathbb{R}$ cuando la sucesión $\{s_n\}$ converge puntualmente a s en A. Lo cual significa que para cada $x \in A$ la serie numérica $\sum_{n=1}^{+\infty} f_n(x)$ converge a $s(x)$. La función s se llama *suma de la serie* $\sum_{n=1}^{+\infty} f_n$ y esto se escribe como

$$\sum_{n=1}^{+\infty} f_n = s.$$

La serie $\sum_{n=1}^{+\infty} f_n$ *converge absolutamente* en el conjunto $A \subset \mathbb{R}$ cuando la serie $\sum_{n=1}^{+\infty} |f_n|$ converge puntualmente en A.

La serie $\sum_{n=1}^{+\infty} f_n$ *converge uniformemente* a la función s en un conjunto $A \subset \mathbb{R}$ cuando la sucesión $\{s_n\}$ converge uniformemente a s en A.

De las definiciones dadas y teniendo en cuenta la convergencia absoluta de series numéricas y la relación entre convergencia puntual y uniforme de sucesiones funcionales, se tienen los siguientes resultados:

1. Si la serie $\sum_{n=1}^{+\infty} f_n$ converge absolutamente en un conjunto $A \subset \mathbb{R}$, entonces $\sum_{n=1}^{+\infty} f_n$ converge puntualmente en A.

2. Si la serie $\sum_{n=1}^{+\infty} f_n$ converge uniformemente a una función s en un conjunto $A \subset \mathbb{R}$, entonces $\sum_{n=1}^{+\infty} f_n$ converge puntualmente a s en A.

Criterios de convegencia para series funcionales

El carácter de cada serie funcional $\sum_{n=1}^{+\infty} f_n$ es el mismo que el de la sucesión $\{s_n\}$ de las sumas parciales de la serie.

Además hemos de tener presente que en cada punto x del conjunto A en que se definen las funciones se tiene la serie numérica $\sum_{n=1}^{+\infty} f_n(x)$ cuyo estudio ya conocemos.

Con estas consideraciones se establecen los siguientes criterios:

■ **Criterio de Cauchy para la convergencia puntual** *La serie funcional $\sum_{n=1}^{+\infty} f_n$ converge puntualmente en el conjunto $A \subset \mathbb{R}$ si, y solo si, para cada $\varepsilon > 0$ y para cada $x \in A$ existe un $n_0 \in \mathbb{N}$ tal que $\forall n \in \mathbb{N}$ con $n \geq n_0$ y $\forall k \in \mathbb{N}$ se verifica que*

$$|f_{n+1}(x) + f_{n+2}(x) + \cdots + f_{n+k}(x)| < \varepsilon.$$

■ **Criterio de Cauchy para la convergencia uniforme** *La serie funcional $\sum_{n=1}^{+\infty} f_n$ converge uniformemente en un conjunto $A \subset \mathbb{R}$ si, y solo si, para cada $\varepsilon > 0$ existe un $n_0 \in \mathbb{N}$ tal que $\forall n \in \mathbb{N}$ con $n \geq n_0$ y $\forall k \in \mathbb{N}$ se verifica que*

$$|f_{n+1}(x) + f_{n+2}(x) + \cdots + f_{n+k}(x)| < \varepsilon, \quad \text{para todo} \quad x \in A.$$

■ **Criterio del límite del supremo** *La serie funcional $\sum_{n=1}^{+\infty} f_n$ converge uniformemente en $A \subset \mathbb{R}$ a la función $s : A \to \mathbb{R}$ si, y solo si, es*

$$\lim_n \left[\sup_{x \in A} \{|s_n(x) - s(x)|\} \right] = 0.$$

■ **Criterio de Weierstrass: condición suficiente para la convergencia absoluta y uniforme** *Dada la sucesión $\{f_n\}$ de funciones definidas en $A \subset \mathbb{R}$ y sea $\{M_n\}$ una sucesión de números reales tal que para todo $n \in \mathbb{N}$ y para todo $x \in A$ verifica que $|f_n(x)| \leq M_n$.*

En estas condiciones, si la serie numérica $\sum_{n=1}^{+\infty} M_n$ es convergente, entonces la serie funcional $\sum_{n=1}^{+\infty} f_n$ converge absoluta y uniformemente en A.

Este criterio es un buen recurso de cómoda aplicación en muchos casos.

■ **Ejemplo 10.9** La serie funcional $\sum_{n=1}^{+\infty} \frac{\cos(nx)^2}{n^2}$ es absoluta y uniformemente convergente en todo $\mathbb{R}$ ya que al considerar la sucesión $\left\{\frac{1}{n^2}\right\}$ se tiene que

$$0 \leq \left| \frac{\cos(nx)^2}{n^2} \right| \leq \frac{1}{n^2},$$

$\forall n \in \mathbb{N}$ y $\forall x \in \mathbb{R}$, y la serie $\sum_{n=1}^{+\infty} \frac{1}{n^2}$ es convergente.

Comportamiento de las serie funcionales uniformemente convergentes respecto de la acotación, continuidad, integrabilidad y derivación

Teniendo en cuenta las propiedades de las sucesiones funcionales uniformemente convergentes en cuanto a las propiedades básicas del cálculo, se tienen los siguientes resultados:

■ **Proposición**

1. *Si la serie de funciones $\sum_{n=1}^{+\infty} f_n$ converge uniformemente a una función s en el conjunto $A \subset \mathbb{R}$ y cada una de las funciones f_n está acotada en A, entonces la función s está acotada en A.*

2. *Si la serie de fuciones $\sum_{n=1}^{+\infty} f_n$ converge uniformemente a una función s en el conjunto $A \subset \mathbb{R}$ y cada una de las funciones f_n es continua en el punto $x_0 \in A$, entonces la función s es continua en x_0.*

3. *Si la serie de funciones $\sum_{n=1}^{+\infty} f_n$ converge uniformemente a una función s en el intervalo $[a; b]$ y cada una de las funciones f_n es integrable en $[a; b]$, entonces la función s también es integrable en $[a; b]$ y además se verifica que*

$$\sum_{n=1}^{+\infty} \int_a^b f_n(x)dx = \int_a^b \sum_{n=1}^{+\infty} f_n(x)dx = \int_a^b s(x)dx.$$

Es decir, "la serie numérica obtenida al integrar término a término es convergente y tiene por suma la integral de la suma de la serie dada".

Respecto de la derivabilidad el proceso no es tan sistemático, ya que la convergencia uniforme de la serie no garantiza el traslado de la derivabilidad a la función s suma de la serie. Pero incluso en el caso de transmitir la derivabilidad no se tiene garantía de que la serie obtenida al derivar término a término converja a la derivada de la suma, es decir, no se puede asegurar la igualdad

$$\sum_{n=1}^{+\infty} f_n'(x) = \left(\sum_{n=1}^{+\infty} f_n(x) \right)' = s'(x).$$

Hemos de añadir más condiciones para tener esos dos importantes resultados concretándose todo ello en la siguiente proposición.

■ **Proposición** *Si la serie de funciones $\sum_{n=1}^{+\infty} f_n$ es tal que cada una de sus funciones es derivable en el intervalo $(a; b)$, la serie $\sum_{n=1}^{+\infty} f_n'$ es uniformemente convergente en $(a; b)$ y además existe un $x_0 \in (a; b)$ de forma que la serie numérica $\sum_{n=1}^{+\infty} f_n(x)$ es convergente, entonces la serie funcional $\sum_{n=1}^{+\infty} f_n$ converge uniformemente en $(a; b)$ a una función f que es derivable y verifica que*

$$s'(x) = \sum_{n=1}^{+\infty} f_n'(x).$$

10.3. SERIES DE POTENCIAS

Un caso particular de las series funcionales son las series de potencias, cuyo estudio es muy sistemático y presentan aplicaciones notables como la expresión de funciones en forma polinómica, el cálculo de límites complicados o la suma de algunas series numéricas cuyo cálculo por otros procedimientos tiene gran dificultad.

Si a es un número real, la serie funcional dada por

$$\sum_{n=0}^{+\infty} a_n(x - a)^n$$

se llama *serie de potencias* centrada en a. Los números reales a_n que resultan al variar n se llaman coeficientes de la serie.

Al estudiar las series de potencias se tiene una escritura más cómoda si se consideran las series centradas en cero, es decir la de la forma $\sum_{n=0}^{+\infty} a_n x^n$ ya que por simple traslación conoceremos las propiedades de las series centradas en cualquier otro punto.

■ Ejemplo 10.10

$$\sum_{n=0}^{+\infty} \frac{n}{2^n + 1} (x - 2)^n \text{ es una serie de potencias centrada en 2,}$$

$$\sum_{n=0}^{+\infty} \frac{3n}{n^2 + 2} (x + 1)^n \text{ es una serie de potencias centrada en } -1,$$

$$\sum_{n=0}^{+\infty} \frac{n^2 + 1}{n^3 + 2} x^n \text{ es una serie de potencias centrada en cero.}$$

Dada la serie de potencias $\sum_{n=0}^{+\infty} a_n x^n$ nos interesa conocer el conjunto de puntos de la recta real para los cuales converge. Este conjunto se llama campo de convergencia de la serie o *intervalo de convergencia*. Obtenido el campo de convergencia tendremos que analizar si la convergencia es sólo puntual o si existe convergencia absoluta y también si la convergencia es uniforme o no.

Este análisis de la convergencia se concreta teniendo en cuenta los siguientes resultados.

■ Proposición (Existencia del radio de convergencia y del intervalo de convergencia) *Sea la serie de potencias $\sum_{n=0}^{+\infty} a_n x^n$. En relación a ella podemos afirmar:*

1. Si la serie converge para el valor $x_0 \neq 0$ entonces converge para todo número real x que verifique $|x| < |x_0|$.

2. Si la serie diverge para el valor x_1 entonces diverge para cualquier valor de x que sea $|x| > |x_1|$.

3. Asociado a la serie existe un número real $r \geq 0$, pudiendo ser $r = +\infty$, tal que la serie converge absolutamente si $|x| < r$ y diverge si $|x| > r$. Al valor r se llama radio de convergencia de la serie, el cual determina el llamado intervalo de convergencia de la serie dado por $(-r; r)$.

■ Ejemplo 10.11
$\sum_{n=0}^{+\infty} \frac{x^n}{2^n}$ converge para $x_0 = 1$ (pues $\sum_{n=0}^{+\infty} \frac{1}{2^n}$ es geométrica de razón $\frac{1}{2}$) por tanto converge para los x tales que $|x| < 1$.

$\sum_{n=0}^{+\infty} \frac{x^n}{2^n}$ diverge para $x_1 = 3$ (pues $\sum_{n=0}^{+\infty} \frac{3^n}{2^n} = \sum_{n=0}^{+\infty} \left(\frac{3}{2}\right)^n$ es geométrica de razón $\frac{3}{2}$) y por tanto diverge para los valores de x tales que $|x| > 3$.

El radio de convergencia se puede determinar utilizando los dos resultados siguientes:

■ Proposición *Dada la serie de potencias $\sum_{n=0}^{+\infty} a_n x^n$ y siendo*

$$\lim_n \sqrt[n]{|a_n|} = L,$$

podemos afirmar sobre el radio de convergencia:

1. Si $L \in (0; +\infty)$ es $r = \dfrac{1}{L}$,

2. Si $L = 0$ es $r = +\infty$,

3. Si $L = +\infty$ es $r = 0$.

■ Ejemplo 10.12   La serie

$$\sum_{n=0}^{+\infty} \left(\frac{n}{2n + 1}\right)^n x^n$$

es tal que

$$\lim_n \sqrt[n]{\left(\frac{n}{2n + 1}\right)^n} = \lim_n \frac{n}{2n + 1} = \frac{1}{2} = L,$$

con lo cual su radio de convergencia es $r = 2$ y por lo anterior el intervalo de convergencia es $(-2; 2)$ y la serie converge absolutamente si $x \in (-2; 2)$.

■ **Proposición** *Sea la serie de potencias $\sum_{n=0}^{+\infty} a_n x^n$ donde es $a_n > 0, \forall n \in \mathbb{N}$ y*

$$\lim_n \left| \frac{a_{n+1}}{a_n} \right| = L,$$

en estas condiciones se tiene:

1. Si $L \in (0; +\infty)$, entonces es $r = \dfrac{1}{L}$,

2. Si $L = 0$, entonces es $r = +\infty$,

3. Si $L = +\infty$, entonces es $r = 0$.

■ **Ejemplo 10.13**   La serie $\sum_{n=0}^{+\infty} \frac{n^2+1}{(n+1)!} x^n$ es tal que

$$\lim_n \left| \frac{a_{n+1}}{a_n} \right| = \lim_n \left[\frac{(n+1)^2 + 1}{(n+2)!} \frac{(n+1)!}{n^2+1} \right]$$
$$= \lim_n \frac{(n^2 + 2n + 2)(n+1)!}{(n+2)(n+1)!(n^2+1)} = \lim_n \frac{n^2 + 2n + 2}{n^3 + 2n^2 + n + 2} = 0 = L,$$

con lo cual es $r = +\infty$ y la serie converge para todo número real.

Dada la serie de potencias $\sum_{n=0}^{+\infty} a_n x^n$ con radio de convergencia $r > 0$ y siendo a y b valores tales que $-r < a < b < r$, se verifica que la serie converge uniformemente en el intervalo $[a; b]$. Dicho de otro modo, las series de potencias convergen uniformemente en todo intervalo cerrado contenido en el intervalo de convergencia.

■ **Proposición** *Dada la serie de potencias $\sum_{n=0}^{+\infty} a_n x^n$ de radio $r > 0$ podemos afirmar:*

1. Si la serie $\sum_{n=0}^{+\infty} a_n r^n$ es convergente, entonces $\sum_{n=0}^{+\infty} a_n x^n$ converge uniformemente en $[0; r]$.
Y de forma análoga
2. Si la serie $\sum_{n=0}^{+\infty} a_n (-r)^n$ es convergente, entonces $\sum_{n=0}^{+\infty} a_n x^n$ converge uniformemente en $[-r; 0]$.

Considerando los resultados anteriores un proceso sistemático para el estudio de la convergencia de las series de potencias $\sum_{n=0}^{+\infty} a_n x^n$ es el siguiente:

1. Se calcula el radio de convergencia r.
2. Se determina el carácter de las series $\sum_{n=0}^{+\infty} a_n r^n$ y $\sum_{n=0}^{+\infty} a_n (-r)^n$.

   a) Si las series $\sum_{n=0}^{+\infty} a_n r^n$ y $\sum_{n=0}^{+\infty} a_n (-r)^n$ convergen,

   entonces $\sum_{n=0}^{+\infty} a_n x^n$ converge puntual y uniformemente en $[-r; r]$ y tiene convergencia absoluta en $(-r; r)$. La convergencia absoluta en r y $-r$ se estudiará en cada caso.

   b) Si las series $\sum_{n=0}^{+\infty} a_n r^n$ y $\sum_{n=0}^{+\infty} a_n (-r)^n$ divergen,

   entonces $\sum_{n=0}^{+\infty} a_n x^n$ converge puntual y absolutamente en $(-r; r)$ y uniformemente en todo intervalo cerrado $[a; b]$ con $[a; b] \subset (-r; r)$.

   c) Si converge una sola de las series numéricas extremas, por ejemplo $\sum_{n=0}^{+\infty} a_n r^n$,

   entonces la serie $\sum_{n=0}^{+\infty} a_n x^n$ converge puntualmente en $(-r; r]$ y uniformemente en todo intervalo $[a; r] \subset (-r; r]$. La serie converge absolutamente en $(-r; r)$ y la convergencia absoluta en r se decidirá mediante el estudio directo. Situación análoga en el caso en que solo converja la serie $\sum_{n=0}^{+\infty} a_n (-r)^n$.

Si se trata de una serie $\sum_{n=0}^{+\infty} a_n(x-a)^n$ centrada en $a \neq 0$ el estudio es idéntico. Calculado el radio de convergencia r, y siendo $r \neq 0$, la serie converge puntual y absolutamente en el intervalo $(a-r; a+r)$ y uniformemente en todo intervalo cerrado $[c; d]$ tal que $[c; d] \subset (a-r; a+r)$. Obtenido el carácter de las series correspondientes a los puntos extremos del intervalo, $a-r$ y $a+r$, se sigue el mismo proceso que el descrito para la serie centrada en cero $\sum_{n=0}^{+\infty} a_n x^n$.

■ **Ejemplo 10.14** La serie $\sum_{n=0}^{+\infty} \left(\frac{n}{2n+1}\right)^n x^n$, del Ejemplo 10.12 tiene radio de convergencia $r = 2$. Como las series

$$\sum_{n=0}^{+\infty} \left(\frac{n}{2n+1}\right)^n (-2)^n = \sum_{n=0}^{+\infty} (-1)^n \left(\frac{2n}{2n+1}\right)^n \quad \text{y}$$

$$\sum_{n=0}^{+\infty} \left(\frac{n}{2n+1}\right)^n 2^n = \sum_{n=0}^{+\infty} \left(\frac{2n}{2n+1}\right)^n,$$

son divergentes, pues su término general no tiene límite cero al ser

$$\lim_n \left(\frac{2n}{2n+1}\right)^n = e^{\lim_n \left(\frac{2n}{2n+1}-1\right)n} = e^{\lim_n \frac{2n-2n-1}{2n+1}n} = e^{\lim_n \frac{-n}{2n+1}} = e^{-1/2} = \frac{1}{\sqrt{e}} \neq 0,$$

en consecuencia la serie dada converge puntual y absolutamente en el intervalo $(-2; 2)$ y converge uniformemente en todo intervalo cerrado contenido en $(-2; 2)$.

10.4. DERIVACIÓN E INTEGRACIÓN DE SERIES DE POTENCIAS

En las series de potencias que convergen uniformemente se trasmite la acotación, la continuidad, la integrabilidad e incluso la derivabilidad de las funciones sumandos a la función suma de la serie. Los resultados de mayor aplicabilidad son los siguientes.

Dada la serie de potencias $\sum_{n=0}^{+\infty} a_n x^n$ con radio de convergencia $r > 0$ y consideramos la serie $\sum_{n=1}^{+\infty} n a_n x^{n-1}$ obtenida derivando término a término en la serie anterior. Esta serie se llama *serie derivada* de la primera.

■ **Proposición (Derivación de series de potencias)** *Sea $\sum_{n=0}^{+\infty} a_n x^n$ una serie de potencias con radio de convergencia $r > 0$ y sea $\sum_{n=1}^{+\infty} n a_n x^{n-1}$ su serie derivada, en estas condiciones podemos afirmar:*

1. Las series $\sum_{n=0}^{+\infty} a_n x^n$ y $\sum_{n=1}^{+\infty} n a_n x^{n-1}$ tienen el mismo radio de convergencia.

2. Si s es la función suma de la serie $\sum_{n=0}^{+\infty} a_n x^n$ en el intervalo $(-r; r)$, entonces s es derivable en ese intervalo y la serie derivada $\sum_{n=1}^{+\infty} n a_n x^{n-1}$ tiene por suma s' en $(-r; r)$,

$$\sum_{n=1}^{+\infty} n a_n x^{n-1} = s'(x), \quad \forall x \in (-r; r).$$

3. La función s, suma de la serie $\sum_{n=0}^{+\infty} a_n x^n$, se puede derivar indefinidamente en el intervalo $(-r; r)$ siendo su derivada de orden k la suma de la serie obtenida al derivar hasta el orden k la serie $\sum_{n=0}^{+\infty} a_n x^n$, es decir,

$$\sum_{n=k}^{+\infty} n(n-1)(n-2)\ldots(n-k+1) a_n x^{n-k} = s^{(k)}(x).$$

■ **Ejemplo 10.15** La serie de potencias $\sum_{n=0}^{+\infty} x^n$ es tal que

$$\lim_n \sqrt[n]{|a_n|} = \lim_n \sqrt[n]{1} = 1,$$

por tanto su radio de convergencia es 1 y la serie converge en $(-1;1)$. Como la sucesión de sumas parciales f_n es

$$f_n(x) = 1 + x + x^2 + \cdots + x^n = \frac{1-x^{n+1}}{1-x}$$

y si es $|x| < 1$ se tiene que $\lim_n f_n(x) = \frac{1}{1-x} = s(x) = \sum_{n=0}^{+\infty} x^n$. En definitiva es

$$\sum_{n=0}^{+\infty} x^n = \frac{1}{1-x}, \quad \forall x \in (-1;1).$$

Derivando en ambos miembros se tiene que

$$\sum_{n=1}^{+\infty} n x^{n-1} = \frac{1}{(1-x)^2}, \quad \forall x \in (-1;1)$$

y derivando en esta igualdad se tiene

$$\sum_{n=2}^{+\infty} n(n-1) x^{n-2} = \frac{2}{(1-x)^3}, \quad \forall x \in (-1;1)$$

y así sucesivamente en un proceso de derivación ilimitado. La igualdad

$$\frac{1}{1-x} = \sum_{n=0}^{+\infty} x^n, \quad \forall x \in (-1;1)$$

nos dice que la función $s(x) = \frac{1}{1-x}$ coincide con un "polinomio de infinitos sumandos"

$$\sum_{n=0}^{+\infty} x^n = 1 + x + x^2 + \cdots + x^n + \ldots$$

en el intervalo $(-1;1)$ y nos invita a plantearnos en qué condiciones una función admite esta representación tan favorable en forma de "polinomio". La respuesta la tenemos cercana con los desarrollos en serie de potencias.

■ **Proposición (Integración de series de potencias)** *Si la serie de potencias $\sum_{n=0}^{+\infty} a_n x^n$ tiene radio de convergencia $r > 0$ y converge a la función s dada por $s(x) = \sum_{n=0}^{+\infty} a_n x^n$, $\forall x \in (-r;r)$, entonces la serie de potencias $\sum_{n=0}^{+\infty} \frac{a_n}{n+1} x^{n+1}$ obtenida integrando término a término en la serie dada, tiene también radio r y converge a la integral de s, es decir,*

$$\sum_{n=0}^{+\infty} \int_0^x a_n t^n dt = \sum_{k=0}^{+\infty} \frac{a_n}{n+1} x^{n+1} = \int_0^x s(t) dt.$$

■ **Ejemplo 10.16** Sabemos del ejemplo anterior que $\sum_{n=0}^{+\infty} x^n = \frac{1}{1-x}$, $x \in (-1;1)$. Si integramos término a término se tiene

$$\sum_{n=0}^{+\infty} \int_0^x t^n dt = \sum_{n=0}^{+\infty} \frac{x^{n+1}}{n+1} = \int_0^x \frac{1}{1-t} dt = [-\ln(1-t)]_0^x$$

$$= -\ln(1-x) + \ln 1 = -\ln(1-x) = \ln \left| \frac{1}{1-x} \right|,$$

$\forall x \in (-1;1)$, con lo que es

$$\sum_{n=0}^{+\infty} \frac{x^{n+1}}{n+1} = \ln \frac{1}{|1-x|}, \quad \forall x \in (-1;1).$$

Consecuencia del resultado anterior, si hacemos $x = \frac{1}{2}$, es que

$$\sum_{n=0}^{+\infty} \frac{1}{(n+1)2^{n+1}} = \ln \frac{1}{1 - \frac{1}{2}} = \ln 2.$$

Y dando valores concretos a $x \in (0; 1)$ tenemos la suma de ciertas series numéricas con un cálculo, en principio, bastante complicado. Con el resultado anterior calculamos la suma de la serie $\sum_{n=1}^{+\infty} \frac{1}{(n+1)2^{n+1}}$. Como

$$\sum_{n=0}^{+\infty} \frac{1}{(n+1)2^{n+1}} = \frac{1}{2} + \sum_{n=1}^{+\infty} \frac{1}{(n+1)2^{n+1}} = \ln 2,$$

se tiene que $\sum_{n=1}^{+\infty} \frac{1}{(n+1)2^{n+1}} = \ln 2 - \frac{1}{2}$.

Otra forma de calcular la suma de la serie $\sum_{n=1}^{+\infty} \frac{1}{(n+1)2^{n+1}}$ es la siguiente. Como

$$\sum_{n=1}^{+\infty} x^n = x + x^2 + x^3 + \cdots + x^n + \cdots = \frac{x}{1-x}, \qquad \forall x \in (-1; 1),$$

integrando en ambos miembros se tiene

$$\sum_{n=1}^{+\infty} \int_0^x t^n dt = \sum_{n=1}^{+\infty} \frac{x^{n+1}}{n+1} = \int_0^x \frac{t}{1-t} dt = -\int_0^x \frac{(1-t)-1}{1-t} dt = -\int_0^x \left(1 - \frac{1}{1-t}\right) dt$$

$$= \int_0^x \frac{dt}{1-t} - \int_0^x dt = -\Big[\ln|1-t|\Big]_0^x - \Big[t\Big]_0^x$$

$$= -\ln|1-x| - x = \ln \frac{1}{|1-x|} - x, \qquad \forall x \in (-1; 1).$$

Tenemos pues la igualdad

$$\sum_{n=1}^{+\infty} \frac{x^{n+1}}{n+1} = \ln \frac{1}{|1-x|} - x, \qquad \forall x \in (-1; 1),$$

si ahora hacemos $x = \frac{1}{2}$ obtenemos la suma pedida, siendo

$$\sum_{n=1}^{+\infty} \frac{1}{(n+1)2^{n+1}} = \ln \frac{1}{|1 - \frac{1}{2}|} - \frac{1}{2} = \ln 2 - \frac{1}{2},$$

resultado coincidente con el obtenido anteriormente.

10.5. DESARROLLO DE UNA FUNCIÓN EN SERIE DE POTENCIAS

Sean el número real $r > 0$ y la serie de potencias $\sum_{n=0}^{+\infty} a_n x^n$. La serie dada es un desarrollo en serie de potencias para la función f en el intervalo $I = (-r; r)$ cuando tiene radio de convergencia mayor o igual que r y para cada punto x de dicho intervalo se verifica la igualdad

$$f(x) = \sum_{n=0}^{+\infty} a_n x^n.$$

■ **Proposición (Desarrollo de una función)** *Si $\sum_{n=0}^{+\infty} a_n x^n$ es un desarrollo en serie de potencias de la función f en $I = (-r; r)$, entonces los coeficientes están dados por las derivadas de f en la forma*

$$a_n = \frac{f^{(n)}(0)}{n!}, \qquad n = 0, 1, 2, \ldots$$

■ **Proposición (Unicidad del desarrollo)** *Si $\sum_{n=0}^{+\infty} a_n x^n$ y $\sum_{n=0}^{+\infty} b_n x^n$ son desarrollos en serie de potencias de una función f en $I = (-r; r)$ entonces es $a_n = b_n$, $\forall n \in \mathbb{N}$.*

■ **Corolario** *El desarrollo de una función en serie de potencias es su serie de Taylor.*

Según el corolario anterior si una función f es desarrollable en serie de potencias en el intervalo $I = (-r; r)$, este desarrollo es su serie de Taylor, es decir,

$$f(x) = \sum_{n=0}^{+\infty} \frac{f^{(n)}(0)}{n!} x^n, \qquad \forall x \in (-r; r).$$

Pero hemos de advertir que existen funciones para las cuales su serie de Taylor es convergente en todo punto $x \in \mathbb{R}$ y, sin embargo, no son desarrollables en serie de potencias en ningún intervalo $I = (-r; r)$ con $r > 0$ al no verificarse la igualdad $f(x) = \sum_{n=0}^{+\infty} \frac{f^{(n)}(0)}{n!} x^n$ en algún punto de cada intervalo $I = (-r; r)$. Esto ocurre con la llamada función de Cauchy $f : \mathbb{R} \to \mathbb{R}$ definida como

$$f(x) = \begin{cases} e^{-\frac{1}{x^2}}, & \text{si } x \neq 0, \\ 0, & \text{si } x = 0, \end{cases}$$

para la cual $f^{(n)}(0) = 0, \forall n \in \mathbb{N}$ y por tanto su serie de Taylor $\sum_{n=0}^{+\infty} \frac{f^{(n)}(0)}{n!} x^n$ converge a 0 para todo $x \in \mathbb{R}$ y sin embargo la igualdad $f(x) = \sum_{n=0}^{+\infty} \frac{f^{(n)}(0)}{n!} x^n$, solamente es válida en $x = 0$.

■ **Proposición (Operaciones con desarrollos)**

1. *Si $\sum_{n=0}^{+\infty} a_n x^n$ es el desarrollo de f en $I_1 = (-r_1; r_1)$ y $\sum_{n=0}^{+\infty} b_n x^n$ es el desarrollo de g en $I_2 = (-r_2; r_2)$, entonces $\sum_{n=0}^{+\infty}(a_n + b_n)x^n$ es el desarrollo de la función $f + g$ en $I = (-r; r)$ siendo $r = \min\{r_1, r_2\}$.*
2. *Si $\sum_{n=0}^{+\infty} a_n x^n$ es el desarrollo en serie de potencias de la función f en $I = (-r; r)$ y λ es un número real, entonces $\sum_{n=0}^{+\infty} \lambda a_n x^n$ es el desarrollo de la función λf en I.*
3. *Si $\sum_{n=0}^{+\infty} a_n x^n$ es el desarrollo en serie de potencias de f en $I = (-r_1; r_1)$ y $\sum_{n=0}^{+\infty} b_n x^n$ es el desarrollo en serie de potencias de g en $I_2 = (-r_2; r_2)$, entonces $\sum_{n=0}^{+\infty} c_n x^n$, con $c_n = \sum_{k=0}^{n} a_k b_{n-k}$, es el desarrollo de la función producto fg en el intervalo $I = (-r; r)$ siendo $r = \min\{r_1, r_2\}$.*

■ **Proposición (Una condición suficiente para que exista el desarrollo en serie de potencias)** *Si r es un número real $r > 0$, se considera el intervalo $I = (-r; r)$ y la función $f : I \to \mathbb{R}$ tal que es indefinidamente derivable, siendo sus sucesivas derivadas funciones acotadas en I. En estas condiciones f es desarrollable en serie de potencias en I, es decir,*

$$f(x) = \sum_{n=0}^{+\infty} \frac{f^{(n)}(0)}{n!} x^n, \qquad \forall x \in I.$$

■ **Proposición (Una condición necesaria y suficiente para que una función sea desarrollable en serie de potencias)** *La función $f : I \to \mathbb{R}$, donde $I = (-r; r)$ para un cierto $r > 0$, tal que tiene derivada de cualquier orden en I, es desarrollable en serie de potencias en I, si y sólo si, el término complementario de la fórmula de Taylor tiene límite cero en todo $x \in I$.*

Algunos desarrollos notables

Teniendo en cuenta la unicidad del desarrollo en serie de potencias para una función dada y considerando que dentro del intervalo de convergencia se puede derivar e integrar término a término dicha serie, se pueden obtener desarrollos de interés de una forma sencilla.

Por integración

Observemos la serie geométrica de razón x con $|x| < 1$ dada por

$$\sum_{n=0}^{+\infty} x^n = 1 + x + x^2 + x^3 + \cdots + x^n + \cdots = \frac{1}{1-x}$$

como el desarrollo de Taylor es único se tiene que la función $\frac{1}{1-x}$ es desarrollable en un entorno de cero y éste es el anterior, por tanto

$$\frac{1}{1-x} = 1 + x + x^2 + x^3 + \cdots + x^n + \ldots, \qquad |x| < 1. \tag{10.1}$$

Si integramos la expresión (10.1) término a término se obtiene

$$\int \frac{1}{1-x} dx = \int \left(1 + x + x^2 + x^3 + \cdots + x^n + \ldots\right) dx,$$

es decir,

$$-\ln(1-x) = C + x + \frac{x^2}{2} + \frac{x^3}{3} + \cdots + \frac{x^n}{n} + \ldots,$$

donde C es la constante de integración. Para determinarla se calcula el límite cuando x tiende a 0, y dado que $\ln 1 = 0$, resulta

$$-\ln(1-x) = x + \frac{x^2}{2} + \frac{x^3}{3} + \cdots + \frac{x^n}{n} + \ldots, \qquad -1 \le x < 1,$$

de donde

$$\ln(1-x) = -x - \frac{x^2}{2} - \frac{x^3}{3} - \cdots - \frac{x^n}{n} - \ldots, \qquad -1 \le x < 1. \tag{10.2}$$

Si cambiamos x por $-x$ obtenemos el desarrollo

$$\ln(1+x) = x - \frac{x^2}{2} + \frac{x^3}{3} - \frac{x^4}{4} + \cdots + (-1)^{n+1}\frac{x^n}{n} + \ldots, \qquad -1 < x \le 1. \tag{10.3}$$

Restando las expresiones (10.3) y (10.2), dado que las series son absolutamente convergentes dentro del intervalo de convergencia, resulta

$$\ln(1+x) - \ln(1-x) = 2x + 2\frac{x^3}{3} + 2\frac{x^5}{5} + \cdots + 2\frac{x^{2n+1}}{2n+1} + \ldots$$

es decir,

$$\frac{1}{2} \ln \frac{1+x}{1-x} = x + \frac{x^3}{3} + \frac{x^5}{5} + \cdots + \frac{x^{n+1}}{n+1} + \ldots \qquad |x| < 1. \tag{10.4}$$

Si en la expresión (10.1) cambiamos x por $-x$ resulta

$$\frac{1}{1+x} = 1 - x + x^2 - x^3 + \cdots + (-1)^n x^n + \ldots \qquad |x| < 1, \tag{10.5}$$

sustituyendo en la expresión anterior x por x^2 se obtiene

$$\frac{1}{1+x^2} = 1 - x^2 + x^4 - x^6 + \cdots + (-1)^n x^{2n} + \ldots \qquad |x^2| < 1 \tag{10.6}$$

Integrando término a término (10.6) se llega a

$$\int \frac{1}{1+x^2} dx = \int \left(1 - x^2 + x^4 - x^6 + \cdots + (-1)^n x^{2n} + \ldots\right) dx,$$

es decir,

$$\operatorname{arctg} x = C + x - \frac{x^3}{3} + \frac{x^5}{5} + \cdots + (-1)^n \frac{x^{2n+1}}{2n+1} + \cdots,$$

siendo C la constante de integración. Para determinarla hacemos el límite cuando $x \to 0$, y dado que $\operatorname{arctg} 0 = 0$, resulta $C = 0$ por lo que

$$\operatorname{arctg} x = x - \frac{x^3}{3} + \frac{x^5}{5} + \cdots + (-1)^n \frac{x^{2n+1}}{2n+1} + \cdots, \qquad |x| < 1. \tag{10.7}$$

Por derivación

Utilizando la derivación se consiguen otros desarrollos notables. Derivando la expresión (10.1) obtenemos

$$\frac{1}{(1-x)^2} = 1 + 2x + 3x^2 + 4x^3 + \cdots + nx^{n-1} + \cdots = \sum_{n=1}^{+\infty} nx^{n-1}, \qquad |x| < 1. \tag{10.8}$$

Si nos proponemos sumar la serie

$$x^2 + 2x^3 + 4x^3 + \cdots + nx^{n+1} + \cdots$$

bastaría con escribir la serie anterior en la forma

$$x^2 + 2x^3 + 3x^4 + \cdots + nx^{n+1} + \cdots = x^2(1 + 2x + 3x^2 + 4x^3 + \cdots + nx^{n-1} + \cdots) = \frac{x^2}{(1-x)^2},$$

en virtud de la expresión (10.8).

Por derivación e integración

Derivación e integración pueden utilizarse en forma conjunta para sumar determinadas series de potencias. Así, por ejemplo, si se trata de encontrar la función f dada por

$$f(x) = \frac{1}{1 \cdot 2} + \frac{x}{2 \cdot 3} + \frac{x^2}{3 \cdot 4} + \cdots + \frac{x^n}{(n+1)(n+2)} + \cdots, \qquad |x| < 1, \tag{10.9}$$

observamos que si tuviésemos $\dfrac{x^{n+2}}{(n+1)(n+2)}$, derivando una vez tendríamos

$$\left(\frac{x^{n+2}}{(n+1)(n+2)} \right)' = \frac{(n+2)x^{n+1}}{(n+1)(n+2)} = \frac{x^{n+1}}{n+1}$$

y derivando de nuevo

$$\left(\frac{x^{n+1}}{n+1} \right)' = \frac{(n+1)x^n}{n+1} = x^n,$$

por lo que se obtendría la suma de $1 + x + x^2 + x^3 + \cdots + x^n + \cdots$, cuyo valor es $\frac{1}{1-x}$, según la expresión (10.1).

Entonces a partir de (10.9) debemos escribir

$$x^2 f(x) = \frac{x^2}{1 \cdot 2} + \frac{x^3}{2 \cdot 3} + \frac{x^4}{3 \cdot 4} + \cdots + \frac{x^{n+2}}{(n+1)(n+2)} + \cdots,$$

derivando ambos miembros de la igualdad dos veces resulta

$$\left(x^2 f(x) \right)'' = 1 + x + x^2 + x^3 + \cdots + x^n + \cdots = \frac{1}{1-x}, \qquad |x| < 1,$$

véase (10.1). Integrando una vez

$$\left(x^2 f(x)\right)' = \int \frac{dx}{1-x} = -\ln(1-x) + C_1 \tag{10.10}$$

es decir

$$2x f(x) + x^2 f'(x) = -\ln(1-x) + C_1$$

calculando el límite cuando $x \to 0$, resulta $C_1 = 0$ por lo que (10.10) se escribe como

$$\left(x^2 f(x)\right)' = -\ln(1-x).$$

Una segunda integración conduce a

$$x^2 f(x) = \int -\ln(1-x)dx = \int \ln(1-x)d(1-x) = (1-x)\ln(1-x) - (1-x) + C_2,$$

donde $\int \ln x \, dx$ se integra por partes.

Calculando de nuevo el límite cuando x tiende a 0 se obtiene $C_2 = 1$, por lo que finalmente para $|x| < 1$ es

$$x^2 f(x) = (1-x)\ln(1-x) + x \qquad \text{o bien} \qquad f(x) = \frac{1-x}{x^2}\ln(1-x) + \frac{1}{x}.$$

Aplicación a la suma de series numéricas

Con los desarrollos obtenidos podemos sumar ciertas series numéricas con notable facilidad.

■ **Ejemplo 10.17**   Para sumar la serie

$$1 + \frac{1}{\pi} + \frac{1}{\pi^2} + \frac{1}{\pi^3} + \cdots + \frac{1}{\pi^n} + \cdots,$$

basta con tener en cuenta que es un caso particular de la expresión (10.1), con $x = \dfrac{1}{\pi}$, luego la suma vale

$$\frac{1}{1 - \frac{1}{\pi}} = \frac{\pi}{\pi - 1}.$$

■ **Ejemplo 10.18**   Si se trata ahora de sumar la serie

$$\frac{1}{3} - \frac{1}{2}\frac{1}{3^2} + \frac{1}{3}\frac{1}{3^3} - \frac{1}{4}\frac{1}{3^4} + \cdots,$$

el resultado es inmediato pues es un caso particular de la expresión (10.3) con $x = \frac{1}{3}$, luego la suma es

$$\ln(1 + \tfrac{1}{3}).$$

■ **Ejemplo 10.19**   La suma de la serie armónica alternada, cuyo valor se adelantó en la Sección 9.6, es

$$\sum_{n=1}^{+\infty} (-1)^{n+1}\frac{1}{n} = \ln 2,$$

que resulta de sustituir x por 1 en la expresión (10.3).

■ **Ejemplo 10.20** El valor de la suma

$$1 + \frac{2}{5} + \frac{3}{5^2} + \frac{4}{5^3} + \cdots$$

resulta como caso particular de la serie (10.8) con $x = \frac{1}{5}$, luego sustituyendo la suma es

$$\frac{1}{(1 - \frac{1}{5})^2} = \frac{25}{16}.$$

■ **Ejemplo 10.21** La suma de la serie $\sum_{n=1}^{+\infty} \frac{n}{2^{n-1}}$ resulta de considerar la igualdad (10.8)

$$\sum_{n=1}^{+\infty} n x^{n-1} = \frac{1}{(1 - x)^2}, \qquad \text{con} \qquad |x| < 1,$$

y hacer $x = \frac{1}{2}$, resultando

$$\sum_{n=1}^{+\infty} \frac{n}{2^{n-1}} = \frac{1}{(1 - \frac{1}{2})^2} = \frac{1}{\frac{1}{4}} = 4.$$

Es evidente que la serie puede sumarse también observando que es aritmético-geométrica y por tanto, véase la Sección 9.6, es

$$s = \left[\frac{1}{1 - \frac{1}{2}} + \frac{1 - \frac{1}{2}}{(1 - \frac{1}{2})^2} \right] \cdot 1 = 2 + 2 = 4.$$

Resulta conveniente conocer los desarrollos en serie más usuales, entre otros:

$$e^x = 1 + x + \frac{x^2}{2!} + \frac{x^3}{3!} + \cdots + \frac{x^n}{n!} + \cdots \qquad |x| < +\infty,$$

$$\operatorname{sen} x = x - \frac{x^3}{3!} + \frac{x^5}{5!} - \cdots + (-1)^n \frac{x^{2n+1}}{(2n+1)!} + \cdots \qquad |x| < +\infty,$$

$$\cos x = 1 - \frac{x^2}{2!} + \frac{x^4}{4!} - \cdots + (-1)^n \frac{x^{2n}}{(2n)!} + \cdots \qquad |x| < +\infty,$$

$$\ln(1 + x) = x - \frac{x^2}{2} + \frac{x^3}{3} - \frac{x^4}{4} + \cdots + (-1)^{n+1} \frac{x^n}{n} + \cdots \qquad |x| < 1,$$

$$\operatorname{arctg} x = x - \frac{x^3}{3} + \frac{x^5}{5} - \frac{x^7}{7} + \cdots + (-1)^n \frac{x^{2n+1}}{2n+1} + \cdots \qquad |x| < 1.$$

Como el desarrollo de Taylor es único, cambiando la variable convenientemente podemos obtener con facilidad otros desarrollos, como se muestra en los ejemplos siguientes.

■ **Ejemplo 10.22** Calculemos el desarrollo de Taylor en un entorno de cero de e^{-x^2}.
Sustituyendo x por $-x^2$ en (10.11) obtenemos

$$e^{-x^2} = 1 - x^2 + \frac{(-x^2)^2}{2!} + \frac{(-x^2)^3}{3!} + \cdots + \frac{(-x^2)^n}{n!} + \cdots$$

$$= 1 - x^2 + \frac{x^4}{2!} - \frac{x^6}{3!} + \cdots + (-1)^n \frac{x^{2n}}{n!} + \cdots$$

Obsérvese que este desarrollo es integrable término a término, por lo que sorprendentemente se puede obtener $\int e^{-x^2} dx$, ahora bien la expresión obtenida no está expresada como "suma finita de funciones elementales".

■ **Ejemplo 10.23** Calculemos el desarrollo de Taylor de sen x^2 en un entorno de cero.

Sustituyendo x por x^2 en (10.12) se tiene que

$$\operatorname{sen} x^2 = x^2 - \frac{(x^2)^3}{3!} + \frac{(x^2)^5}{5!} - \cdots + (-1)^n \frac{(x^2)^{2n+1}}{(2n+1)!} + \cdots$$

$$= x^2 - \frac{x^6}{3!} + \frac{x^{10}}{5!} - \cdots + (-1)^n \frac{x^{4n+2}}{(2n+1)!} + \cdots$$

Al igual que en el caso anterior, no se puede tener una primitiva de sen x^2 como suma finita de funciones elementales, pero se puede integrar término a término el desarrollo obtenido para conseguir sus primitivas, como suma no finita de funciones elementales.

■ **Ejemplo 10.24** Calculemos el desarrollo de Taylor de $\dfrac{\operatorname{sen} x}{x}$ en un entorno del cero.

Sustituyendo sen x por su desarrollo (10.12) resulta

$$\frac{\operatorname{sen} x}{x} = 1 - \frac{x^2}{3!} + \frac{x^4}{5!} - \frac{x^6}{7!} + \cdots + (-1)^n \frac{x^{2n}}{(2n+1)!} + \cdots$$

Otra vez nos encontramos con una función que no tiene primitiva como suma finita de funciones elementales. Pero se puede integrar término a término el desarrollo obtenido. Además nos muestra que

$$\lim_{x \to 0} \frac{\operatorname{sen} x}{x} = 1,$$

resultando la equivalencia de los infinitésimos sen x y x en $x = 0$.

■ **Ejemplo 10.25** Calculemos el desarrollo de Taylor de ch x en un entorno del cero.

Como es ch $x = \frac{1}{2}(e^x + e^{-x})$, haciendo uso de la expresión (10.11) tenemos el desarrollo de e^x, y el de e^{-x} si cambiamos x por $-x$. Teniendo en cuenta que el desarrollo (10.11) es absolutamente convergente por lo que es posible reordenar la serie suma de e^x y e^{-x}, para obtener

$$\operatorname{ch} x = \frac{1}{2}\left[\left(1 + x + \frac{x^2}{2!} + \frac{x^3}{3!} + \cdots + \frac{x^n}{n!} + \cdots\right) + \left(1 - x + \frac{x^2}{2!} - \frac{x^3}{3!} + \cdots + (-1)^n \frac{x^n}{n!} + \cdots\right)\right]$$

$$= \frac{1}{2}\left[2 + 2\frac{x^2}{2!} + 2\frac{x^4}{4!} + \cdots + 2\frac{x^{2n}}{(2n)!} + \cdots\right] = 1 + \frac{x^2}{2!} + \frac{x^4}{4!} + \cdots + \frac{x^{2n}}{(2n)!} + \cdots$$

■ **Ejemplo 10.26** Calculemos el desarrollo de $\dfrac{1}{5-x}$ en un entorno de cero.

Hagamos $\frac{1}{5-x} = \frac{1}{5}\frac{1}{1-\frac{x}{5}}$. Como estamos en el entorno del cero $\left|\frac{x}{5}\right| < 1$, luego sustituyendo x por $\frac{x}{5}$ en la expresión (10.1) resulta

$$\frac{1}{5-x} = \frac{1}{5}\frac{1}{1-\frac{x}{5}} = \frac{1}{5}\left(1 + \frac{x}{5} + \left(\frac{x}{5}\right)^2 + \cdots + \left(\frac{x}{5}\right)^n + \cdots\right)$$

$$= \frac{1}{5} + \frac{x}{5^2} + \frac{x^2}{5^3} + \cdots + \frac{x^n}{5^{n+1}} + \cdots$$

Para obtener ciertos desarrollos de Taylor limitados o truncados de productos y cocientes de funciones es muy conveniente recurrir al producto de los desarrollos o inversión de series para conseguir el resultado; sin tener que calcular derivada alguna. Ello es nuevamente consecuencia de la unicidad del desarrollo de Taylor. Veámoslo en algunos ejemplos.

■ **Ejemplo 10.27** Calculemos el desarrollo de Taylor de $x^3 \cos x^2$ en un entorno del cero hasta el orden 7.

Sustituyendo x por x^2 en la expresión (10.13) resulta

$$\cos x^2 = 1 - \frac{x^4}{2!} + \mathcal{O}(x^8)$$

entonces

$$x^3 \cos x^2 = x^3 \left(1 - \frac{x^4}{2!} + \mathcal{O}(x^8)\right) = x^3 - \frac{x^7}{2!} + \mathcal{O}(x^8),$$

sin calcular ni una sola derivada.

■ **Ejemplo 10.28** Calculemos el desarrollo de Taylor de $(2 - x^3)\cos x^2$ en un entorno de cero hasta el orden 9.

El problema es similar al anterior, pero hay que tener cuidado. Como en el ejemplo anterior se tiene

$$\cos x^2 = 1 - \frac{x^4}{2!} + \frac{x^8}{4!} + \mathcal{O}(x^{12}),$$

entonces

$$(2 - x^3)\cos x^2 = (2 - x^3)\left(1 - \frac{x^4}{2!} + \frac{x^8}{4!} + \mathcal{O}(x^{12})\right)$$
$$= 2\left(1 - \frac{x^4}{2!} + \frac{x^8}{4!}\right) - x^3\left(1 - \frac{x^4}{2!}\right) + \mathcal{O}(x^{12}).$$

Observamos cómo al multiplicar por 2 mantenemos más términos del desarrollo de $\cos x^2$ que cuando multiplicamos por x^3.

■ **Ejemplo 10.29** Calculemos el desarrollo de Taylor de $\dfrac{e^{2x}}{1 - x^2}$ hasta el orden 5 en un entorno de cero.

De (10.11) tenemos, sustituyendo x por $2x$, que

$$e^{2x} = 1 + 2x + \frac{(2x)^2}{2!} + \frac{(2x)^3}{3!} + \frac{(2x)^4}{4!} + \frac{(2x)^5}{5!} + \mathcal{O}(x^6).$$

De (10.1) sustituyendo x por x^2 resulta

$$\frac{1}{1 - x^2} = 1 + x^2 + x^4 + \mathcal{O}(x^6).$$

Por lo que

$$\frac{e^{2x}}{1 - x^2} = \left[1 + x^2 + x^4 + \mathcal{O}(x^6)\right]\left[1 + 2x + \frac{(2x)^2}{2!} + \frac{(2x)^3}{3!} + \frac{(2x)^4}{4!} + \frac{(2x)^5}{5!} + \mathcal{O}(x^6)\right]$$
$$= \left[1 + 2x + \frac{(2x)^2}{2!} + \frac{(2x)^3}{3!} + \frac{(2x)^4}{4!} + \frac{(2x)^5}{5!}\right] + x^2\left[1 + 2x + \frac{(2x)^2}{2!} + \frac{(2x)^3}{3!}\right]$$
$$+ x^4\left[1 + 2x\right] + \mathcal{O}(x^6).$$

La fórmula de Euler

Si en el desarrollo en serie de la función exponencial

$$e^x = \sum_{n=0}^{+\infty} \frac{x^n}{n!} = 1 + \frac{x}{1!} + \frac{x^2}{2!} + \frac{x^3}{3!} + \cdots + \frac{x^n}{n!} + \cdots, \qquad -\infty < x < +\infty,$$

se sustituye formalmente x por ix, siendo $i = \sqrt{-1}$ la unidad imaginaria, se tiene

$$e^{ix} = \sum_{n=0}^{+\infty} \frac{(ix)^n}{n!} = 1 + \frac{ix}{1!} + \frac{(ix)^2}{2!} + \frac{(ix)^3}{3!} + \cdots + \frac{(ix)^n}{n!} + \cdots$$

$$= 1 + \frac{ix}{1!} + \frac{i^2 x^2}{2!} + \frac{i^3 x^3}{3!} + \frac{i^4 x^4}{4!} + \cdots + \frac{i^n x^n}{n!} + \cdots$$

$$= 1 + \frac{ix}{1!} - \frac{x^2}{2!} - \frac{ix^3}{3!} + \frac{x^4}{4!} + \cdots + \frac{i^n x^n}{n!} + \cdots,$$

agrupando partes reales e imaginaria resulta

$$e^{ix} = \left[1 - \frac{x^2}{2!} + \frac{x^4}{4!} - \frac{x^6}{6!} + \cdots + (-1)^k \frac{x^{2k}}{(2k)!} + \cdots \right]$$

$$+ i \left[\frac{x}{1!} - \frac{x^3}{3!} + \frac{x^5}{5!} - \frac{x^7}{7!} + \cdots + (-1)^k \frac{x^{2k+1}}{(2k+1)!} + \cdots \right]$$

$$= \cos x + i \operatorname{sen} x,$$

que es la conocida *fórmula de Euler*, $e^{ix} = \cos x + i \operatorname{sen} x$, que propicia multitud de procesos en el Análisis matemático. Uno elemental es la posibilidad de escribir las funciones $\cos x$ y $\operatorname{sen} x$ en forma compleja, pues al ser $e^{-ix} = \cos x - i \operatorname{sen} x$, resultan

$$\cos x = \frac{1}{2} \left(e^{ix} + e^{-ix} \right) \qquad \text{y} \qquad \operatorname{sen} x = \frac{1}{2i} (e^{ix} - e^{-ix}). \tag{10.11}$$

Esta fórmula relaciona a los cinco números más importantes de la Matemática, pues al tomar x el valor π se obtiene la precisa y fantástica igualdad $e^{i\pi} + 1 = 0$.

A partir de las fórmulas (10.16), cambiando x por ix, resultan las expresiones

$$\operatorname{sen}(ix) = i \operatorname{sh} x \qquad \text{y} \qquad \cos(ix) = \operatorname{ch} x$$

que relacionan las funciones trigonométricas circulares con las funciones trigonométricas hiperbólicas.

Introducir una variable compleja en los correspondientes desarrollos de variable real es una de las formas de extender al campo complejo las funciones usuales del Análisis real.

Serie binómica

La función $f(x) = (1 + x)^m$, siendo m cualquier número real no entero positivo, tiene desarrollo en serie de potencias dado por

$$(1 + x)^m = 1 + \binom{m}{1} x + \binom{m}{2} x^2 + \binom{m}{3} x^3 + \cdots + \binom{m}{n} x^n + \cdots, \tag{10.12}$$

válido para $-1 < x < 1$. Este desarrollo se llama desarrollo binómico y la serie que aparece es la conocida como serie binómica. Si m es entero positivo el desarrollo anterior se reduce a un polinomio de grado m.

■ **Ejemplo 10.30** Apliquemos el desarrollo anterior a la función $f(x) = \sqrt[3]{1 + x}$. Se tiene que

$$\sqrt[3]{1 + x} = (1 + x)^{\frac{1}{3}} = 1 + \binom{1/3}{1} x + \binom{1/3}{2} x^2 + \binom{1/3}{3} x^3 + \cdots + \binom{1/3}{n} x^n + \cdots$$

$$= 1 + \frac{1}{3} x + \frac{\frac{1}{3} \left(\frac{1}{3} - 1 \right)}{2!} x^2 + \frac{\frac{1}{3} \left(\frac{1}{3} - 1 \right) \left(\frac{1}{3} - 2 \right)}{3!} x^3$$

$$+ \frac{\frac{1}{3} \left(\frac{1}{3} - 1 \right) \left(\frac{1}{3} - 2 \right) \left(\frac{1}{3} - 3 \right)}{4!} x^4 + \cdots + \binom{1/3}{n} x^n + \cdots$$

$$= 1 + \frac{1}{3}x + \frac{\frac{1}{3}\left(-\frac{2}{3}\right)}{2!}x^2 + \frac{\frac{1}{3}\left(-\frac{2}{3}\right)\left(-\frac{5}{3}\right)}{3!}x^3$$

$$+ \frac{\frac{1}{3}\left(-\frac{2}{3}\right)\left(-\frac{5}{3}\right)\left(-\frac{8}{3}\right)}{4!}x^4 + \cdots + \binom{1/3}{n}x^n + \cdots$$

$$= 1 + \frac{1}{3}x - \frac{2}{3^2 2!}x^2 + \frac{1}{3^3}\frac{2\cdot 5}{3\cdot 2\cdot 1}x^3 - \frac{1}{3^4}\frac{2\cdot 5\cdot 8}{4\cdot 3\cdot 2\cdot 1}x^4 + \cdots + \binom{1/3}{n}x^n + \cdots$$

$$- 1 + \frac{1}{3}x - \frac{2}{3^2 2!}x^2 + \frac{2\cdot 5}{3^3 3!}x^3 - \frac{2\cdot 5\cdot 8}{3^4 4!}x^4 + \cdots + (-1)^n \frac{2\cdot 5\cdots(3n-1)}{3^{n+1}(n+1)!}x^{n+1} + \cdots$$

$$= 1 + \frac{1}{3}x + \sum_{n=1}^{+\infty} \frac{(-1)^n 2\cdot 5\cdot 8\cdots(3n-1)}{3^{n+1}(n+1)!}x^{n+1}.$$

Los números de Bernoulli

Los desarrollos en serie de potencias aliados con los números de Bernoulli nos van a permitir sumar algunas series que en principio mostraban una extraordinaria dificultad.

A los números de Bernoulli se llega utilizando desarrollos en serie mediante coeficientes indeterminados como se muestra a continuación.

Expresemos el desarrollo en serie de potencias de la función $\dfrac{x}{e^x - 1}$ en un entorno del origen como

$$\frac{x}{e^x - 1} = C_0 + C_1 x + C_2 x^2 + \cdots,$$

de donde despejando resulta

$$x = (C_0 + C_1 x + C_2 x^2 + \cdots)(e^x - 1) = (C_0 + C_1 x + C_2 x^2 + \cdots)\left(x + \frac{x^2}{2!} + \frac{x^3}{3!} + \cdots\right).$$

Tras dividir entre x se obtiene

$$1 = (C_0 + C_1 x + C_2 x^2 + \cdots)\left(1 + \frac{x}{2!} + \frac{x^2}{3!} + \cdots\right).$$

Si definimos los coeficientes B_n por la igualdad $C_n = \dfrac{B_n}{n!}$, la expresión anterior se transforma en

$$1 = \left(B_0 + \frac{B_1 x}{1!} + \frac{B_2 x^2}{2!} + \cdots\right)\left(1 + \frac{x}{2!} + \frac{x^2}{3!} + \cdots\right),$$

donde los coeficientes B_n son los llamamos *números de Bernoulli*. Igualando potencias de x se generan las igualdades

$$1 = B_0$$
$$0 = \frac{B_0}{2!} + \frac{B_1}{1!}$$
$$0 = \frac{B_0}{3!} + \frac{B_1}{2!1!} + \frac{B_2}{1!2!}$$
$$\vdots$$

que pueden escribirse en forma simbólica del siguiente modo

$$(B+1)^n - B^n = 0,$$

entendiéndose que la potencia B^p significa el número de Bernoulli B_p, siendo $B_0 = 1$. Por ejemplo, para $n = 2$ de $(B + 1)^2 - B^2 = 0$ obtenemos que

$$B_2 + 2B_1 + 1 - B_2 = 0 \quad \Rightarrow \quad 2B_1 + 1 = 0 \quad \Rightarrow \quad B_1 = \frac{-1}{2}.$$

Para $n = 3$ de $(B + 1)^3 - B^3 = 0$ podemos deducir que

$$B_3 + 3B_2 + 3B_1 + 1 - B_3 = 0 \quad \Rightarrow \quad B_2 = \frac{-1}{3} - B_1 = \frac{-1}{3} + \frac{1}{2} = \frac{1}{6}.$$

Para $n = 4$ de $(B + 1)^4 - B^4 = 0$ resulta

$$B_4 + 4B_3 + 6B_2 + 4B_1 + 1 - B_4 = 0 \quad \Rightarrow \quad B_3 = \frac{1}{4}(-6B_2 - 4B_1 - 1) = 0.$$

Los números B_n con n impar resultan ser, salvo B_1 que vale $\frac{-1}{2}$, todos nulos: $B_3 = B_5 = B_7 = \cdots = 0$. Otros números de Bernoulli son $B_4 = \frac{-1}{30}$, $B_6 = \frac{1}{42}$, $B_8 = \frac{-1}{30}$.

Veamos un par de ejemplos.

■ **Ejemplo 10.31** Utilizando los números de Bernoulli podemos calcular el desarrollo en serie de potencias de la función $\cotg x$. En efecto, como

$$\cotg x = \frac{\cos x}{\sen x} = \frac{\dfrac{e^{ix} + e^{-ix}}{2}}{\dfrac{e^{ix} - e^{-ix}}{2i}} = i\,\frac{e^{ix} + e^{-ix}}{e^{ix} - e^{-ix}},$$

si escribimos $ix = \frac{t}{2}$ resulta

$$\cotg x = i\,\frac{e^{t/2} + e^{-t/2}}{e^{t/2} - e^{-t/2}} = i\left(1 + \frac{2}{e^t - 1}\right) = \frac{2i}{t}\left(\frac{t}{2} + \frac{t}{e^t - 1}\right) = \frac{2i}{t}\left(\frac{t}{2} + \sum_{n=0}^{+\infty} \frac{B_n}{n!}t^n\right)$$

y como $B_1 = -\frac{1}{2}$ y $B_{2n+1} = 0, n \in \mathbb{N}$, se transforma en

$$\cotg x = \frac{2i}{t}\left(\frac{t}{2} - \frac{1}{2}t + \sum_{n \text{ par}}^{+\infty} \frac{B_n}{n!}t^n\right) = \frac{2i}{t}\sum_{n \text{ par}}^{+\infty} \frac{B_n t^n}{n!} = \frac{1}{x}\sum_{n \text{ par}}^{+\infty}(-1)^{n/2}\frac{B_n}{n!}(2x)^n.$$

■ **Ejemplo 10.32** Utilizando la igualdad

$$k\pi \cotg k\pi = 1 + 2k^2\left(\frac{1}{k^2 - 1} + \frac{1}{k^2 - 4} + \frac{1}{k^2 - 9} + \cdots\right)$$

y los números de Bernoulli podemos obtener las sumas de $\zeta(2n)$, siendo

$$\zeta(n) = 1 + \frac{1}{2^n} + \frac{1}{3^n} + \frac{1}{4^n} + \cdots$$

Observemos que

$$\frac{1}{k^2 - m^2} = -\frac{1}{m^2}\,\frac{1}{1 - \frac{k^2}{m^2}} = -\frac{1}{m^2}\left(1 + \frac{k^2}{m^2} + \left(\frac{k^2}{m^2}\right)^2 + \cdots\right),$$

por tanto

$$k\pi \cotg k\pi = 1 + 2k^2 \left(\frac{1}{k^2 - 1} + \frac{1}{k^2 - 4} + \frac{1}{k^2 - 9} + \cdots \right)$$

$$= 1 + 2k^2 \left[-(1 + k^2 + k^4 + k^6 + k^8 + \cdots) - \frac{1}{2^2} \left(1 + \frac{k^2}{2^2} + \frac{k^4}{2^4} + \frac{k^6}{2^6} + \cdots \right) + \right.$$

$$\left. + \frac{1}{3^2} \left(1 + \frac{k^2}{3^2} + \frac{k^4}{3^4} + \frac{k^6}{3^6} + \cdots \right) + \cdots \right]$$

$$= 1 - 2k^2 \left(1 + \frac{1}{2^2} + \frac{1}{3^2} + \cdots \right) - 2k^4 \left(1 + \frac{1}{2^4} + \frac{1}{3^4} + \cdots \right) - 2k^6 \left(1 + \frac{1}{2^6} + \frac{1}{3^6} + \cdots \right)$$

$$= 1 - 2 \sum_{n=1}^{+\infty} \zeta(2n) k^{2n}.$$

Del Ejemplo 10.31, haciendo $x = k\pi$, se tiene que

$$k\pi \cotg k\pi = \sum_{n \text{ par}}^{+\infty} (-1)^{n/2} \frac{B_n}{n!} (2k\pi)^n,$$

comparando ambas series, como es $B_0 = 1$, podemos escribir que

$$-2 \sum_{n=1}^{+\infty} \zeta(2n) k^{2n} = \sum_{n=1}^{+\infty} (-1)^{2n/2} \frac{B_{2n}}{(2n)!} (2k\pi)^{2n},$$

de donde se deduce finalmente, por la unicidad del desarrollo en serie de potencias, que

$$\zeta(2n) = -\frac{1}{2} \frac{(-1)^{2n/2} B_{2n}}{(2n)!} (2\pi)^{2n} = \frac{(-1)^{n+1} B_{2n} (2\pi)^{2n}}{2(2n)!}.$$

En particular

$$\zeta(2) = \sum_{n=1}^{+\infty} \frac{1}{n^2} = 1 + \frac{1}{2^2} + \frac{1}{3^2} + \frac{1}{4^2} + \cdots = \frac{B_2 4\pi^2}{4} = \frac{\pi^2}{6},$$

$$\zeta(4) = \sum_{n=1}^{+\infty} \frac{1}{n^4} = 1 + \frac{1}{2^4} + \frac{1}{3^4} + \frac{1}{4^4} + \cdots = -\frac{B_4 16\pi^4}{48} = \frac{\pi^4}{90}.$$

Con esta herramienta hemos resuelto del problema de sumar todas las series armónicas de exponente par, $\sum_{m=1}^{+\infty} \frac{1}{n^{2m}}, m \in \mathbb{N}$.

PROBLEMAS RESUELTOS

10.1 Analícese la convergencia puntual y uniforme de la sucesión funcional definida por

$$f_n(x) = \begin{cases} 0, & \text{si } x < 0, \\ nx, & \text{si } 0 \le x \le \frac{1}{n}, \\ 1, & \text{si } x > \frac{1}{n}. \end{cases}$$

RESOLUCIÓN. El término general de la sucesión es la función f_n cuya gráfica puede verse en la Figura 10.3. Para cada $x \in \mathbb{R}$ es

$$\lim_n f_n(x) = \begin{cases} 0, & \text{si } x < 0, \\ 1, & \text{si } x \ge 0, \end{cases}$$

Figura 10.3 Término general de la sucesión funcional del Problema 10.1.

Figura 10.4 Gráfica de la función escalón.

por tanto la función límite puntual es

$$f(x) = \begin{cases} 0, & \text{si } x < 0, \\ 1, & \text{si } x \geq 0, \end{cases}$$

que es la conocida *función escalón* cuya gráfica puede verse en la Figura 10.4.

Obsérvese que cuando $x \in \left(0; \frac{1}{n}\right)$ cada una de las funciones $f_1, f_2, \ldots, f_n, \ldots$ son segmentos de rectas con pendientes $1, 2, 3, \ldots, n, \ldots$ de manera que tienden a la verticalidad y de ello resulta la función escalón como límite.

Como cada una de las funciones f_n de la sucesión es una función continua y la función límite puntual no es continua, se tiene que la convergencia no es uniforme.

▶ **10.2** Estúdiese la convergencia puntual y uniforme de la sucesión funcional $\{f_n\}$ definida por

$$f_n(x) = \frac{x}{1 + n^2 x}, \quad x \in [0; 1].$$

RESOLUCIÓN. 1) Convergencia puntual:

Si $x = 0$ se tiene que $\lim_n f_n(x) = \lim_n 0 = 0$.

Si $x \in (0; 1]$ es $\lim_n f_n(x) = \lim_n \frac{x}{1+n^2 x} = 0$.

Por tanto la sucesión converge puntualmente a la función $f(x) = 0$ en $[0; 1]$.

2) Convergencia uniforme:

Al ser $f(x) = 0, \forall x \in [0; 1]$ resulta que $\forall n \in \mathbb{N}$ es $|f_n(x) - f(x)| = |f_n(x)| = f_n(x)$. Como

$$f'_n(x) = \frac{1}{(1 + n^2 x)^2} > 0,$$

la función f_n es creciente en $[0; 1]$.

Por otra parte f_n es continua en el compacto $[0; 1]$ y por el teorema de Weierstrass alcanza el máximo absoluto en ese intervalo con valor $f_n(1) = \frac{1}{1+n^2}$. En consecuencia es

$$\limsup_n \{|f_n(x) - f(x)| : x \in [0; 1]\} = \lim_n \frac{1}{1 + n^2} = 0$$

y por tanto la convergencia es uniforme a la función límite puntual $f(x) = 0$, $x \in [0; 1]$.

10.3 Dada la sucesión funcional

$$\pi^{-x}, \pi^{-x}+\pi^{-2x}, \pi^{-x}+\pi^{-2x}+\pi^{-3x}, \ldots, \pi^{-x}+\pi^{-2x}+\pi^{-3x}+\cdots+\pi^{-nx}, \ldots,$$

analícese su convergencia puntual y uniforme en $\mathbb{R}$.

RESOLUCIÓN. La sucesión dada tiene por término general a la función $f_n(x) = \pi^{-x}+\pi^{-2x}+\pi^{-3x}+\cdots+\pi^{-nx}$, que para cada x dado, $x \in \mathbb{R}$, coincide con el término general de la sucesión de sumas parciales de la serie $\sum_{n=1}^{+\infty}\pi^{-nx}$, es decir, que para cada x fijo se tiene que es

$$f_n(x) = S_n(x) = \pi^{-x}+\pi^{-2x}+\pi^{-3x}+\cdots+\pi^{-nx} = \frac{\pi^{-x}-\pi^{-nx}\cdot\pi^{-x}}{1-\pi^{-x}} = \frac{\pi^{-x}-\pi^{-(n+1)x}}{1-\pi^{-x}},$$

ya que se trata de la suma de los n primeros términos de una progresión geométrica de razón $r = \pi^{-x}$. En consecuencia

$$\lim_n f_n(x) = \lim_n S_n(x) = \sum_{n=1}^{+\infty}\pi^{-nx} = \frac{\pi^{-x}}{1-\pi^{-x}} = \frac{1}{\pi^x - 1}$$

cuando la razón $r = \pi^{-x}$ verifique que $|r| < 1$, es decir, $|\pi^{-x}| < 1$, lo cual equivale a $\frac{1}{\pi^x} < 1$, o bien a $x > 0$. En definitiva, la sucesión $\{f_n\}$ converge puntualmente a la función

$$f(x) = \frac{1}{\pi^x - 1} = S(x) = \sum_{n=1}^{+\infty}\pi^{-nx} \quad \text{con} \quad x \in (0; +\infty).$$

Respecto de la convergencia uniforme, también es inmediata porque

$$\limsup_n \{|f_n(x)-f(x)| : x \in (0;+\infty)\} = \limsup_n \{|S_n(x)-S(x)| : x \in (0;+\infty)\} = 0,$$

por definición de convergencia para las series numéricas.

10.4 Razónese si las series armónicas puntualmente convergentes también lo son uniformemente.

RESOLUCIÓN. La serie armónica es de la forma $\sum_{n=1}^{+\infty}\frac{1}{n^x}$. Estas series son convergentes, véase Ejemplo 9.36, cuando es $x > 1 + \varepsilon$, $\varepsilon > 0$, por lo que se tiene

$$\frac{1}{n^x} \le \frac{1}{n^{1+\varepsilon}} \quad \Rightarrow \quad \sum_{n=1}^{+\infty}\frac{1}{n^x} \le \sum_{n=1}^{+\infty}\left|\frac{1}{n^x}\right| \le \sum_{n=1}^{+\infty}\frac{1}{n^{1+\varepsilon}}.$$

La convergencia de la última serie implica la convergencia absoluta de la serie armónica. El criterio de Weierstrass garantiza su convergencia uniforme.

10.5 Estúdiese la convergencia uniforme de la serie $\sum_{n=1}^{+\infty}\frac{\operatorname{sen} nx}{n^2}$. En caso de ser uniformemente convergente, estúdiese la derivación término a término.

RESOLUCIÓN. Dado que

$$\sum_{n=1}^{+\infty}\left|\frac{\operatorname{sen} nx}{n^2}\right| \le \sum_{n=1}^{+\infty}\frac{1}{n^2} = \frac{\pi^2}{6},$$

el criterio de Weierstrass garantiza la convergencia uniforme. No obstante, a pesar de tener convergencia uniforme y de ser todas sus funciones $f_n(x) = \frac{\operatorname{sen} nx}{n^2}$, derivables $\forall x$, la serie no es derivable término a término. Obsérvese que la derivación término a término conduce a $\sum_{n=1}^{+\infty}\frac{\cos nx}{n}$, que diverge para $x = 0$.

▶ **10.6** Se sabe que una serie de Fourier es una expresión de la forma

$$\frac{a_0}{2} + \sum_{n=1}^{+\infty} a_n \operatorname{sen} nx + \sum_{n=1}^{+\infty} b_n \cos nx.$$

Estas series se utilizan para representar funciones periódicas aunque no sean continuas. Analícese la posibilidad de que la serie de Fourier converja a una función discontinua periódica si existe convergencia de las series $\sum_{n=1}^{+\infty} |a_n|$ y $\sum_{n=1}^{+\infty} |b_n|$.

RESOLUCIÓN. Como se verifican las desigualdades

$$\sum_{n=1}^{+\infty} |a_n \operatorname{sen} nx| \le \sum_{n=1}^{+\infty} |a_n| \quad \text{y} \quad \sum_{n=1}^{+\infty} |b_n \cos nx| \le \sum_{n=1}^{+\infty} |b_n|,$$

$\forall n$, la convergencia de las series $\sum_{n=1}^{+\infty} |a_n|$ y $\sum_{n=1}^{+\infty} |b_n|$ y el teorema de Weierstrass garantizan la convergencia uniforme de las series

$$\sum_{n=1}^{+\infty} a_n \operatorname{sen} nx \quad \text{y} \quad \sum_{n=1}^{+\infty} b_n \cos nx \quad \text{en } \mathbb{R}.$$

Como $a_n \operatorname{sen} nx$ y $b_n \cos nx$ son funciones continuas, la convergencia uniforme implica que las funciones definidas por las series $\sum_{n=1}^{+\infty} a_n \operatorname{sen} nx$ y $\sum_{n=1}^{+\infty} b_n \cos nx$ son funciones continuas, y la suma de dos funciones continuas es continua. Por tanto la serie no puede converger a una función discontinua.

▶ **10.7** Obténgase el desarrollo en serie de potencias para la función $f(x) = \cos^2 x$ en un entorno del punto $x = 0$.

RESOLUCIÓN. Como es $\cos^2 x = \dfrac{1 + \cos 2x}{2}$, teniendo en cuenta que el desarrollo de la función $\cos x$ es

$$\cos x = 1 - \frac{x^2}{2!} + \frac{x^4}{4!} + \cdots + (-1)^n \frac{x^{2n}}{(2n)!} + \cdots,$$

siendo $-\infty < x < +\infty$, si sustituimos x por $2x$ se tiene que

$$\cos 2x = 1 - \frac{(2x)^2}{2!} + \frac{(2x)^4}{4!} + \cdots + (-1)^n \frac{(2x)^{2n}}{(2n)!} + \cdots, \qquad -\infty < x < +\infty,$$

y teniendo en cuenta la unicidad del desarrollo se puede escribir

$$\cos^2 x = \frac{1}{2} + \frac{1}{2}\cos 2x = \frac{1}{2} + \frac{1}{2}\left[1 - \frac{(2x)^2}{2!} + \frac{(2x)^4}{4!} + \cdots + (-1)^n \frac{(2x)^{2n}}{(2n)!} + \cdots \right]$$

$$= 1 - \frac{2x^2}{2!} + \frac{2^3 x^4}{4!} - \frac{2^5 x^6}{6!} + \cdots + (-1)^n \frac{2^{2n-1} x^{2n}}{(2n)!} = 1 + \sum_{n=1}^{+\infty} (-1)^n \frac{2^{2n-1} x^{2n}}{(2n)!},$$

siendo $-\infty < x < +\infty$.

▶ **10.8** A partir de la definición de suma de una serie, analícese la convergencia de

$$\sum_{n=1}^{+\infty} (-1)^n 2 \cdot 3^n x^n.$$

Obténgase dicha suma y el intervalo de convergencia. Con los resultados obtenidos indíquese el carácter de las series numéricas que resultan para $x = 1$ y para $x = \frac{1}{4}$ en la serie funcional dada.

RESOLUCIÓN. La sucesión funcional de sumas parciales de la serie dada tiene por término general

$$s_n(x) = \sum_{k=0}^{n}(-1)^k 2 \cdot 3^k x^k = \sum_{k=0}^{n}(-1)^k 2(3x)^k$$
$$= 2 - 2(3x) + 2(3x)^2 - 2(3x)^3 + \cdots + (-1)^n 2(3x)^n$$
$$= 2\left[1 - 3x + (3x)^2 - (3x)^3 + \cdots + (-1)^n(3x)^n\right]$$
$$= 2\frac{1 - (-1)^n(3x)^n(-3x)}{1 - (-3x)} = 2\frac{1 - (-1)^{n+1}(3x)^{n+1}}{1 + 3x},$$

donde se ha aplicado la fórmula de la suma de términos de una progresión geométrica.

Para los valores reales de x tales que $|3x| < 1$ se verifica que la función suma de la serie es

$$f(x) = \lim_{n} s_n(x) = \sum_{n=0}^{+\infty}(-1)^n 2 \cdot 3^n x^n = \frac{2}{1 + 3x},$$

siendo $\left(-\frac{1}{3}; \frac{1}{3}\right)$ el intervalo de convergencia.

Cuando $x = 1$, este valor está fuera del intervalo de convergencia y por tanto la serie $\sum_{n=0}^{+\infty}(-1)^n 2 \cdot 3^n$ es divergente. Como $\frac{1}{4} \in \left(-\frac{1}{3}; \frac{1}{3}\right)$, la serie $\sum_{n=0}^{+\infty}(-1)^n 2\left(\frac{3}{4}\right)^n$ converge y su suma es $f\left(\frac{1}{4}\right) = \frac{2}{1+3\frac{1}{4}} = \frac{8}{7}$.

10.9 Obténgase el desarrollo en serie de potencias de la función $f(x) = (e^{2x} + 2)^2$.

RESOLUCIÓN. *Primer método:*

Calculando las derivadas sucesivas de la función y escribiendo el desarrollo en la forma de MacLaurin se tiene que

$$f(x) = (e^{2x} + 2)^2$$
$$f'(x) = 2(e^{2x} + 2) \cdot 2e^{2x} = 4e^{4x} + 8e^{2x}$$
$$f''(x) = 16e^{4x} + 16e^{2x}$$
$$f'''(x) = 64e^{4x} + 32e^{2x}$$
$$f^{(4)}(x) = 256e^{4x} + 64e^{2x},$$

y reiterando el proceso se obtiene

$$f^{(n)}(x) = 2^{2n}e^{4x} + 2^{n+2}e^{2x}, \qquad \forall n \in \mathbb{N}.$$

En consecuencia es $f^{(n)}(0) = 2^{2n} + 2^{n+2} = 2^{n+2}(2^{n-2} + 1)$ y el desarrollo pedido se expresa como

$$f(x) = (e^{2x} + 2)^2 = f(0) + \frac{f'(0)}{1!}x + \frac{f''(0)}{2!}x^2 + \cdots + \frac{f^{(n)}(0)}{n!}x^n + \cdots$$
$$= 9 + \frac{12}{1!}x + \frac{32}{2!}x^2 + \frac{96}{3!}x^3 + \frac{320}{4!}x^4 + \cdots + \frac{2^{n+2}(2^{n-2} + 1)}{n!}x^n + \cdots$$
$$= 9 + \sum_{n=1}^{+\infty}\frac{2^{n+2}(2^{n-2} + 1)}{n!}x^n.$$

Para determinar el radio de convergencia, al ser

$$\lim_{n}\left|\frac{a_{n+1}}{a_n}\right| = \lim_{n}\frac{2^{n+3}(2^{n-1} + 1)}{(n+1)!}\frac{n!}{2^{n+2}(2^{n-2} + 1)} = \lim_{n}\left(\frac{2}{n+1}\frac{2^{n-1} + 1}{2^{n-2} + 1}\right)$$
$$= \left(\lim_{n}\frac{2}{n+1}\right)\left(\lim_{n}\frac{2^{n-1} + 1}{2^{n-2} + 1}\right) = 0 \cdot \lim_{n}\frac{\frac{2^n}{2} + 1}{\frac{2^n}{4} + 1} = 0 \cdot \lim_{n}\frac{\frac{1}{2} + \frac{1}{2^n}}{\frac{1}{4} + \frac{1}{2^n}} = 0 \cdot 2 = 0,$$

se tiene que es $r = +\infty$ y el intervalo de convergencia es $(-\infty; +\infty)$.

Segundo método: Al ser $f(x) = (e^{2x} + 2)^2 = e^{4x} + 4e^{2x} + 4$, si consideramos el desarrollo

$$e^x = 1 + \frac{x}{1!} + \frac{x^2}{2!} + \frac{x^3}{3!} + \cdots + \frac{x^n}{n!} + \cdots$$

se tiene que es

$$
\begin{aligned}
f(x) &= 4 + 4e^{2x} + e^{4x} \\
&= 4 + 4\left(1 + \frac{2x}{1!} + \frac{(2x)^2}{2!} + \frac{(2x)^3}{3!} + \cdots + \frac{(2x)^n}{n!} + \cdots\right) \\
&\quad + \left(1 + \frac{4x}{1!} + \frac{(4x)^2}{2!} + \frac{(4x)^3}{3!} + \cdots + \frac{(4x)^n}{n!} + \cdots\right) \\
&= (4 + 4 + 1) + \frac{4 \cdot 2 + 4}{1!}x + \frac{4 \cdot 2^2 + 4^2}{2!}x^2 + \frac{4 \cdot 2^3 + 4^3}{3!}x^3 + \cdots + \frac{4 \cdot 2^n + 4^n}{n!}x^n + \cdots \\
&= 9 + \frac{2^2 + 2 \cdot 2^2}{1!}x + \frac{(2^2)^2 + 2^2 \cdot 2^2}{2!}x^2 + \frac{(2^2)^3 + 2^3 \cdot 2^2}{3!}x^3 + \cdots + \frac{(2^2)^n + 2^n \cdot 2^2}{n!}x^n + \cdots \\
&= 9 + \frac{2^{2 \cdot 1} + 2^{1+2}}{1!}x + \frac{2^{2 \cdot 2} + 2^{2+2}}{2!}x^2 + \frac{2^{2 \cdot 3} + 2^{3+2}}{3!}x^3 + \cdots + \frac{2^{2n} + 2^{n+2}}{n!}x^n + \cdots
\end{aligned}
$$

En definitiva, es

$$f(x) = (e^{2x} + 2)^2 = 9 + \sum_{n=1}^{+\infty} \frac{2^{n+2}(2^{n-2} + 1)}{n!} x^n, \qquad x \in (-\infty; +\infty),$$

resultado coincidente.

▶ **10.10** Desarróllese en serie de potencias la función

$$f(x) = \ln \sqrt[3]{\frac{1 + 3x}{1 - 3x}}.$$

A partir del desarrollo obtenido analícese la posibilidad de expresar $\ln \sqrt[3]{3}$ como suma de una serie numérica.

RESOLUCIÓN. La función dada se escribe como

$$f(x) = \ln \sqrt[3]{\frac{1 + 3x}{1 - 3x}} = \ln\left[\left(\frac{1 + 3x}{1 - 3x}\right)^{\frac{1}{3}}\right] = \frac{1}{3}\ln\frac{1 + 3x}{1 - 3x} = \frac{1}{3}\left[\ln(1 + 3x) - \ln(1 - 3x)\right].$$

Teniendo en cuenta los desarrollos

$$\ln(1 + x) = x - \frac{x^2}{2} + \frac{x^3}{3} - \cdots + (-1)^n \frac{x^{n+1}}{n + 1} + \cdots = \sum_{n=0}^{+\infty} (-1)^n \frac{x^{n+1}}{n + 1}, \qquad -1 < x \le 1,$$

$$\ln(1 - x) = -x - \frac{x^2}{2} - \frac{x^3}{3} - \cdots - \frac{x^{n+1}}{n + 1} - \cdots = \sum_{n=0}^{+\infty} -\frac{x^{n+1}}{n + 1}, \qquad -1 \le x < 1,$$

si sustituimos en cada uno de ellos x por $3x$ se tienen los desarrollos

$$\ln(1 + 3x) = 3x - \frac{(3x)^2}{2} + \frac{(3x)^3}{3} - \cdots + (-1)^n \frac{(3x)^{n+1}}{n + 1} + \cdots = \sum_{n=0}^{+\infty} (-1)^n \frac{(3x)^{n+1}}{n + 1},$$

$$\ln(1 - 3x) = -3x - \frac{(3x)^2}{2} - \frac{(3x)^3}{3} - \cdots - \frac{(3x)^{n+1}}{n + 1} - \cdots = \sum_{n=0}^{+\infty} -\frac{(3x)^{n+1}}{n + 1},$$

válidos respectivamente en $-1 < 3x \leq 1$ y $-1 \leq 3x < 1$, es decir, en $-\frac{1}{3} < x \leq \frac{1}{3}$ y $-\frac{1}{3} \leq x < \frac{1}{3}$. Llevando estos desarrollos a la primera expresión de la función queda

$$
\begin{aligned}
f(x) &= \ln \sqrt[3]{\frac{1+3x}{1-3x}} \\
&= \frac{1}{3}\left[\left(3x - \frac{(3x)^2}{2} + \frac{(3x)^3}{3} - \frac{(3x)^4}{4} + \cdots\right) - \left(-3x - \frac{(3x)^2}{2} - \frac{(3x)^3}{3} - \frac{(3x)^4}{4} - \cdots\right)\right] \\
&= \frac{1}{3}\left(2 \cdot 3x + 2\frac{(3x)^3}{3} + 2\frac{(3x)^5}{5} + 2\frac{(3x)^7}{7} + \cdots\right) \\
&= \frac{1}{3}\sum_{n=0}^{+\infty} \frac{2 \cdot 3^{2n+1}}{2n+1} x^{2n+1} = \sum_{n=0}^{+\infty} \frac{2 \cdot 3^{2n}}{2n+1} x^{2n+1}, \qquad -\frac{1}{3} < x < \frac{1}{3}.
\end{aligned}
$$

Mediante el desarrollo obtenido, como es $\ln \sqrt[3]{3} = \ln \sqrt[3]{\frac{1+3x}{1-3x}}$ cuando sea $\frac{1+3x}{1-3x} = 3$, se tiene que $1 + 3x = 3 - 9x$, luego $12x = 2$ y por tanto debe ser $x = \frac{1}{6}$. Al ser $-\frac{1}{3} < \frac{1}{6} < \frac{1}{3}$ el valor de $\ln \sqrt[3]{3}$ resulta del desarrollo anterior al tomar x con valor $\frac{1}{6}$ y por tanto se obtiene

$$
\ln \sqrt[3]{3} = \sum_{n=0}^{+\infty} \frac{2 \cdot 3^{2n}}{2n+1}\left(\frac{1}{6}\right)^{2n+1} = \sum_{n=0}^{+\infty} \frac{2 \cdot 3^{2n}}{2n+1}\frac{1}{2^{2n+1}3^{2n+1}} = \sum_{n=0}^{+\infty} \frac{1}{3(2n+1)2^{2n}}.
$$

10.11 Hállese la suma de las series

$$
\text{a)} \ \sum_{n=1}^{+\infty} \frac{x^n}{n}, \qquad \text{b)} \ \sum_{n=1}^{+\infty} (-1)^{n+1}(2n-1)x^{2(n-1)}.
$$

RESOLUCIÓN. a) La serie $\sum_{n=1}^{+\infty} \frac{x^n}{n} = \sum_{n=1}^{+\infty} \frac{1}{n}x^n$ es una serie de potencias y como

$$
\lim_{n}\left|\frac{a_{n+1}}{a_n}\right| = \lim_{n} \frac{\frac{1}{n+1}}{\frac{1}{n}} = \lim_{n} \frac{n}{n+1} = 1,
$$

resulta que el radio de convergencia de la serie es $r = 1$. Además la serie converge en $x = -1$ al resultar la serie armónica alternada. Por ello el campo de convergencia es el intervalo $[-1; 1)$. Podemos afirmar también que la serie converge uniformemente en todo intervalo $[-a; a]$ con $0 < a < 1$, y por tanto dentro de este intervalo podemos derivar e integrar la serie término a término.

En consecuencia, siendo $s(x) = \sum_{n=1}^{+\infty} \frac{x^n}{n}, \forall x \in [-a; a]$, con $0 < a < 1$, por derivación se tiene que es

$$
s'(x) = \sum_{n=1}^{+\infty} n\frac{x^{n-1}}{n} = \sum_{n=1}^{+\infty} x^{n-1} = 1 + x + x^2 + \cdots + x^n + \cdots = \frac{1}{1-x}.
$$

Integrando en esta última igualdad resulta que

$$
s(x) = \sum_{n=1}^{+\infty} \frac{x^n}{n} = \int \frac{1}{1-x}dx = -\ln(1-x) + C.
$$

Para determinar el valor de la constante C damos un valor conveniente, por ejemplo $x = 0$, en la igualdad anterior quedando $0 = -\ln(1-0) + C$, de donde $C = 0$, así que

$$
\sum_{n=1}^{+\infty} \frac{x^n}{n} = -\ln(1-x) = \ln\frac{1}{1-x}, \qquad \forall x \in [-a; a], \text{ con } 0 < a < 1.
$$

b) El radio de convergencia de la serie $\sum_{n=1}^{+\infty}(-1)^{n+1}(2n-1)x^{2(n-1)}$ se determina calculando el límite

$$L = \lim_{n}\left|\frac{a_{n+1}}{a_n}\right| = \lim_{n}\left|\frac{2n+1}{2n-1}\right| = \lim_{n}\frac{2n+1}{2n-1} = 1$$

y resulta que es $r = \frac{1}{L} = 1$, con lo cual el intervalo de convergencia es $(-1;1)$. Además la serie converge uniformemente a la función dada por su suma $s(x)$ en todo intervalo cerrado $[-a;a]$ con $0 < a < 1$, pudiendo derivar e integrar término a término en cualquiera de estos intervalos.

Integrando término a término en la igualdad $s(x) = \sum_{n=1}^{+\infty}(-1)^{n+1}(2n-1)x^{2n-2}$ se tiene

$$\int s(x)dx = \sum_{n=1}^{+\infty}(-1)^{n+1}(2n-1)\frac{x^{2n-1}}{2n-1} + C = \sum_{n=1}^{+\infty}(-1)^{n+1}x^{2n-1} + C$$

$$= x - x^3 + x^5 - \cdots + (-1)^{n+1}x^{2n-1} + \cdots + C = \frac{x}{1+x^2} + C.$$

Si ahora derivamos en la última igualdad obtenemos la suma pedida

$$s(x) = \left(\frac{x}{1+x^2} + C\right)' = \frac{1(1+x^2) - 2x^2}{(1+x^2)^2} = \frac{1-x^2}{(1+x^2)^2},$$

en consecuencia es

$$s(x) = \sum_{n=1}^{+\infty}(-1)^{n+1}(2n-1)x^{2(n-1)} = \frac{1-x^2}{(1+x^2)^2}, \qquad \forall x \in [-a;a], \quad 0 < a < 1.$$

▶ **10.12** Desarróllese en serie de potencias la función

$$f(x) = \frac{2x+1}{x^2 - 6x + 8}.$$

RESOLUCIÓN. Utilizando la descomposición en fracciones simples y la serie geométrica se tiene que

$$f(x) = \frac{2x+1}{x^2 - 6x + 8} = \frac{2x+1}{(x-2)(x-4)} = \frac{A}{x-2} + \frac{B}{x-4} = \frac{-\frac{5}{2}}{x-2} + \frac{\frac{9}{2}}{x-4}$$

$$= -\frac{5}{2}\frac{1}{x-2} + \frac{9}{2}\frac{1}{x-4} = -\frac{5}{2}\frac{-\frac{1}{2}}{1-\frac{x}{2}} + \frac{9}{2}\frac{-\frac{1}{4}}{1-\frac{x}{4}} = \frac{5}{4}\frac{1}{1-\frac{x}{2}} - \frac{9}{8}\frac{1}{1-\frac{x}{4}}$$

$$= \frac{5}{4}\left[1 + \frac{x}{2} + \left(\frac{x}{2}\right)^2 + \left(\frac{x}{2}\right)^3 + \cdots + \left(\frac{x}{2}\right)^n + \cdots\right]$$

$$\quad - \frac{9}{8}\left[1 + \frac{x}{4} + \left(\frac{x}{4}\right)^2 + \left(\frac{x}{4}\right)^3 + \cdots + \left(\frac{x}{4}\right)^n + \cdots\right]$$

$$= \frac{10}{8}\left[1 + \frac{x}{2} + \frac{x^2}{2^2} + \frac{x^3}{2^3} + \cdots + \frac{x^n}{2^n} + \cdots\right] - \frac{9}{8}\left[1 + \frac{x}{4} + \frac{x^2}{4^2} + \frac{x^3}{4^3} + \cdots + \frac{x^n}{4^n} + \cdots\right]$$

$$= \frac{1}{8} + \left(\frac{10}{8}\frac{x}{2} - \frac{9}{8}\frac{x}{4}\right) + \left(\frac{10}{8}\frac{x^2}{2^2} - \frac{9}{8}\frac{x^2}{4^2}\right) + \cdots + \left(\frac{10}{8}\frac{x^n}{2^n} - \frac{9}{8}\frac{x^n}{4^n}\right)$$

$$= \frac{1}{8}\left[1 + \left(\frac{10}{2} - \frac{9}{4}\right)x + \left(\frac{10}{2^2} - \frac{9}{4^2}\right)x^2 + \left(\frac{10}{2^3} - \frac{9}{4^3}\right)x^3 + \cdots + \left(\frac{10}{2^n} - \frac{9}{4^n}\right)x^n + \cdots\right]$$

$$= \frac{1}{8}\left[\left(\frac{10}{2^0} - \frac{9}{4^0}\right) + \left(\frac{10}{2} - \frac{9}{4}\right)x + \left(\frac{10}{2^2} - \frac{9}{4^2}\right)x^2 + \left(\frac{10}{2^3} - \frac{9}{4^3}\right)x^3 + \cdots\right.$$

$$\quad \left. + \left(\frac{10}{2^n} - \frac{9}{4^n}\right)x^n + \cdots\right]$$

$$= \sum_{n=0}^{+\infty}\frac{1}{8}\left(\frac{10}{2^n} - \frac{9}{4^n}\right)x^n = \sum_{n=0}^{+\infty}\frac{1}{8}\frac{1}{4^n}(10 \cdot 2^n - 9)x^n = \sum_{n=0}^{+\infty}\frac{10 \cdot 2^n - 9}{2^{2n+3}}x^n,$$

siendo $(-2;2)$ el intervalo de convergencia, dado que el desarrollo de $\frac{1}{1-\frac{x}{2}}$ es válido en $(-2;2)$ y el de $\frac{1}{1-\frac{x}{4}}$ lo es en $(-4;4)$ y el de ambas es válido en la intersección de ambos intervalos.

10.13 Obténgase el desarrollo en serie de potencias de la función

$$f(x) = \frac{2x^2}{1-x^4}.$$

Si es posible, exprésese $f(10^{-1})$ como suma de una serie numérica.

RESOLUCIÓN. Considerando que es $\dfrac{2x^2}{1-x^4} = \dfrac{1}{1-x^2} - \dfrac{1}{1+x^2}$ y al ser

$$\frac{1}{1-x^2} = 1 + x^2 + x^4 + x^6 + \cdots + x^{2n} + \cdots, \qquad \forall x \in (-1;1)$$

y

$$\frac{1}{1+x^2} = 1 - x^2 + x^4 - x^6 + \cdots + (-1)^n x^{2n} + \cdots, \qquad \forall x \in (-1;1),$$

restando término a término estos dos desarrollos se tiene el pedido, siendo

$$f(x) = \frac{2x^2}{1-x^4} = 2x^2 + 2x^6 + 2x^{10} + \cdots + 2x^{4n+2} + \cdots = \sum_{n=0}^{+\infty} 2x^{4n+2},$$

siendo $(-1;1)$ el intervalo de convergencia. Como $x = 10^{-1} = \frac{1}{10} \in (-1;1)$, se tiene que es

$$f(10^{-1}) = f(\tfrac{1}{10}) = \frac{2(\frac{1}{10})^2}{1-(\frac{1}{10})^4} = \frac{2 \cdot 10^2}{10^4-1} = \frac{200}{9999} = \sum_{n=0}^{+\infty} 2\left(\frac{1}{10}\right)^{4n+2} = \sum_{n=0}^{+\infty} \frac{2}{10^{4n+2}}.$$

10.14 Obténgase el desarrollo en serie de potencias de la función

$$f(x) = \int_0^x \frac{t}{t^2+9} dt.$$

RESOLUCIÓN. Considerando la función derivada que, en virtud del Teorema fundamental del Cálculo, véase la Sección 7.4, es $f'(x) = \frac{x}{x^2+9}$, calcularemos el desarrollo en serie de $f'(x)$ y a continuación integraremos dentro del intervalo de convergencia para obtener el desarrollo de $f(x)$ que presenta el mismo intervalo de convergencia que $f'(x)$. Como

$$f'(x) = \frac{x}{x^2+9} = x\frac{1}{9+x^2} = x\frac{\frac{1}{9}}{1+(\frac{x}{3})^2} = \frac{x}{9}\frac{1}{1+(\frac{x}{3})^2}$$

$$= \frac{x}{9}\left[1 - \frac{x}{3} + \left(\frac{x}{3}\right)^2 - \left(\frac{x}{3}\right)^3 + \cdots + (-1)^n \left(\frac{x}{3}\right)^n + \cdots\right]$$

$$= \frac{x}{3^2} - \frac{x^2}{3^3} + \frac{x^3}{3^4} - \frac{x^4}{3^5} + \cdots + (-1)^n\frac{x^{n+1}}{3^{n+2}} + \cdots$$

con $\left|\frac{x}{3}\right| < 1$, es decir $|x| < 3$, integrando en ambos miembros se tiene

$$f(x) = \int_0^x \frac{t}{t^2+9} dt = \frac{1}{2}\frac{x^2}{3^2} - \frac{1}{3}\frac{x^3}{3^3} + \frac{1}{4}\frac{x^4}{3^4} - \frac{1}{5}\frac{x^5}{3^5} + \cdots + (-1)^n\frac{1}{n+2}\frac{x^{n+2}}{3^{n+2}} + \cdots + C,$$

con $|x| < 3$. Para calcular C damos a x el valor 0 en ambos miembros y resulta $0 = 0 + C$, con lo cual es $C = 0$ y el desarrollo pedido es

$$f(x) = \int_0^x \frac{t}{t^2 + 9} dt = \sum_{n=0}^{+\infty} (-1)^n \frac{1}{(n+2)3^{n+2}} x^{n+2}, \qquad -3 < x < 3.$$

▶ **10.15** Calcúlese el desarrollo en serie de la función

$$f(x) = \frac{1}{(x-3)(1+x^2)}$$

y determínese el intervalo de convergencia de la misma.

RESOLUCIÓN. Considerando que es

$$\frac{1}{(x-3)(1+x^2)} = \frac{1}{x-3} \frac{1}{1+x^2} = \frac{-\frac{1}{3}}{1 - \frac{x}{3}} \frac{1}{1+x^2}$$

y utilizando los desarrollos

$$\frac{1}{1 - \frac{x}{3}} = 1 + \frac{x}{3} + \left(\frac{x}{3}\right)^2 + \cdots + \left(\frac{x}{3}\right)^n + \cdots \qquad \text{en } |x| < 3,$$

$$\frac{1}{1+x^2} = 1 - x^2 + x^4 - \cdots + (-1)^n x^{2n} + \cdots \qquad \text{en } |x| < 1,$$

se tiene que

$$\frac{-\frac{1}{3}}{1 - \frac{x}{3}} \frac{1}{1+x^2} = -\frac{1}{3}\left[1 + \frac{x}{3} + \left(\frac{x}{3}\right)^2 + \left(\frac{x}{3}\right)^3 + \left(\frac{x}{3}\right)^4 + \left(\frac{x}{3}\right)^5 + \left(\frac{x}{3}\right)^6 + \left(\frac{x}{3}\right)^7 + \cdots\right] \cdot$$

$$\cdot \left[1 - x^2 + x^4 - x^6 + \cdots\right]$$

$$= \frac{-1}{3}\left[1 + \frac{x}{3} + \left(-1 + \frac{1}{3^2}\right)x^2 + \left(-\frac{1}{3} + \frac{1}{3^2}\right)x^3 + \left(1 - \frac{1}{3^2} + \frac{1}{3^4}\right)x^4\right.$$

$$+ \left(\frac{1}{3} - \frac{1}{3^3} + \frac{1}{3^5}\right)x^5 + \left(-1 + \frac{1}{3^2} - \frac{1}{3^4} + \frac{1}{3^6}\right)x^6$$

$$\left. + \left(-\frac{1}{3} + \frac{1}{3^3} - \frac{1}{3^5} + \frac{1}{3^7}\right)x^7 + \cdots\right].$$

Los términos de potencia par son de la forma

$$\left(-\frac{1}{3}\right)(-1)^n\left(1 - \frac{1}{3^2} + \frac{1}{3^{2\cdot 2}} - \frac{1}{3^{2\cdot 3}} + \cdots + (-1)^n \frac{1}{3^{2n}}\right)x^{2n}$$

y los de potencia impar se obtienen de cada par multiplicando por $\frac{1}{3}$, es decir ,

$$\left(-\frac{1}{3}\right)(-1)^n\left[\frac{1}{3}\left(1 - \frac{1}{3^2} + \frac{1}{3^{2\cdot 2}} - \frac{1}{3^{2\cdot 3}} + \cdots + (-1)^n \frac{1}{3^{2n}}\right)\right]x^{2n+1}.$$

Efectuando las sumas de los términos en progresión geométrica que aparecen en los paréntesis anteriores se obtienen

$$1 - \frac{1}{3^2} + \frac{1}{3^{2\cdot 2}} - \frac{1}{3^{2\cdot 3}} + \cdots + (-1)^n \frac{1}{3^{2n}} = \frac{1 - (-1)^n \frac{1}{3^{2n}}\left(-\frac{1}{3}\right)}{1 - \left(-\frac{1}{3}\right)} = \frac{1 + (-1)^n \frac{1}{3^{2n+1}}}{1 + \frac{1}{3}} = 3 \frac{1 + (-1)^n \frac{1}{3^{2n+1}}}{4},$$

por lo que el coeficiente par correspondiente a x^{2n} es

$$a_{2n} = \left(-\frac{1}{3}\right)(-1)^n 3\,\frac{1+(-1)^n\frac{1}{3^{2n+1}}}{4} = -\frac{(-1)^n + \frac{1}{3^{2n+1}}}{4} = \frac{-1}{4}\left[(-1)^n + \frac{1}{3^{2n+1}}\right]$$

y el coeficiente impar se tiene, como ya sabemos, del anterior multiplicando por $\frac{1}{3}$ y resulta ser

$$a_{2n+1} = \frac{-1}{12}\left[(-1)^n + \frac{1}{3^{2n+1}}\right].$$

En consecuencia el desarrollo pedido es

$$\sum_{n=0}^{+\infty} b_n x^n = \sum_{n=0}^{+\infty}(a_{2n}x^{2n} + a_{2n+1}x^{2n+1}),$$

el cual es válido en la intersección de los intervalos de convergencia de cada uno de los desarrollos originalmente utilizados, es decir en $(-1;1)$. Otra forma posible de proceder es expresar la función como suma de fracciones simples y desarrollar posteriormente cada una de ellas.

10.16 Desarróllese en serie de potencias la función $f(x) = \sqrt{1+x^2}$.

RESOLUCIÓN. Como es $f(x) = \sqrt{1+x^2} = (1+x^2)^{\frac{1}{2}}$, sustituyendo en la serie binómica x por x^2 y haciendo $m = \frac{1}{2}$, se tiene que para $|x^2| < 1$ es

$$(1+x^2)^{\frac{1}{2}} = 1 + \binom{1/2}{1}x^2 + \binom{1/2}{2}(x^2)^2 + \binom{1/2}{3}(x^2)^3 + \binom{1/2}{4}(x^2)^4 + \cdots + \binom{1/2}{n}(x^2)^n + \cdots$$

$$= 1 + \frac{1}{2}x^2 + \frac{\frac{1}{2}\left(\frac{1}{2}-1\right)}{2!}x^4 + \frac{\frac{1}{2}\left(\frac{1}{2}-1\right)\left(\frac{1}{2}-2\right)}{3!}x^6 + \frac{\frac{1}{2}\left(\frac{1}{2}-1\right)\left(\frac{1}{2}-2\right)\left(\frac{1}{2}-3\right)}{4!}x^8$$

$$+ \cdots + \frac{\frac{1}{2}\left(\frac{1}{2}-1\right)\left(\frac{1}{2}-2\right)\cdots\left(\frac{1}{2}-(n-1)\right)}{n!}x^{2n} + \cdots$$

$$= 1 + \frac{1}{2}x^2 + \frac{\frac{1}{2}\left(-\frac{1}{2}\right)}{2}x^4 + \frac{\frac{1}{2}\left(-\frac{1}{2}\right)\left(-\frac{3}{2}\right)}{3\cdot 2\cdot 1}x^6$$

$$+ \frac{\frac{1}{2}\left(-\frac{1}{2}\right)\left(-\frac{3}{2}\right)\left(-\frac{5}{2}\right)}{4\cdot 3\cdot 2\cdot 1}x^8 + \frac{\frac{1}{2}\left(-\frac{1}{2}\right)\left(-\frac{3}{2}\right)\left(-\frac{5}{2}\right)\left(-\frac{7}{2}\right)}{5\cdot 4\cdot 3\cdot 2\cdot 1}x^{10} + \cdots$$

$$= 1 + \frac{1}{2}x^2 - \frac{1}{2\cdot 4}x^4 + \frac{1\cdot 3}{2\cdot 4\cdot 6}x^6 - \frac{1\cdot 3\cdot 5}{2\cdot 4\cdot 6\cdot 8}x^8 + \frac{1\cdot 3\cdot 5\cdot 7}{2\cdot 4\cdot 6\cdot 8\cdot 10}x^{10} + \cdots$$

$$= 1 + \sum_{n=1}^{+\infty}(-1)^{n+1}\frac{(2n-1)!!}{(2n)!!}\frac{1}{2n-1}x^{2n}, \qquad \text{con} \qquad |x^2| < 1,$$

o equivalentemente

$$f(x) = \sqrt{1+x^2} = 1 + \sum_{n=1}^{+\infty}(-1)^{n+1}\frac{(2n-1)!!}{(2n)!!}\frac{1}{2n-1}x^{2n}, \qquad -1 < x < 1,$$

donde la expresión del semifactorial $n!!$ se ha visto en el Problema resuelto 7.4.

10.17 Desarróllese en serie de potencias la función $f(x) = \operatorname{arcsen} x$. A partir del desarrollo obtenido exprésese $\frac{\pi}{6}$ como suma de una serie numérica.

RESOLUCIÓN. La función dada es tal que su derivada es

$$f'(x) = \frac{df(x)}{dx} = \frac{1}{\sqrt{1-x^2}}$$

y desarrollando $f'(x)$ en serie de potencias se tiene, empleando la serie binómica al sustituir en ella x por $-x^2$, que

$$
\begin{aligned}
f'(x) &= \frac{1}{\sqrt{1-x^2}} = (1-x^2)^{-\frac{1}{2}} = \left[1 + (-x^2)\right]^{-\frac{1}{2}} \\
&= 1 + \binom{-1/2}{1}(-x^2) + \binom{-1/2}{2}(-x^2)^2 + \binom{-1/2}{3}(-x^2)^3 + \cdots + \binom{-1/2}{n}(-x^2)^n + \cdots \\
&= 1 + \left(\frac{-1}{2}\right)(-x^2) + \frac{\left(-\frac{1}{2}\right)\left(-\frac{3}{2}\right)}{2}x^4 + \frac{\left(-\frac{1}{2}\right)\left(-\frac{3}{2}\right)\left(-\frac{5}{2}\right)}{3!}(-x^6) \\
&\quad + \frac{\left(-\frac{1}{2}\right)\left(-\frac{3}{2}\right)\left(-\frac{5}{2}\right)\left(-\frac{8}{2}\right)}{4!}x^8 + \cdots \\
&= 1 + \frac{1}{2}x^2 + \frac{1\cdot 3}{2\cdot 4}x^4 + \frac{1\cdot 3\cdot 5}{2\cdot 4\cdot 6}x^6 + \frac{1\cdot 3\cdot 5\cdot 7}{2\cdot 4\cdot 6\cdot 8}x^8 + \cdots = 1 + \sum_{n=1}^{+\infty} \frac{(2n-1)!!}{(2n)!!}x^{2n},
\end{aligned}
$$

con $|-x^2| < 1$. Como

$$
|-x^2| < 1 \iff |x^2| < 1 \iff |x| < 1,
$$

resulta que es

$$
f'(x) = \frac{1}{\sqrt{1-x^2}} = 1 + \sum_{n=1}^{+\infty} \frac{(2n-1)!!}{(2n)!!}x^{2n}, \qquad -1 < x < 1.
$$

Integrando en ambos miembros en el intervalo de convergencia $(-1; 1)$ se tiene que

$$
\begin{aligned}
f(x) - f(0) &= \int_0^x f'(t)\,dt = \int_0^x \left(1 + \sum_{n=1}^{+\infty} \frac{(2n-1)!!}{(2n)!!}t^{2n}\right) dt \\
&= \left[t + \sum_{n=1}^{+\infty} \frac{(2n-1)!!}{(2n)!!}\frac{t^{2n+1}}{2n+1}\right]_0^x = x + \sum_{n=1}^{+\infty} \frac{(2n-1)!!}{(2n)!!}\frac{x^{2n+1}}{2n+1} - 0,
\end{aligned}
$$

quedando

$$
f(x) = x + \sum_{n=1}^{+\infty} \frac{(2n-1)!!}{(2n)!!}\frac{x^{2n+1}}{2n+1} + f(0)
$$

y teniendo en cuenta que es $f(0) = \operatorname{arcsen} 0 = 0$, resulta el desarrollo pedido

$$
f(x) = \operatorname{arcsen} x = x + \sum_{n=1}^{+\infty} \frac{(2n-1)!!}{(2n)!!}\frac{x^{2n+1}}{2n+1}, \qquad -1 < x < 1.
$$

Como $\operatorname{sen}\frac{\pi}{6} = \frac{1}{2}$, dando a x el valor $\frac{1}{2}$ en la expresión del desarrollo resulta

$$
\frac{\pi}{6} = \operatorname{arcsen}\frac{1}{2} = \frac{1}{2} + \sum_{n=1}^{+\infty} \frac{(2n-1)!!}{(2n)!!(2n+1)2^{2n+1}}.
$$

▶ **10.18** Calcúlense los siguientes límites

$$
\text{a) } \lim_{x\to 0} \frac{1 - \operatorname{sen} x - e^x}{x^2}, \qquad \text{b) } \lim_{x\to +\infty} \frac{x^3\sqrt{4 + \frac{1}{x^2}} - 2x^3}{1+x}.
$$

Resolución. a) Teniendo en cuenta los desarrollos en serie de las funciones $\operatorname{sen} x$ y e^x en un entorno del origen, dados por (10.12) y (10.11), podemos escribir

$$\lim_{x\to 0} \frac{1-\operatorname{sen} x - e^x}{x^2} = \lim_{x\to 0} \frac{1+\left[x - \frac{x^3}{3!} + \frac{x^5}{5!} - \cdots\right] - \left[1 + x + \frac{x^2}{2!} + \frac{x^3}{3!} + \cdots\right]}{x^2}$$

$$= \lim_{x\to 0} \frac{-\frac{x^2}{2!} + \mathcal{O}(x^3)}{x^2} = \lim_{x\to 0} \frac{-\frac{x^2}{2!}}{x^2} + \lim_{x\to 0} \frac{\mathcal{O}(x^3)}{x^2} = -\frac{1}{2!} + 0 = \frac{-1}{2}.$$

b) Dado que cuando x tiende a $+\infty$ resulta que $\frac{1}{x^2} \to 0$, podemos utilizar el desarrollo de $\sqrt{1+\varepsilon} = (1+\varepsilon)^{1/2}$ usando la serie binómica dada por (10.16) con $m = \frac{1}{2}$, es decir,

$$(1+\varepsilon)^{1/2} = 1 + \binom{1/2}{1}\varepsilon + \binom{1/2}{2}\varepsilon^2 + \binom{1/2}{3}\varepsilon^3 + \cdots + \binom{1/2}{n}\varepsilon^n + \cdots$$

$$= 1 + \frac{1}{2}\varepsilon + \frac{\frac{1}{2}\left(\frac{-1}{2}\right)}{2!}\varepsilon^2 + \frac{\frac{1}{2}\left(\frac{-1}{2}\right)\left(\frac{-3}{2}\right)}{3!}\varepsilon^3 + \cdots = 1 + \frac{\varepsilon}{2} - \frac{\varepsilon^2}{2^2 2!} + \frac{\varepsilon^3}{2^3 2!} - \cdots,$$

resultando que

$$\sqrt{4 + \frac{1}{x^2}} = 2\sqrt{1 + \frac{1}{4x^2}} = 2\left[1 + \frac{1}{2\cdot 4x^2} + \mathcal{O}\left(\frac{1}{x^4}\right)\right]$$

y el límite entonces se calcula como

$$\lim_{x\to +\infty} \frac{x^3\sqrt{4 + \frac{1}{x^2}} - 2x^3}{1+x} = \lim_{x\to +\infty} \frac{x^3 \cdot 2\left[1 + \frac{1}{8x^2} + \mathcal{O}(\frac{1}{x^4})\right] - 2x^3}{1+x}$$

$$= \lim_{x\to +\infty} \frac{2x^3 + \frac{x}{4} + 2x^3\mathcal{O}(\frac{1}{x^4}) - 2x^3}{1+x} = \lim_{x\to +\infty} \frac{\frac{x}{4} + \mathcal{O}(\frac{1}{x})}{1+x}$$

$$= \lim_{x\to +\infty} \frac{x}{4(1+x)} + \lim_{x\to +\infty} \mathcal{O}\left(\frac{1}{x^2}\right) = \frac{1}{4} + 0 = \frac{1}{4}.$$

Problemas Propuestos

10.1 Estúdiese la convergencia de la serie funcional $\{f_n\}$ definida por

$$f_n(x) = \begin{cases} 1, & \text{si } x < 0, \\ -n^4 x^2 + 1, & \text{si } 0 \le x \le \frac{1}{n^2}, \\ 0, & \text{si } x > \frac{1}{n^2}. \end{cases}$$

10.2 Analícese la convergencia puntual y uniforme de la sucesión funcional $\{f_n\}$ definida por

$$f_n(x) = \frac{\operatorname{sen} x}{1 + n\operatorname{sen} x}, \quad x \in [0; \tfrac{\pi}{2}].$$

10.3 Analícese la convergencia puntual y uniforme en $\mathbb{R}$ de la sucesión funcional $\{f_n\}$ definida por

$$f_n(x) = e^{-3x} + e^{-5x} + \cdots + e^{-(2n+1)x}.$$

10.4 Discútase la convergencia uniforme de la serie

$$\sum_{n=1}^{+\infty} \frac{\operatorname{sen} nx}{n^x}, \quad x \in (1; +\infty).$$

10.5 Estúdiese la convergencia uniforme y la derivación término a término de la serie

$$\sum_{n=1}^{+\infty} \frac{x^n}{n!}.$$

10.6 Razónese la posibilidad de que la serie funcional $\sum_{n=1}^{+\infty} \frac{\cos nx}{2^n}$, defina una función continua.

10.7 Obténgase el desarrollo en serie de potencias de la función $f(x) = \operatorname{sen}^2 x$ en un entorno del punto $x = 0$.

10.8 Estúdiese la convergencia de las series funcionales

$$\text{a) } \sum_{n=1}^{+\infty} (-1)^{n+1} \frac{n^2 e^{-n^2 x^2}}{n^4 + 1}, \qquad \text{b) } \sum_{n=1}^{+\infty} \frac{\cos(n + \pi)x}{n\sqrt{n} + 1}.$$

10.9 Determínese el radio de convergencia y la suma de la serie $\sum_{n=1}^{+\infty} n x^n$.

10.10 Obténgase el desarrollo en serie de potencias de la función

$$f(x) = \frac{3x + 1}{x^2 + 5x + 6}.$$

¿Es posible expresar el valor $f(\frac{1}{2})$ como la suma de una serie numérica convergente?

10.11 Estúdiese la convergencia de las series de potencias

$$\text{a) } \sum_{n=0}^{+\infty} \frac{e^{-n}}{n + 1} x^n, \qquad \text{b) } \sum_{n=0}^{+\infty} (2n + 1) 2^{2n+1} x^{n+1}.$$

10.12 Desarróllese en serie de potencias la función

$$f(x) = \frac{4x + 5}{x^2 + x - 2}$$

y encuéntrese el intervalo de convergencia.

10.13 Obténgase el desarrollo en serie de potencias de la función $f(x) = \dfrac{x^4}{x^4 + 16}$.

10.14 Determínese el desarrollo en serie de potencias de la función $f(x) = \dfrac{x}{1 + x^2}$.

10.15 Hállese el desarrollo en serie de la función

$$f(x) = \frac{1}{(x - 3)(x - 5)}$$

y determínese el intervalo de convergencia de la misma.

10.16 Calcúlese el desarrollo en serie de potencias de la función

$$f(x) = \sqrt[3]{1 + x^2}.$$

10.17 Obténgase el desarrollo en serie de potencias para la función $f(x) = \operatorname{argsh} x$.

10.18 Calcúlense los siguientes límites

a) $\displaystyle\lim_{x \to 0} \frac{x \operatorname{sen} x - x^2}{x^4}$,   b) $\displaystyle\lim_{x \to +\infty} x \ln\left(1 + \frac{1}{x}\right)$.

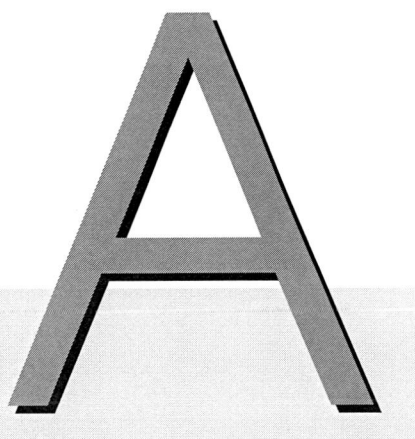

Soluciones
de los problemas
propuestos

A.1. SOLUCIONES AL CAPÍTULO 1

1.1. Sean $\frac{a}{b}$, $\frac{c}{d}$ estos dos números racionales y sea $\frac{a}{b} < \frac{c}{d}$. Veamos que su media aritmética, que también es un número racional pues

$$q = \frac{1}{2}\left(\frac{a}{b} + \frac{c}{d}\right) = \frac{a}{2b} + \frac{c}{2d} = \frac{ad + bc}{2bd} \in \mathbb{Q},$$

supera al menor y es menor que el mayor

$$\text{Es } q - \frac{a}{b} > 0, \text{ ya que } \frac{1}{2}\left(\frac{a}{b} + \frac{c}{d}\right) - \frac{a}{b} = \frac{1}{2}\left(\frac{a}{b} + \frac{c}{d} - 2\frac{a}{b}\right) = \frac{1}{2}\left(\frac{c}{d} - \frac{a}{b}\right) > 0.$$

$$\text{Es } \frac{c}{d} - q > 0, \text{ ya que } \frac{c}{d} - \frac{1}{2}\left(\frac{a}{b} + \frac{c}{d}\right) = \frac{1}{2}\left(2\frac{c}{d} - \frac{a}{b} - \frac{c}{d}\right) = \frac{1}{2}\left(\frac{c}{d} - \frac{a}{b}\right) > 0.$$

1.2. En la tercera implicación se ha dividido por $x - 1$, que vale cero, por lo que este paso es incorrecto.

1.3. En todo entorno de π hay racionales e irracionales y como el conjunto B puede escribirse como $B = \mathbb{Q} \cap [2; 4]$, resulta que π es un punto frontera.
$\text{int}(B) = \emptyset$, $\text{ext}(B) = (-\infty; 2) \cup (4; +\infty)$, $\text{fr}(B) = [2; 4]$.
B no es abierto, ya que ninguno de sus puntos es interior.

1.4. Para ser un conjunto cerrado debe contener todos sus puntos de acumulación, y como

$$A = \left\{1, \frac{1}{2}, \frac{1}{3}, \frac{1}{4}, \ldots, \frac{1}{n}, \ldots\right\}$$

tiene al 0 como punto de acumulación y $0 \notin A$, resulta que A no es un cerrado.

1.5. Como $x^2 - 6x + 9 = (x - 3)^2$, debe ser $(x - 3)^2 \le 0$, lo que sólo puede ocurrir si es $(x - 3)^2 = 0$, es decir, $x = 3$ es la única solución.

1.6. Como $\forall x \in \mathbb{R}$ es $2x^2 + 1 > 0$, la única posibilidad para que se verifique la desigualdad es que sea $4 - x^2 < 0$, es decir, $4 < x^2$, lo que ocurre si $x \in (-\infty; -2) \cup (2; +\infty)$.

1.7. a) A partir de la propiedad 4 del valor absoluto, demostrada en el Problema resuelto 1.7, se tiene que

$$|x| = |y + (x - y)| \le |y| + |x - y| \quad \Rightarrow \quad |x| - |y| \le |x - y|$$

y de forma análoga

$$|y| = |x + (y - x)| \le |x| + |y - x| \quad \Rightarrow \quad |x| - |y| \ge -|x - y|.$$

Con estas desigualdades se tiene $-|x - y| \le |x| - |y| \le |x - y|$, es decir, $||x| - |y|| \le |x - y|$.

b) Se tiene que

$$|x| = |x + y - y| \le |x + y| + |-y| = |x + y| + |y| \quad \Rightarrow \quad |x| - |y| \le |x + y|$$
$$|y| = |x + y - x| \le |x + y| + |-x| = |x + y| + |x| \quad \Rightarrow \quad |x| - |y| \ge -|x + y|$$

de donde

$$-|x + y| \le |x| - |y| \le |x + y| \quad \Rightarrow \quad ||x| - |y|| \le |x + y|.$$

1.8. a) Debe ser $\frac{-1}{4} \le \frac{1}{4} - x \le \frac{1}{4}$. Restando $\frac{1}{4}$ en los tres miembros queda $\frac{-2}{4} \le -x \le 0$, es decir, $\frac{1}{2} \ge x \ge 0$, por lo que la solución es $x \in [0; \frac{1}{2}]$.

b) Como $x^2 + x + \frac{1}{4} = 0$ tiene por raíz doble $x = \frac{-1}{2}$, es $x^2 + x + \frac{1}{4} = (x + \frac{1}{2})^2$, de donde

$$\left|x^2 + x + \frac{1}{4}\right| = \left|\left(x + \frac{1}{2}\right)^2\right| = \left(x + \frac{1}{2}\right)^2 \le 0 \quad \Rightarrow \quad x + \frac{1}{2} = 0 \quad \Rightarrow \quad x = \frac{-1}{2},$$

es decir, el único número real que verifica la inecuación es $x = \frac{1}{2}$.

1.9. a) 0 es ínfimo y mínimo.

b) 0 es ínfimo pero no existe mínimo.

c) -1 es ínfimo pero no existe mínimo.

d) no posee ínfimo ni mínimo por no estar acotado inferiormente.

e) los elementos van siendo cada vez mayores en el orden en que están escritos, por lo que $0, 9$ es ínfimo y mínimo.

1.10. Como es $A = \emptyset$, este conjunto no tiene supremo, ni ínfimo, ni máximo, ni mínimo.

El conjunto B puede escribirse como $B = \{1, \frac{1}{2}, \frac{1}{3}, \frac{1}{4}, \ldots, \frac{1}{n}, \ldots\}$, por lo que 1 es supremo y máximo y 0 es ínfimo, pero no es mínimo pues no pertenece a B. El conjunto B no tiene mínimo.

El conjunto C tiene por elementos $C = \{1 - 1, 2 + 1, 3 - 1, 4 + 1, 5 - 1, \ldots\}$, que son todos positivos, siendo 0 el ínfimo y mínimo. No existe supremo ni máximo por ser un conjunto no acotado superiormente.

1.11. Para $n = 1$ es cierta, pues $1^2 = \frac{1 \cdot 2 \cdot 3}{6} = 1$. Si es cierta para k, lo es para $k + 1$, pues

$$
\begin{aligned}
1^2 + 2^2 + 3^2 + \cdots + k^2 + (k+1)^2 &= \frac{k(k+1)(2k+1)}{6} + (k+1)^2 \\
&= (k+1) \left[\frac{k(2k+1)}{6} + k + 1 \right] \\
&= (k+1) \frac{2k^2 + 7k + 6}{6} = \frac{(k+1)(k+2)\left(2(k+1)+1\right)}{6}.
\end{aligned}
$$

1.12. Para $n = 1$ es $1^3 = 1^2$. Si fuese cierta para un valor k, lo sería para $k + 1$, pues

$$
\begin{aligned}
1^3 + 2^3 + 3^3 + \cdots + k^3 + (k+1)^3 &= (1 + 2 + 3 + \cdots + k)^2 + (k+1)^3 \\
&= \left[\frac{k(k+1)}{2} \right]^2 + (k+1)^3 = (k+1)^2 \left[\frac{k^2}{4} + (k+1) \right] \\
&= (k+1)^2 \frac{k^2 + 4k + 4}{4} \\
&= \left[\frac{(k+1)(k+2)}{2} \right]^2 = (1 + 2 + \cdots + (k+1))^2,
\end{aligned}
$$

donde hemos utilizado dos veces la fórmula de la suma de números consecutivos, demostrada en el Problema resuelto 1.11.a. Utilizando de nuevo la suma de números consecutivos tenemos la segunda afirmación.

1.13. Si es $n = 4$ es $4! = 24$ y $2^4 = 16$ por lo que $4! > 2^4$. Supuesto que es $k! > 2^k$, como es $k + 1 > 2$, para $k > 4$, multiplicando estas dos desigualdades es $(k+1)k! > 2 \cdot 2^k$, es decir, $(k+1)! > 2^{k+1}$. Por tanto la afirmación es válida para todo $n > 3$.

A.2. Soluciones al Capítulo 2

2.1. La función f es una función racional, es decir, cociente de polinomios, su dominio está formado por todos los números reales excepto los que anulen el denominador. Como es

$$
4(x - 1) - x^2 = -(x^2 - 4x + 4) = -(x - 2)^2,
$$

resulta que $x = 2$ es el único valor que anula el denominador, por tanto

$$
\operatorname{Dom} f = \mathbb{R} - \{2\} = (-\infty; 2) \cup (2; +\infty).
$$

Para la existencia de la función g es preciso que sea $x \neq 0$, para que no sea nulo el denominador, y $9 - x^2 \geq 0$, para que exista la raíz, por lo que

$$
\operatorname{Dom} g = [-3; 3] - \{0\} = [-3; 0) \cup (0; 3].
$$

2.2. Para que exista el logaritmo neperiano debe ser $x + 3 > 0$, es decir $x > -3$. Como la función $\operatorname{arcsen} y$ está definida para valores y tales que $-1 \le y \le 1$, por lo que debe cumplirse

$$-1 \le \ln \frac{x+3}{7} \le 1,$$

de donde, al ser e^x creciente, resulta

$$e^{-1} \le \frac{x+3}{7} \le e,$$

que despejando queda $7e^{-1} - 3 \le x \le 7e - 3$. Por tanto es $\operatorname{Dom} f = [7e^{-1} - 3; 7e - 3]$.

2.3. Se tiene que

$$(g - f)(x) = g(x) - f(x) = \frac{2 + x^2}{x^3 - 3} - \left(2x^3 - \frac{3}{x^2} \right)$$

$$= \frac{2 + x^2}{x^3 - 3} - \frac{2x^5 - 3}{x^2} = \frac{x^2(2 + x^2) - (2x^5 - 3)(x^3 - 3)}{x^2(x^3 - 3)},$$

$$(g \cdot f)(x) = g(x)f(x) = \frac{2 + x^2}{x^3 - 3} \left(2x^3 - \frac{3}{x^2} \right) = \frac{(2 + x^2)(2x^5 - 3)}{x^2(x^3 - 3)}.$$

2.4. Considerando los intervalos $(-\infty; 0)$, $[0; 2)$ y $[2; +\infty)$, se tiene

$$g(x) = \begin{cases} x - 1, & \text{si } x \in (-\infty; 0), \\ 1 - x^2, & \text{si } x \in [0; 2), \\ 1 - x^2, & \text{si } x \in [2; +\infty), \end{cases} \qquad h(x) = \begin{cases} \frac{1}{2}, & \text{si } x \in (-\infty; 0), \\ \frac{1}{2}, & \text{si } x \in [0; 2), \\ 2x, & \text{si } x \in [2; +\infty), \end{cases}$$

de donde resulta que

$$(h - g)(x) = h(x) - g(x) = \begin{cases} \frac{3}{2} - x, & \text{si } x \in (-\infty; 0), \\ -\frac{1}{2} + x^2, & \text{si } x \in [0; 2), \\ 2x - 1 + x^2, & \text{si } x \in [2; +\infty), \end{cases}$$

$$\left(\frac{g}{h} \right)(x) = \frac{g(x)}{h(x)} = \begin{cases} 2(x - 1), & \text{si } x \in (-\infty; 0), \\ 2(1 - x^2), & \text{si } x \in [0; 2), \\ \frac{1 - x^2}{2x}, & \text{si } x \in [2; +\infty). \end{cases}$$

2.5. Resulta que

$$(h \circ g)(x) = h\big(g(x)\big) = h\left(\frac{2 - x}{2x} \right) = \frac{2 - x}{4x} - \frac{4x}{2 - x},$$

donde hay que tener en cuenta que no está en $\operatorname{Dom}(h \circ g)$ el punto $x = 0$ donde no está definida g y los puntos que se transformen por g en 0, donde no está definida la función h, que verificarán $\frac{2-x}{2x} = 0$, es decir, $x = 2$. Por tanto $\operatorname{Dom}(h \circ g) = \mathbb{R} - \{0, 2\}$.

La composición $g \circ h$ es

$$(g \circ h)(x) = g(h(x)) = g\left(\frac{x}{2} - \frac{2}{x} \right) = \frac{2 - \frac{x}{2} + \frac{2}{x}}{x - \frac{4}{x}} = \frac{\frac{4x - x^2 + 4}{2x}}{\frac{x^2 - 4}{x}} = \frac{-x^2 + 4x + 4}{2x^2 - 8},$$

donde no pertence al dominio de $g \circ h$ el punto $x = 0$ y los puntos que h transforma en 0, que verifican $\frac{x}{2} - \frac{2}{x} = 0$, es decir, $x^2 - 4 = 0$, luego $\operatorname{Dom}(g \circ h) = \mathbb{R} - \{0, 2, -2\}$.

Se tiene además que

$$(g \circ g)(x) = g\big(g(x)\big) = g\left(\frac{2 - x}{2x} \right) = \frac{2 - \frac{2-x}{2x}}{2 \frac{2-x}{2x}} = \frac{5x - 2}{4 - 2x},$$

pero esta función no está definida en $x = 0$, donde no existe la función g, ni en los puntos que g transfome en 0, que verificarán $\frac{2-x}{2x} = 0$, es decir, $x = 2$, por lo que $\operatorname{Dom}(g \circ g) = \mathbb{R} - \{0, 2\}$.

2.6. Redefinimos los intervalos de definición de f. Como

$$x^2 < 1 \;\Rightarrow\; -1 < x < -1,$$
$$x^2 \geq 1 \;\Rightarrow\; x \leq -1 \quad \text{ó} \quad x \geq 1,$$

y como

$$1 - x < 1 \;\Rightarrow\; x > 0,$$
$$1 - x \geq 1 \;\Rightarrow\; x \leq 0,$$

entonces

$$f(x) = \begin{cases} x^2, & \text{si } x < 0 \text{ y } -1 < x < 1, & (\text{siendo } x^2 < 1), \\ x^2, & \text{si } x < 0 \text{ y } x \leq -1 \text{ ó } x \geq 1, & (\text{siendo } x^2 \geq 1), \\ 1-x, & \text{si } x \geq 0 \text{ y } x > 0, & (\text{siendo } 1-x < 1), \\ 1-x, & \text{si } x \geq 0 \text{ y } x \leq 0, & (\text{siendo } 1-x \geq 1), \end{cases}$$

es decir,

$$f(x) = \begin{cases} x^2, & \text{si } x \in (-\infty; -1], & (\text{siendo } x^2 \geq 1), \\ x^2, & \text{si } x \in (-1; 0), & (\text{siendo } x^2 < 1), \\ 1-x = 1, & \text{si } x = 0, & (\text{siendo } 1-x \geq 1), \\ 1-x, & \text{si } x \in (0; +\infty), & (\text{siendo } 1-x < 1), \end{cases}$$

por tanto

$$(g \circ f)(x) = g\big(f(x)\big) = \begin{cases} g(x^2) = 1 + x^2, & \text{si } x \in (-\infty; -1], \\ g(x^2) = 1 - 2x^2, & \text{si } x \in (-1; 0), \\ g(1) = 1 + 1 = 2, & \text{si } x = 0, \\ g(1-x) = 1 - 2(1-x) = 2x - 1, & \text{si } x \in (0; +\infty). \end{cases}$$

2.7. Hallamos $f(-x) = \cos\big(-3(-x)\big) = \cos 3x$, y como sabemos que la función coseno verifica que $\cos(-\alpha) = \cos\alpha$, resulta que $f(-x) = f(x)$, por lo que f es una función par.

Calculamos $g(-x)$ teniendo en cuenta que $|-x| = |x|$, resulta

$$g(-x) = \frac{-x \cdot |x|}{1 + |-x|} = \frac{-x \cdot |x|}{1 + |x|} = -g(x),$$

por lo que g es una función impar.

2.8. Sean f y g dos funciones impares, es decir que verifican $f(-x) = -f(x)$ y $g(-x) = -g(x)$. La función producto $f \cdot g$ calculada en $-x$ es

$$(f \cdot g)(-x) = f(-x)g(-x) = -f(x)\big(-g(x)\big) = f(x)g(x) = (f \cdot g)(x),$$

por lo que $f \cdot g$ es una función par.

2.9. Sea f una función par y g una función impar, verificando que $f(-x) = f(x)$ y $g(-x) = -g(x)$. La función producto cumple que

$$(f \cdot g)(-x) = f(-x)g(-x) = f(x)\big(-g(x)\big) = -\big(f(x)g(x)\big) = -(f \cdot g)(x),$$

por lo que $f \cdot g$ es una función impar.

2.10. a) Como la función coseno es par, tenemos que $\cos(-3x) = \cos 3x$, por lo que no es una función inyectiva, por ejemplo para $x = \frac{\pi}{6}$ se tiene que $\cos(\frac{-\pi}{2}) = \cos\frac{\pi}{2}$.

b) La función es inyectiva pues

$$g(x_1) = g(x_2) \;\Rightarrow\; 3x_1 + 2 = 3x_2 + 2 \;\Rightarrow\; 3x_1 = 3x_2 \;\Rightarrow\; x_1 = x_2.$$

Escribiendo la función como $y = 3x + 2$, despejando y haciendo el cambio de nombres a las variables, resulta $y = \frac{x-2}{3}$, es decir, $g^{-1}(x) = \frac{x-2}{3}$.

2.11. Dibujemos la gráfica de la función $y = x^2 - 5x + 6$ que es una parábola que corta al eje OX en $x = 2$ y $x = 3$, siendo negativa en el intervalo $(2; 3)$. Bastará convertir estos valores negativos en positivos para tener la gráfica de la función f, como puede verse en la Figura A.1.

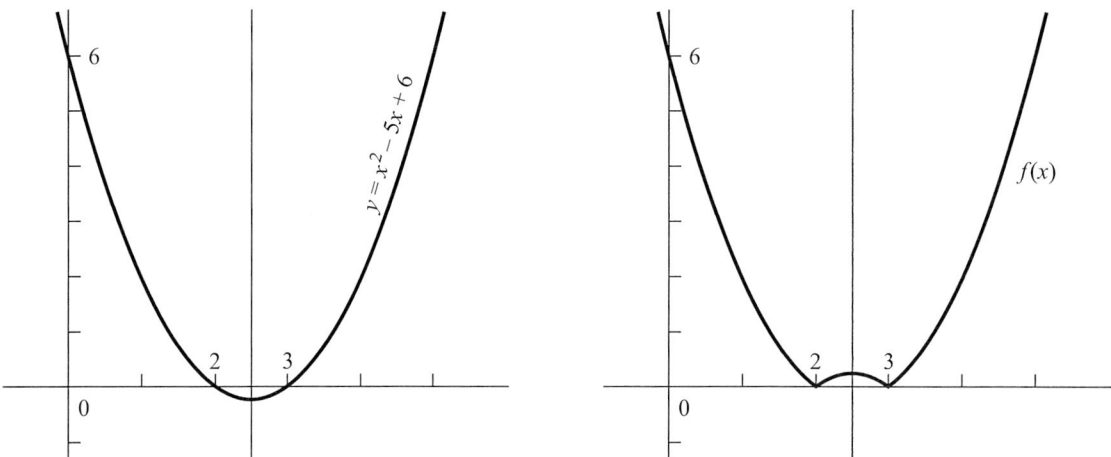

Figura A.1

Otro método: Como es $x^2 - 5x + 6 < 0$ si $x \in (2; 3)$, será

$$f(x) = \begin{cases} x^2 - 5x + 6, & \text{si } x \in (-\infty; 2] \cup [3; +\infty), \\ -(x^2 - 5x + 6), & \text{si } x \in (2; 3). \end{cases}$$

2.12. Las funciones $g_1(x) = x^2 + x - 2$, $g_2(x) = -x^2 - 3x$ son parábolas que se cortan en

$$x^2 + x - 2 = -x^2 - 3x \ \Rightarrow\ 2x^2 + 4x - 2 = 0 \ \Rightarrow\ x^2 + 2x - 1 = 0 \ \Rightarrow\ x = -1 \pm \sqrt{2},$$

y bastará dibujarlas juntas para decidir cuales son los valores del máximo, como se observa en la Figura A.2,

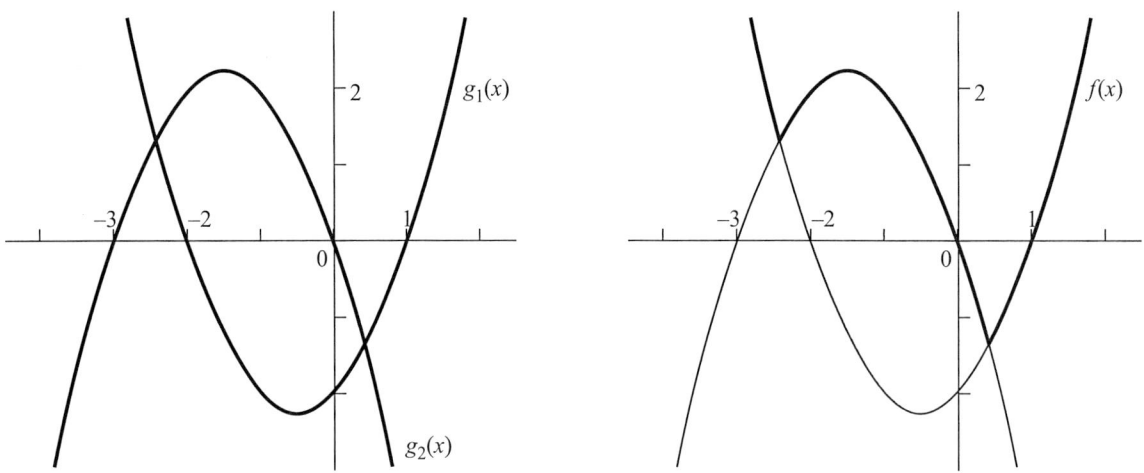

Figura A.2

La expresión de la función $f(x)$ será

$$f(x) = \begin{cases} x^2 + x - 2, & \text{si } x \in (-\infty; -1 - \sqrt{2}], \\ -x^2 - 3x, & \text{si } x \in [-1 - \sqrt{2}; -1 + \sqrt{2}], \\ x^2 + x - 2, & \text{si } x \in [-1 + \sqrt{2}; +\infty). \end{cases}$$

A.3. Soluciones al Capítulo 3

3.1. a) El límite $\lim_{x \to -1} \frac{1-x}{1+x} = \left[\frac{2}{0}\right]$, no existe pues los límites laterales valen

$$\lim_{x \to -1^+} \frac{1-x}{1+x} = \frac{2}{0^+} = +\infty \quad \text{y} \quad \lim_{x \to -1^-} \frac{1-x}{1+x} = \frac{2}{0^-} = -\infty.$$

b)

$$\lim_{x \to 1} \frac{x^3 - 1}{x - 1} = \left[\frac{0}{0}\right] = \lim_{x \to 1} \frac{(x-1)(x^2+x+1)}{x-1} = \lim_{x \to 1}(x^2+x+1) = 3.$$

3.2. a)

$$\lim_{x \to +\infty} \frac{x^2 + 3}{x^3 + 2} = \left[\frac{\infty}{\infty}\right] = \lim_{x \to +\infty} \frac{\frac{1}{x} + \frac{3}{x^3}}{1 + \frac{2}{x^3}} = \frac{0}{1} = 0.$$

b)

$$\lim_{x \to -\infty} \frac{3 - x^3}{x^3 - 40} = \left[\frac{\infty}{\infty}\right] = \lim_{x \to -\infty} \frac{\frac{3}{x^3} - 1}{1 - \frac{40}{x^3}} = \frac{-1}{1} = -1.$$

3.3. a)

$$\lim_{x \to +\infty} \left(\sqrt{x^2 + 1} - x\right) = [\infty - \infty] = \lim_{x \to +\infty} \frac{x^2 + 1 - x^2}{\sqrt{x^2 + 1} + x}$$

$$= \lim_{x \to +\infty} \frac{1}{\sqrt{x^2 + 1} + x} = \frac{1}{+\infty} = 0.$$

b)

$$\lim_{x \to +\infty} \frac{\sqrt{x + x^2}}{x + 2} = \left[\frac{\infty}{\infty}\right] = \lim_{x \to +\infty} \sqrt{\frac{x + x^2}{(x + 2)^2}}$$

$$= \lim_{x \to +\infty} \sqrt{\frac{x^2 + x}{x^2 + 4x + 4}} = \lim_{x \to +\infty} \sqrt{\frac{1 + \frac{1}{x}}{1 + \frac{4}{x} + \frac{4}{x^2}}} = \sqrt{\frac{1}{1}} = 1.$$

3.4. a) Es $\lim_{x \to 2} \frac{x}{|x-2|} = \left[\frac{2}{0}\right]$ y como si $x \geq 2$ es $|x - 2| = x - 2$ y si $x < 2$ es $|x - 2| = -(x - 2)$, se tiene que

$$\lim_{x \to 2^+} \frac{x}{|x - 2|} = \lim_{x \to 2^+} \frac{x}{x - 2} = \frac{2}{0^+} = +\infty,$$

$$\lim_{x \to 2^-} \frac{x}{|x - 2|} = \lim_{x \to 2^-} \frac{x}{-(x - 2)} = \frac{2}{-(0^-)} = \frac{2}{0^+} = +\infty,$$

por lo que el límite pedido existe y vale $+\infty$.

b) Es $\lim_{x \to 1} \frac{x^2 - 1}{|x - 1|} = \left[\frac{0}{0}\right]$. Quitemos el valor absoluto: si $x \geq 1$ es $|x - 1| = x - 1$ y si $x < 1$ es $|x - 1| = -(x - 1)$, luego

$$\lim_{x \to 1^+} \frac{x^2 - 1}{|x - 1|} = \lim_{x \to 1^+} \frac{x^2 - 1}{x - 1} = \lim_{x \to 1^+} \frac{(x + 1)(x - 1)}{x - 1} = \lim_{x \to 1^+}(x + 1) = 2,$$

$$\lim_{x \to 1^-} \frac{x^2 - 1}{|x - 1|} = \lim_{x \to 1^-} \frac{x^2 - 1}{-(x - 1)} = \lim_{x \to 1^-} \frac{(x + 1)(x - 1)}{-(x - 1)} = \lim_{x \to 1^-}[-(x + 1)] = -2,$$

por lo que el límite no existe.

3.5.

$$\lim_{x \to 1} \frac{\sqrt{x}-1}{x^2-1} = \left[\frac{0}{0}\right] = \lim_{x \to 1} \frac{\sqrt{x}-1}{(x+1)(x-1)}$$

$$= \lim_{x \to 1} \frac{\sqrt{x}-1}{(x+1)(\sqrt{x}+1)(\sqrt{x}-1)} = \lim_{x \to 1} \frac{1}{(x+1)(\sqrt{x}+1)} = \frac{1}{2 \cdot 2} = \frac{1}{4}.$$

3.6. Puesto que si $x \in \left(\frac{-\pi}{2}; \frac{\pi}{2}\right)$ es $|\operatorname{sen} x| \le |x|$, se tiene que $\frac{1}{|x|} \le \frac{1}{|\operatorname{sen} x|}$ y entonces

$$0 \le \frac{|1-\cos x|}{|x|} \le \frac{|1-\cos x|}{|\operatorname{sen} x|}$$

$$= \frac{|1-\cos x| \cdot |1+\cos x|}{|\operatorname{sen} x| \cdot |1+\cos x|} = \frac{1-\cos^2 x}{|\operatorname{sen} x| \cdot |1+\cos x|} = \frac{\operatorname{sen}^2 x}{|\operatorname{sen} x| \cdot |1+\cos x|} = \frac{|\operatorname{sen} x|}{|1+\cos x|}$$

y como $\frac{|\operatorname{sen} x|}{|1+\cos x|} \to 0$ cuando $x \to 0$, por el principio de intercalación se tiene que

$$\lim_{x \to 0} \frac{1-\cos x}{x} = 0.$$

3.7.

$$\lim_{x \to +\infty} \left(\sqrt{\pi x + \sqrt{\pi x}} - \sqrt{\pi x}\right) = [\infty - \infty]$$

$$= \lim_{x \to +\infty} \frac{\left(\sqrt{\pi x + \sqrt{\pi x}} - \sqrt{\pi x}\right)\left(\sqrt{\pi x + \sqrt{\pi x}} + \sqrt{\pi x}\right)}{\sqrt{\pi x + \sqrt{\pi x}} + \sqrt{\pi x}}$$

$$= \lim_{x \to +\infty} \frac{\left(\sqrt{\pi x + \sqrt{\pi x}}\right)^2 - \left(\sqrt{\pi x}\right)^2}{\sqrt{\pi x + \sqrt{\pi x}} + \sqrt{\pi x}}$$

$$= \lim_{x \to +\infty} \frac{\pi x + \sqrt{\pi x} - \pi x}{\sqrt{\pi x + \sqrt{\pi x}} + \sqrt{\pi x}}$$

$$= \lim_{x \to +\infty} \frac{\sqrt{\pi x}}{\sqrt{\pi x + \sqrt{\pi x}} + \sqrt{\pi x}} = \left[\frac{\infty}{\infty}\right]$$

$$= \lim_{x \to +\infty} \frac{\sqrt{\pi}}{\sqrt{\pi + \frac{\sqrt{\pi x}}{x}} + \sqrt{\pi}} = \lim_{x \to +\infty} \frac{\sqrt{\pi}}{\sqrt{\pi + \frac{\sqrt{\pi}}{\sqrt{x}}} + \sqrt{\pi}} = \frac{\sqrt{\pi}}{2\sqrt{\pi}} = \frac{1}{2}.$$

3.8. No, porque $\lim_{x \to -1^+} f(x) = -2$ y $\lim_{x \to -1^-} f(x) = 2$. Tampoco es continua en $x = 0$ ya que no está definida.

3.9. Como $\lim_{x \to 0} f(x) = 0$, debe ser $k = 0$.

3.10. $\forall x \in \mathbb{R}, x \ne 0$, la función es cociente de funciones continuas con denominador no nulo, por tanto continua. El único posible punto de discontinuidad es el $x = 0$. Como $f(0) = 0$, analicemos el límite en $x = 0$. Se tiene

$$\lim_{x \to 0^-} f(x) = \lim_{x \to 0^-} \frac{1+e^{\frac{1}{x}}}{1-e^{\frac{1}{x}}} = \frac{1}{1} = 1,$$

$$\lim_{x \to 0^+} f(x) = \lim_{x \to 0^+} \frac{1+e^{\frac{1}{x}}}{1-e^{\frac{1}{x}}} = \lim_{x \to 0^+} \frac{\frac{1}{e^{\frac{1}{x}}}+1}{\frac{1}{e^{\frac{1}{x}}}-1} = \frac{1}{-1} = -1,$$

por lo que la función presenta en $x = 0$ una discontinuidad de salto finito, el valor del salto es de dos unidades.

3.11. Como e^x y e^{-x} son funciones continuas también lo son su suma y su diferencia. El cociente de éstas lo será en todos los puntos salvo los que anulen el denominador, lo que ocurre para $x = 0$. Es decir, la función es discontinua en $x = 0$ porque la función no está definida.

3.12. La función tiene una discontinuidad de salto en $x = 0$. Continua en todos los demás puntos.

3.13. No se puede aplicar el teorema de la acotación de Weierstrass por no ser continua en $x = 1$. No está acotada.

3.14. Consideramos la función $f(x) = \cos^2 x - 2 + x^2$, que es continua en el intervalo $[0; 2\pi]$ y en los extremos vale

$$f(0) = -1 < 0 \qquad \text{y} \qquad f(2\pi) = -1 + 8\pi^3 > 0,$$

de donde, por el teorema de Bolzano, existe al menos un valor $\alpha \in (0; 2\pi)$ tal que $f(\alpha) = 0$, que es la solución de la ecuación.

3.15. Construimos la función $f(x) = e^{-x^2} - 2x$, continua en toda la recta real y tal que es

$$f(0) = 1 > 0 \qquad \text{y} \qquad f(1) = \frac{1}{e} - 2 < 0.$$

El teorema de Bolzano afirma que existe al menos un $\alpha \in (0; 1)$ tal que $f(\alpha) = 0$, el cual es solución de la ecuación dada.

A.4. SOLUCIONES AL CAPÍTULO 4

4.1. Por la definición de derivada se tiene que

$$g'(x) = \lim_{h \to 0} \frac{g(x+h) - g(x)}{h} = \lim_{h \to 0} \frac{\frac{1}{x+h} - \frac{1}{x}}{h} = \left[\frac{0}{0}\right]$$

$$= \lim_{h \to 0} \frac{x - (x+h)}{h(x+h)x} = \lim_{h \to 0} \frac{-h}{h(x+h)x} = \lim_{h \to 0} \frac{-1}{(x+h)x} = \frac{-1}{x^2}.$$

4.2. $g'(0^+) = 0$, $g'(0^-) = -0$.

4.3. Como $y' = e^{x^2 + hx}(2x + h)$ resulta $y'(0) = e^0(0 + h) = h$, y como la pendiente de la bisectriz es 1, igualando queda $h = 1$.

4.4. Derivando sucesivamente se tiene

$$y' = \frac{1}{2}\cos\frac{x}{2} = \frac{1}{2}\operatorname{sen}\left(\frac{x}{2} + \frac{\pi}{2}\right) = \frac{1}{2}\operatorname{sen}\frac{x+\pi}{2},$$

$$y'' = \frac{1}{2^2}\cos\left(\frac{x}{2} + \frac{\pi}{2}\right) = \frac{1}{2^2}\operatorname{sen}\left(\frac{x}{2} + \frac{2\pi}{2}\right) = \frac{1}{2^2}\operatorname{sen}\frac{x+2\pi}{2},$$

$$y''' = \frac{1}{2^3}\cos\left(\frac{x}{2} + \frac{2\pi}{2}\right) = \frac{1}{2^3}\operatorname{sen}\left(\frac{x}{2} + \frac{3\pi}{2}\right) = \frac{1}{2^3}\operatorname{sen}\frac{x+3\pi}{2},$$

de donde $y^{(n)} = \dfrac{1}{2^n}\operatorname{sen}\dfrac{x+n\pi}{2}$.

4.5. Se tiene que

$$(h \circ g)'(0) = h'(g(0)) \cdot g'(0) = h'(2) \cdot g'(0) = 0 \cdot 2 = 0,$$

$$(g \circ h)'(0) = g'(h(0)) \cdot h'(0) = g'(2) \cdot h'(0) = 1 \cdot 1 = 1,$$

$$(h \circ h)'(2) = h'(h(2)) \cdot h'(2) = h'(0) \cdot h'(2) = h'(0) \cdot 0 = 0.$$

4.6.

$$\frac{d}{dx}\left[g\left(\frac{1}{1+x}\right)\right] = \left[g'\left(\frac{1}{1+x}\right)\right]\cdot\frac{d}{dx}\left(\frac{1}{1+x}\right) = g'\left(\frac{1}{1+x}\right)\cdot\frac{-1}{(1+x)^2},$$

$$\frac{d}{dx}\left[\frac{1}{1+g(x)}\right] = \frac{-1}{[1+g(x)]^2}\cdot\frac{d}{dx}[1+g(x)] = \frac{-g'(x)}{[1+g(x)]^2}.$$

4.7. Dadas las funciones f, g, h, continuas en $[a; b]$ y derivables en $(a; b)$, consideramos las función, definida por medio de un determinante,

$$H(x) = \begin{vmatrix} f(x) & g(x) & h(x) \\ f(a) & g(a) & h(a) \\ f(b) & g(b) & h(b) \end{vmatrix},$$

que es precisamente

$$H(x) = \big[g(a)h(b) - g(b)h(a)\big]f(x) - \big[f(a)h(b) - f(b)h(a)\big]g(x) + \big[f(a)g(b) - f(b)g(a)\big]h(x),$$

y es continua y derivable. Esta función toma el mismo valor en a que en b, en ambos puntos la función es nula, es decir $H(a) = H(b) = 0$, ya que para estos valores el determinante tiene dos filas iguales. Por tanto puede aplicarse el teorema de Rolle a la función $H(x)$ y nos asegura que existe al menos un $\alpha \in (a; b)$ tal que $H'(\alpha) = 0$, es decir,

$$\begin{vmatrix} f'(x) & g'(x) & h'(x) \\ f(a) & g(a) & h(a) \\ f(b) & g(b) & h(b) \end{vmatrix} = 0.$$

4.8. La función f verifica las condiciones del teorema de Rolle, la derivada es nula en el punto $x = 2\sqrt{3} - 2$. La función g no es derivable en $x = 0$, por lo que no aplicable el teorema.

4.9. a) Es aplicable, $\alpha = \arccos\frac{2}{\pi}$,

b) Es también aplicable siendo $\alpha = \frac{9}{4}$.

4.10. Las funciones son continuas y derivables en $[1; 2]$ por lo que el teorema de Cauchy garantiza la existencia de al menos un $\alpha \in (1; 2)$ tal que

$$\big[f(2) - f(1)\big]g'(\alpha) = \big[g(2) - g(1)\big]f'(\alpha).$$

Como $f'(x) = e^x(x + 1)$ y $g'(x) = \frac{1}{3}(2x - 3)$, la igualdad anterior queda

$$[2e^2 - e]\frac{1}{3}(2\alpha - 3) = \left[\frac{-2}{3} - \left(\frac{-2}{3}\right)\right]e^\alpha(\alpha + 1),$$

es decir, $[2e^2 - e]\frac{1}{3}(2\alpha - 3) = 0$, luego $\alpha = \frac{3}{2}$ es el valor dado por el teorema de Cauchy. En este caso el teorema no puede expresarse como

$$\frac{f(2) - f(1)}{g(2) - g(1)} = \frac{f'(\alpha)}{g'(\alpha)}$$

ya que los dos denominadores son nulos.

4.11. a) $e^{-0,02} \simeq 1 - 0,02\cdot 1 = 0,98$. Con calculadora $0,980198\ldots$

b) $\operatorname{sen} 31° \simeq \operatorname{sen} 30° + 1°\cdot\cos 30° = 0,5 + 0,017453\cdot 0,866025 = 0,515115$. Con calculadora $0,515038\ldots$

4.12. De la simple observación de la ecuación se deduce que $x = 1$ es una solución, por lo que se puede escribir como

$$(x - 1)(5x^3 + 5x^2 + 5x - 1) = 0.$$

Si la función $f(x) = 5x^3 + 5x^2 + 5x - 1$, que es continua y derivable, tuviese dos o más raíces reales, x_0, x_1, sería $f(x_0) = f(x_1)$ y por el teorema de Rolle existiría al menos un α tal que $f'(\alpha) = 0$. Pero $f'(x) = 15x^2 + 10x + 5 = 5(3x^2 + 2x + 1)$ no tiene raíces reales porque la ecuación $3x^2 + 2x + 1 = 0$ tiene discriminante negativo.

4.13. Si tuviese dos raíces, por el teorema de Rolle, sería $f'(x) = 10x^4 + 1 = 0$ para algún valor de x, lo que no es posible.

4.14. Es preciso llevar cuidado con el signo ya que $1 - x$ es negativo:

$$\lim_{x \to 1^+} \frac{\sqrt{x^2 - x}}{1 - x} = \left[\frac{0}{0}\right] = \lim_{x \to 1^+} \left(-\sqrt{\frac{x^2 - x}{(1 - x)^2}}\right)$$

$$= -\lim_{x \to 1^+} \sqrt{\frac{x(x - 1)}{(1 - x)^2}} = -\lim_{x \to 1^+} \sqrt{\frac{-x}{1 - x}} = -\lim_{x \to 1^+} \sqrt{\frac{x}{x - 1}} = \frac{-1}{0^+} = -\infty.$$

4.15. a) 0.   b) 1.

4.16. a) Se tiene que

$$\lim_{x \to +\infty} (\ln x)^{1/x^3} = [\infty^0] = e^{\lim_{x \to +\infty} \frac{1}{x^3} \ln(\ln x)},$$

y hallando el límite del exponente

$$\lim_{x \to +\infty} \frac{\ln(\ln x)}{x^3} = \left[\frac{\infty}{\infty}\right] \overset{L'H}{=} \lim_{x \to +\infty} \frac{\frac{1/x}{\ln x}}{3x^2} = \lim_{x \to +\infty} \frac{1}{3x^3 \ln x} = \frac{1}{+\infty} = 0,$$

por tanto $\lim_{x \to +\infty} (\ln x)^{1/x^3} = e^0 = 1$.

b)

$$\lim_{x \to 0} \frac{\ln(1 + \mathrm{sen}\, x)}{x} = \left[\frac{0}{0}\right] \overset{L'H}{=} \lim_{x \to 0} \frac{\frac{\cos x}{1 + \mathrm{sen}\, x}}{1} = \frac{\frac{1}{1}}{1} = 1.$$

4.17. Operando tenemos

$$\lim_{x \to +\infty} \left[\alpha x^3 + \beta x + \frac{x^4 + 2x^2 + 1}{x}\right] = \lim \frac{\alpha x^4 + \beta x^2 + x^4 + 2x^2 + 1}{x} = \left[\frac{\infty}{\infty}\right]$$

y para que este límite sea nulo es preciso que el polinomio del numerador tenga grado menor que el del denominador, por lo que debe ser $\alpha = -1$ y $\beta = -2$, resultando entonces $\lim_{x \to +\infty} \frac{1}{x} = 0$.

4.18. La función logaritmo neperiano existirá cuando el cociente sea positivo, para lo que es necesario que numerador y denominador sean ambos positivos o ambos negativos, por lo que la función f no está definida en $[-1; 1]$.

Veamos si hay asíntota vertical por la izquierda en $x = -1$,

$$\lim_{x \to -1^-} \left(\ln \frac{x + 1}{x - 1}\right) = \lim_{x \to -1^-} \left(\ln \frac{0^-}{-2}\right) = \ln 0^+ = -\infty,$$

y si hay asíntota vertical por la derecha en $x = 1$,

$$\lim_{x \to 1^+} \left(\ln \frac{x + 1}{x - 1}\right) = \lim_{x \to 1^+} \left(\ln \frac{2}{0^+}\right) = \ln(+\infty) = +\infty,$$

luego hay asíntotas verticales laterales en $x = -1$ y $x = 1$.

Veamos si hay asíntota horizontal para $-\infty$,

$$\lim_{x \to -\infty} f(x) = \lim_{x \to -\infty} \left(\ln \frac{x + 1}{x - 1}\right) = \ln 1 = 0,$$

y si hay asíntota horizontal para $+\infty$,

$$\lim_{x \to +\infty} f(x) = \lim_{x \to +\infty} \left(\ln \frac{x + 1}{x - 1}\right) = \ln 1 = 0,$$

es decir, la recta $y = 0$ es asíntota para $-\infty$ y para $+\infty$.

Al existir asíntota horizontal para $\pm\infty$, no pueden existir asíntotas oblicuas.

4.19. Creciente en $[0; \frac{\pi}{4}) \cup (\frac{5\pi}{4}; 2\pi]$, decreciente en $(\frac{\pi}{4}; \frac{5\pi}{4})$.

4.20. Mínimo en el punto $\left(\frac{-1+5\sqrt{2}}{7}, \frac{1-5\sqrt{2}}{2} \right)$, máximo en $\left(\frac{-1-5\sqrt{2}}{7}, \frac{1+5\sqrt{2}}{2} \right)$.

4.21. Lado de la base un metro y altura un metro.

4.22. a) Mínimo en $(1, 2)$, máximo en $(-1, -2)$.

b) No tiene puntos de inflexión.

c) Asíntota vertical es $x = 0$, asíntota oblicua es $y = x$ para $\pm\infty$.

4.23. Se tiene que $f'(x) = e^{-x}(-x^2 - 4x - 2)$ y que $f''(x) = e^{-x}(x^2 + 2x - 2)$. Resolviendo la ecuación $x^2 + 2x - 2 = 0$ se obtiene $x = -1 \pm \sqrt{3}$, y como es $e^{-x} > 0, \forall x \in \mathbb{R}$ se tiene que

$$x \in (-1-\sqrt{3}; -1+\sqrt{3}) \qquad \Rightarrow \qquad f''(x) < 0 \qquad \Rightarrow \qquad f \text{ es convexa,}$$
$$x \in (-\infty; -1-\sqrt{3}) \cup (-1+\sqrt{3}; +\infty) \qquad \Rightarrow \qquad f'' > 0 \qquad \Rightarrow \qquad f \text{ es cóncava.}$$

4.24. Es $f'(x) = 3x^2 + 2Ax + B$ e imponiendo que -1 y 2 sean puntos críticos queda

$$\left. \begin{array}{c} 3(-1)^2 + 2A(-1) + B = 0 \\ 3 \cdot 2^2 + 2A \cdot 2 + B = 0 \end{array} \right\} \quad \Rightarrow \quad \left. \begin{array}{c} 3 - 2A + B = 0 \\ 12 + 4A + B = 0 \end{array} \right\}$$

de donde se obtiene que $A = \frac{-3}{2}$ y $B = -6$. Por tanto la función es $f(x) = x^3 - \frac{3}{2}x^2 - 6x$, y como es $f(-1) = \frac{7}{2}$ y $f(2) = -10$, y la derivada segunda $f''(x) = 6x - 3$ vale en los puntos críticos $f''(-1) = -9 < 0$ y $f''(2) = 9 > 0$, utilizando el criterio de la derivada segunda, la función tiene un máximo en el punto $(-1, \frac{7}{2})$ y un mínimo en $(2, -10)$.

4.25. Existe y es continua y derivable salvo en $x = 0$. Corta a los ejes en $(-1, 0)$ y $(1, 0)$. Posee simetría respecto del eje OY. Tiene una asíntota vertical que es $x = 0$. Es creciente en $(0; +\infty)$ y decreciente en $(-\infty; 0)$. No posee extremos relativos. Puntos de inflexión son $(\pm\sqrt{3}, 4)$. Es convexa en $(-\infty; -\sqrt{3}) \cup (\sqrt{3}; +\infty)$ y cóncava en $(-\sqrt{3}; 0) \cup (0; \sqrt{3})$. Su gráfica es la de la Figura A.3.

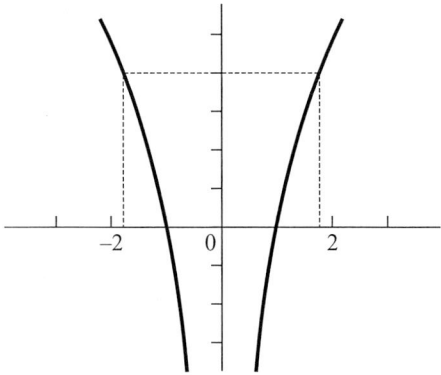

Figura A.3 Gráfica de la función del Problema 4.25.

4.26. Para $x \neq -2$ existe y es continua y derivable. Corta a los ejes en $(0, \frac{27}{4})$ y $(-3, 0)$. Posee una asíntota vertical en $x = -2$ y asíntota oblicua para $\pm\infty$ es $y = x + 5$, cortándose la gráfica de la función y la asíntota oblicua en $(\frac{-7}{3}, \frac{8}{3})$. La función es creciente en $(-\infty; -2) \cup (0; +\infty)$ y decreciente en $(-2; 0)$. Tiene un mínimo local en $(0, \frac{27}{4})$ y un punto de inflexión horizontal en $(-3, 0)$. La función es convexa en $(-3; -2) \cup (-2; +\infty)$ y cóncava en $(-\infty; -3)$. La gráfica de esta función está en la Figura A.4.

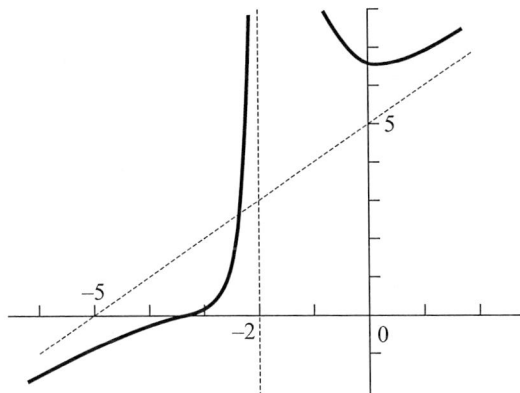

Figura A.4 Gráfica de la función del Problema 4.26.

4.27. La función es continua y derivable excepto en $x = 1$. Tiene corte con los ejes en $(0,0)$. La recta $x = 1$ es una asíntota vertical y la recta $y = x$ es una asíntota oblicua a la que corta en el origen. La función es creciente en $(-\infty; 0) \cup (\sqrt[3]{4}; +\infty)$ y decreciente en $(0; 1) \cup (1; \sqrt[3]{4})$. Hay un mínimo relativo en $(\sqrt[3]{4}, \frac{4}{3}\sqrt[3]{4})$, un máximo relativo en $(0,0)$ y un punto de inflexión en $(-\sqrt[3]{3}, \frac{-1}{4}\sqrt[3]{3})$. La función es convexa en $(-\infty; -\sqrt[3]{3}) \cup (1; +\infty)$ y cóncava en $(-\sqrt[3]{3}; 1)$. La gráfica puede verse en la Figura A.5.

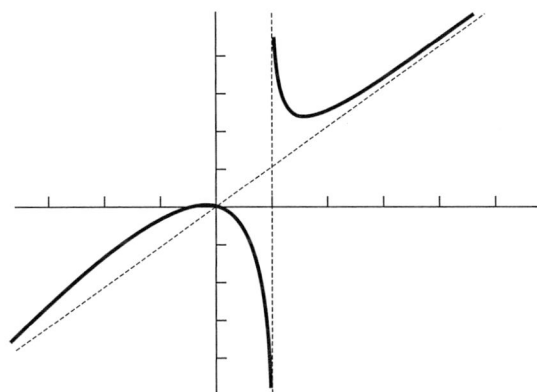

Figura A.5 Gráfica de la función del Problema 4.27.

4.28. La función es derivable en toda la recta real y, por tanto continua. Es siempre positiva y posee una simetría respecto del eje OY. Tiene una asíntota horizontal que es $y = 0$. La función es creciente en $(-\infty; 0)$ y decreciente en $(0; +\infty)$. Existe un máximo local en $(0, a)$ y puntos de inflexión en $(\pm\frac{1}{2}\sqrt{2}, \frac{a}{\sqrt{e}})$. La función es cóncava en $(\frac{-1}{2}\sqrt{2}; \frac{1}{2}\sqrt{2})$ y su gráfica está en la Figura A.6.

A.5. SOLUCIONES AL CAPÍTULO 5

5.1. Las funciones toman distintos valor en el punto $x = -2$, pues $f(-2) = 0$ y $g(-2) = -4$, por lo que no puede ser una de ellas aproximación de la otra.

5.2. Para los dos primeros es

$$\lim_{x \to 0} \frac{\ln(1 + 2x)}{e^{2x} - 1} = \left[\frac{0}{0}\right] \stackrel{L'H}{=} \lim_{x \to 0} \frac{2}{2(1 + 2x)e^{2x}} = 1,$$

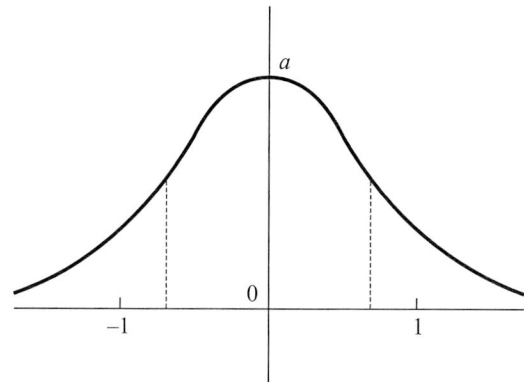

Figura A.6 Gráfica de la función del Problema 4.28.

luego éstos lo son. Para el primero y el último tenemos

$$\lim_{x \to 0} \frac{\ln(1 + 2x)}{e^{x^2} - 1} = \left[\frac{0}{0}\right] \overset{L'H}{=} \lim_{x \to 0} \frac{2}{2x(1 + 2x)e^{x^2}} = \left[\frac{2}{0}\right],$$

siendo los límites laterales $+\infty$ y $-\infty$, por lo que no son equivalentes. Por la transitividad los dos últimos tampoco lo son.

5.3. Como $\operatorname{arcsen} x \sim x$, $\operatorname{arctg} x \sim x$, $e^x - 1 \sim x$ y $\ln(1 + x) \sim x$, en $x = 0$, queda

$$\lim_{x \to 0} \frac{\operatorname{arctg}(\operatorname{arcsen} x^2)}{(e^x - 1)\ln(1 + 2x)} = \left[\frac{0}{0}\right] = \lim_{x \to 0} \frac{\operatorname{arctg} x^2}{x \cdot 2x} = \lim_{x \to 0} \frac{x^2}{2x^2} = \frac{1}{2}.$$

5.4. Aplicando infinitésimos equivalentes, al ser $(e^{\operatorname{sen} \pi x} - 1) \sim \pi x$, $\operatorname{tg} \pi x \sim \pi x$ y $(1 - \cos \pi x) \sim \frac{\pi^2 x^2}{2}$, en $x = 0$, se tiene que

$$\lim_{x \to 0} \frac{e^{\operatorname{sen} \pi x} \operatorname{tg} \pi x - \operatorname{tg} \pi x}{\pi - \pi \cos \pi x} = \left[\frac{0}{0}\right] = \lim_{x \to 0} \frac{(e^{\operatorname{sen} \pi x} - 1)\operatorname{tg} \pi x}{\pi(1 - \cos \pi x)} = \lim_{x \to 0} \frac{\pi x \cdot \pi x}{\pi \frac{\pi^2 x^2}{2}} = \lim_{x \to 0} \frac{2\pi^2 x^2}{\pi^3 x^2} = \frac{2}{\pi}.$$

5.5. El límite pedido es indeterminado del tipo $\left[\frac{0}{0}\right]$ pero considerando la equivalencia de infinitésimos en $x = 0$, $\operatorname{sen} x \sim x$, $\ln(1 + x) \sim x$, $\operatorname{arctg} x \sim x$, $e^x - 1 \sim x$ y $\operatorname{tg} x \sim x$ se tiene que

$$\lim_{x \to 0} \frac{x \ln(1 + \operatorname{sen} 2x) \operatorname{arctg}(\operatorname{sen}^3 2x)}{(e^{\pi x} - 1)[1 - \cos^2(\operatorname{tg}^2 2x)]} = \left[\frac{0}{0}\right] = \lim_{x \to 0} \frac{x \cdot 2x \cdot (2x)^3}{\pi x \operatorname{sen}^2(2x)^2}$$

$$= \lim_{x \to 0} \frac{16x^5}{\pi x((2x)^2)^2} = \lim_{x \to 0} \frac{16x^5}{16\pi x^5} = \frac{1}{\pi}.$$

5.6.

$$\lim_{x \to 0} \frac{\cos(\operatorname{sen} 2x) - \cos 2x}{x^4} = \left[\frac{0}{0}\right] \overset{L'H}{=} \lim_{x \to 0} \frac{-2 \operatorname{sen}(\operatorname{sen} 2x) \cos 2x + 2 \operatorname{sen} 2x}{4x^3}$$

$$= \frac{1}{2} \lim_{x \to 0} \frac{\operatorname{sen} 2x - \operatorname{sen}(\operatorname{sen} 2x) \cos 2x}{x^3} = \left[\frac{0}{0}\right]$$

$$\overset{L'H}{=} \frac{1}{2} \lim_{x \to 0} \frac{2 \cos 2x - 2 \cos(\operatorname{sen} 2x) \cos^2 2x + 2 \operatorname{sen}(\operatorname{sen} 2x) \operatorname{sen} 2x}{3x^2}$$

$$= \lim_{x \to 0} \frac{\cos 2x - \cos(\operatorname{sen} 2x) \cos^2 2x}{3x^2} + \lim_{x \to 0} \frac{\operatorname{sen}(\operatorname{sen} 2x) \operatorname{sen} 2x}{3x^2} = A + B.$$

Usando infinitésimos equivalentes, al ser $\operatorname{sen} 2x \sim 2x$, se obtiene B como

$$B = \lim_{x \to 0} \frac{(\operatorname{sen} 2x)2x}{3x^2} = \lim_{x \to 0} \frac{2x \cdot 2x}{3x^2} = \lim_{x \to 0} \frac{4x^2}{3x^2} = \frac{4}{3}$$

y también se obtiene A como

$$A = \left(\lim_{x \to 0} \cos 2x \right) \left(\lim_{x \to 0} \frac{1 - \cos(\operatorname{sen} 2x)\cos 2x}{3x^2} \right) = 1 \cdot \lim_{x \to 0} \frac{1 - \cos(\operatorname{sen} 2x)\cos 2x}{3x^2} - \begin{bmatrix} 0 \\ 0 \end{bmatrix}$$

$$\stackrel{L'H}{=} \lim_{x \to 0} \frac{2\operatorname{sen}(\operatorname{sen} 2x)\cos^2 2x + 2\cos(\operatorname{sen} 2x)\operatorname{sen} 2x}{6x} = \frac{1}{3} \lim_{x \to 0} \frac{2x\cos^2 2x + 2x\cos 2x}{x}$$

$$= \frac{1}{3} \lim_{x \to 0} \frac{2x[\cos^2 2x + \cos 2x]}{x} = \frac{2}{3} \lim_{x \to 0} [\cos^2 2x + \cos 2x] = \frac{2}{3} \cdot 2 = \frac{4}{3}.$$

Ya que el valor del límite pedido es $A + B$, resulta

$$\lim_{x \to 0} \frac{\cos(\operatorname{sen} 2x) - \cos 2x}{x^4} = \frac{4}{3} + \frac{4}{3} = \frac{8}{3}.$$

5.7. Utilizando cualquiera de los tres métodos descritos se obtiene que

$$P(x) = 2(x - 2)^3 + 11(x - 2)^2 + 17(x - 2) + 8.$$

5.8. Del polinomio de la función $\operatorname{sen} x$ en el punto a, de grado tres con resto, se deduce que es

$$\operatorname{sen}(a + h) = \operatorname{sen} a + h \cos a + \frac{h^2}{2}(-\operatorname{sen} a) + \frac{h^3}{3!}(-\cos a) + \frac{h^4}{4!} \operatorname{sen} \alpha, \qquad \text{con} \quad \alpha \in (a; a + h),$$

de donde

$$|\operatorname{sen}(a + h) - \operatorname{sen} a - h \cos a| \le \frac{h^2}{2} |-\operatorname{sen} a| + \frac{h^3}{3!} |-\cos a| + \frac{h^4}{4!} |\operatorname{sen} \alpha| \le \frac{h^2}{2} + \frac{h^3}{3!} + \frac{h^4}{4!},$$

ya que $|-\operatorname{sen} a| \le 1$, $|-\cos a| \le 1$ y $|\operatorname{sen} \alpha| \ge 0$.

5.9. a) Escribiendo la función y sus derivadas y particularizándolas en $x = 0$,

$$\begin{aligned}
f(x) &= e^{\operatorname{sen} x} & f(0) &= 1 \\
f'(x) &= e^{\operatorname{sen} x} \cos x & f'(0) &= 1 \\
f''(x) &= e^{\operatorname{sen} x}(\cos^2 x - \operatorname{sen} x) & f''(0) &= 1 \\
f'''(x) &= e^{\operatorname{sen} x}(\cos^3 x - 3\cos x \operatorname{sen} x - \cos x) & f'''(0) &= 0,
\end{aligned}$$

se tiene que el polinomio de MacLaurin pedido es

$$P(x) = 1 + x + \frac{x^2}{2},$$

es decir, el polinomio de grado 3 coincide con el polinomio de grado 2 al ser $f'''(0) = 0$.

b) Se tienen las derivadas

$$\begin{aligned}
f(x) &= x^6 + x^4 + x^2 + 1 & f(1) &= 4 \\
f'(x) &= 6x^5 + 4x^3 + 2x & f'(1) &= 12 \\
f''(x) &= 30x^4 + 12x^2 + 2 & f''(1) &= 44 \\
f'''(x) &= 120x^3 + 24x & f'''(1) &= 144 \\
f^{(4)}(x) &= 360x^2 + 24 & f^{(4)}(x) &= 384
\end{aligned}$$

y el polinomio

$$P_4(x) = 4 + \frac{12}{1!}(x-1) + \frac{44}{2!}(x-1)^2 + \frac{144}{3!}(x-1)^3 + \frac{384}{4!}(x-1)^4$$
$$= 4 + 12(x-1) + 22(x-1)^2 + 24(x-1)^3 + 16(x-1)^4.$$

5.10.

$$\operatorname{sen}\left(\frac{3x}{2}\right) = \frac{3}{2}x - \frac{9}{16}x^3 + \frac{81}{1280}x^5 - \cdots + \left(\frac{3}{2}\right)^n \operatorname{sen}\frac{n\pi}{2} \cdot \frac{x^n}{n!}$$
$$+ \left(\frac{3}{2}\right)^{n+1} \operatorname{sen}\frac{3\alpha + (n+1)\pi}{2} \cdot \frac{x^{n+1}}{(n+1)!},$$

con $\alpha \in (0; x)$.

5.11. Se tiene la función y las derivadas

$$f(x) = (e^x + 2)^2, \qquad f'(x) = 2e^{2x} + 4e^x, \qquad f''(x) = 4e^{2x} + 4e^x, \qquad f'''(x) = 8e^{2x} + 4e^x,$$

por lo que la derivada n-ésima, para $n \geq 1$, es $f^{(n)}(x) = 2^n e^{2x} + 4e^x$. Como es $f^{(n)}(1) = 2^n e^2 + 4e$, si $n \geq 1$, el polinomio de Taylor es

$$P_n(x) = (e+2)^2 + \frac{2e^2 + 4e}{1!}(x-1) + \frac{4e^2 + 4e}{2!}(x-1)^2$$
$$+ \frac{8e^2 + 4e}{3!}(x-1)^3 + \cdots + \frac{2^n e^2 + 4e}{n!}(x-1)^n.$$

Como es $f^{(n)}(0) = 2^n + 4$, si $n \geq 1$, el polinomio de MacLaurin es

$$P_n(x) = (e^0 + 2)^2 + \frac{2+4}{1!}x + \frac{2^2 + 4}{2!}x^2 + \frac{2^3 + 4}{3!}x^3 + \cdots + \frac{2^n + 4}{n!}x^n$$
$$= 9 + 6x + 4x^2 + 2x^3 + \cdots + \frac{2^n + 4}{n!}x^n.$$

El término de Lagrange para el polinomio de Taylor es

$$T_n(x) = \frac{f^{(n+1)}(\alpha)}{(n+1)!}(x-1)^{n+1} = \frac{2^{n+1}e^{2\alpha} + 4e^\alpha}{(n+1)!}(x-1)^{n+1}$$

y para el polinomio de MacLaurin es

$$T_n(x) = \frac{f^{(n+1)}(\alpha)}{(n+1)!}x^{n+1} = \frac{2^{n+1}e^{2\alpha} + 4e^\alpha}{(n+1)!}x^{n+1}.$$

5.12. Se tiene que

$$P(x) = a_m x^m + a_{m-1}x^{m-1} + a_{m-2}x^{m-2} + \cdots + a_2 x^2 + a_1 x + a_0,$$
$$P'(x) = ma_m x^{m-1} + (m-1)a_{m-1}x^{m-2} + (m-2)a_{m-2}x^{m-3} + \cdots + 2a_2 x + a_1,$$

luego

$$P(x) - P'(x) = a_m x^m + (a_{m-1} - ma_m)x^{m-1} + (a_{m-2} - (m-1)a_{m-1})x^{m-2}$$
$$+ \cdots + (a_1 - 2a_2)x + (a_0 - a_1),$$

de donde

$$\begin{cases} a_m = 1 \\ a_{m-1} - ma_m = 0 \\ a_{m-2} - (m-1)a_{m-1} = 0 \\ a_{m-3} - (m-2)a_{m-2} = 0 \\ \quad\vdots \\ a_1 - 2a_2 = 0 \\ a_0 - a_1 = 0 \end{cases} \Rightarrow \begin{cases} a_m = 1 \\ a_{m-1} = m \\ a_{m-2} = (m-1)m \\ a_{m-3} = (m-2)(m-1)m \\ \quad\vdots \\ a_1 = 2 \cdot 3 \ldots (m-1)m = m! \\ a_0 = m! \end{cases}$$

luego es

$$P(x) = x^m + mx^{m-1} + (m-1)mx^{m-2} + (m-2)(m-1)mx^{m-3} + \cdots + m!x + m!$$

5.13. Se tiene que

$$f'(x) = \frac{7x - 2}{2\sqrt{x}}(x-2)^2, \qquad f''(x) = \frac{35x^2 - 20x - 4}{4x\sqrt{x}}(x-2),$$

de $f'(x) = 0$ se obtiene que $\frac{2}{7}$ y 2 son los puntos críticos, pero como es $f''(2) = 0$ el criterio de la derivada segunda no decide. Como es

$$f'''(x) = \frac{105x^3 - 90x^2 - 36x - 24}{8x^2\sqrt{x}} \qquad \text{y} \qquad f'''(2) = \frac{12}{\sqrt{2}} > 0,$$

la función es creciente en $x = 2$, no posee extremo en este punto, que es además un punto de inflexión de la función.

5.14. El polinomio de MacLaurin de grado cinco de esta función es

$$\operatorname{sen} x = x - \frac{x^3}{3!} + \frac{x^5}{5!},$$

por lo que haciendo $x = \frac{\pi}{12}$ resulta

$$\operatorname{sen}\frac{\pi}{12} \simeq \frac{\pi}{12} - \frac{\pi^3}{12^3 \cdot 3!} + \frac{\pi^5}{12^5 \cdot 5!} \simeq 0,261\,799 - 0,002\,990 + 0,000\,010 = 0,258\,819.$$

El valor obtenido es una buena aproximación, pues utilizando la fórmula del seno del arco mitad se tiene que

$$\operatorname{sen}\frac{\pi}{12} = \operatorname{sen}15^o = \sqrt{\frac{1 - \cos 30^o}{2}} = \frac{1}{2}\sqrt{2 - \sqrt{3}} = 0,258\,819\,045\ldots$$

5.15. Como es $\sqrt[3]{e} = e^{1/3}$, consideramos el intervalo $(0; \frac{1}{3})$ donde es válida la igualdad dada por el polinomio de MacLaurin

$$e^x = 1 + x + \frac{x^2}{2!} + \frac{x^3}{3!} + \cdots + \frac{x^n}{n!} + T_n(x), \qquad \text{con} \quad T_n(x) = \frac{f^{(n+1)}(\alpha)}{(n+1)!}x^{n+1}, \quad 0 < \alpha < x.$$

Como es $f^{(n+1)}(\alpha) = e^\alpha$, para $x = \frac{1}{3}$ es

$$\left| T_n\left(\frac{1}{3}\right) \right| = \left| \frac{e^\alpha}{(n+1)!}\frac{1}{3^{n+1}} \right|$$

y debemos hallar cuántos términos del polinomio hemos de tomar para que este error sea menor que $0,001$. Al ser $e^{1/3} < e < 3$, podemos acotar $e^\alpha < 3$ y entonces será

$$\left| T_n\left(\frac{1}{3}\right) \right| < \frac{3}{(n+1)!}\frac{1}{3^{n+1}} = \frac{1}{(n+1)!3^n} < 0,001.$$

Encontramos que para $n = 3$ es $\frac{1}{4!3^3} = 0,001\,543$ y para $n = 4$ es $\frac{1}{5!3^4} = 0,000\,103$, por lo que hemos de elegir el polinomio de MacLaurin de grado cuatro para garantizar la condición pedida, es decir, el valor que hemos de tomar es

$$\sqrt[3]{3} = e^{\frac{1}{3}} \simeq 1 + \frac{1}{3} + \frac{1}{2!}\left(\frac{1}{3}\right)^2 + \frac{1}{3!}\left(\frac{1}{3}\right)^3 + \frac{1}{4!}\left(\frac{1}{3}\right)^4 = 1 + \frac{1}{3} + \frac{1}{18} + \frac{1}{162} + \frac{1}{1944} = \frac{2713}{1944}.$$

A.6. SOLUCIONES AL CAPÍTULO 6

6.1. Como $(\operatorname{sen} x)' = \cos x$, resulta

$$\int e^{\operatorname{sen} x} \cos x\,dx = \int e^{\operatorname{sen} x} d(\operatorname{sen} x) = \int d(e^{\operatorname{sen} x}) = e^{\operatorname{sen} x} + C.$$

6.2. Se tiene

$$\int (1-x)^2 dx = -\int (1-x)^2 d(1-x) = -\frac{(1-x)^3}{3} + C = \frac{(x-1)^3}{3} + C.$$

6.3. Resulta

$$\int (\operatorname{cotg}^2 x + \operatorname{cotg}^4 x)dx = \int \operatorname{cotg}^2 x \left(1 + \operatorname{cotg}^2 x\right) dx$$

$$= -\int \operatorname{cotg}^2 x \left(-1(1 + \operatorname{cotg}^2 x)\right) dx$$

$$= -\int (\operatorname{cotg} x)^2 d(\operatorname{cotg} x) = -\frac{1}{3}\operatorname{cotg}^3 x + C.$$

6.4. La integral es

$$\int \cos^3 x\,dx = \int \cos x \cos^2 x\,dx = \int \cos x(1 - \operatorname{sen}^2 x)dx$$

$$= \int \cos x\,dx - \int \operatorname{sen}^2 x \cos x\,dx$$

$$= \int d(\operatorname{sen} x) - \int \operatorname{sen}^2 x\,d(\operatorname{sen} x) = \operatorname{sen} x - \frac{\operatorname{sen}^3 x}{3} + C.$$

6.5. Tenemos que

$$\int \operatorname{cotg}^2 x\,dx = \int (1 + \operatorname{cotg}^2 x - 1)dx = \int (1 + \operatorname{cotg}^2 x)dx - \int dx$$

$$= -\int \left(-1(1 + \operatorname{cotg}^2 x)\right) dx - \int dx = -\int d(\operatorname{cotg} x) - \int dx = -\operatorname{cotg} x - x + C.$$

6.6. Resulta

$$\int \frac{e^x}{1 + e^{2x}}\,dx = \int \frac{e^x}{1 + (e^x)^2}dx = \int \frac{d(e^x)}{1 + (e^x)^2} = \operatorname{arctg} e^x + C.$$

6.7. La integral es

$$\int \frac{e^x}{\sqrt{1 - e^{2x}}}\,dx = \int \frac{e^x}{\sqrt{1 - (e^x)^2}}\,dx = \int \frac{d(e^x)}{\sqrt{1 - (e^x)^2}} = \operatorname{arcsen} e^x + C.$$

6.8. Se tiene

$$\int \frac{1}{1 + 9x^2}dx = \int \frac{1}{1 + (3x)^2}dx = \frac{1}{3}\int \frac{3}{1 + (3x)^2}dx = \frac{1}{3}\int \frac{d(3x)}{1 + (3x)^2} = \frac{1}{3}\operatorname{arctg} 3x + C.$$

6.9. Por partes con $u = \operatorname{arctg} x$, $dv = dx$, es $du = \frac{1}{1+x^2} dx$, $v = x$, de donde

$$\int \operatorname{arctg} x \, dx = x \operatorname{arctg} x - \int \frac{x}{1+x^2} dx = x \operatorname{arctg} x - \frac{1}{2} \int \frac{2x}{1+x^2} dx$$

$$= x \operatorname{arctg} x - \frac{1}{2} \int \frac{d(1+x^2)}{1+x^2} = x \operatorname{arctg} x - \frac{1}{2} \ln(1+x^2) + C.$$

6.10. Por partes dos veces, primero con $u = x^2$, $dv = e^x dx$, es $du = 2x dx$ y $v = e^x$ y después con $u = 2x$, $du = 2dx$,

$$\int x^2 e^x dx = x^2 e^x - \int 2x e^x dx = x^2 e^x - \left(2x e^x - \int 2e^x dx \right)$$

$$= x^2 e^x - 2x e^x + 2e^x + C = (x^2 - 2x + 2)e^x + C.$$

6.11. Con la expresión del seno del arco doble, $\operatorname{sen} 2x = 2 \operatorname{sen} x \cos x$, queda

$$\int \frac{2 \operatorname{sen} 2x}{2 + \operatorname{sen}^2 x} dx = 2 \int \frac{\operatorname{sen} 2x}{2 + \operatorname{sen}^2 x} dx = 2 \int \frac{2 \operatorname{sen} x \cos x}{2 + \operatorname{sen}^2 x} dx$$

$$= 2 \int \frac{(2 + \operatorname{sen}^2 x)' dx}{2 + \operatorname{sen}^2 x} = 2 \int \frac{d(2 + \operatorname{sen}^2 x)}{2 + \operatorname{sen}^2 x} = 2 \ln(2 + \operatorname{sen}^2 x) + C.$$

6.12. Se tiene

$$\int \frac{x^4 e^{3x^5} dx}{3} = \frac{1}{3 \cdot 15} \int e^{3x^5} (15x^4) dx = \frac{1}{45} e^{3x^5} + C.$$

6.13. La integral pedida es

$$\int \frac{2x^5}{3x^6 + 9} dx = \frac{1}{3} \int \frac{2x^5}{x^6 + 3} dx = \frac{1}{9} \int \frac{6x^5}{x^6 + 3} dx = \frac{1}{9} \int \frac{d(x^6 + 3)}{x^6 + 3} = \frac{1}{9} \ln(x^6 + 3) + C.$$

6.14. Integrando por partes con $u = \ln x$ y $dv = x^2 dx$ es

$$\int x^2 \ln x \, dx = \frac{x^3}{3} \ln x - \int \frac{x^3}{3} \frac{1}{x} dx = \frac{x^3}{3} \ln x - \frac{1}{3} \int x^2 dx = \frac{x^3}{9} (3 \ln x - 1) + C.$$

6.15. Por partes con $u = x - 2$ y $dv = e^{-x} dx$ queda

$$\int (x - 2)e^{-x} dx = -(x - 2)e^{-x} + \int e^{-x} dx = -(x - 2)e^{-x} - e^{-x} + C = e^{-x}(1 - x) + C.$$

6.16. Por partes con $u = \ln x$ y $dv = (x^2 + 1)dx$ la integral es

$$\int (x^2 + 1) \ln x \, dx = \left(x + \frac{x^3}{3} \right) \ln x - \int \frac{1}{x} \left(x + \frac{x^3}{3} \right) dx$$

$$= \left(x + \frac{x^3}{3} \right) \ln x - \int dx - \int \frac{x^2}{3} dx = \left(x + \frac{x^3}{3} \right) \ln x - x - \frac{x^3}{9} + C.$$

6.17. Es una integral racional con el mismo grado en el numerador que en el denominador, por lo que dividiendo y descomponiendo se tiene

$$\int \frac{x^2 + 3}{x^2 - 5x + 6} dx = \int \frac{x^2 - 5x + 6 + 5x - 6 + 3}{x^2 - 5x + 6} dx = \int dx + \int \frac{5x - 3}{x^2 - 5x + 6} dx$$

$$= x + \int \frac{A}{x - 2} dx + \int \frac{B}{x - 3} dx$$

$$= x + \int \frac{-7}{x - 2} dx + \int \frac{12}{x - 3} dx = x - 7 \ln |x - 2| + 12 \ln |x - 3| + C,$$

ya que de la igualdad $5x - 3 = A(x - 3) + B(x - 2)$ se obtienen $A = -7$ y $B = 12$.

6.18. Descomponiendo en fracciones simples

$$\frac{13x^2 - 4x - 81}{(x-3)(x-4)(x-1)} = \frac{A}{x-3} + \frac{B}{x-4} + \frac{C}{x-1}$$

se obtienen $A = -12$, $B = 37$ y $C = -12$, por lo que el resultado es

$$-12\ln|x-3| + 37\ln|x-4| - 12\ln|x-1| + C.$$

6.19. La integral pedida es

$$\int \frac{x-3}{x^2+49}\,dx = \frac{1}{2}\int \frac{2x-6}{x^2+49}\,dx = \frac{1}{2}\int \frac{2x}{x^2+49}\,dx - 3\int \frac{1}{x^2+49}\,dx$$

$$= \frac{1}{2}\ln(x^2+49) - \frac{3}{7}\int \frac{\frac{1}{7}}{1+\left(\frac{x}{7}\right)^2}\,dx = \ln\sqrt{x^2+49} - \frac{3}{7}\operatorname{arctg}\left(\frac{x}{7}\right) + C.$$

6.20. Descomponiendo en fracciones simples

$$\frac{5x}{(x-1)(x+1)(x^2+x+1)} = \frac{A}{x-1} + \frac{B}{x+1} + \frac{Mx+N}{x^2+x+1}$$

se obtienen $A = \frac{5}{6}$, $B = \frac{5}{2}$, $M = \frac{-10}{3}$ y $N = \frac{-5}{3}$, resultando la integral

$$\frac{5}{6}\int \frac{dx}{x-1} + \frac{5}{2}\int \frac{dx}{x+1} + \int \frac{\frac{-10}{3}x - \frac{5}{3}}{x^2+x+1} = \frac{5}{6}\ln|x-1| + \frac{5}{2}\ln|x+1| - \frac{5}{3}\int \frac{2x+1}{x^2+x+1}\,dx$$

$$= \frac{5}{6}\ln|x-1| + \frac{5}{2}\ln|x+1| - \frac{5}{3}\ln(x^2+x+1) + C.$$

6.21. El denominador de la función subintegral tiene por raíces $\pm i$ que son cuádruples, por lo que descomponemos por el método de Hermite en la forma

$$\int \frac{dx}{(x^2+1)^4} = \frac{ax^5 + bx^4 + cx^3 + dx^2 + ex + f}{(x^2+1)^3} + \int \frac{Mx+N}{x^2+1}\,dx.$$

Derivando y simplificando podemos igualar los numeradores

$$1 = (x^2+1)(5ax^4 + 4bx^3 + 3cx^2 + 2dx + e) - 6x(ax^5 + bx^4 + cx^3 + dx^2 + ex + f)$$
$$+ (x^2+1)^3(Mx+N)$$

y ordenando el polinomio e identificando los coeficientes resulta el sistema

$$\begin{cases} 0 = M \\ 0 = 5a - 6a + N \\ 0 = 4b - 6b + 3M \\ 0 = 3c + 5a - 6c + 3N \\ 0 = 2d + 4b - 6d + 3M \\ 0 = e + 3c - 6e + 3N \\ 0 = 2d - 6f + M \\ 1 = e + N \end{cases}$$

cuya solución es $b = d = f = M = 0$, $a = N = \frac{5}{16}$, $c = \frac{5}{6}$, $e = \frac{11}{16}$. Por tanto la integral es

$$\int \frac{dx}{(x^2+1)^4} = \frac{\frac{5}{16}x^5 + \frac{5}{6}x^3 + \frac{11}{16}x}{(x^2+1)^3} + \int \frac{\frac{5}{16}}{x^2+1}\,dx = \frac{15x^5 + 40x^3 + 33x}{48(x^2+1)^3} + \frac{5}{16}\operatorname{arctg}x + C.$$

6.22. Las raíces del denominador son $1 \pm i$ dobles, pero dado que el numerador tiene el mismo grado que el denominador, para que la fracción pueda descomponerse en fracciones simples es preciso comenzar por efectuar la división, que da por cociente 1 y por resto $4x^3 - 10x^2 + 8x - 2$, por lo que se tiene

$$\int \frac{x^4 - 2x^2 + 2}{(x^2 - 2x + 2)^2}dx = \int dx + \int \frac{4x^3 - 10x^2 + 8x - 2}{(x^2 - 2x + 2)^2}dx.$$

Esta última integral la descomponemos por el método de Hermite

$$\int \frac{4x^3 - 10x^2 + 8x - 2}{(x^2 - 2x + 2)^2}dx = \frac{ax + b}{x^2 - 2x + 2} + \int \frac{Mx + N}{x^2 - 2x + 2}dx.$$

Derivando queda

$$\frac{4x^3 - 10x^2 + 8x - 2}{(x^2 - 2x + 2)^2} = \frac{a(x^2 - 2x + 2) - (ax + b)(2x - 2)}{(x^2 - 2x + 2)^2} + \frac{Mx + N}{x^2 - 2x + 2},$$

de donde resulta

$$4x^3 - 10x^2 + 8x - 2 = Mx^3 + (-a - 2M + N)x^2 + (-2b + 2M - 2N)x + (2a + 2b + 2N),$$

siendo la solución del sistema formado $a = -1$, $b = 3$, $M = 4$ y $N = -3$. Por tanto

$$\int \frac{x^4 - 2x^2 + 2}{(x^2 - 2x + 2)^2}dx = x + \frac{-x + 3}{x^2 - 2x + 2} + \int \frac{4x - 3}{x^2 - 2x + 2}dx$$

$$= x - \frac{x - 3}{x^2 - 2x + 2} + 2\int \frac{2x - 2}{x^2 - 2x + 2}dx + \int \frac{1}{x^2 - 2x + 2}dx$$

$$= x - \frac{x - 3}{x^2 - 2x + 2} + 2\ln(x^2 - 2x + 2) + \int \frac{1}{(x - 1)^2 + 1}dx$$

$$= x - \frac{x - 3}{x^2 - 2x + 2} + 2\ln(x^2 - 2x + 2) + \operatorname{arctg}(x - 1) + C.$$

6.23. Con el cambio $1 - x = t^2$ es $x = 1 - t^2$ y $dx = -2tdt$, resultando

$$\int x\sqrt{1 - x}dx = \int (1 - t^2)t(-2t)dt = \int (-2t^2 + 2t^4)dt$$

$$= \frac{-2t^3}{3} + \frac{2t^5}{5} + C = \frac{-2}{3}\sqrt{(1 - x)^3} + \frac{2}{5}\sqrt{(1 - x)^5} + C.$$

6.24. Para la primera integral:

$$\int \frac{1}{\sqrt{4 - 9x^2}}dx = \int \frac{\frac{1}{2}}{\sqrt{1 - \frac{9}{4}x^2}}dx =$$

$$= \frac{1}{3}\int \frac{\frac{3}{2}}{\sqrt{1 - \left(\frac{3x}{2}\right)^2}}dx = \frac{1}{3}\operatorname{arcsen}\frac{3x}{2} + C.$$

Para la segunda integral, por el método alemán se tiene que

$$\int \frac{54x^6 - 20x^4 - 45x - 3}{\sqrt{4 - 9x^2}}dx = (ax^5 + bx^4 + cx^3 + dx^2 + ex + f)\sqrt{4 - 9x^2} + K\int \frac{dx}{\sqrt{4 - 9x^2}},$$

derivando e igualando numeradores se obtiene

$$54x^6 - 20x^4 - 45x - 3 = -54ax^6 - 45bx^5 + (20a - 36c)x^4 + (16b - 27d)x^3$$
$$+ (12c - 18e)x^2 + (8d - 9f)x + 4e + K,$$

de donde resultan $a = -1, b = c = d = e = 0, f = 5$ y $K = -3$, luego es

$$\int \frac{54x^6 - 20x^4 - 45x - 3}{\sqrt{4 - 9x^2}} dx = (-x^5 + 5)\sqrt{4 - 9x^2} - 3\int \frac{dx}{\sqrt{4 - 9x^2}}$$
$$= (5 - x^2)\sqrt{4 - 9x^2} + 2\,\text{arctg}\,\frac{\sqrt{4 - 9x^2} - 2}{3x} + C,$$

donde la última integral es la del primer apartado.

6.25. Con el cambio $\text{sen}\,x = t$ la integral queda

$$\int \frac{\cos^5 x dx}{\text{sen}^2 x} = \int \frac{\cos^4 x \cos x dx}{\text{sen}^2 x} = \int \frac{(1 - t^2)^2 dt}{t^2} = \int \frac{1 - 2t^2 + t^4}{t^2} dt$$
$$= \int t^{-2} dt - \int 2 dt + \int t^2 dt = \frac{t^{-1}}{-1} - 2t + \frac{t^3}{3} + C$$
$$= \frac{-1}{t} - 2t + \frac{t^3}{3} + C = \frac{-1}{\text{sen}\,x} - 2\,\text{sen}\,x + \frac{\text{sen}^3 x}{3} + C.$$

6.26. El cambio $\text{tg}\,x = t$ es adecuado, pero de forma inmediata la integral es

$$\int \frac{\text{sen}^2 x}{\cos^4 x} dx = \int \text{tg}^2 x \frac{dx}{\cos^2 x} = \int \text{tg}^2 x d(\text{tg}\,x) = \frac{1}{3}\text{tg}^3 x + C.$$

6.27. Esta integral se calcula por partes haciendo $u = \text{arctg}\,x$ y $dv = x^2 dx$

$$\int x^2 \text{arctg}\,x dx = \frac{x^3}{3}\text{arctg}\,x - \frac{1}{3}\int \frac{x^3}{1 + x^2} dx = \frac{x^3}{3}\text{arctg}\,x - \frac{1}{3}\int \left(x - \frac{x}{1 + x^2}\right) dx$$
$$= \frac{x^3}{3}\text{arctg}\,x - \frac{1}{3}\int x dx + \frac{1}{6}\int \frac{2x}{1 + x^2} dx = \frac{1}{3}x^3 \text{tg}\,x - \frac{1}{6}x^2 + \frac{1}{6}\ln(x^2 + 1) + C.$$

6.28. La integral es

$$\int (1 - \ln t) dt = \int dt - \int \ln t dt = t - (t \ln t - t) + C = t(2 - \ln t) + C,$$

ya que la integral del logaritmo, por partes es

$$\int \ln t dt = t \ln t - \int \frac{t}{t} dt = t \ln t - t + C.$$

6.29. a) Integrando por partes tres veces queda $-e^{-x}(x^3 + 3x^2 + x + 2) + C$.

b) De forma inmediata esta integral vale

$$\int \frac{e^{2x}}{4 + e^{4x}} dx = \frac{1}{4}\int \frac{e^{2x}}{1 + \left(\frac{e^{2x}}{2}\right)^2} dx = \frac{1}{4}\int \frac{\frac{2e^{2x}}{2}}{1 + \left(\frac{e^{2x}}{2}\right)^2} dx = \frac{1}{4}\int \frac{d\left(\frac{e^{2x}}{2}\right)}{1 + \left(\frac{e^{2x}}{2}\right)^2} = \frac{1}{4}\text{arctg}\left(\frac{e^{2x}}{2}\right) + C.$$

6.30. Escribiéndola en forma de seno y coseno la integral pedida es

$$\int \frac{dx}{\sec x + \text{tg}\,x} = \int \frac{dx}{\frac{1}{\cos x} + \frac{\text{sen}\,x}{\cos x}} dx = \int \frac{\cos x}{1 + \text{sen}\,x} dx,$$

que es impar en $\cos x$ por lo que el cambio $\operatorname{sen} x = t$ la transforma en racional. Pero si observamos que el numerador es la derivada del denominador, el resultado de la integral es directamente

$$\int \frac{\cos x}{1 + \operatorname{sen} x} dx = \int \frac{d(1 + \operatorname{sen} x)}{1 + \operatorname{sen} x} = \ln|1 + \operatorname{sen} x| + C.$$

6.31. Se obtienen

a) $\dfrac{x^2}{2} + x + \dfrac{\ln|x - 1|}{10} - \dfrac{81}{20}\ln(x^2 + 9) - \dfrac{27}{10}\operatorname{arctg}\dfrac{x}{3} + C,$

b) $x + \ln\sqrt[3]{\dfrac{|x - 1|}{\sqrt{x^2 + x + 1}}} - \dfrac{1}{\sqrt{3}}\operatorname{arctg}\dfrac{2x+1}{\sqrt{3}} + C.$

6.32. La integral es par en seno y coseno por lo que el cambio $\operatorname{tg} x = t$ la convierte en racional. Por observación, preparando en el numerador la derivada del denominador, hallamos el valor de esta integral de forma casi inmediata, pues

$$\int \frac{\operatorname{sen} x + \cos x}{\operatorname{sen} x - \cos x} dx = \int \frac{\cos x + \operatorname{sen} x}{\operatorname{sen} x - \cos x} dx = \int \frac{d(\operatorname{sen} x - \cos x)}{\operatorname{sen} x - \cos x} dx = \ln|\operatorname{sen} x - \cos x| + C.$$

6.33. Mediante la expresión

$$x^2 + 5x + 6 = \left(x + 2x\frac{5}{2} + \frac{25}{4}\right) - \frac{1}{4} = \left(x + \frac{5}{2}\right)^2 - \frac{1}{4}$$

y el cambio $x + \frac{5}{2} = \frac{1}{2}\sec t$ se obtiene

$$\int \frac{dx}{\sqrt{x^2 + 5x + 6}} = \int \sec t\, dt = \ln|\sec t + \operatorname{tg} t| + C = \ln\left|2x + 5 + 2\sqrt{x^2 + 5x + 6}\right| + C,$$

donde la integral $\int \sec t\, dt$ está hecha en el Problema resuelto 6.23.

6.34. a) Adecuando la función subintegral al método se tiene

$$I_1 = \int \cos^3 x\, dx = \int \cos^2 x \cos x\, dx = \int \cos^2 x\, d(\operatorname{sen} x) = \cos^2 x \operatorname{sen} x - \int \operatorname{sen} x\, d(\cos^2 x)$$

$$= \cos^2 x \operatorname{sen} x - \int 2\operatorname{sen} x \cos x(-\operatorname{sen} x)\, dx = \cos^2 x \operatorname{sen} x + 2\int \operatorname{sen}^2 x \cos x\, dx$$

$$= \cos^2 x \operatorname{sen} x + 2\int (1 - \cos^2 x)\cos x\, dx$$

$$= \cos^2 x \operatorname{sen} x + 2\int \cos x\, dx - 2\int \cos^3 x\, dx = \cos^2 x \operatorname{sen} x + 2\operatorname{sen} x - 2I_1.$$

Despejando I_1 en esta igualdad resulta como valor de la integral pedida

$$I_1 = \int \cos^3 dx = \frac{1}{3}\operatorname{sen} x(2 + \cos^2 x) + C.$$

b) De acuerdo con el método a seguir la integral I_2 se calcula con el siguiente proceso

$$I_2 = \int \frac{(\cos x)\ln(\operatorname{sen} x)}{\sqrt{\operatorname{sen} x}}\, dx = 2\int \ln(\operatorname{sen} x)\frac{\cos x\, dx}{2\sqrt{\operatorname{sen} x}} = 2\int \ln(\operatorname{sen} x)\, d\left(\sqrt{\operatorname{sen} x}\right)$$

$$= 2\left[\sqrt{\operatorname{sen} x}(\ln(\operatorname{sen} x)) - \int \sqrt{\operatorname{sen} x}\, d(\ln(\operatorname{sen} x))\right]$$

$$= 2\left[\sqrt{\operatorname{sen} x}(\ln(\operatorname{sen} x)) - \int \sqrt{\operatorname{sen} x}\frac{1}{\operatorname{sen} x}\cos x\, dx\right]$$

$$= 2\left[\sqrt{\operatorname{sen} x}(\ln(\operatorname{sen} x)) - \int \frac{1}{\sqrt{\operatorname{sen} x}}d(\operatorname{sen} x)\right] = 2\left[\sqrt{\operatorname{sen} x}(\ln(\operatorname{sen} x)) - 2\int \frac{d(\operatorname{sen} x)}{2\sqrt{\operatorname{sen} x}}\right]$$

$$= 2\left(\sqrt{\operatorname{sen} x}(\ln(\operatorname{sen} x)) - 2\int d\sqrt{\operatorname{sen} x}\right) = 2\left(\sqrt{\operatorname{sen} x}(\ln(\operatorname{sen} x)) - 2\sqrt{\operatorname{sen} x}\right) + C.$$

Con lo cual el valor de la integral es

$$I_2 = \int \frac{(\cos x)\ln(\operatorname{sen} x)}{\sqrt{\operatorname{sen} x}}\, dx = 2\sqrt{\operatorname{sen} x}\,(\ln(\operatorname{sen} x) - 2) + C.$$

6.35. Por partes se tiene que

$$I_n = \int \frac{x^n dx}{\sqrt{1-x^2}} = \int \frac{x^{n-1} x}{\sqrt{1-x^2}}\, dx = -\int \frac{x^{n-1}(-x\,dx)}{\sqrt{1-x^2}}$$

$$= -\int x^{n-1} d\left(\sqrt{1-x^2}\right) = -\left[x^{n-1}\sqrt{1-x^2} - \int (n-1)x^{n-2}\sqrt{1-x^2}\,dx\right]$$

$$= -x^{n-1}\sqrt{1-x^2} + (n-1)\int \frac{x^{n-2}}{\sqrt{1-x^2}}(1-x^2)\,dx$$

$$= -x^{n-1}\sqrt{1-x^2} + (n-1)\int \frac{x^{n-2}}{\sqrt{1-x^2}}\,dx - (n-1)\int \frac{x^n}{\sqrt{1-x^2}}\,dx$$

$$= -x^{n-1}\sqrt{1-x^2} + (n-1)I_{n-2} - (n-1)I_n,$$

resultando $nI_n = -x^{n-1}\sqrt{1-x^2} + (n-1)I_{n-2}$, con lo cual es

$$I_n = -\frac{1}{n}x^{n-1}\sqrt{1-x^2} + \frac{n-1}{n}I_{n-2}.$$

6.36. Escribiendo $\operatorname{sen}^n x$ como $\operatorname{sen}^{n-1} x \operatorname{sen} x$ e integrando por partes con $u = \operatorname{sen}^{n-1} x$ y $dv = \operatorname{sen} x\,dx$, se tiene

$$I_n = \int \operatorname{sen}^n x\,dx = \int \operatorname{sen}^{n-1} x \operatorname{sen} x\,dx = -\cos x \operatorname{sen}^{n-1} x + (n-1)\int \operatorname{sen}^{n-2} x \cos^2 x\,dx$$

$$= -\cos x \operatorname{sen}^{n-1} x + (n-1)\int \operatorname{sen}^{n-2} x(1 - \operatorname{sen}^2 x)\,dx$$

$$= -\cos x \operatorname{sen}^{n-1} x + (n-1)\int \operatorname{sen}^{n-2} x\,dx - (n-1)\int \operatorname{sen}^n x\,dx,$$

es decir,

$$I_n = -\cos x \operatorname{sen}^{n-1} x + (n-1)I_{n-2} - (n-1)I_n,$$

de donde resulta

$$I_n = -\frac{1}{n}\cos x \operatorname{sen}^{n-1} x + \frac{n-1}{n}I_{n-2}.$$

6.37. Escribiendo $\operatorname{tg}^n x$ como $\operatorname{tg}^{n-2} x \operatorname{tg}^2 x$, se tiene que

$$I_n = \int \operatorname{tg}^n x\,dx = \int \operatorname{tg}^{n-2} x \operatorname{tg}^2 x\,dx = \int \operatorname{tg}^{n-2} x(\sec^2 x - 1)\,dx$$

$$= \int \operatorname{tg}^{n-2} x \sec^2 x\,dx - \int \operatorname{tg}^{n-2} x\,dx = \int \operatorname{tg}^{n-2} x\,d(\operatorname{tg} x) - I_{n-2} = \frac{1}{n-1}\operatorname{tg}^{n-1} x - I_{n-2}.$$

A.7. Soluciones al Capítulo 7

7.1. Integrando por partes con $u = e^{3x}$ y $dv = \operatorname{sen} x\,dx$ queda

$$I = \int e^{3x} \operatorname{sen} x\,dx = -e^{3x}\cos x + \int 3e^{3x}\cos x\,dx$$

y haciendo ahora por partes otra vez con $u = 3e^{3x}$ y $dv = \cos x\,dx$ resulta

$$I = -e^{3x}\cos x + 3e^{3x}\operatorname{sen} x - \int 9e^{3x}\operatorname{sen} x\,dx = e^{3x}(3\operatorname{sen} x - \cos x) - 9I,$$

de donde $10I = e^{3x}(3 \operatorname{sen} x - \cos x)$, y por tanto es

$$I = \frac{1}{10}e^{3x}(3 \operatorname{sen} x - \cos x).$$

Se tiene entonces que

$$\int_0^1 e^{3x} \operatorname{sen} x dx = \left[\frac{1}{10}e^{3x}(3 \operatorname{sen} x - \cos x)\right]_0^1$$
$$= \frac{1}{10}\left(e^3(3 \operatorname{sen} 1 - \cos 1) - (3 \operatorname{sen} 0 - \cos 0)\right) = \frac{1}{10}\left(e^3(3 \operatorname{sen} 1 - \cos 1) + 1\right).$$

Obsérvese que con la fórmula obtenida en el Problema resuelto 6.34 se llega al mismo resultado.

El número obtenido representa la medida del área limitada por la gráfica de la función subintegral, el eje OX y las rectas $x = 0$ y $x = 1$, que puede verse en la Figura A.7.

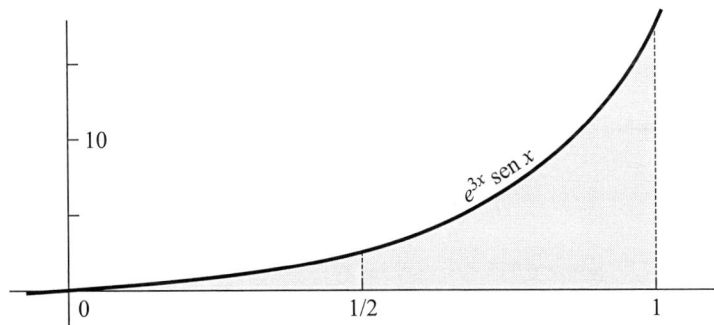

Figura A.7 Interpretación del valor de la integral definida como área.

7.2. a) Haciendo primero por partes con $u = x^2$ y después otra vez por partes con $u = \frac{2x}{a}$, se llega a que

$$\int x^2 e^{-ax} dx = -e^{-ax}\left(\frac{x^2}{a} + \frac{2x}{a^2} + \frac{2}{a^3}\right) + C.$$

por tanto

$$\int_0^1 (y_2 - y_1)dx = \int_0^1 x^2 dx - \int_0^1 x^2 e^{-ax} dx = \left[\frac{x^3}{3}\right]_0^1 - \left[-e^{-ax}\left(\frac{x^2}{a} + \frac{2x}{a^2} + \frac{2}{a^3}\right)\right]_0^1$$
$$= \frac{1}{3} + e^{-a}\left(\frac{1}{a} + \frac{2}{a^2} - \frac{2}{a^3}\right) = \frac{1}{3} + \frac{a^2 + 2a + 2 - 2e^a}{e^a \cdot a^3}.$$

b) Si es $a = 0$, en todos, si es $a \neq 0$ sólo en $x = 0$.

7.3. La función es continua en $[0; 3]$ y por tanto existe un $c \in [0; 3]$ tal que

$$\int_0^3 \left((x-1)^3 + 1\right) dx = f(c)(3 - 0).$$

Como es

$$\int_0^3 \left((x-1)^3 + 1\right) dx = \int_0^3 (x-1)^3 d(x-1) + \int_0^3 dx$$
$$= \left[\frac{1}{4}(x-1)^4\right]_0^3 + [x]_0^3 = \frac{1}{4}\left(2^4 - 1\right) + 3 = \frac{1}{4}15 + 3 = \frac{1}{4}(15 + 12) = \frac{27}{4},$$

y como $f(c) = (c-1)^3 + 1$, se tiene que

$$f(c)(3-0) = \left((c-1)^3 + 1\right) + 3 \;\Rightarrow\; \frac{27}{4} = 3\left((c-1)^3 + 1\right) \;\Rightarrow\; (c-1)^3 + 1 = \frac{9}{4}$$

$$\Rightarrow\; (c-1)^3 = \frac{5}{4} \;\Rightarrow\; c-1 = \sqrt[3]{\frac{5}{4}} \;\Rightarrow\; c = 1 + \sqrt[3]{5/4}.$$

7.4. Puesto que $\forall x \in [0; \frac{\pi}{2}]$ es $0 \leq \cos x \leq 1$, se deduce que $0 \leq \cos^{2k+1} x \leq \cos^{2k} x \leq \cos^{2k-1} x \leq 1$, de donde

$$\int_0^{\frac{\pi}{2}} \cos^{2k+1} x\, dx \leq \int_0^{\frac{\pi}{2}} \cos^{2k} x\, dx \leq \int_0^{\frac{\pi}{2}} \cos^{2k-1} x\, dx,$$

es decir, $I_{2k+1} \leq I_{2k} \leq I_{2k-1}$, resultando que la sucesión $\{I_n\}$ es decreciente y acotada inferiormente por 0. Además teniendo en cuenta el Problema resuelto 7.4 queda

$$1 \geq \frac{I_{2k+1}}{I_{2k}} \geq \frac{I_{2k+1}}{I_{2k-1}} = \frac{(2k)!!}{(2k+1)!!}\frac{(2k-1)!!}{(2k-2)!!} = \frac{2k}{2k+1},$$

siendo $\lim_k \frac{2k}{2k+1} = 1$, por lo que en virtud del principio de intercalación de los límites es

$$1 = \lim_k \frac{I_{2k+1}}{I_{2k}} = \lim_k \frac{(2k)!! \cdot (2k)!! \cdot 2}{(2k+1)!! \cdot (2k-1)!! \cdot \pi} = \lim_k \frac{\left((2k)!!\right)^2 2}{\left((2k-1)!!\right)^2 (2k+1)\pi},$$

es decir,

$$\lim_k \frac{\left((2k-1)!!\right)^2 (2k+1)}{\left((2k)!!\right)^2 2} = \frac{1}{\pi},$$

y también, extrayendo raíz cuadrada y teniendo en cuenta que $\lim_k \sqrt{\frac{2k+1}{2}} = \lim_k \sqrt{k}$, queda

$$\lim_k \frac{1 \cdot 3 \cdot 5 \cdots (2k-1)\sqrt{k}}{2 \cdot 4 \cdot 6 \cdots (2k)} = \frac{1}{\sqrt{\pi}}.$$

que es la fórmula de Wallis.

7.5. La función no está definida en $x = 0$ y corta al eje de abscisas en $x = \frac{\pm 1}{\sqrt{3}}$. Como $\frac{\pm 1}{\sqrt{3}} \notin \left[\frac{\sqrt{3}}{2}; 1\right]$ y en este intervalo la función $y(x)$ es positiva, basta hacer

$$A = \int_{\frac{\sqrt{3}}{2}}^1 y(x)\, dx = \int_{\frac{\sqrt{3}}{2}}^1 \left(\frac{3}{x} - \frac{1}{x^3}\right) dx$$

$$= \left[3\ln x - \frac{x^{-2}}{-2}\right]_{\frac{\sqrt{3}}{2}}^1 = \left[\ln x^3 + \frac{1}{2x^2}\right]_{\frac{\sqrt{3}}{2}}^1 = 0 + \frac{1}{2} - \ln \frac{3\sqrt{3}}{8} - \frac{2}{3} = \ln \frac{8}{3\sqrt{3}} - \frac{1}{6}.$$

7.6. Los puntos de corte son $\frac{-1 \pm \sqrt{193}}{16}$, por lo que el área pedida es

$$A = \int_{\frac{-1-\sqrt{193}}{16}}^{\frac{-1+\sqrt{193}}{16}} (x - 6 - 8x^2)\, dx = \left[\frac{x^2}{2} - 6x - \frac{8x^3}{3}\right]_{\frac{-1-\sqrt{193}}{16}}^{\frac{-1+\sqrt{193}}{16}} = \frac{14113 - 193\sqrt{193}}{768}.$$

7.7. Las dos curvas se cortan en $x = 0$ por lo que el área es

$$A = \int_0^1 (e^x - e^{-x})\, dx = \left[e^x - (-e^{-x})\right]_0^1 = \left[e^x + e^{-x}\right]_0^1 = e + \frac{1}{e} - 1 - 1 = \frac{e^2 - 2e + 1}{e} = \frac{(e-1)^2}{e}.$$

7.8. a) La ecuación de la elipse es $y = \frac{\pm 3}{4}\sqrt{16 - x^2}$ y por simetría el área pedida viene dada por

$$A = 4\int_0^4 \frac{3}{4}\sqrt{16 - x^2}\, dx = 3\int_0^4 \sqrt{16 - x^2}\, dx,$$

con el cambio $x = 4 \operatorname{sen} t$, $dx = 4 \cos t \, dt$ y para $x = 0$ es $t = 0$ y para $x = 4$ es $t = \frac{\pi}{2}$, luego

$$A = 3 \int_0^{\frac{\pi}{2}} \sqrt{16 - 16 \operatorname{sen}^2 t}\, 4 \cos t \, dt = 3 \int_0^{\frac{\pi}{2}} 16 \sqrt{1 - \operatorname{sen}^2 t} \cos t \, dt$$

$$= 48 \int_0^{\frac{\pi}{2}} \cos^2 t \, dt = 48 \int_0^{\frac{\pi}{2}} \frac{1 + \cos 2t}{2} dt = 48 \left[\frac{t}{2} + \frac{\operatorname{sen} 2t}{4} \right]_0^{\frac{\pi}{2}} = 48 \left(\frac{\pi}{4} + 0 - 0 - 0 \right) = 12\pi.$$

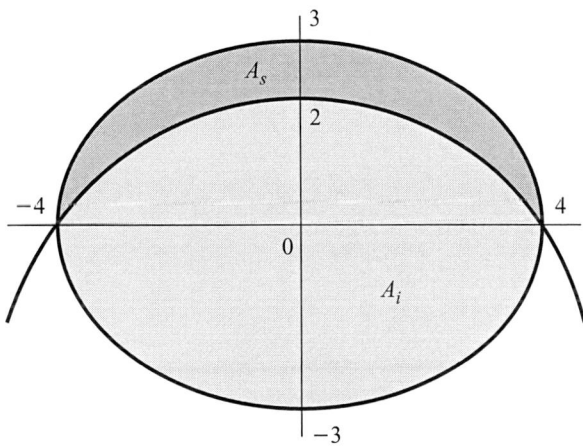

Figura A.8 Las dos regiones del Problema propuesto 7.8.

b) La circunferencia tiene por ecuación $y = -3 \pm \sqrt{25 - x^2}$ y ambas curvas se cortan en $x = \pm 4$, por lo que la circunferencia divide la parte interior de la elipse en dos regiones, como se observa en la Figura A.8, una superior de área A_s y otra inferior cuya área es A_i, de forma que por simetrías estas áreas son

$$A_s = 2 \int_0^4 \left(\frac{3}{4} \sqrt{16 - x^2} - \left[-3 + \sqrt{25 - x^2} \right] \right) dx$$

$$= 2 \int_0^4 \left(3 + \frac{3}{4} \sqrt{16 - x^2} - \sqrt{25 - x^2} \right) dx = 6 \int_0^4 dx + \frac{3}{2} \int_0^4 \sqrt{16 - x^2} dx - 2 \int_0^4 \sqrt{25 - x^2} dx.$$

Puesto que el cambio $x = a \operatorname{sen} t$ y el Ejemplo 6.23 nos dan

$$\int \sqrt{u^2 - x^2} dx = a^2 \int \cos^2 t \, dt = a^2 \left(\frac{t}{2} + \frac{\operatorname{sen} 2t}{4} \right) = \frac{a^2}{2} \arcsen \frac{x}{a} + \frac{a^2}{4} \operatorname{sen} \left(2(\arcsen \frac{x}{a}) \right),$$

se tiene que

$$A_s = 6\pi + 12 - 25 \arcsen \frac{4}{5},$$

$$A_i = 6\pi - 12 + 25 \arcsen \frac{4}{5},$$

ya que $\operatorname{sen}(2 \arcsen \frac{4}{5}) = \operatorname{sen}(2\alpha) = 2 \operatorname{sen} \alpha \cos \alpha = 2 \frac{4}{5} \frac{3}{5} = \frac{24}{25}$, siendo $\alpha = \arcsen \frac{4}{5}$.

7.9. Se tiene que

$$A = 2 \int_0^{\frac{\pi}{3}} \left(\cos x - (1 - \cos x) \right) dx + 2 \int_{\frac{\pi}{3}}^{\frac{\pi}{2}} \left(1 - \cos x - \cos x \right) dx$$

$$= 2 \int_0^{\frac{\pi}{3}} (2 \cos x - 1) dx - 2 \int_{\frac{\pi}{3}}^{\frac{\pi}{2}} (2 \cos x - 1) \, dx = 2 \left[2 \operatorname{sen} x - x \right]_0^{\frac{\pi}{3}} - 2 \left[2 \operatorname{sen} x - x \right]_{\frac{\pi}{3}}^{\frac{\pi}{2}}$$

$$= 2 \left(\sqrt{3} - \frac{\pi}{3} - \left(2 - \frac{\pi}{2} - \sqrt{3} + \frac{\pi}{3} \right) \right) = 2 \left(\sqrt{3} - \frac{\pi}{3} - 2 + \frac{\pi}{2} + \sqrt{3} - \frac{\pi}{3} \right) = 4(\sqrt{3} - 1) - \frac{\pi}{3}.$$

7.10. Como es $y' = \frac{3}{2}\sqrt{x}$, resulta

$$L = \int_0^1 \sqrt{1 + \frac{9x}{4}}\,dx = \int_0^1 \frac{\sqrt{4+9x}}{2}\,dx.$$

Haciendo el cambio de variable $4 + 9x = t^2$, es $9dx = 2tdt$, y hallando los nuevos límites de integración: $x = 0 \;\Rightarrow\; t = 2$, $x = 1 \;\Rightarrow\; t = \sqrt{13}$, queda finalmente

$$L = \int_2^{\sqrt{13}} \frac{t}{2}\frac{2tdt}{9} = \int_2^{\sqrt{13}} \frac{t^2}{9}\,dt = \left[\frac{t^3}{27}\right]_2^{\sqrt{13}} = \frac{13\sqrt{13}-8}{27}.$$

7.11. Como $y' = 2x$, la longitud pedida está dada por

$$L = \int_0^1 \sqrt{1+4x^2}\,dx$$

y haciendo el cambio $\sqrt{1+4x^2} = 2x + t$, es $x = \frac{1-t^2}{4t}$ y $dx = \frac{-1-t^2}{4t^2}\,dt$. Los límites de integración cambian, pues para $x = 0$ es $t = 1$, y para $x = 1$ es $t = \sqrt{5} - 2$. Por tanto

$$L = \int_0^1 \sqrt{1+4x^2}\,dx = \int_1^{\sqrt{5}-2} \left(2\frac{1-t^2}{4t} + t\right)\frac{-1-t^2}{4t^2}\,dt = -\int_1^{\sqrt{5}-2} \frac{(t^2+1)^2}{8t^3}\,dt$$

$$= -\int_1^{\sqrt{5}-2} \left(\frac{t}{8} + \frac{1}{4t} + \frac{1}{8t^3}\right)dt = -\left[\frac{t^2}{16} + \frac{\ln|t|}{4} - \frac{1}{16t^2}\right]_1^{\sqrt{5}-2} = \frac{\sqrt{5}}{4} - \frac{1}{4}\ln(\sqrt{5}-2).$$

7.12. La recta que pasa por esos puntos tiene por ecuación $y = 2 + 2(x - 2)$ por lo que el volumen es

$$V = \pi \int_2^4 (2 + 2(x-2))^2\,dx = \pi \int_2^4 (4x^2 - 8x + 4)dx = \pi\left[\frac{4x^3}{3} - 4x^2 + 4x\right]_2^4 = \frac{104\pi}{3}.$$

7.13. El volumen pedido, por simetría, es

$$V = 2\pi \int_0^2 y^2\,dx = 2\pi \int_0^2 \left(1 - \frac{x^2}{4}\right)dx = 2\pi\left[x - \frac{x^3}{12}\right]_0^2 = 2\pi\left(2 - \frac{8}{12}\right) = \frac{8\pi}{3}.$$

7.14. El volumen es

$$V = \pi \int_3^5 x^2(y)dy = \pi \int_3^5 (25 - y^2)dy = \pi\left[25y - \frac{y^3}{3}\right]_3^5 = \pi\left(50 - \frac{98}{3}\right) = \frac{52\pi}{3}.$$

7.15. Procediendo como en el Problema resuelto 7.15 se obtiene

$$V = (R^2 + r^2 + Rr)\frac{\pi h}{3}.$$

7.16. Tenemos

$$\int_{-1}^1 (|2x| + E[2x])\,dx = \int_{-1}^1 |2x|dx + \int_{-1}^1 E[2x]dx.$$

Vamos a calcular cada integral por separado. Tenemos

$$\int_{-1}^1 |2x|dx = \int_{-1}^0 -2xdx + \int_0^1 2xdx = -2\left[\frac{x^2}{2}\right]_{-1}^0 + 2\left[\frac{x^2}{2}\right]_0^1 = 2\frac{1}{2} + 2\frac{1}{2} = 2,$$

y también

$$\int_{-1}^{1} E[2x]dx = \int_{-1}^{-1/2}(-2)dx + \int_{-1/2}^{0}(-1)dx + \int_{0}^{1/2} 0dx + \int_{1/2}^{1} 1dx$$

$$= [-2x]_{-1}^{-1/2} + [-x]_{-1/2}^{0} + 0 + [x]_{1/2}^{1} = -2(-\frac{1}{2}+1) - (0+\frac{1}{2}) + 1(1-\frac{1}{2}) = -1.$$

El resultado buscado es

$$\int_{-1}^{1}\left(|2x| + E[2x]\right)dx = \int_{-1}^{1}|2x|dx + \int_{-1}^{1} E[2x]dx = 2 - 1 = 1.$$

7.17. Escribamos

$$\int_{\frac{1}{x-1}}^{2x^4+5} \operatorname{sen} l^3 dl = \int_{a}^{2x^4+5} \operatorname{sen} t^3 dt + \int_{\frac{1}{x-1}}^{a} \operatorname{sen} t^3 dt = \int_{a}^{2x^4+5} \operatorname{sen} t^3 dt - \int_{a}^{\frac{1}{1-x}} \operatorname{sen} t^3 dt,$$

con $a > 1$ y $x > 1$. Por tanto la función es

$$F(x) = \int_{a}^{u(x)=2x^4+5} \operatorname{sen} t^3 dt - \int_{a}^{v(x)=\frac{1}{x-1}} \operatorname{sen} t^3 dt = F_1(u) + F_2(v).$$

Como $\operatorname{sen} t^3$ es continua en $(-\infty; +\infty)$ podemos aplicar el Teorema fundamental del Cálculo, que junto con la regla de la cadena nos permiten obtener

$$\frac{dF(x)}{dx} = \frac{dF_1}{du}\frac{du}{dx} + \frac{dF_2}{dv}\frac{dv}{dx} = \left(\operatorname{sen}(2x^4+5)^3\right)(2\cdot 4x^3) - \operatorname{sen}\left(\frac{1}{x-1}\right)^3\left(-\frac{1}{(x-1)^2}\right)$$

$$= 8x^3\operatorname{sen}(2x^4+5)^3 + \frac{1}{(x-1)^2}\operatorname{sen}\left(\frac{1}{x-1}\right)^3,$$

donde $\frac{dF_1}{du} = \operatorname{sen} u^3$ y $\frac{dF_2}{dv} = \operatorname{sen} v^3$.

7.18. Sea $f(x) = e^x$ y $P = \{0, \frac{1}{n}, \frac{2}{n}, \frac{4}{n}, \ldots, \frac{n}{n}\} = \{x_0, x_1, x_2, \ldots, x_n\}$ una partición de $[0; 1]$. Se tiene que

$$S(f,P) = f(x_1)(x_1 - x_0) + f(x_2)(x_2 - x_1) + \cdots + f(x_n)(x_n - x_{n-1}) =$$

$$= \frac{1}{n}e^{\frac{1}{n}} + \frac{1}{n}e^{\frac{2}{n}} + \cdots + \frac{1}{n}e^{\frac{n}{n}} = \frac{1}{n}\left(e^{\frac{1}{n}} + e^{\frac{2}{n}} + \cdots + e^{\frac{n}{n}}\right),$$

de donde

$$\lim_{n} S(f,P) = \lim_{n}\frac{1}{n}\left(e^{\frac{1}{n}} + e^{\frac{2}{n}} + \cdots + e^{\frac{n}{n}}\right) = \int_{0}^{1} e^x dx = [e^x]_{0}^{1} = e - 1.$$

7.19. Como vamos a trabajar con la partición de $[0; 1]$ dada por

$$P = \{0, \frac{1}{n}, \frac{2}{n}, \frac{4}{n}, \ldots, \frac{n}{n}\} = \{x_0, x_1, x_2, \ldots, x_n\},$$

lo primero que debemos hacer es buscar expresiones $\frac{1}{n}$ en cada uno de los factores. Observando que

$$\frac{an}{n^2+a^2} = \frac{1}{n^2}\frac{an}{1+\left(\frac{a}{n}\right)^2} = \frac{\frac{a}{n}}{1+\left(\frac{a}{n}\right)^2}, \qquad a = 1, 2, 3, \ldots n,$$

el límite puede escribirse como

$$\lim_{n} \sqrt[n]{\frac{\frac{1}{n}}{1+\left(\frac{1}{n}\right)^2}\frac{\frac{2}{n}}{1+\left(\frac{2}{n}\right)^2}\frac{\frac{3}{n}}{1+\left(\frac{3}{n}\right)^2}\cdots\frac{\frac{n}{n}}{1+\left(\frac{n}{n}\right)^2}}.$$

El siguiente problema al que nos enfrentamos es que estamos trabajando con un producto de términos

$$\frac{\frac{a}{n}}{1 + \left(\frac{a}{n}\right)^2}$$

en vez de su suma, que es lo que aparece en la definición de integral definida. El producto se convierte en suma tomando logaritmos, y se obtiene

$$\ln\left[\lim_n \sqrt[n]{\frac{\frac{1}{n}}{1+\left(\frac{1}{n}\right)^2}\frac{\frac{2}{n}}{1+\left(\frac{2}{n}\right)^2}\frac{\frac{3}{n}}{1+\left(\frac{3}{n}\right)^2}\cdots\frac{\frac{n}{n}}{1+\left(\frac{n}{n}\right)^2}}\right] =$$

$$= \lim_n\left[\ln\sqrt[n]{\frac{\frac{1}{n}}{1+\left(\frac{1}{n}\right)^2}\frac{\frac{2}{n}}{1+\left(\frac{2}{n}\right)^2}\frac{\frac{3}{n}}{1+\left(\frac{3}{n}\right)^2}\cdots\frac{\frac{n}{n}}{1+\left(\frac{n}{n}\right)^2}}\right]$$

$$= \lim_n\left[\frac{1}{n}\left(\ln\frac{\frac{1}{n}}{1+\left(\frac{1}{n}\right)^2} + \ln\frac{\frac{2}{n}}{1+\left(\frac{2}{n}\right)^2} + \cdots + \ln\frac{\frac{n}{n}}{1+\left(\frac{n}{n}\right)^2}\right)\right].$$

Si consideramos la función $f(x) = \ln\frac{x}{1+x^2}$, teniendo en cuenta la partición elegida, resulta

$$S(f,P) = f(x_1)(x_1 - x_0) + f(x_2)(x_2 - x_1) + \cdots + f(x_n)(x_n - x_{n-1})$$

y por tanto

$$\lim_n\frac{1}{n}\left[\ln\frac{\frac{1}{n}}{1+\left(\frac{1}{n}\right)^2} + \ln\frac{\frac{2}{n}}{1+\left(\frac{2}{n}\right)^2} + \cdots + \ln\frac{\frac{n}{n}}{1+\left(\frac{n}{n}\right)^2}\right] = \lim_n S(f,P) = \int_0^1 \ln\frac{x}{1+x^2}dx,$$

que puede integrarse por partes tomando $u = \ln\frac{x}{1+x^2}$, $dv = dx$,

$$\int_0^1 \ln\frac{x}{1+x^2}dx = \left[x\ln\frac{x}{1+x^2}\right]_0^1 - \int_0^1 x\frac{\frac{1+x^2-2x^2}{(1+x^2)^2}}{\frac{x}{1+x^2}}dx = -\ln 2 - \int_0^1 \frac{1-x^2}{1+x^2}dx,$$

ya que $\lim_{x\to 0+} x\ln\frac{x}{1+x^2} = 0$. Para terminar la integral escribimos

$$-\int_0^1 \frac{1-x^2}{1+x^2}dx = -\int_0^1 \left(\frac{2}{1+x^2} - 1\right)dx = -[2\arctan x - x]_0^1 = -\left(2\frac{\pi}{4} - 1\right) = 1 - \frac{\pi}{2}.$$

Dado que en el proceso hemos tomado logaritmos, el resultado buscado es $e^{1-\frac{\pi}{2}-\ln 2} = \frac{1}{2} + e^{1-\frac{\pi}{2}}$.

7.20. Como ρ^2 y a^2 son positivos, es necesario que sea $\cos 2\theta \geq 0$, por lo que sólo son admisibles los ángulos que satisfacen

$$\begin{cases} 0 < 2\theta < \dfrac{\pi}{2} & \Rightarrow & 0 < \theta < \dfrac{\pi}{4} \\ \dfrac{3\pi}{2} < 2\theta < 2\pi & \Rightarrow & \dfrac{3\pi}{4} < \theta < \pi. \end{cases}$$

El valor máximo que puede tomar r es a, como se observa en la Figura A.9.

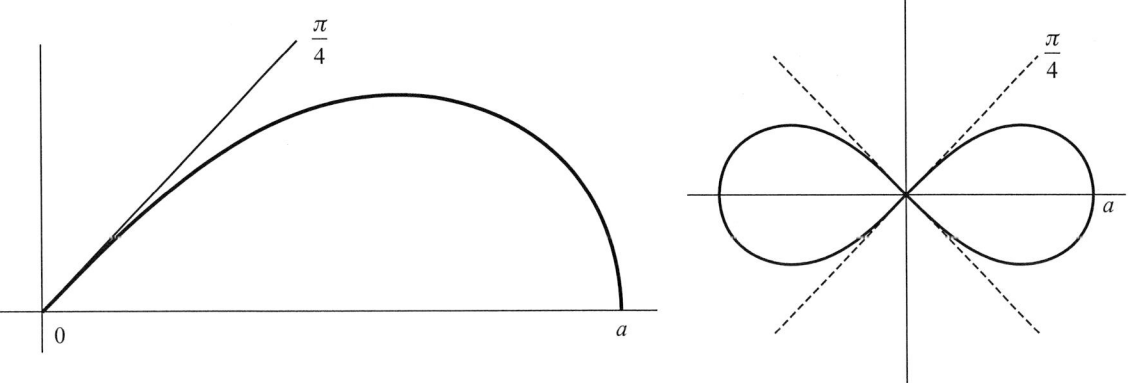

Figura A.9 Lemniscata en el primer cuadrante y lemniscata completa.

La superficie buscada es cuatro veces la encerrada en el primer cuadrante, resultando

$$A = 4\left(\frac{1}{2}\int_0^{\frac{\pi}{4}}\rho^2 d\theta\right) = 2a^2\int_0^{\frac{\pi}{4}}\cos 2\theta d\theta = 2a^2\left[\frac{\text{sen}\,2\theta}{2}\right]_0^{\frac{\pi}{4}} = a^2.$$

7.21. Resulta

$$A = \frac{1}{2}\int_0^{2\pi}a^2(1+\cos\theta)^2 d\theta = \frac{a^2}{2}\int_0^{2\pi}(1 + 2\cos\theta + \cos^2\theta)d\theta$$

$$= \frac{a^2}{2}\left[\theta + 2\,\text{sen}\,\theta + \frac{1}{2}\theta + \frac{1}{2}\frac{\text{sen}^2\theta}{2}\right]_0^{2\pi} = \frac{a^2}{2}(2\pi + \pi) = \frac{3\pi a^2}{2}.$$

7.22. De la ecuación de la elipse se obtiene $y = \pm\sqrt{1-\frac{x^2}{a^2}}b$. El doble de $y = \pm\sqrt{1-\frac{x^2}{a^2}}b$ es la sección transversal. La altura del triángulo equilátero viene dada por $h = \sqrt{3}y$. El área del triángulo es

$$A(x) = \frac{1}{2}\text{base} \times \text{altura} = \frac{1}{2}\,2y\sqrt{3}y = \sqrt{3}y^2.$$

Por tanto el volumen es

$$V = \int_{-a}^{a}A(x)dx = 2\int_0^{a}A(x)dx = 2\sqrt{3}\int_0^{a}y^2 dx = 2\sqrt{3}\int_0^{a}\left(1-\frac{x^2}{a^2}\right)b^2 dx$$

$$= 2\sqrt{3}b^2\left[x - \frac{x^3}{3a^2}\right]_0^{a} = 2\sqrt{3}b^2\left(a - \frac{a^3}{3a^2}\right) = 2\sqrt{3}b^2\left(a - \frac{a}{3}\right) = \frac{4\sqrt{3}}{3}ab^2.$$

A.8. SOLUCIONES AL CAPÍTULO 8

8.1. a)

$$\int_0^{+\infty}xe^{-x^2}dx = \lim_{m\to+\infty}\int_0^{m}xe^{-x^2}dx = \lim_{m\to+\infty}\left[\frac{-1}{2}e^{-x^2}\right]_0^{m}$$

$$= \lim_{m\to+\infty}\left(\frac{-1}{2}e^{-m^2} + \frac{1}{2}e^0\right) = 0 + \frac{1}{2} = \frac{1}{2}.$$

b)

$$\int_0^{+\infty}xe^x dx = \lim_{m\to+\infty}\int_0^{m}xe^x dx,$$

integrando por partes con $u = x, dv = e^x dx$, es $du = dx, v = e^x$, luego

$$\int_0^{+\infty} xe^x dx = \lim_{m \to +\infty} \int_0^m xe^x dx = \lim_{m \to +\infty} \left[xe^x - \int e^x dx \right]_0^m$$

$$= \lim_{m \to +\infty} [xe^x - e^x]_0^m = \lim_{m \to +\infty} [e^x(x - 1)]_0^m = \lim_{m \to +\infty} e^m(m - 1) - 0 + e^0 = +\infty.$$

8.2. a) $\forall c \in \mathbb{R}$ es

$$\int_{-\infty}^{+\infty} \frac{1}{1 + x^2} dx = \int_{-\infty}^c \frac{1}{1 + x^2} dx + \int_c^{+\infty} \frac{1}{1 + x^2} dx$$

$$= \lim_{m_1 \to -\infty} \int_{m_1}^c \frac{1}{1 + x^2} dx + \lim_{m_2 \to +\infty} \int_c^{m_2} \frac{1}{1 + x^2} dx$$

$$= \lim_{m_1 \to -\infty} [\text{arctg } x]_{m_1}^c + \lim_{m_2 \to +\infty} [\text{arctg } x]_c^{m_2}$$

$$= \lim_{m_1 \to -\infty} (\text{arctg } c - \text{arctg } m_1) + \lim_{m_2 \to +\infty} (\text{arctg } m_2 - \text{arctg } c)$$

$$= \text{arctg } c - \lim_{m_1 \to -\infty} \text{arctg } m_1 + \lim_{m_2 \to +\infty} \text{arctg } m_2 - \text{arctg } c$$

$$= \lim_{m_2 \to +\infty} \text{arctg } m_2 - \lim_{m_1 \to -\infty} \text{arctg } m_1 = \text{arctg}(+\infty) - \text{arctg}(-\infty)$$

$$= \frac{\pi}{2} - \left(\frac{-\pi}{2} \right) = \pi.$$

b) Utilizando la definición de integral impropia de primera especie se tiene que

$$\int_1^{+\infty} \frac{x}{1 + x^4} dx = \lim_{m \to +\infty} \int_1^m \frac{xdx}{1 + x^4} = \lim_{m \to +\infty} \frac{1}{2} \int_1^m \frac{2xdx}{1 + x^4} = \frac{1}{2} \lim_{m \to +\infty} \int_1^m \frac{d(x^2)}{1 + (x^2)^2}$$

$$= \frac{1}{2} \lim_{m \to +\infty} [\text{arctg } x^2]_1^m = \frac{1}{2} \left[\lim_{m \to +\infty} \text{arctg } m^2 - \text{arctg } 1 \right] = \frac{1}{2} \left(\frac{\pi}{2} - \frac{\pi}{4} \right) = \frac{\pi}{8}.$$

Por tanto la integral dada es convergente y su valor es $\frac{\pi}{8}$.

8.3. Puesto que $f(x)$ es una función par la integral impropia es

$$\int_{-\infty}^{+\infty} f(x)dx = 2 \int_0^{+\infty} \frac{\alpha}{1 + x^2} dx = 2 \lim_{m \to +\infty} \int_0^m \frac{\alpha}{1 + x^2} dx = 2\alpha \lim_{m \to +\infty} [\text{arctg } x]_0^m$$

$$= 2\alpha \left(\lim_{m \to +\infty} \text{arctg } m - \text{arctg } 0 \right) = 2\alpha \lim_{m \to +\infty} \text{arctg } m - 0 = 2\alpha \frac{\pi}{2} = \alpha\pi,$$

es decir, es convergente de valor $\alpha\pi$. Imponiendo la condición $\alpha\pi = 1$, resulta que debe ser $\alpha = \frac{1}{\pi}$. Para este valor de α la función dada es la función de densidad de la distribución de Cauchy, que se estudia en Cálculo de Probabilidades.

8.4. Puesto que para todo x real es

$$\frac{1}{x^2 + 4} \leq \frac{1}{x^2 + 1}$$

y la integral $\int_{-\infty}^{+\infty} \frac{1}{x^2 + 1} dx$ es convergente, pues es la integral del Problema propuesto 8.2.a, la integral pedida es convergente. No sabemos cuánto vale, pero sabiendo que es convergente, por ser par la función subintegral, se tiene que

$$\int_{-\infty}^{+\infty} \frac{1}{x^2 + 4} dx = 2 \int_0^{+\infty} \frac{1}{x^2 + 4} dx = 2 \cdot \frac{1}{2} \int_0^{+\infty} \frac{\frac{1}{2}}{\left(\frac{x}{2} \right)^2 + 1} dx$$

$$= \lim_{m \to +\infty} [\text{arctg } \frac{x}{2}]_0^m = \lim_{m \to +\infty} \text{arctg } \frac{m}{2} - \text{arctg } 0 = \frac{\pi}{2} - 0 = \frac{\pi}{2}.$$

8.5. a) Como

$$\left| \frac{\operatorname{sen} x}{x^2} \right| = \frac{|\operatorname{sen} x|}{x^2} \le \frac{1}{x^2}, \qquad \forall x \in [1; +\infty),$$

la integral es absolutamente convergente, luego convergente.

b) Como

$$\int_0^{+\infty} x \cos x \, dx = \lim_{m \to +\infty} \int_0^m x \cos x \, dx,$$

integrando por partes con $u = x$, $dv = \cos x \, dx$, es $du = dx$, $v = \operatorname{sen} x$, por tanto

$$\int_0^{+\infty} x \cos x \, dx = \lim_{m \to +\infty} \int_0^m x \cos x \, dx = \lim_{m \to +\infty} \left[x \operatorname{sen} x - \int \operatorname{sen} x \, dx \right]_0^m$$

$$= \lim_{m \to +\infty} [x \operatorname{sen} x + \cos x]_0^m = \lim_{m \to +\infty} (m \operatorname{sen} m + \cos m) - 0 - 1,$$

y la integral es divergente porque este límite no existe.

8.6. a) Puesto que para todo $x \in [1; +\infty)$ es

$$\frac{1}{x^2 + a^2} \le \frac{1}{x^2},$$

y la integral $\int_1^{+\infty} \frac{1}{x^2} dx$ es convergente, la integral dada es convergente.

b) Si queremos hacerlo por comparación en el límite, bastará comparar con $\int_1^{+\infty} \frac{1}{x} dx$, que es divergente, y como

$$\lim_{x \to +\infty} \frac{\frac{1}{x}}{\frac{1}{\sqrt{1+x^2}}} = \lim_{x \to +\infty} \frac{\sqrt{1 + x^2}}{x} = 1,$$

ambas integrales tienen el mismo carácter, es decir, la integral pedida es divergente.

Si queremos hacerlo por comparación por mayorante, bastará tener en cuenta que para todo $x \in [1; +\infty)$ es

$$\sqrt{1 + x^2} \le \sqrt{1 + 2x + x^2} = \sqrt{(1+x)^2} = 1 + x,$$

de donde

$$\frac{1}{x + 1} \le \frac{1}{\sqrt{1 + x^2}}$$

y como la integral $\int_2^{+\infty} \frac{1}{x+1} dx$ es divergente, la integral dada también es divergente.

8.7. Puesto que $\sqrt[3]{x^2 - 1} \le \sqrt[3]{x^2}, \forall x \in [2; +\infty)$, se tiene que

$$\frac{1}{\sqrt[3]{x^2 - 1}} \ge \frac{1}{\sqrt[3]{x^2}} = \frac{1}{x^{\frac{2}{3}}}$$

y la integral dada es divergente por serlo $\int_2^{+\infty} \frac{1}{x^p} dx$ con $p = \frac{2}{3}$.

8.8. Como es

$$I_1 = \int_{-\infty}^0 e^{x - e^x} dx = \int_{-\infty}^0 e^x e^{-e^x} dx = \lim_{m \to -\infty} \left(-\int_m^0 e^{-e^x} (-e^x) dx \right)$$

$$= -\lim_{m \to -\infty} \int_m^0 e^{-e^x} d(-e^x) = -\lim_{m \to -\infty} \left[e^{-e^x} \right]_m^0 = -\left(e^{-1} - \lim_{m \to -\infty} e^{-e^m} \right) = -\frac{1}{e} + e^0 = 1 - \frac{1}{e},$$

y por otra parte es

$$I_2 = \int_0^{+\infty} e^{x - e^x} dx = \int_0^{+\infty} e^x e^{-e^x} dx = \lim_{m \to +\infty} \left(-\int_0^m e^{-e^x} (-e^x) dx \right)$$

$$= -\lim_{m \to +\infty} \left[e^{-e^x} \right]_0^m = e^{-1} - \lim_{m \to +\infty} e^{-e^m} = \frac{1}{e} - 0 = \frac{1}{e},$$

se tiene que es

$$\int_{-\infty}^{+\infty} e^{x-e^x} dx = I_1 + I_2 = 1 - \frac{1}{e} + \frac{1}{e} = 1.$$

8.9. Puesto que estudiando la convergencia absoluta se tiene que

$$\left| \frac{\operatorname{sen} x}{x^2} \right| = \frac{|\operatorname{sen} x|}{x^2} \leq \frac{1}{x^2},$$

siendo $\int_1^{+\infty} \frac{1}{x^2} dx$ convergente, la integral dada converge absolutamente y por tanto converge.

8.10. Como

$$\left| \frac{x \cos x}{x^3 - x + 2} \right| = \frac{|x| \, |\cos x|}{|x^3 - x + 2|} = \frac{x \, |\cos x|}{x^3 - x + 2} \leq \frac{x}{x^3 - x + 2} \leq \frac{x}{x^3 - x}$$

$$\leq \frac{x}{x(x^2 - 1)} = \frac{1}{x^2 - 1} = \frac{1}{(x-1)(x+1)} = \frac{1}{2}\left(\frac{1}{x-1} - \frac{1}{x+1} \right),$$

$\forall x \in [\frac{\pi}{2}; +\infty)$, y al ser

$$I = \int_{\frac{\pi}{2}}^{+\infty} \frac{1}{2}\left(\frac{1}{x-1} - \frac{1}{x+1} \right) dx = \lim_{m \to +\infty} \frac{1}{2} \int_{\frac{\pi}{2}}^{m} \left(\frac{1}{x-1} - \frac{1}{x+1} \right) dx$$

$$= \frac{1}{2} \lim_{m \to +\infty} [\ln(x-1) - \ln(x+1)]_{\frac{\pi}{2}}^{m} = \frac{1}{2} \lim_{m \to +\infty} \left[\ln \frac{x-1}{x+1} \right]_{\frac{\pi}{2}}^{m}$$

$$= \frac{1}{2}\left(\ln \lim_{m \to +\infty} \frac{m-1}{m+1} - \ln \frac{\frac{\pi}{2}-1}{\frac{\pi}{2}+1} \right) = \frac{1}{2}\left(\ln 1 - \ln \frac{\pi - 2}{\pi + 2} \right) = \frac{1}{2} \ln \frac{\pi + 2}{\pi - 2} = \ln \sqrt{\frac{\pi + 2}{\pi - 2}},$$

se tiene que I converge y en consecuencia la integral dada es absolutamente convergente y por tanto es convergente.

8.11. La integral es impropia de segunda especie, utilizando la definición se tiene que

$$\int_1^3 \frac{dx}{\sqrt{3-x}} = \lim_{\varepsilon \to 0^+} \int_1^{3-\varepsilon} (3-x)^{-\frac{1}{2}} dx = \lim_{\varepsilon \to 0^+} \left[\frac{(3-x)^{\frac{1}{2}}(-1)}{\frac{1}{2}} \right]_1^{3-\varepsilon}$$

$$= -2 \lim_{\varepsilon \to 0^+} \left[(3-x)^{\frac{1}{2}} \right]_1^{3-\varepsilon} = -2\left(\lim_{\varepsilon \to 0^+} \varepsilon^{\frac{1}{2}} - 2^{\frac{1}{2}} \right) = -2\left(0 - \sqrt{2} \right) = 2\sqrt{2}.$$

8.12. Se tiene que

$$\int_{-1}^1 \frac{1}{\sqrt[3]{x}} dx = \int_{-1}^0 \frac{1}{x^{1/3}} dx + \int_0^1 \frac{1}{x^{1/3}} dx = \lim_{\varepsilon \to 0^+} \int_{-1}^{-\varepsilon} x^{-1/3} dx + \lim_{\varepsilon \to 0^+} \int_\varepsilon^1 x^{-1/3} dx$$

$$= \lim_{\varepsilon \to 0^+} \left[\frac{3x^{2/3}}{2} \right]_{-1}^{-\varepsilon} + \lim_{\varepsilon \to 0^+} \left[\frac{3x^{2/3}}{2} \right]_\varepsilon^1$$

$$= \lim_{\varepsilon \to 0^+} \left(\frac{3}{2}(-\varepsilon)^{2/3} - \frac{3}{2}(-1)^{2/3} \right) + \lim_{\varepsilon \to 0^+} \left(\frac{3}{2} - \frac{3\varepsilon^{2/3}}{2} \right) = \frac{-3}{2} + \frac{3}{2} = 0.$$

8.13. a) Por definición converge:

$$\int_1^2 \frac{dx}{\sqrt{x-1}} = \lim_{\varepsilon \to 0^+} \int_{1+\varepsilon}^2 (x-1)^{-1/2} dx = \lim_{\varepsilon \to 0^+} \left[2(x-1)^{1/2} \right]_{1+\varepsilon}^2 = 2 \lim_{\varepsilon \to 0^+} \left(1^{1/2} - \varepsilon^{1/2} \right) = 2.$$

b) Por definición diverge:

$$\int_1^4 \frac{dx}{4-x} = \lim_{\varepsilon\to 0^+} \int_1^{4-\varepsilon} \frac{1}{4-x}\, dx = \lim_{\varepsilon\to 0^+} \left[-\ln(4-x)\right]_1^{4-\varepsilon} = \lim_{\varepsilon\to 0^+} \left(-\ln\varepsilon + \ln 3\right) = -(-\infty) = +\infty.$$

8.14. Mediante la descomposición

$$\frac{1}{(x+2)(1-x)} = \frac{\frac{1}{3}}{x+2} + \frac{\frac{1}{3}}{1-x}$$

se tiene que

$$\int_{-2}^1 \frac{1}{(x+2)(1-x)}\, dx = \frac{1}{3}\int_{-2}^1 \frac{1}{x+2}\, dx + \frac{1}{3}\int_{-2}^1 \frac{1}{1-x}\, dx$$

donde cada una de estas integrales es impropia en un extremo del intervalo de integración. Comparando con las integrales $\int_{-2}^1 \frac{1}{(x+2)^p}\, dx$ c $\int_{-2}^1 \frac{1}{(1-x)^p}\, dx$, resulta que ambas divergentes

8.15. Para todo $x\in(1;2]$ se tiene que $\sqrt{x}\le x$, luego $\sqrt{x}-1\le x-1$, de donde

$$\frac{1}{\sqrt{x}-1} \ge \frac{1}{x-1},$$

y como $\int_1^2 \frac{1}{x-1}\, dx$ es divergente, por el criterio de comparación, la integral dada es divergente.

8.16. Estudiemos la convergencia absoluta. Como para todo $x\in(\pi;2\pi]$ es

$$\left|\frac{\operatorname{sen} x\cos x}{\sqrt{x^2-1}}\right| \le \frac{1}{\sqrt{x^2-1}}$$

y para esos mismos valores de x se tiene que

$$x^2\ge x \;\Rightarrow\; x^2-1\ge x-1 \;\Rightarrow\; \sqrt{x^2-1}\ge\sqrt{x-1} \;\Rightarrow\; \frac{1}{\sqrt{x^2-1}}\le\frac{1}{\sqrt{x-1}}=\frac{1}{(x-1)^{\frac{1}{2}}}$$

y la integral $\int_\pi^{2\pi} \frac{1}{(x-1)^{\frac{1}{2}}}\, dx$ es convergente, la integral pedida es absolutamente convegente, y por tanto convergente.

8.17. Como es $|1-x|=1-x$ si $x\le 1$, se tiene que la integral se puede escribir en la forma

$$I = \int_0^1 \frac{1}{\sqrt{|1-x|}}\, dx = \int_0^1 \frac{1}{\sqrt{1-x}}\, dx = \lim_{\varepsilon\to 0^+}\int_0^{1-\varepsilon}\frac{dx}{\sqrt{1-x}} = \lim_{\varepsilon\to 0^+}(-2)\int_0^{1-\varepsilon}\frac{-dx}{2\sqrt{1-x}}$$

$$= -2\lim_{\varepsilon\to 0^+}\int_0^{1-\varepsilon} d\left(\sqrt{1-x}\right) = -2\lim_{\varepsilon\to 0^+}\left[\sqrt{1-x}\right]_0^{1-\varepsilon}$$

$$= -2\left(\lim_{\varepsilon\to 0^+}\sqrt{1-(1-\varepsilon)}-\sqrt{1}\right) = -2\left(\lim_{\varepsilon\to 0^+}\sqrt{\varepsilon}-1\right) = -2(0-1) = 2.$$

Por tanto la integral es convergente y su valor es 2.

8.18. En el caso en que sea $p\ne 1$, utilizando la definición se tiene

$$\int_a^b \frac{1}{(x-a)^p}\, dx = \lim_{\varepsilon\to 0^+}\int_{a+\varepsilon}^b \frac{dx}{(x-a)^p} = \lim_{\varepsilon\to 0^+}\left[\frac{1}{(1-p)(x-a)^{p-1}}\right]_{a+\varepsilon}^b$$

$$= \lim_{\varepsilon\to 0^+}\frac{1}{1-p}\left(\frac{1}{(b-a)^{p-1}}-\frac{1}{\varepsilon^{p-1}}\right)$$

y entonces resulta que

- si es $p < 1$, entonces $1 - p > 0$ y

$$\lim_{\varepsilon \to 0^+} \frac{1}{1-p} \left(\frac{1}{(b-a)^{p-1}} - \frac{1}{\varepsilon^{p-1}} \right) = \frac{1}{(1-p)(b-a)^{p-1}} - 0,$$

luego converge,

- si es $p > 1$, entonces $p - 1 > 0$ y

$$\lim_{\varepsilon \to 0^+} \frac{1}{1-p} \left(\frac{1}{(b-a)^{p-1}} - \frac{1}{\varepsilon^{p-1}} \right) = \frac{1}{(1-p)(b-1)^{p-1}} - \frac{1}{(1-p)0^+} = -(-\infty) = +\infty,$$

luego diverge,

- y si es $p = 1$, directamente,

$$\lim_{\varepsilon \to 0^+} \int_{a+\varepsilon}^{b} \frac{dx}{x-a} = \lim_{\varepsilon \to 0^+} \Big[\ln(x-a) \Big]_{a+\varepsilon}^{b} = \ln(b-a) - \lim_{\varepsilon \to 0^+} \ln \varepsilon = \ln(b-a) - (-\infty) = +\infty.$$

8.19. Estas funciones se cortan únicamente en el punto $(1,1)$ y en el intervalo $[1; +\infty)$ es la gráfica de f la que está por encima de la de g, por lo que el área pedida será

$$\int_{1}^{+\infty} \big(f(x) - g(x) \big) dx = \int_{1}^{+\infty} \frac{1}{x^2} - \frac{1}{x^3} dx = \lim_{m \to +\infty} \int_{1}^{m} (x^{-2} - x^{-3}) dx = \lim_{m \to +\infty} \left[\frac{x^{-1}}{-1} - \frac{x^{-2}}{-2} \right]_{1}^{m} = \frac{1}{2}$$

8.20. La integral pedida es de primera y de segunda especie, pero para todo $c \in (3; +\infty)$ se tiene que la integral

$$I_1 = \int_{3}^{c} \frac{dx}{\sqrt{x-3}}$$

es convergente, pues es del tipo de la integral $\int_{3}^{c} \frac{1}{(x-3)^p} dx$, con $p < 1$. Por otra parte la integral

$$I_2 = \int_{c}^{+\infty} \frac{dx}{\sqrt{x-3}}$$

es divergente, pues $\forall x \in (c; +\infty)$ es

$$x - 3 \le x \;\Rightarrow\; \sqrt{x-3} \le \sqrt{x} \;\Rightarrow\; \frac{1}{\sqrt{x-3}} \ge \frac{1}{\sqrt{x}} = \frac{1}{x^{\frac{1}{2}}},$$

y como $\int_{c}^{+\infty} \frac{1}{x^p} dx$ es divergente para $p = \frac{1}{2}$, por el criterio de comparación la integral I_2 es divergente. Por tanto la integral pedida es divergente.

8.21.

a) La primera integral se puede descomponer en

$$\int_{-2}^{+\infty} \frac{1}{(x+1)^2} dx = \int_{-2}^{-1} \frac{1}{(x+1)^2} dx + \int_{-1}^{0} \frac{1}{(x+1)^2} dx + \int_{0}^{+\infty} \frac{1}{(x+1)^2} dx,$$

siendo la primera de éstas divergente, por lo que la integral del enunciado es divergente.

b) Se tiene que

$$\int_{0}^{+\infty} \frac{1}{(x+1)^2} dx = \lim_{m \to +\infty} \int_{0}^{m} \frac{1}{(x+1)^2} dx = \lim_{m \to +\infty} \left[\frac{-1}{x+1} \right]_{0}^{m} = \lim_{m \to +\infty} \frac{-1}{m+1} + \frac{1}{0+1} = 1.$$

8.22. Haciendo el cambio $x = 3t$, es $dx = 3dt$, y para los límites si $x = 0$ es $t = 0$ y si es $x = 3$ es $t = 1$, por tanto

$$\int_0^3 \frac{x^3}{\sqrt[3]{(3-x)^2}} dx = \int_0^1 \frac{(3t)^3}{\sqrt[3]{(3-3t)^2}} 3dt = \int_0^1 \frac{3^3 t^3}{3^{\frac{2}{3}}(1-t)^{\frac{2}{3}}} 3dt$$

$$= \int_0^1 3^3 \cdot 3 \cdot 3^{-\frac{2}{3}} t^3 (1-t)^{-\frac{2}{3}} dt = 3^{\frac{10}{3}} \int_0^1 t^3 (1-t)^{-\frac{2}{3}} dt = 3^{\frac{10}{3}} B\left(4, \frac{1}{3}\right).$$

8.23. a) La primera integral es

$$I_1 = \int_0^1 \ln^3 x \, dx = \int_0^1 (\ln x)^3 dx,$$

en ella haciendo el cambio de variable dado por $\ln x = -t$, es $x = e^{-t}$ y se tiene que $dx = -e^{-t} dt$. Además si $x \to 0^+$ entonces es $\ln x \to -\infty$ y $-t = -\infty$, o bien $t = +\infty$; si $x \to 1$, entonces $\ln x \to 0$. Con todo ello se tiene que

$$I_1 = \int_{+\infty}^0 (-t)^3 (-e^{-t}) dt = \int_{+\infty}^0 t^3 e^{-t} dt = -\int_0^{+\infty} t^3 e^{-t} dt = -\Gamma(4) = -3! = -6.$$

b) Para la segunda integral, haciendo el cambio de variable mediante la relación $\pi^{-4x} = e^{-t}$, equivalente a $-4x \ln \pi = -t$, es decir, $4x \ln \pi = t$, es

$$x = \frac{t}{4 \ln \pi} \qquad \text{y} \qquad dx = \frac{1}{4 \ln \pi} dt.$$

Los límites de integración no se alteran y podemos escribir

$$I_2 = \int_0^{+\infty} \left(\frac{t}{4 \ln \pi}\right)^4 e^{-t} \frac{1}{4 \ln \pi} dt = \left(\frac{1}{4 \ln \pi}\right)^5 \int_0^{+\infty} t^4 e^{-t} dt$$

$$= \frac{1}{4^5 (\ln \pi)^5} \Gamma(5) = \frac{4!}{4^5 (\ln \pi)^5} = \frac{6}{4^4 (\ln \pi)^5} = \frac{3}{128 (\ln \pi)^5}.$$

8.24. Haciendo el cambio $x^2 = t$ se tiene que es $x = t^{\frac{1}{2}}$. Diferenciando se obtiene $dx = \frac{1}{2} t^{-\frac{1}{2}} dt$ y entrando en la integral queda

$$I = \int_0^1 \frac{\sqrt{1-t}}{t^{\frac{1}{4}}} \frac{1}{2} t^{-\frac{1}{2}} dt = \frac{1}{2} \int_0^1 t^{-\frac{1}{4}} t^{-\frac{1}{2}} (1-t)^{\frac{1}{2}} dt = \frac{1}{2} \int_0^1 t^{-\frac{3}{4}} (1-t)^{\frac{1}{2}} dt = \frac{1}{2} B\left(\frac{1}{4}, \frac{3}{2}\right).$$

8.25. a) Haciendo el cambio $x^4 = t$ se tiene que $x = t^{\frac{1}{4}}$ y diferenciando queda $dx = \frac{1}{4} t^{-\frac{3}{4}} dt$. Si entramos en la integral resulta

$$\int_0^{+\infty} \sqrt{x} e^{-x^4} dx = \int_0^{+\infty} \sqrt{t^{\frac{1}{4}}} e^{-t} \frac{1}{4} t^{-\frac{3}{4}} dt = \frac{1}{4} \int_0^{+\infty} t^{\frac{1}{8}} t^{-\frac{3}{4}} e^{-t} dt = \frac{1}{4} \int_0^{+\infty} t^{-\frac{5}{8}} e^{-t} dt = \frac{1}{4} \Gamma\left(\frac{3}{8}\right).$$

b) Haciendo el cambio $x = 3t$ se tiene para los límites que si $x = 0$ entonces es $t = 0$ y si $x = 3$ es $t = 1$. Como además es $dx = 3dt$ se tiene que la integral es

$$\int_0^1 \frac{(3t)^3}{\sqrt{3-3t}} 3dt = \int_0^1 \frac{27t^3}{\sqrt{3}\sqrt{1-t}} 3dt = 27\sqrt{3} \int_0^1 t^3 (1-t)^{-\frac{1}{2}} dt = 27\sqrt{3} B\left(4, \frac{1}{2}\right).$$

8.26. Con el cambio $x = 4t$ se tiene que si es $x = 0$ entonces t vale 0 y para $x = 4$ el valor de t es 1. Por otra parte es $dx = 4dt$, y la integral se escribe

$$I = \int_0^1 \sqrt[3]{16t^2(4-4t)} \, 4dt = 4 \int_0^1 4\sqrt[3]{t^2(1-t)} dt = 16 \int_0^1 t^{\frac{2}{3}} (1-t)^{\frac{1}{3}} dt = 16 B\left(\frac{5}{3}, \frac{4}{3}\right).$$

8.27. Como es $B(p,q) = 2\int_0^{\frac{\pi}{2}} (\operatorname{sen} x)^{2p-1}(\cos x)^{2q-1}dx$, haciendo $p = 2$ y $q = \frac{5}{2}$ se tiene

$$I = \frac{1}{2}\left(2\int_0^{\frac{\pi}{2}} (\operatorname{sen} x)^{2\cdot 2-1}(\cos x)^{2\cdot\frac{5}{2}-1}dx\right) = \frac{1}{2}B\left(2,\frac{5}{2}\right) = \frac{2}{35}.$$

Compruebe el lector la validez del resultado calculando la integral por las técnicas habituales de integración trigonométrica. Le ayudaremos por si lo ha olvidado:

$$I = \int_0^{\frac{\pi}{2}} \operatorname{sen}^2 x \cos^4 x \operatorname{sen} x dx = \int_0^{\frac{\pi}{2}} (1-\cos^2 x)\cos^4 x \operatorname{sen} x dx$$

$$= \int_0^{\frac{\pi}{2}} \cos^4 x \operatorname{sen} x dx + \int_0^{\frac{\pi}{2}} \cos^6 x(-\operatorname{sen} x)dx$$

$$= -\frac{1}{5}\left[\cos^5 x\right]_0^{\frac{\pi}{2}} + \frac{1}{7}\left[\cos^7 x\right]_0^{\frac{\pi}{2}} = -\frac{1}{5}(0-1) + \frac{1}{7}(0-1) = \frac{1}{5} - \frac{1}{7} = \frac{2}{35}.$$

Seguro que ha captado la ventaja de $B(p,q)$ para este tipo de integrales cuando los exponentes son fraccionarios.

8.28. a) La integral puede escribirse en la forma

$$I = \frac{1}{2}\left(2\int_0^{\frac{\pi}{2}} (\cos x)^2(\operatorname{sen} x)^{\frac{2}{3}}dx\right)$$

y considerando la forma trigonométrica de $B(p,q)$, si hacemos $2p-1 = 2$ y $2q-1 = \frac{2}{3}$ resultan $p = \frac{3}{2}$ y $q = \frac{5}{6}$. De este modo la integral es $I = \frac{1}{2}$.

b) La integral se adecúa a una $B(p,q)$ si la escribimos en la forma

$$I = \frac{1}{2}\left(2\int_0^{\frac{\pi}{2}} (\cos x)^8(\operatorname{sen} x)^0 dx\right) = \frac{1}{2}B\left(\frac{9}{2},\frac{1}{2}\right).$$

8.29. a) Se tiene que

$$\int_1^{+\infty} \frac{e^{-\sqrt{x}}}{\sqrt{x}}dx = \lim_{m\to+\infty}\left(-2\int_1^m \frac{e^{-\sqrt{x}}}{-2\sqrt{x}}dx\right) = -2\lim_{m\to+\infty}\int_1^m e^{-\sqrt{x}}d(-\sqrt{x})$$

$$= -2\lim_{m\to+\infty}\int_1^m d\left(e^{-\sqrt{x}}\right) = -2\lim_{m\to+\infty}\left[e^{-\sqrt{x}}\right]_1^m$$

$$= 2\left(e^{-1} - \lim_{m\to+\infty}e^{-\sqrt{m}}\right) = 2e^{-1} - 0 = \frac{2}{e}.$$

b) Se trata de una integral doblemente impropia que se reduce a una gamma, ya que haciendo el cambio $\sqrt{x} = t$, es decir $x = t^2$ y $dx = 2tdt$, resulta

$$\int_0^{+\infty} \frac{e^{-\sqrt{x}}}{\sqrt{x}}dx = \int_0^{+\infty} \frac{e^{-t}}{t}2tdt = 2\int_0^{+\infty} e^{-t}t^0 dt = 2\Gamma(1) = 2\cdot 1 = 2.$$

8.30. Se tiene que

$$\int_e^{+\infty} \frac{dx}{x\ln^3 x} = \lim_{m\to+\infty}\int_e^m \frac{dx}{x(\ln x)^3} = \lim_{m\to+\infty}\int_e^m (\ln x)^{-3}d(\ln x) = \lim_{m\to+\infty}\left[\frac{(\ln x)^{-2}}{-2}\right]_e^m$$

$$= -\frac{1}{2}\lim_{m\to+\infty}\left[\frac{1}{(\ln x)^2}\right]_e^m = \frac{-1}{2}\left(\lim_{m\to+\infty}\frac{1}{(\ln m)^2} - \frac{1}{(\ln e)^2}\right) = \frac{1}{2}\frac{1}{1^2} = \frac{1}{2}$$

y la integral es convergente.

A.9. SOLUCIONES AL CAPÍTULO 9

9.1. La sucesión se escribe también en la forma $\frac{5}{10}, \frac{55}{10}, \frac{555}{1000}, \dots$ y su término general es $a_n = \frac{\overset{(n}{55 \dots 5}}{10^n}$. La afirmación $\lim_n a_n = \frac{5}{9}$ significa que $\forall \varepsilon > 0 \; \exists n_0 \in \mathbb{N}$ tal que es $|a_n - \frac{5}{9}| < \varepsilon, \forall n > n_0$. Como es

$$\left| a_n - \frac{5}{9} \right| < \varepsilon \;\Leftrightarrow\; \left| \frac{\overset{(n}{55 \dots 5}}{10^n} - \frac{5}{9} \right| < \varepsilon \;\Leftrightarrow\; \left| \frac{9 \cdot \overset{(n}{55 \dots 5} - 5 \cdot 10^n}{9 \cdot 10^n} \right| < \varepsilon$$

$$\Leftrightarrow\; \left| \frac{-5}{10^{n+1}} \right| < \varepsilon \;\Leftrightarrow\; \frac{1}{2 \cdot 10^n} < \varepsilon \;\Leftrightarrow\;$$

$$\Leftrightarrow\; \frac{1}{10^n} < 2\varepsilon \;\Leftrightarrow\; 10^n > \frac{1}{2\varepsilon} \;\Leftrightarrow\; n > \log_{10} \frac{1}{2\varepsilon}.$$

Por tanto para cada $\varepsilon > 0$ bastará tomar como n_0 el primer número natural mayor que $\log_{10} \frac{1}{2\varepsilon}$, para que se verifique que $\lim_n a_n = \frac{5}{9}$.

9.2. Toda sucesión $\{a_n\}$ que esté en las condiciones dichas tiene límite, pero este límite no tiene por qué ser cero. Por ejemplo la sucesión de término general $a_n = \frac{2n+1}{n}$ verifica que

$$a_k = \frac{2k+1}{k} = 2 + \frac{1}{k} > 2 + \frac{1}{k+1} = \frac{2k+2}{k+1} = a_{k+1},$$

es decir, $a_k > a_{k+1}, \forall k \in \mathbb{N}$. Además es $a_k = 2 + \frac{1}{k} > 2 > 0, \forall k \in \mathbb{N}$, con lo cual 0 es una cota inferior de la sucesión. Pero el límite de la sucesión es

$$\lim_n a_n = \lim_n \frac{2n+1}{n} = \lim_n \left(2 + \frac{1}{n} \right) = 2,$$

que es la cota inferior máxima o ínfimo de la sucesión. Por tanto la respuesta a la pregunta es negativa.

9.3. El conjunto de términos de la sucesión es

$$\{a_n\} = \left\{ \frac{4}{5}, \frac{26}{25}, \frac{124}{125}, \frac{626}{625}, \dots \right\}$$

y su límite es, si n es impar,

$$\lim_n a_n = \lim_n \frac{5^n - 1}{5^n} = \lim_n \frac{\frac{5^n}{5^n} - \frac{1}{5^n}}{\frac{5^n}{5^n}} = \lim_n \frac{1 - \frac{1}{5^n}}{1} = 1,$$

y si n es par,

$$\lim_n a_n = \lim_n \frac{5^n + 1}{5^n} = \lim_n \frac{\frac{5^n}{5^n} + \frac{1}{5^n}}{\frac{5^n}{5^n}} = \lim_n \frac{1 + \frac{1}{5^n}}{1} = 1,$$

por lo que el límite de la sucesión es 1.

Para encontrar los términos de la sucesión tales que verifiquen $|a_n - 1| < 10^{-6}$, se tiene que, si n es impar

$$\left| \frac{5^n - 1}{5^n} - 1 \right| < 10^{-6} \;\Rightarrow\; \left| \frac{5^n - 1 - 5^n}{5^n} \right| < 10^{-6} \;\Rightarrow\; \left| \frac{-1}{5^n} \right| < \frac{1}{10^6}$$

$$\Rightarrow\; \frac{1}{5^n} < \frac{1}{10^6} \;\Rightarrow\; 5^n > 10^6,$$

y si n es par

$$\left|\frac{5^n+1}{5^n}-1\right|<10^{-6} \;\Rightarrow\; \left|\frac{5^n+1-5^n}{5^n}\right|<10^{-6} \;\Rightarrow\; \left|\frac{1}{5^n}\right|<\frac{1}{10^6}$$

$$\Rightarrow\; \frac{1}{5^n}<\frac{1}{10^6} \;\Rightarrow\; 5^n>10^6,$$

en ambos casos los n buscados han de verificar que $5^n > 10^6$. Si tomamos logaritmos decimales se tiene la desigualdad equivalente $n\log 5 > 6$, es decir, debe ser

$$n>\frac{6}{\log 5}=\frac{6}{0,698970}=8,5841.$$

En conclusión, en el entorno centrado en 1 y de radio 10^{-6} están todos los términos de la sucesión de lugar posterior al octavo, es decir el noveno término y todos los siguientes.

9.4. a) Como es

$$\lim_n a_n = \lim_n \frac{\sqrt{n^2+1}+\sqrt{n+1}}{\sqrt{n^2+1}-\sqrt{n+1}} = \lim_n \frac{\sqrt{1+\frac{1}{n^2}}+\sqrt{\frac{1}{n}+\frac{1}{n^2}}}{\sqrt{1+\frac{1}{n^2}}-\sqrt{\frac{1}{n}+\frac{1}{n^2}}} = 1$$

y $\lim_n b_n = \lim_n \sqrt{n+1} = +\infty$, el límite pedido es del tipo $[1^\infty]$ y se tiene que su valor es $L = e^{\lim_n(a_n-1)b_n}$. Teniendo en cuenta que

$$(a_n-1)b_n = \left(\frac{\sqrt{n^2+1}+\sqrt{n+1}}{\sqrt{n^2+1}-\sqrt{n+1}}-1\right)\sqrt{n+1} = \frac{\sqrt{n^2+1}+\sqrt{n+1}-\sqrt{n^2+1}+\sqrt{n+1}}{\sqrt{n^2+1}-\sqrt{n+1}}\sqrt{n+1}$$

$$= \frac{2\sqrt{n+1}}{\sqrt{n^2+1}-\sqrt{n+1}}\sqrt{n+1} = \frac{2(n+1)}{\sqrt{n^2+1}-\sqrt{n+1}},$$

si calculamos el límite obtenemos

$$\lim_n(a_n-1)b_n = \lim_n \frac{2(n+1)}{\sqrt{n^2+1}-\sqrt{n+1}} = 2\lim_n \frac{1+\frac{1}{n}}{\sqrt{1+\frac{1}{n^2}}-\sqrt{\frac{1}{n}+\frac{1}{n^2}}} = 2\cdot 1 = 2,$$

con lo cual es

$$L = \lim_n \left(\frac{\sqrt{n^2+1}+\sqrt{n+1}}{\sqrt{n^2+1}-\sqrt{n+1}}\right)^{\sqrt{n+1}} = e^2.$$

b) Los primeros términos de la sucesión se pueden escribir en la forma

$$e^{\frac{1}{2}}, \quad e^{\frac{1}{2}}\cdot e^{\frac{1}{4}}, \quad e^{\frac{1}{2}}\cdot e^{\frac{1}{4}}\cdot e^{\frac{1}{8}}, \quad \ldots$$

y también como

$$e^{\frac{1}{2}}, \quad e^{\frac{1}{2}+\frac{1}{4}}, \quad e^{\frac{1}{2}+\frac{1}{4}+\frac{1}{8}}, \quad \ldots, \quad e^{\frac{1}{2}+\frac{1}{2^2}+\frac{1}{2^3}+\cdots+\frac{1}{2^n}}, \quad \ldots$$

Considerando la suma de términos de una progresión geométrica, el término general se expresa también como

$$a_n = e^{\frac{1}{2}+\frac{1}{2^2}+\frac{1}{2^3}+\cdots+\frac{1}{2^n}} = e^{\frac{\frac{1}{2}-\frac{1}{2^n}\frac{1}{2}}{1-\frac{1}{2}}} = e^{1-\frac{1}{2^n}}$$

y en consecuencia su límite es

$$\lim_n a_n = \lim_n e^{1-\frac{1}{2^n}} = e^{\lim_n\left(1-\frac{1}{2^n}\right)} = e^1 = e.$$

9.5. a) Se trata de un límite indeterminado del tipo $\left[\frac{\infty}{\infty}\right]$. La potencia mayor para n es $\frac{7}{2}$ y por tanto debemos dividir en numerador y denominador entre $n^{\frac{7}{2}} = n^3 \sqrt{n}$, con lo cual resulta

$$\lim_n \frac{n^3 + 3n^2 - 2n + 2}{\sqrt{n^7 + 2n^5 + n^4 + 3n^2 + 1}} = \lim_n \frac{\frac{1}{\sqrt{n}} + \frac{3}{n\sqrt{n}} - \frac{2}{n^2\sqrt{n}} + \frac{2}{n^3\sqrt{n}}}{\sqrt{1 + \frac{2}{n^2} + \frac{1}{n^3} + \frac{3}{n^5} + \frac{1}{n^7}}} = \frac{0}{1} = 0.$$

b) Como en el numerador aparece una expresión indeterminada de la forma $[\infty - \infty]$, procedemos a multiplicar en numerador y denominador por el binomio irracional cuadrático conjugado del que aparece en el numerador, con lo que se obtiene

$$\lim_n \frac{\sqrt{3n^2 + 1} - \sqrt{2n^2 - 1}}{2n + 1} = \lim_n \frac{\left(\sqrt{3n^2 + 1} - \sqrt{2n^2 - 1}\right)\left(\sqrt{3n^2 + 1} + \sqrt{2n^2 - 1}\right)}{(2n + 1)\left(\sqrt{3n^2 + 1} + \sqrt{2n^2 - 1}\right)}$$

$$= \lim_n \frac{\left(\sqrt{3n^2 + 1}\right)^2 - \left(\sqrt{2n^2 - 1}\right)^2}{(2n + 1)\left(\sqrt{3n^2 + 1} + \sqrt{2n^2 - 1}\right)}$$

$$= \lim_n \frac{n^2 + 2}{(2n + 1)\left(\sqrt{3n^2 + 1} + \sqrt{2n^2 - 1}\right)} = \left[\frac{\infty}{\infty}\right]$$

$$= \lim_n \frac{1 + \frac{2}{n^2}}{\left(2 + \frac{1}{n}\right)\left(\sqrt{3 + \frac{1}{n^2}} + \sqrt{2 - \frac{1}{n^2}}\right)} = \frac{1}{2\left(\sqrt{3} + \sqrt{2}\right)},$$

donde hemos dividido entre n^2 en numerador y denominador para resolver la indeterminación.

9.6. La sucesión $\{a_n\}$ definida por $a_n = \sqrt{n + 1} - \sqrt{n}$ es tal que

$$\lim_n a_n = \lim_n \left(\sqrt{n + 1} - \sqrt{n}\right) = [\infty - \infty] = \lim_n \frac{\left(\sqrt{n + 1} - \sqrt{n}\right)\left(\sqrt{n + 1} + \sqrt{n}\right)}{\sqrt{n + 1} + \sqrt{n}}$$

$$= \lim_n \frac{\left(\sqrt{n + 1}\right)^2 - \left(\sqrt{n}\right)^2}{\sqrt{n + 1} + \sqrt{n}} = \lim_n \frac{n + 1 - n}{\sqrt{n + 1} + \sqrt{n}} = \lim_n \frac{1}{\sqrt{n + 1} + \sqrt{n}} = 0$$

y por tanto $\{a_n\}$ converge a cero.

La sucesión $\{b_n\}$ tal que $b_n = \sqrt{2n + 1} - \sqrt{n}$ también se presenta su límite en la forma indeterminada $[\infty - \infty]$ y por tanto

$$\lim_n b_n = \lim_n \left(\sqrt{2n + 1} - \sqrt{n}\right) = [\infty - \infty] = \lim_n \frac{\left(\sqrt{2n + 1} - \sqrt{n}\right)\left(\sqrt{2n + 1} + \sqrt{n}\right)}{\sqrt{2n + 1} + \sqrt{n}}$$

$$= \lim_n \frac{\left(\sqrt{2n + 1}\right)^2 - \left(\sqrt{n}\right)^2}{\sqrt{2n + 1} + \sqrt{n}} = \lim_n \frac{2n + 1 - n}{\sqrt{2n + 1} + \sqrt{n}} = \lim_n \frac{n + 1}{\sqrt{2n + 1} + \sqrt{n}} = \left[\frac{\infty}{\infty}\right]$$

$$= \lim_n \frac{1 + \frac{1}{n}}{\sqrt{\frac{2}{n} + \frac{1}{n^2}} + \sqrt{\frac{1}{n}}} = +\infty.$$

9.7. *Primer método:* Aplicando el criterio de Stolz se tiene que

$$\lim_n \frac{1^3 + 2^3 + 3^3 + \cdots + n^3}{2n^4} =$$

$$= \lim_n \frac{\left(1^3 + 2^3 + 3^3 + \cdots + (n - 1)^3 + n^3\right) - \left(1^3 + 2^3 + 3^3 + \cdots + (n - 1)^3\right)}{2n^4 - 2(n - 1)^4}$$

$$= \lim_n \frac{n^3}{2[n^4 - (n-1)^4]} = \lim_n \frac{n^3}{2[n^4 - (n^4 - 4n^3 + 6n^2 - 4n + 1)]}$$

$$= \frac{1}{2} \lim_n \frac{n^3}{4n^3 - 6n^2 + 4n - 1} = \frac{1}{2} \lim_n \frac{n^3}{4n^3} = \frac{1}{2}\frac{1}{4} = \frac{1}{8}.$$

Segundo método: Teniendo en cuenta la igualdad

$$1^3 + 2^3 + 3^3 + \cdots + n^3 = \frac{n^2(n+1)^2}{4},$$

véase Problema propuesto 1.12, se tiene que

$$\lim_n \frac{1^3 + 2^3 + 3^3 + \cdots + n^3}{2n^4} = \lim_n \frac{\frac{1}{4}n^2(n+1)^2}{2n^4} = \frac{1}{8} \lim_n \frac{n^2(n+1)^2}{n^4}$$

$$= \frac{1}{8} \lim_n \frac{n^2(n^2 + 2n + 1)}{n^4} = \frac{1}{8} \lim_n \frac{n^4 + 2n^3 + n^2}{n^4} = \frac{1}{8} \cdot 1 = \frac{1}{8}.$$

9.8. La igualdad del límite pedido se obtiene de forma inmediata escribiendo la raíz como potencia utilizando propiedades de las funciones inversas, del álgebra de límites, así como finalmente la propiedad del límite de la media aritmética, resultanto

$$\lim_n \sqrt[n]{a_1 \cdot a_2 \cdots a_n} = \lim_n (a_1 \cdot a_2 \cdots a_n)^{\frac{1}{n}} = \lim_n e^{\ln(a_1 \cdot a_2 \cdots a_n)^{\frac{1}{n}}} = \lim_n e^{\frac{1}{n}\ln(a_1 \cdot a_2 \cdots a_n)}$$

$$= \lim_n e^{\frac{\ln a_1 + \ln a_2 + \cdots + \ln a_n}{n}} = e^{\lim_n \frac{\ln a_1 + \ln a_2 + \cdots + \ln a_n}{n}} = e^{\lim_n \ln a_n} = e^{\ln(\lim_n a_n)} = e^{\ln L} = L.$$

En cuanto al límite pedido es

$$\lim_n \left[\left(\frac{1+1}{1}\right)^{2 \cdot 1} \cdot \left(\frac{2+1}{2}\right)^{2 \cdot 2} \cdot \left(\frac{3+1}{3}\right)^{2 \cdot 3} \cdots \left(\frac{n+1}{n}\right)^{2 \cdot n} \right]^{\frac{2}{n}}$$

$$= \lim_n \sqrt[n]{\left[\left(\frac{1+1}{1}\right)^{2 \cdot 1} \cdot \left(\frac{2+1}{2}\right)^{2 \cdot 2} \cdot \left(\frac{3+1}{3}\right)^{2 \cdot 3} \cdots \left(\frac{n+1}{n}\right)^{2 \cdot n} \right]^2}$$

$$= \lim_n \sqrt[n]{\left(\frac{1+1}{1}\right)^{4 \cdot 1} \cdot \left(\frac{2+1}{2}\right)^{4 \cdot 2} \cdot \left(\frac{3+1}{3}\right)^{4 \cdot 3} \cdots \left(\frac{n+1}{n}\right)^{4 \cdot n}}$$

$$= \lim_n \left(\frac{n+1}{n}\right)^{4n} = \lim_n \left(1 + \frac{1}{n}\right)^{4n} = \lim \left[\left(1 + \frac{1}{n}\right)^n\right]^4 = \left[\lim_n \left(1 + \frac{1}{n}\right)^n\right]^4 = e^4.$$

9.9. a) Como es

$$\binom{n}{0} + \binom{n}{1} + \cdots + \binom{n}{n} = 2^n,$$

resulta

$$\lim_n \frac{2^{n+1} + 1}{\binom{n}{0} + \binom{n}{1} + \cdots + \binom{n}{n}} = \lim_n \frac{2^n \cdot 2 + 1}{2^n} = \left[\frac{\infty}{\infty}\right] = \lim_n \frac{2 + \frac{1}{2^n}}{1} = \lim_n \left(2 + \frac{1}{2^n}\right) = 2.$$

b) Se tiene que

$$\lim_n \frac{5^{n+1} + 3^{n+1}}{3 \cdot 5^n + 5 \cdot 3^n} = \left[\frac{\infty}{\infty}\right] = \lim_n \frac{5 \cdot 5^n + 3 \cdot 3^n}{3 \cdot 5^n + 5 \cdot 3^n} = \lim_n \frac{5 + 3\left(\frac{3}{5}\right)^n}{3 + 5\left(\frac{3}{5}\right)^n} = \frac{5}{3},$$

donde hemos dividido numerador y denominador entre 5^n para resolver la indeterminación.

9.10. a) Como es

$$\lim_n \sqrt{\frac{2n+1}{2n+2}} = \sqrt{\lim_n \frac{2n+1}{2n+2}} = 1$$

y

$$\lim_n \frac{1}{\sqrt{2n+2} - \sqrt{2n+1}} = \lim_n \frac{\sqrt{2n+2} + \sqrt{2n+1}}{2n+2 - 2n - 1} = \lim_n \left(\sqrt{2n+2} + \sqrt{2n+1}\right) = +\infty,$$

se trata de un límite indeterminado del tipo $[1^\infty]$ y su valor es $L = e^\lambda$ con

$$\lambda = \lim_n \left(\sqrt{\frac{2n+1}{2n+2}} - 1\right) \left(\frac{1}{\sqrt{2n+1} - \sqrt{2n+1}}\right)$$

$$= \lim_n \left(\frac{\sqrt{2n+1} - \sqrt{2n+2}}{\sqrt{2n+2}} \frac{1}{\sqrt{2n+2} - \sqrt{2n+1}}\right) = \lim_n \frac{-1}{\sqrt{2n+2}} = 0.$$

Por tanto el límite pedido es $L = e^0 = 1$.

b) El término general de la sucesión, cuyo límite se pide, es un cociente de sumas cuyos sumandos forman una progresión geométrica. En el numerador la razón es $\frac{1}{2}$ y en el denominador es $\frac{1}{3}$. Si calculamos previamente las sumas se tiene

$$\lim_n \frac{4 + 2 + 1 + \frac{1}{2} + \frac{1}{4} + \cdots + \frac{1}{2^{n-3}}}{3 + 1 + \frac{1}{3} + \frac{1}{9} + \cdots + \frac{1}{3^{n-2}}} = \lim_n \frac{\frac{4 - 1/2^{n-2}}{1 - 1/2}}{\frac{3 - 1/3^{n-1}}{1 - 1/3}} = \lim_n \frac{8 - \frac{1}{2^{n-3}}}{\frac{1}{2}\left(9 - \frac{1}{3^{n-2}}\right)} = 2\lim_n \frac{8 - \frac{1}{2^{n-3}}}{9 - \frac{1}{3^{n-2}}} = \frac{16}{9}.$$

9.11. Escribiendo el límite en la forma

$$L = \lim_n \frac{\frac{2^3}{5^2} + \frac{5^5}{8^4} + \frac{8^8}{11^6} + \cdots + \frac{(3n-1)^{2n+1}}{(3n+2)^{2n}}}{(n+1)^2} = \lim_n \frac{a_n}{b_n},$$

como $\{b_n\}$ es monótona creciente y $\lim_n b_n = +\infty$, por el criterio de Stolz es

$$L = \lim_n \frac{a_n}{b_n} = \lim_n \frac{a_n - a_{n-1}}{b_n - b_{n-1}} = \lim_n \frac{\frac{(3n-1)^{2n+1}}{(3n+2)^{2n}}}{(n+1)^2 - n^2} = \lim_n \frac{(3n-1)\left(\frac{3n-1}{3n+2}\right)^{2n}}{n^2 + 2n + 1 - n^2}$$

$$= \lim_n \left[\frac{3n-1}{2n+1}\left(\frac{3n-1}{3n+2}\right)^{2n}\right] = \left(\lim_n \frac{3n-1}{2n+1}\right)\left(\lim_n \left(\frac{3n-1}{3n+2}\right)^{2n}\right) = \frac{3}{2} e^{\lim_n \left(\frac{3n-1}{3n+2} - 1\right)2n}$$

$$= \frac{3}{2} e^{\lim_n \frac{3n-1-3n-2}{3n+2}\cdot 2n} = \frac{3}{2} e^{\lim_n \frac{-6n}{3n}} = \frac{3}{2} e^{-2} = \frac{3}{2e^2}.$$

9.12. a) Operando de forma análoga al Problema resuelto 9.12 y teniendo en cuenta la propiedad de la media aritmética se tiene

$$\lim_n \left(\frac{\pi \cdot 2}{n \cdot 1} + \frac{\pi \cdot 3^2}{n \cdot 2^2} + \frac{\pi \cdot 4^3}{n \cdot 3^3} + \cdots + \frac{\pi \cdot (n+1)^n}{n \cdot n^n}\right) =$$

$$= \lim_n \left[\frac{\pi}{n}\left(\frac{2^1}{1^1} + \frac{3^2}{2^2} + \frac{4^3}{3^3} + \cdots + \frac{(n+1)^n}{n^n}\right)\right]$$

$$= \pi \lim_n \left[\frac{1}{n}\left(\left(\frac{1+1}{1}\right)^1 + \left(\frac{2+1}{2}\right)^2 + \left(\frac{3+1}{3}\right)^3 + \cdots + \left(\frac{n+1}{n}\right)^n\right)\right]$$

$$= \pi \lim_n \left[\frac{1}{n}\left(\left(1 + \frac{1}{1}\right)^1 + \left(1 + \frac{1}{2}\right)^2 + \left(1 + \frac{1}{3}\right)^3 + \cdots + \left(1 + \frac{1}{n}\right)^n\right)\right]$$

$$= \pi \lim_n \frac{\left(1 + \frac{1}{1}\right)^1 + \left(1 + \frac{1}{2}\right)^2 + \left(1 + \frac{1}{3}\right)^3 + \cdots + \left(1 + \frac{1}{n}\right)^n}{n}$$

$$= \pi \lim_n \frac{a_1 + a_2 + a_3 + \cdots + a_n}{n} = \pi \lim_n a_n = \pi \lim_n \left(1 + \frac{1}{n}\right)^n = \pi e.$$

b) Se tiene que

$$\lim_n \sqrt[n]{\frac{2}{\pi} \cdot \frac{3^2}{\pi \cdot 2^2} \cdot \frac{4^3}{\pi \cdot 3^3} \cdots \frac{(n+1)^n}{\pi \cdot n^n}} =$$

$$= \lim_n \sqrt[n]{\frac{1}{\pi^n} \left(\frac{2^1}{1^1} \cdot \frac{3^2}{2^2} \cdot \frac{4^3}{3^3} \cdots \frac{(n+1)^n}{n^n}\right)} = \left(\lim_n \sqrt[n]{\left(\frac{1}{\pi}\right)^n}\right)\left(\lim_n \sqrt[n]{\frac{2^1}{1^1} \cdot \frac{3^2}{2^2} \cdot \frac{4^3}{3^3} \cdots \frac{(n+1)^n}{n^n}}\right)$$

$$= \frac{1}{\pi} \lim_n \sqrt[n]{\left(\frac{1+1}{1}\right)^1 \cdot \left(\frac{2+1}{2}\right)^2 \cdots \left(\frac{n+1}{n}\right)^n} = \frac{1}{\pi} \lim_n \sqrt[n]{\left(1+\frac{1}{1}\right)^1 \cdot \left(1+\frac{1}{2}\right)^2 \cdots \left(1+\frac{1}{n}\right)^n}$$

$$= \frac{1}{\pi} \lim_n \sqrt[n]{a_1 a_2 \cdots a_n} = \frac{1}{\pi} \lim_n a_n = \frac{1}{\pi} \lim \left(1+\frac{1}{n}\right)^n = \frac{1}{\pi} \cdot e = \frac{e}{\pi}.$$

9.13. Calculando por separado ambos límites se tiene en el primer miembro

$$\lim_n \left(\frac{3n^2 + pn}{3n^2 + 1}\right)^{\frac{n^2+1}{n+1}} = [1^\infty] = e^\lambda$$

siendo

$$\lambda = \lim_n \left(\frac{3n^2 + pn}{3n^2 + 1} - 1\right) \frac{n^2 + 1}{n+1} = \lim_n \frac{(pn-1)(n^2+1)}{(3n^2+1)(n+1)}$$

$$= \lim_n \frac{pn^3 - n^2 + pn - 1}{3n^3 + 3n^2 + n + 1} = \left[\frac{\infty}{\infty}\right] = \lim_n \frac{p - \frac{1}{n} + \frac{p}{n^2} - \frac{1}{n^3}}{3 + \frac{3}{n} + \frac{1}{n^2} + \frac{1}{n^3}} = \frac{p}{3},$$

de este modo es

$$\lim_n \left(\frac{3n^2 + pn}{3n^2 + 1}\right)^{\frac{n^2+1}{n+1}} = e^{p/3}.$$

El segundo miembro es

$$\lim_n \left(\frac{2n+1}{2n+3}\right)^{qn+2} = [1^\infty] = e^\mu,$$

siendo

$$\mu = \lim_n \left(\frac{2n+1}{2n+3} - 1\right)(qn+2)$$

$$= \lim_n \frac{-2(qn+2)}{2n+3} = \lim_n \frac{-2qn-4}{2n+3} = \left[\frac{\infty}{\infty}\right] = \lim_n \frac{-2q - \frac{4}{n}}{2 + \frac{3}{n}} = -q.$$

El valor del límite del segundo miembro es

$$\lim_n \left(\frac{2n+1}{2n+3}\right)^{qn+2} = e^{-q},$$

por lo que igualando los valores de ambos miembros se tiene $e^{p/3} = e^{-q}$, por tanto $\frac{p}{3} = -q$ y la relación pedida es $p + 3q = 0$.

9.14. Es claro que

$$\sum_{n=1}^3 \frac{1}{n(n+1)} = \frac{1}{1 \cdot 2} + \frac{1}{2 \cdot 3} + \frac{1}{3 \cdot 4} \neq \sum_{n=1}^3 \frac{n}{(n+1)!} = \frac{1}{2!} + \frac{2}{3!} + \frac{3}{4!},$$

pero la suma de las dos series convergentes es la misma y de valor 1, series estudiadas en el Ejemplo 9.15 y en el Problema resuelto 9.14.

9.15. Como es

$$\lim_n a_n = \lim_n \left[\ln \frac{n+1}{n}\right] = \ln\left[\lim_n \frac{n+1}{n}\right] = \ln 1 = 0,$$

se verifica la condición necesaria de convergencia. Por otra parte, al ser $a_n = \ln \frac{n+1}{n} = \ln(n+1) - \ln n$, el término general de la sucesión de sumas parciales es

$$\begin{aligned}
s_n &= a_1 + a_2 + \cdots + a_n \\
&= (\ln 2 - \ln 1) + (\ln 3 - \ln 2) + (\ln 4 - \ln 3) + \cdots + \big(\ln n - \ln(n-1)\big) + \big(\ln(n+1) - \ln n\big) \\
&= \ln(n+1) - \ln 1 = \ln(n+1)
\end{aligned}$$

y calculando su límite se tiene que

$$\sum_{n=1}^{+\infty} \ln \frac{n+1}{n} = \lim_n s_n = \lim_n[\ln(n+1)] - +\infty,$$

con lo cual la serie diverge.

9.16. Como $\sum_{n=1}^{+\infty} a_n$ es convergente, por la condición necesaria de convergencia es $\lim_n a_n = 0$ y por tanto se tiene que

$$\lim_n b_n = \lim_n \frac{a_n + 2}{a_n + 3} = \frac{2}{3} \neq 0,$$

y la serie $\sum_{n=1}^{+\infty} b_n$ es divergente.

9.17. a) Como es

$$\lim_n a_n = \lim_n \left(\frac{n+1}{n}\right)^n = \lim_n \left(1 + \frac{1}{n}\right)^n = e \neq 0,$$

la serie diverge al incumplir la condición necesaria de convergencia.

b) El término general de la serie es $b_n = (-1)^{n+1}\frac{n+1}{n}$ y esta sucesión no tiene límite ya que sus primeros términos son

$$\frac{2}{1}, -\frac{3}{2}, \frac{4}{3}, -\frac{5}{4}, \frac{6}{5}, \ldots,$$

lo cual muestra dos puntos de acumulación en 1 y -1 para la sucesión $\{b_n\}$. Por tanto la serie es divergente.

Evidentemente el carácter de estas series se puede estudiar por el criterio de la raíz y el criterio de Leibniz, respectivamente.

9.18. a) Si hallamos el límite del término general se tiene

$$\lim_n a_n = \lim_n \left(\frac{n^2}{n^2+1}\right)^n = [1^\infty] = e^{\lim_n\left[\left(\frac{n^2}{n^2-1}-1\right)n\right]} = e^{\lim_n \frac{n^2-n^2-1}{n^2+1}n} = e^{\lim_n \frac{-n}{n^2+1}} = e^0 = 1 \neq 0,$$

y por tanto la serie diverge al imcumplir la condición necesaria de convergencia.

b) Considerando el límite del término general se tiene que

$$\lim_n a_n = \lim_n \left(\frac{n^2}{n^2+1}\right)^{n^2} = [1^\infty] = e^{\lim_n\left[\left(\frac{n^2}{n^2-1}-1\right)n^2\right]} = e^{\lim_n \frac{n^2-n^2-1}{n^2+1}n^2} = e^{\lim_n \frac{-n^2}{n^2+1}} = e^{-1} = \frac{1}{e} \neq 0,$$

y por tanto la serie es divergente.

9.19. Como es

$$\lim_n a_n = \lim_n \left(\frac{n^2-1}{n^2+1}\cos\frac{1}{n^2}\right) = \left(\lim_n \frac{n^2-1}{n^2+1}\right)\left(\lim_n \cos\frac{1}{n^2}\right) = 1 \cdot 1 = 1 \neq 0,$$

la serie diverge.

9.20. Siendo $\{s_n\}$ la sucesión de sumas parciales asociada a la serie se tiene que su término general es

$$s_n = a + ar + ar^2 + \cdots + ar^{n-1},$$

y recordando la fórmula de la suma de los primeros n términos consecutivos de una progresión geométrica se tiene que

$$s_n = \frac{a - ar^n}{1 - r} = \frac{a}{1 - r} - \frac{ar^n}{1 - r}$$

tomando límites para $n \to +\infty$, y considerando que al ser $|r| < 1$ se verifica que $\lim_n r^n = 0$, resulta que

$$\lim_n s_n = \frac{a}{1 - r} = s \in \mathbb{R},$$

con lo cual la serie converge y su suma es $s = \dfrac{a}{1 - r}$.

9.21. a) $\frac{5}{9}$,   b) $\frac{694}{33}$,   c) $\frac{3293}{99000}$.

9.22. Considerando que es

$$\frac{n + 1}{n^2 + 1} \geq \frac{n + 1}{n^2 + n} = \frac{n + 1}{n(n + 1)} = \frac{1}{n}, \qquad \forall n \geq 1,$$

y como la serie $\sum_{n=1}^{+\infty} \frac{1}{n}$ es divergente, también diverge la serie propuesta, al ser ésta mayorante de una serie divergente, en aplicación del primer criterio de comparación.

9.23. a) Considerando la serie $\sum_{n=1}^{+\infty} \ln \frac{n+1}{n}$, ésta es divergente pues al ser $a_n = \ln \frac{n+1}{n} = \ln(n + 1) - \ln n$, el término general de su sucesión de sumas parciales es

$$\begin{aligned}
s_n &= a_1 + a_2 + \cdots + a_n \\
&= (\ln 2 - \ln 1) + (\ln 3 - \ln 2) + \cdots + \big(\ln n - \ln(n - 1)\big) + \big(\ln(n + 1) - \ln n\big) \\
&= \ln(n + 1)
\end{aligned}$$

y por tanto la suma de la serie es

$$\sum_{n=1}^{+\infty} a_n = \lim_n s_n = \lim_n \ln(n + 1) = +\infty.$$

Por otra parte, si es $x \geq 0$ se verifica que $\ln(1 + x) \leq x$. En efecto, al ser

$$e^x = 1 + x + \frac{x^2}{2!} + \frac{x^3}{3!} + \dots$$

se tiene que $e^x \geq 1 + x, \forall x \geq 0$, y por tanto $\ln(1 + x) \leq \ln e^x = x$.

Considerando que $\ln \frac{n+1}{n} = \ln\big(1 + \frac{1}{n}\big)$, por la propiedad anterior se tiene que $\ln\big(1 + \frac{1}{n}\big) \leq \frac{1}{n}$, o bien $\frac{1}{n} \geq \ln \frac{n+1}{n}$, y por el primer criterio de comparación $\sum_{n=1}^{+\infty} \frac{1}{n}$ diverge.

b) La serie $\sum_{n=1}^{+\infty} \frac{1}{2^n}$ es convergente ya que la sucesión de sumas parciales asociada tiene por término general

$$s_n = \frac{1}{2} + \frac{1}{2^2} + \frac{1}{2^3} + \cdots + \frac{1}{2^n} = \frac{\frac{1}{2} - \frac{1}{2^{n+1}}}{1 - \frac{1}{2}} = 1 - \frac{1}{2^n}$$

y por tanto es $\lim_n s_n = 1 = \sum_{n=1}^{+\infty} \frac{1}{2^n}$.

Como es $\frac{1}{(n+1)!} \leq \frac{1}{2^n}, \forall n \in \mathbb{N}$, se concluye que $\sum_{n=1}^{+\infty} \frac{1}{(n+1)!}$ converge por el primer criterio de comparación.

También se llega a la convergencia de la serie $\sum_{n=1}^{+\infty} \frac{1}{(n+1)!}$ por comparación con la serie convergente

$$\sum_{n=1}^{+\infty} \frac{1}{n(n + 1)} = \sum_{n=1}^{+\infty} \left(\frac{1}{n} - \frac{1}{n + 1} \right),$$

dado que $\frac{1}{(n+1)!} \leq \frac{1}{n(n+1)}, \forall n \in \mathbb{N}$ e invocar el mismo primer criterio de comparación.

9.24. Mediante el primer criterio, al ser

$$\frac{1}{(n+1)^2} \leq \frac{1}{n(n+1)}, \qquad \forall n \geq 1$$

y dado que la serie $\sum_{n=1}^{+\infty} \frac{1}{n(n+1)}$ converge, resulta que $\sum_{n=1}^{+\infty} \frac{1}{(n+1)^2}$ es convergente al ser minorante de una serie convergente.

Mediante el segundo criterio, considerando que es

$$\lim_n \frac{\frac{1}{(n+1)^2}}{\frac{1}{n(n+1)}} = \lim_n \frac{n(n+1)}{(n+1)^2} = 1$$

y al ser la serie $\sum_{n=1}^{+\infty} \frac{1}{n(n+1)}$ convergente, también es convergente la serie $\sum_{n=1}^{+\infty} \frac{1}{(n+1)^2}$.

9.25. Como $\sum_{n=1}^{+\infty} a_n$ es convergente verifica que $\lim_n a_n = 0$ y por tanto la serie $\sum_{n=1}^{+\infty} b_n$ con $b_n = \frac{1}{1+a_n^2}$ es tal que $\lim_n b_n = \lim_n \frac{1}{1+a_n^2} = 1 \neq 0$ y la serie $\sum_{n=1}^{+\infty} \frac{1}{1+a_n^2}$ es divergente.

9.26. El término general de la serie dada verifica

$$\left(\frac{2}{n+1}\right)^2 = \frac{2^2}{(n+1)^2} \leq \frac{2^2}{n^2+n} = \frac{2^2}{n(n+1)} = 2^2\frac{1}{n(n+1)} = 2^2\left(\frac{1}{n} - \frac{1}{n+1}\right),$$

es decir, se tiene que $\forall n \in \mathbb{N}$ es

$$\left(\frac{2}{n+1}\right)^2 \leq 2^2\left(\frac{1}{n} - \frac{1}{n+1}\right),$$

y como $\sum_{n=1}^{+\infty} \left(\frac{1}{n} - \frac{1}{n+1}\right)$ es una serie convergente, según se probó en el Ejemplo 9.15, también lo es, en virtud de la propiedad de linealidad, la serie $\sum_{n=1}^{+\infty} 2^2\left(\frac{1}{n} - \frac{1}{n+1}\right)$, y con ello, por la anterior desigualdad y el primer criterio de comparación, resulta que la serie $\sum_{n=1}^{+\infty} \left(\frac{2}{n+1}\right)^2$ también es convergente.

9.27. Al ser

$$\frac{n+2}{\sqrt{n}} \geq \frac{n}{\sqrt{n}} = \sqrt{n}, \qquad \forall n \subset \mathbb{N},$$

y dado que la serie $\sum_{n=1}^{+\infty} \sqrt{n}$ es divergente, pues su término general no tiene límite de valor cero, de acuerdo con el primer criterio de comparación la serie $\sum_{n=1}^{+\infty} \frac{n+2}{\sqrt{n}}$ es una serie divergente.

9.28. a) Considerando la serie convergente $\sum_{n=1}^{+\infty} \frac{1}{n(n+1)}$, véase Ejemplo 9.15, y teniendo en cuenta que es

$$\lim_n \frac{\frac{3n}{(n+1)(n+2)(n+3)}}{\frac{1}{n(n+1)}} = \lim_n \frac{3n^2}{(n+2)(n+3)} = \lim_n \frac{3n^2}{n^2+5n+6} = 3 \neq 0,$$

por el segundo criterio de comparación la serie $\sum_{n=1}^{+\infty} \frac{3n}{(n+1)(n+2)(n+3)}$ es convergente.

b) Como es $\frac{\operatorname{sen}^2 n^2}{n^2} \leq \frac{1}{n^2}$ y la serie $\sum_{n=1}^{+\infty} \frac{1}{n^2}$ es convergente al ser armónica $\sum_{n=1}^{+\infty} \frac{1}{n^p}$ con $p > 1$, en virtud del primer criterio de comparación la serie $\sum_{n=1}^{+\infty} \frac{\operatorname{sen}^2 n^2}{n^2}$ es convergente.

9.29. Teniendo en cuenta la desigualdad $\frac{1}{(n+1)!} \leq \frac{1}{n(n+1)}, \forall n \geq 1$, y dado que la serie

$$\sum_{n=1}^{+\infty} \frac{1}{n(n+1)} = \sum_{n=1}^{+\infty} \left(\frac{1}{n} - \frac{1}{n+1}\right),$$

es convergente por el Ejemplo 9.15, se tiene que la serie $\sum_{n=1}^{+\infty} \frac{1}{(n+1)!}$ es convergente en virtud del primer criterio de comparación.

Por otra parte si $\{s_n\}$ y $\{\widehat{s}_n\}$ son las sucesiones de sumas parciales respectivas de las series $\sum_{n=1}^{+\infty} \frac{1}{(n+1)!}$ y $\sum_{n=1}^{+\infty} \frac{1}{n!}$ se tiene que son

$$s_n = \frac{1}{2!} + \frac{1}{3!} + \cdots + \frac{1}{n!} + \frac{1}{(n+1)!} \qquad \text{y} \qquad \widehat{s}_n = 1 + \frac{1}{2!} + \frac{1}{3!} + \cdots + \frac{1}{n!},$$

estando ligadas por la relación

$$\widehat{s}_n = s_n + 1 - \frac{1}{(n+1)!}.$$

Como la serie $\sum_{n=1}^{+\infty} \frac{1}{(n+1)!}$ es convergente, su suma es el número real $s = \lim_n s_n$, y por la relación anterior existe también el límite $\lim_n \widehat{s}_n$, siendo $\lim_n \widehat{s}_n = 1 + \lim_n s_n = 1 + s$. Si llamamos $\widehat{s}$ al $\lim_n \widehat{s}_n$ tenemos que es $\widehat{s} = 1 + s$ y por tanto $\sum_{n=1}^{+\infty} \frac{1}{n!}$ es una serie convergente y su suma excede en una unidad a la de la serie $\sum_{n=1}^{+\infty} \frac{1}{(n+1)!}$.

Para concluir el problema no preguntaríamos ¿cuánto vale la suma $\widehat{s}$?, es decir ¿cuál es el valor de

$$\widehat{s} = \lim_n \left(1 + \frac{1}{2!} + \frac{1}{3!} + \cdots + \frac{1}{n!}\right)?$$

Como ya vimos en el Capítulo 5 (desarrollos de Taylor) es $\widehat{s} = e - 1$. De este modo se tiene que

$$\sum_{n=1}^{+\infty} \frac{1}{n!} = e - 1 \qquad \text{y} \qquad \sum_{n=1}^{+\infty} \frac{1}{(n+1)!} = e - 2.$$

Las series de potencias nos permitirán calcular con facilidad la suma de muchas series que mediante la sucesión de sumas parciales presentan gran complicación.

9.30. El término general de la serie dada se puede escribir como $a_n = 2(\frac{\pi}{5})^n + 3(\frac{e}{5})^n$. Considerando las series $\sum_{n=1}^{+\infty} b_n = \sum_{n=1}^{+\infty} (\frac{\pi}{5})^n$ y $\sum_{n=1}^{+\infty} c_n = \sum_{n=1}^{+\infty} (\frac{e}{5})^n$, ambas son convergentes por ser geométricas de razón r, $|r| < 1$, siendo $a_n = 2b_n + 3c_n$, con lo cual

$$\sum_{n=1}^{+\infty} a_n = 2 \sum_{n=1}^{+\infty} b_n + 3 \sum_{n=1}^{+\infty} c_n = 2 \frac{\frac{\pi}{5}}{1 - \frac{\pi}{5}} + 3 \frac{\frac{e}{5}}{1 - \frac{e}{5}} = 2 \frac{\pi}{5 - \pi} + 3 \frac{e}{5 - e},$$

y la igualdad no es válida.

9.31. La serie dada es divergente por el criterio de Pringsheim ya que $\lim_n \frac{n^1 \cdot n}{n^2 + 1} = 1$ y $p = 1$.

Con el criterio integral se debe analizar el carácter de la integral impropia $\int_1^{+\infty} \frac{x}{x^2+1} dx$, pero

$$\int_1^{+\infty} \frac{x}{x^2 + 1} dx = \lim_{b \to +\infty} \int_1^b \frac{x}{x^2 + 1} dx = \lim_{b \to +\infty} \frac{1}{2} \int_1^b \frac{2x}{x^2 + 1} dx$$

$$= \frac{1}{2} \lim_{b \to +\infty} \left[\ln(x^2 + 1)\right]_1^b = \frac{1}{2} \left[\lim_{b \to +\infty} \ln(b^2 + 1) - \ln 2\right] = +\infty,$$

y por tanto, al ser la integral divergente, la serie también lo es.

9.32. Como la integral

$$\int_1^{+\infty} \frac{\ln x}{x} dx = \lim_{b \to +\infty} \int_1^b \ln x \, d(\ln x) = \lim_{b \to +\infty} \left[\frac{(\ln x)^2}{2}\right]_1^b = \frac{1}{2} \lim_{b \to +\infty} \left(\ln b^2 - 0\right) = +\infty,$$

la integral diverge y por el criterio integral la serie diverge.

También, al ser $\frac{\ln n}{n} > \frac{1}{n}$, $\forall n > 3$, y como la serie $\sum_{n=1}^{+\infty} \frac{1}{n}$ diverge, por el primer criterio de comparación la serie dada diverge.

9.33. a) Aplicando el criterio de Cauchy se tiene que es

$$\lim_n \sqrt[n]{a_n} = \lim_n \sqrt[n]{\left(\frac{2n^2+1}{3n^2+n}\right)^n} = \lim_n \frac{2n^2+1}{3n^2+n} = \frac{2}{3} < 1,$$

por tanto la serie es convergente.

b) Como es

$$\lim_n \frac{a_{n+1}}{a_n} = \lim_n \frac{\frac{2\cdot4\cdot6\cdots2n(2n+2)}{3\cdot5\cdot7\cdots(2n+1)(2n+3)}}{\frac{2\cdot4\cdot6\cdots2n}{3\cdot5\cdot7\cdots(2n+1)}} = \lim_n \frac{2n+2}{2n+3} = 1,$$

el criterio del cociente no decide el carácter de la serie. Si aplicamos el criterio de Raabe se tiene que es

$$\lim_n \left[n\left(1 - \frac{a_{n+1}}{a_n}\right)\right] = \lim_n \left[n\left(1 - \frac{2n+2}{2n+3}\right)\right] = \lim_n n\frac{2n+3-2n-2}{2n+3} = \lim_n n\frac{n}{2n+3} = \frac{1}{2} < 1,$$

en consecuencia la serie es divergente.

9.34. Considerando para cada serie el cociente $\frac{a_{n+1}}{a_n}$ se tiene en la serie a)

$$\frac{a_{n+1}}{a_n} = \frac{4\cdot7\cdot10\cdots(3n+1)(3n+4)\cdot5\cdot8\cdot11\cdots(3n+2)}{5\cdot8\cdot11\cdots(3n+2)(3n+5)\cdot4\cdot7\cdot10\cdots(3n+1)} = \frac{3n+4}{3n+5}$$

y para la serie b)

$$\frac{a_{n+1}}{a_n} = \frac{4^2\cdot7^2\cdot10^2\cdots(3n+1)^2(3n+4)^2\cdot4^2\cdot7^2\cdot10^2\cdots(3n+2)^2}{5^2\cdot8^2\cdot11^2\cdots(3n+2)^2(3n+5)^2\cdot5^2\cdot8^2\cdot11^2\cdots(3n+1)^2} = \frac{(3n+4)^2}{(3n+5)^2}.$$

Si ahora calculamos el límite de estos cocientes se tiene para la primera serie $\lim_n \frac{a_{n+1}}{a_n} = 1$, y para la segunda es

$$\lim_n \frac{a_{n+1}}{a_n} = \lim_n \frac{(3n+4)^2}{(3n+5)^2} = \lim_n \left(\frac{3n+4}{3n+5}\right)^2 = \left(\lim_n \frac{3n+4}{3n+5}\right)^2 = 1^2 = 1,$$

por lo que en ambos casos el criterio del cociente no decide.

Si calculamos el producto de Raabe se tiene que en la primera serie es

$$n\left(1 - \frac{a_{n+1}}{a_n}\right) = n\left(1 - \frac{3n+4}{3n+5}\right) = n\frac{3n+5-3n-4}{3n+5} = \frac{n}{3n+5}$$

y en la segunda

$$n\left(1 - \frac{a_{n+1}}{a_n}\right) = n\left(1 - \frac{(3n+4)^2}{(3n+5)^2}\right) = n\left(1 - \frac{9n^2+24n+16}{9n^2+30n+25}\right) = \frac{6n^2+9n}{9n^2+30n+25}.$$

Calculando sus límites respectivos resulta que

$$\lim_n \left[n\left(1 - \frac{a_{n+1}}{a_n}\right)\right] = \lim_n \frac{n}{3n+5} = \frac{1}{3},$$

$$\lim_n \left[n\left(1 - \frac{a_{n+1}}{a_n}\right)\right] = \lim_n \frac{6n^2+9n}{9n^2+30n+25} = \frac{2}{3},$$

en consecuencia, por el criterio de Raabe ambas series son divergentes.

La afirmación que se pide analizar, sugerida del carácter de las series a) y b) y de su relación, es falsa como se demuestra al considerar las series divergentes $\sum_{n=1}^{+\infty} \frac{1}{n}$ y $\sum_{n=1}^{+\infty} \frac{1}{n+1}$ que al ser multiplicadas término a término originan la serie $\sum_{n=1}^{+\infty} \frac{1}{n}\cdot\frac{1}{n+1} = \sum_{n=1}^{+\infty} \frac{1}{n(n+1)}$ que es convergente, véase el Ejemplo 9.15.

9.35. Aplicando el criterio de la raíz se tiene que al ser

$$\lim_n \sqrt[n]{\left(\frac{\alpha n - 1}{3n+1}\right)^{n^2}} = \lim_n \sqrt[n]{\left[\left(\frac{\alpha n - 1}{3n+1}\right)^n\right]^n} = \lim_n \left(\frac{\alpha n - 1}{3n+1}\right)^n = \left(\frac{\alpha}{3}\right)^{\lim_n n},$$

debemos considerar los siguientes casos:

(1) Si es $\alpha > 3$, entonces $\left(\frac{\alpha}{3}\right)^{\lim_n n} = +\infty$, por tanto $\left(\frac{\alpha}{3}\right)^{\lim_n n} > 1$, con lo cual la serie diverge,

(2) Si es $\alpha < 3$, entonces $\left(\frac{\alpha}{3}\right)^{\lim_n n} = 0 < 1$ y la serie converge,

(3) Si es $\alpha = 3$, se tiene que la serie es $\sum_{n=1}^{+\infty} \left(\frac{3n-1}{3n+1}\right)^{n^2}$ y como

$$\lim_n \sqrt[n]{a_n} = \lim_n \left(\frac{3n-1}{3n+1}\right)^n = [1^\infty] = e^{\lim_n \left(\frac{3n-1}{3n+1}-1\right)n} = e^{\lim_n \frac{-2n}{3n+1}} = e^{-\frac{2}{3}} = \frac{1}{e^{\frac{2}{3}}} < 1,$$

la serie también converge.

En resumen, si $\alpha \in (3; +\infty)$ la serie diverge y si $\alpha \in [1; 3]$ la serie converge.

9.36. El término general a_n de la serie puede escribirse como

$$a_n = \frac{2^n}{3^n} + \frac{a^n}{3^n} = \left(\frac{2}{3}\right)^n + \left(\frac{a}{3}\right)^n = b_n + c_n$$

y la serie dada es combinación lineal, en este caso suma, de las series $\sum_{n=1}^{+\infty} \left(\frac{2}{3}\right)^n$ y $\sum_{n=1}^{+\infty} \left(\frac{a}{3}\right)^n$.

La serie $\sum_{n=1}^{+\infty} \left(\frac{2}{3}\right)^n$ es geométrica de razón $r_1 = \frac{2}{3}$ y es convergente al ser $|r_1| < 1$. Además su suma es $s_1 = \frac{2/3}{1-2/3} = \frac{2/3}{1/3} = 2$.

A su vez la serie $\sum_{n=1}^{+\infty} \left(\frac{a}{3}\right)^n$ es también geométrica de razón $r_2 = \frac{a}{3}$, la cual es convergente si $\left|\frac{a}{3}\right| < 1$, es decir si $|a| < 3$, y como es $a > 0$ la serie converge para $a \in (0; 3)$ y su suma es

$$s_2 = \frac{a/3}{1 - a/3} = \frac{a/3}{\frac{3-a}{3}} = \frac{a}{3-a}.$$

Como la combinación lineal de series convergentes es una serie convergente, la serie dada es convergente cuando $0 < a < 3$ y su suma es $s = s_1 + s_2$, es decir,

$$\sum_{n=1}^{+\infty} \frac{2^n + a^n}{3^n} = \sum_{n=1}^{+\infty} \left(\frac{2}{3}\right)^n + \sum_{n=1}^{+\infty} \left(\frac{a}{3}\right)^n = 2 + \frac{a}{3-a} = \frac{6-a}{3-a}, \qquad \text{con } a \in (0; 3).$$

Para $a \geq 3$ la serie $\sum_{n=1}^{+\infty} \left(\frac{a}{3}\right)^n$ es divergente y como es de términos positivos tiene suma $+\infty$. En consecuencia la serie dada $\sum_{n=1}^{+\infty} \frac{2^n + a^n}{3^n}$ también es divergente para $a \geq 3$ y de suma $+\infty$, es decir,

$$\sum_{n=1}^{+\infty} \frac{2^n + a^n}{3^n} = +\infty, \qquad \text{con } a \in [3; +\infty).$$

9.37. a) La serie $\sum_{n=1}^{+\infty} \frac{n^{300}}{\pi^n}$ es tal que

$$\lim_n \frac{a_{n+1}}{a_n} = \lim_n \frac{(n+1)^{300} \pi^n}{\pi^{n+1} n^{300}} = \frac{1}{\pi} \lim_n \left(\frac{n+1}{n}\right)^{300} = \frac{1}{\pi} < 1$$

y por tanto es convergente. Como $\sum_{n=1}^{+\infty} \frac{n^{300}}{\pi^n}$ converge se tiene que $\lim_n \frac{n^{300}}{\pi^n} = 0$.

b) Para la serie $\sum_{n=1}^{+\infty} \frac{(n!)^2}{(3n)!}$ se verifica que

$$\lim_n \frac{a_{n+1}}{a_n} = \lim_n \frac{[(n+1)!]^2 (3n)!}{[3(n+1)]! (n!)^2} = \lim_n \frac{(n+1)^2}{(3n+3)(3n+2)(3n+1)} = \frac{1}{3} \lim_n \frac{n+1}{(3n+2)(3n+1)} = 0 < 1$$

con lo cual la serie converge y como consecuencia el límite es cero.

9.38. Como $\sum_{n=1}^{+\infty} \frac{2}{3^{n-1}}$ es una serie geométrica de razón $\frac{1}{3}$ es convergente y su suma vale

$$s = \sum_{n=1}^{+\infty} \frac{2}{3^{n-1}} = \frac{2}{1-\frac{1}{3}} = \frac{6}{2} = 3,$$

con lo cual el valor del primer miembro es

$$\left(\sum_{n=1}^{+\infty} \frac{2}{3^{n-1}}\right)^2 = 3^2 = 9.$$

El segundo miembro es $\sum_{n=1}^{+\infty} \left(\frac{2}{3^{n-1}}\right)^2 = \sum_{n=1}^{+\infty} \frac{4}{9^{n-1}}$ que es también una serie geométrica de razón $\frac{1}{9}$, que es convergente y el valor de su suma es

$$\widehat{s} = \frac{4}{1-\frac{1}{9}} = \frac{36}{8} = \frac{9}{2}.$$

La igualdad en consecuencia no es válida y también para series convergentes, al igual que en las sumas finitas, el cuadrado de la suma es distinto de la suma de los cuadrados.

9.39. a) Sea $\sum_{n=1}^{+\infty} b_n = \sum_{n=1}^{+\infty} \frac{|\cos 3n|}{(\ln 5)^n}$ la serie de valores absolutos. Como es

$$\frac{|\cos 3n|}{(\ln 5)^n} \leq \frac{1}{(\ln 5)^n}$$

y la serie $\sum_{n=1}^{+\infty} \frac{1}{(\ln 5)^n}$ converge pues es una serie geométrica de razón $r = \frac{1}{\ln 5}$ con $|r| < 1$ y también aplicando el criterio de la raíz es $\lim_n \sqrt[n]{\left(\frac{1}{\ln 5}\right)^n} = \frac{1}{\ln 5} < 1$, con lo cual $\sum_{n=1}^{+\infty} b_n$ converge y la serie inicial es absolutamente convergente y por tanto convergente.

b) La suma de los valores absolutos es convergente, véase el Problema resuelto 9.32, con lo cual la serie dada es absolutamente convergente y por ello convergente.

9.40. Se trata de una serie alternada. Considerando la serie de valores absolutos $\sum_{n=1}^{+\infty} \frac{2^n}{(\sqrt{5})^n+(\sqrt{5})^{-n}}$, se verifica que $\forall n \in \mathbb{N}$ es

$$\frac{2^n}{(\sqrt{5})^n + (\sqrt{5})^{-n}} < \frac{2^n}{(\sqrt{5})^n} = \left(\frac{2}{\sqrt{5}}\right)^n,$$

y como $\sum_{n=1}^{+\infty} \left(\frac{2}{\sqrt{5}}\right)^n$ converge al ser una serie geométrica de razón $r = \frac{2}{\sqrt{5}}$ tal que $|r| < 1$, se tiene que la serie $\sum_{n=1}^{+\infty} \frac{2^n}{(\sqrt{5})^n+(\sqrt{5})^{-n}}$ es convergente por el primer criterio de comparación. Por tanto, la serie $\sum_{n=1}^{+\infty} (-1)^{n+1} \frac{2^n}{(\sqrt{5})^n+(\sqrt{5})^{-n}}$ es absolutamente convergente y en consecuencia es convergente.

9.41. Por el Problema resuelto 9.41 teniendo en cuenta que, siendo $s_n = \sum_{k=1}^{n} (-1)^{k+1} a_k$ la suma parcial n-ésima, se tienen las sucesiones $\{s_{2n-1}\}$ decreciente y $\{s_{2n}\}$ creciente, el límite de ambas es s que es la suma de la serie. En la Figura A.10 se representa un esquema de la situación anterior, lo que nos permite afirmar que

$$s_{2m} \leq s \leq s_{2n-1}, \qquad \forall m, n \in \mathbb{N}. \qquad (1)$$

Si hacemos en (1) $n = m+1$ resulta $s_{2m} \leq s \leq s_{2m+1}$ y restando s_{2m} en las desigualdades anteriores se tiene $0 \leq s - s_{2m} \leq s_{2m+1} - s_{2m} = a_{2m+1}$, y en consecuencia

$$0 \leq s - s_{2m} \leq a_{2m+1}, \qquad \forall m \in \mathbb{N}, \qquad (2)$$

es decir, al tomar como suma de la serie la suma parcial s_{2m} el error cometido es positivo y menor que el término siguientes a_{2m+1}.

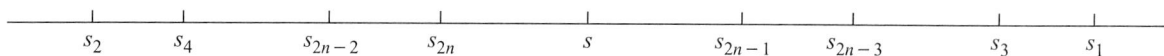

Figura A.10 Esquema de la situación del Problema 9.41.

Si hacemos $m = n$ en (1) se tiene $s_{2n} \leq s \leq s_{2n-1}$, que en forma equivalente es $s_{2n-1} \geq s \geq s_{2n}$ y restando s_{2n-1} es $0 \geq s - s_{2n-1} \geq s_{2n} - s_{2n-1} = -a_{2n}$ y de donde queda

$$-a_{2n} \leq s - s_{2n-1} \leq 0, \qquad \forall n \in \mathbb{N}, \qquad (3)$$

y nos dice que al tomar como suma de la serie la suma parcial s_{2n-1} el error cometido es negativo y además $|s - s_{2n-1}| \leq a_{2n}$.

En consecuencia, de (2) y (3) se tiene que en todo caso es $|s - s_n| \leq a_{n+1}$, $\forall n \in \mathbb{N}$.

9.42. La serie dada se escribe como $\sum_{n=1}^{+\infty} (-1)^{n+1} a_n$ con $a_n > 0$ y es alternada. La sucesión $\{a_n\}$ es monótona decreciente ya que $\forall n \in \mathbb{N}$ es

$$\frac{a_k}{a_{k+1}} = \frac{\frac{6k+9}{k^2+3k+2}}{\frac{6(k+1)+9}{(k+1)^2+3(k+1)+2}} = \frac{\frac{6k+9}{(k+1)(k+2)}}{\frac{6k+15}{(k+2)(k+3)}} = \frac{(6k+9)(k+3)}{(6k+15)(k+1)} = \frac{6k^2+27k+27}{6k^2+21k+15} > 1.$$

Por otra parte es $\lim_n a_n = \lim_n \frac{6n+9}{n^2+3n+2} = 0$. Por el criterio de Leibniz la serie dada es convergente.

Sin embargo, la serie dada no es absolutamente convergente ya que $\sum_{n=1}^{+\infty} \frac{6n+9}{n^2+3n+2}$ es divergente por aplicación del criterio de Pringsheim al ser

$$\lim_n n \frac{6n+9}{n^2+3n+2} = 6 \in \mathbb{R}^+ - \{0\} \qquad y \quad p = 1.$$

En consecuencia la serie $\sum_{n=1}^{+\infty} (-1)^{n+1} \frac{6n+9}{n^2+3n+2}$ es condicionalmente convergente.

Para obtener la suma basta considerar que

$$\frac{6n+9}{n^2+3n+2} = \frac{6n+9}{(n+1)(n+2)} = \frac{3}{n+1} + \frac{3}{n+2}$$

y por tanto

$$(-1)^{n+1} \frac{6n+9}{n^2+3n+2} = 3\left[(-1)^{n+1} \frac{1}{n+1} + (-1)^{n+1} \frac{1}{n+2} \right],$$

la sucesión de sumas parciales $\{s_n\}$ es tal que su término general es

$$s_n = 3\left[\left(\frac{1}{2} - \frac{1}{3} + \frac{1}{4} - \cdots + (-1)^n \frac{1}{n} + (-1)^{n+1} \frac{1}{n+1} \right) \right.$$
$$\left. + \left(\frac{1}{3} - \frac{1}{4} + \frac{1}{5} - \cdots + (-1)^n \frac{1}{n+1} + (-1)^{n+1} \frac{1}{n+2} \right) \right]$$
$$= 3\left[\frac{1}{2} + (-1)^{n+1} \frac{1}{n+2} \right],$$

y su límite, que es la suma de la serie, resulta como

$$s = \lim_n s_n = \lim_n \left[\frac{3}{2} + (-1)^{n+1} \frac{3}{n+2} \right] = \frac{3}{2},$$

es decir, $\sum_{n=1}^{+\infty} (-1)^{n+1} \frac{6n+9}{n^2+3n+2} = \frac{3}{2}$.

9.43. Analicemos la convergencia absoluta estudiando el carácter de las correspondientes series de valores absolutos.

a) Respecto de la primera $\sum_{n=1}^{+\infty} \frac{n^2+1}{(n+1)!}$ teniendo en cuenta que es

$$\frac{n^2+1}{(n+1)!} \leq \frac{(n+1)^2}{(n+1)!} = \frac{(n+1)(n+1)}{(n+1)n!} = \frac{n+1}{n!}, \qquad \forall n \in \mathbb{N},$$

y por esta desigualdad si probamos que la serie $\sum_{n=1}^{+\infty} \frac{n+1}{n!}$ es convergente, también lo es $\sum_{n=1}^{+\infty} \frac{n^2+1}{(n+1)!}$, por el primer criterio de comparación. Pero por aplicación del criterio del cociente, al ser

$$\frac{a_{n+1}}{a_n} = \frac{\frac{n+2}{(n+1)!}}{\frac{n+1}{n!}} = \frac{n!(n+2)}{(n+1)!(n+1)} = \frac{n!(n+2)}{(n+1)n!(n+1)} = \frac{n+2}{(n+1)^2}$$

y ser

$$\lim_n \frac{a_{n+1}}{a_n} = \lim_n \frac{n+2}{(n+1)^2} = 0 < 1,$$

se tiene que la serie $\sum_{n=1}^{+\infty} \frac{n+1}{n!}$ converge. Por lo dicho la serie $\sum_{n=1}^{+\infty} \frac{n^2+1}{(n+1)!}$ es convergente y en consecuencia es absolutamente convergente la serie $\sum_{n=1}^{+\infty} (-1)^{n+1} \frac{n^2+1}{(n+1)!}$ y por tanto es convergente.

b) Considerando la serie de los valores absolutos asociada a la segunda serie

$$\sum_{n=1}^{+\infty} a_n = \sum_{n=1}^{+\infty} \left[\ln\left(1+\frac{1}{n}\right)\right]^n,$$

por aplicación del criterio de la raíz es

$$\lim_n \sqrt[n]{a_n} = \lim_n \sqrt[n]{\left[\ln\left(1+\frac{1}{n}\right)\right]^n} = \lim_n \ln\left(1+\frac{1}{n}\right) = \ln\left[\lim_n \left(1+\frac{1}{n}\right)\right] = \ln 1 = 0 < 1$$

y la serie converge, con lo cual la serie $\sum_{n=1}^{+\infty} (-1)^{n+1} \left[\ln(1+\frac{1}{n})\right]^n$ es absolutamente convergente y en consecuencia también convergente.

9.44. La serie se compone de dos partes. Una es la formada por los veinte primeros términos correspondientes a la suma finita $\sum_{n=1}^{20} \frac{2}{5^{n-1}} = 2 + \frac{2}{5} + \frac{2}{5^2} + \cdots + \frac{2}{5^{19}}$. Al tratarse de la suma de los veinte primeros términos de una progresión geométrica con primer término 2 y razón $r = \frac{1}{5}$, su valor es

$$\sum_{n=1}^{20} \frac{2}{5^{n-1}} = \frac{2 - \frac{2}{5^{19}}\frac{1}{5}}{1 - \frac{1}{5}} = \frac{10 - \frac{2}{5^{19}}}{5 - 1} = \frac{10}{4} - \frac{2}{4}\frac{1}{5^{19}} = \frac{1}{2}\left(5 - \frac{1}{5^{19}}\right).$$

La segunda parte es la suma de los infinitos restantes sumandos y decide el carácter de la serie. Al considerarla y aplicar la definición de serie se tiene

$$\sum_{n=21}^{+\infty} \frac{3}{n^2+3n+2} = \sum_{n=21}^{+\infty} 3\frac{1}{(n+1)(n+2)} = \sum_{n=21}^{+\infty} 3\left(\frac{1}{n+1} - \frac{1}{n+2}\right) = \lim_k \sum_{n=21}^{k} 3\left(\frac{1}{n+1} - \frac{1}{n+2}\right)$$

$$= \lim_k \left(3\left[\left(\frac{1}{22} - \frac{1}{23}\right) + \left(\frac{1}{23} - \frac{1}{24}\right) + \left(\frac{1}{24} - \frac{1}{25}\right) + \cdots\right.\right.$$

$$\left.\left. + \left(\frac{1}{k} - \frac{1}{k+1}\right) + \left(\frac{1}{k+1} - \frac{1}{k+2}\right)\right]\right)$$

$$= \lim_k \left(3\left(\frac{1}{22} - \frac{1}{k+2}\right)\right) = \frac{3}{22}.$$

De este modo los términos de la serie posteriores al de lugar veinte constituyen una serie convergente. En consecuencia la serie dada $\sum_{n=1}^{+\infty} a_n$ es convergente y su suma es

$$s = \frac{1}{2}\left(5 - \frac{1}{5^{19}}\right) + \frac{3}{22} = \frac{1}{2}\left(\frac{58}{11} - \frac{1}{5^{19}}\right).$$

9.45. a) Se trata de una serie de términos positivos y al ser

$$\frac{a_{n+1}}{a_n} = \frac{2^n n! 3^{n+1}(n+1)^{n+1}}{2^{n+1}(n+1)! 3^n n^n} = \frac{3(n+1)^{n+1}}{2(n+1)n^n} = \frac{3}{2}\frac{(n+1)(n+1)^n}{(n+1)n^n} = \frac{3}{2}\left(\frac{n+1}{n}\right)^n = \frac{3}{2}\left(1 + \frac{1}{n}\right)^n,$$

se tiene que es $\lim_n \frac{a_{n+1}}{a_n} = \frac{3}{2}\lim_n(1 + \frac{1}{n})^n = \frac{3}{2}e > 1$, y la serie es divergente.

b) La serie es de infinitos términos positivos e infinitos términos negativos, considerando la serie de los valores absolutos $\sum_{n=1}^{+\infty}\left|\frac{\cos(\pi n^2)}{n^2+1}\right|$ se tiene que

$$\left|\frac{\cos(\pi n^2)}{n^2+1}\right| = \frac{|\cos(\pi n^2)|}{n^2+1} \leq \frac{1}{n^2+1} \leq \frac{1}{n^2}, \qquad \forall n \in \mathbb{N},$$

y como la serie $\sum_{n=1}^{+\infty}\frac{1}{n^2}$ es convergente, por el primer criterio de comparación la serie $\sum_{n=1}^{+\infty}\left|\frac{\cos(\pi n^2)}{n^2+1}\right|$ es convergente y por tanto $\sum_{n=1}^{+\infty}\frac{\cos(\pi n^2)}{n^2+1}$ es absolutamente convergente y también convergente.

9.46. a) Como

$$\left|\frac{\operatorname{sen}(2n+1)}{(\ln 5)^n}\right| = \frac{|\operatorname{sen}(2n+1)|}{(\ln 5)^n} \leq \frac{1}{(\ln 5)^n}, \qquad \forall n \in \mathbb{N},$$

y como $\sum_{n=1}^{+\infty}\frac{1}{(\ln 5)^n}$ es convergente, pues por el criterio de la raíz es

$$\lim_n \sqrt[n]{\left(\frac{1}{\ln 5}\right)^n} = \frac{1}{\ln 5} < 1,$$

o también por ser geométrica de razón r con $|r| = \frac{1}{\ln 5} < 1$, se tiene que la serie $\sum_{n=1}^{+\infty}\frac{\operatorname{sen}(2n+1)}{(\ln 5)^n}$ es absolutamente convergente y por tanto, convergente.

b) La serie de valores absolutos es $\sum_{n=1}^{+\infty}\frac{n^2}{(n+1)!}$ y por el criterio del cociente, al ser

$$\frac{a_{n+1}}{a_n} = \frac{(n+1)^2}{(n+2)!}\frac{(n+1)!}{n^2} = \frac{(n+1)^2(n+1)!}{(n+2)(n+1)! n^2} = \frac{(n+1)^2}{(n+2)n^2},$$

se tiene que es $\lim_n \frac{a_{n+1}}{a_n} = 0 < 1$ y por tanto converge la serie de valores absolutos. En consecuencia $\sum_{n=1}^{+\infty}(-1)^{n+1}\frac{n^2}{(n+1)!}$ es absolutamente convergente y por tanto es convergente.

9.47. Basta restar a la primera de las series dadas el doble de la segunda, teniendo en cuenta la convergencia absoluta, ya que

$$\sum_{n=1}^{+\infty}\frac{(-1)^{n+1}}{n^2} = 1 - \frac{1}{2^2} + \frac{1}{3^2} - \frac{1}{4^2} + \cdots + \frac{(-1)^{n+1}}{n^2} + \cdots$$

$$= \left(1 + \frac{1}{2^2} + \frac{1}{3^2} + \frac{1}{4^2} + \cdots + \frac{1}{n^2} + \cdots\right) - 2\left(\frac{1}{2^2} + \frac{1}{4^2} + \frac{1}{6^2} + \cdots + \frac{1}{(2n)^2} + \cdots\right)$$

$$= \sum_{n=1}^{+\infty}\frac{1}{n^2} - 2\sum_{n=1}^{+\infty}\frac{1}{(2n)^2} = \frac{\pi^2}{6} - 2\frac{\pi^2}{24} = \frac{(2-1)\pi^2}{12} = \frac{\pi^2}{12}.$$

9.48. Como $1 + 2 + 3 + \cdots + n = \frac{n(n+1)}{2}$, véase Problema resuelto 1.11.a, se tiene que

$$
\begin{aligned}
\sum_{n=1}^{+\infty} \frac{1}{1 + +2 + 3 + \cdots + n} &= \sum_{n=1}^{+\infty} \frac{2}{n(n+1)} \\
&= 2 \sum_{n-1}^{+\infty} \frac{1}{n(n+1)} = 2 \sum_{n=1}^{+\infty} \left(\frac{1}{n} - \frac{1}{n+1} \right) = 2 \lim_n \sum_{k=1}^{n} \left(\frac{1}{k} - \frac{1}{k+1} \right) \\
&= 2 \lim_n \left[\left(1 - \frac{1}{2} \right) + \left(\frac{1}{2} - \frac{1}{3} \right) + \left(\frac{1}{3} - \frac{1}{4} \right) + \cdots + \left(\frac{1}{n} - \frac{1}{n+1} \right) \right] \\
&= 2 \lim_n \left[1 - \frac{1}{n+1} \right] = 2.
\end{aligned}
$$

9.49. Como es

$$
a_n = \frac{2n+1}{2n^2(n+1)^2} = \frac{1}{2} \frac{2n+1}{n^2(n+1)^2} = \frac{1}{2} \left[\frac{1}{n^2} - \frac{1}{(n+1)^2} \right]
$$

se tiene que el término general de la sucesión de sumas parciales de la serie es

$$
\begin{aligned}
s_n &= \sum_{k=1}^{n} a_k = \sum_{k=1}^{n} \frac{1}{2} \left[\frac{1}{k^2} - \frac{1}{(k+1)^2} \right] \\
&= \frac{1}{2} \left[\left(\frac{1}{1^2} - \frac{1}{2^2} \right) + \left(\frac{1}{2^2} - \frac{1}{3^2} \right) + \cdots + \left(\frac{1}{(n-1)^2} - \frac{1}{n^2} \right) + \left(\frac{1}{n^2} - \frac{1}{(n+1)^2} \right) \right] \\
&= \frac{1}{2} \left[1 - \frac{1}{(n+1)^2} \right]
\end{aligned}
$$

y tomando límites se obtiene

$$
s = \sum_{n=1}^{+\infty} \frac{2n+1}{2n^2(n+1)^2} = \lim_n s_n = \lim_n \frac{1}{2} \left[1 - \frac{1}{(n+1)^2} \right] = \frac{1}{2}.
$$

9.50. Se trata de sumar la serie $\sum_{n=1}^{+\infty} \frac{1}{1+3+5+\cdots+(2n-1)}$ y como es $1 + 3 + 5 + \cdots + (2n-1) = n^2$, véase Problema resuelto 1.11.a, el resultado es inmediato siendo

$$
\sum_{n-1}^{+\infty} \frac{1}{1 + 3 + 5 + \cdots + (2n-1)} = \sum_{n-1}^{+\infty} \frac{1}{n^2} = \frac{\pi^2}{6}.
$$

A.10. SOLUCIONES AL CAPÍTULO 10

10.1. Para cada $n \in \mathbb{N}$, la gráfica de la función f_n puede verse en la Figura A.11 y el límite puntual es la función $f(x) = 1 - U(x)$, siendo $U(x)$ la función escalón cuya gráfica está en la Figura A.11, debido a que la parábola $-n^4 x^2 + 1$, al aumentar n tiende a la verticalidad.

La convergencia hacia la función límite hallada no es uniforme toda vez que la función límite no hereda la continuidad de las funciones de la sucesión.

10.2. Convergencia puntual: Para $x = 0$ y para $x = \frac{\pi}{2}$ es $\lim_n f_n(0) = 0$ y $\lim_n f_n(\frac{\pi}{2}) = \lim_n \frac{1}{1+n} = 0$ y para $x \in (0; \frac{\pi}{2})$ es $\lim_n \frac{\operatorname{sen} x}{1+n \operatorname{sen} x} = 0$, en consecuencia la sucesión converge puntualmente a la función $f(x) = 0$ en $[0; \frac{\pi}{2}]$.

Convergencia uniforme: Como el límite puntual es la función $f(x) = 0$ en $[0; \frac{\pi}{2}]$, se tiene que $\forall x \in [0; \frac{\pi}{2}]$ y $\forall n \in \mathbb{N}$ es

$$
|f_n(x) - f(x)| = |f_n(x)| = f(x).
$$

Dado que es

$$
f_n'(x) = \frac{\cos x}{(1 + n \operatorname{sen} x)^2} \geq 0, \qquad \forall x \in [0; \frac{\pi}{2}],
$$

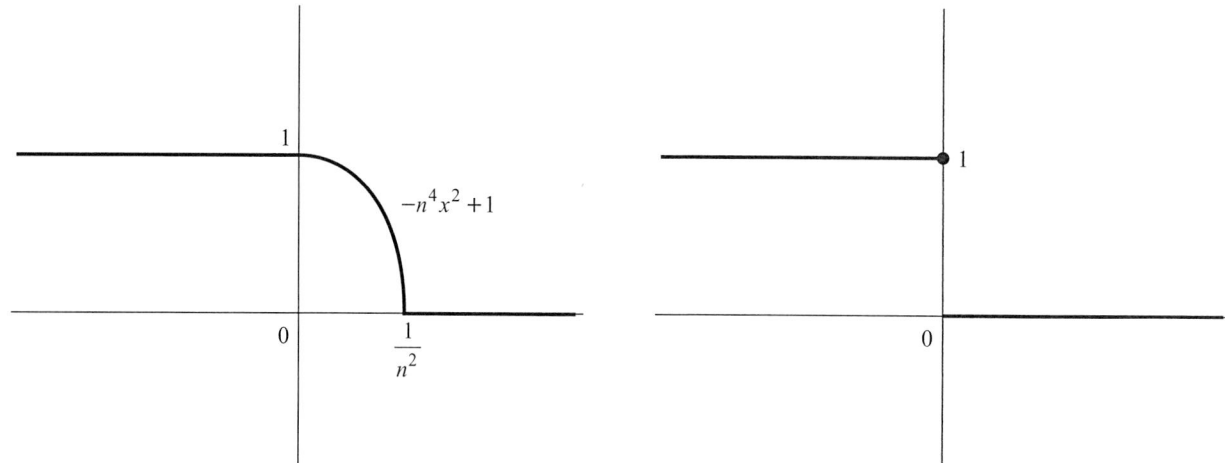

Figura A.11 Gráficas de f_n y de $U(x)$.

se tiene que cada f_n es una función creciente.

Por otra parte, al ser f_n una función continua en el compacto $[0; \frac{\pi}{2}]$, el teorema de Weierstrass garantiza que f_n tiene máximo absoluto en $[0; \frac{\pi}{2}]$, siendo éste de valor $f_n(\frac{\pi}{2}) = \frac{1}{1+n}$.

En consecuencia es

$$\limsup_n \left\{ |f_n(x) - f(x)| : x \in [0; \frac{\pi}{2}] \right\} = \lim_n \frac{1}{1+n} = 0$$

y por tanto la sucesión dada converge uniformemente a la función nula.

10.3. Para cada x dado, $x \in \mathbb{R}$, $f_n(x)$ es el término general de la sucesión de sumas parciales de la serie $\sum_{n=1}^{+\infty} e^{-(2n+1)x}$, es decir,

$$f_n(x) = s_n(x) = \frac{e^{-3x} - e^{-(2n+1)x} e^{-2x}}{1 - e^{-2x}} = \frac{e^{-3x} - e^{-(2n+3)x}}{1 - e^{-2x}},$$

ya que se trata de la suma de los n primeros términos de una progresión geométrica de razón $r = e^{-2x}$.

Por definición de suma de una serie es

$$\lim_n f_n(x) = \lim_n s_n(x) = \frac{e^{-3x}}{1 - e^{-2x}} = f(x).$$

Al ser $\sum_{n=1}^{+\infty} e^{-(2n+1)x}$ una serie geométrica la convergencia a $f(x)$ se da para $e^{-2x} < 1$, es decir, para $x > 0$.

La convergencia de $\{f_n\}$ a $f(x) = \dfrac{e^{-3x}}{1 - e^{-2x}}$ es también uniforme en $(0; +\infty)$ ya que

$$\limsup_n \left\{ |f_n(x) - f(x)| : x \in (0; +\infty) \right\} = \limsup_n \left\{ |S_n(x) - S(x)| : x \in (0; +\infty) \right\} = 0,$$

teniendo en cuenta la definición de convergencia de una serie numérica.

10.4. La convergencia absoluta de la serie está garantizada ya que

$$\sum_{n=1}^{+\infty} \left| \frac{\operatorname{sen} nx}{n^x} \right| \leq \sum_{n=1}^{+\infty} \left| \frac{1}{n^x} \right|, \qquad \forall x \in (1; +\infty),$$

y la última serie converge por el Problema resuelto 10.4. El criterio de Weierstrass garantiza la convergencia uniforme.

10.5. El criterio del cociente garantiza la convergencia puntual de la serie en todo $\mathbb{R}$. Por tratarse de una serie de potencias, la convergencia puntual garantiza su convergencia uniforme y la derivación término a término dentro del intervalo de convergencia. Es conveniente que el lector compare el resultado mostrado en este problema con el resultado del Problema resuelto 10.5.

10.6. Se verifica la desigualdad

$$\sum_{n=1}^{+\infty} \left| \frac{\cos nx}{2^n} \right| \le \sum_{n=1}^{+\infty} \frac{1}{2^n}, \qquad \forall x \in \mathbb{R}.$$

La última serie converge por tratarse de una serie geométrica de razón $r = \frac{1}{2}$ y $|r| < 1$. Según el criterio de Weierstrass, converge uniformemente para todo $x \in \mathbb{R}$. Como $f_n(x) = \frac{\cos nx}{2^n}$ es una función continua, la convergencia uniforme

$$\sum_{n=1}^{+\infty} f_n(x) = \sum_{n=1}^{+\infty} \frac{\cos nx}{2^n}$$

define una función continua en todo $\mathbb{R}$.

10.7. Sabiendo que $\operatorname{sen}^2 x = \frac{1-\cos 2x}{2}$ y si se tiene en cuenta el Problema resuelto 10.7, donde hemos considerado que es

$$\cos 2x = 1 - \frac{(2x)^2}{2!} + \frac{(2x)^4}{4!} - \cdots + (-1)^n \frac{(2x)^{2n}}{(2n)!} + \cdots,$$

siendo $-\infty < x < +\infty$, por sustitución directa resulta

$$\operatorname{sen}^2 x = \frac{1}{2} - \frac{1}{2}\cos 2x = \frac{1}{2} - \frac{1}{2}\left[1 - \frac{(2x)^2}{2!} + \frac{(2x)^4}{4!} - \cdots + (-1)^n \frac{(2x)^{2n}}{(2n)!} + \cdots \right]$$

$$= \frac{2x^2}{2!} - \frac{2^3 x^4}{4!} + \frac{2^5 x^6}{6!} - \cdots + (-1)^{n+1} \frac{2^{2n-1} x^{2n}}{(2n)!} + \cdots = \sum_{n=1}^{+\infty} (-1)^{n+1} \frac{2^{2n-1} x^{2n}}{(2n)!}.$$

Si comparamos el resultado con el obtenido en el Problema resuelto 10.7, donde se encontró el desarrollo de $\cos^2 x$, se tiene la relación fundamental $\cos^2 x + \operatorname{sen}^2 x = 1$.

10.8. a) La serie dada verifica que

$$0 \le |f_n(x)| = \left| (-1)^n \frac{n^2 e^{-n^2 x^2}}{n^4 + 1} \right| = \frac{n^2 e^{-n^2 x^2}}{n^4 + 1} = \frac{n^2}{(n^4 + 1)e^{n^2 x^2}} \le \frac{n^2}{n^4 + 1} \le \frac{n^2}{n^4} = \frac{1}{n^2},$$

$\forall n \in \mathbb{N}$ y $\forall x \in \mathbb{R}$, y como la serie $\sum_{n=1}^{+\infty} \frac{1}{n^2}$ converge al ser armónica del tipo $\sum_{n=1}^{+\infty} \frac{1}{n^p}$ con $p = 2$, por el criterio de Weierstrass la serie $\sum_{n=1}^{+\infty} (-1)^{n+1} \frac{n^2 e^{-n^2 x^2}}{n^4 + 1}$ converge absoluta y uniformemente en todo $\mathbb{R}$.

b) El término general de la serie verifica que

$$0 \le |f_n(x)| = \left| \frac{\cos(n + \pi)x}{n\sqrt{n} + 1} \right| = \frac{|\cos(n + \pi)x|}{n\sqrt{n} + 1} \le \frac{1}{n\sqrt{n}},$$

$\forall n \in \mathbb{N}$ y $\forall x \in \mathbb{R}$. Además como la serie $\sum_{n=1}^{+\infty} \frac{1}{n\sqrt{n}} = \sum_{n=1}^{+\infty} \frac{1}{n^{3/2}}$ converge, al ser armónica con $p = \frac{3}{2} > 1$, teniendo en cuenta el criterio de Weierstrass se concluye que la serie funcional $\sum_{n=1}^{+\infty} \frac{\cos(n+\pi)x}{n\sqrt{n}+1}$ converge absoluta y uniformemente en todo $\mathbb{R}$.

10.9. Como es $\lim_n \left| \frac{a_{n+1}}{a_n} \right| = \lim_n \frac{n+1}{n} = 1$, el radio de convergencia vale 1 y por tanto para $|x| < 1$ la serie converge y cuando $|x| > 1$, diverge. En el punto $x = 1$ la serie es $\sum_{n=1}^{+\infty} n$, que es divergente y para $x = -1$ se tiene la serie $\sum_{n=1}^{+\infty} (-1)^n n$ que también diverge.

Para hallar la suma de la serie seguiremos dos procedimientos:

Primer método:
Dentro del intervalo de convergencia se pueden reordenar los términos de la serie, siendo

$$\sum_{n=1}^{+\infty} nx^n = 1x + 2x^2 + 3x^3 + \cdots + nx^n + \cdots$$

$$= x + (x^2 + x^2) + (x^3 + x^3 + x^3) + \cdots + (x^n + x^n + \overset{(n}{\cdots} + x^n) + \cdots$$
$$= (x + x^2 + x^3 + \cdots + x^n + \cdots) + (x^2 + x^3 + \cdots + x^n + ..) +$$
$$+ (x^3 + x^4 + \cdots + x^n + \cdots) + \cdots$$
$$= x(1 + x + x^2 + \cdots + x^n + \cdots) + x^2(1 + x + x^2 + \cdots + x^n + \cdots) +$$
$$+ x^3(1 + x + x^2 + \cdots + x^n + \cdots) + \cdots$$

y cuando $|x| < 1$ la suma es

$$\sum_{n=1}^{+\infty} nx^n = x\frac{1}{1-x} + x^2\frac{1}{1-x} + x^3\frac{1}{1-x} + \cdots$$
$$= \frac{x}{1-x}(1 + x + x^2 + \cdots + x^n + \cdots) = \frac{x}{1-x}\frac{1}{1-x} = \frac{x}{(1-x)^2}.$$

Segundo método:
Como es $\sum_{n=1}^{+\infty} nx^n = x\sum_{n=1}^{+\infty} nx^{n-1}$, vamos a sumar la serie $\sum_{n=1}^{+\infty} nx^{n-1}$. Integrando dentro del intervalo de convergencia se tiene que

$$\sum_{n=1}^{+\infty} nx^{n-1} = \sum_{n=1}^{+\infty} \int nx^{n-1}dx = \sum_{n=1}^{+\infty} n\frac{x^n}{n} + C = \sum_{n=1}^{+\infty} x^n + C = \sum_{n=0}^{+\infty} x^n - 1 + C = \frac{1}{1-x} - 1 + C.$$

Si ahora derivamos en el intervalo $|x| < 1$ se tiene

$$\sum_{n=1}^{+\infty} nx^{n-1} = \left(\frac{1}{1-x} - 1 + C\right)' = \left(\frac{1}{1-x}\right)' = \frac{1}{(1-x)^2}$$

y multiplicando por x resulta de la primera igualdad que

$$\sum_{n=1}^{+\infty} nx^n = x\frac{1}{(1-x)^2} = \frac{x}{(1-x)^2}, \qquad \text{para } |x| < 1.$$

10.10. Descomponiendo la función en fracciones simples se tiene que

$$f(x) = \frac{3x+1}{x^2+5x+6} = \frac{3x+1}{(x+3)(x+2)} = \frac{A}{x+3} + \frac{B}{x+2} = \frac{A(x+2) + B(x+3)}{(x+3)(x+2)},$$

dando a x valores adecuados, $x = -3$ y $x = -2$, resulta $A = 8$ y $B = -5$, con lo cual es

$$f(x) = \frac{3x+1}{x^2+5x+6} = \frac{8}{x+3} + \frac{-5}{x+2}.$$

Teniendo en cuenta que

$$\frac{8}{x+3} = 8\frac{1}{x+3} = 8\frac{\frac{1}{3}}{1+\frac{x}{3}} = \frac{8}{3}\frac{1}{1+\frac{x}{3}} \qquad \text{y que} \qquad \frac{-5}{x+2} = -5\frac{1}{x+2} = -5\frac{\frac{1}{2}}{1+\frac{x}{2}} = \frac{-5}{2}\frac{1}{1+\frac{x}{2}},$$

podemos considerar los desarrollos

$$\frac{1}{1+\frac{x}{3}} = 1 - \frac{x}{3} + \left(\frac{x}{3}\right)^2 - \left(\frac{x}{3}\right)^3 + \cdots + (-1)^n\left(\frac{x}{3}\right)^n + \dots,$$
$$\frac{1}{1+\frac{x}{2}} = 1 - \frac{x}{2} + \left(\frac{x}{2}\right)^2 - \left(\frac{x}{2}\right)^3 + \cdots + (-1)^n\left(\frac{x}{2}\right)^n + \dots,$$

válidos respectivamente para $\left|\frac{x}{3}\right| < 1$ y $\left|\frac{x}{2}\right| < 1$, es decir para $|x| < 3$ y $|x| < 2$, con lo cual ambos desarrollos son válidos en la intersección de los intervalos de convergencia, es decir para $|x| < 2$. En estas condiciones el desarrollo pedido es

$$f(x) = \frac{3x+1}{x^2+5x+6} = \frac{8}{3}\left[1 - \frac{x}{3} + \left(\frac{x}{3}\right)^2 - \left(\frac{x}{3}\right)^3 + \cdots + (-1)^n \left(\frac{x}{3}\right)^n + \cdots\right]$$
$$+ \left(\frac{-5}{2}\right)\left[1 - \frac{x}{2} + \left(\frac{x}{2}\right)^2 - \left(\frac{x}{2}\right)^3 + \cdots + (-1)^n \left(\frac{x}{2}\right)^n + \cdots\right]$$
$$= \left(\frac{8}{3} - \frac{5}{2}\right) - \left(\frac{8}{3^2} - \frac{5}{2^2}\right)x + \left(\frac{8}{3^3} - \frac{5}{2^3}\right)x^2 + \cdots + (-1)^n \left(\frac{8}{3^{n+1}} - \frac{5}{2^{n+1}}\right)x^n + \cdots,$$

es decir,

$$f(x) = \frac{3x+1}{x^2+5x+6} = \sum_{n=0}^{+\infty} (-1)^n \left(\frac{8}{3^{n+1}} - \frac{5}{2^{n+1}}\right)x^n, \qquad \forall x \in (-2; 2)$$

Como el valor $x = \frac{1}{2}$ está en el intervalo de convergencia, al ser $-2 < \frac{1}{2} < 2$, el valor $f(\frac{1}{2}) = \frac{3 \cdot \frac{1}{2} + 1}{(\frac{1}{2})^2 + \frac{5}{2} + 6} = \frac{2}{7}$ es también el de la suma de la serie $\sum_{n=0}^{+\infty}(-1)^n \left(\frac{8}{3^{n+1}} - \frac{5}{2^{n+1}}\right)\left(\frac{1}{2}\right)^n$, por tanto

$$\sum_{n=0}^{+\infty} (-1)^n \left(\frac{8}{3^{n+1}} - \frac{5}{2^{n+1}}\right)\left(\frac{1}{2}\right)^n = \frac{2}{7}.$$

0.11. a) Como es

$$\lim_n \left|\frac{a_{n+1}}{a_n}\right| = \lim_n \frac{e^{-(n+1)}}{n+2} \frac{n+1}{e^{-n}} = \lim_n \frac{e^{n+1}}{e^n} \frac{n+1}{n+2}$$
$$= \lim_n \frac{e^n}{e \cdot e^n} \frac{n+1}{n+2} = \lim_n \left(\frac{1}{e} \frac{n+1}{n+2}\right) = \frac{1}{e} \lim_n \frac{n+1}{n+2} = \frac{1}{e} \cdot 1 = \frac{1}{e},$$

el radio de convergencia es $r = e$ y el intervalo de convergencia es $(-e; e)$.

Estudiemos la convergencia en los extremos del intervalo. Para $x = -e$ la serie numérica

$$\sum_{n=0}^{+\infty} \frac{e^{-n}}{n+1}(-e)^n = \sum_{n=0}^{+\infty}(-1)^n \frac{1}{n+1}e^{-n}e^n = \sum_{n=0}^{+\infty}(-1)^n \frac{1}{n+1},$$

es convergente por el criterio de Leibniz. Para $x = e$ la serie numérica

$$\sum_{n=0}^{+\infty} \frac{e^{-n}}{n+1}e^n = \sum_{n=0}^{+\infty} \frac{1}{n+1},$$

es divergente por el criterio integral, porque lo es la integral

$$\int_0^{+\infty} \frac{1}{x+1}dx = \lim_{m \to +\infty} \int_0^m \frac{dx}{x+1} = \lim_{m \to +\infty}[\ln(x+1)]_0^m = \lim_{m \to +\infty} \ln(m+1) - \ln 1 = +\infty.$$

En consecuencia la serie converge puntualmente en el intervalo $[-e; e)$, converge absolutamente en $(-e; e)$ y converge uniformemente en todo intervalo de la forma $[-e; a]$ con $a < e$.

b) Para determinar el radio de convergencia de esta serie calculamos también el límite

$$\lim_n \left|\frac{a_{n+1}}{a_n}\right| = \lim_n \frac{(2n+3)\,2^{2n+3}}{(2n+1)\,2^{2n+1}} = \lim_n \frac{2n+3}{2n+1} \frac{2^{2n}2^3}{2^{2n}2} = 4\lim_n \frac{2n+3}{2n+1} = 4 \cdot 1 = 4,$$

con lo cual el radio de convergencia es $r = \frac{1}{4}$ y por tanto el intervalo de convergencia es $\left(-\frac{1}{4}; \frac{1}{4}\right)$.

Para $x = -\frac{1}{4}$ se tiene la serie

$$\sum_{n=0}^{+\infty}(2n+1)2^{2n+1}\left(\frac{-1}{4}\right)^{n+1} = \sum_{n=0}^{+\infty}(-1)^{n+1}(2n+1)\frac{2^{2n+1}}{4^{n+1}} = \sum_{n=0}^{+\infty}(-1)^{n+1}(2n+1)\frac{2^{2n+1}}{2^{2n+2}}$$

$$= \sum_{n=0}^{+\infty}(-1)^{n+1}(2n+1)\frac{2^{2n}\cdot 2}{2^{2n}\cdot 2^2} = \sum_{n=0}^{+\infty}(-1)^{n+1}\frac{2n+1}{2},$$

y esta serie diverge ya que su término general no tiene límite cero.

Para $x = \frac{1}{4}$ resulta la serie

$$\sum_{n=0}^{+\infty}(2n+1)2^{2n+1}\left(\frac{1}{4}\right)^{n+1} = \sum_{n=0}^{+\infty}(2n+1)\frac{2^{2n+1}}{4^{n+1}} = \sum_{n=0}^{+\infty}(2n+1)\frac{2^{2n}\cdot 2}{2^{2n}\cdot 2^2} = \sum_{n=0}^{+\infty}\frac{2n+1}{2},$$

que es divergente pues también $\lim_n \frac{2n+1}{2} \neq 0$.

En consecuencia la serie converge puntual y absolutamente en $\left(\frac{-1}{4};\frac{1}{4}\right)$ y uniformemente en todo intervalo $[a;b]$ tal que $\frac{-1}{4} < a < b < \frac{1}{4}$.

10.12. Como es $x^2 + x - 2 = (x+2)(x-1)$, descomponemos la función en fracciones simples en la forma

$$f(x) = \frac{4x+5}{x^2+x-2} = \frac{A}{x+2} + \frac{B}{x-1}$$

resultando $A = 1$ y $B = 3$. Con ello podemos escribir

$$f(x) = \frac{4x+5}{x^2+x-2} = \frac{1}{x+2} + \frac{3}{x-1}.$$

Si ahora adecuamos las fracciones a la suma de series geométricas, obtenemos

$$f(x) = \frac{4x+5}{x^2+x-2} = \frac{1}{x+2} + \frac{3}{x-1} = \frac{\frac{1}{2}}{1+\frac{x}{2}} - \frac{3}{1-x}$$

$$= \frac{1}{2}\left[1 - \frac{x}{2} + \left(\frac{x}{2}\right)^2 - \left(\frac{x}{2}\right)^3 + \cdots + (-1)^n\left(\frac{x}{2}\right)^n + \ldots\right] - 3\left[1 + x + x^2 + \cdots + x^n + \ldots\right],$$

donde el desarrollo dado en el primer corchete es válido para $\left|\frac{x}{2}\right| < 1$, es decir $-2 < x < 2$ y el que aparece en el segundo tiene validez si es $|x| < 1$, o bien $-1 < x < 1$. Por tanto para $x \in (-1;1)$, agrupando términos, será

$$f(x) = \left(\frac{1}{2} - 3\right) + \left[\frac{1}{2}\left(-\frac{x}{2}\right) - 3x\right] + \left[\frac{1}{2}\left(\frac{x}{2}\right)^2 - 3x^2\right] + \cdots + \left[\frac{1}{2}(-1)^n\left(\frac{x}{2}\right)^n - 3x^n\right] + \ldots$$

$$= \left(\frac{1}{2} - 3\right) + \left[\frac{1}{2}\left(\frac{-1}{2}\right) - 3\right]x + \left[\frac{1}{2}\left(\frac{1}{2}\right)^2 - 3\right]x^2 + \cdots + \left[\frac{1}{2}(-1)^n\left(\frac{1}{2}\right)^n - 3\right]x^n + \ldots$$

$$= \sum_{n=0}^{+\infty}\left[(-1)^n\frac{1}{2^{n+1}} - 3\right]x^n$$

y el intervalo de convergencia es $(-1;1)$.

10.13. La función se puede escribir de forma que se involucre una serie geométrica en el proceso, haciendo

$$f(x) = \frac{x^4}{x^4+16} = \frac{(x^4+16)-16}{x^4+16} = \frac{x^4+16}{x^4+16} - \frac{16}{x^4+16}$$

$$= 1 - \frac{16}{16+x^4} = 1 - \frac{1}{1+\left(\frac{x}{2}\right)^4} = 1 - \frac{1}{1+\left(\frac{x^2}{4}\right)^2}$$

$$= 1 - \left[1 - \frac{x^2}{4} + \left(\frac{x^2}{4}\right)^2 - \left(\frac{x^2}{4}\right)^3 + \cdots + (-1)^n\left(\frac{x^2}{4}\right)^n + \ldots\right],$$

desarrollo válido si es $\left|\frac{x^2}{4}\right| < 1$, es decir $|x^2| < 4$, o bien si es $|x| < 2$. Operando se tiene que

$$f(x) = \frac{x^4}{x^4 + 16} = \frac{x^2}{4} - \left(\frac{x^2}{4}\right)^2 + \left(\frac{x^2}{4}\right)^3 - \cdots + (-1)^{n+1}\left(\frac{x^2}{4}\right)^n + \cdots = \sum_{n=1}^{+\infty} (-1)^{n+1}\frac{1}{2^{2n}}x^{2n}, \quad -2 < x < 2.$$

0.14. *Primer método:* Escribiendo la función como una derivada se tiene que

$$\begin{aligned}
f(x) &= \frac{x}{1+x^2} = \frac{1}{2}\frac{2x}{1+x^2} = \frac{1}{2}\frac{d}{dx}\left[\ln(1+x^2)\right]\\
&= \frac{1}{2}\frac{d}{dx}\left[x^2 - \frac{x^4}{2} + \frac{x^6}{3} - \cdots + (-1)^n\frac{(x^2)^{n+1}}{n+1} + \cdots\right]\\
&= \frac{1}{2}\left[2x - \frac{4x^3}{2} + \frac{6x^5}{3} - \cdots + (-1)^n 2(n+1)\frac{x^{2n+1}}{n+1} + \cdots\right]\\
&= x - x^3 + x^5 - \cdots + (-1)^n x^{2n+1} + \cdots, \qquad\qquad -1 < x < 1.
\end{aligned}$$

Segundo método: La función puede escribirse también en la forma

$$\begin{aligned}
f(x) &= x\frac{1}{1+x^2} = x\left(1 - x^2 + x^4 - x^6 + \cdots + (-1)^n x^{2n} + \cdots\right)\\
&= x - x^3 + x^5 - x^7 + \cdots + (-1)^n x^{2n+1} + \cdots, \qquad\qquad -1 < x < 1.
\end{aligned}$$

0.15. *Primer método:* Descomponiendo la función como producto se tiene

$$\begin{aligned}
f(x) &= \frac{1}{(x-3)(x-5)} = \frac{1}{x-3}\frac{1}{x-5} = \frac{\frac{-1}{3}}{1-\frac{x}{3}}\frac{\frac{-1}{5}}{1-\frac{x}{5}}\\
&= \frac{1}{15}\left[1 + \frac{x}{3} + \left(\frac{x}{3}\right)^2 + \cdots + \left(\frac{x}{3}\right)^n + \cdots\right]\left[1 + \frac{x}{5} + \left(\frac{x}{5}\right)^2 + \cdots + \left(\frac{x}{5}\right)^n + \cdots\right],
\end{aligned}$$

siendo estos desarrollos válidos si $|x| < 3$ y $|x| < 5$, por lo que el desarrollo de $f(x)$ es válido si $|x| < 3$. Operando obtenemos

$$\begin{aligned}
f(x) &= \frac{1}{15}\left[1 + \left(\frac{1}{3} + \frac{1}{5}\right)x + \left(\frac{1}{3^2} + \frac{1}{3\cdot 5} + \frac{1}{5^2}\right)x^2 + \right.\\
&\quad \left. + \left(\frac{1}{3^3} + \frac{1}{3^2\cdot 5} + \frac{1}{3\cdot 5^2} + \frac{1}{5^3}\right)x^3 + \cdots + \left(\frac{1}{3^n} + \frac{1}{3^{n-1}\cdot 5} + \cdots + \frac{1}{3\cdot 5^{n-1}} + \frac{1}{5^n}\right)x^n + \cdots\right]\\
&= \frac{1}{15}\left[1 + \frac{3+5}{3\cdot 5}x + \frac{3^2 + 3\cdot 5 + 5^2}{3^2\cdot 5^2}x^2 + \frac{3^3 + 3^2\cdot 5 + 3\cdot 5^2 + 5^3}{3^3\cdot 5^3}x^3 + \right.\\
&\quad \left. + \cdots + \frac{3^n + 3^{n-1}\cdot 5 + \cdots + 3\cdot 5^{n-1} + 5^n}{3^n\cdot 5^n}x^n + \cdots\right]\\
&= \frac{1}{15}\sum_{n=0}^{+\infty}\frac{3^n + 3^{n-1}\cdot 5 + \cdots + 3\cdot 5^{n-1} + 5^n}{3^n\cdot 5^n}x^n = \sum_{n=0}^{+\infty}\frac{3^n + 3^{n-1}\cdot 5 + \cdots + 3\cdot 5^{n-1} + 5^n}{3^{n+1}\cdot 5^{n+1}}x^n.
\end{aligned}$$

Segundo método: Si descomponemos en fracciones simples queda, más breve, ya que es

$$\begin{aligned}
f(x) &= \frac{1}{(x-3)(x-5)} = \frac{A}{x-3} + \frac{B}{x-5} = \frac{-\frac{1}{2}}{x-3} + \frac{\frac{1}{2}}{x-5} = \frac{\frac{-1}{2}\cdot\frac{-1}{3}}{1-\frac{x}{3}} + \frac{\frac{1}{2}\cdot\frac{-1}{5}}{1-\frac{x}{5}}\\
&= \frac{1}{6}\left[1 + \frac{x}{3} + \left(\frac{x}{3}\right)^2 + \cdots + \left(\frac{x}{3}\right)^n + \cdots\right] - \frac{1}{10}\left[1 + \frac{x}{5} + \left(\frac{x}{5}\right)^2 + \cdots + \left(\frac{x}{5}\right)^n + \cdots\right]\\
&= \left(\frac{1}{6} - \frac{1}{10}\right) + \left(\frac{1}{6\cdot 3} - \frac{1}{10\cdot 5}\right)x + \left(\frac{1}{6\cdot 3^2} - \frac{1}{10\cdot 5^2}\right)x^2 + \cdots + \left(\frac{1}{6\cdot 3^n} - \frac{1}{10\cdot 5^n}\right)x^n + \cdots\\
&= \sum_{n=0}^{+\infty}\left(\frac{1}{6\cdot 3^n} - \frac{1}{10\cdot 5^n}\right)x^n,
\end{aligned}$$

resultado coincidente con el obtenido por el método anterior, pues para cada n es

$$\frac{1}{6 \cdot 3^n} - \frac{1}{10 \cdot 5^n} = \frac{1}{2 \cdot 3^{n+1}} - \frac{1}{2 \cdot 5^{n+1}} = \frac{5^{n+1} - 3^{n+1}}{2 \cdot 3^{n+1} 5^{n+1}}$$

$$= \frac{1}{3^{n+1} 5^{n+1}} \frac{5^{n+1} - 3^{n+1}}{5 - 3} = \frac{1}{3^{n+1} 5^{n+1}} \left(5^n + 3 \cdot 5^{n-1} + \cdots + 3^{n-1} \cdot 5 + 3^n \right),$$

donde la última igualdad ha resultado del hecho de que es

$$\frac{x^{n+1} - y^{n+1}}{x - y} = x^n + yx^{n-1} + \cdots + y^{n-1}x + y^n.$$

10.16. La función se escribe como $f(x) = \sqrt[3]{1 + x^2} = (1 + x^2)^{\frac{1}{3}}$ y haciendo uso del desarrollo binómico con $m = \frac{1}{3}$, sustituyendo x por x^2, se tiene para $|x^2| < 1$

$$f(x) = \sqrt[3]{1 + x^2} = (1 + x^2)^{\frac{1}{3}}$$

$$= 1 + \binom{1/3}{1} x^2 + \binom{1/3}{2} (x^2)^2 + \binom{1/3}{3} (x^2)^3 + \binom{1/3}{4} (x^2)^4 + \cdots + \binom{1/3}{n} (x^2)^n + \cdots$$

$$= 1 + \frac{1}{3} x^2 + \frac{\frac{1}{3} \left(\frac{1}{3} - 1 \right)}{2!} x^4 + \frac{\frac{1}{3} \left(\frac{1}{3} - 1 \right) \left(\frac{1}{3} - 2 \right)}{3!} x^6 + \frac{\frac{1}{3} \left(\frac{1}{3} - 1 \right) \left(\frac{1}{3} - 2 \right) \left(\frac{1}{3} - 3 \right)}{4!} x^8$$

$$+ \cdots + \frac{\frac{1}{3} \left(\frac{1}{3} - 1 \right) \left(\frac{1}{3} - 2 \right) \cdots \left(\frac{1}{3} - (n-1) \right)}{n!} x^{2n} + \cdots$$

$$= 1 + \frac{1}{3} x^2 + \frac{\frac{1}{3} \left(-\frac{2}{3} \right)}{2} x^4 + \frac{\frac{1}{3} \left(-\frac{2}{3} \right) \left(-\frac{5}{3} \right)}{3!} x^6 + \frac{\frac{1}{3} \left(-\frac{2}{3} \right) \left(-\frac{5}{3} \right) \left(-\frac{8}{3} \right)}{4!} x^8$$

$$+ \frac{\frac{1}{3} \left(-\frac{2}{3} \right) \left(-\frac{5}{3} \right) \left(-\frac{8}{3} \right) \left(-\frac{11}{3} \right)}{5!} x^{10} + \cdots$$

$$= 1 + \frac{1}{3} x^2 - \frac{1}{3^2} \frac{2}{2!} x^4 + \frac{1}{3^3} \frac{2 \cdot 5}{3!} x^6 - \frac{1}{3^4} \frac{2 \cdot 5 \cdot 8}{4!} x^8 + \frac{1}{3^5} \frac{2 \cdot 5 \cdot 8 \cdot 11}{5!} x^{10} + \cdots$$

$$= 1 + \frac{1}{3} x^2 + \sum_{n=2}^{+\infty} (-1)^{n+1} \frac{1}{3^n} \frac{2 \cdot 5 \cdot 8 \cdots (3n - 4)}{n!} x^{2n}, \qquad -1 < x < 1.$$

10.17. Para la función $f(x) = \operatorname{argsh} x$ su derivada es $f'(x) = \frac{1}{\sqrt{1 + x^2}}$ y empleando el desarrollo binómico se tiene

$$f'(x) = \frac{1}{\sqrt{1 + x^2}} = (1 + x^2)^{-\frac{1}{2}}$$

$$= 1 + \binom{-1/2}{1} x^2 + \binom{-1/2}{2} (x^2)^2 + \binom{-1/2}{3} (x^2)^3 + \cdots + \binom{-1/2}{n} (x^2)^n + \cdots$$

$$= 1 - \frac{1}{2} x^2 + \frac{-\frac{1}{2} \left(-\frac{1}{2} - 1 \right)}{2} x^4 + \frac{-\frac{1}{2} \left(-\frac{1}{2} - 1 \right) \left(-\frac{1}{2} - 2 \right)}{1 \cdot 2 \cdot 3} x^6 + \cdots + \binom{-1/2}{n} x^{2n} + \cdots$$

$$= 1 - \frac{1}{2} x^2 + \frac{-\frac{1}{2} \left(-\frac{3}{2} \right)}{2} x^4 + \frac{-\frac{1}{2} \left(-\frac{3}{2} \right) \left(-\frac{5}{2} \right)}{1 \cdot 2 \cdot 3} x^6 + \frac{-\frac{1}{2} \left(-\frac{3}{2} \right) \left(-\frac{5}{2} \right) \left(-\frac{7}{2} \right)}{1 \cdot 2 \cdot 3 \cdot 4} x^8 + \cdots$$

$$= 1 - \frac{1}{2} x^2 + \frac{1 \cdot 3}{2 \cdot 4} x^4 - \frac{1 \cdot 3 \cdot 5}{2 \cdot 4 \cdot 6} x^6 + \frac{1 \cdot 3 \cdot 5 \cdot 7}{2 \cdot 4 \cdot 6 \cdot 8} x^8 - \cdots, \qquad |x^2| < 1.$$

En consecuencia es

$$f'(x) = \frac{1}{\sqrt{1 + x^2}} = 1 + \sum_{n=1}^{+\infty} (-1)^n \frac{(2n - 1)!!}{(2n)!!} x^{2n}, \qquad x \in (-1; 1),$$

donde los semifactoriales están definidos en el Problema resuelto 7.4.

Integrando en la igualdad anterior dentro del intervalo de convergencia obtenemos

$$f(x) - f(0) = \int_0^x f'(t)dt = \int_0^x \left(1 + \sum_{n=1}^{+\infty}(-1)^n\frac{(2n-1)!!}{(2n)!!}t^{2n}\right)dt$$

$$= \left[t + \sum_{n-1}^{+\infty}(-1)^n\frac{(2n-1)!!}{(2n)!!}\frac{t^{2n+1}}{2n+1}\right]_0^x = x + \sum_{n-1}^{+\infty}(-1)^n\frac{(2n-1)!!}{(2n)!!}\frac{x^{2n+1}}{2n+1}, \quad x \in (-1;1).$$

Como es $f(0) = \operatorname{argsh} 0 = 0$ resulta, de la igualdad anterior, el desarrollo pedido

$$f(x) = \operatorname{argsh} x = x + \sum_{n=1}^{+\infty}(-1)^n\frac{(2n-1)!!}{(2n)!!}\frac{x^{2n+1}}{2n+1}, \qquad \text{siendo} \qquad -1 < x < 1.$$

10.18. a) Teniendo en cuenta el desarrollo en serie de la función sen x en un entorno del origen, dado por (10.12), podemos escribir

$$\lim_{x\to 0}\frac{x \operatorname{sen} x - x^2}{x^4} = \lim_{x\to 0}\frac{x\left[x - \frac{x^3}{3!} + \mathcal{O}(x^5)\right] - x^2}{x^4}$$

$$= \lim_{x\to 0}\frac{-\frac{x^4}{3!} + \mathcal{O}(x^6)}{x^4} = \lim_{x\to 0}\frac{-x^4}{3!x^4} + \lim_{x\to 0}\frac{\mathcal{O}(x^6)}{x^4} = \frac{-1}{3!} + 0 = \frac{1}{6}.$$

b) Como es $\ln\left(1 + \frac{1}{x}\right) = \frac{1}{x} + \mathcal{O}\left(\frac{1}{x^2}\right)$, según (10.14), resulta

$$\lim_{x\to+\infty} x \ln\left(1 + \frac{1}{x}\right) = \lim_{x\to+\infty} x\left(\frac{1}{x} + \mathcal{O}\left(\frac{1}{x^2}\right)\right) = \lim_{x\to+\infty}\frac{x}{x} + \lim_{x\to+\infty}\mathcal{O}\left(\frac{1}{x}\right) = 1 + 0 = 1.$$

Tablas matemáticas

B.1. ALFABETO GRIEGO

α	A	alfa
β	B	beta
γ	Γ	gamma
δ	Δ	delta
ε	E	epsilón
ζ	Z	dseta
η	H	eta
θ, ϑ	Θ	zeta
ι	I	iota
κ	K	kappa
λ	Λ	lambda
μ	M	my
ν	N	ny
ξ	Ξ	xi
o	O	omicrón
π	Π	pi
ρ	P	rho
σ, ς	Σ	sigma
τ	T	tau
υ	Υ	ypsilón
φ, ϕ	Φ	fi
χ	X	ji
ψ	Ψ	psi
ω	Ω	omega

B.2. TABLAS DE DERIVADAS

Reglas de derivación

$$(f + g)' = f' + g' \qquad\qquad (f - g)' = f' - g'$$

$$(fg)' = fg' + gf' \qquad\qquad \left(\frac{f}{g}\right)' = \frac{gf' - fg'}{g^2}$$

$$(\alpha f)' = \alpha f'$$

$$(g \circ f)'(x) = g'\big(f(x)\big) \cdot f'(x) \qquad \left(f^{-1}\right)'(x) = \frac{1}{f'\big[f^{-1}(x)\big]}$$

Derivadas de funciones elementales

Tipo	Función	Derivada
Potencial	$f(x) = x^a$	$f'(x) = ax^{a-1}$
Raíz	$f(x) = \sqrt{x}$	$f'(x) = \dfrac{1}{2\sqrt{x}}$
	$f(x) = \sqrt[n]{x}$	$f'(x) = \dfrac{1}{n\sqrt[n]{x^{n-1}}}$
Logaritmo	$f(x) = \ln x$	$f'(x) = \dfrac{1}{x}$
	$f(x) = \log_a x$	$f'(x) = \dfrac{1}{x}\log_a e$
Exponencial	$f(x) = e^x$	$f'(x) = e^x$
	$f(x) = a^x$	$f'(x) = a^x \ln a$
Potencial-exponencial	$f(x) = u^v$	$f'(x) = vu^{v-1}u' + u^v \ln u \cdot v'$
Trigonométricas directas	$f(x) = \operatorname{sen} x$	$f'(x) = \cos x$
	$f(x) = \cos x$	$f'(x) = -\operatorname{sen} x$
	$f(x) = \operatorname{tg} x$	$f'(x) = \dfrac{1}{\cos^2 x} = 1 + \operatorname{tg}^2 x$
	$f(x) = \operatorname{cotg} x$	$f'(x) = \dfrac{-1}{\operatorname{sen}^2 x} = -(1 + \operatorname{cotg}^2 x)$
Trigonométricas inversas	$f(x) = \operatorname{arcsen} x$	$f'(x) = \dfrac{1}{\sqrt{1 - x^2}}$
	$f(x) = \arccos x$	$f'(x) = \dfrac{-1}{\sqrt{1 - x^2}}$
	$f(x) = \operatorname{arctg} x$	$f'(x) = \dfrac{1}{1 + x^2}$
Funciones hiperbólicas	$f(x) = \operatorname{sh} x$	$f'(x) = \operatorname{ch} x$
	$f(x) = \operatorname{ch} x$	$f'(x) = \operatorname{sh} x$
	$f(x) = \operatorname{th} x$	$f'(x) = \dfrac{1}{\operatorname{ch}^2 x} = 1 - \operatorname{th}^2 x$
	$f(x) = \operatorname{argsh} x$	$f'(x) = \dfrac{1}{\sqrt{1 + x^2}}$
	$f(x) = \operatorname{argth} x$	$f'(x) = \dfrac{1}{1 - x^2}$

B.3. TABLA DE INTEGRALES

Tipo	Forma simple	Forma compuesta
Potencial	$\int x^a dx = \dfrac{x^{a+1}}{a+1} + C,\ a \neq -1$	$\int u^a u' dx = \dfrac{u^{a+1}}{a+1} + C,$
Logaritmo	$\int \dfrac{1}{x} dx = \ln|x| + C$	$\int \dfrac{u'}{u} dx = \ln|u| + C$
Exponencial	$\int e^x dx = e^x + C$	$\int e^u u' dx = e^u + C$
	$\int a^x dx = \dfrac{a^x}{\ln a} + C$	$\int a^u u' dx = \dfrac{a^u}{\ln a} + C$
Seno	$\int \cos x\, dx = \operatorname{sen} x + C$	$\int \cos u \cdot u' dx = \operatorname{sen} u + C$
Coseno	$\int \operatorname{sen} x\, dx = -\cos x + C$	$\int \operatorname{sen} u \cdot u' dx = -\cos u + C$
Tangente	$\int \dfrac{1}{\cos^2 x} dx = \operatorname{tg} x + C$	$\int \dfrac{u'}{\cos^2 u} dx = \operatorname{tg} u + C$
	$\int (1 + \operatorname{tg}^2 x) dx = \operatorname{tg} x + C$	$\int (1 + \operatorname{tg}^2 u) u' dx = \operatorname{tg} u + C$
	$\int \sec^2 x\, dx = \operatorname{tg} x + C$	$\int \sec^2 u \cdot u' dx = \operatorname{tg} u + C$
Cotangente	$\int \dfrac{1}{\operatorname{sen}^2 x} dx = -\cotg x + C$	$\int \dfrac{u'}{\operatorname{sen}^2 u} dx = -\cotg u + C$
	$\int (1 + \cotg^2 x) dx = -\cotg x + C$	$\int (1 + \cotg^2 u) u' dx = -\cotg u + C$
Arco seno	$\int \dfrac{1}{\sqrt{1 - x^2}} dx = \arcsen x + C$	$\int \dfrac{u'}{\sqrt{1 - u^2}} dx = \arcsen u + C$
	$\int \dfrac{1}{\sqrt{a^2 - x^2}} dx = \arcsen \dfrac{x}{a} + C$	$\int \dfrac{u'}{\sqrt{a^2 - u^2}} dx = \arcsen \dfrac{u}{a} + C$
Arco tangente	$\int \dfrac{1}{1 + x^2} dx = \arctg x + C$	$\int \dfrac{u'}{1 + u^2} dx = \arctg u + C$
	$\int \dfrac{1}{a^2 + x^2} dx = \dfrac{1}{a} \arctg \dfrac{x}{a} + C$	$\int \dfrac{u'}{a^2 + u^2} dx = \dfrac{1}{a} \arctg \dfrac{u}{a} + C$
Hiperbólicas	$\int \operatorname{ch} x\, dx = \operatorname{sh} x + C$	$\int \operatorname{ch} u \cdot u' dx = \operatorname{sh} u + C$
	$\int \operatorname{sh} x\, dx = \operatorname{ch} x + C$	$\int \operatorname{sh} u \cdot u' dx = \operatorname{ch} u + C$
	$\int \dfrac{1}{\operatorname{ch}^2 x} dx = \operatorname{th} x + C$	$\int \dfrac{u'}{\operatorname{ch}^2 u} dx = \operatorname{th} u + C$
	$\int \dfrac{1}{\sqrt{x^2 + 1}} dx = \operatorname{argsh} x + C$	$\int \dfrac{u'}{\sqrt{u^2 + 1}} dx = \operatorname{argsh} u + C$
	$\int \dfrac{1}{\sqrt{x^2 - 1}} dx = \operatorname{argch} x + C$	$\int \dfrac{u'}{\sqrt{u^2 - 1}} dx = \operatorname{argch} u + C$
	$\int \dfrac{1}{1 - x^2} dx = \operatorname{argth} x + C$	$\int \dfrac{u'}{1 - u^2} dx = \operatorname{argth} u + C$

B.4. Tabla de la función gamma: Valores entre 1 y 2

p	$\Gamma(p)$	p	$\Gamma(p)$	p	$\Gamma(p)$	p	$\Gamma(p)$
1,00	1,00000	1,25	0,90640	1,50	0,88623	1,75	0,91906
1,01	1,99433	1,26	0,90440	1,51	0,88659	1,76	0,92137
1,02	0,98884	1,27	0,90250	1,52	0,88704	1,77	0,92376
1,03	0,98355	1,28	0,90072	1,53	0,88757	1,78	0,92623
1,04	0,97844	1,29	0,89904	1,54	0,88818	1,79	0,92877
1,05	0,97350	1,30	0,89747	1,55	0,88887	1,80	0,93138
1,06	0,96874	1,31	0,89600	1,56	0,88964	1,81	0,93408
1,07	0,96415	1,32	0,89464	1,57	0,89049	1,82	0,93685
1,08	0,95973	1,33	0,89338	1,58	0,89142	1,83	0,93969
1,09	0,95546	1,34	0,89222	1,59	0,89243	1,84	0,94261
1,10	0,95135	1,35	0,89115	1,60	0,89352	1,85	0,94561
1,11	0,94740	1,36	0,89018	1,61	0,89468	1,86	0,94869
1,12	0,94359	1,37	0,88931	1,62	0,89592	1,87	0,95184
1,13	0,93993	1,38	0,88854	1,63	0,89724	1,88	0,95507
1,14	0,93642	1,39	0,88785	1,64	0,89864	1,89	0,95838
1,15	0,93304	1,40	0,88726	1,65	0,90012	1,90	0,96177
1,16	0,92980	1,41	0,88676	1,66	0,90167	1,91	0,96523
1,17	0,92670	1,42	0,88636	1,67	0,90330	1,92	0,96877
1,18	0,92373	1,43	0,88604	1,68	0,90500	1,93	0,97240
1,19	0,92089	1,44	0,88581	1,69	0,90678	1,94	0,97610
1,20	0,91817	1,45	0,88566	1,70	0,90864	1,95	0,97988
1,21	0,91558	1,46	0,88560	1,71	0,91057	1,96	0,98374
1,22	0,91311	1,47	0,88563	1,72	0,91258	1,97	0,98768
1,23	0,91075	1,48	0,88575	1,73	0,91467	1,98	0,99171
1,24	0,90852	1,49	0,88595	1,74	0,91683	1,99	0,99581
						2,00	1,00000

Bibliografía

APOSTOL, T. M. *Calculus*. Ed. Reverté. Barcelona, 1972.

DEMIDOVICH, B. *Problemas y ejercicios de Análisis matemático*. Ed. Paraninfo. Madrid, 1979.

FERNÁNDEZ-VIÑA, J. A. *Lecciones de Análisis matemático*. Ed. Tecnos, Madrid 1976.

KURATOWSKI, K. *Introducción al Cálculo*. Ed. Limusa-Wiley. México, 1970.

LANG, S. *Cálculo*. Ed. Addison-Wesley. México, 1987.

LELONG-FERRAND, J, ARNAUDIÈS, J. M. *Curso de matemáticas. Tomo II: Análisis*. Ed. Reverté. Barcelona, 1980.

SPIVAK, M. *Calculus*. Ed. Reverté. Barcelona, 1970.

Indice analítico